超高层混合结构地震损伤的多尺度分析与优化设计

Multi-Scale Analysis on Seismic Damage and Optimization Design of Super High-Rise Hybrid Structure

郑山锁　侯丕吉　王　斌　李　磊　著

科 学 出 版 社

北　京

内 容 简 介

超高层 SRC 框架-RC 核心筒混合结构是现代超高层建筑结构体系的一种主要形式。本书全面系统地介绍了这种结构地震损伤的多尺度分析与优化设计方法，包括：混凝土的弹性与弹塑性分形损伤本构模型研究，混凝土综合损伤本构模型研究，钢-混凝土界面的损伤本构模型研究，SRHPC 构件及其框架结构地震损伤性能研究，RC 剪力墙构件及核心筒结构地震损伤性能研究，SRC 框架-RC 核心筒混合结构楼层损伤模型研究，SRC 框架-RC 核心筒混合结构地震损伤模型研究，SRC 组合结构材料-结构一体化多目标优化设计，组合与混合结构的抗震优化设计，SRC 构件考虑粘结滑移效应的非线性纤维梁柱单元建模方法，SRC 梁-柱节点单元模型及其核心区剪切块数值模型。

本书可供从事土木工程专业的研究、设计和施工人员，以及高等院校相关专业师生参考。

图书在版编目（CIP）数据

超高层混合结构地震损伤的多尺度分析与优化设计/郑山锁等著. —北京：科学出版社，2015.9

ISBN 978-7-03-041756-5

Ⅰ. ①超…　Ⅱ. ①郑…　Ⅲ. ①超高层建筑–钢筋混凝土结构–地震反应分析 ②超高层建筑–钢筋混凝土结构–防震设计–最优设计　Ⅳ. ①TU973

中国版本图书馆 CIP 数据核字（2014）第 196255 号

责任编辑：周　炜　乔丽维 / 责任校对：郭瑞芝
责任印制：张　倩 / 封面设计：蓝　正

科学出版社出版
北京东黄城根北街 16 号
邮政编码：100717
http://www.sciencep.com
中国科学院印刷厂印刷
科学出版社发行　各地新华书店经销
*
2015 年 9 月第　一　版　开本：720×1000 1/16
2015 年 9 月第一次印刷　印张：28 1/4
字数：550 000

定价：158.00 元

（如有印装质量问题，我社负责调换）

前 言

超高层SRC框架-RC核心筒混合结构是现代超高层建筑结构体系的一种主要形式，在我国已被广泛应用，而我国又是一个地震多发、历史上遭受地震灾害最为严重的国家之一，因此深入系统地研究超高层混合结构地震损伤的多尺度效应及其精细化建模理论与方法，揭示材料、构件与结构地震损伤的演化规律和破坏机制，进而提出有效的防控对策及优化设计方法，对增强重大工程结构的防震减灾能力具有重要的理论意义和实用价值。

目前国内外关于建筑结构地震损伤累积效应的研究主要集中在材料、构件和结构尺度，并已取得了丰硕的成果。然而，仍有许多方面的研究未达成共识，如材料损伤的定义、构件损伤中位移与耗能的非线性组合关系、各类结构构件的损伤对楼层乃至整体结构性能的影响、具体结构在地震作用中的性态描述等，尤其是关于材料-构件-结构三尺度一体化的地震损伤研究仍鲜见报道。

本书以超高层SRC框架-RC核心筒混合结构为对象，通过物理模型试验、理论分析和数值模拟，研究此类结构在地震作用中的损伤破坏过程，揭示地震作用中损伤累积在此类结构材料、构件、结构三种不同尺度间的迁移转化特征与规律，建立低阶尺度损伤向高阶尺度损伤迁移演化的表征方法与理论模型。成果主要体现在：①混凝土、钢-混凝土界面的损伤本构关系；②型钢高强高性能混凝土框架梁、柱和钢筋混凝土剪力墙的地震损伤试验研究；③构件的累积损伤模型与损伤演化规律及基于损伤的恢复力模型；④混合结构地震损伤迁移转化规律与损伤演化模型；⑤混合结构基于性能与失效模式的抗震优化设计方法；⑥考虑粘结滑移效应的非线性纤维梁柱单元及梁-柱节点单元的建模方法。具体成果如下。

（1）混凝土、钢-混凝土界面的损伤本构关系。

①进行了普通混凝土及高强高性能混凝土材料受力性能试验，分析了不同配合比参数及加载形式对试件断面灰度、CT数、分形维数及分形断裂能等的影响。

②研究了混凝土真实断裂面的分形特性，分别用一维W-M（Weierstrass-Mandelbrot）分形曲面、二维W-M分形曲面和分形插值曲面对混凝土真实断裂面进行了模拟，结合试验数据对断裂面进行了三维图像重建。

③建立了单轴拉伸、单轴压缩、多轴拉压及单轴动力受力条件下混凝土分形损伤本构模型。该模型可考虑断裂面分形维数、粗糙度、尺度和多重分形谱等对

材料损伤的影响，能够合理地反映多种荷载形式作用下混凝土的力学特性。引入弹簧-摩擦块细观模型，对混凝土分形损伤本构模型进行改进，建立了混凝土弹塑性分形损伤本构模型。

④对混凝土随机损伤本构模型进行了改进，建立了可反映不同强度等级的混凝土统一随机损伤本构模型。

⑤建立了型钢混凝土粘结滑移随机损伤本构模型。该模型从细观模拟入手，有效地考虑了型钢混凝土界面粘结应力的分布特征和构成粘结力各部分之间的转化规律，可反映截面粘结滑移在均值意义上的损伤本构关系及其离散性。基于型钢混凝土滑移界面的特性，用一维 W-M 分形曲面对其进行模拟，建立了型钢混凝土粘结滑移分形损伤本构模型。

⑥建立了混凝土综合随机损伤本构模型。该模型将混凝土内部骨料弹性模量和砂浆的弹性模量简化为其中一种弹性模量的随机关系，基于同一种混凝土细观模型，通过改变细观模型参数实现对不同强度等级混凝土各种破坏模式的模拟。

⑦建立了基于分形理论的混凝土统计损伤本构模型。该理论将微细观统计学方法与分形理论相结合，引入 Weibull 分布以表征混凝土材料受力时微元体极限应变规律，进而建立了用分形维数表示初始损伤的损伤演化方程。

（2）型钢高强高性能混凝土框架梁、柱和钢筋混凝土剪力墙的地震损伤试验研究。

①在课题组前期大量试验研究工作的基础上，补充进行了不同加载制度（加载路径）和设计参数的型钢高强高性能混凝土框架柱试件（12 榀）、框架梁试件（5 榀）及钢筋混凝土剪力墙试件（9 榀）的低周反复加载试验。

②分析了地震作用下试件的损伤演化规律及其影响因素。

（3）构件与结构的累积损伤演化模型及基于损伤的恢复力模型与地震易损性模型。

①建立了型钢高强高性能混凝土框架梁、柱和钢筋混凝土剪力墙的累积损伤演化模型。该损伤模型是基于变形和能量组合的非线性双参数模型，克服了现有损伤模型中的一些缺陷，考虑了循环次数对构件极限抵御能力（极限耗能和变形能力）的影响及加载路径对损伤的影响，从而能够全面反映水平地震作用下构件力学特性的变化。

②建立了基于损伤的型钢高强高性能混凝土框架柱和钢筋混凝土剪力墙的恢复力模型。该模型将损伤指数引入构件与结构的滞回特性及各项力学性能退化分析中，通过简化滞回环，确定了基于损伤的构件与结构的滞回规则，提高了模型的计算精度。

③建立了型钢混凝土框架结构的地震损伤模型和钢筋混凝土核心筒结构基于

损伤的地震易损性模型。

（4）混合结构地震损伤迁移转化规律与损伤演化模型。

①进行了 12 榀具有不同设计参数的 SRC 框架-RC 核心筒混合结构楼层的数值模型试验。分析了截面属性、混凝土强度等级和含钢率（配筋率）等设计参数对混合结构各类构件损伤的敏感程度；研究了混合结构各类构件发生不同程度损伤时对楼层损伤的影响，结合剪力墙高厚比和柱轴压比对混合结构楼层损伤的影响规律，得到了混合结构楼层在循环荷载作用下的损伤破坏过程与损伤路径，并对比了各楼层的承载力退化速率、变形能力和耗能能力，确定了不同失效模式下各构件损伤与楼层损伤之间的内在关系；建立了混合结构楼层的损伤演化模型，揭示了局部构件损伤与混合结构楼层损伤之间的关系。

②研究了楼层损伤位置对整体结构损伤的影响，确定了各楼层损伤在结构整体损伤中所占比重；分析了地震波特性、结构高宽比和刚度特征值对混合结构整体损伤的影响规律；最终，建立了可以反映多参数影响的混合结构损伤演化模型，揭示了局部楼层损伤与整体结构损伤之间的关系。

（5）混合结构基于性能与失效模式的抗震优化设计方法。

①从建设成本与结构性能双重控制入手，建立了可实现综合性能（造价、强度、刚度等）最优的混凝土材料、型钢混凝土框架梁柱的多目标优化设计方法。

②通过引入损伤函数，将结构的工程造价、层间位移差最小和损伤量最小定为优化目标，并根据建筑结构“三水准”抗震设防的目标要求，以及结构在不同受力阶段各类构件的受力特点，提出 SRC 框架-RC 核心筒混合结构基于性能与失效模式的“三水准”抗震优化设计方法：小震作用下，仅对构件的混凝土用量进行优化；中震作用下，框架与剪力墙处于协同工作状态，据此对整个结构满足层间位移差最小之目标的钢材用量进行优化；大震作用下，结构处于塑性状态，剪力墙基本退出工作，据此对满足结构损伤值最小之目标的钢材用量进行进一步的优化。综合考虑各种约束条件，运用基于形状的 OC-GA 算法实施混合结构基于性能与失效模式的“三水准”抗震优化设计。

（6）考虑粘结滑移效应的非线性纤维梁柱单元及梁-柱节点单元的建模方法。

①研究了型钢与混凝土界面的剪力传递机理，确定了不同受力阶段界面粘结应力的分布，揭示了型钢与混凝土相互作用的方式。

②基于纤维模型理论，在纤维层面上根据型钢混凝土粘结滑移本构关系，以及粘结滑移沿截面高度变化的规律，修正钢纤维的应力-应变曲线，达到考虑粘结滑移的目的。

③推导了考虑粘结滑移的钢纤维有限单元方程。

④基于 OpenSEES 软件平台编程计算，与试验结果对比，校核并验证了模型的适用性。

⑤根据型钢混凝土梁柱节点的特点，对节点核心区进行了剪切力推导。其中，根据 Mander 受约束混凝土的强度计算公式，对受钢筋包裹的混凝土和受型钢翼缘包裹的混凝土的强度进行了修正。将推导的节点核心区剪切力公式应用于 Laura 超级节点单元核心剪切块的定参，使其能够较准确地模拟型钢混凝土梁柱节点受力。

⑥将引入粘结滑移计算的型钢混凝土非线性梁-柱单元与适合于型钢混凝土结构的梁柱节点单元相结合，开发型钢混凝土平面框架计算程序，进行平面框架计算，以使框架梁柱构件的破坏过程与模式能够同时反映材料破坏与粘结滑移失效的影响，并使框架受力变形的全过程能够体现出节点变形的影响。

本书作者先后在国内外重要学术期刊及国际重要学术会议上发表相关学术论文 60 余篇，其中，50 余篇被 EI Compendex 和 SCI 收录，获 10 项系列性国家发明专利、5 项国家软件著作权。

本书是作者对以上研究成果的提炼、归纳和总结，旨在向读者比较全面、系统地介绍超高层混合结构地震损伤的多尺度分析与优化设计方法，以期适应从事土木工程结构与抗震研究、设计、施工和教学工作的同仁的需要。全书共分为 11 章。其中，第 1、2、3 章为材料损伤分析部分，重点介绍混凝土的弹性与弹塑性分形损伤本构模型、混凝土综合分形损伤本构模型、混凝土双轴拉-压综合随机损伤本构模型、钢-混凝土界面的随机损伤本构模型与分形损伤本构模型等内容；第 4、5 章为构件与结构损伤分析部分，重点阐述型钢高强高性能混凝土框架梁、柱和钢筋混凝土剪力墙地震损伤演化的试验现象与规律、主要影响因素，给出框架梁、柱和剪力墙构件的累积损伤演化模型与基于损伤的恢复力模型，以及 SRC 框架结构的地震损伤模型和 RC 核心筒结构基于损伤的地震易损性模型；第 6、7 章为楼层与结构损伤分析部分，重点介绍 SRC 框架-RC 核心筒混合结构从构件到楼层、再从楼层到整体结构的损伤分析方法与理论模型；第 8、9 章为优化设计部分，重点介绍混凝土材料、型钢混凝土框架梁柱的多目标优化设计方法，以及 SRC 框架-RC 核心筒混合结构基于性能与失效模式的抗震优化设计方法；第 10、11 章为数值建模分析部分，重点介绍型钢混凝土构件考虑粘结滑移效应的非线性纤维梁柱单元建模方法、型钢混凝土梁-柱节点单元模型及其核心区剪切块数值模型。本书在内容的编排上，既注重全书的系统性，又考虑到每一章节的相对独立性，以便于读者学习。

本书由郑山锁、侯丕吉、王斌、李磊撰写，其中，郑山锁撰写了第 1、2、3、6、7、9 章，侯丕吉撰写了第 5、10 章，王斌撰写了第 4、11 章，李磊撰写了第 8 章，全书由郑山锁整理统稿。博士研究生谢明、李志强、王维、杨丰、陶清林、胡义、王晓飞、王帆、杨威、孙龙飞、于飞、任梦宁等参加了本书相关内容的试验与研究工作，本书的主要研究工作得到了国家科技支撑计划（2013BAJ08B03）、国家自然科学基金（90815005、50978218、51108376）、教育部高等学校博士学科点专项科研基金（20106120110003、20136120110003）；陕西省科研项目（2012K12-03-01、2011KTCQ03-05、2013JC16、2010K663）等项目的资助，在此一并表示衷心的感谢。作者也感谢西安建筑科技大学结构工程与抗震教育部重点实验室及陕西省重点实验室张兴虎、韩晓赢、弓学欢、张永利等老师在试验工作中提供的大量帮助。

限于作者水平，加之研究工作本身带有探索性质，书中难免存在疏漏和不妥之处，恳请读者批评指正。

目　录

1　混凝土的弹性与弹塑性分形损伤本构模型研究[1]

1.1　混凝土断裂面多重分形谱的二次拟合

混凝土作为一种非均质、不等向的，且随时间和环境条件而变化的多相混合建筑材料[2]，其力学性能具有明显的离散性和随机性，反映在几何形貌上就是断裂面的不规则性和凹凸无序性。

本节尝试采用 W-M 分形曲面法构造特定分形特征参数下混凝土的非规则断裂曲面，计算得到了混凝土非规则断裂面的多重分形谱。然后针对混凝土断裂面多重分形谱的几何特征，运用最小二乘法原理对断裂面的多重分形谱进行二次函数拟合。进而对拟合得到的多重分形谱进行定量的数学分析，以期实现对混凝土断裂面分形特征的准确描述与分析。

1.1.1　混凝土断裂面多重分形谱

采用 W-M 曲面构造方法构造分形维数 D_s=2.1、2.2、2.3、2.4 的分形曲面（其中 λ=1.5），以分别模拟强度等级为 C50、C35、C25、C15 混凝土试件的断裂面，如图 1.1 所示。用 W-M 分形曲面法构造的指定分形维数的分形曲面与混凝土的分形断裂面在“波峰”和“波谷”的分布、走向和变化趋势上有较好的相似性[3]。

在工程应用中，经常通过“实测点数”与“划分单元总数”的比值关系[4]，确定用 W-M 分形曲面法所构造的混凝土分形断裂面的精确度。经计算可知，用 W-M 分形曲面法构造的满足特定分形维数 D_s=2.1、2.2、2.3、2.4 要求的四组混凝土断裂面的精确度都在 90%以上，满足工程试验分析的精度要求。

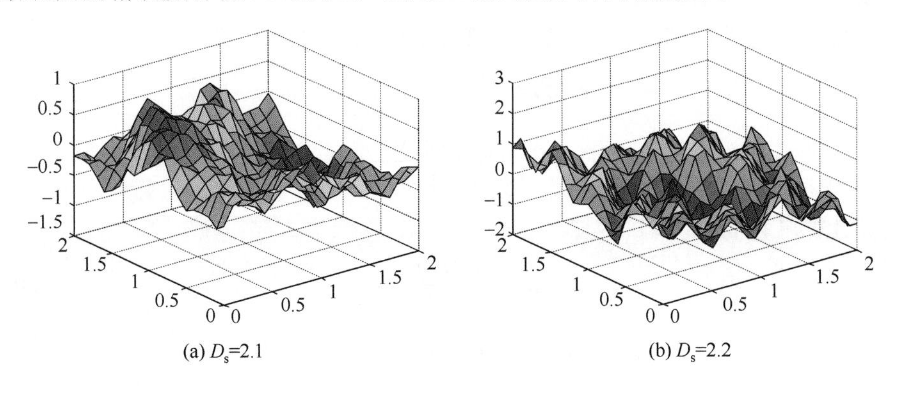

(a) D_s=2.1　　(b) D_s=2.2

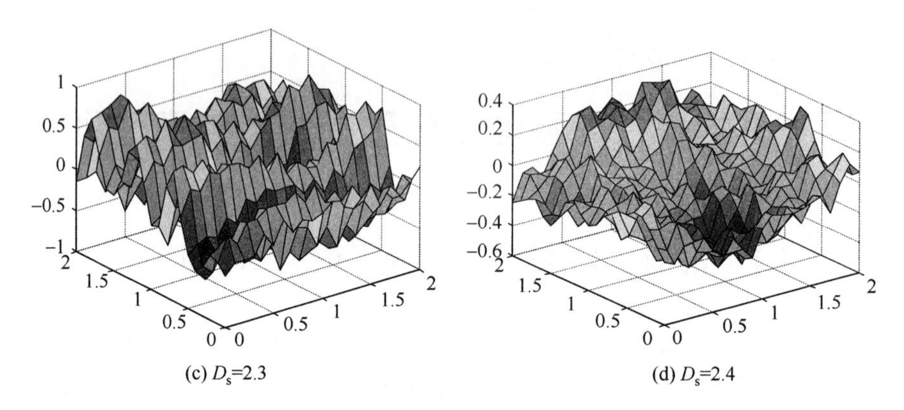

(c) D_s=2.3 (d) D_s=2.4

图 1.1 基于 W-M 方法构造的分形曲面

为简化计算，采用盒计数法计算混凝土断裂面的分形特性。

将混凝土分形断裂面在平均平面上划分为许多尺寸为 $l \times l$ 的小盒子，令 $\varepsilon = l / L$，L=512，$\varepsilon < 1$，P_{ij} 为第（i, j）个小盒子中断裂面高度分布概率，用以分形断裂面的平均值平面以下某一深度作为基准面计算高度分布的方法[5]来计算断裂面的高度分布概率：

$$P_{ij}(\varepsilon) = \frac{h_{ij}}{\sum h_{ij}} \tag{1-1}$$

式中，h_{ij} 为从基准面得到的第（i, j）个盒子的高度；$\sum h_{ij}$ 为所有高度值的总和。若高度分布属于多重分形，则有

$$P_{ij} \sim \varepsilon^{\alpha} \tag{1-2}$$

$$N_{\alpha}(\varepsilon) \sim \varepsilon^{-f(\alpha)} \tag{1-3}$$

式中，α 为标度奇异性指数，反映了分形体在不同小盒子尺寸 ε 下高度分布概率随 ε 变化的各个子集的性质；$N_\alpha(\varepsilon)$ 为分形体上以 α 为标度的子集中具有相同概率的盒子数；$f(\alpha)$为 α 所代表子集在整个分形曲面中所占比重的大小。一般情况下，$N_\alpha(\varepsilon)$随 ε 的减小而增大[6]。

依据统计物理学理论，q 阶配分函数 $\chi_q(\varepsilon)$ 可定义为

$$\chi_q(\varepsilon) = \sum P_{ij}(\varepsilon)^q = \varepsilon^{\tau(q)} \tag{1-4}$$

$$\tau(q) = \lim_{\varepsilon \to 0} \left[\frac{\ln \chi_q(\varepsilon)}{\ln \varepsilon} \right] \tag{1-5}$$

则由勒让德转换有

$$\alpha = \frac{\mathrm{d}[\tau(q)]}{\mathrm{d}q} \tag{1-6}$$

$$f(\alpha) = \alpha q - \tau(q) \tag{1-7}$$

式中，$\tau(q)$ 为质量指数函数；q 为权重因子，理论上 q 的范围越大越好（$-\infty < q < +\infty$），随着 $|q|$ 的增加，α 和 $f(\alpha)$ 的值逐渐接近理论极限值。但在实际计算过程中，随着 $|q|$ 的增大，将引起计算机发生溢出性错误；若范围过小，则不能全面反映研究对象的概率分布。实际计算时 q 不可能取无穷大，可以通过 $f(\alpha)$ 和 α 随 q 值的增大而趋于饱和来确定 $|q|_{\max}$，本书取 $|q|_{\max}=50$。

图 1.2 为通过上述计算步骤计算得到的强度等级为 C50、C35、C25、C15 混凝土所对应分形维数 D_s=2.1、2.2、2.3、2.4，λ=1.5 的 W-M 混凝土分形断裂面的多重分形谱。

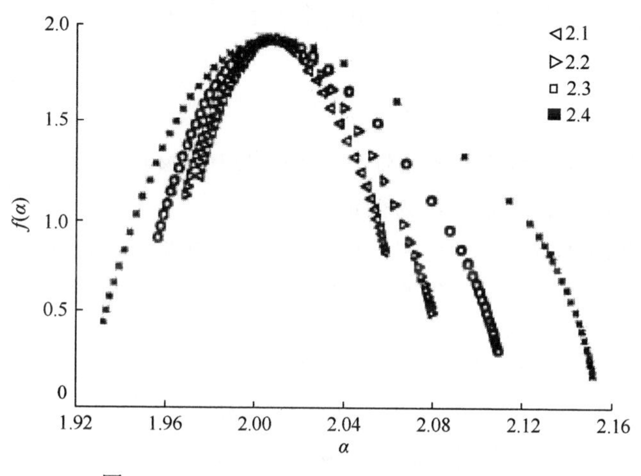

图 1.2 D_s=2.1、2.2、2.3、2.4 多重分形谱

对比图中四条多重分形谱可以发现，随着混凝土断裂面分形维数的增加，其不规则断裂面的多重分形谱越饱满，多重分形谱的跨度越大；混凝土断裂面越粗糙、凹凸不平，多重分形谱的起点和结束点越低。这意味着概率大的子集和概率小的子集在混凝土断裂面中占的比例越大。

结合混凝土真实断裂面发现，这四组混凝土分形断裂面中的“波峰”就是突出的粗骨料，“波谷”就是同一块混凝土试件的另一半分形断裂面上“波峰”所对应的位置。文献[2]指出，粘结在粗骨料界面上的水泥砂浆和填充在粗骨料之间的水泥砂浆的强度对混凝土的强度起决定作用，而粗骨料的强度对混凝土强度的影响不大，即混凝土断裂面中的裂缝主要是沿着粗骨料的边界扩展的。这一点在混凝土分形断裂面的多重分形谱中得到了很好的体现。

1.1.2 混凝土断裂面多重分形谱的二次拟合

从式（1-6）和式（1-7）可以看出，多重分形谱不能用一个具体、简单、明了、统一的函数式来表达，这对多重分形谱进行定量分析带来了一定的难度。但是从图 1.2 中可以看出，多重分形谱的走向和轮廓线规律性还是比较明显的，其近似于一条连续可导的或是左钩或是右钩的钟形曲线。基于此，本节采用最小二乘法原理对 W-M 断裂面的多重分形谱进行二次函数拟合。由于 D_s=2.1、2.2 的多重分形谱的形状和走势基本相同，在试验数据的分析中可以借用 D_s=2.1 的多重分形谱对 D_s=2.2 的多重分形谱的变化规律进行表述。故本节略去了对 D_s=2.2 的多重分形谱的二次拟合的计算。

注意到混凝土分形断裂面的多重分形谱左半部分与右半部分的走势和变化规律不同，为了能更精确地用拟合曲线体现多重分形的变化规律，本节对多重分形谱的二次拟合曲线在点（2.0，2.0）两侧用分段函数的形式表达。

二次拟合公式如下：

$$f(\alpha)=A(\alpha-\alpha_0)^2+B(\alpha-\alpha_0)+C \tag{1-8}$$

式中，α 为标度奇异性指数，它是对子集概率大小的反映；α_0 为分形谱中最大分形维数对应的 α 值；A、B、C 为待定的未知量。

α 是标度奇异性指数，α 越大，其所代表的子集的概率越小；α 越小，其所代表的子集的概率越大。反映在多重分形谱中为 α 越大，概率越小的子集对多重分形谱的影响越大；α 越小，概率越大的子集对多重分形谱的影响越大。$\Delta\alpha=\alpha_{max}-\alpha_{min}$ 反映了分形曲面内部的差异性程度和变化范围（分布密度、长度和空间分布均匀性等性质）[7]。$|A|$ 在多重分形谱中代表的含义是 $\Delta\alpha$，$|A|$ 越小，$\Delta\alpha$ 越大，混凝土分形断裂面分布越不均匀、越离散；反之，$|A|$ 越大，$\Delta\alpha$ 越小，混凝土分形断裂面差异越小，分布越集中、越均匀。

C 在多重分形谱中反映的是 $f(\alpha)_{max}$ 的大小，C 越大，$f(\alpha)_{max}$ 越大，混凝土的破坏程度越高，即混凝土质量越差，混凝土分形断裂面越复杂、越不规则；反之，C 越小，$f(\alpha)_{max}$ 越小，则混凝土越完整，混凝土质量越好。

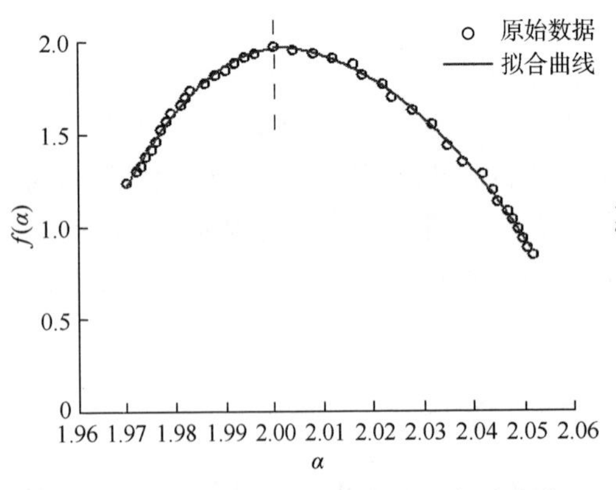

图 1.3　D_s=2.1 左、右两半部分多重分形谱拟合曲线

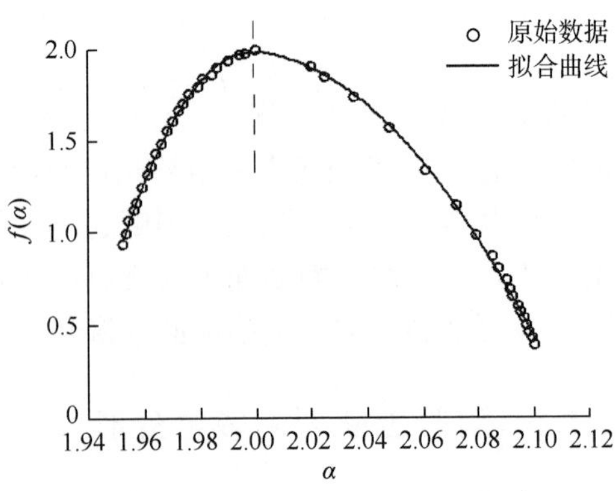

图 1.4　D_s=2.3 左、右两半部分多重分形谱拟合曲线

图 1.3 给出了 D_s=2.1 的多重分形谱的拟合函数曲线与试验值的对比，拟合得到的多重分形谱函数左、右两半部分可分别表达为

$$f(\alpha)=-787.1(\alpha-2)^2+1.3(\alpha-2)+2.1 \quad (1\text{-}9)$$

$$f(\alpha)=-396.27(\alpha-2)^2-0.88(\alpha-2)+1.92 \quad (1\text{-}10)$$

图 1.4 给出了 D_s=2.3 的多重分形谱的拟合函数曲线与试验值的对比，拟合得到的多重分形谱函数左、右两半部分可分别表达为

$$f(\alpha)=-484.2(\alpha-2)^2-2.2(\alpha-2)+1.94 \quad (1\text{-}11)$$

$$f(\alpha)=-139.5(\alpha-2)^2-1.7(\alpha-2)+2.0 \quad (1\text{-}12)$$

图 1.5 给出了 D_s=2.4 的多重分形谱的拟合函数曲线与试验值的对比，拟合得到的多重分形谱函数左、右两半部分可分别表达为

$$f(\alpha)=-323.8(\alpha-2)^2-2.6(\alpha-2)+2.0 \quad (1\text{-}13)$$

$$f(\alpha)=-93.95(\alpha-2)^2+2.5(\alpha-2)+1.94 \quad (1\text{-}14)$$

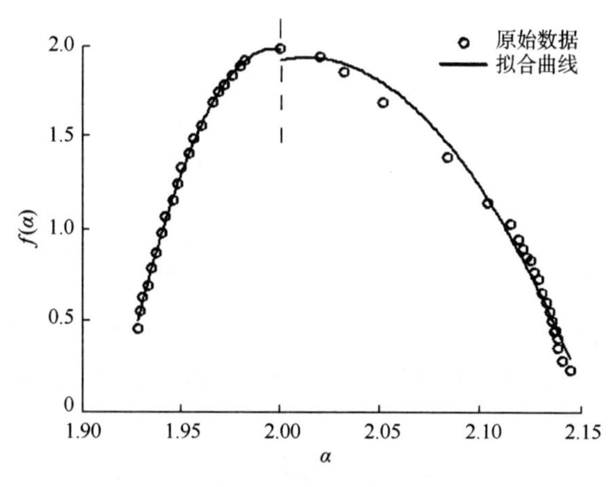

图 1.5 D_s=2.4 左、右两半部分多重分形谱拟合曲线

从图 1.3～图 1.5 中可以看出，拟合曲线与试验数据之间的相关程度较高，满足工程精度的要求。对拟合得到的多重分形谱函数表达式的定量分析表明，不同分形特性的混凝土断裂面具有不同的多重分形谱拟合曲线，从而可以用相应拟合曲线表述不同混凝土断裂面的分形特性。

多重分形谱的左半部分描述的是概率大（即起伏程度较大）的子集在断裂面中所占比重的大小。子集的概率越大（即起伏程度越大），断裂面越粗糙，相应的 α 越小。

多重分形谱的右半部分描述的是概率小（即起伏较小）的子集在断裂面中所

占比重的大小。子集的概率越小（即起伏程度越小），断裂面趋于一个平面，相应的α越大。

从上述图像中还可以发现，多重分形谱右半部分的$|A|$小于左半部分的$|A|$，表明多重分形谱右半部分的开口宽度大于左半部分的开口宽度，开口宽度越大说明多重分形谱描述的子集的种类越多。所以右半部分所代表的子集在对多重分形谱的描述中占主要地位。具体在混凝土断裂面裂纹的扩展上可理解为，裂纹主要在水泥砂浆中产生，此时产生的断裂面近似一个平面。$|A|$越小，开口越大，混凝土断裂面包含的不同概率大小的子集种类越多，则混凝土断裂面越粗糙，整体性越差，混凝土试件的强度越低；反之，$|A|$越大，开口越小，混凝土断裂面包含的不同概率大小的子集种类越少，则混凝土断裂面越平整，整体性越强，混凝土试件的强度越高。

表 1.1 是对 D_s=2.1、2.3、2.4 的混凝土断裂面多重分形谱二次拟合后得到的部分参数值。结合表 1.1 和图 1.5 可以看出，随着$\Delta\alpha$从 0.082 增加到 0.214，$|A|$从 787.1 减小到 93.954，混凝土断裂面分布越不均匀，差异性越大，离散性越大；随着$\Delta f(\alpha)$从 1.297 增大到 1.698，混凝土断裂面的起伏越大，整体性越差。

表 1.1　多重分形谱部分参数值

分形维数	α_{min}	α_{max}	$\Delta\alpha$	α_0	$f(\alpha_{min})$	$f(\alpha_{max})$	$f(\alpha)_{max}$	$\Delta f(\alpha)$
D_s=2.1	1.970	2.052	0.082	2.0	1.353	0.803	2.1	1.297
D_s=2.3	1.952	2.099	0.507	2.0	0.921	0.465	2.0	1.538
D_s=2.4	1.928	2.146	0.214	2.0	0.509	0.302	2.0	1.698

由多重分形谱的计算公式可知，q是权重因子，也是多重分形谱的切线斜率，即$q=\mathrm{d}f(\alpha)/\mathrm{d}\alpha$ [8]。无论是多重分形谱拟合函数的左半部分还是右半部分都存在不等式：

$$\frac{\mathrm{d}q}{\mathrm{d}\alpha}=\frac{\mathrm{d}^2 f(\alpha)}{\mathrm{d}\alpha^2}<0 \tag{1-15}$$

从式（1-15）可以看出，q随着α的增大而减小。q在拟合曲线的左半部分是正值且不断减小，在拟合曲线右半部分是负值，$|q|$随着α不断增加。当$q\to+\infty$时，最大概率子集对多重分形谱起决定作用，即混凝土的断裂面为一个较大的“波峰”或“波谷”；当$q\to-\infty$时，最小概率子集对多重分形谱起决定作用，即混凝土的断裂面近似于一个平面。

通过对多重分形谱拟合函数表达式的数学层次的计算，可以很明显地发现哪一部分子集对多重分形谱的形状和变化趋势影响较大，从而推测出混凝土断裂面的整体形状和局部细节特征。

1.2 试验研究

为了研究混凝土在断裂损伤过程中断裂面的分形特性及其发展规律，本章在对比研究他人已有研究成果和课题组已有研究成果的基础上，补充进行了部分强度等级混凝土的单轴压缩试验和循环加载试验。在进行力学试验的同时进行了基于医用 CT 扫描技术的混凝土试件断面扫描试验，研究了混凝土分形特性参数随加载过程的变化规律，以及骨料级配、水灰比、含水率等因素与混凝土断裂面分形参数的关系。

1.2.1 混凝土试件设计

现有的国内外关于混凝土分形特征试验研究主要针对普通强度等级混凝土，对高强度等级混凝土和超高强度等级混凝土的分形特性试验研究鲜有报道。所以，为了有效地研究不同强度等级混凝土断裂损伤力学性能与其断面分形特征变化规律，在课题组以往进行的试验研究基础上，补充进行了不同等级混凝土（尤其是超高强混凝土）力学试验。

配制目标主要有：①配制混凝土应具有良好的黏聚性和满足施工要求的流动性，其坍落度应达到 150mm 以上；②耐久性指标要高，以避免服役期间因耐久性显著降低而导致整体结构提前退出工作的情况；③满足混凝土断裂损伤过程中，断裂面分形维数及其他分形特征变化规律研究。观察高强高性能混凝土损伤过程中裂缝和断裂面的开始和发展规律，记录裂缝和裂纹发展过程图像，分析其分形特征的变化规律。

用于 CT 断层扫描的混凝土试件采用 150mm×150mm×150mm 的标准试块。混凝土强度等级为 C110、C120、C130、C140 和 C150，每个等级取 6 个试块，共 90 个试块[9]。

1.2.2 试验方案设计

1. 试验设备

利用西安建筑科技大学结构实验室 TYA-2000 型电液式压力试验机对试件进行单轴压缩试验，加载速率控制为 1.2×10^{-3}kN/s。

采用陕西省人民医院影像中心西门子 64 层医用螺旋 X 射线 Computed Tomography（CT）断层诊断仪对混凝土试件进行定位扫描，记录试块各断层原始情况，扫描层厚 1.0mm，间距 23.8mm。

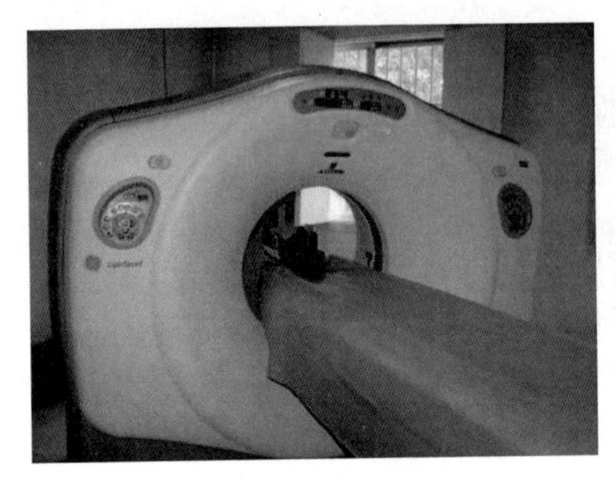

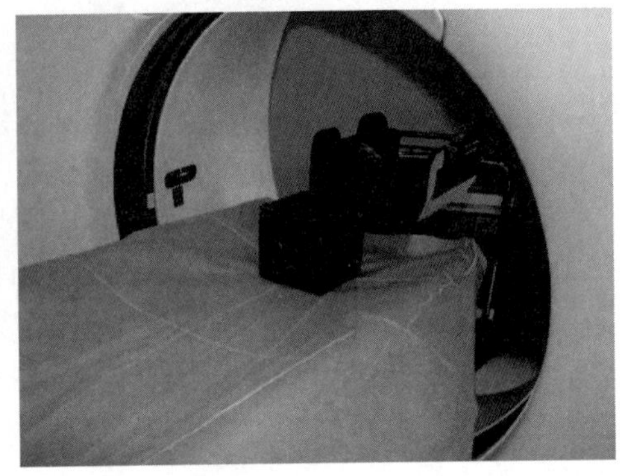

图 1.6　西门子 64 层医用 CT 断层诊断仪

2. 试件扫描位置的选择

若承载钢板与试件端面没有摩擦力的影响，则产生与加载方向大致平行的竖向裂缝，最终产生竖向破裂面；若承载钢板与试件端面有摩擦力的影响，最终将产生锥形破裂面。从混凝土细观破坏机理分析出发，选取竖向裂缝所在的面层为断裂扫描面层，进行 CT 扫描试验。

图 1.7 给出了混凝土立方体试块断层扫描时每个扫描层的位置。

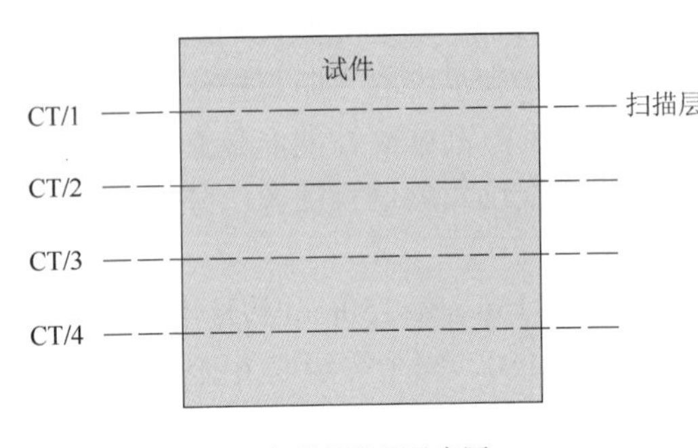

(a) 扫描层位置示意图

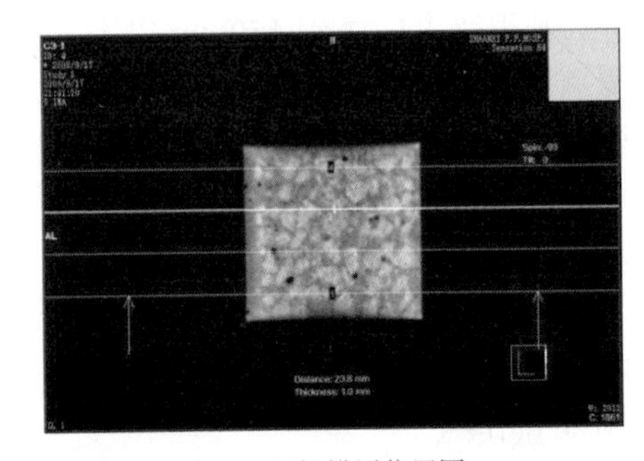

(b) CT扫描层位置图

图 1.7　部分试件初始状态的扫描层位置

1.2.3　试验结果及分析

在加载至预估峰值荷载的 90%时，对混凝土试验试块进行第二次 CT 断层扫描。记录该状态下初始扫描断面上混凝土裂纹的发展情况，并对扫描所得的断层图像进行分形特征分析。继续对试块施加荷载，并逐级进行扫描，荷载级差为预估峰值荷载的 2%左右，直至试件受压破坏。

试验所得逐级 CT 扫描试验结果如图 1.8 所示。

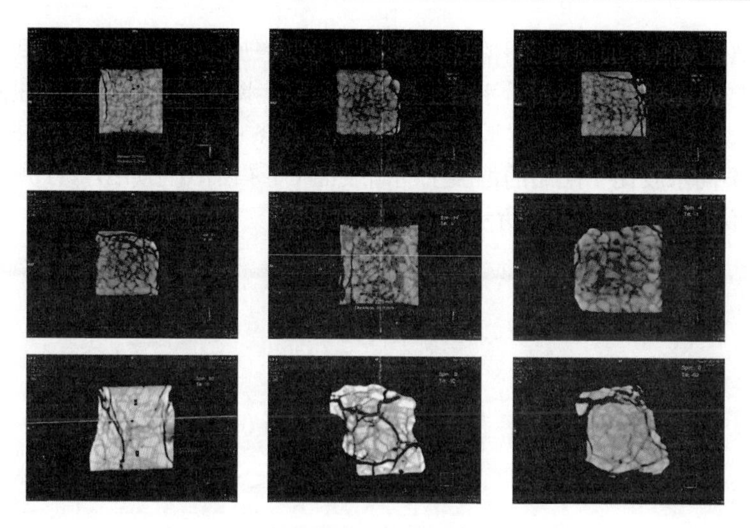

图 1.8　部分试件 CT 扫描试验结果

受试验条件限制，作者未进行混凝土损伤断裂全过程 CT 扫描试验，本试验所得数据均为混凝土阶段卸载后的断裂面形态。所以后面提及的断裂面分形维数有两种不同的含义：其一，不同阶段的混凝土断裂面的分形维数（用于弹性/弹塑性损伤本构模型的建立）；其二，最终破裂面的分形维数（除上述情况外使用）。

1. 配比参数对力学性能及分形特性的影响

1）水胶比

为了研究水胶比对混凝土性能和断裂面分形维数的影响，配制三组不同水胶比的混凝土试件，同时进行单轴压缩和 CT 无损扫描试验，分别测得三组不同水胶比下混凝土的坍落度、抗压强度和断裂面分形维数。混凝土抗压强度和坍落度随水胶比的变化关系曲线如图 1.9 和图 1.10 所示。

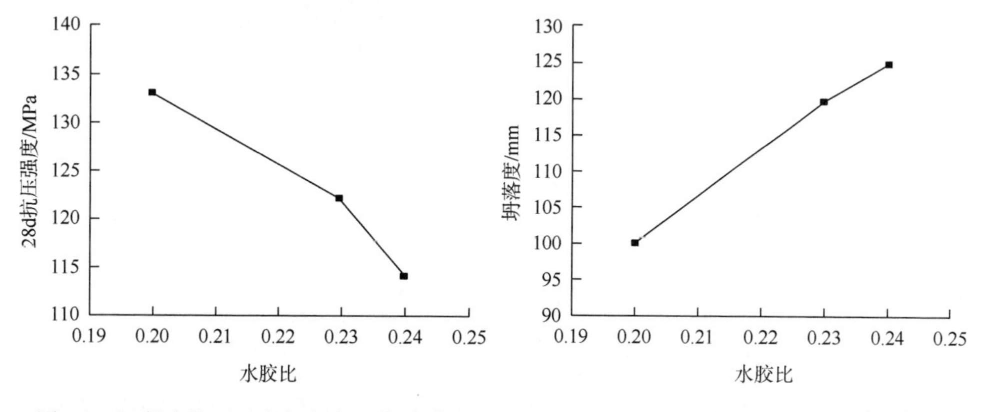

图 1.9　混凝土抗压强度与水胶比关系曲线　　图 1.10　混凝土坍落度与水胶比关系曲线

由两图可知，混凝土的坍落度随着水胶比的增加而逐渐增大，拌和物的流动性变好，同时混凝土强度随着水胶比的增大而逐步降低，而后又呈现出逐渐降低的趋势。试验研究表明，在水胶比不超过 0.25 的条件下可实现混凝土的高强化。

三组不同水胶比下配制的混凝土的断裂面 CT 扫描图像如图 1.11 所示，其分形维数值拟合关系如图 1.12 所示。

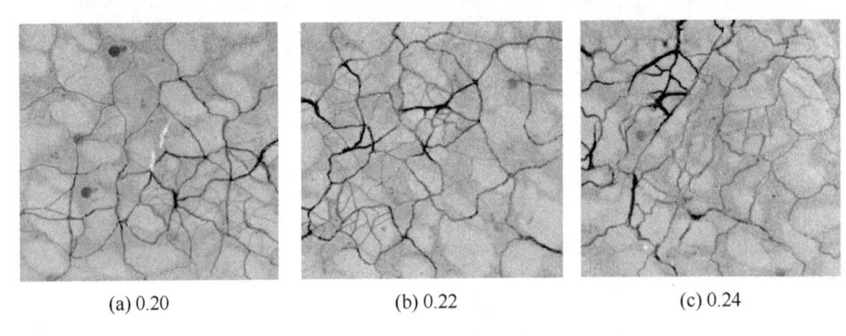

(a) 0.20　(b) 0.22　(c) 0.24

图 1.11　不同水胶比对应的断面 CT 扫描图像

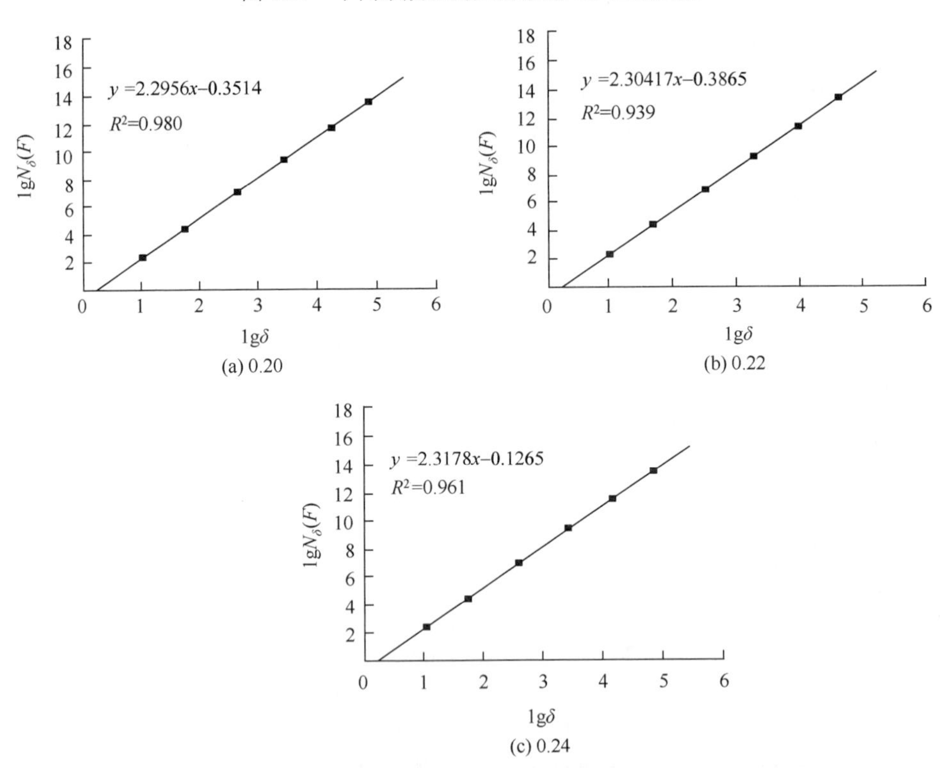

图 1.12　不同水胶比对应的断裂面灰度图像分形维数拟合结果

混凝土断裂面分形维数值与水胶比的关系如图 1.13 所示。从图中可以看出，分数维数值与水胶比的变化关系大致呈单调增长的趋势，水胶比越大，分形维数越高。事实上，这是由于水胶比越大，基体强度就越低，界面强度也越低，裂缝绕粗骨料开展得越多，断裂面越凹凸不平，断裂面的分形维数值也就越大。

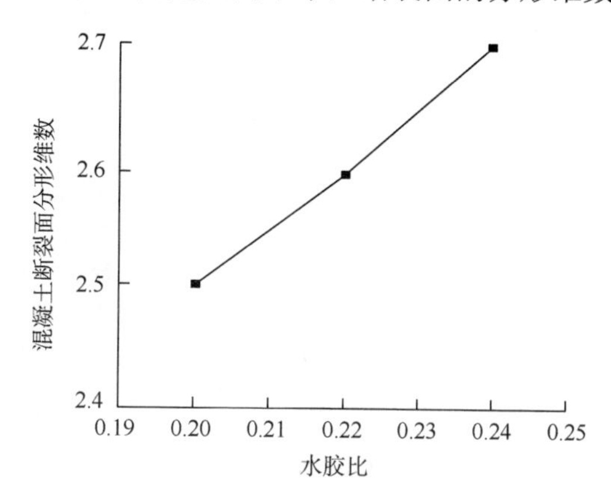

图 1.13 混凝土断裂面分形维数与水胶比关系

2）胶凝材料

三组胶凝材料总用量分别为 450 kg/m^3、500 kg/m^3 和 550 kg/m^3 的混凝土试件单轴压缩和 CT 扫描试验揭示了混凝土胶凝材料用量对坍落度及强度的影响，分别如图 1.14 和图 1.15 所示。

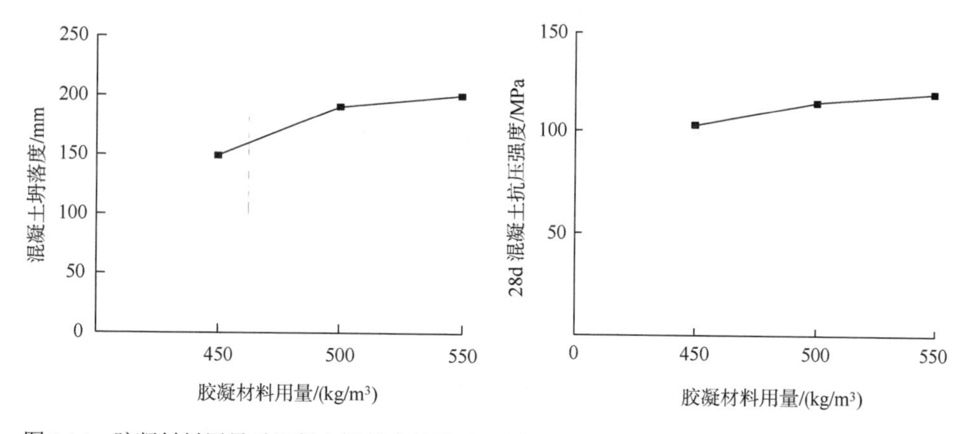

图 1.14 胶凝材料用量对混凝土坍落度的影响 图 1.15 胶凝材料用量对混凝土强度的影响

由图 1.14 可知，在基本保持其他材料用量不变的前提下，混凝土拌和物的坍落度随着胶凝材料用量的增加而得到了提高。究其原因，主要是当水胶比恒定时，胶凝材料用量的增加将使得拌制相同体积的混凝土所需的用水量同时增加，从而在一定程度上增加了水泥浆体的用量，并且这样一来，拌制相同体积的混凝土所需骨料用量有所下降。通过分析图 1.15 可知，胶凝材料用量对混凝土抗压强度也有很大的影响，这表现为混凝土的抗压强度随着胶凝材料用量的增加而逐渐提高。事实上，这也主要是胶凝材料用量的增加导致了混凝土拌和物流动性降低，从而使得拌和物成型相对密实而引起的。

胶凝材料用量为 450kg/m^3、500kg/m^3、550kg/m^3 时混凝土的断裂面 CT 扫描图像如图 1.16 所示。其分形维数值拟合关系如图 1.17 所示。

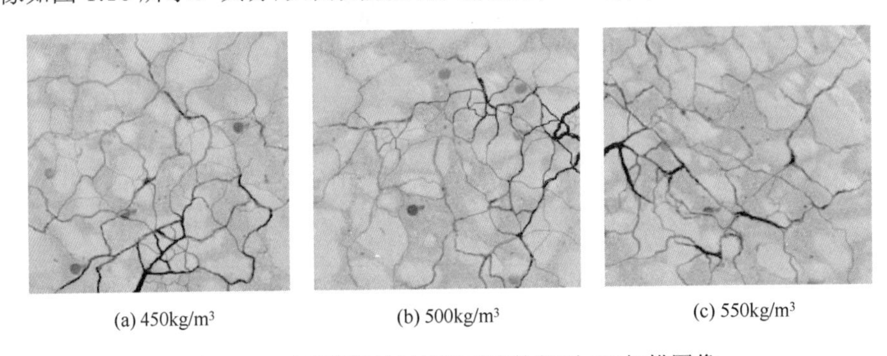

(a) 450kg/m^3　　(b) 500kg/m^3　　(c) 550kg/m^3

图 1.16　不同胶凝材料用量对应的断面 CT 扫描图像

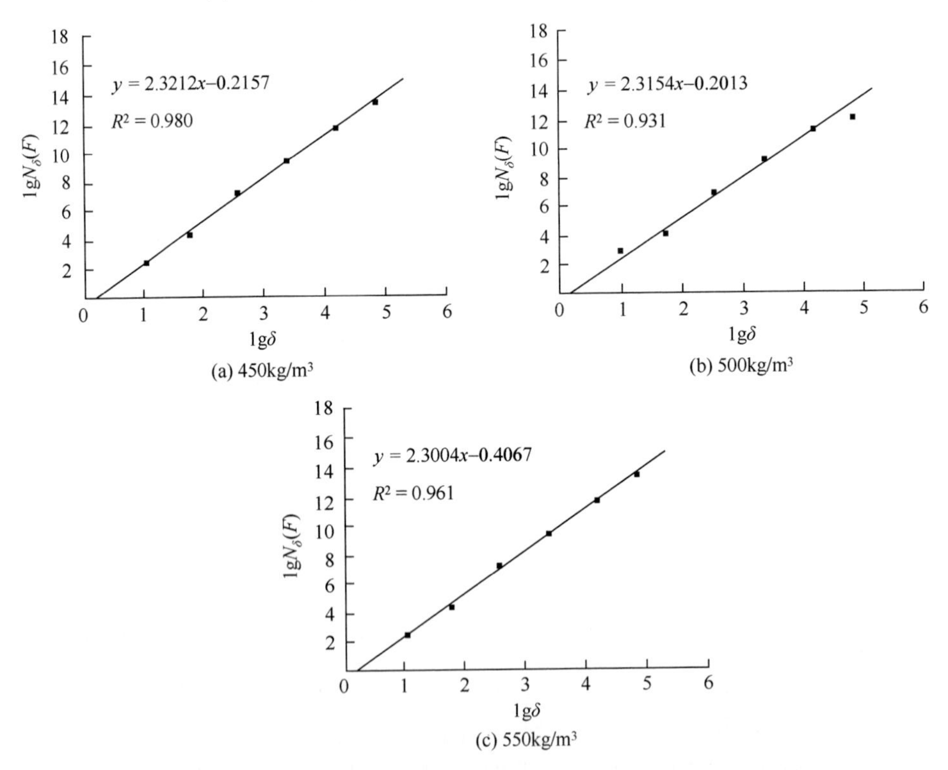

(a) 450kg/m^3　　(b) 500kg/m^3　　(c) 550kg/m^3

图 1.17　不同胶凝材料用量对应的断裂面灰度图像分形维数拟合结果

胶凝材料用量与分形维数值的关系如图 1.18 所示。从图中可以看出，分形维数随胶凝材料用量的增加而降低。由于胶凝材料用量的减少，混凝土材料基体强度有所降低，界面结合强度也就降低，导致裂缝绕骨料开展的就会越多，最终所得的断裂面呈现出更为明显的非规则性，断裂面的分形维数值也就越大。

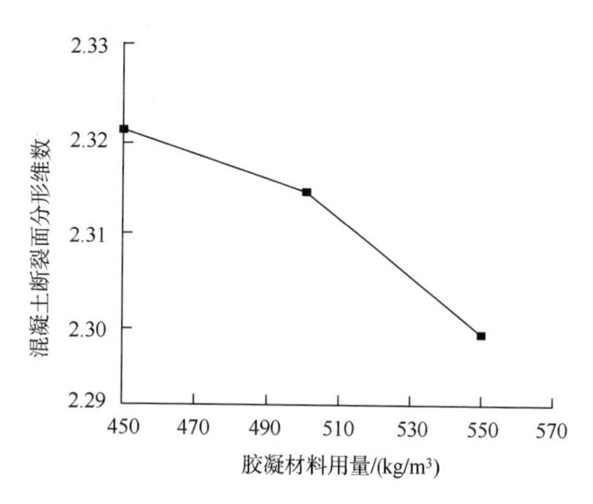

图 1.18　胶凝材料用量对混凝土断裂面分形维数的影响

3）混凝土最大骨料粒径

为研究三组不同粗骨料最大粒径级配对低水胶比混凝土强度、和易性和断裂面分形维数的影响规律，在试验中保持各组的矿物掺合料掺量、水胶比和砂率都相同。试验结果表明，碎石粗骨料的强度对混凝土性能影响不大，但其级配对混凝土性能的影响较为明显。试验选用陕西省泾阳县碎石，配制过程中严格控制骨料中杂质和针片状碎石的含量，尽量降低有可能会对强度和性能带来影响的孔隙率。

为研究粗骨料级配对低水胶比混凝土强度及和易性的影响，试验采用 A（5～10mm）、B（5～20mm）、C（5～25mm）三种级配方案。试验中水泥依旧采用“秦岭”牌 P·O52.5R 水泥，减水剂仍为聚羧酸系高效减水剂。

图 1.19 和图 1.20 分别为粗骨料级配对混凝土强度和坍落度的影响曲线。

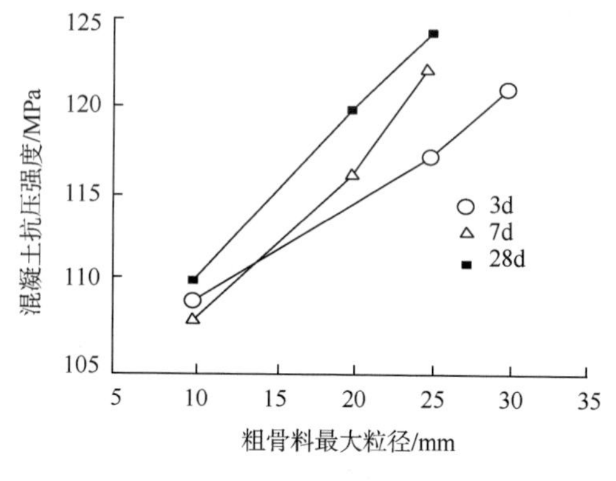

图 1.19　粗骨料级配对不同龄期混凝土强度的影响曲线

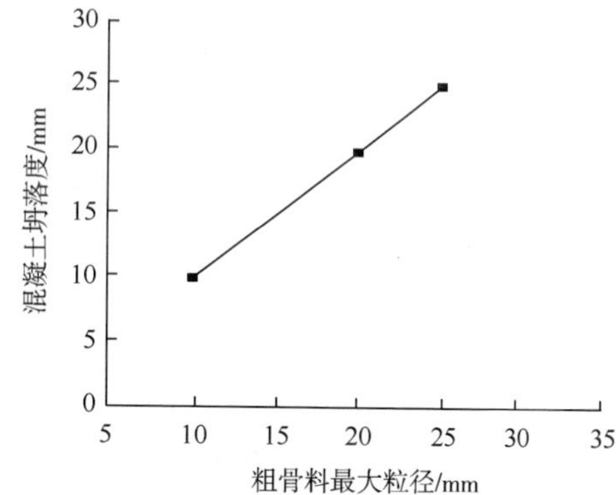

图 1.20　粗骨料级配对混凝土坍落度的影响曲线

由图 1.19 可知，混凝土强度随粗骨料最大粒径的增加较明显。在混凝土水化初期，粗骨料最大粒径越小，其强度越高，随着水化的进行，出现某个对混凝土强度极具贡献的最佳粗骨料粒径，并且认为最佳粒径处在 5～20mm。由图 1.20 可知，混凝土的坍落度随粗骨料最大粒径的增大而增大，这主要是由于水化初期较小粒径的骨料能够较快地与胶凝材料结合，并且粘结面积相对较大，从而提高了粘结强度；而相比之下，在混凝土拌和物中较大粒径的骨料颗粒下沉速度较快，从而造成混凝土拌和物成分分布不均，最终影响其强度。在粗骨料最大粒径逐渐增大的同时，混凝土拌和物的流动性也相应有所提高，这一现象主要是混凝土内部粗骨料的总表面积随着粗骨料最大粒径的增大而减小，从而使所需的润湿水减少而造成的。

粗骨料最大粒径为 10mm、20mm、25mm 的混凝土的断裂面 CT 扫描图像如图 1.21 所示，其对应的分形维数值拟合关系如图 1.22 所示。

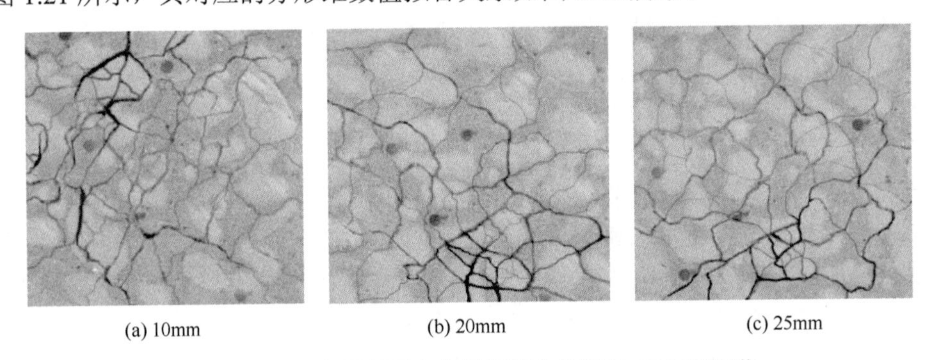

(a) 10mm (b) 20mm (c) 25mm

图 1.21 不同粗骨料最大粒径混凝土的断面 CT 扫描图像

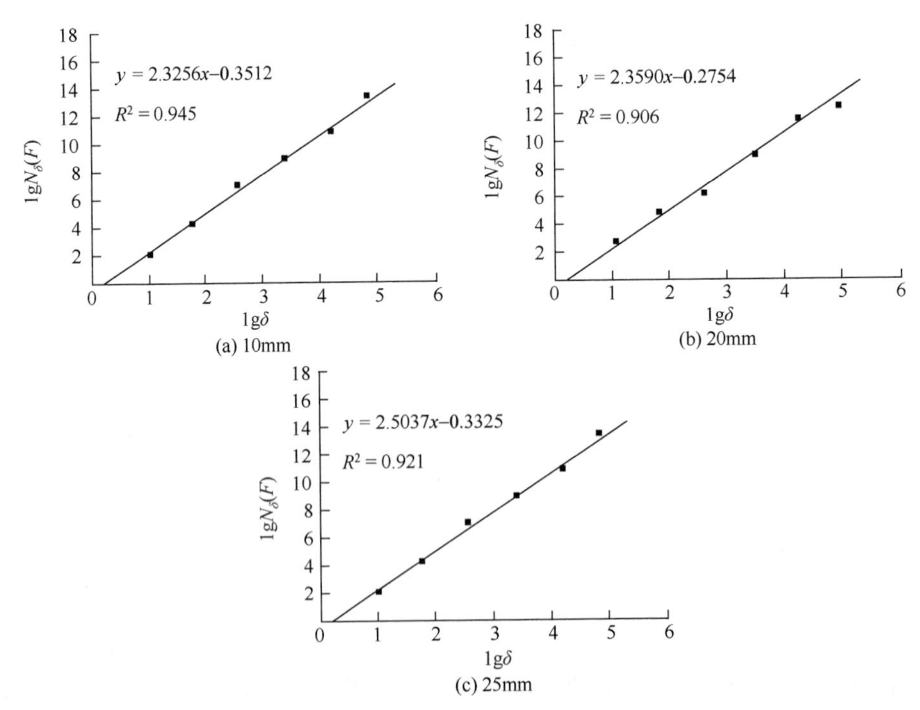

(a) 10mm (b) 20mm (c) 25mm

图 1.22 不同粗骨料最大粒径混凝土的断裂面灰度图像分形维数拟合结果

如图 1.23 所示，当水胶比相同时（同取为 0.24），断裂面分形维数值随着粗骨料最大粒径的增加而增加。这是因为随着粗骨料最大粒径的增加，单个碎石与水泥浆体胶结界面过渡层的周长和厚度都有所增加，从而增大了形成较大缺陷的可能性，进而导致骨料与胶体材料的界面强度降低，而且骨料粒径越大，自身存在缺陷的概率就越大，这导致材料非均匀程度增加。粗骨料由于粒径增加而引起材料内部不均匀性的增加与断裂面分形维数增加所反映的材料断裂破坏的复杂性及非规则性是一致的。

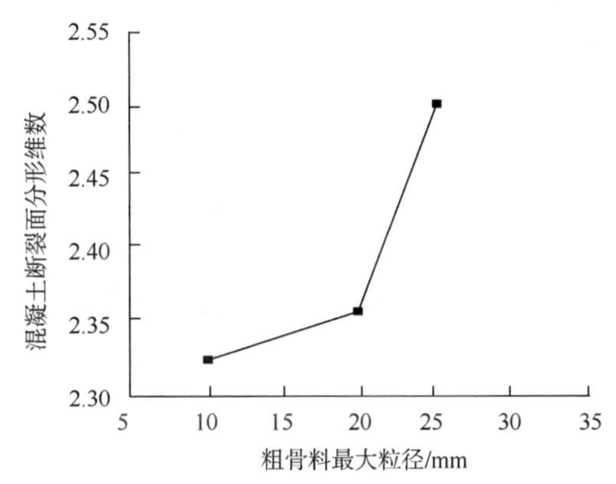

图 1.23 粗骨料最大粒径对混凝土断裂面分形维数的影响

2. 混凝土分形断裂能

混凝土断裂能 G_F 是基于 Hillerborg 虚拟裂纹模型[10]，针对线弹性断裂力学理论不能很好地反映混凝土非线性特征而提出的一个非线性断裂参数。所谓 G_F 是指混凝土在拉应力作用下从裂纹起裂、扩展、汇聚直至最终断裂，混凝土单位断裂面积所消耗的总能量。记 G_f 为 RILEM 方法得到的试验断裂能数值，而混凝土分形断裂能为 G_f^*，分形断裂能是不受尺寸影响的参数，定义为延伸每单位分形长度时所消耗的能量[11]。

根据材料断裂时所要耗散的总能量 W 的表达式，可以得出名义断裂能和分形断裂能的关系：

$$W = G_F A_0 = G_f^* A_{dis}^* \tag{1-16}$$

又因为 $A_{dis}^* \sim b^{2.5}$，所以由式（1-16）可以得

$$G_F \sim G_f^* b^{0.5} \tag{1-17}$$

式（1-17）说明名义断裂能和分形断裂能之间存在相关关系。由文献[12]得

$$G_F = \begin{cases} G_f^* \delta_0^{1-D} b^{D-1}, & b \leqslant l_c \\ D G_f^* \delta_0^{1-D} l_c^{D-1} + \dfrac{(D-1) G_f^* \delta_0^{1-D} l_c^D}{b}, & b > l_c \end{cases} \tag{1-18}$$

式中，δ_0 为分形低界，一般假设其等于混凝土骨料的最小半径。

由式（1-18）知，无论 $b>l_c$ 还是 $b \leqslant l_c$，G_F 都随 b 的增大而增大，较好地反映了混凝土的断裂能尺寸效应，这与文献[11]的理论是一致的。文献[11]给出的 G_f^* 的计算公式为

$$G_f^* = \frac{G_F^\infty}{\sqrt{l_{ch}}} \tag{1-19}$$

式中，G_f^∞ 和 l_{ch} 都是双参数模型，其值分别为有边界约束的大板的渐近极大值和极小值。

根据前面的试验结果，计算得到各个试件对应的分形断裂能 G_f^*，结合分形维数 D 和临界长度 l_c 值，代入式（1-18）求得名义断裂能 G_F。

图 1.24 和图 1.25 表明，分形断裂能和名义断裂能都与分形维数 D 有显著的线性正相关性，这与文献[13]的结论一致。说明式（1-19）中 D 的影响是很明显的，而分形维数有作为混凝土安全和稳定性评估参数的可能。该部分研究内容为下面关于混凝土分形能量转化规律的研究奠定了基础。

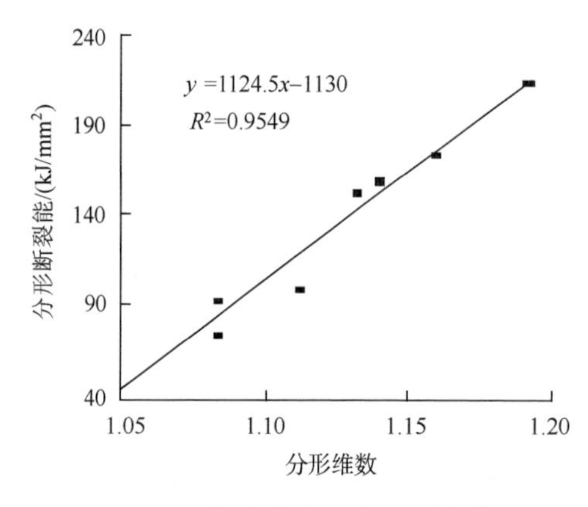

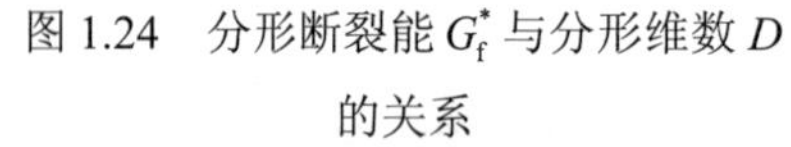
图 1.24　分形断裂能 G_f^* 与分形维数 D 的关系

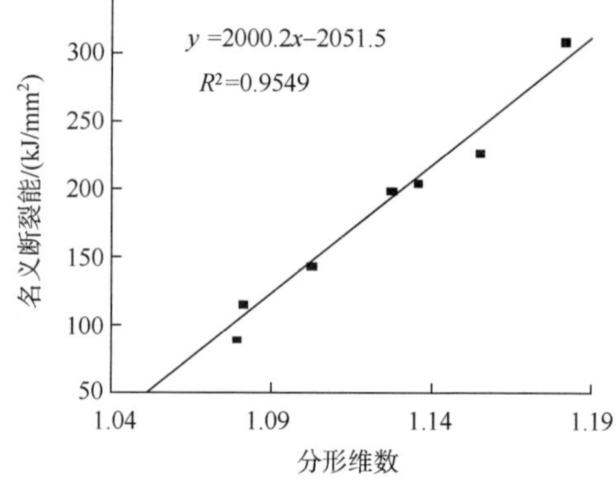

图 1.25　名义断裂能 G_F 与分形维数 D 的关系

3. 混凝土分形维数与强度等级的关系

以往的试验研究结果表明，混凝土断裂面的分形维数随混凝土强度等级的提高而降低[14]。

本书在进行超高强高性能混凝土损伤断裂过程 CT 扫描试验过程中发现，超高强高性能混凝土的断裂面分形维数随混凝土强度等级的上升略有增大，这一规律与普通强度等级混凝土断裂面分形维数随强度等级上升而下降的规律是截然相反的[9]，如图 1.26 所示。

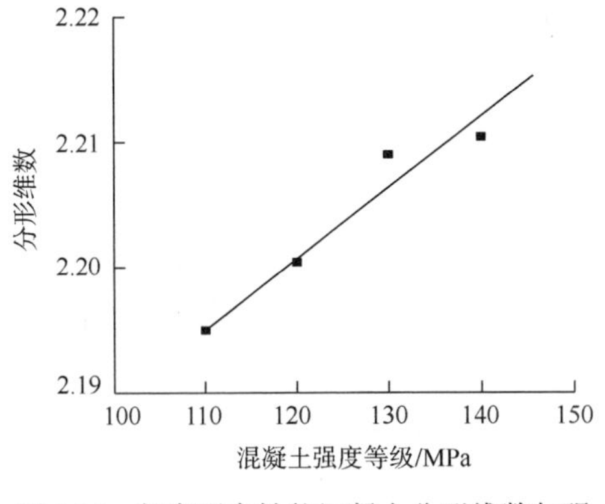

图 1.26 超高强高性能混凝土分形维数与强度等级关系

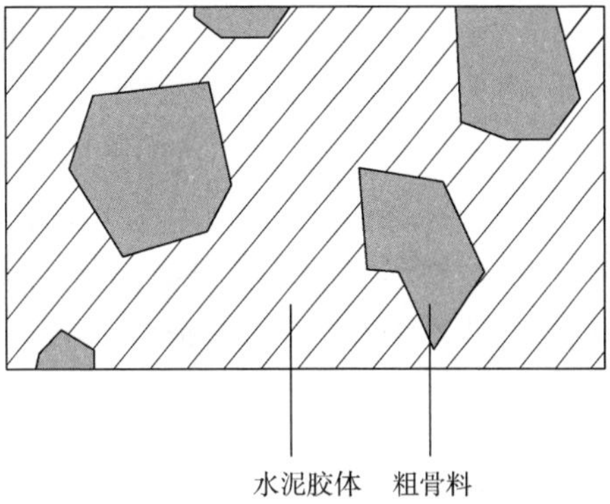

水泥胶体 粗骨料

图 1.27 混凝土细观结构示意图

究其原因，应该是混凝土粗骨料与水泥胶体之间的强度相对大小的变化引起的。混凝土是一种典型的多材料组成的复合材料，但在细观层次上可以认为硬化后的混凝土主要是由粗骨料与水泥胶体（由水泥、细骨料和其他掺合物组成）组成的复合体。

混凝土可认为是粗骨料和水泥胶体组成的复合材料，且这两种组成材料的强度大小决定了混凝土的强度大小。在普通强度等级混凝土中，粗骨料的强度大于水泥胶体的强度；在高强混凝土中，水泥胶体的强度接近或等于粗骨料的强度；而在超高强高性能混凝土中，水泥胶体的强度甚至大于粗骨料的强度。混凝土抗拉或抗压试验中裂纹在不同强度等级混凝土中的开展路径规律有效地佐证了上述观点：在普通强度等级混凝土中，裂纹是绕过粗骨料开展的；在高强混凝土中，裂纹开始出现穿过粗骨料开展的情况；而在超高强高性能混凝土中，裂纹几乎是穿过粗骨料开展的（图 1.27）。

粗骨料和水泥胶体力学性能的差异导致了混凝土在宏观力学性能上表现出的随机性与离散性及断裂面的非规则性，而混凝土断裂面的非规则性刚好可以用分形维数去度量。所以混凝土中粗骨料与水泥胶体的强度差异越大，混凝土不规则性越强，混凝土断裂面的分形维数就应该越大，即

粗骨料与水泥胶体性能差异明显

↓

混凝土非规则性增强

↓

混凝土断裂面分形维数增大

亦然：

粗骨料与水泥胶体性能接近

混凝土非规则性减弱

混凝土断裂面分形维数减小

基于上述分析，可以得出如下结论。

（1）在普通强度等级混凝土中，随着强度等级的提高，水泥胶体与粗骨料的性能差异逐步缩小，所以混凝土非规则性减弱，从而导致混凝土断裂面分形维数减小。

（2）在高强混凝土中，粗骨料与水泥胶体性能接近，所以混凝土非规则性不明显，导致混凝土断裂面分形维数较为稳定。

（3）在超高强高性能混凝土中，随着强度等级的继续提高，水泥胶体力学性能逐渐超越粗骨料，导致混凝土的非规则性继续上升，混凝土断裂面的分形维数反而开始增加。

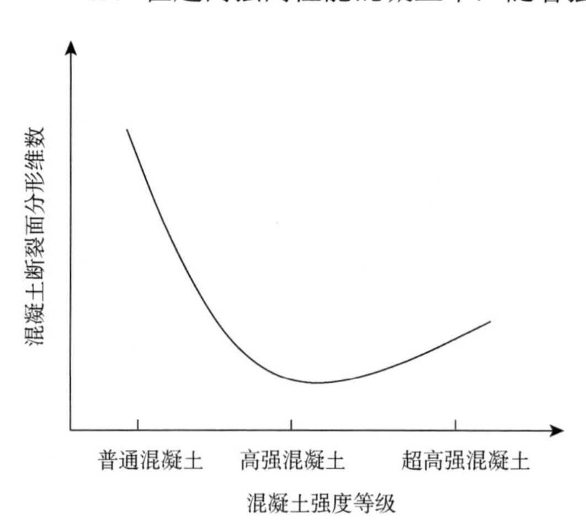

图 1.28 混凝土断裂面分形维数与强度等级的理想变化规律曲线

上述结论很好地解释了前述超高强高性能混凝土力学试验过程中，混凝土断裂面分形维数与混凝土强度等级变化规律和普通强度等级混凝土中分形维数与强度等级变化规律相反的现象。混凝土断裂面分形维数与强度等级的理想变化规律曲线应该如图 1.28 所示。

同时，上述分析过程所引入的混凝土细观结构组成概念及其与混凝土强度等级的关系也为后面章节关于混凝土综合分形损伤本构理论的研究奠定了一定的理论基础。

1.3 单轴受压弹性分形损伤本构模型

1.3.1 受压混凝土细观模型

本节基于 Danies 在研究纤维束的强度和破坏时提出的弹簧模型，采用一种改进的弹簧模型模拟混凝土的细观结构。依照文献[15]中对 Krajcinovic 所提出的细观弹簧模型的改进方法，对 Krajcinovic 模型进行了一定的改进。

由文献[15]可知，混凝土在无侧限受压情况下可以假设在垂直于受压方向仍然存在相互平行的受拉损伤体。因此，混凝土受压时（图 1.29）的损伤就可以转化成与受压方向垂直的受拉损伤（图 1.30），用受拉方向已开裂的微单元面积与试件完全开裂面积的比值来衡量损伤的大小。

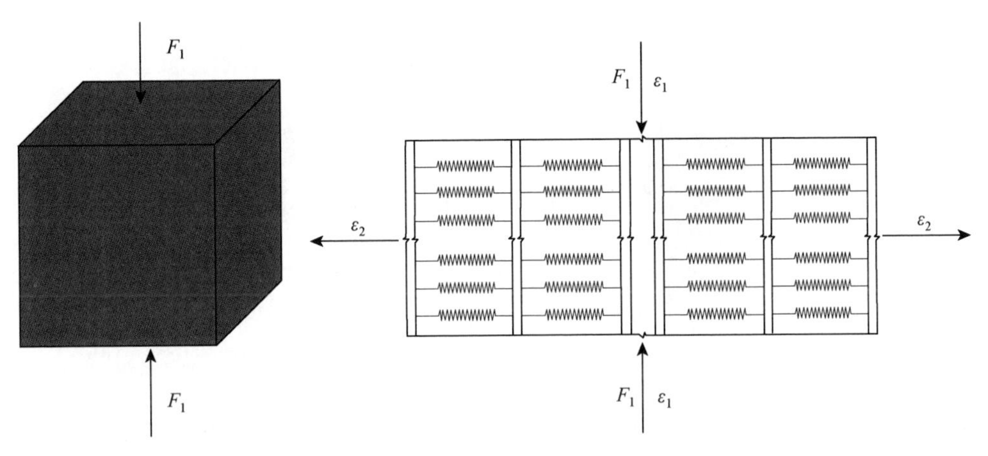

图 1.29 混凝土试块单轴受压示意图

图 1.30 混凝土单轴受压试件弹性细观弹簧模型

由混凝土试件侧向破坏的对称性可知：外力 F_1 在 ε_1 方向上的单轴压应力所引起的混凝土另外两个垂直方向（即 ε_2、ε_3）的拉应力在宏观上是大小相同的。所以，可以结合图 1.30 所示的细观弹簧模型，以其中某一受拉方向的损伤来研究混凝土整体的受压损伤破坏规律。

假设混凝土试件沿受压方向的纵向应变与横向应变之比为 β，即存在如下关系：

$$\varepsilon_1 = \beta\varepsilon_2 \tag{1-20}$$

1.3.2 弹性受压分形损伤指数

1. 分形损伤指数的定义

在连续介质损伤力学中，将损伤指数 d 定义为平截面上破坏面积 A 与平截面面积 A_0 之比，即

$$d = \frac{A}{A_0} \tag{1-21}$$

基于连续介质损伤力学中现有的随机损伤本构理论和确定性本构理论，基本上遵循这一方法。然而试验现象分析表明，混凝土的实际断裂面并不是平截面，而是具有一定分形特性的不规则曲面。

基于混凝土的分形特性，本节将损伤指数定义为混凝土细观弹簧模型中已经

断裂的弹簧微元面积 A_{ω} 与混凝土细观弹簧模型最终破坏的分形断裂面上弹簧微元总面积 A_0^* 之比，如图 1.31 所示。

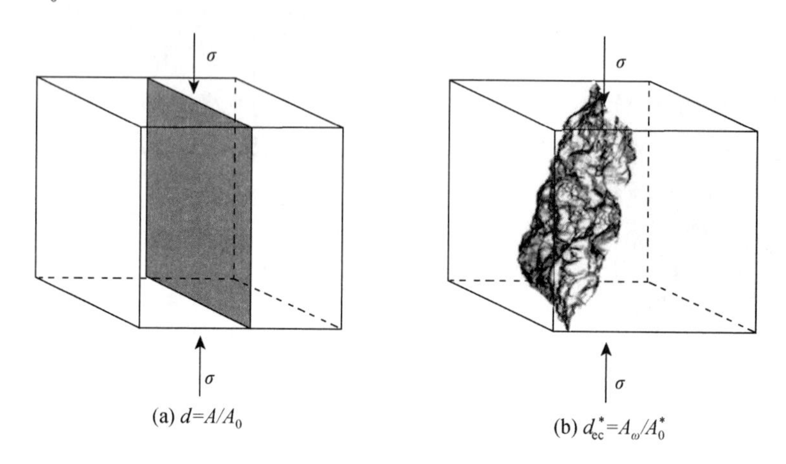

图 1.31 平截面损伤指数与分形曲面损伤指数

$$d_{ec}^* = \frac{A_{\omega}}{A_0^*} \tag{1-22}$$

式中，d_{ec}^* 的下标 e 表示弹性，c 表示受压；A_{ω} 为混凝土细观模型中已经断裂弹簧微面积的总和，可表示为

$$A_{\omega}(\varepsilon) = \sum_{i=1}^{Q^*} H(\varepsilon - \varepsilon_{ci}) A_i^* \tag{1-23}$$

其中，Q^* 为分形断裂面上弹簧总量；ε_{ci} 为细观模型中第 i 根弹簧的极限应变；A_i^* 为分形断裂面上第 i 根弹簧的微元面积；$H(x)$ 为 Heaviside 方程，可表示为

$$H(\varepsilon - \varepsilon_{ci}) = \begin{cases} 0, & \varepsilon \leqslant \varepsilon_{ci} \\ 1, & \varepsilon > \varepsilon_{ci} \end{cases} \tag{1-24}$$

因为分形断裂面的表面凹凸不平，所以在混凝土实际损伤断裂过程中，分形断裂面面积 A_0^* 与平截面面积 A_0 显然存在如下关系：

分形断裂面总面积＞投影面积≥平截面面积

需要指出的是，虽然两种损伤指数中的分子上 $A_{\omega}>A$，且分母上 $A_0^*>A_0$，但是 d^* 与 d 在混凝土损伤断裂过程中并不相等或不完全相等，即

$$A_0^* > A_0,\ A_{\omega} > A \xrightarrow{\text{不能得到}} d = \frac{A}{A_0} = \frac{A_{\omega}}{A_0^*} = d_{ec}^*$$

图 1.32 为混凝土分形断裂面上裂纹的开展方向与平截面上裂纹开展方向的对比。

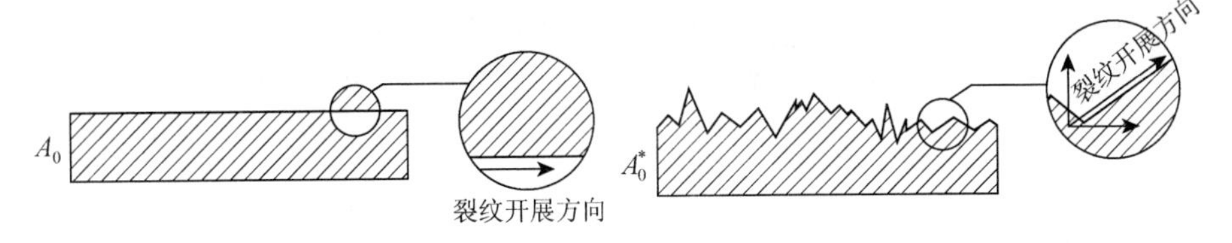

图 1.32 分形断裂面和平截面上裂纹的发展规律对比

由图 1.32 可以看出，混凝土分形断裂面上裂纹的发展方向与平截面上裂纹的发展方向是不同的，裂纹在分形断裂面上的开展方向可以分解成与平截面上裂纹开展方向相同的水平方向和与平截面垂直的竖向，所以裂纹在分形断裂面上的发展方向与在平截面上的发展方向的夹角为[−90°， 90°]。同理，裂纹在分形断裂面上的开展速度与在平截面上的开展速度也存在差异。当分形断裂面上裂纹开展速度的水平投影与平截面上裂纹开展速度相当时，分形断裂面上裂纹开展速度大于平截面上裂纹开展速度。考虑到裂纹开展方向与速度的差异，可以认为 A_0^* 与 A_0 的变化规律是不同的，所以导致损伤沿混凝土分形断裂面的演化发展规律与沿平截面的演化发展规律存在差异。

2. 分形损伤指数与广义损伤指数的关系

由上述分形损伤指数的定义可知，在混凝土细观弹簧模型中，弹簧单元的数量和其对应的微元面积将会影响混凝土分形损伤指数。因此，假设一：在混凝土细观弹簧模型中，若每个弹簧对应的微元面积是一定的，则分形断裂面面积大于平截面面积导致单位投影面积上弹簧的数量不等，分形断裂面对应的弹簧数量要比平截面对应的弹簧数量多，而且随着分形曲面的变化，弹簧数量在投影面上分布不均，如图 1.33（a）所示；假设二：在混凝土细观弹簧模型中，若弹簧的总量不变，则每个弹簧所对应的微元面积大于平截面假定中每个弹簧所对应的微元面积，两者的差值表示微单元的粗糙程度，如图 1.33（b）所示。该种假设与混凝土细观弹簧假设也不相符。

图 1.33 为混凝土细观弹簧模型中第 i 根弹簧对应的平截面面积与其对应的分形断裂面面积的示意图。

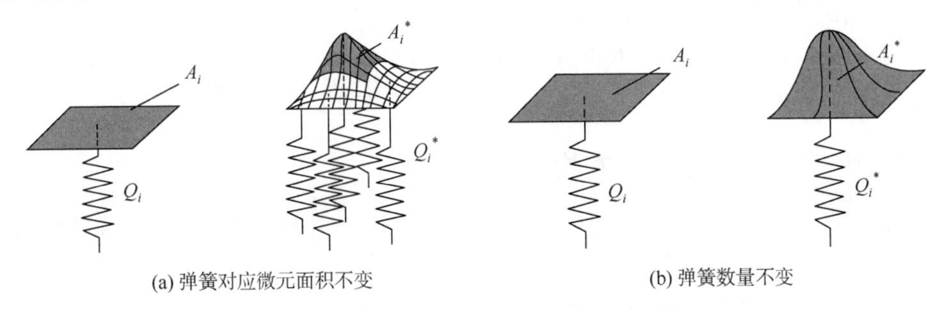

图 1.33 第 i 根弹簧对应的平截面面积与分形曲面面积

针对上述问题，作者对混凝土细观弹簧模型进行了进一步研究。为了更合理地建立混凝土的分形损伤本构模型，提出下列假设条件[16]：①分形断裂面上和平截面上每根弹簧对应的微元面积是相等的；②混凝土细观弹簧模型中的弹簧数量是可以变化的。

将式（1-23）代入式（1-22）可得

$$\begin{aligned} d_{\mathrm{ec}}^*(x) &= \frac{\lim\limits_{Q^*\to\infty}\sum\limits_{i=1}^{Q^*} H(\varepsilon-\varepsilon_{\mathrm{c}i})A_i^*}{A_0^*} \\ &= d(x)\frac{A_0}{A_0^*}\lim_{Q\to\infty}\sum_{i=1}^{Q} l^{1+d_i} \end{aligned} \tag{1-25}$$

式中，l 为一无量纲尺码，其值等于单位长度试件划分的最小单元的边长，即 $l=1/\max Q$；d_i 为单根弹簧所对应分形曲面相对于平截面的维数增量，在平面问题中，$d_i = D_i - 2$。

假设立方体混凝土试件的尺寸为 $a\times a\times a$，则有 $A_0 = a^2$，$A_0^* = a^D$。将其代入式（1-25），可得

$$d_{\mathrm{ec}}^*(x) = d(x)a^{2-D}\lim_{Q\to\infty}\sum_{i=1}^{Q} l^{1+d_i} \tag{1-26}$$

式（1-26）表明，分形损伤指数与广义损伤指数的关系是由断裂面的总体分形特性和每个细观微元的分形特性决定的。

假设

$$B = a^{2-D}\lim_{Q\to\infty}\sum_{i=1}^{Q} l^{1+d_i} \tag{1-27}$$

式中，B 是一个与混凝土试件多重分形特性相关的参数，$B = B(f(\alpha))$。

则式（1-26）可以变成

$$d_{\mathrm{ec}}^*(x) = d(x)B(f(\alpha)) \tag{1-28}$$

式中，$f(\alpha)$ 为混凝土断裂面的多重分形谱。

多重分形特性的影响不仅体现在分形损伤指数上，还体现在分形损伤本构关系上。关于多重分形的问题，将在后续章节里着重介绍，在此不再赘述。

1.3.3　弹性受压分形损伤本构关系

本节将基于热力学第一定律（能量守恒）和第二定律（熵不等式），推导建立混凝土材料的损伤本构关系。

能量守恒定律[17]表述为：封闭系统中总能量的增量（包括动能增量 $\mathrm{d}K$ 和内

能增量 dE ）等于外力对系统所做的功 dA 和系统从外界吸收的热量 dQ 之和，即

$$dK + dE = dA + dQ \tag{1-29}$$

式中，动能 K 和内能 E 是状态量；外力功 A 和供热量 Q 是过程量，与系统达到该状态前的热力学变化过程有关。

热力学第二定律阐明了自然变化的单向性，涉及两个重要的状态量：温度 θ 和熵 S 。温度是表示物体冷热程度的状态物理量，在热力学中一般采用热力学温度 θ 表示。

熵是热力学中的一个状态函数。系统的总熵等于系统内各组成部分的熵之和。熵的改变可以分为两部分，即

$$dS = dS_e + dS_i \tag{1-30}$$

式中，dS_e 为外界对系统的供熵，定义为

$$dS_e = dQ / \theta \tag{1-31}$$

其中，dQ 为系统从外界吸收的微热量；θ 可取为系统的绝对温度。dS_i 为系统内部的产熵，即绝热情况下由系统内部产生的不可逆过程所引起熵的增量。对于可逆过程，$dS_i = 0$ 。供熵 dS_e 是可逆的，而产熵 dS_i 是不可逆的。

热力学第二定律可表述为：自然界中发生的一切热力学过程都不会使产熵减少，也称熵增原理。即

$$dS_i \geqslant 0 \tag{1-32}$$

对于不可逆过程，$dS_i > 0$ ；对于可逆过程，$dS_i = 0$ ，而 $dS_i < 0$ 的情况是不可能的。

令 $dD = \theta dS_i$ ，定义为耗散增量。对于塑性变形等不可逆过程，$dS_i > 0$ ，而 θ 恒正，耗散增量 $dD > 0$ ；对于弹性变形等可逆过程，$dD = 0$ 。

通过对热力学和力学概念的比较，可以建立四个热力学函数——自由能、内能、熵和自由熵之间的转换关系，对其积分，得到

$$F(\varepsilon_{ij}, \theta) = E(\varepsilon_{ij}, S) - \theta S \tag{1-33}$$

式中，$F(\varepsilon_{ij}, \theta)$ 为 Helmholtz 自由能函数；$E(\varepsilon_{ij}, S)$ 为内能函数；θ 和 S 分别为热力学温度和熵。于是有 $dF = dE - \theta dS - S d\theta$ 。在混凝土体受力变形过程中，可以认为外力做功转化成的热能都耗散了，系统温度没有升高，即 $d\theta = 0$ ，则可简化为 $dF = dE - \theta dS$ 。

对于混凝土体受力变形，动能增量为 0，则热力学第一定律的基本表达式可简化为

$$dE = dA + dQ \tag{1-34}$$

将式（1-31）代入式（1-30），并考虑 $\mathrm{d}D=\theta\mathrm{d}S_{\mathrm{i}}$，则混凝土体受力变形后有

$$\mathrm{d}Q=\theta\mathrm{d}S-\theta\mathrm{d}S_{\mathrm{i}}=\theta\mathrm{d}S-\mathrm{d}D \tag{1-35}$$

将式（1-35）代入式（1-34），得到

$$\mathrm{d}A=\mathrm{d}E-\theta\mathrm{d}S+\mathrm{d}D \tag{1-36}$$

这样，式（1-36）可以改写为

$$\mathrm{d}A=\sigma_{ij}\mathrm{d}\varepsilon_{ij}=\mathrm{d}F+\mathrm{d}D \tag{1-37}$$

式中，$\mathrm{d}A$ 为外力对系统所做的功；$\mathrm{d}F$ 为自由能函数增量；$\mathrm{d}D$ 为耗散函数增量。该结论是用热力学理论建立本构模型的基础。它说明，在一个等温变形过程中，外力的功增量等于自由能的增量与耗散增量的和，前者代表可以恢复的改变，后者代表不可恢复的改变。

按照上述能量理论，在不考虑混凝土材料环境温度变化的情况下，混凝土受外力压缩从而产生断裂损伤的过程中，外力对混凝土材料所做的功一部分将转化为混凝土材料的弹性能而被储存；另一部分将作为消耗掉的能量以提供混凝土材料内部损伤（微裂纹等）的发展所需。基于上述能量公式，由能量守恒原理得

$$\int_0^{\varepsilon_2}\sigma_2(x)\mathrm{d}x=W_{\mathrm{e}}(\varepsilon_2)-2W_D(\beta\varepsilon_2) \tag{1-38}$$

$$W_{\mathrm{e}}(\varepsilon_2)=\int_0^{\varepsilon_2}E_2x\mathrm{d}x=\frac{1}{2}E_2\varepsilon_2^2 \tag{1-39}$$

式中，$W_{\mathrm{e}}(\varepsilon_2)$ 为达到 ε_2 时的弹性体系的应变能密度；E_2 为横向弹性模量；$W_D(\beta\varepsilon_2)$ 为横向微弹簧受拉断裂所释放的能量密度，系数 2 表示横向的两个方向都存在横向损伤，这一能量应为在 $0\rightarrow\beta\varepsilon_2$ 过程中的累积损伤耗能，可表示为

$$W_D(\beta\varepsilon_2)=\alpha\frac{1}{A_0}\int_0^{\beta\varepsilon_2}\lim_{Q^*\to\infty}\sum_{i=1}^{Q^*}\sigma_i^*H(\varepsilon-\varepsilon_{ci})A_i^*\mathrm{d}x \tag{1-40}$$

式中引入反映因剪切破坏机制造成的能量放大或衰减系数 α，以考虑在单轴受压过程中，可能存在的不规则开裂面。

将式（1-39）和式（1-40）代入式（1-38）得

$$\int_0^{\varepsilon_2}\sigma(x)\mathrm{d}x=\int_0^{\varepsilon_2}E_2x\mathrm{d}x-2\alpha\int_0^{\beta\varepsilon_2}E_1x\lim_{Q\to\infty}\sum_{i=1}^{Q}l^{1+d_i}d(x)\mathrm{d}x \tag{1-41}$$

假设 $E=E_1=E_2$，对式（1-41）两边关于 ε_2 求导，得

$$\sigma_2(\varepsilon_2)=E\varepsilon_2[1-d(\varepsilon_2)2\alpha\beta^2\sum_{j=1}^{Q}l^{1+d_j}] \tag{1-42}$$

式（1-42）即分形损伤本构关系。其中，d_j 为第 j 根弹簧对应面积的分形维数增量；l^{d_j} 为一个与分形断裂面多重分形谱密度相关的变量，当混凝土断裂面服从不同的分形曲面分布时，其变化规律不同。

令 $\eta = 2\alpha\beta^2$，则式（1-42）为

$$\sigma_2(\varepsilon_2) = E\varepsilon_2[1 - d(\varepsilon_2)\eta\sum_{j=1}^{Q} l^{1+d_j}] \tag{1-43}$$

1.3.4　弹性受压多重分形损伤本构关系

上述分形损伤本构公式描述的是一般情况下混凝土的分形损伤本构规律，未区别断裂面不同的分形特性对混凝土分形损伤本构关系的影响。但就混凝土断裂面的分形特性而言，大致可以将混凝土断裂面分为两类：均匀分形曲面和非均匀分形曲面。由于这两种曲面具有不同的几何特点，导致其分别对应的混凝土分形损伤本构公式将会出现某些明显的差异，下面就这两种分形曲面的特点分别研究其对应的分形损伤本构公式。

1. 混凝土断裂面为均匀分形曲面

若假设混凝土分形断裂面为均匀分形曲面，即混凝土分形曲面上测度（如概率或质量）处处相同，则曲面上各处的维数增量 d_i=d_j=d=常数，即分形曲面上每个微元的分形维数增量是相同的。

将该特征代入式（1-43）可得

$$\sigma_2(\varepsilon_2) = E\varepsilon_2[1 - d(\varepsilon_2)\eta l^d] \tag{1-44}$$

如图 1.34 所示，这种情况包含了两种可能，即混凝土的断裂面为平面和混凝土断裂面为均匀变化的曲面。

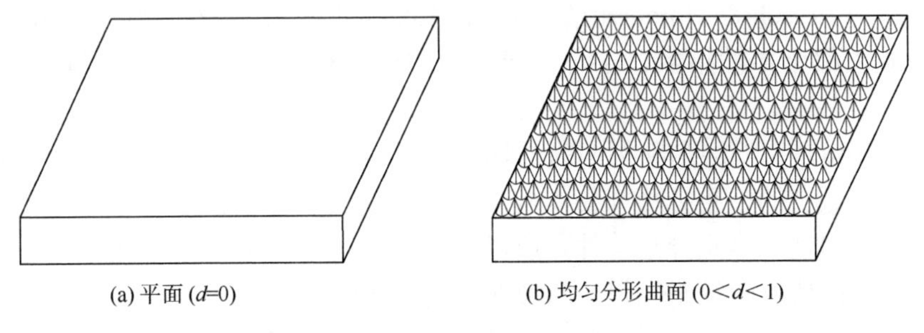

(a) 平面 (d=0)　　(b) 均匀分形曲面 (0＜d＜1)

图 1.34　均匀分形曲面的两种情况

因为在混凝土微元体系中，每处的分形维数增量必须满足条件 $0 \leqslant d_j < 1$，所以下面分别讨论 $d = 0$ 和 $0 < d < 1$ 这两种情况对应的分形损伤本构特性。

（1）当 $d=0$ 时，$D=2-d=2$，说明该混凝土断裂面为一规则的二维平面，即图 1.34（a）所示混凝土断裂面为平面的情况，基于此，式（1-43）变为

$$\sigma_2(\varepsilon_2)=E\varepsilon_2[1-\eta d(\varepsilon_2)] \tag{1-45}$$

式（1-45）与基于平截面假设的混凝土损伤本构方程形式相同，说明基于平截面假设的混凝土表观损伤本构关系只是基于非规则断裂面的混凝土分形损伤本构关系的一种特殊情况，分形损伤本构关系具有更广泛的适应性。

（2）当 $0<d<1$ 时，如图 1.34（b）所示，混凝土断裂面为一规律变化的均匀分形曲面。此时，式（1-44）中 d 与文献[18]中 ω 意义相同，其形式也与文献[18]中所提损伤本构关系相同，且分形维数增量 d 的取值一般在 0～0.5。该结论说明文献[18]中所提的分形损伤本构关系是本章所提分形损伤本构关系的一种特殊情况。

2. 混凝土断裂面为非均匀分形曲面

假设混凝土分形断裂面为非均匀曲面，即分形曲面上各处的测度不完全相同。根据多重分形的定义，可以认为该情况下的混凝土分形断裂面满足多重分形的规律。所以在分形损伤本构方程中必须引入多重分形特征参数，以反映混凝土断裂面的多重分形特性。

参照第 2 章可知，对多重分形的描述有两种基本方法，本节为了计算简便和便于推广，采用 $f(\alpha)$～α 方法描述混凝土的多重分形特性。

引入多重分形谱 $f(\alpha)$ 反映混凝土分形断裂面的多重分形特性，将式（1-43）改写为

$$\sigma_2(\varepsilon_2)=E\varepsilon_2\left[1-d(\varepsilon_2)\eta\sum_{j=1}^{Q}l^{f(\alpha_j)-1}\right] \tag{1-46}$$

式中，α_j 为 Lipschitz-Hölder 指数（简称 Hölder 指数），它控制着概率密度的奇异性，故也称奇异性指数。α_j 与分形曲面的位置有关，反映了该位置上测度的大小。

式（1-46）为混凝土断裂面为非均匀分形曲面时的多重分形损伤本构方程，也可称为混凝土的多重分形损伤本构方程。由于该本构方程考虑了混凝土真实断裂面的非均匀性和多重分形特性，所以该本构方程比以往的表观损伤本构方程更准确也更全面地反映混凝土损伤断裂的真实力学机理。

1.3.5　分形损伤演化方程

基于弹簧模型的混凝土损伤演化方程受破坏弹簧的随机分布规律影响，本节对弹簧微元体极限应变服从 Weibull 分布的参数与混凝土峰值应力之间的关系进

行了对比分析和研究。假设混凝土细观模型中典型单元体微弹簧破坏的极限应变概率服从 Weibull 分布，其概率密度函数如下：

$$f(x)=\frac{m}{a}\left(\frac{x}{a}\right)^{m-1}\mathrm{e}^{-\left(\frac{x}{a}\right)^{m}} \tag{1-47}$$

式中，x 为满足该分布的变量 X 数值；a 为与 X 均值有关的参数；m 为均质参数，它反映了混凝土内部微元强度分布的离散程度或集中程度，可表征材料脆性。

当弹簧微元体极限应变服从 Weibull 分布 $W(m,a)$ 时，有

$$f(\varepsilon)=\frac{m}{a}\left(\frac{\varepsilon}{a}\right)^{m-1}\mathrm{e}^{-\left(\frac{\varepsilon}{a}\right)^{m}} \tag{1-48}$$

式中，a 为尺度参数；m 为缺陷在材料中分布状况的参数。

如前面所述，混凝土材料中缺陷的分布具有明显的自相似特征，具有分形特性。根据 Weibull 分布的定义，式（1-48）中参数 m 反映了缺陷在混凝土材料中的分布情况，所以参数 m 与分形特征参数之间可能会存在某种联系[19~21]。

对式（1-48）两边取对数变换后有

$$\lg\left(\ln\frac{1}{1-d}\right)=\lg\left(\frac{1}{a}\right)^{m}+m\lg\varepsilon \tag{1-49}$$

令 $\ln\frac{1}{1-d}=d_*$，则

$$\lg d_*=\lg\left(\frac{1}{a}\right)^{m}+m\lg\varepsilon \tag{1-50}$$

由于 $\mathrm{grad}_d(d_*)>0$，所以 d_* 和 d 具有相同的变化趋势。可以认为 d_* 和 d 的物理含义相同，d_* 也是描述材料损伤程度的一个物理量。根据分形理论中分形维数的概念，可知 m 就是集 d_* 的分形维数。根据前面所述，m 是描述混凝土材料缺陷分布状态这一复杂几何问题的一个不变的几何测度，所以参数 m 就是混凝土非规则断裂面的分形维数 D，即 $D=m$，则有

$$d=1-\mathrm{e}^{-\left(\frac{\varepsilon}{a}\right)^{D}} \tag{1-51}$$

式（1-51）即基于 Weibull 分布假设的混凝土简单应力条件下的分形损伤演化方程，受拉和受压时 a 的取值不同。

1.3.6　混凝土弹性单轴受压分形损伤本构关系

1. 多重分形谱

根据 1.1 节提出的混凝土分形断裂面多重分形谱模拟方法，结合 1.2 节的试验

数据，分别模拟了强度等级为 C30、C50、C110 和 C120 的混凝土对应的单轴受压分形断裂面所具有的多重分形谱，如图 1.35～图 1.38 所示。

从图中可以看出，普通强度等级混凝土强度越高，其断裂面多重分形谱曲线开口越小，说明断裂面非规则性越弱、分形维数越小。同理，超高强混凝土强度越高，其断裂面多重分形谱曲线开口越大，说明混凝土的分形维数越高。

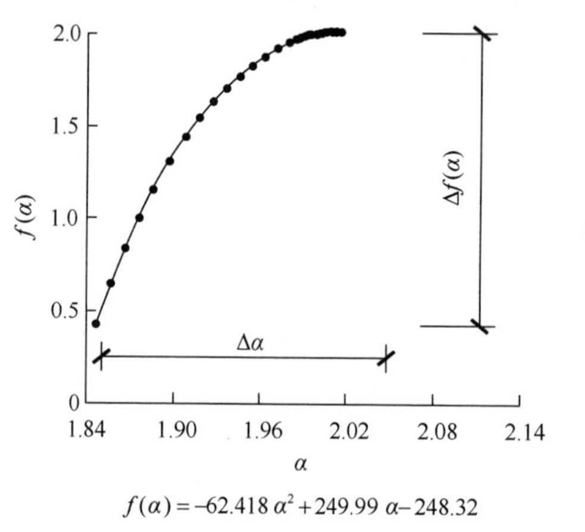

$f(\alpha)=-62.418\alpha^2+249.99\alpha-248.32$

图 1.35　C30 混凝土单轴受压断裂面多重分形谱模拟曲线

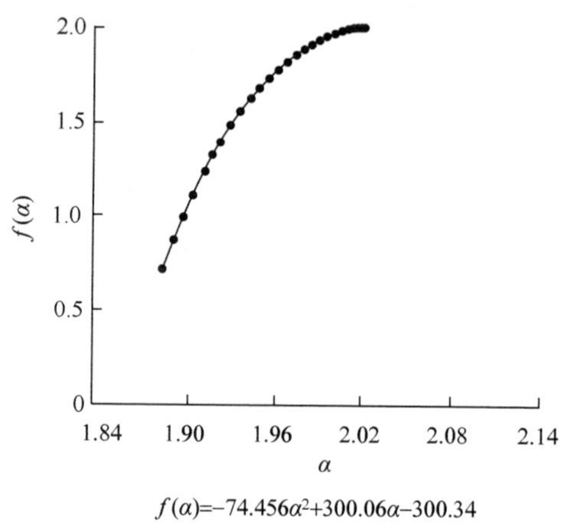

$f(\alpha)=-74.456\alpha^2+300.06\alpha-300.34$

图 1.36　C50 混凝土单轴受压断裂面多重分形谱模拟曲线

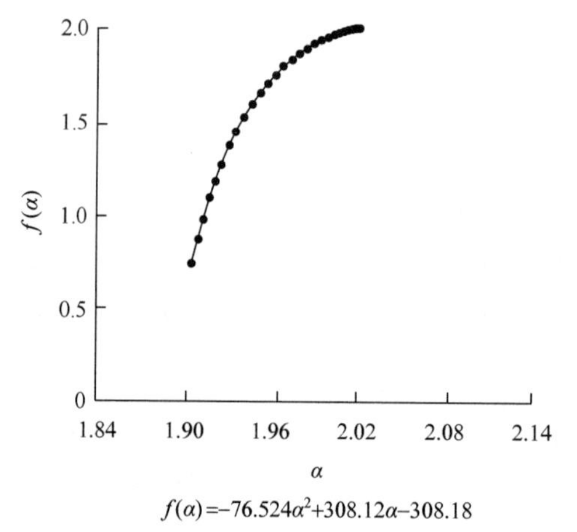

$f(\alpha)=-76.524\alpha^2+308.12\alpha-308.18$

图 1.37　C110 混凝土单轴受压断裂面多重分形谱模拟曲线

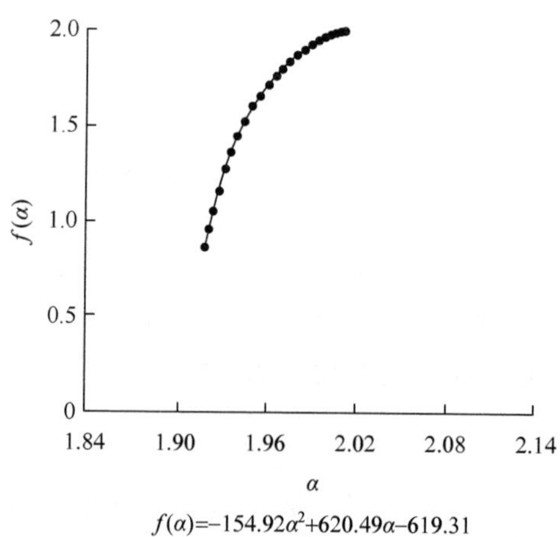

$f(\alpha)=-154.92\alpha^2+620.49\alpha-619.31$

图 1.38　C120 混凝土单轴受压断裂面多重分形谱模拟曲线

2. 分形维数波动范围

由试验结果可知，混凝土作为一种典型的组合材料除了具有明显的随机性，还具有明显的离散性，从而导致以下两个现象：①混凝土断裂面在一定尺度下具有多重分形特性；②就某一强度等级混凝土而言，断裂面的分形特征具有波动性。试验研究表明，一定强度等级的混凝土断裂面具有的分形维数不应该是一个常数，而应该在某一范围内波动。基于试验结果和前人研究成果，给出混凝土强度等级与断裂面分形维数的关系，如图 1.39 所示。

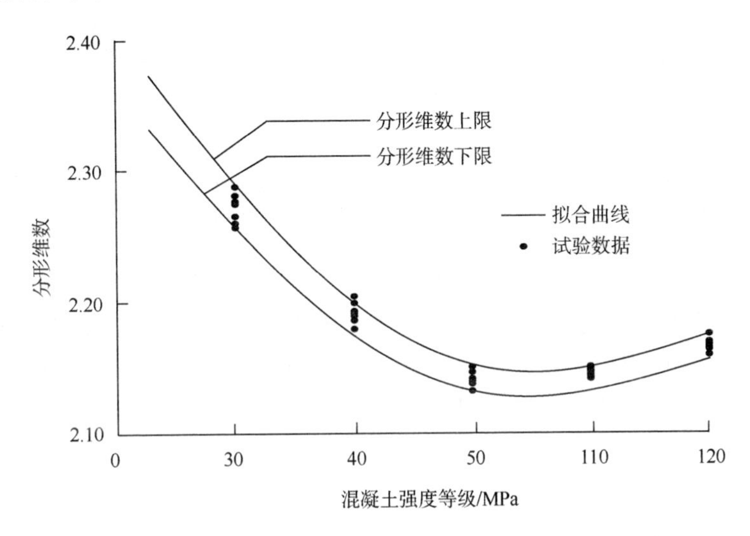

图 1.39 混凝土强度等级与受压断裂面分形维数的关系

3. 分形损伤演化规律

基于 1.3.5 节关于分形损伤演化规律的分析，结合 1.2 节的试验数据，得到强度等级分别为 C30、C50、C110 和 C120 的混凝土对应的分形损伤演化关系曲线，如图 1.40～图 1.43 所示。

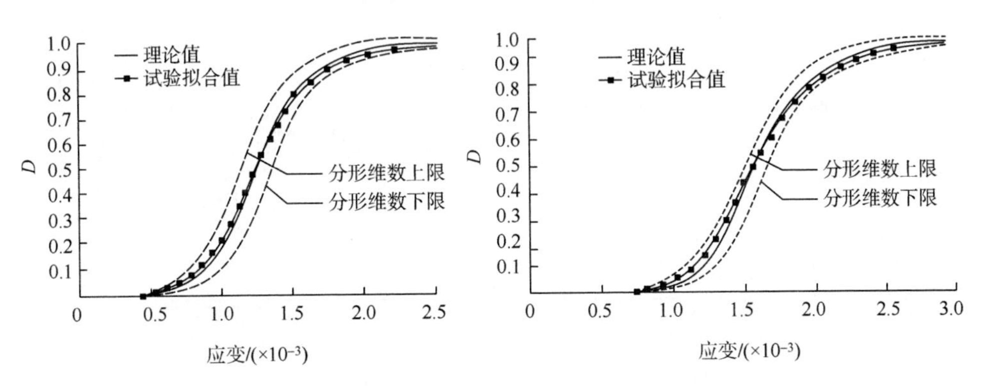

图 1.40 C30 混凝土单轴受压断裂面的分形损伤演化曲线

图 1.41 C50 混凝土单轴受压断裂面的分形损伤演化曲线

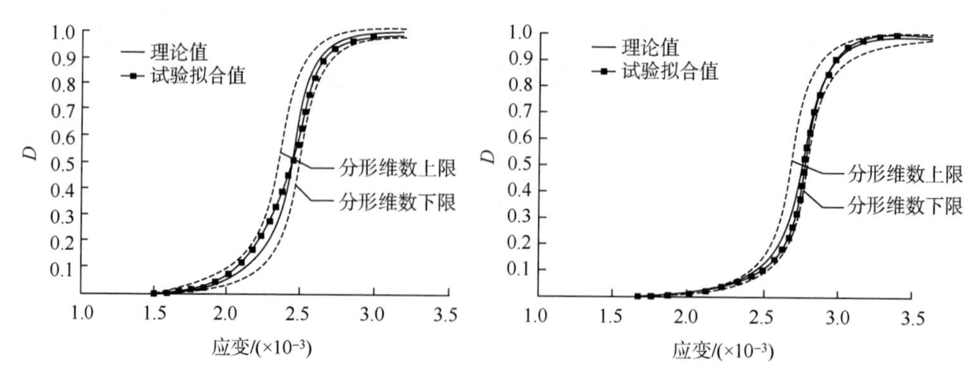

图 1.42　C110 混凝土单轴受压断裂面的分形损伤演化曲线

图 1.43　C120 混凝土单轴受压断裂面的分形损伤演化曲线

从图中可以看出，本节所提出的分形损伤演化曲线能较好地模拟混凝土实际损伤演化规律，所得试验数据几乎落在该强度等级对应分形维数波动引起的浮动范围之内。说明本节所提出的分形损伤演化方程不仅能较好地预测混凝土分形损伤的演化规律，而且能够预测由混凝土离散性和随机性引起的波动范围。

4. 分形损伤本构关系

将上述分析结果代入式（1-46），可得强度等级分别为 C30、C50、C110 和 C120 的混凝土对应的分形损伤本构关系，如图 1.44～图 1.47 所示。

图中的实线为基于本节所提出的混凝土弹性单轴受压分形损伤本构关系计算所得的理论值，即将图 1.35～图 1.38 所示的多重分形谱拟合曲线函数代入式（1-46）计算所得的曲线。上下两条虚线是通过 CT 扫描试验获得的随断裂面分形维数变化，混凝土多重分形损伤本构关系曲线的离散范围。

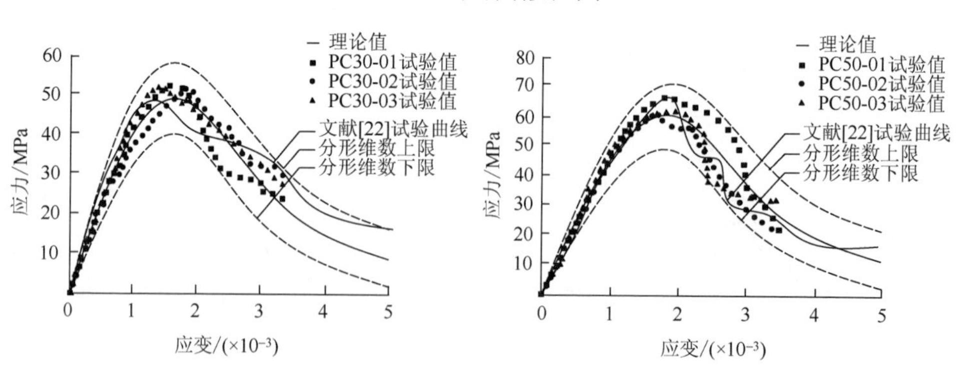

图 1.44　C30 混凝土单轴受压断裂面的分形损伤本构曲线

图 1.45　C50 混凝土单轴受压断裂面的分形损伤本构曲线

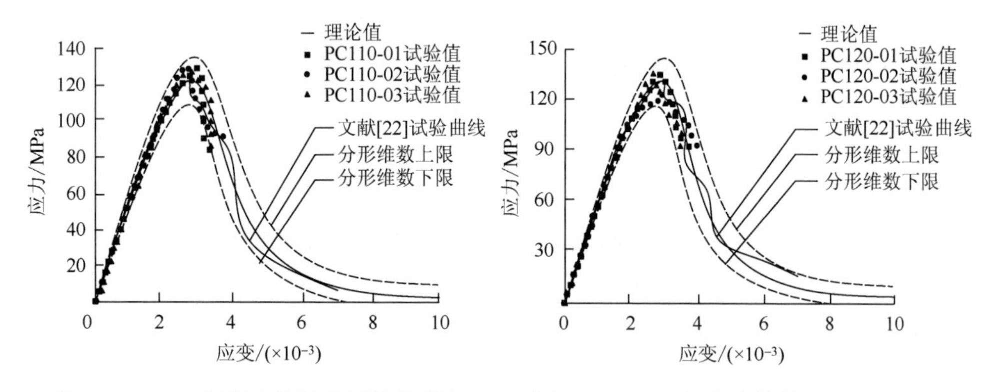

图 1.46 C110 混凝土单轴受压断裂面的分形损伤本构曲线

图 1.47 C120 混凝土单轴受压断裂面的分形损伤本构曲线

从图中可以看出，本节所提出的混凝土多重分形损伤本构关系能够较好地模拟混凝土单轴受压的损伤本构关系，并且可以将试验数据的离散范围控制在前面所述的分形维数离散范围之内，从而实现既预测趋势又预测范围的效果。

1.4 单轴受拉弹性分形损伤本构模型

混凝土的抗拉强度和变形是研究混凝土破坏机理的主要依据之一。但是由于混凝土宏观力学性能具有较强的离散性与随机性，且抗拉强度低、变形能力小而破坏突然，所以对混凝土抗拉性能的研究具有较大的困难。

针对混凝土的上述特点，参照 1.3 节的方法，从混凝土细观结构出发，考虑混凝土断裂面的分形特性，从而建立能真实反映混凝土受拉特性的分形损伤本构关系。

1.4.1 弹性受拉混凝土细观模型

与 1.3 节类似，采用一种改进的弹簧模型来模拟混凝土的细观结构。针对现有几种常用细观模型的特点和各自存在的问题，本节根据文献[15]中 Krajcinovic 所提出的细观弹簧模型，提出改进方法，试件单轴受拉示意图与弹性细观弹簧模型如图 1.48 和图 1.49 所示。

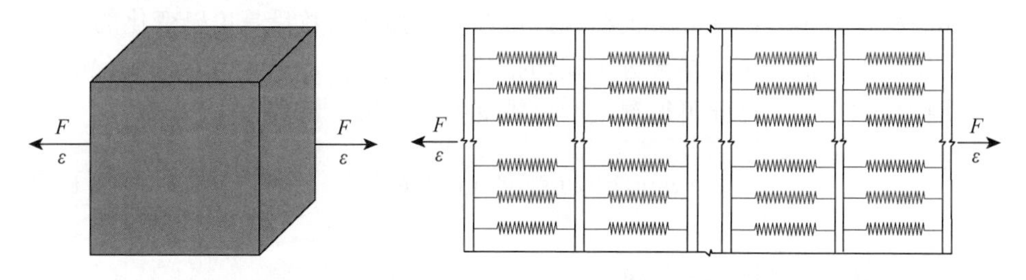

图 1.48 混凝土试块单轴受拉示意图

图 1.49 混凝土单轴受拉试件弹性细观弹簧模型

1.4.2 弹性受拉分形损伤指数

1. 分形损伤指数的定义

参照 1.3.2 节单轴受压分形损伤指数的定义，可将单轴受拉分形损伤指数定义为混凝土细观弹簧模型中已经断裂的弹簧微元面积 A_ω 与混凝土细观弹簧模型最终破坏的分形断裂面上弹簧微元总面积 A_0^* 之比，见式（1-22），如图 1.50 所示，其区别是下标的 c 换成了 t 以表示受拉。

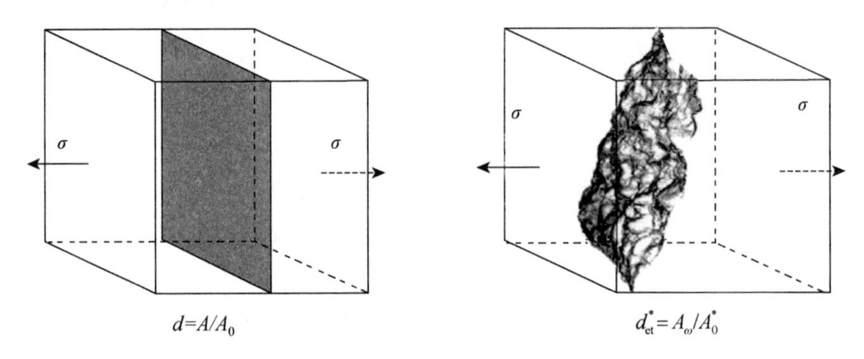

图 1.50 平截面损伤指数与分形曲面损伤指数

与单轴受压类似，在单轴拉伸作用下，混凝土实际损伤断裂过程中分形断裂面积 A_0^* 与平截面面积 A_0 显然存在如下关系：

分形断裂面总面积＞投影面积≥平截面面积

损伤指数 d^* 与 d 在混凝土损伤断裂过程中的辩证关系与 1.3.2 节中的定义类似，$d^* \neq d$ 。

2. 分形损伤指数与广义损伤指数的关系

由 1.3.2 节本构理论可知，在混凝土细观弹簧模型中，弹簧单元的数量及其对应的微元面积将会影响混凝土分形损伤指数。

参照前面，提出如下假设条件[16]：①分形断裂面上和平截面上每根弹簧对应的微元面积是相等的；②混凝土细观弹簧模型中弹簧的数量是可以变化的。

根据以上分析结果，结合分形损伤指数的定义可知，弹簧数量的变化必将导致损伤指数的变化，由此可得混凝土单轴受拉分形损伤指数为

$$d_{et}^*(x)=d(x)\frac{A_0}{A_0^*}\lim_{Q\to\infty}\sum_{i=1}^{Q}l^{1+d_i} \tag{1-52}$$

式中，各参数的含义同式（1-25）。

式（1-52）说明分形损伤指数与广义损伤指数之间存在一种复杂的相关关系，且其变化规律与分形断裂面的分形特性有关。

类比式（1-28），则式（1-52）可写为

$$d_{\mathrm{et}}^{*}(x)=d(x)B(f(\alpha)) \tag{1-53}$$

式中，各参数的含义同式（1-28）。

基于混凝土分形损伤指数即可得到混凝土多重分形损伤指数。混凝土断裂面多重分形特性的影响不仅体现在分形损伤指数上，还体现在分形损伤本构关系上，在下面的混凝土多重分形损伤本构关系部分将着重讨论该问题。

1.4.3 弹性受拉分形损伤本构关系

与混凝土单轴受压分形损伤本构理论类似，本节仍基于热力学理论建立损伤本构关系。根据能量守恒定律可知：封闭系统中总能量的增量（包括动能增量 $\mathrm{d}K$ 和内能增量 $\mathrm{d}E$）等于外力对系统所做的功 $\mathrm{d}A$ 和系统从外界吸收的热量 $\mathrm{d}Q$ 之和，即

$$\mathrm{d}K+\mathrm{d}E=\mathrm{d}A+\mathrm{d}Q \tag{1-54}$$

式中，动能 K 和内能 E 为状态量；外力功 A 和供热量 Q 为过程量，与系统达到该状态前的热力学变化过程有关。

依据上述能量理论，在不考虑混凝土材料环境温度变化的情况下，混凝土受外力拉伸从而产生断裂损伤的过程中，外力对混凝土材料所做的功一部分将转化为混凝土材料的弹性能而被储存；另一部分将作为消耗掉的能量以提供混凝土材料内部损伤（微裂纹等）的发展所需。基于上述能量公式，由能量守恒原理得

$$\int_0^{\varepsilon}\sigma(x)\mathrm{d}x=W_{\mathrm{e}}(\varepsilon)-W_D(\varepsilon) \tag{1-55}$$

其中

$$W_{\mathrm{e}}(\varepsilon)=\int_0^{\varepsilon}Ex\mathrm{d}x=\frac{1}{2}E\varepsilon^2 \tag{1-56}$$

式中，$W_{\mathrm{e}}(\varepsilon)$为达到 ε 时的弹性体系的应变能密度；E 为横向弹性模量；$W_D(\varepsilon)$为微弹簧受拉断裂所释放的能量密度，这一能量应为在 $0\rightarrow\varepsilon$ 过程中的累积损伤耗能，可表示为

$$W_D(\varepsilon)=\frac{1}{A_0}\int_0^{\varepsilon}ExA^{*}(x)\mathrm{d}x=\frac{1}{A_0}\int_0^{\varepsilon}\lim_{Q^{*}\rightarrow\infty}\sum_{i=1}^{Q^{*}}\sigma_i^{*}H(\varepsilon-\varepsilon_{\mathrm{t}i})A_i^{*}\mathrm{d}x \tag{1-57}$$

将式（1-56）和式（1-57）代入式（1-55）得

$$\begin{aligned}\int_0^{\varepsilon}\sigma(x)\mathrm{d}x&=\int_0^{\varepsilon}Ex\mathrm{d}x-\frac{1}{A_0}\int_0^{\varepsilon}E\lim_{Q^*\to\infty}\sum_{i=1}^{Q^*}\sigma_i^*H(\varepsilon-\varepsilon_{ti})A_i^*\mathrm{d}x\\&=\int_0^{\varepsilon}Ex\mathrm{d}x-\int_0^{\varepsilon}Ex\lim_{Q\to\infty}\sum_{i=1}^{Q}l^{1+d_i}d(x)\mathrm{d}x\end{aligned}\tag{1-58}$$

对式（1-58）两边关于ε求导得

$$\begin{aligned}\sigma(\varepsilon)&=E\varepsilon[1-d(\varepsilon)]+E\varepsilon d(\varepsilon)\left(1-\sum_{j=1}^{Q}l^{1+d_j}\right)\\&=E\varepsilon\left[1-d(\varepsilon)\sum_{j=1}^{Q}l^{1+d_j}\right]\end{aligned}\tag{1-59}$$

式(1-59)即混凝土的弹性受拉分形损伤本构方程，其中参数的含义同式(1-42)。

1.4.4　弹性受拉多重分形损伤本构关系

与1.3.4节类似，根据混凝土断裂面的分形特性，混凝土断裂面大致可分为两类：均匀分形曲面和非均匀分形曲面。由于这两种曲面具有不同的几何特点，导致其分别对应的混凝土分形损伤本构公式将会出现较为明显的差异，下面根据这两种分形曲面的特点分别讨论其对应的分形损伤本构公式。

1. 混凝土断裂面为均匀分形曲面

若假设混凝土分形断裂面为均匀分形曲面，即混凝土分形曲面上测度（如概率或质量）处处相同，则曲面上各处的维数增量$d_i=d_j=d=$常数，即分形曲面上每个微元的分形维数增量是相同的。

将该特征代入式（1-59）可得

$$\sigma(\varepsilon)=E\varepsilon[1-d(\varepsilon)l^d]\tag{1-60}$$

如图1.34所示，这种情况包含了两种可能：一种是混凝土的断裂面为平面；另一种是混凝土断裂面为均匀变化的曲面。

由分形维数的定义可知，在混凝土微元体系中每处的分形维数增量必须满足条件$0\leqslant d_j<1$。所以下面分别讨论$d=0$和$0<d<1$这两种情况对应的分形损伤本构特性。

（1）当$d=0$时，$D=2-d=2$，说明混凝土断裂面为二维平面，即图1.34（a）所示断裂面为平面的情况，基于此，式（1-59）变为

$$\sigma(\varepsilon)=E\varepsilon[1-d(\varepsilon)]\tag{1-61}$$

式（1-61）与基于平截面假设的混凝土损伤本构方程形式相同，说明基于平截面假设的混凝土表观损伤本构关系只是基于非规则断裂面的混凝土分形损伤本

构关系的一种特殊情况，分形损伤本构关系具有更广泛的适应性。

（2）当 $0<d<1$ 时，如图 1.34（b）所示，其混凝土断裂面为一规律变化的均匀分形曲面。此时，式（1-60）中 d 与文献[18]中 ω 意义相同，其形式也与文献[18]中所提损伤本构关系相同。表明文献[18]中所提的分形损伤本构关系是本节所提分形损伤本构关系的一种特殊情况。

2. 混凝土断裂面为非均匀分形曲面

与 1.3.4 节类似，引入多重分形谱 $f(\alpha)$ 反映混凝土分形断裂面的多重分形特性，则式（1-59）可改写为

$$\sigma(\varepsilon)=E\varepsilon[1-d(\varepsilon)\sum_{j=1}^{Q}l^{f(\alpha_j)-1}] \tag{1-62}$$

式中，各参数的含义同式（1-46）。

式（1-62）为混凝土断裂面为非均匀分形曲面时的多重分形损伤本构方程。因为该本构方程考虑了混凝土真实断裂面的非均匀性和多重分形特性，所以比以往的表观损伤本构方程能更准确地反映混凝土损伤断裂的真实情况。

1.4.5 混凝土弹性单轴受拉分形损伤本构关系

1. 多重分形谱

根据 1.1 节提出的混凝土分形断裂面多重分形谱模拟方法，分别模拟了强度等级为 C30、C50、C110 和 C120 的混凝土对应的单轴受拉分形断裂面所具有的多重分形谱，如图 1.51～图 1.54 所示。

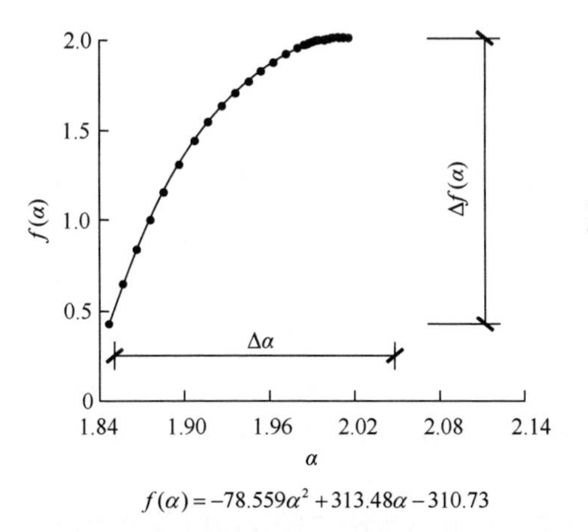

$f(\alpha)=-78.559\alpha^2+313.48\alpha-310.73$

图 1.51 C30 混凝土单轴受拉断裂面多重分形谱模拟曲线

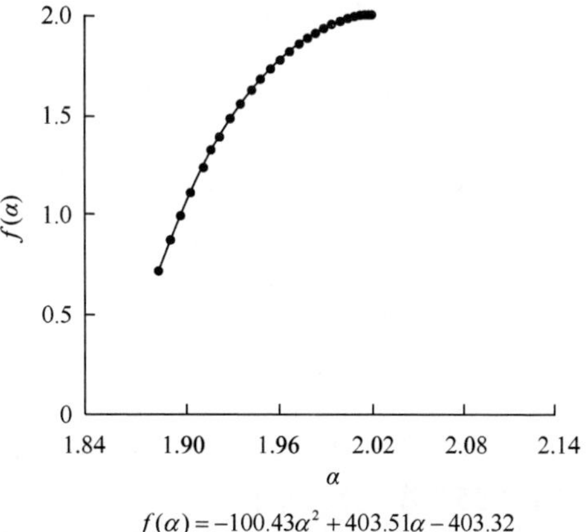

$f(\alpha)=-100.43\alpha^2+403.51\alpha-403.32$

图 1.52 C50 混凝土单轴受拉断裂面多重分形谱模拟曲线

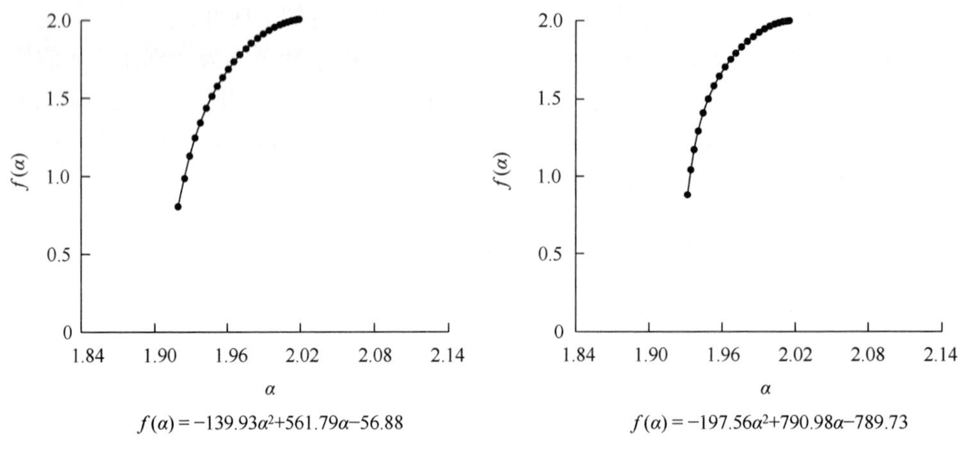

图 1.53　C110 混凝土单轴受拉断裂面多重分形谱模拟曲线

图 1.54　C120 混凝土单轴受拉断裂面多重分形谱模拟曲线

对比图 1.51 与图 1.35 可知，单轴受拉混凝土的多重分形谱与单轴受压混凝土的多重分形谱在两个方面体现出差异，即单轴受压时的 $\Delta\alpha$ 比单轴受拉时的宽，且单轴受拉时的 $\Delta f(\alpha)$ 比单轴受压时的长。说明混凝土在单轴受拉时产生的断裂面比单轴受压时产生的断裂面均匀程度高、粗糙度低，这与课题组之前所做试验结果是相符的。

普通强度等级混凝土强度越高，其断裂面多重分形谱曲线开口越小，说明断裂面非规则性越弱、分形维数越低。同理，超高强混凝土强度越高，其断裂面多重分形谱曲线开口略有减小，说明混凝土的分形维数略有提高，这一结论也与试验中所揭示的规律一致。

2. 分形维数波动范围

混凝土单轴受拉断裂面分形维数的波动变化规律同单轴受压，变化趋势如图 1.39 所示。

3. 分形损伤演化规律

基于 1.3.5 节关于分形损伤演化规律的分析，结合 1.2 节的试验数据，得到强度等级分别为 C30、C50、C110 和 C120 的混凝土对应的分形损伤演化关系曲线，如图 1.55～图 1.58 所示。

对比图 1.55～图 1.58 与图 1.40～图 1.43 可知，混凝土单轴受拉时的分形损伤演化速度比单轴受压时略低，这是因为混凝土单轴受拉产生的断裂面相对单轴受压时产生的断裂面规则，粗糙度小，分形维数低。

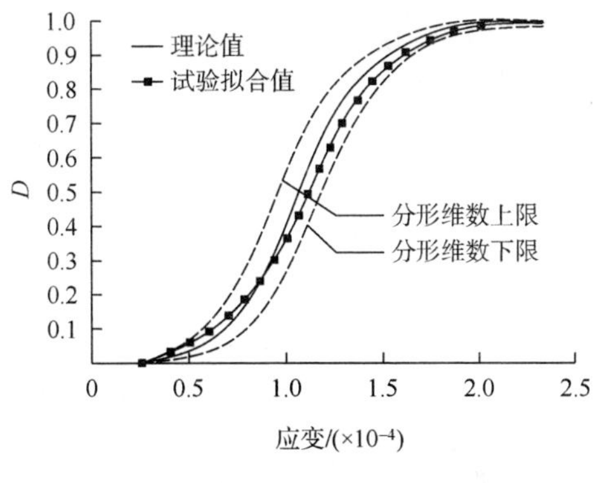

图 1.55 C30 混凝土单轴受拉断裂面的分形损伤演化曲线

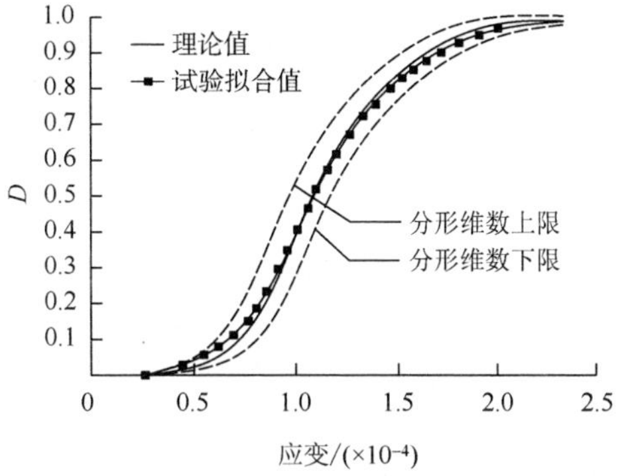

图 1.56 C50 混凝土单轴受拉断裂面的分形损伤演化曲线

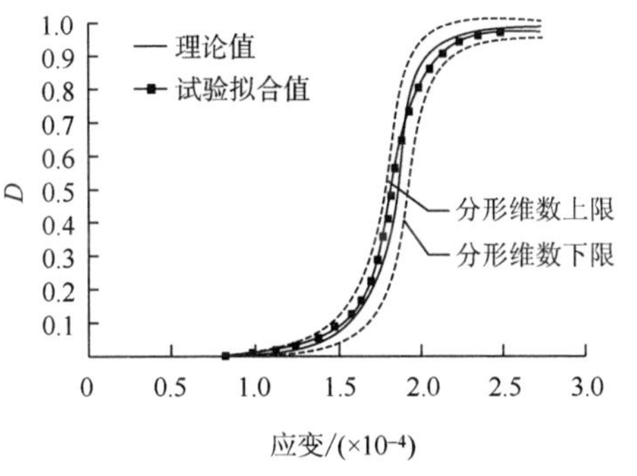

图 1.57 C110 混凝土单轴受拉断裂面的分形损伤演化曲线

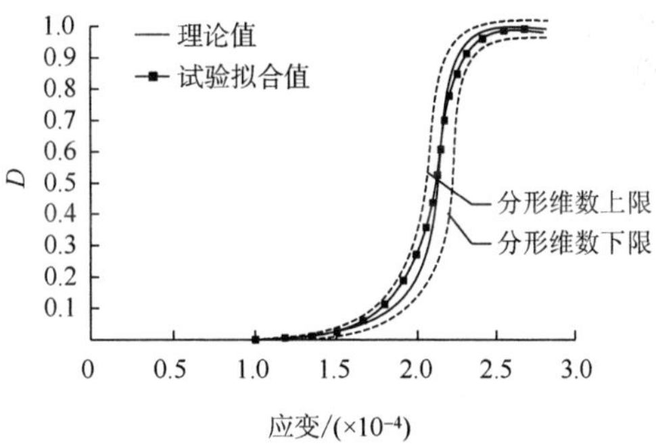

图 1.58 C120 混凝土单轴受拉断裂面的分形损伤演化曲线

4. 分形损伤本构关系

将上述分析结果代入式（1-62），可得强度等级分别为 C30、C50、C110 和 C120 的混凝土对应的分形损伤本构关系，如图 1.59～图 1.62 所示。

图中，实线为本节所提出的混凝土弹性单轴受拉分形损伤本构关系对应的理论计算应力-应变曲线，上下两条虚线为通过 CT 扫描试验获得的随断裂面分形维数变化，混凝土应力-应变关系曲线的波动范围。其中，低强度等级混凝土试验数据由课题组以往试验研究所得，高强和超高强试验数据为本节试验研究所得。

综上对比分析表明，本节所提出的多重分形损伤本构关系能较客观地预测不同强度等级混凝土的受拉损伤演化发展规律。

谢和平和鞠杨[18]的研究结果表明，混凝土的分形损伤本构关系比基于连续介质损伤力学的表观损伤本构关系精确度更高，能更加真实地模拟混凝土的应力-应变变化规律。但是混凝土力学性能具有明显的离散性与随机性，所以用一条本构关系曲线合理模拟某一种混凝土真实的应力-应变曲线在实际工程中是很难做到的。正因为如此，本节提出了多重分形损伤本构关系的概念，既可模拟混凝土应力-应变关系曲线走势，又可预测其离散范围，以使所建立的理论具有实用性。

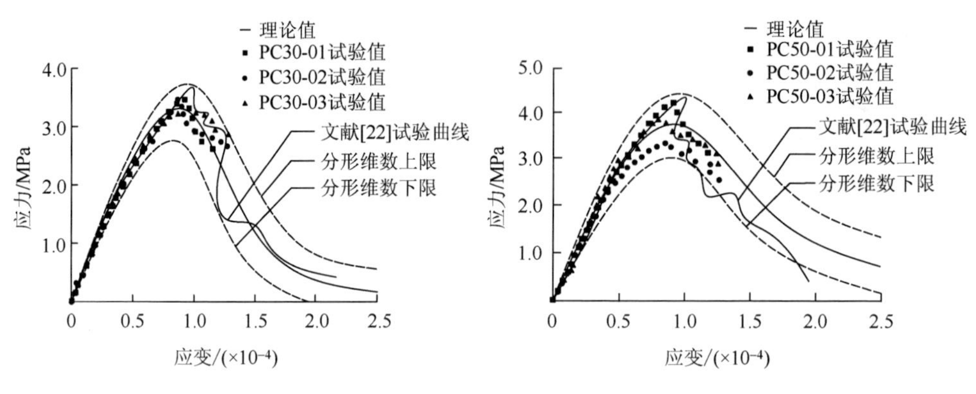

图 1.59　C30 混凝土单轴受拉断裂面分形损伤本构曲线图

图 1.60　C50 混凝土单轴受拉断裂面的分形损伤本构曲线

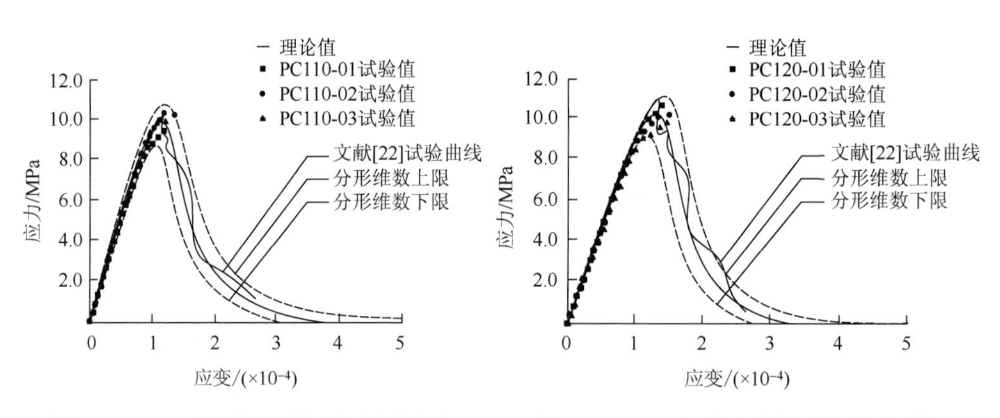

图 1.61　C110 混凝土单轴受拉断裂面的分形损伤本构曲线

图 1.62　C120 混凝土单轴受拉断裂面的分形损伤本构曲线

1.5　单轴受压弹塑性分形损伤本构模型

混凝土在受外力作用时，当作用力超过一定范围后，混凝土材料将表现出明显的非线性特性，如刚度退化、强度软化、双轴受压强度提高、双轴拉压软化效应、卸载后变形不可恢复和单边效应等典型的静力非线性行为[23]，以及动力作用下的应变率效应[24]。基于上述事实，笔者认为，弹塑性损伤本构关系可以从物理本质上更好地反映混凝土材料的典型非线性行为，利用这种本构关系得到的钢筋混凝土结构的非线性分析结果也更为准确。

1.5.1 弹塑性受压细观模型

根据混凝土弹塑性力学特点和现有的研究成果，本节引入 Eibl 的弹簧-摩擦块模型来模拟弹塑性混凝土的细观结构[25]。如图 1.63 所示，Eibl 的弹簧-摩擦块模型由一个刚性弹簧、一个摩擦块和一个滑移控制器组成。其中摩擦块和限位器串联连接，然后再与弹簧并联，滑移控制器的作用是保证在并联机构位移到达一定范围之前摩擦块不产生相对滑动，而其限位值大小是可控的。

由前述混凝土单轴受压弹性损伤本构理论可知，混凝土受压时的损伤可以转化成与受压方向垂直的受拉损伤。图 1.64 为单轴受压混凝土试件对应的弹塑性细观损伤模型，其细观微元结构为图 1.63 所示的弹簧-摩擦块单元。

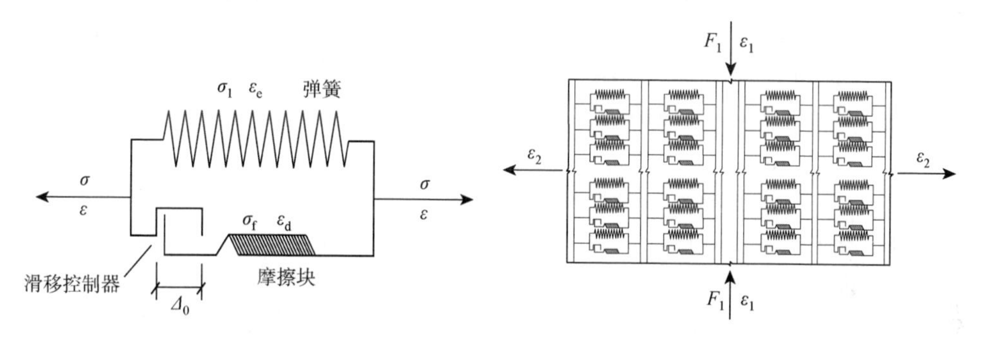

图 1.63 模拟弹塑性混凝土细观结构的弹簧-摩擦块模型

图 1.64 单轴受压混凝土试块对应的弹塑性细观模型

由混凝土试件侧向破坏的对称性可知，外力 F_1 在 ε_1 方向上的单轴压应力所引起的混凝土另外两个垂直方向（即 ε_2 、 ε_3 ）的拉应力在宏观上是大小相同的。所以，可结合图 1.64 所示的细观模型，以其中某一受拉方向的损伤来研究混凝土整体的受压损伤破坏规律。

同理，假设混凝土试件沿受压方向的纵向应变与横向应变之比为 β，则存在如下关系：

$$\varepsilon_1 = \beta\varepsilon_2 \tag{1-63}$$

在图 1.63 所示的弹簧-摩擦块模型中，弹簧反映混凝土的弹性力学性能，而摩擦块反映混凝土的塑性力学性能。弹簧和摩擦块为并联连接，滑移控制器限制了摩擦块的滑移起始位置，使得在弹簧受拉断裂前摩擦块不发生滑动。σ_1 为弹簧-摩擦块单元中弹簧所承担的应力，σ_f 为弹簧-摩擦块单元中摩擦块所承担的应力，$\sigma_1 = \sigma(\varepsilon < \varepsilon_0)$ 或 $\sigma_f = \sigma(\varepsilon \geqslant \varepsilon_0)$ 。ε_e 为弹簧的拉伸应变，ε_d 为摩擦块的滑动应变，

$\varepsilon_e=\varepsilon(\varepsilon<\varepsilon_0)$ 或 $\varepsilon_d=\varepsilon-\varepsilon_e(\varepsilon\geqslant\varepsilon_0)$。

图 1.65 为图 1.63 所示的弹簧-摩擦块单元在承受外荷载时的 σ-ε 曲线示意。

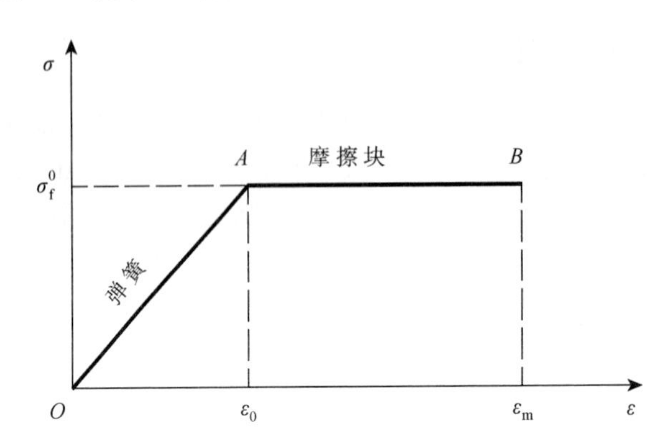

图 1.65 混凝土弹塑性细观单元中微元体的应力-应变曲线示意

图 1.65 中，σ_f^0 为摩擦块的滑动摩擦应力，ε_m 为摩擦块的极限滑动应变，ε_0 为弹簧的极限拉伸应变。当混凝土的应变量小于弹簧极限应变 ε_0 时，细观模型中只有弹簧受力，无塑性应力，摩擦块无相对滑动，应力-应变关系曲线为一斜直线（从 O 点到 A 点）；而当混凝土应变量大于或等于弹簧极限应变 ε_0 时，细观模型中的弹簧将会发生断裂，弹性应力消失，假设细观模型中摩擦块的最大静摩擦力小于或等于弹簧的极限承载力，则摩擦块在此时将开始发生滑动，产生滑动摩擦力，其应力-应变关系曲线为一水平直线（从 A 点到 B 点）。当滑移量达到摩擦块极限应变量 ε_m 时，摩擦块开始发生脱落，代表混凝土塑性应力的丧失，细观模型的弹簧-摩擦块单元完全断裂；当细观模型中断裂面上所有的弹簧-摩擦块单元都断裂时，标志着混凝土完全破坏。

1.5.2 弹塑性受压分形损伤指数

1. 表观损伤指数

表观损伤指数的定义见式（1-21）。

弹簧单元的表观损伤指数的定义为

$$\begin{aligned} d(\varepsilon) &= \frac{A_\omega(\varepsilon)}{A} \\ &= \int_0^1 H(\varepsilon-\varepsilon(y))\mathrm{d}y \end{aligned} \tag{1-64}$$

同理，可定义混凝土损伤断裂面上摩擦块单元的损伤指数 $d_f(\varepsilon)$ 为

$$
\begin{aligned}
d_{\mathrm{f}}(\varepsilon) &= \frac{A_{\omega}^{\mathrm{f}}(\varepsilon)}{A} \\
&= \int_{0}^{1} H(\varepsilon - \varepsilon(z))\mathrm{d}z
\end{aligned}
\tag{1-65}
$$

式中，A_{ω}^{f} 为摩擦块单元定义的损伤面积，即摩擦块已脱落的断裂面面积；$\varepsilon_{\mathrm{m}i}$ 为第 i 个摩擦块的极限滑动应变，即第 i 个摩擦块的 ε_{m}；$\varepsilon(z)$ 为沿外力方向 z 处截面上的摩擦块单元的极限应变量。

根据随机损伤原理，在混凝土断裂面上的弹簧刚度和摩擦块的摩擦系数应该是随机的，按此处理将导致后续计算非常复杂。为简化计算，假设混凝土断裂面上所有弹簧-摩擦块单元中弹簧刚度和摩擦块摩擦系数均为常量，而弹簧和摩擦块的极限应变($\varepsilon(z)$、$\varepsilon(y)$)为随机变量，所以弹簧损伤指数 $d(\varepsilon)$ 和摩擦块损伤指数 $d_{\mathrm{f}}(\varepsilon)$ 也为服从相同分布的随机变量。

2. 分形损伤指数

与前面混凝土弹性分形损伤理论研究一样，考虑到混凝土的真实断裂面的几何特性，本节采用非规则分形断裂面作为混凝土的损伤断裂面取代传统表观损伤本构理论中以平面作为损伤面的假设。

如图 1.31 所示，将混凝土的弹塑性损伤定义为混凝土细观弹簧-摩擦块模型中已经断裂的微元面积与混凝土细观弹簧模型最终破坏的分形断裂面上弹簧微元总面积之比。

与上述混凝土弹性损伤本构理论类似，弹塑性混凝土细观模型中同样要面临微元数量 Q 是否变化及如何变化的问题。

针对该问题，参考混凝土弹性分形损伤的相关内容，对混凝土细观弹簧-摩擦块模型提出下列的假设条件[16]：①分形断裂面上和平截面上每个弹簧-摩擦块微元对应的微元面积是相等的；②混凝土细观模型中的弹簧-摩擦块微元的数量是可以变化的。

图 1.66 为混凝土细观模型中第 i 根弹簧-摩擦块微元对应的平截面面积与其对应的分形断裂面面积示意。假设：在细观模型中第 i 根弹簧所对应的平截面面积 A_i 等于其对应的分形断裂面面积 A_i^*，则在分形断裂面中原弹簧-摩擦块微元所对应曲面的投影面积小于平截面面积。在保证每根弹簧-摩擦块微元对应面积不变的前提下，A_i^* 之外的其他曲面需要更多的弹簧-摩擦块微元去弥补，即分形断裂面对应的弹簧-摩擦块微元数量将增加。故在弹簧-摩擦块模型中，平截面面积对应的弹簧-摩擦块微元数量 Q 小于分形断裂面面积对应的弹簧-摩擦块微元数量 Q^*。

假设弹簧-摩擦块细观模型中，弹簧和摩擦块这两个并联机构所对应的面积是相等的，即

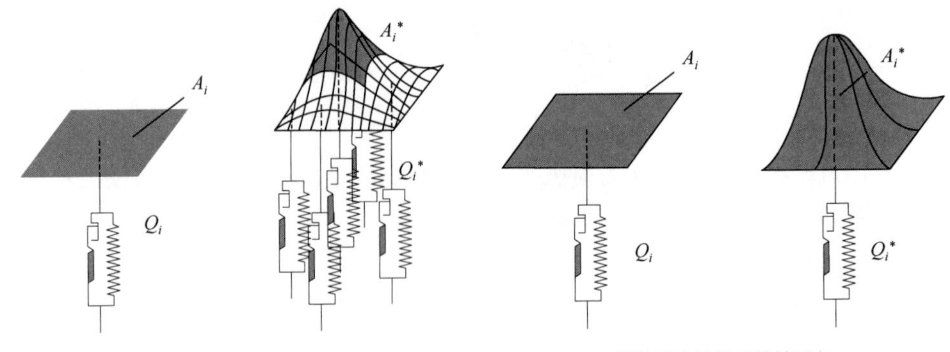

图 1.66　第 i 根弹簧-摩擦块微元对应的平截面面积与分形曲面面积

$$\begin{cases} A_{si}=A_{fi}=\dfrac{1}{2}A_i \\ A_{s0}=A_{f0}=\dfrac{1}{2}A_0 \end{cases} \tag{1-66}$$

因为弹簧-摩擦块细观模型中弹簧的数量和摩擦块的数量是一样的，即

$$Q_f=Q_s=Q \tag{1-67}$$

所以，基于上述假设可知，当混凝土的弹簧-摩擦块细观模型中弹簧和摩擦块的极限应变分布规律相同时，其损伤程度也是一样的，即

$$d_s=d_f=d \tag{1-68}$$

当弹簧和摩擦块的极限应变分布规律不同时，由前述的混凝土弹性分形损伤本构理论可知，弹簧数量的变化必将导致损伤指数的变化，由分形损伤指数的定义可得弹簧的分形损伤指数为

$$\begin{aligned} d_s^*(x) &= \frac{A_{s\omega}(\varepsilon)}{A_{s0}^*} \\ &= d_s(x)\frac{A_0}{A_0^*}\lim_{Q\to\infty}\sum_{i=1}^{Q} l^{1+d_i} \end{aligned} \tag{1-69}$$

式中，各参数含义同式（1-25）。

同理可知，摩擦块数量的变化必将导致摩擦块损伤指数的变化，由分形损伤指数的定义可得

$$\begin{aligned} d_f^*(x) &= \frac{A_{f\omega}(\varepsilon)}{A_{f0}^*} \\ &= d_f(x)\frac{A_0}{A_0^*}\lim_{Q\to\infty}\sum_{i=1}^{Q} l^{1+d_i} \end{aligned} \tag{1-70}$$

式中，各参数含义同式（1-25）。

3. 分形损伤指数与广义损伤指数的关系

假设立方体混凝土试件的尺寸为$a \times a \times a$，则有$A_0 = a^2$，$A_0^* = a^D$。将其代入式（1-69），可得

$$d_s^*(x) = d_s(x) a^{2-D} \lim_{Q \to \infty} \sum_{i=1}^{Q} l^{1+d_i} \tag{1-71}$$

假设

$$B = a^{2-D} \lim_{Q \to \infty} \sum_{i=1}^{Q} l^{1+d_i} \tag{1-72}$$

则$B = B(f(\alpha))$，B是一个与混凝土试件多重分形特性相关的参数。

所以式（1-71）可写成

$$d_s^*(x) = d_s(x) B(f(\alpha)) \tag{1-73}$$

式中，$f(\alpha)$为混凝土断裂面的多重分形谱。

同理，由摩擦块单元损伤指数式（1-70）可得

$$d_f^*(x) = d_f(x) B(f(\alpha)) \tag{1-74}$$

1.5.3 弹塑性受压分形损伤本构关系

混凝土的弹塑性损伤破坏过程分可为四个阶段：无损伤阶段、弹性损伤阶段、塑性损伤阶段和完全损伤阶段（图 1.67）。在无损伤阶段，外力小于等于弹簧的极限承载力，外力全部由弹簧承担，摩擦块无相对滑移，外力做的功全部由弹簧转化为弹性内能$W_e(\varepsilon)$；随着荷载的继续增大，因为$\varepsilon(y)$为随机变量，所以在$\varepsilon(y)$较小的部位弹簧开始断裂，模型进入弹性损伤阶段，此时断裂部分的弹簧所对应的外力功转化为弹簧断裂能$W_D(\varepsilon)$；弹簧断裂后相应的外力由摩擦块承担，模型进入塑性损伤阶段，在该阶段摩擦块产生相对滑移，在外力不变的情况下粘结滑移量继续增大，因为$\varepsilon(z)$和$\varepsilon(y)$均为随机变量，所以在$\varepsilon(z)$较小的部位摩擦块开始脱落，外力功一部分由摩擦力转化成内能，一部分转化成摩擦块断裂的断裂能；随着滑移量的进一步增加，弹簧和摩擦块破坏面积不断增大，直到整个粘结面所有弹簧和摩擦块都破坏，模型进入完全损伤阶段。

基于上述细观模型能量转换分析结果，在不考虑混凝土材料环境温度变化的情况下，混凝土受外力压缩从而产生断裂损伤的过程中，外力P对混凝土材料所做的功$W_P(\varepsilon)$一部分将转化为混凝土材料的弹性能$W_e(\varepsilon)$而被储存；另一部分将转化为混凝土材料的塑性能而被储存；还有一部分将作为消耗掉的能量以提供混凝土材料内部损伤（微裂纹等）的发展所需。基于上述能量公式，由能量守恒原理得

$$W_P(\varepsilon_1) = W_e(\varepsilon_2) - 2W_D(\beta\varepsilon_2) \tag{1-75}$$

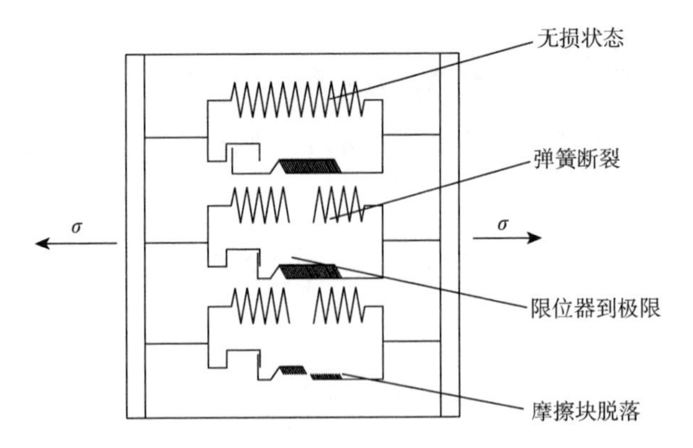

图 1.67　弹簧-摩擦块细观模型的损伤破坏模式

式中，$W_P(\varepsilon_1)$ 为外力在 ε_1 方向上对混凝土所做的外力功；$W_{\mathrm{e}}(\varepsilon_2)$ 为混凝土在 ε_2 方向上所储存的弹簧的弹性势能；$W_D(\beta\varepsilon_2)$ 为混凝土在 ε_2 方向上产生断裂损伤所消耗的能量，该能量包含两部分：弹簧的断裂能和摩擦块的摩擦所消耗的能量，即

$$\begin{aligned}W_D(\beta\varepsilon_2)=\alpha\Bigg[&\frac{1}{A_{\mathrm{s}0}}\int_0^{\beta\varepsilon_2}\lim_{Q^*\to\infty}\sum_{i=1}^{Q^*}\sigma_i^* H(\varepsilon-\varepsilon_{\mathrm{s}i})A_{\mathrm{s}i}^*\mathrm{d}x\\&+\int_0^{\beta\varepsilon_2}\sigma_{\mathrm{f}}^0\frac{1}{A_{\mathrm{f}0}}\lim_{Q\to\infty}\sum_{i=1}^{Q}H(\varepsilon-\varepsilon_{\mathrm{f}i})A_{\mathrm{f}i}^*\mathrm{d}x\frac{1}{A_{\mathrm{s}0}}\lim_{Q\to\infty}\sum_{i=1}^{Q}H(\varepsilon-\varepsilon_{\mathrm{s}i})A_{\mathrm{s}i}^*\mathrm{d}x\Bigg]\end{aligned} \tag{1-76}$$

式中引入反映因剪切破坏机制造成的能量放大或衰减系数 α，以考虑在单轴受压过程中，可能存在的不规则开裂面。

由弹簧-摩擦块细观单元微元面积关系可知

$$A_{\mathrm{s}0}=A_{\mathrm{f}0}=\frac{1}{2}A_0 \tag{1-77}$$

$$A_{\mathrm{s}i}^*=A_{\mathrm{f}i}^*=\frac{1}{2}A_i^* \tag{1-78}$$

将式（1-77）和式（1-78）代入式（1-76）可得

$$W_D(\beta\varepsilon_2)=\alpha\left[\int_0^{\beta\varepsilon_2}Ed_{\mathrm{s}}^*(x)\mathrm{d}x+\int_0^{\beta\varepsilon_2}\sigma_{\mathrm{f}}^0 d_{\mathrm{s}}^*(x)d_{\mathrm{f}}^*(x)\mathrm{d}x\right] \tag{1-79}$$

又因为

$$\begin{aligned}W_{\mathrm{e}}(\varepsilon_2)&=\varepsilon_{2\mathrm{e}}\sigma_{\mathrm{s}}+\varepsilon_{2d}\sigma_{\mathrm{f}}\\&=\frac{1}{2}E\varepsilon_2^2+\int_0^{\varepsilon_2}\sigma_{\mathrm{f}}^0 D_{\mathrm{s}}(x)\mathrm{d}x\end{aligned} \tag{1-80}$$

所以将式（1-79）和式（1-80）代入式（1-75）可得

$$\int_0^{\varepsilon_2}\sigma(x)\mathrm{d}x=\frac{1}{2}E\varepsilon_2^2-2\alpha\int_0^{\beta\varepsilon_2}Ed_{\mathrm{s}}^*(x)\mathrm{d}x+\int_0^{\varepsilon_2}\sigma_{\mathrm{f}}^0 d_{\mathrm{s}}^*(x)\mathrm{d}x-2\alpha\int_0^{\beta\varepsilon_2}\sigma_{\mathrm{f}}^0 d_{\mathrm{s}}^*(x)d_{\mathrm{f}}^*(x)\mathrm{d}x \tag{1-81}$$

将式（1-81）两边关于ε_2求导得

$$\sigma_2(\varepsilon_2)=E\varepsilon_2\left[1-2\alpha\beta^2 d_{\mathrm{s}}(\varepsilon_2)\sum_{j=1}^{Q}l^{1+d_j}\right]+\sigma_{\mathrm{f}}^0 d_{\mathrm{s}}(\varepsilon_2)\sum_{j=1}^{Q}l^{1+d_j}\left[1-2\alpha\beta^2 d_{\mathrm{f}}(\varepsilon_2)\sum_{j=1}^{Q}l^{1+d_j}\right] \quad (1\text{-}82)$$

式（1-82）即弹塑性受压分形损伤本构关系。其中，d_j为第j根弹簧对应面积的分形维数增量；l^{d_j}是一个与分形断裂面多重分形谱密度相关的变量，当混凝土断裂面服从不同的分形曲面分布时，其变化规律不同。令$\eta=2\alpha\beta^2$，则式（1-82）变为

$$\sigma_2(\varepsilon_2)=E\varepsilon_2\left[1-\eta d_{\mathrm{s}}(\varepsilon_2)\sum_{j=1}^{Q}l^{1+d_j}\right]+\sigma_{\mathrm{f}}^0 d_{\mathrm{s}}(\varepsilon_2)\sum_{j=1}^{Q}l^{1+d_j}\left[1-\eta d_{\mathrm{f}}(\varepsilon_2)\sum_{j=1}^{Q}l^{1+d_j}\right] \quad (1\text{-}83)$$

1.5.4　弹塑性受压多重分形损伤本构关系

类比混凝土弹性受压分形损伤本构模型，大致可以将混凝土断裂面分为两类，即均匀分形曲面和非均匀分形曲面。由于这两种曲面具有不同的几何特点，导致其分别对应的混凝土分形损伤本构公式将会出现某些明显的差异，下面根据两种分形曲面的特点分别给出其对应的分形损伤本构公式。

1. 混凝土断裂面为均匀分形曲面

若假设混凝土分形断裂面为均匀分形曲面，即混凝土分形曲面上测度（如概率或质量）处处相同，则曲面上各处的维数增量$d_i=d_j=d=$常数，即分形曲面上每个微元的分形维数增量是相同的。

将该特征代入式（1-83）可得

$$\sigma_2(\varepsilon_2)=E\varepsilon_2[1-d_{\mathrm{s}}(\varepsilon_2)\eta l^d]+\sigma_{\mathrm{f}}^0 d_{\mathrm{s}}(\varepsilon_2)l^d[1-d_{\mathrm{f}}(\varepsilon_2)\eta l^d] \quad (1\text{-}84)$$

如图1.34所示，这种情况包含了两种可能，即混凝土的断裂面为平面和混凝土断裂面为均匀变化的曲面。

因为在混凝土微元体系中每处的分形维数增量必须满足条件$0\leqslant d_j<1$，所以下面分别讨论$d=0$和$0<d<1$这两种情况对应的分形损伤本构特性。

（1）当$d=0$时，$D=2-d=2$，说明该混凝土断裂面为一二维平面，即图1.34（a）中所示断裂面为平面的情况，基于此，式（1-83）变为

$$\sigma_2(\varepsilon_2)=E\varepsilon_2[1-\eta d_{\mathrm{s}}(\varepsilon_2)]+\sigma_{\mathrm{f}}^0 d_{\mathrm{s}}(\varepsilon_2)[1-\eta d_{\mathrm{f}}(\varepsilon_2)] \quad (1\text{-}85)$$

式（1-85）与基于平截面假设的混凝土损伤本构方程形式相同，说明基于平截面假设的混凝土表观损伤本构关系只是基于非规则断裂面的混凝土分形损伤本构关系的一种特殊情况，分形损伤本构关系具有更广泛的适应性。

（2）当$0<d<1$时，如图1.34（b）所示，混凝土断裂面为一规律变化的均匀

的分形曲面。此时式（1-85）中 d 与文献[18]中 ω 意义相同。当该式中的塑性应力部分（即摩擦块部分）为 0，即处于弹性阶段时，其形式也与文献[18]中所提损伤本构关系相同。该结论说明文献[18]中所提的分形损伤本构关系也是本节所提分形损伤本构关系的一种特殊情况。

2. 混凝土断裂面为非均匀分形曲面

假设混凝土分形断裂面为非均匀曲面，即分形曲面上各处的测度不完全相同。根据多重分形的定义，可以认为该情况下的混凝土分形断裂面满足多重分形的规律。所以在分形损伤本构方程中引入多重分形特征参数，以反映混凝土断裂面的多重分形特性。

本节采用 $f(\alpha)\sim\alpha$ 方法描述混凝土的多重分形特性。

引入多重分形谱 $f(\alpha)$反映混凝土分形断裂面的多重分形特性，将式（1-83）改写为

$$\sigma_2(\varepsilon_2)=E\varepsilon_2\left[1-d_{\mathrm{s}}(\varepsilon_2)\eta\sum_{j=1}^{Q}l^{f(\alpha_j)-1}\right]+\sigma_{\mathrm{f}}^0 d_{\mathrm{s}}(\varepsilon_2)\sum_{j=1}^{Q}l^{f(\alpha_j)-1}\left[1-d_{\mathrm{f}}(\varepsilon_2)\eta\sum_{j=1}^{Q}l^{f(\alpha_j)-1}\right] \tag{1-86}$$

式（1-86）即混凝土断裂面为非均匀分形曲面时的弹塑性混凝土单轴受压多重分形损伤本构方程，因为该本构方程考虑了混凝土真实断裂面的非均匀性和多重分形特性，所以比以往的表观损伤本构方程能更客观地反映混凝土损伤断裂的真实情况。

1.5.5 混凝土弹塑性单轴受压分形损伤本构关系

1. 分形损伤演化规律

假设混凝土细观模型中摩擦块与弹簧具有相同的破坏规律，则强度等级为 C30 混凝土的分形损伤演化曲线如图 1.68 所示。

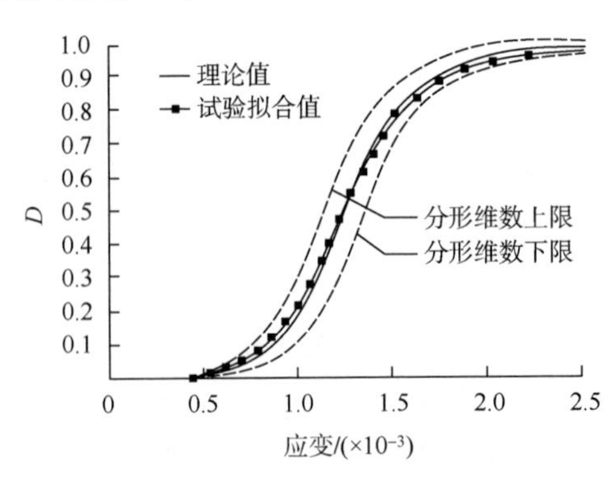

图 1.68 C30 混凝土单轴受压断裂面的分形损伤演化曲线

从图中可以看出，本节所提出的分形损伤演化曲线能较好地模拟混凝土实际损伤演化规律，试验所得数据几乎落在该强度等级对应分形维数波动引起的浮动范围之内。表明本节所提出的分形损伤演化方程不仅可较好地预测混凝土分形损伤的演化规律，而且能够预测由混凝土离散性和随机性引起的波动范围。

2. 分形损伤本构关系

将上述分析结果代入式（1-86），可得强度等级为 C30 混凝土对应的弹塑性分形损伤本构关系，如图 1.69 所示。图中，实线为基于本节所提出的分形损伤本构关系计算所得的理论值，上下两条虚线是根据混凝土分形维数离散范围而确定的混凝土多重分形损伤本构关系曲线离散范围。

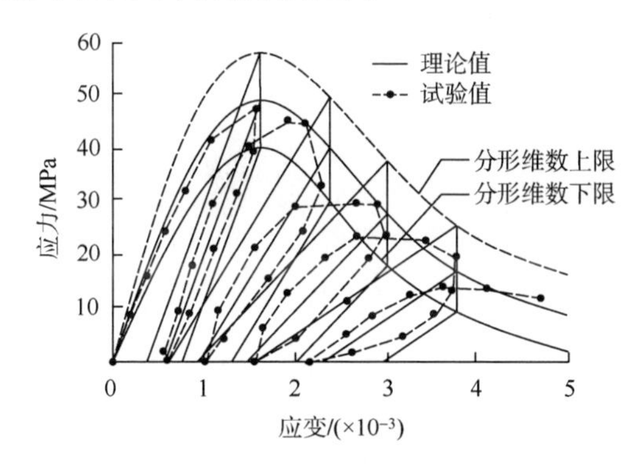

图 1.69 单轴重复压荷载作用下混凝土应力-应变曲线

从图 1.69 可以看出，本节所建议的模型可以很好地考虑混凝土塑性变形的影响，且材料刚度退化及峰值点后的强度软化也与试验结果吻合良好。同时，试验数据点完全落在由混凝土断裂面分形维数离散范围决定的应力-应变关系波动范围内，表明所给模型对混凝土弹塑性离散范围有较好的预测能力。

1.6 单轴受拉弹塑性分形损伤本构模型

1.6.1 弹塑性受拉细观模型

参考弹塑性混凝土受压损伤本构理论的相关内容，结合混凝土弹塑性力学特点，本节引入 Eibl 的弹簧-摩擦块模型来模拟弹塑性混凝土的细观结构。图 1.63 为相应的 Eibl 的弹簧-摩擦块模型。

与混凝土受压弹塑性细观结构类似，图 1.63 所示的混凝土试块在受拉时可以等效成无数个弹簧-摩擦块单元的组合体。单轴受拉混凝土试块对应的弹塑性细观损伤模型如图 1.70 所示，其细观微元结构为图 1.63 所示的弹簧-摩擦块单元。

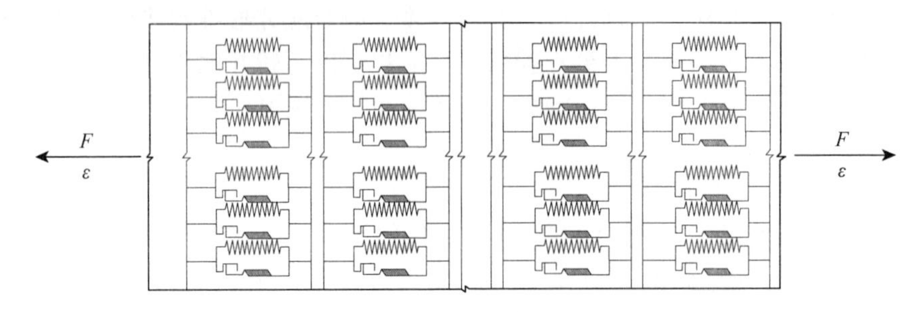

图 1.70　单轴受拉混凝土试块对应的弹塑性细观模型

1.6.2　弹塑性受拉分形损伤指数

1. 表观损伤指数

表观损伤指数的定义见式（1-21）。

弹簧单元的表观损伤指数的定义为

$$d(\varepsilon)=\int_0^1 H(\varepsilon-\varepsilon(y))\mathrm{d}y \tag{1-87}$$

同理，可定义混凝土损伤断裂面上摩擦块单元的损伤指数 $d_{\mathrm{f}}(\varepsilon)$ 为

$$d_{\mathrm{f}}(\varepsilon)=\int_0^1 H(\varepsilon-\varepsilon(z))\mathrm{d}z \tag{1-88}$$

式中，各参数含义同式（1-65）。

根据随机损伤原理，在混凝土断裂面上的弹簧刚度和摩擦块的摩擦系数应该是随机的，按此处理将导致后续计算非常复杂。为简化计算，假设混凝土断裂面上所有弹簧-摩擦块单元中弹簧刚度和摩擦块摩擦系数均为常量，而弹簧和摩擦块的极限应变为随机变量，故弹簧损伤指数 $d(\varepsilon)$和摩擦块损伤指数 $d_{\mathrm{f}}(\varepsilon)$也为服从相同分布的随机变量。

2. 分形损伤指数

分形损伤指数的定义与推导与 1.5.2 节相同。

弹簧的分形损伤指数可表达为

$$\begin{aligned}d_{\mathrm{s}}^*(x)&=\frac{A_{\mathrm{s}\omega}(\varepsilon)}{A_{\mathrm{s}0}^*}\\&=d_{\mathrm{s}}(x)\frac{A_0}{A_0^*}\lim_{Q\to\infty}\sum_{i=1}^{Q}l^{1+d_i}\end{aligned} \tag{1-89}$$

同理，摩擦块数量的变化必将导致摩擦块损伤指数的变化，由分形损伤指数

的定义可得

$$\begin{aligned} d_{\mathrm{f}}^{*}(x) &= \frac{A_{\mathrm{f}\omega}(\varepsilon)}{A_{\mathrm{f}0}^{*}} \\ &= d_{\mathrm{f}}(x)\frac{A_0}{A_0^{*}}\lim_{Q\to\infty}\sum_{i=1}^{Q} l^{1+d_i} \end{aligned} \tag{1-90}$$

式中，各参数的含义同式（1-69）和式（1-70）。

3. 分形损伤指数与广义损伤指数的关系

分形损伤指数与广义损伤指数的关系与 1.5.2 节相同。

弹簧单元的分形损伤指数与表观损伤指数的关系可表达为

$$d_{\mathrm{s}}^{*}(x) = d_{\mathrm{s}}(x)B(f(\alpha)) \tag{1-91}$$

摩擦块单元的分形损伤指数与表观损伤指数的关系可表达为

$$d_{\mathrm{f}}^{*}(x) = d_{\mathrm{f}}(x)B(f(\alpha)) \tag{1-92}$$

式中，$f(\alpha)$ 为混凝土断裂面的多重分形谱。

1.6.3 弹塑性受拉分形损伤本构关系

混凝土的弹塑性受拉损伤破坏过程可分为四个阶段：无损伤阶段、弹性损伤阶段、塑性损伤阶段和完全损伤阶段。在无损伤阶段，外力小于等于弹簧的极限承载力，外力全部由弹簧承担，摩擦块无相对滑移，外力做的功全部由弹簧转化为弹性内能 $W_{\mathrm{e}}(\varepsilon)$；随着荷载的继续增大，因为$\varepsilon(y)$为随机变量，所以在$\varepsilon(y)$较小的部位弹簧开始断裂，模型进入弹性损伤阶段，此时断裂部分的弹簧所对应的外力功转化为弹簧断裂能 $W_D(\varepsilon)$；弹簧断裂后相应的外力由摩擦块承担，模型进入塑性损伤阶段，在该阶段摩擦块产生相对滑移，在外力不变的情况下粘结滑移量继续增大，因为$\varepsilon(z)$和$\varepsilon(y)$均为随机变量，所以在$\varepsilon(z)$较小的部位摩擦块开始脱落，外力功一部分由摩擦力转化成内能，一部分转化成摩擦块断裂的断裂能；随着滑移量的进一步增加，弹簧和摩擦块破坏面积不断增大，直到整个粘结面所有弹簧和摩擦块都破坏，模型进入完全损伤阶段。

按照上述能量理论，在不考虑混凝土材料环境温度变化的情况下，混凝土受外力拉伸从而产生断裂损伤的过程中，外力 P 对混凝土材料所做的功 $W_P(\varepsilon)$ 一部分将转化为混凝土材料的弹性能 $W_{\mathrm{e}}(\varepsilon)$而被储存；另一部分将转化为混凝土材料的塑性能而被储存；还有一部分将作为消耗掉的能量以提供混凝土材料内部损伤（微裂纹等）的发展所需。基于上述能量公式，由能量守恒原理得

$$W_P(\varepsilon) = W_{\mathrm{e}}(\varepsilon) - W_D(\varepsilon) \tag{1-93}$$

式中，$W_P(\varepsilon)$ 为外力在 ε 方向上对混凝土所做的外力功；$W_{\mathrm{e}}(\varepsilon)$ 为混凝土在ε方向

上所储存的弹簧的弹性势能；$W_D(\varepsilon)$为混凝土在ε方向上产生断裂损伤所消耗的能量，该能量包含两部分：弹簧的断裂能和摩擦块的摩擦所消耗的能量，即

$$\begin{aligned}W_D(\varepsilon)&=\frac{1}{A_{s0}}\int_0^{\varepsilon}\lim_{Q^*\to\infty}\sum_{i=1}^{Q^*}\sigma_i^* H(\varepsilon-\varepsilon_{si})A_{si}^*\mathrm{d}x\\&+\int_0^{\varepsilon}\sigma_f^0\frac{1}{A_{f0}}\lim_{Q\to\infty}\sum_{i=1}^{Q}H(\varepsilon-\varepsilon_{fi})A_{fi}^*\mathrm{d}x\frac{1}{A_{s0}}\lim_{Q\to\infty}\sum_{i=1}^{Q}H(\varepsilon-\varepsilon_{si})A_{si}^*\mathrm{d}x\end{aligned}\tag{1-94}$$

由弹簧-摩擦块细观单元微元面积关系可知

$$A_{s0}=A_{f0}=\frac{1}{2}A_0\tag{1-95}$$

$$A_{si}^*=A_{fi}^*=\frac{1}{2}A_i^*\tag{1-96}$$

将式（1-95）和式（1-96）代入式（1-94）可得

$$W_D(\varepsilon)=\int_0^{\varepsilon}Ed_s^*(x)\mathrm{d}x+\int_0^{\varepsilon}\sigma_f^0 d_s^*(x)d_f^*(x)\mathrm{d}x\tag{1-97}$$

又因为

$$\begin{aligned}W_e(\varepsilon)&=\varepsilon_e\sigma_s+\varepsilon_d\sigma_f\\&=\frac{1}{2}E\varepsilon^2+\int_0^{\varepsilon}\sigma_f^0 D_s(x)\mathrm{d}x\end{aligned}\tag{1-98}$$

所以，将式（1-97）和式（1-98）代入式（1-93）得

$$\int_0^{\varepsilon}\sigma(x)\mathrm{d}x=\frac{1}{2}E\varepsilon^2-\int_0^{\varepsilon}Ed_s^*(x)\mathrm{d}x+\int_0^{\varepsilon}\sigma_f^0 d_s^*(x)\mathrm{d}x-\int_0^{\varepsilon}\sigma_f^0 d_s^*(x)d_f^*(x)\mathrm{d}x\tag{1-99}$$

将式（1-99）两边关于ε求导得

$$\sigma(\varepsilon)=E\varepsilon\left[1-d_s(\varepsilon)\sum_{j=1}^{Q}l^{1+d_j}\right]+\sigma_f^0 d_s(\varepsilon)\sum_{j=1}^{Q}l^{1+d_j}\left[1-d_f(\varepsilon)\sum_{j=1}^{Q}l^{1+d_j}\right]\tag{1-100}$$

式（1-100）即弹塑性受拉分形损伤本构关系。

1.6.4 弹塑性受拉多重分形损伤本构关系

实际工程中的混凝土断裂面大致可以分为两类，即均匀分形曲面和非均匀分形曲面。由于这两种曲面具有不同的几何特点，导致其分别对应的混凝土分形损伤本构公式将会出现某些明显的差异，下面根据两种分形曲面的特点分别研究其对应的分形损伤本构公式。

1. 混凝土断裂面为均匀分形曲面

若假设混凝土分形断裂面为均匀分形曲面，即混凝土分形曲面上测度（如概率或质量）处处相同，则曲面上各处的维数增量 $d_i=d_j=d=$常数，即分形曲面上每个微元的分形维数增量是相同的。

将该特征代入式（1-100）可得

$$\sigma(\varepsilon)=E\varepsilon[1-d_{\mathrm{s}}(\varepsilon)l^{d}]+\sigma_{\mathrm{f}}^{0}d_{\mathrm{s}}(\varepsilon)l^{d}[1-d_{\mathrm{f}}(\varepsilon)l^{d}] \tag{1-101}$$

前面描述的混凝土断裂面包含两种可能，即混凝土的断裂面为平面和混凝土断裂面为均匀变化的曲面，如图 1.34 所示。

因为在混凝土微元体系中每处的分形维数增量必须满足条件 $0\leqslant d_j<1$，所以下面分别讨论 $d=0$ 和 $0<d<1$ 这两种情况对应的分形损伤本构特性。

（1）当 $d=0$ 时，$D=2-d=2$，说明该混凝土断裂面为一二维平面，即图 1.34（a）所示断裂面为平面的情况，基于此，式（1-100）变为

$$\sigma(\varepsilon)=E\varepsilon[1-d_{\mathrm{s}}(\varepsilon)]+\sigma_{\mathrm{f}}^{0}d_{\mathrm{s}}(\varepsilon)[1-d_{\mathrm{f}}(\varepsilon)] \tag{1-102}$$

式（1-102）与基于平截面假设的混凝土损伤本构方程形式相同，说明基于平截面假设的混凝土表观损伤本构关系只是基于非规则断裂面的混凝土分形损伤本构关系的一种特殊情况，分形损伤本构关系具有更广泛的适应性。

（2）当 $0<d<1$ 时，如图 1.34（b）所示，混凝土断裂面为一规律变化的均匀分形曲面。此时所得损伤本构方程式中 d 与文献[18]中 ω 意义相同。当该式中的塑性应力部分（即摩擦块部分）为 0，即处于弹性阶段时，其形式也与文献[18]中所提损伤本构关系相同。

2. 混凝土断裂面为非均匀分形曲面

根据多重分形的定义，可以认为该情况下混凝土分形断裂面满足多重分形的规律，故在分形损伤本构方程中引入多重分形特征参数以反映混凝土断裂面的多重分形特性。

引入多重分形谱 $f(\alpha)$ 反映混凝土分形断裂面的多重分形特性，则式（1-100）改写为

$$\sigma(\varepsilon)=E\varepsilon\left[1-d_{\mathrm{s}}(\varepsilon)\eta\sum_{j=1}^{Q}l^{f(\alpha_j)-1}\right]+\sigma_{\mathrm{f}}^{0}d_{\mathrm{s}}(\varepsilon)\sum_{j=1}^{Q}l^{f(\alpha_j)-1}\left[1-d_{\mathrm{f}}(\varepsilon)\eta\sum_{j=1}^{Q}l^{f(\alpha_j)-1}\right] \tag{1-103}$$

式（1-103）即混凝土断裂面为非均匀分形曲面时的弹塑性混凝土单轴受拉多重分形损伤本构方程，因为该本构方程考虑了混凝土真实断裂面的非均匀性和多重分形特征，所以比以往的表观损伤本构方程能更客观地反映混凝土损伤断裂的真实情况。

1.6.5　混凝土弹塑性单轴受拉分形损伤本构关系

1. 分形损伤演化规律

基于 1.3.6 节关于分形损伤演化规律的分析，结合 1.2 节的试验数据，可得到

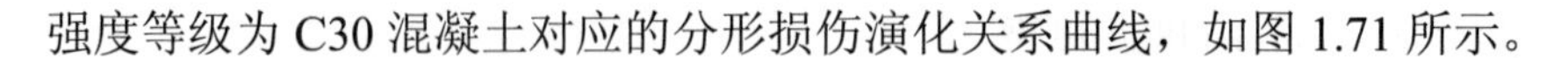

强度等级为 C30 混凝土对应的分形损伤演化关系曲线，如图 1.71 所示。

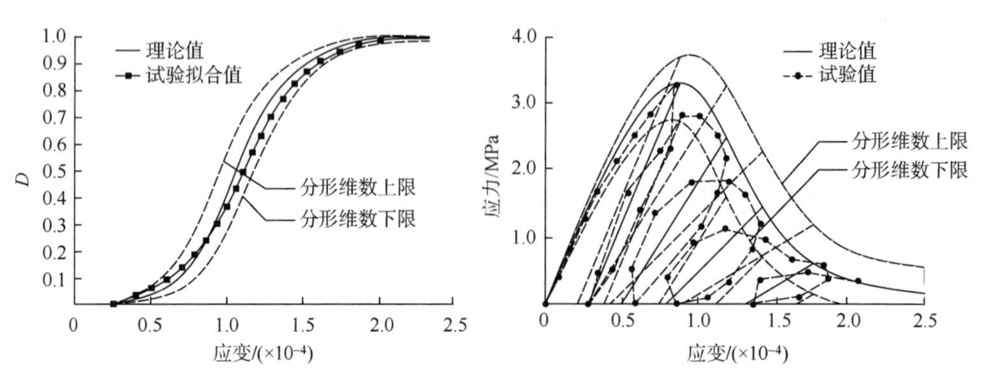

图 1.71　C30 混凝土单轴受拉断裂面的分形损伤演化曲线

图 1.72　单轴重复拉荷载作用下混凝土应力-应变曲线

对比混凝土单轴受压时的分形损伤演化曲线可知，混凝土单轴受拉时的分形损伤演化速度比单轴受压时略高，因为虽然混凝土单轴受拉产生的断裂面相对单轴受压时产生的断裂面规则、粗糙度小、分形维数低，但是混凝土材料抗拉强度低，且受拉破坏发生得突然。

2. 分形损伤本构关系

将上述分析结果代入式（1-103），可得强度等级为 C30 混凝土对应的分形损伤本构关系。图 1.72 给出了 C30 混凝土分形损伤本构关系曲线与试验值的对比。图中，实线为基于本节所提出的分形损伤本构关系计算所得的理论值，上下两条虚线为通过 CT 扫描试验获得的随断裂面分形维数变化，混凝土多重分形损伤本构关系曲线的波动范围。

从图 1.72 可以看出，本节所建议模型可以很好地考虑混凝土塑性变形的影响，且材料刚度退化以及峰值点后的强度软化也与试验结果吻合良好。同时，试验数据点完全落在由混凝土断裂面分形维数离散范围决定的应力-应变关系波动范围内，表明所给模型对混凝土弹塑性离散范围有较好的预测能力。

1.7　本 章 小 结

（1）基于混凝土断裂面的重构模型提出了一种二次模拟方法，实现了对混凝土断裂面多重分形谱的简化模拟，为下一阶段的深入研究提供了有效的理论支持。

（2）将改进的 Kandarpa 弹簧模型引入混凝土细观模型中能很好地实现对弹性

混凝土细观结构的模拟；将改进的 Eibl 弹簧-摩擦块模型引入混凝土细观模型中能很好地实现对弹塑性混凝土细观结构的模拟。利用拉压等效原理将混凝土单向受压问题转换为单向受拉问题，从而实现用一种细观弹簧模型分别模拟混凝土单向受拉和单向受压的两种受力状态。

（3）将混凝土真实的分形断裂面引入损伤的定义中，提出的分形损伤指数能真实地反映混凝土的断裂损伤本质。

（4）本章所提出的分形损伤本构关系综合性较强。通过对本构方程中分形系数的分析和调整可以将所建本构关系进行细分，涵盖了多种确定性本构关系和非确定性本构关系，如均匀分形损伤本构模型、非均匀分形损伤本构模型和多重分形损伤本构模型。

（5）利用不同强度等级混凝土断裂面分形维数的离散范围可很好地预测混凝土分形损伤演化规律和应力-应变关系的离散区间，结合混凝土多重分形谱模拟方程得到的多重分形损伤本构关系可实现对混凝土断裂损伤应力-应变关系发展趋势和离散范围两方面的预测。与试验结果和以往研究成果的对比分析表明，本章所建理论模型合理可行。

参考文献

[1] 谢明. 混凝土分形特性及分形损伤本构关系研究[D]. 西安：西安建筑科技大学，2012.

[2] 过镇海. 钢筋混凝土原理和分析[M]. 北京：清华大学出版社，2003.

[3] 李宝成. 三维表面形貌的分形维数计算[J]. 航空精密制造技术，2000，4（36）：36-40.

[4] 孙洪全，谢和平. 岩石断裂表面的分形模拟[J]. 岩土力学，2008，28（2）：347-352.

[5] 孙霞，熊刚，傅竹西，等. ZnO 薄膜原子力显微镜图像的多重分形谱[J]. 物理学报，2000，49（5）：854-863.

[6] 孙霞，吴自勤，黄畇. 分形原理及其应用[M]. 合肥：中国科学技术大学出版社，2003.

[7] 顾亚娟，唐辉明，熊承仁. 岩体结构多重分形方法的改进与应用[J]. 煤田地质与勘探，2010，38（5）：42-46.

[8] 蔡小秋. 多重分形参量的统计性质[J]. 漳州师院学报，1997，（2）：109-113.

[9] 范宇. 基于分形理论的混凝土统计损伤本构模型研究[D]. 西安：西安建筑科技大学，2011.

[10] Hillerborg A，Modeer M，Petersson P E. Analysis of crack formation and crack growth in concrete by means of fracture mechanics and finite elements[J]. Cement and Concrete Research，1976，6（6）：773-782.

[11] Carpinteri A，Chiaia B. Multifractal nature of concrete fracture surfaces and size effects on nominal fracture energy[J]. Materials and Structures，1985，28（8）：435-443.

[12] 郑建军，周欣竹，周颖琼. 混凝土断裂能尺寸效应的修正分形方法[J]. 四川建筑科学研究，2004，30（1）：87-89.

[13] 于骁中. 岩石和混凝土断裂力学[M]. 长沙：中南工业大学出版社，1991.

[14] 刘小艳，李文伟，梁正平. 分形理论在混凝土断裂面研究中的应用[J]. 三峡大学学报（自然科学版），2003，25（6）：495-496.

[15] Krajcinovic D，Silva G. Statistic aspects of the continuous damage theory[J]. International Journal of Solids & Structures，1982，18（17）：551-562.

[16] 李杰，张其云. 混凝土单轴受拉随机损伤本构关系研究[J]. 同济大学学报（自然科学版），2001，29（10）：

1135-1141.

[17] 严济慈. 热力学第一和第二定律[M]. 北京：人民教育出版社，1966.

[18] 谢和平，鞠杨. 分数维空间中的损伤力学研究初探[J]. 力学学报，1999，3（31）：300-310.

[19] 白晨光，魏一鸣，朱建明. 岩石材料初始缺陷的分形维数与损伤演化的关系[J]. 矿冶，1996，5（2）：17-19.

[20] 温世游，胡柳青，李夕兵. 节理岩体损伤的分形研究[J]. 江西有色金属，2000，14（3）：14-16.

[21] 高峰，赵鹏. 岩石破碎程度的分形度量[J]. 力学与实践，1994，16（2）：16-17.

[22] 李杰. 混凝土随机损伤本构关系研究新进展[J]. 东南大学学报（自然科学版），2002，5（32）：750-755.

[23] Yazdani S，Schreyer H L. Combined plasticity and damage mechanics model for plain concrete[J]. Journal of Engineering Mechanics，1990，116（7）：1405-1450.

[24] Cervera M，Oliver J，Manzoli O. A rate-dependent isotropic damage model for the seismic analysis of concrete dams[J]. Earthquake Engineering and Structural Dynamics，1996，25（9）：987-1010.

[25] Eibl J，Schmidt-Hurtienne B. Strain-rate-sensitive constitutive law for concrete[J]. Journal of Engineering Mechanics，1999，125（12）：1411-1420.

2　混凝土综合损伤本构模型研究[1]

2.1　混凝土综合分形损伤本构模型研究

2.1.1　概述

现有的混凝土非确定性损伤本构关系虽然可以在一定程度上考虑混凝土的随机性与离散性，但都未对混凝土的强度等级加以区分，即未对本构关系适用的强度范围加以划分。而不同强度等级的混凝土表现出来的力学性能往往具有较大的差别，在模拟不同强度等级混凝土本构关系时需要改动的参数较多，且各强度等级混凝土都采用同一套细观模型，无法在细观尺度上反映不同强度等级混凝土所特有的损伤断裂机理。

因此，本研究基于上述对混凝土细观结构的研究成果，利用混凝土骨料、水泥砂浆等的不同力学特性，建立一种可以综合考虑混凝土不同强度等级力学性能的混凝土细观结构模型，进而建立一系列分形损伤本构关系，从而实现利用一套损伤本构模型反映不同强度等级混凝土离散性和随机性的目的。

2.1.2　混凝土破坏机理及损伤单元分析

1. 混凝土损伤细观模型

1）细观模型单元及其受力机理

在第 1 章所提出的弹簧模型的基础上，考虑混凝土中骨料和砂浆力学性能的差异，建立混凝土的弹簧-摩擦块细观损伤组合单元模型，如图 2.1（a）所示。

该模型由两个弹簧、一个摩擦块和一个限位器组成。两个弹簧都是典型的理想弹性体，变形可恢复，可以用来模拟混凝土所具有的弹性；而摩擦块产生的摩擦力为定值，且变形不可恢复，可以用来模拟混凝土所具有的塑性；限位器可以用来控制摩擦块产生滑移的时机。

混凝土是一种多向复合材料，其组成材料非常繁多且随地域变化或强度不同，其成分还在变化。为简化模型的建立，作者将混凝土的细观结构视为只由水泥砂浆和骨料两部分组成。

混凝土的骨料通常由一些脆性材料或准脆性材料（如岩石）组成，在混凝土的宏观力学性能中主要贡献弹性性能。用图 2.1 所示的弹簧 2 组成的右边区域表示混凝土细观结构中的骨料，只考虑其弹性性能。

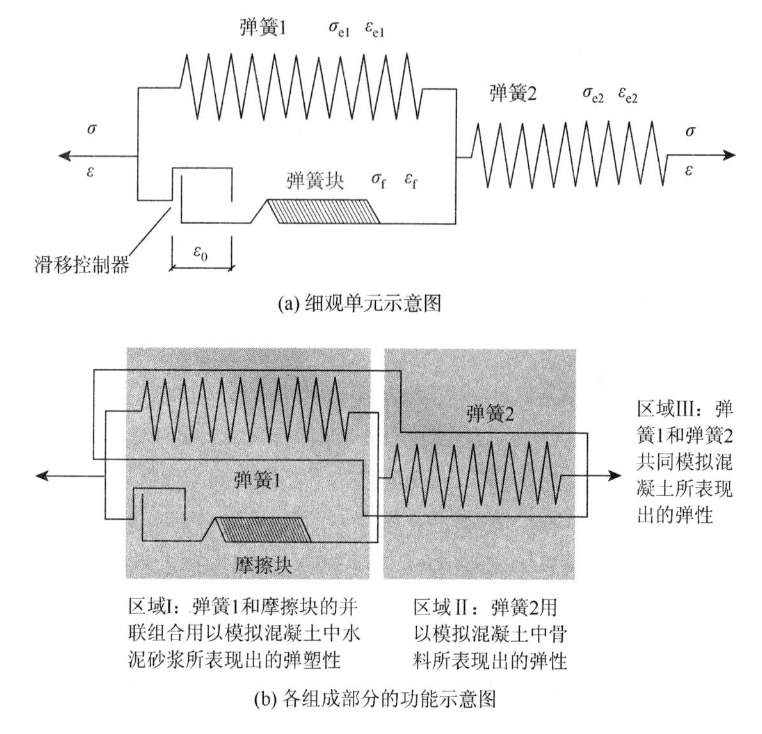

(a) 细观单元示意图

(b) 各组成部分的功能示意图

图 2.1　混凝土的综合损伤细观模型单元

混凝土中的水泥砂浆是一种复合材料，随所采用的配料不同而体现出弹性或塑性，所以水泥砂浆应该是一种标准的弹塑性材料。

如图 2.1（b）所示，混凝土的综合损伤细观模型单元可以分为三个区域：由弹簧 1、摩擦块和限位器组成的并联机构形成的区域 I，由弹簧 2 构成的区域 II 以及由两个弹簧组成的区域 III。

区域 I 主要模拟混凝土中水泥砂浆的弹塑性。该区域受外力的初始阶段主要由弹簧 1 承担外荷载，此时由于限位器的作用限制了摩擦块的变形，摩擦块不发生相对位移，不产生滑动摩擦力，这个阶段该区域反映出理想的弹性性能。随着外荷载和变形的不断增加，最终弹簧 1 断裂，此时由于限位器的作用，刚好摩擦块发生相对位移，产生滑动摩擦力。由于滑动摩擦力大小不变，且限位器的作用导致摩擦块变形不可恢复，所以可以认为此时该区域反映出的是塑性性能。这种由弹性转换为塑性的规律与混凝土中水泥砂浆的弹塑性规律是相符的。

区域 II 主要模拟混凝土中骨料的弹性。该区域的特点是不管区域 I 的受力状况如何变化，始终只表现出弹性，直至弹簧 2 破坏。这一特点与混凝土中骨料的特点相吻合，都只表现出弹性。

区域 III 由弹簧 1 和弹簧 2 组成，反映的是混凝土中整体的弹性性能。在模型受力初期，区域 I 的摩擦块没参与受力，此时该结构实际上是一个由弹簧 1 和弹簧 2 组成的串联结构。

2）混凝土细观模型

通过上述对混凝土综合损伤细观单元的介绍和受力机理分析，发现该细观单元几乎可以模拟各强度等级混凝土所具有的弹性、塑性和弹塑性。所以本章拟通过控制细观单元破坏的顺序，分别建立超高强高性能混凝土、高强混凝土及普通混凝土的随机损伤本构关系。

参照前章方法，用上述细观单元组成的细观结构模拟混凝土。图 2.2 为混凝土单轴受压试件相应的综合损伤细观模型。

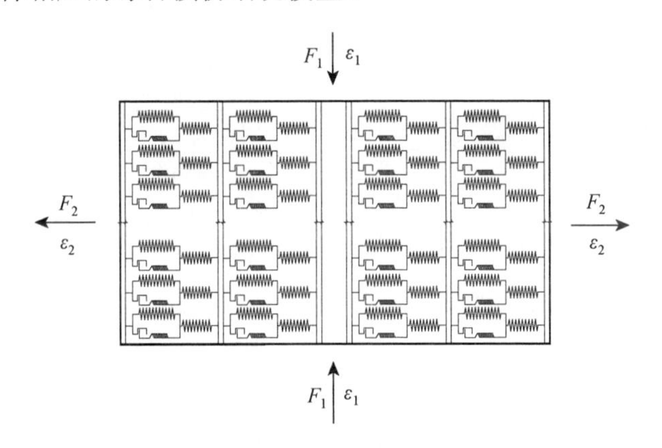

图 2.2 混凝土单轴受压试件综合损伤细观模型

2. 细观模型的破坏机制分析

基于上述理论分析可知，区域 III 中的两个弹簧是串联的，而区域 I 中的摩擦块和弹簧 1 是并联的。当弹簧 1 先于弹簧 2 断裂时，弹簧 2 与摩擦块串联。但实际情况是弹簧 1 与弹簧 2 哪个先断不一定，要根据两个弹簧的刚度系数判定，不同的混凝土特性决定了两个弹簧不同的刚度特性。而这恰好就是该综合模型的特别之处，作者将利用这一特性分别建立各强度等级混凝土的分形损伤本构关系。

首先，假设弹簧 1 与弹簧 2 的刚度系数分别为 E_1 和 E_2。如图 2.1（b）所示，区域 III 中的两个弹簧是串联关系，在混凝土受力初期弹簧 1 尚未断裂时，区域 III 的整体刚度系数 E 为

$$E=\frac{E_1E_2}{E_1+E_2} \tag{2-1}$$

然后引入一个新的变量，即图 2.1（b）中区域 III 的两个弹簧的刚度系数比 k：

$$k = \frac{E_1}{E_2} \tag{2-2}$$

因为混凝土中骨料的强度通常比水泥砂浆的强度大，所以该刚度系数之比通常小于 1。本节将对刚度系数的取值范围进行研究，从而确定不同强度等级混凝土细观结构模型的破坏机制。

3. 普通强度混凝土细观模型破坏机制

在普通强度混凝土中，水泥砂浆的强度较低，当混凝土受外力作用时，水泥砂浆将首先产生破坏，即该种混凝土中始终有 $E_1 < E_2$，在受力过程中弹簧 1 始终先发生断裂。这一过程在细观结构模型中的反应如图 2.3 所示。

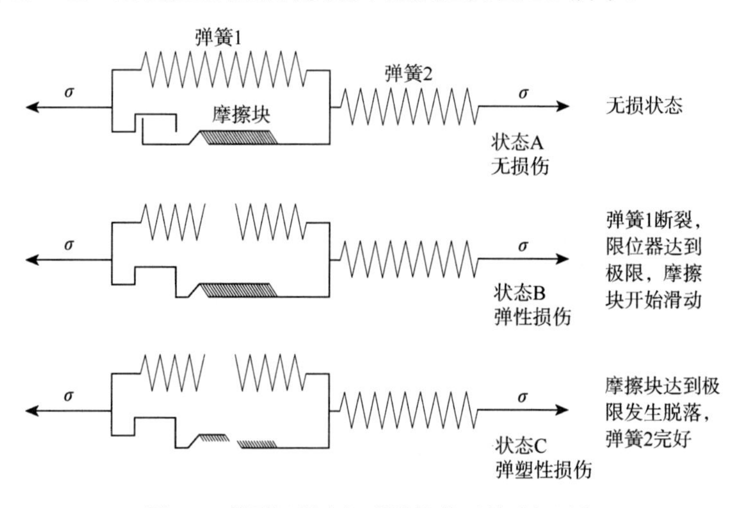

图 2.3　普通混凝土细观结构单元的破坏过程

在图 2.3 的状态 A 中，弹簧 1 和摩擦块组成的区域 I 所代表的混凝土水泥砂浆以及弹簧 2 所构成的区域 II 都处于弹性阶段，限位器随弹簧 1 应变的增大在滑动，摩擦块受限位器的制约没有发生相对滑动，不产生滑动摩擦力。整个细观单元中没有元件发生断裂破坏，细观结构处于无损状态。此时的细观单元实际上是弹簧 1 与弹簧 2 的一种串联结构。

在状态 B 中，随着应力的不断增大，区域 I 中的弹簧 1 达到极限变形时发生了断裂，同时限位器的行程也达到最大，不再对摩擦块的滑动产生制约，摩擦块开始发生相对滑动产生滑动摩擦力。区域 II 中代表混凝土骨料的弹簧 2 仍然处于弹性阶段。此时的细观单元为弹簧 2 与摩擦块的一种串联结构。

该阶段应力-应变关系示意如图 2.4 中的 *OA* 段，斜率的大小可以通过公式（2-1）计算得到，其变化范围在弹簧 1 和弹簧 2 斜率形成的夹角区域内。

在状态 C 中，由于应力的进一步增大，最终摩擦块和弹簧 2 组成的串联结构发生了断裂破坏，整个单元完全破坏。值得注意的是，此时发生断裂的有可能是弹簧 2，也有可能是摩擦块，究竟哪个发生破坏要根据混凝土的特性而定。当混凝土强度等级较低时，骨料的相对强度较高，可以认为是摩擦块脱落导致的破坏；同理，当混凝土强度等级较高时，可以认为是弹簧 2 发生断裂。在普通强度等级混凝土中，通常主要以摩擦块断裂为主。

该阶段的应力-应变关系如图 2.4 中 *AB* 段，是介于弹簧 2 应力-应变曲线和摩擦块应力-应变曲线之间的一条斜直线，其斜率介于摩擦块与弹簧 2 的斜率之间。

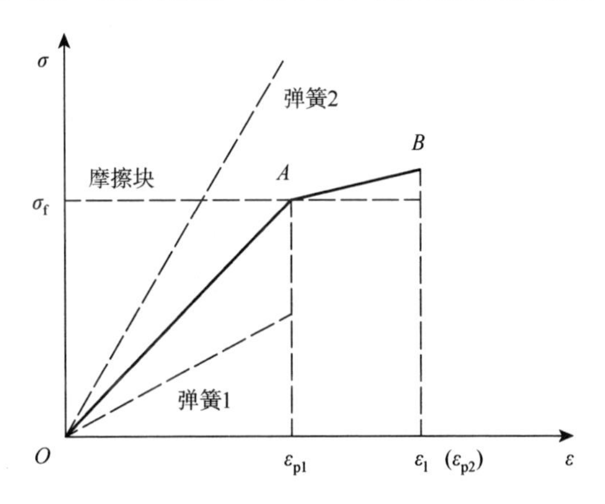

图 2.4 普通混凝土细观单元应力-应变关系

图 2.4 为上述过程相应的应力-应变关系示意。

这种混凝土的特点是 $E_1<E_2$。根据文献[2]，普通混凝土中骨料的强度比砂浆的强度大，但是一般不会超过砂浆强度的 5 倍，即刚度比的取值范围为[0,0.2]。

4. 超高强混凝土细观模型破坏机制

超高强高性能混凝土中水泥砂浆的相对强度很高，其粘结强度甚至会大于粗骨料的强度[2]，因此，超高强高性能混凝土的骨料在损伤过程中会首先发生破坏。由于裂纹总是沿材料所需最小断裂能方向发展，所以裂纹的开展路径通常是直接穿越，而不是绕开骨料沿其界面开裂。该种混凝土中始终有 $E_1>E_2$，在受力过程中弹簧 2 始终先发生断裂。这一过程在细观结构模型中的反应如图 2.5 所示。

在图 2.5 的状态 A 中，弹簧 1 和摩擦块组成的区域 I 所代表的混凝土水泥砂浆以及弹簧 2 所构成的区域 II 都处于弹性阶段，限位器随弹簧 1 应变的增大在滑动，摩擦块受限位器的制约没有发生相对滑动，不产生滑动摩擦力。整个细观单元中没有元件发生断裂破坏，细观结构处于无损状态。

在状态 B 中，随着应力的不断增大，区域 II 中的弹簧 2 达到抗拉极限发生了断裂，限位器的行程没有达到最大，摩擦块没有发生相对滑动产生滑动摩擦力。

区域 I 中代表混凝土水泥砂浆弹性性能的弹簧 1 仍然处于弹性阶段。此时细观结构中所有的串联结构都失效，混凝土细观结构完全破坏。

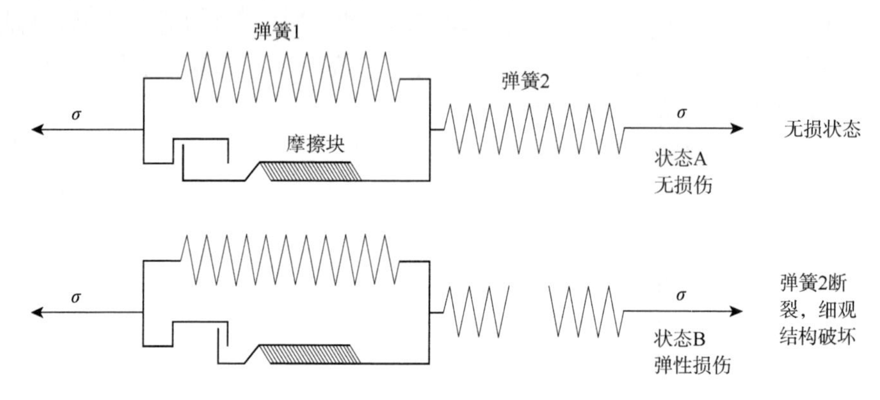

图 2.5　超高强混凝土细观结构单元的破坏过程

图 2.6 给出了上述过程相应的应力-应变关系。其中，混凝土在受力的 OA 段为图 2.3 中的状态 A，即无损状态。这个阶段混凝土没有产生损伤，应力-应变曲线为一条介于弹簧 1 和弹簧 2 的应力-应变曲线之间的斜直线，其斜率的大小可以通过公式（2-1）计算得到，其变化范围在弹簧 1 和弹簧 2 斜率形成的夹角区域内。

当到达 A 点时，混凝土的应变达到弹簧 2 的极限应变ε_{p2}，弹簧 2 发生断裂破坏，弹簧 1 和弹簧 2 组成的串联结构失效，摩擦块并未开始工作，混凝土宣告完全破坏，弹性损伤阶段结束，此时的应变是弹簧 2 的极限应变ε_{p2}。在超高强混凝土中，由于水泥砂浆的相对强度较低，其极限应变很大，所以弹簧 2 总是先坏。

这种混凝土的特点是 $E_1>E_2$。根据文献[1]，超高强混凝土中水泥砂浆的弹性模量大于粗骨料的弹性模量，即弹簧 1 与弹簧 2 的刚度比 $k>1$，刚度系数比值的取值范围为[1,2]。

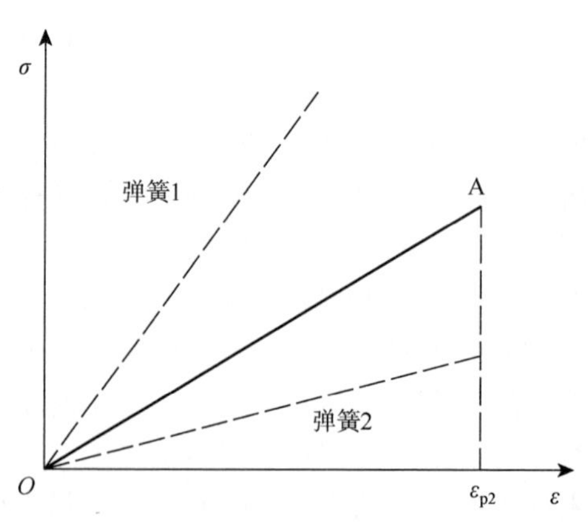

图 2.6　超高强混凝土细观单元应力-应变关系

5. 高强混凝土细观模型破坏机制

试验表明，高强混凝土的部分骨料在损伤过程中会发生破坏，这是由于高强混凝土中水泥砂浆的强度与部分粗骨料的强度相差不大，水泥砂浆断裂和粗骨料断裂所需能量相当，所以裂纹的开展路径不再绕开骨料而直接穿越。但是对于强度较大的粗骨料，裂缝依然选择从界面处穿越。

所以在高强混凝土中，通常是一个骨料破坏和水泥砂浆共同破坏的集合体。基于上述现象，在该细观模型中弹簧 1 的强度有可能小于或大于弹簧 2 的强度。其破坏机制可能为上述两种中的任意一种，也可能两种并存。另外，由前面关于普通混凝土在塑性损伤阶段末期究竟是摩擦块还是弹簧 2 先坏的讨论可知，对于高强混凝土，由于水泥砂浆的相对强度进一步增强，其细观结构破坏模式还可能有第三种，即塑性损伤后期弹簧 2 断裂破坏。

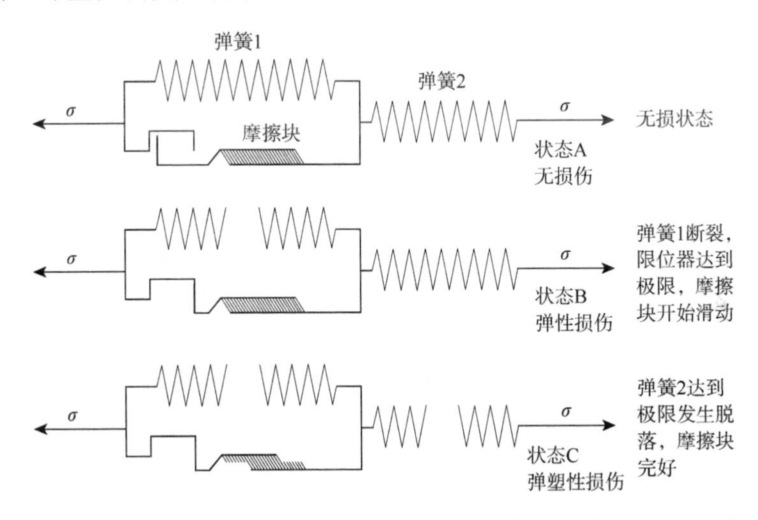

图 2.7　高强混凝土细观结构单元弹簧 2 断裂的破坏过程

如图 2.7 所示，在状态 A 中，弹簧 1 和摩擦块组成的区域 I 所代表的混凝土水泥砂浆以及弹簧 2 所构成的区域 II 都处于弹性阶段，限位器随弹簧 1 应变的增大在滑动，摩擦块受限位器的制约没有发生相对滑动，不产生滑动摩擦力。整个细观单元中没有元件发生断裂破坏，细观结构处于无损状态。此时的细观单元实际上是弹簧 1 与弹簧 2 的一种串联结构。

在状态 B 中，随着应力的不断增大，区域 I 中的弹簧 1 达到抗拉极限发生了断裂，同时限位器的行程也达到最大，不再对摩擦块的滑动产生制约，摩擦块开始发生相对滑动，产生滑动摩擦力。区域 II 中代表混凝土骨料的弹簧 2 仍然处于弹性阶段。此时的细观单元为弹簧 2 与摩擦块的一种串联结构。

在状态 C 中，由于应力的进一步增大，最终摩擦块和弹簧 2 组成的串联结构发生了断裂破坏，整个单元完全破坏。值得注意的是，此时发生的断裂有可能是弹簧 2，也有可能是摩擦块，究竟哪个发生破坏要根据混凝土的特性而定。当混凝土强度等级较低时，骨料的相对强度较高，可以认为是摩擦块脱落导致的破坏；同理，当混凝土强度等级较高时，可以认为是弹簧 2 发生断裂。在普通强度等级混凝土中，通常是以摩擦块断裂为主，但是在高强混凝土中，会出现以弹簧 2 断裂为主的情况。

综上，在高强混凝土中，就形成了三种破坏模式并存的情况，如图 2.8 所示。

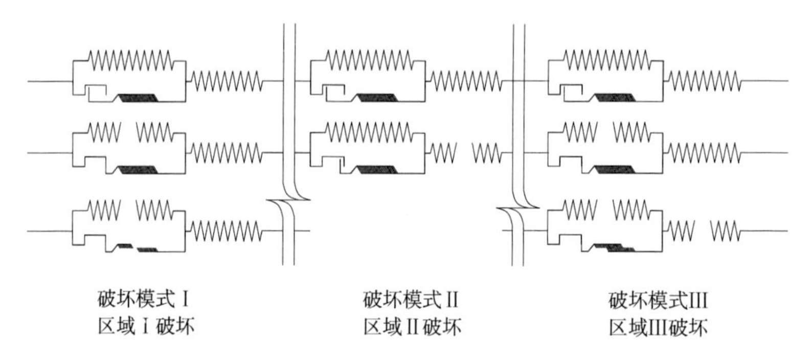

图 2.8　高强混凝土细观结构单元的破坏过程

图 2.8 所给高强混凝土的三种破坏模式与图 2.1（b）中混凝土细观单元的三个区域对应。

破坏模式 I：混凝土细观单元模型的区域 I 中的弹簧 1 和摩擦块分别断裂，对应于高强混凝土中水泥砂浆强度较低的情况。

破坏模式 II：混凝土细观单元模型的区域 II 中的弹簧 2 发生断裂，对应于高强混凝土中骨料强度较低的情况。

破坏模式 III：混凝土细观单元模型的区域 III 中的弹簧 1 和弹簧 2 相继发生断裂，对应于高强混凝土中骨料与水泥砂浆强度相当的情况。

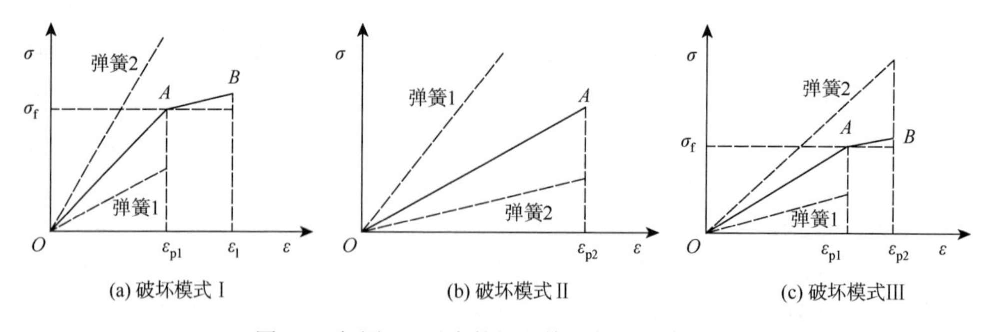

图 2.9　与图 2.8 对应的细观单元应力-应变关系

图 2.9 为上述三种破坏过程相应的应力-应变关系。值得注意的是，破坏模式 III 对应的应力-应变曲线，当损伤过程到达 B 点时混凝土最终完全破坏，此时的破坏是由区域 III 中的弹簧 2 断裂引起的，所以此时对应的应变应该为弹簧 2 的极限应变$\varepsilon_{\mathrm{p2}}$。

6. 分形损伤指数

1）分形损伤指数的定义

参考第 1 章关于分形损伤指数的定义方法，将分形损伤指数定义为混凝土细观弹簧模型中已经断裂的弹簧微元面积 A_ω 与混凝土细观弹簧模型最终破坏的分形断裂面上弹簧微元总面积 A_0^* 之比，即

$$d^* = \frac{A_\omega}{A_0^*} \tag{2-3}$$

式中，A_ω 为混凝土细观模型中已经断裂弹簧微面积的总和：

$$A_\omega(\varepsilon) = \sum_{i=1}^{Q^*} H(\varepsilon - \varepsilon_{\mathrm{c}i}) A_i^* \tag{2-4}$$

其中，Q^* 为分形断裂面上弹簧总量；$\varepsilon_{\mathrm{c}i}$ 为细观模型中第 i 根弹簧的极限应变；A_i^* 为分形断裂面上第 i 根弹簧的微元面积；H（x）为 Heaviside 方程：

$$H(\varepsilon - \varepsilon_{\mathrm{c}i}) = \begin{cases} 0, & \varepsilon \leqslant \varepsilon_{\mathrm{c}i} \\ 1, & \varepsilon > \varepsilon_{\mathrm{c}i} \end{cases} \tag{2-5}$$

2）分形损伤指数与广义损伤指数的关系

基本假设条件：①分形断裂面上和平截面上每根弹簧对应的微元面积是相等的；②混凝土细观弹簧模型中弹簧的数量是可以变化的。

由分形损伤指数的定义可知，弹簧数量的变化必将导致损伤指数的变化，将式（2-4）代入式（2-3）可得

$$\begin{aligned} d^*(x) &= \frac{\lim\limits_{Q^* \to \infty} \sum\limits_{i=1}^{Q^*} H(\varepsilon - \varepsilon_{\mathrm{c}i}) A_i^*}{A_0^*} \\ &= d(x) \frac{A_0}{A_0^*} \lim_{Q^* \to \infty} \sum_{i=1}^{Q} l^{1+d_i} \end{aligned} \tag{2-6}$$

式中，各参数的含义同前面。

式（2-6）说明分形损伤指数与广义损伤指数之间存在一种复杂的相关关系，且其变化规律与分形断裂面的分形特性有关。

类比式（1-28），则式（2-6）可以变成

$$d^*(x) = d(x) B(f(\alpha)) \tag{2-7}$$

式中，各参数的含义同式（1-28）。

这种多重分形特性的影响不仅体现在分形损伤指数上，还体现在分形损伤本构关系上。

2.1.3 分形损伤本构关系

基于前面对混凝土综合分形损伤本构模型的分析可知，针对不同强度等级混凝土的受力特性，大致可以将混凝土的细观模型和破坏模式分为普通强度混凝土、超高强混凝土和高强混凝土三种情况，下面就这三种情况分别给出其对应的分形损伤本构关系。

1. 普通强度混凝土分形损伤本构关系

由 1.2 节的分析结果可知，普通强度混凝土的受力断裂损伤过程实际上是一个由无损到弹性损伤再到弹塑性损伤的过程。由于全过程中弹簧 2 始终完好无损，所以其过程与 1.5 节和 1.6 节的混凝土弹塑性损伤相关内容相似，不同的是弹簧刚度系数的变换。

为了便于计算，将不发生断裂的弹簧对断裂损伤过程的作用等效为断裂的弹簧的作用。由式（2-1）和式（2-2）可知

$$E=\frac{E_1E_2}{E_1+E_2}=E_1\frac{1}{k+1} \tag{2-8}$$

按照能量理论，在不考虑混凝土材料环境温度变化的情况下，混凝土受外力压缩从而产生断裂损伤的过程中，外力 P 对混凝土材料所做的功 $W_P(\varepsilon)$ 一部分将转化为混凝土材料的弹性能 $W_{\mathrm{e}}(\varepsilon)$ 而被储存，另一部分将转化为混凝土材料的塑性能而被储存，还有一部分将作为消耗掉的能量以提供混凝土材料内部损伤（微裂纹等）的发展所需。基于上述能量公式，由能量守恒原理得

$$W_P(\varepsilon_1)=W_{\mathrm{e}}(\varepsilon_2)-2W_D(\beta\varepsilon_2) \tag{2-9}$$

式中，$W_P(\varepsilon_1)$ 为外力在 ε_1 方向上对混凝土所做的外力功；$W_{\mathrm{e}}(\varepsilon_2)$ 为混凝土在 ε_2 方向上所储存的弹簧的弹性势能；$W_D(\beta\varepsilon_2)$ 为混凝土在 ε_2 方向上产生断裂损伤所消耗的能量，该能量包含两部分：弹簧的断裂能和摩擦块的摩擦所消耗的能量，即

$$\begin{aligned}W_D(\beta\varepsilon_2)=\alpha\Bigg[&\frac{1}{A_{\mathrm{s}0}}\int_0^{\beta\varepsilon_2}\lim_{Q^*\to\infty}\sum_{i=1}^{Q^*}\sigma_i^*H(\varepsilon-\varepsilon_{\mathrm{s}i})A_{\mathrm{s}i}^*\mathrm{d}x\\&+\int_0^{\beta\varepsilon_2}\sigma_{\mathrm{f}}^0\frac{1}{A_{\mathrm{f}0}}\lim_{Q\to\infty}\sum_{i=1}^{Q}H(\varepsilon-\varepsilon_{\mathrm{f}i})A_{\mathrm{f}i}^*\mathrm{d}x\frac{1}{A_{\mathrm{s}0}}\lim_{Q\to\infty}\sum_{i=1}^{Q}H(\varepsilon-\varepsilon_{\mathrm{s}i})A_{\mathrm{s}i}^*\mathrm{d}x\Bigg]\end{aligned} \tag{2-10}$$

式中引入反映因剪切破坏机制造成的能量放大或衰减系数 α，以考虑在单轴

受压过程中，可能存在的不规则开裂面。

由弹簧-摩擦块细观单元微元面积关系知 $A_{s0}=A_{f0}=\frac{1}{2}A_0$， $A_{si}^*=A_{fi}^*=\frac{1}{2}A_i^*$，则有

$$W_D(\beta\varepsilon_2)=\alpha\left[\int_0^{\beta\varepsilon_2}Ed_s^*(x)\mathrm{d}x+\int_0^{\beta\varepsilon_2}\sigma_f^0d_s^*(x)d_f^*(x)\mathrm{d}x\right] \tag{2-11}$$

又因为

$$W_e(\varepsilon_2)=\varepsilon_{2e}\sigma_s+\varepsilon_{2d}\sigma_f=\frac{1}{2}E\varepsilon_2^2+\int_0^{\varepsilon_2}\sigma_f^0D_s(x)\mathrm{d}x \tag{2-12}$$

所以将式（2-11）和式（2-12）代入式（2-9）可得

$$\int_0^{\varepsilon_2}\sigma(x)\mathrm{d}x=\frac{1}{2}E\varepsilon_2^2-2\alpha\int_0^{\beta\varepsilon_2}Ed_s^*(x)\mathrm{d}x+\int_0^{\varepsilon_2}\sigma_f^0d_s^*(x)\mathrm{d}x-2\alpha\int_0^{\beta\varepsilon_2}\sigma_f^0d_s^*(x)d_f^*(x)\mathrm{d}x \tag{2-13}$$

将式（2-13）两边关于 ε_2 求导得

$$\sigma_2(\varepsilon_2)=E\varepsilon_2\left[1-2\alpha\beta^2d_s(\varepsilon_2)\sum_{j=1}^{Q}l^{1+d_j}\right]+\sigma_f^0d_s(\varepsilon_2)\sum_{j=1}^{Q}l^{1+d_j}\left[1-2\alpha\beta^2d_f(\varepsilon_2)\sum_{j=1}^{Q}l^{1+d_j}\right] \tag{2-14}$$

式（2-14）即分形损伤本构关系，式中各参数的含义同前。令 $\eta=2\alpha\beta^2$，则式（2-14）可变为

$$\sigma_2(\varepsilon_2)=E\varepsilon_2\left[1-\eta d_s(\varepsilon_2)\sum_{j=1}^{Q}l^{1+d_j}\right]+\sigma_f^0d_s(\varepsilon_2)\sum_{j=1}^{Q}l^{1+d_j}\left[1-\eta d_f(\varepsilon_2)\sum_{j=1}^{Q}l^{1+d_j}\right] \tag{2-15}$$

将式（2-8）代入式（2-15）可得

$$\sigma_2(\varepsilon_2)=E_1\frac{1}{k+1}\varepsilon_2\left[1-\eta d_s(\varepsilon_2)\sum_{j=1}^{Q}l^{1+d_j}\right]+\sigma_f^0d_s(\varepsilon_2)\sum_{j=1}^{Q}l^{1+d_j}\left[1-\eta d_f(\varepsilon_2)\sum_{j=1}^{Q}l^{1+d_j}\right] \tag{2-16}$$

式中， E_1 为细观模型中弹簧 1 的刚度系数； k 为弹簧 1 与弹簧 2 的刚度系数比。

类比混凝土弹性受压分形损伤本构模型，上述分形损伤本构公式描述的是混凝土在一般情况下未加区别的粗糙断裂面对应的混凝土所具有的分形损伤本构关系，它所代表的是一般混凝土的普遍分形损伤本构规律。实际应用中式（2-16）还有相应的多重分形形式，以下予以分别介绍。

1）混凝土断裂面为均匀分形曲面

若假设混凝土分形断裂面为均匀分形曲面，即混凝土分形曲面上处处测度（如概率或质量）相同，则曲面上各处的维数增量 $d_i=d_j=d=$常数，即分形曲面上每个微元的分形维数增量是相同的。

将该特征代入式（2-16）可得

$$\sigma_2(\varepsilon_2)=E_1\frac{1}{k+1}\varepsilon_2[1-d_s(\varepsilon_2)\eta l^d]+\sigma_f^0d_s(\varepsilon_2)l^d[1-d_f(\varepsilon_2)\eta l^d] \tag{2-17}$$

参考图 1.34 可知，这种情况包含了两种可能，即混凝土的断裂面为平面和混凝土断裂面为均匀变化的曲面。

因为在混凝土微元体系中每处的分形维数增量必须满足条件 $0 \leqslant d_j < 1$，所以下面分别讨论 $d=0$ 和 $0<d<1$ 两种情况对应的分形损伤本构特性。

（1）当 $d=0$ 时，$D=2-d=2$，说明混凝土断裂面为一二维平面，即图 1.34（a）所示断裂面为平面的情况，基于此，式（2-16）变为

$$\sigma_2(\varepsilon_2) = E_1 \frac{1}{k+1} \varepsilon_2 [1 - \eta d_{\mathrm{s}}(\varepsilon_2)] + \sigma_{\mathrm{f}}^0 d_{\mathrm{s}}(\varepsilon_2)[1 - \eta d_{\mathrm{f}}(\varepsilon_2)] \tag{2-18}$$

式（2-18）与基于平截面假设的混凝土损伤本构方程形式相同，说明基于平截面假设的混凝土表观损伤本构关系只是基于非规则断裂面的混凝土分形损伤本构关系的一种特殊情况，分形损伤本构关系具有更广泛的适应性。

（2）当 $0<d<1$ 时，如图 1.34（b）所示，混凝土断裂面为一规律变化的均匀分形曲面。此时式（2-16）中 d 与文献[2]中 ω 意义相同。

2）混凝土断裂面为非均匀分形曲面

假设混凝土分形断裂面为非均匀曲面，即分形曲面上各处的测度不完全相同，符合多重分形的定义。采用 $f(\alpha) \sim \alpha$ 方法描述混凝土的多重分形特性，将式（2-16）改写为

$$\begin{aligned}\sigma_2(\varepsilon_2) = {} & E_1 \frac{1}{k+1} \varepsilon_2 \left[1 - d_{\mathrm{s}}(\varepsilon_2) \eta \sum_{j=1}^{Q} l^{f(\alpha_j)-1}\right] \\ & + \sigma_{\mathrm{f}}^0 d_{\mathrm{s}}(\varepsilon_2) \sum_{j=1}^{Q} l^{f(\alpha_j)-1} \left[1 - d_{\mathrm{f}}(\varepsilon_2) \eta \sum_{j=1}^{Q} l^{f(\alpha_j)-1}\right]\end{aligned} \tag{2-19}$$

式（2-19）就是普通强度混凝土单轴受压分形损伤本构方程，由于考虑了混凝土断裂面的多重分形特性，也可以称为普通强度混凝土单轴受压多重分形损伤本构方程。

2. 超高强混凝土分形损伤本构关系

由 2.1.2 节的分析结果可知，超高强混凝土的受力断裂损伤过程实际上是一个由无损到弹性损伤的过程。由于全过程中摩擦块始终完好无损，所以其过程与 1.3 节和 1.4 节的混凝土弹性损伤相关内容相似，不同的是弹簧刚度系数的变换。

为了便于计算，将不发生断裂的弹簧对断裂损伤过程的作用等效为断裂的弹簧的作用。由式（2-1）和式（2-2）可知

$$E = \frac{E_1 E_2}{E_1 + E_2} = E_2 \frac{k}{k+1} \tag{2-20}$$

由图 2.5 所示的超高强混凝土断裂损伤过程可知，在不考虑混凝土材料环境

温度变化的情况下，混凝土受外力压缩而产生断裂损伤的过程中，外力对混凝土材料所做的功一部分将转化为混凝土材料的弹性能而被储存；另一部分将作为消耗掉的能量以提供混凝土材料内部损伤（微裂纹等）的发展所需。基于上述能量公式，由能量守恒原理得

$$\int_0^{\varepsilon_2} \sigma_2(x)\mathrm{d}x = W_\mathrm{e}(\varepsilon_2) - 2W_D(\beta\varepsilon_2) \tag{2-21}$$

$$W_\mathrm{e}(\varepsilon_2) = \int_0^{\varepsilon_2} Ex\mathrm{d}x = \frac{1}{2}E\varepsilon_2^2 \tag{2-22}$$

式中，$W_\mathrm{e}(\varepsilon_2)$为达到$\varepsilon_2$时的弹性体系的应变能密度；$E$为横向弹性模量；$W_D(\beta\varepsilon_2)$为横向微弹簧受拉断裂所释放的能量密度，系数2表示横向的两个方向都存在横向损伤，这一能量应为在$0\to\beta\varepsilon_2$过程中的累积损伤耗能，可表示为

$$W_D(\beta\varepsilon_2) = \alpha\frac{1}{A_0}\int_0^{\beta\varepsilon_2} \lim_{Q^*\to\infty}\sum_{i=1}^{Q^*}\sigma_i^* H(\varepsilon-\varepsilon_{\mathrm{c}i})A_i^*\mathrm{d}x \tag{2-23}$$

式中引入反映因剪切破坏机制造成的能量放大或衰减系数α，以考虑在单轴受压过程中，可能存在的不规则开裂面。

将式（2-22）和式（2-23）代入式（2-21）得

$$\int_0^{\varepsilon_2} \sigma(x)\mathrm{d}x = \int_0^{\varepsilon_2} Ex\mathrm{d}x - 2\alpha\int_0^{\beta\varepsilon_2} Ex\lim_{Q\to\infty}\sum_{i=1}^{Q} l^{1+d_i} d(x)\mathrm{d}x \tag{2-24}$$

对式（2-24）两边关于ε_2求导得

$$\sigma_2(\varepsilon_2) = E\varepsilon_2\left[1 - d(\varepsilon_2)2\alpha\beta^2\sum_{j=1}^{Q} l^{1+d_j}\right] \tag{2-25}$$

令$\eta = 2\alpha\beta^2$，则式（2-25）变为

$$\sigma_2(\varepsilon_2) = E\varepsilon_2\left[1 - d(\varepsilon_2)\eta\sum_{j=1}^{Q} l^{1+d_j}\right] \tag{2-26}$$

将式（2-20）代入式（2-26）可得

$$\sigma_2(\varepsilon_2) = E_2\frac{k}{k+1}\varepsilon_2\left[1 - d(\varepsilon_2)\eta\sum_{j=1}^{Q} l^{1+d_j}\right] \tag{2-27}$$

式中，E_2为细观模型中弹簧1的刚度系数；k为弹簧1与弹簧2的刚度系数比。

同理，混凝土断裂面分为两类，即均匀分形曲面和非均匀分形曲面。由于这两种曲面具有不同的几何特点，导致其分别对应的混凝土分形损伤本构公式将会出现某些明显的差异。

1）混凝土断裂面为均匀分形曲面

若假设混凝土分形断裂面为均匀分形曲面，即混凝土分形曲面上处处测度（如概率或质量）相同，则曲面上各处的维数增量d_i=d_j=d=常数，即分形曲面上每个微元的分形维数增量是相同的。

将该特征代入式（2-23）可得

$$\sigma_2(\varepsilon_2) = E_2 \frac{k}{k+1} \varepsilon_2 [1 - d(\varepsilon_2)\eta l^d] \tag{2-28}$$

参考图 1.34 可知，这种情况包含了两种可能，即混凝土的断裂面为平面和混凝土断裂面为均匀变化的曲面。

因为在混凝土微元体系中每处的分形维数增量必须满足条件 $0 \leqslant d_j < 1$，所以下面分别讨论 $d=0$ 和 $0<d<1$ 两种情况对应的分形损伤本构特性。

（1）当 $d=0$ 时，$D=2-d=2$，说明混凝土断裂面为一二维平面，即图 1.34（a）所示断裂面为平面的情况，基于此，式（2-27）变为

$$\sigma_2(\varepsilon_2) = E_2 \frac{k}{k+1} \varepsilon_2 [1 - \eta d(\varepsilon_2)] \tag{2-29}$$

式（2-29）与基于平截面假设的混凝土损伤本构方程形式相同，说明基于平截面假设的混凝土表观损伤本构关系只是基于非规则断裂面的混凝土分形损伤本构关系的一种特殊情况，分形损伤本构关系具有更广泛的适应性。

（2）当 $0<d<1$ 时，如图 1.34（b）所示，混凝土断裂面为一规律变化均匀的分形曲面。此时式（2-27）中 d 与文献[3]中 ω 意义相同。

2）混凝土断裂面为非均匀分形曲面

假设混凝土分形断裂面为非均匀曲面，即分形曲面上各处的测度不完全相同，符合多重分形的定义。引入多重分形谱 $f(\alpha)$ 反映混凝土分形断裂面的多重分形特性，将式（2-27）改写为

$$\sigma_2(\varepsilon_2) = E_2 \frac{k}{k+1} \varepsilon_2 \left[1 - d(\varepsilon_2)\eta \sum_{j=1}^{Q} l^{f(\alpha_j)-1}\right] \tag{2-30}$$

式（2-30）就是超高强混凝土的分形损伤本构方程，由于考虑了混凝土断裂面的多重分形特性，也可以称为超高强混凝土的多重分形损伤本构方程。

3. 高强混凝土分形损伤本构关系

根据 2.1.2 节的分析可知，高强混凝土中砂浆和粗骨料的强度很接近，高强混凝土的性能介于超高强高性能混凝土与普通混凝土之间。其破坏模式可认定为普通强度等级混凝土与超高强混凝土的两种破坏模式的组合。

假设高强混凝土细观结构中总共包含有 Q 个细观单元，其中有 Q_1 个为具有普通混凝土细观单元破坏模式的弹塑性单元，其余均为具有超高强高性能混凝土细观单元破坏模式的弹性单元，则有

$$\gamma = \frac{Q_1}{Q} \tag{2-31}$$

将普通强度混凝土和超高强混凝土的本构关系按上述比例进行组合可得

$$\sigma_2(\varepsilon_2)=E_2\frac{k}{k+1}\varepsilon_2\left[1-d(\varepsilon_2)\eta\sum_{j=1}^{Q}l^{1+d_j}\right]$$
$$+(1-\gamma)\sigma_{\mathrm{f}}^0 d_{\mathrm{s}}(\varepsilon_2)\sum_{j=1}^{Q}l^{1+d_j}\left[1-\eta d_{\mathrm{f}}(\varepsilon_2)\sum_{j=1}^{Q}l^{1+d_j}\right] \tag{2-32}$$

注意：高强混凝土的弹塑性损伤模型是弹簧 2 断裂，普通强度等级混凝土的弹塑性损伤模型是摩擦块脱落，两者有本质的区别（可参考图 2.3 和图 2.8）。

式（2-32）即基于综合分形损伤细观模型得到的高强混凝土的分形损伤本构关系。

同理，将混凝土断裂面分为均匀分形曲面和非均匀分形曲面，下面就这两种分形曲面的特点分别给出其对应的分形损伤本构公式。

1）混凝土断裂面为均匀分形曲面

若假设混凝土分形断裂面为均匀分形曲面，即混凝土分形曲面上处处测度（如概率或质量）相同，则曲面上各处的维数增量 $d_i=d_j=d=$常数，即分形曲面上每个微元的分形维数增量是相同的。

将该特征代入式（2-32）可得

$$\sigma_2(\varepsilon_2)=E_2\frac{k}{k+1}\varepsilon_2[1-d_{\mathrm{s}}(\varepsilon_2)\eta l^d]+(1-\gamma)\sigma_{\mathrm{f}}^0 d_{\mathrm{s}}(\varepsilon_2)l^d[1-d_{\mathrm{f}}(\varepsilon_2)\eta l^d] \tag{2-33}$$

参考图 1.34 可知，这种情况包含了两种可能，即混凝土的断裂面为平面和混凝土断裂面为均匀变化的曲面。

因为在混凝土微元体系中每处的分形维数增量必须满足条件 $0\leqslant d_j<1$，所以下面分别讨论 $d=0$ 和 $0<d<1$ 两种情况对应的分形损伤本构特性。

（1）当 $d=0$ 时，$D=2-d=2$，说明混凝土断裂面为一二维平面，即图 1.34（a）中所示断裂面为平面的情况，基于此，式（2-32）变为

$$\sigma_2(\varepsilon_2)=E_2\frac{k}{k+1}\varepsilon_2[1-\eta d_{\mathrm{s}}(\varepsilon_2)]+(1-\gamma)\sigma_{\mathrm{f}}^0 d_{\mathrm{s}}(\varepsilon_2)[1-\eta d_{\mathrm{f}}(\varepsilon_2)] \tag{2-34}$$

（2）当 $0<d<1$ 时，如图 1.34（b）所示，混凝土断裂面为一规律变化的均匀分形曲面。此时式（2-34）中 d 与文献[3]中 ω 意义相同。

2）混凝土断裂面为非均匀分形曲面

假设混凝土分形断裂面为非均匀曲面，即分形曲面上各处的测度不完全相同，符合多重分形的定义。采用 $f(\alpha)\sim\alpha$ 方法描述混凝土的多重分形特性，将式（2-32）改写为

$$\sigma_2(\varepsilon_2)=E_2\frac{k}{k+1}\varepsilon_2\left[1-d_{\mathrm{s}}(\varepsilon_2)\eta\sum_{j=1}^{Q}l^{f(\alpha_j)-1}\right]$$
$$+(1-\gamma)\sigma_{\mathrm{f}}^0 d_{\mathrm{s}}(\varepsilon_2)\sum_{j=1}^{Q}l^{f(\alpha_j)-1}\left[1-d_{\mathrm{f}}(\varepsilon_2)\eta\sum_{j=1}^{Q}l^{f(\alpha_j)-1}\right] \tag{2-35}$$

式（2-35）就是高强混凝土单轴受压多重分形损伤本构方程。

2.1.4　算例及验证

由于混凝土断裂面分形增量为均匀分形曲面的情况，前人已经在研究中验证过，此处不再赘述。本节主要验证混凝土断裂面为非均匀分形曲面的本构关系，即多重分形损伤本构关系。

1. 多重分形谱

分别选用强度等级为 C30、C50 和 C110 作为相应的普通强度混凝土、高强混凝土和超高强混凝土的算例。

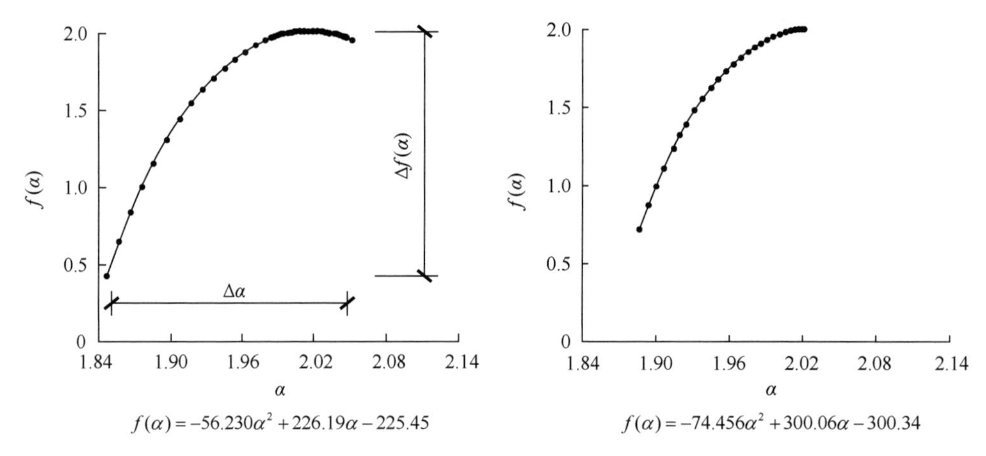

图 2.10　C30 混凝土单轴受压断裂面多重分形谱模拟曲线

图 2.11　C50 混凝土单轴受压断裂面多重分形谱模拟曲线

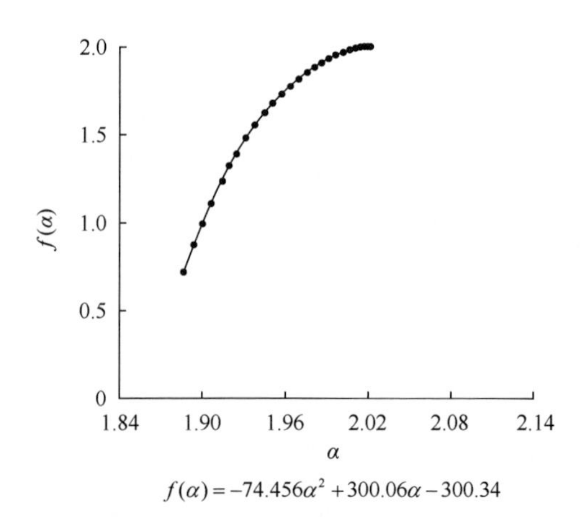

图 2.12　C110 混凝土单轴受压断裂面多重分形谱模拟曲线

基于 1.2 节的混凝土试验研究结果以及其他学者既有的研究结果，结合 1.1 节提出的混凝土分形曲面的模拟方法和多重分形谱的模拟方法，用 Weierstrass-Mandelbrot（W-M）法模拟了普通强度混凝土、高强混凝土和超高强混凝土三种强度等级混凝土的典型分形曲面，并通过二次拟合得到了其相应的多重分形谱曲线，如图 2.10～图 2.12 所示。

2. 分形损伤演化规律

假设混凝土细观模型中摩擦块与弹簧具有相同的破坏规律，即本节采用与 1.3.5 节相同的损伤演化规律，具体求解过程不再赘述。所得强度等级分别为 C30、C50 和 C110 的三种混凝土的分形损伤演化曲线如图 2.13～图 2.15 所示。

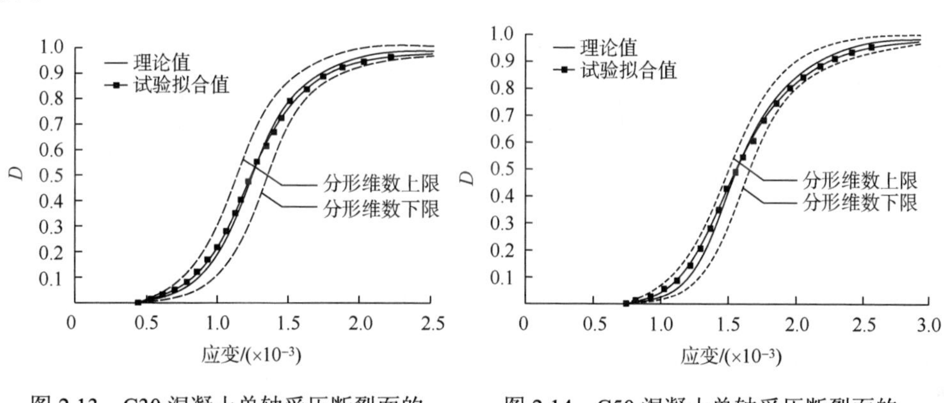

图 2.13 C30 混凝土单轴受压断裂面的分形损伤演化曲线

图 2.14 C50 混凝土单轴受压断裂面的分形损伤演化曲线

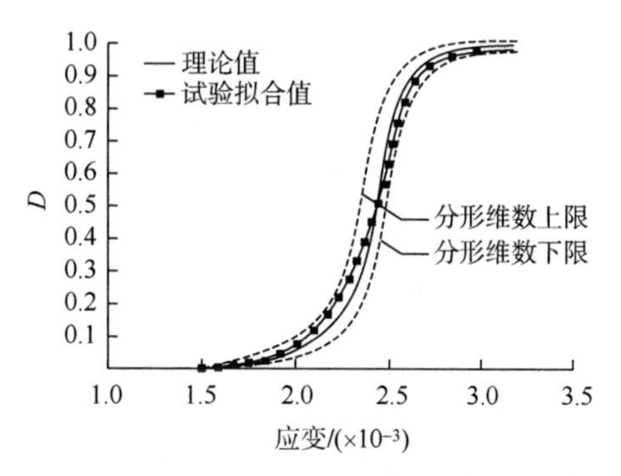

图 2.15 C110 混凝土单轴受压断裂面的分形损伤演化曲线

3. 多重分形损伤本构关系

将上述分析结果分别代入式（2-19）、式（2-25）和式（2-30），可得不同强度等级混凝土对应的分形损伤本构关系。图 2.16～图 2.18 分别为分形损伤本构关系曲线与试验值的对比图。其中弹簧刚度系数比 k 和高强混凝土中塑性单元比值γ是本章引入的关键系数，其取值如表 2.1 所示。

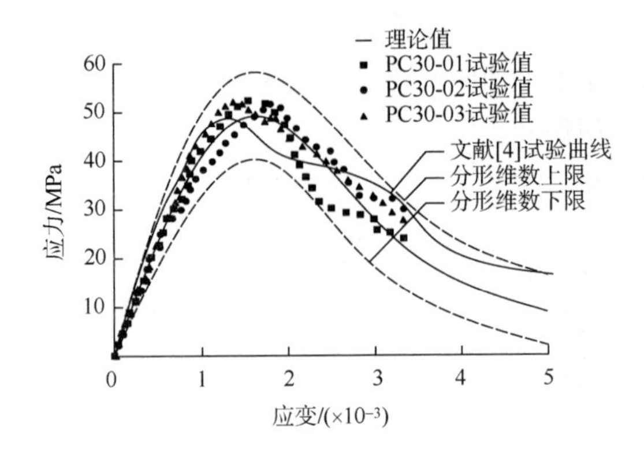

图 2.16　C30 混凝土单轴受压断裂面的分形损伤本构曲线对比

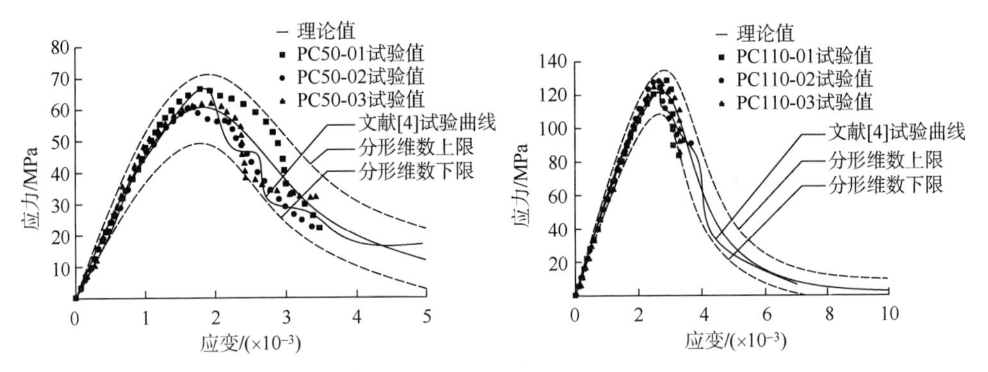

图 2.17　C50 混凝土单轴受压断裂面的分形损伤本构曲线对比

图 2.18　C110 混凝土单轴受压断裂面的分形损伤本构曲线对比

表 2.1　两种关键参数的取值

参　数	C30	C50	C110
k	0.75	1.02	1.31
γ	—	0.71	—

图中，实线为基于本节所提出的分形损伤本构关系计算所得的理论值，即将之前计算模拟所得的多重分形谱拟合曲线函数代入各自对应的分形损伤本构方程计算所得的曲线，上下两条虚线是根据混凝土分形试验结果所得的混凝土分形维数离散范围而确定的混凝土多重分形损伤本构关系曲线离散范围。

本节所提出的分形损伤本构关系还能预测混凝土应力-应变关系的离散范围，既继承了以往分形损伤本构关系准确性高的优点，又很好地反映了混凝土具有的离散性与随机性。

2.1.5　本节小结

本节在之前混凝土分形理论及试验研究的基础上，提出了混凝土在受单轴压缩荷载时的综合分形损伤本构模型。通过理论分析和试验验证得出如下结论。

（1）本节建立的是一种新型混凝土细观结构，融合了弹性细观结构和弹塑性细观结构的特点。将该细观结构模型进行了功能分区，分别划分为代表混凝土水泥砂浆的区域I、代表骨料弹性的区域II和代表整体弹性性能的区域III，从而可以实现对混凝土基本力学性能的全面描述。

（2）引入了细观结构模型中两个弹簧的刚度系数比k，研究给出了其取值范围及其对混凝土强度等级的影响。结合不同强度等级断裂损伤性能的特点和细观结构模型的破坏机理，实现了通过调整刚度系数比k，达到用一种混凝土细观结构模型模拟多种强度等级混凝土断裂损伤机理和性能的目的。

（3）在高强混凝土细观模型结构断裂损伤机理分析中，假设弹塑性损伤的末期以代表骨料弹性性能的弹簧2的断裂为混凝土完全破坏的标志。认为高强混凝土细观结构是普通强度混凝土和超高强混凝土两种细观结构的组合，并引入了一种比例系数γ反映高强混凝土细观结构模型中弹性单元和弹塑性单元各自的比例。

（4）利用不同强度等级混凝土断裂面分形断裂面维数离散范围可以很好地预测混凝土分形损伤演化规律和应力-应变关系的离散区间，结合混凝土多重分形谱模拟方程得到的多重分形损伤本构关系可以实现对混凝土断裂损伤应力-应变关系发展趋势和离散范围两方面的预测。与试验结果及以往研究成果的对比分析表明，该理论模型合理可行。

2.2　混凝土双轴拉-压综合随机损伤本构模型研究[5]

2.2.1　概述

实际工程中，混凝土结构大多数都处于双轴或三轴应力状态，侧向约束对混凝土材料的强度有很大的影响，只有客观、准确地把握混凝土材料的本构本质，才能对混凝土结构有完整的认识，实现结构设计的精细化才成为可能。因此，对混凝土多轴作用下的本构关系展开研究十分必要。本节结合混凝土单轴受拉细观随机损伤本构关系，建立双轴拉-压作用下混凝土的损伤本构方程，并对其随机变量进行多参数灵敏度分析，定性定量地讨论混凝土双轴拉-压随机损伤的离散性。

2.2.2 混凝土细观损伤模型

1. 混凝土材料细观单元模型

考虑混凝土中骨料及砂浆等组成材料物理性能的差异性，分别建立混凝土细观损伤单元模型与混凝土双轴拉-压细观模型，如图 2.19 和图 2.20 所示。

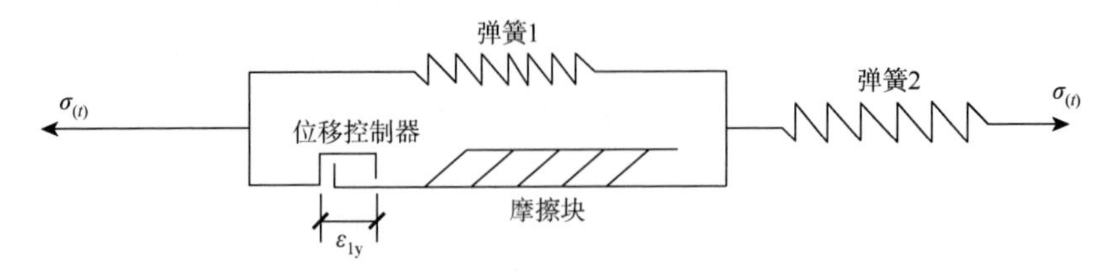

图 2.19 混凝土的细观损伤单元

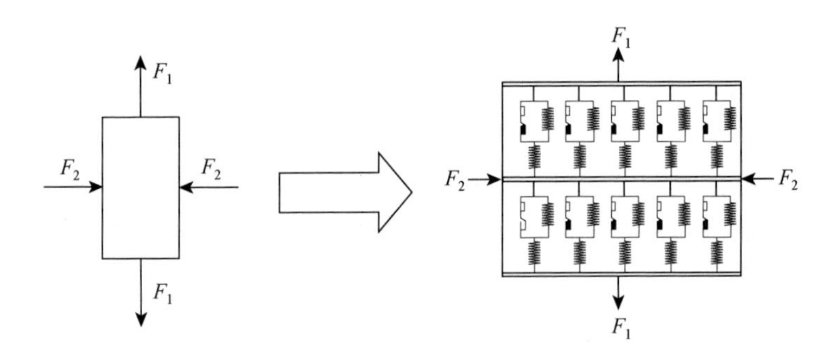

图 2.20 混凝土双轴拉-压细观模型

图 2.19 所示模型由弹簧 1、弹簧 2、一个摩擦块和一个位移控制器组成，其中弹簧 1 和摩擦块共同模拟混凝土中水泥砂浆的力学性能，弹簧 2 模拟混凝土中骨料的力学性能，位移控制器控制的位移为 $\varepsilon(0\leqslant\varepsilon\leqslant\varepsilon_{1y})$。本节假设 ε_{1y} 为弹簧 1 的极限变形，当弹簧 1 达到其极限变形时摩擦块参与工作。研究表明，普通混凝土的破坏通常发生在水泥砂浆界面上；超高强高性能混凝土的破坏主要发生在骨料中；而在高强混凝土中，由于水泥砂浆和骨料的力学性能相接近，所以可将其破坏表示为超高强高性能混凝土和普通混凝土两种破坏模式的组合。本节通过控制细观单元中弹簧 1、2 的破坏顺序，分别建立超高强高性能混凝土、普通混凝土及高强混凝土的双轴拉-压综合随机损伤本构关系。

2. 细观模型的破坏模式

如图 2.19 所示，细观单元的整体刚度是两个弹簧的串联刚度，即

$$E=\frac{E_1E_2}{E_1+E_2} \tag{2-36}$$

式中，E_1 和 E_2 分别为弹簧 1、2 的弹性模量，假设 $E_2 = kE_1$，k 为刚度比。

普通混凝土细观单元的应力-应变关系如图 2.21 所示，普通混凝土中的水泥砂浆强度低于骨料的强度，即细观模型中弹簧 1 的刚度要小于弹簧 2 的刚度。当弹簧 1 达到其极限应变时，摩擦块参与工作；当摩擦块达到其极限应变时，摩擦块断裂，进而细观单元破坏。试验表明，弹簧 2 的刚度小于弹簧 1 刚度的 5 倍，即 $1 < k < 5$。超高强高性能混凝土细观单元的应力-应变关系如图 2.22 所示，其混凝土中水泥砂浆强度接近甚至大于粗骨料的强度，细观模型中弹簧 2 的刚度要小于弹簧 1 的刚度，故破坏类似于单弹簧模型。当弹簧 2 达到其极限应变时，弹簧 2 断裂，细观单元破坏。试验表明，水泥砂浆的强度不会超过骨料强度的两倍，故 $0.5 < k < 1$。高强混凝土的部分骨料在荷载作用下发生破坏，所以细观模型中弹簧 1 的刚度可能会大于、等于或小于弹簧 2 的刚度。各细观单元的应力-应变关系可能为图 2.21 或图 2.22 中的一种或多种组合，故高强混凝土的破坏模式可考虑超高强高性能混凝土和普通混凝土破坏模式的权重系数来模拟[6]。

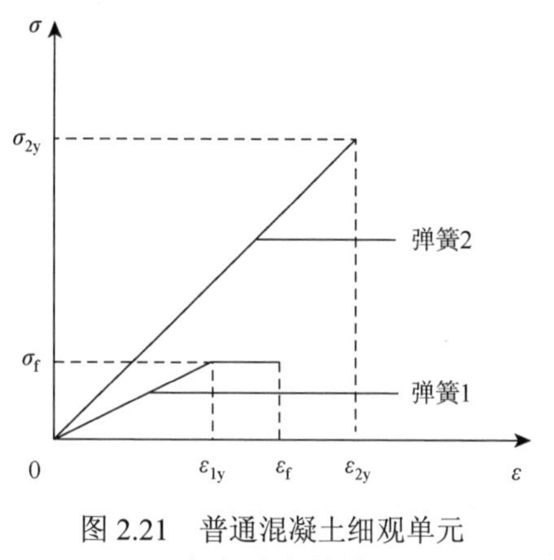

图 2.21 普通混凝土细观单元应力-应变关系

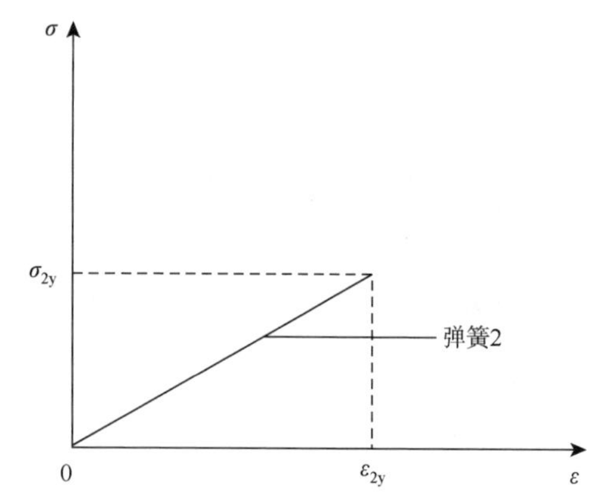

图 2.22 超高强高性能混凝土细观单元应力-应变关系

图中，ε_{1y} 为弹簧 1 的极限拉应变，ε_{2y} 为弹簧 2 的极限拉应变，σ_{2y} 为弹簧 2 的极限应力，ε_f 为摩擦块的极限拉应变，σ_f 为摩擦块的滑动摩擦力。

2.2.3 混凝土双轴拉-压综合随机损伤本构关系

据文献[7]的研究，细观弹簧模型单元单轴受拉随机损伤为

$$d_1(\varepsilon) = \frac{1}{A}\lim_{Q\to\infty}\sum_{i=1}^{Q} H(\varepsilon - \Delta_i)A_i = \int_0^1 H(\varepsilon - \Delta(y_1))\mathrm{d}y_1 \tag{2-37}$$

$$d_2(\varepsilon) = \frac{1}{A}\lim_{Q\to\infty}\sum_{i=1}^{Q} H(\varepsilon - \Delta_i)A_i = \int_0^1 H(\varepsilon - \Delta(y_2))\mathrm{d}y_2 \tag{2-38}$$

$$d_{\mathrm{f}} = \frac{A_{\mathrm{f}}(\varepsilon)}{A} = \int_0^1 H(\varepsilon - \varDelta(z))\mathrm{d}z \tag{2-39}$$

其中，$H(x)$ 为 Heaviside 函数，其表达式为

$$H(\varepsilon - \varDelta_i) = \begin{cases} 0, & \varepsilon \leqslant \varDelta_i \\ 1, & \varepsilon > \varDelta_i \end{cases} \tag{2-40}$$

式中，$\varDelta(y_1)$、$\varDelta(y_2)$ 分别为位置 y_1、y_2 处的随机破坏应变；$d_1(\varepsilon)$ 和 $d_2(\varepsilon)$ 分别表示细观单元中弹簧 1 和弹簧 2 的损伤；$d_{\mathrm{f}}(\varepsilon)$ 为摩擦块的损伤；$A_{\mathrm{f}}(\varepsilon)$ 为因摩擦块断裂而引起的材料退出工作的截面积；$\varDelta(z)$ 为摩擦块失效的极限应变，与弹簧的极限应变 $\varDelta(y)$ 服从同一随机分布。

1. 混凝土双轴拉-压损伤机理

由于混凝土内部骨料粒径尺度远小于混凝土试件的尺寸，所以混凝土拉-压细观单元可以近似认为是试件中某一质点，当某处的局部拉应力大于混凝土的抗拉强度时，即损伤发生。针对本节的细观模型，假定弹簧始终处于弹性阶段，故在平均泊松系数 ν 的基础上，对双轴拉-压损伤本构关系进行统计平均意义上的研究分析[8]。

损伤变量 D 表示受拉损伤产生与发展的程度，$D(\varepsilon^*)$ 中的 ε^* 为外部拉力产生的拉应变与因外部压力产生的横向拉应变之和。

根据图 2.23 所示的坐标系，可知

$$\varepsilon_1^* = \varepsilon_1 + \nu\varepsilon_2 \tag{2-41}$$

$$\varepsilon_3^* = \nu\varepsilon_2 \tag{2-42}$$

式中，ε_1^* 表示拉应力 σ_1 产生的拉应变与压应力 σ_2 在 1 方向产生的等效应变之和；ε_3^* 表示由压应力 σ_2 在 3 方向产生的等效应变。

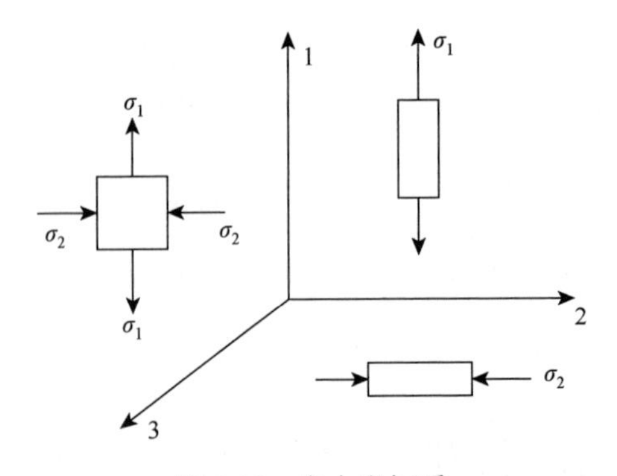

图 2.23　应力坐标系

在双轴拉-压荷载形式中，考虑将受拉破坏作为控制机制，而将剪切破坏机制作为修正因素引入，故引入能量等效系数α，表示因剪切破坏机理引起的能量变化率[9]。当外力对混凝土做功时，一部分能量作为材料的弹性能被储存，另外一部分能量则随着损伤的发展而被消耗[10, 11]。据图 2.23，因为一个方向的横向变形已包括在弹性模量的试验测量中，所以忽略其垂直方向因泊松效应引起的弹性变形能，由能量守恒原理可得

$$\begin{aligned}&\int_0^{\varepsilon_1}\sigma_1(x)\mathrm{d}x+\int_0^{\varepsilon_2}\sigma_2(x)\mathrm{d}x\\&=W(\varepsilon_1)+W_{\mathrm{e}}(\varepsilon_2)-W_{D_1}(\varepsilon_1^*)-W_{D_3}(\varepsilon_3^*)\end{aligned}\tag{2-43}$$

其中

$$W_{\mathrm{e}}(\varepsilon)=\frac{1}{2}E\varepsilon^2\tag{2-44}$$

$$W_{D_1}(\varepsilon_1^*)=\int_0^{\varepsilon_1^*}E_1xD(x)\mathrm{d}x=\int_0^{\varepsilon_1+\nu\varepsilon_2}E_1xD(x)\mathrm{d}x\tag{2-45}$$

$$W_{D_3}(\varepsilon_2^*)=\int_0^{\varepsilon_3^*}E_1xD(x)\mathrm{d}x=\alpha\int_0^{\nu\varepsilon_2}E_1xD(x)\mathrm{d}x\tag{2-46}$$

式中，$W_{\mathrm{e}}(\varepsilon)$为达到$\varepsilon$时的弹性体系的应变能；$W_{D_1}(\varepsilon_1^*)$为 1 方向受拉断裂释放的能量；$W_{D_3}(\varepsilon_3^*)$为 3 方向受拉断裂释放的能量，即在 0～$\varepsilon$过程中的累积损伤耗能。

2. 超高强高性能混凝土损伤本构关系

超高强高性能混凝土的破坏类似于单弹簧模型，弹簧 1 和摩擦块都未达到其极限应变，当弹簧 2 达到其极限应变断裂时，即细观模型破坏。将式（2-44）～式（2-46）代入式（2-43）可得

$$\int_0^{\varepsilon_1}\sigma_1(x)\mathrm{d}x+\int_0^{\varepsilon_2}\sigma_2(x)\mathrm{d}x=\frac{1}{2}E\varepsilon_1^2+\frac{1}{2}E\varepsilon_2^2-\int_0^{\varepsilon_1+\nu\varepsilon_2}ExD(x)\mathrm{d}x-\alpha\int_0^{\nu\varepsilon_2}ExD(x)\mathrm{d}x\tag{2-47}$$

两边分别对ε_1和ε_2求导，则可得到

$$\sigma_1(\varepsilon_1)=\frac{k}{1+k}E_1\varepsilon_1[1-D(\varepsilon_1+\nu\varepsilon_2)]-\frac{k}{1+k}\nu E_1\varepsilon_2D(\varepsilon_1+\nu\varepsilon_2)\tag{2-48}$$

$$\sigma_2(\varepsilon_2)=\frac{k}{1+k}E_1\varepsilon_2[1-\alpha\nu^2D(\nu\varepsilon_2)-\nu^2D(\varepsilon_1+\nu\varepsilon_2)]-\frac{k}{1+k}\nu E_1\varepsilon_1D(\varepsilon_1+\nu\varepsilon_2)\tag{2-49}$$

式（2-48）和式（2-49）即超高强高性能混凝土双轴拉-压荷载作用下的随机损伤本构关系。细观模型的弹性模量及损伤变量都具有随机分布性，其均值表达

式为

$$\mu_{\sigma_1}(\varepsilon_1)=\frac{3}{4}\mu_{E_1}\varepsilon_1[1-\mu_D(\varepsilon_1+\nu\varepsilon_2)]-\frac{3}{4}\nu\mu_{E_1}\varepsilon_2\mu_D(\varepsilon_1+\nu\varepsilon_2) \tag{2-50}$$

$$\mu_{\sigma_2}(\varepsilon_2)=\frac{3}{4}\mu_{E_1}\varepsilon_2[1-\alpha\nu^2\mu_D(\nu\varepsilon_2)-\nu^2\mu_D(\varepsilon_1+\nu\varepsilon_2)]-\frac{3}{4}\nu\mu_{E_1}\varepsilon_1\mu_D(\varepsilon_1+\nu\varepsilon_2) \tag{2-51}$$

方差为

$$V_{\sigma_1}(\varepsilon_1)=\frac{9}{16}[(\varepsilon_1+\nu\varepsilon_2)V_D(\varepsilon_1+\nu\varepsilon_2)](V_{E_1}+\mu_{E_1}^2)+\frac{9}{16}V_{E_1}[\varepsilon_1-(\varepsilon_1+\nu\varepsilon_2)\mu_D(\varepsilon_1+\nu\varepsilon_2)]^2 \tag{2-52}$$

$$\begin{aligned}V_{\sigma_2}(\varepsilon_2)=&\frac{9}{16}[(V_{E_1}+\mu_{E_1}^2)\nu^2(\varepsilon_1-\nu\varepsilon_2)^2V_D(\varepsilon_1+\nu\varepsilon_2)+\alpha^2\nu^4\varepsilon_2^2V_D(\nu\varepsilon_2)]\\&+\frac{9}{16}V_{E_1}[\varepsilon_2-\nu(\nu\varepsilon_2-\varepsilon_1)\mu_D(\varepsilon_1+\nu\varepsilon_2)-\alpha\nu^2\varepsilon_2\mu_D(\nu\varepsilon_2)]^2\end{aligned} \tag{2-53}$$

3. 普通混凝土随机损伤本构关系

在普通混凝土细观模型单元的破坏过程中，弹簧 1 达到其极限应变断裂，摩擦块参与工作直至达到其极限应变，从而细观单元破坏。则有

$$\begin{aligned}&\int_{\varepsilon_{1y}}^{\varepsilon_1}\sigma_1(x)\mathrm{d}x+\int_{\varepsilon_{1y}}^{\varepsilon_2}\sigma_2(x)\mathrm{d}x\\&=\frac{1}{2}E\varepsilon_1^2+\int_{\varepsilon_{1y}}^{\varepsilon_1}\sigma_\mathrm{f}D_1(x)\mathrm{d}x+\frac{1}{2}E\varepsilon_2^2+\int_{\varepsilon_{1y}}^{\varepsilon_2}\sigma_\mathrm{f}D_1(x)\mathrm{d}x-\alpha\int_{\varepsilon_{1y}}^{\varepsilon_1+\nu\varepsilon_2}ExD_1(x)\mathrm{d}x\\&\quad-\alpha\int_{\varepsilon_{1y}}^{\nu\varepsilon_2}ExD_1(x)\mathrm{d}x-\alpha\int_{\varepsilon_{1y}}^{\varepsilon_1+\nu\varepsilon_2}\sigma_\mathrm{f}D_1(x)D_\mathrm{f}(x)\mathrm{d}x-\alpha\int_{\varepsilon_{1y}}^{\nu\varepsilon_2}\delta_\mathrm{f}D_1(x)D_\mathrm{f}(x)\mathrm{d}x\end{aligned} \tag{2-54}$$

$$\sigma_1(\varepsilon_1)=\frac{k}{1+k}E_1[\varepsilon_1-\alpha(\varepsilon_1+\nu\varepsilon_2)D_1(\varepsilon_1+\nu\varepsilon_2)]+E_1\varepsilon_{1y}[D_1(\varepsilon_1)-\alpha D_1(\varepsilon_1+\nu\varepsilon_2)D_\mathrm{f}(\varepsilon_1+\nu\varepsilon_2)] \tag{2-55}$$

$$\begin{aligned}\sigma_2(\varepsilon_2)=&\frac{k}{1+k}E_1[\varepsilon_2-\alpha\nu(\varepsilon_1+\nu\varepsilon_2)D(\varepsilon_1+\nu\varepsilon_2)-\alpha\nu^2\varepsilon_2D_1(\nu\varepsilon_2)]\\&+E_1\varepsilon_{1y}[D_1(\varepsilon_2)-\nu\alpha D_1(\varepsilon_1+\nu\varepsilon_2)D_\mathrm{f}(\varepsilon_1+\nu\varepsilon_2)]-E_1\varepsilon_{1y}\nu\alpha D_1(\nu\varepsilon_2)D_\mathrm{f}(\nu\varepsilon_2)\end{aligned} \tag{2-56}$$

式（2-55）和式（2-56）即普通混凝土损伤本构关系。σ_f 为摩擦块最大静摩擦力，即 $\sigma_\mathrm{f}=E_1\varepsilon_{1y}$。

应力均值表达式为

$$\begin{aligned}\mu_{\sigma_1}(\varepsilon_1)=&\frac{3}{8}\mu_{E_1}[\varepsilon_1-\alpha(\varepsilon_1+\nu\varepsilon_2)\mu_{D_1}(\varepsilon_1+\nu\varepsilon_2)]\\&+\varepsilon_{1y}\mu_{E_1}[\mu_{D_1}(\varepsilon_1)-\alpha\mu_{D_1}(\varepsilon_1+\nu\varepsilon_2)\mu_{D_\mathrm{f}}(\varepsilon_1+\nu\varepsilon_2)]\end{aligned} \tag{2-57}$$

$$\mu_{\sigma_2}(\varepsilon_2)=\frac{3}{8}\mu_{E_1}[\varepsilon_2-\alpha\nu(\varepsilon_1+\nu\varepsilon_2)\mu_D(\varepsilon_1+\nu\varepsilon_2)-\alpha\nu^2\varepsilon_2\mu_{D_1}(\nu\varepsilon_2)]$$
$$+\varepsilon_{1y}\mu_{E_1}[\mu_{D_1}(\varepsilon_2)-\nu\alpha\mu_{D_1}(\varepsilon_1+\nu\varepsilon_2)\mu_{D_f}(\varepsilon_1+\nu\varepsilon_2)] \quad (2\text{-}58)$$
$$-\nu\alpha\varepsilon_{1y}\mu_{E_1}\mu_{D_1}(\nu\varepsilon_2)\mu_{D_f}(\nu\varepsilon_2)$$

方差为

$$V_{\sigma_1}(\varepsilon_1)=(V_{E_1}+\mu_{E_1}^2)[\varepsilon_{1y}^2V_{D_1}(\varepsilon_1)-\alpha^2[V_{D_f}(\varepsilon_1+\nu\varepsilon_2)[V_{D_f}(\varepsilon_1+\nu\varepsilon_2)$$
$$\times[V_{D_1}(\varepsilon_1+\nu\varepsilon_2)+\mu_{D_1}^2(\varepsilon_1+\nu\varepsilon_2)]+(V_{E_1}+\mu_{E_1}^2)V_{D_1}(\varepsilon_1+\nu\varepsilon_2)$$
$$\times[\frac{3}{8}(\varepsilon_1+\nu\varepsilon_2)+\mu_{D_f}(\varepsilon_1+\nu\varepsilon_2)]^2]]]+V_{E_1}[\frac{3}{8}\varepsilon_1-\varepsilon_{1y}\mu_{D_1}(\varepsilon_1) \quad (2\text{-}59)$$
$$-\alpha\mu_{D_1}(\varepsilon_1+\nu\varepsilon_2)[\frac{3}{8}(\varepsilon_1+\nu\varepsilon_2)+\mu_{D_f}(\varepsilon_1+\nu\varepsilon_2)]]^2$$

$$V_{\sigma_2}(\varepsilon_2)=(V_{E_1}+\mu_{E_1}^2)[\varepsilon_{1y}^2V_{D_1}(\varepsilon_1)-\alpha^2[V_{D_f}(\varepsilon_1+\nu\varepsilon_2)$$
$$\times[V_{D_1}(\varepsilon_1+\nu\varepsilon_2)+\mu_{D_1}^2(\varepsilon_1+\nu\varepsilon_2)]+V_{D_1}(\varepsilon_1+\nu\varepsilon_2)[\frac{3}{8}(\varepsilon_1+\nu\varepsilon_2)$$
$$+\mu_{D_f}(\varepsilon_1+\nu\varepsilon_2)]^2]]+V_{E_1}[\frac{3}{8}\varepsilon_1-\varepsilon_{1y}\mu_{D_1}(\varepsilon_1) \quad (2\text{-}60)$$
$$-\alpha\mu_{D_1}(\varepsilon_1+\nu\varepsilon_2)[\frac{3}{8}(\varepsilon_1+\nu\varepsilon_2)+\mu_{D_f}(\varepsilon_1+\nu\varepsilon_2)]]^2$$
$$-\varepsilon_{1y}\nu\alpha\mu_{D_1}(\varepsilon_1+\nu\varepsilon_2)[\mu_{D_f}(\varepsilon_1+\nu\varepsilon_2)-\nu\alpha\varepsilon_{1y}\mu_{D_1}(\nu\varepsilon_2)\mu_{D_f}(\nu\varepsilon_2)]^2$$

4. 高强混凝土随机损伤本构关系

假设混凝土细观模型中总共有 M 个细观单元，其中 M_1 个为普通混凝土细观单元，$(M-M_1)$个为超高强高性能混凝土细观单元。由于涉及的随机参数过多，为避免结果产生很大的误差，分别对普通混凝土和超高强高性能混凝土进行独立分析，然后通过参数的加权处理再进行随机分析。令$\gamma=M_1/M$（其中 $0<\gamma<1$），则高强混凝土随机损伤本构关系为

$$\begin{cases}\sigma_{1\mathrm{H}}(\varepsilon_1)=\gamma\sigma_{1\mathrm{N}}(\varepsilon_1)+(1-\gamma)\sigma_{1\mathrm{SH}}(\varepsilon_1)\\ \sigma_{2\mathrm{H}}(\varepsilon_2)=\gamma\sigma_{2\mathrm{N}}(\varepsilon_2)+(1-\gamma)\sigma_{2\mathrm{SH}}(\varepsilon_2)\end{cases} \quad (2\text{-}61)$$

式中，σ_{H} 为高强混凝土的应力；σ_{N} 为普通混凝土的应力；σ_{SH} 为超高强混凝土的应力。

根据统计学原理，应力均值表达式为

$$\begin{cases}\mu_{\sigma_{1\mathrm{H}}}(\varepsilon_1)=\gamma\mu_{\sigma_{1\mathrm{N}}}(\varepsilon_1)+(1-\gamma)\mu_{\sigma_{1\mathrm{SH}}}(\varepsilon_1)\\ \mu_{\sigma_{2\mathrm{H}}}(\varepsilon_2)=\gamma\mu_{\sigma_{2\mathrm{N}}}(\varepsilon_2)+(1-\gamma)\mu_{\sigma_{2\mathrm{SH}}}(\varepsilon_2)\end{cases} \quad (2\text{-}62)$$

方差为

$$\begin{cases}V_{\sigma_{1\mathrm{H}}}(\varepsilon_1)=\gamma^2 V_{\sigma_{1\mathrm{N}}}(\varepsilon_1)+(1-\gamma)^2 V_{\sigma_{1\mathrm{SH}}}(\varepsilon_1)\\ V_{\sigma_{2\mathrm{H}}}(\varepsilon_2)=\gamma^2 V_{\sigma_{2\mathrm{N}}}(\varepsilon_2)+(1-\gamma)^2 V_{\sigma_{2\mathrm{SH}}}(\varepsilon_2)\end{cases} \tag{2-63}$$

以上各式中，μ 均代表均值；V 均代表方差。

2.2.4 理论计算与试验验证

1. 数值灵敏度分析

方程中某些参量的微小变化可能对目标函数产生较大影响，而另一些变量的微小摄动可能会产生较小影响。在实际运算分析中，涉及的参量多，计算量大，不可能对所有参数都予以考虑，故只需对影响程度大的参数进行估计，对系统参数进行筛选及优化处理。参数灵敏度分析在结构损伤识别、模型修正和非确定性分析等方面得到广泛的应用。由于系统方程过于复杂，一般采用的简化方法是单因素分析法[12, 13]，是对某一系统参数进行微小摄动，同时固定其他参数取值，进行系统计算，即计算整体目标函数关于模型参数的偏导数。根据上述理论，对损伤本构方程进行多参数灵敏度分析，结果如图 2.24 所示。

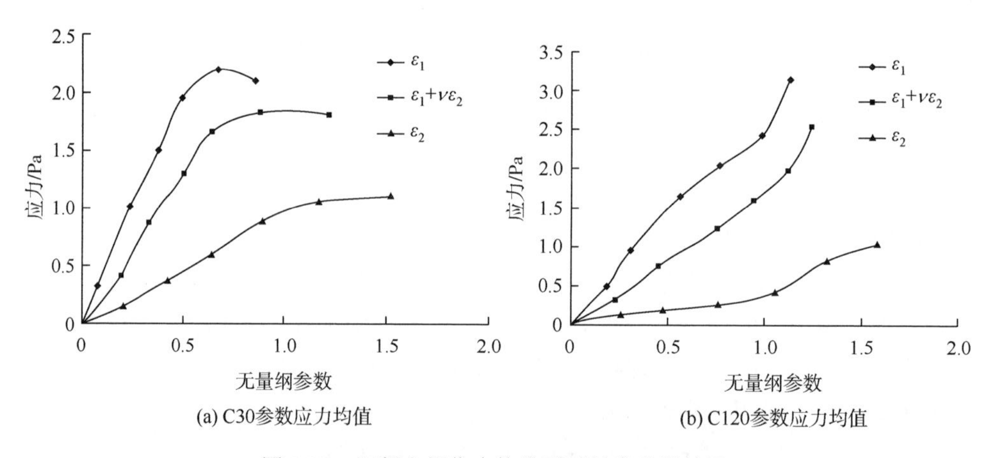

(a) C30参数应力均值　　(b) C120参数应力均值

图 2.24　混凝土损伤本构关系灵敏度分析结果

从图中可以看出，不同的参变量对不同强度混凝土损伤本构函数的影响程度不同。基于灵敏度分析结果，在损伤本构方程中给予参数合适的权重系数以简化计算，并将所得的理论结果与试验结果进行比较。

2. 试验结果与理论结果对比

为了验证本节所提出的随机损伤本构关系，将理论计算曲线与试验曲线[14]进行比较。图 2.25 为部分试验结果与理论计算结果的对比情况。

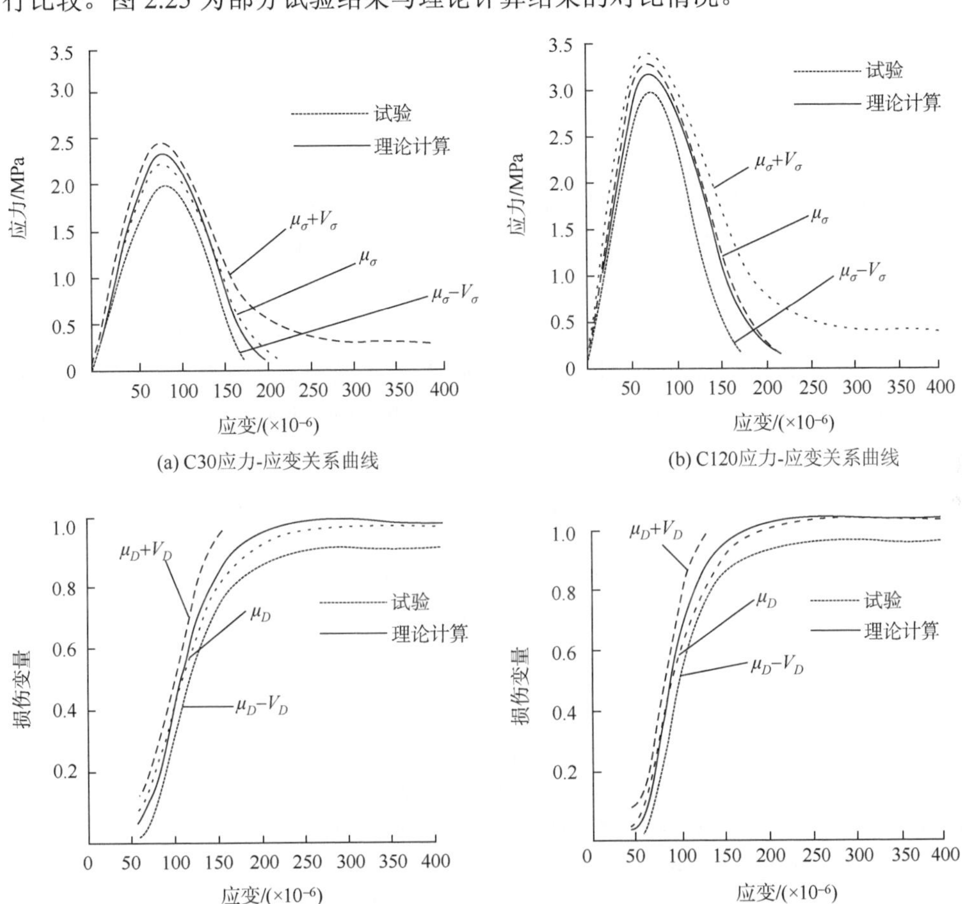

(a) C30应力-应变关系曲线　(b) C120应力-应变关系曲线

(c) C30损伤变量关系曲线　(d) C120损伤变量关系曲线

图 2.25　试验结果与理论计算结果对比

图 2.25 中不仅给出了理论计算均值曲线，而且给出了混凝土双轴拉-压损伤本构关系在一倍均方差意义上的离散范围。高强高性能混凝土的应力-应变曲线上升段基本由曲线向直线渐变，强度越高，线性越显著，下降段越陡，较清晰地反映了双轴拉-压作用下混凝土的脆性及应力、均方差随应变的变化。高强高性能混凝土相对普通混凝土而言，水泥和骨料共同抵御外荷载，内部裂缝比较少，界面粘结强度较高，当荷载达到一定数值时，损伤演变较快。所建立的随机损伤本构关系有助于人们从细观角度上理解混凝土材料在其破坏过程中损伤的演化态势。

2.2.5　本节小结

在混凝土损伤本构关系的研究中，非线性、随机性及耦合性一直都是较难解决的问题。本节基于混凝土细观弹簧模型，从材料的细观破坏入手，从而实现对混凝土损伤及演化规律的物理解释，讨论了不同强度等级混凝土的损伤机理，建立了混凝土双轴拉-压综合随机损伤本构关系。本节提出的随机损伤本构关系具有以下优势。

（1）将混凝土细观模型中模拟砂浆和骨料的弹簧刚度简化为一种随机关系，通过调节其刚度比来模拟不同强度等级混凝土的破坏机理。

（2）在双轴拉-压荷载组合下，考虑将剪切破坏机制作为修正因素引入，从而建立了不同强度等级混凝土综合随机损伤本构关系。

（3）本构关系中的损伤变量能够反映混凝土损伤力学性能的随机性和离散性，在均值的意义上较好地预测了混凝土试件双轴拉-压损伤全过程。

理论计算与试验结果对比表明，本节建立的随机损伤本构关系是合理、可信的。以上研究对双轴拉-压荷载作用下混凝土力学性能的研究有一定的参考价值。

参 考 文 献

[1] 谢明. 混凝土分形特性及分形损伤本构关系研究[D]. 西安：西安建筑科技大学，2012.

[2] 安占义. 混凝土单轴受压统一随机损伤本构关系研究[D]. 西安：西安建筑科技大学，2011.

[3] 谢和平，鞠杨. 分数维空间中的损伤力学研究初探[J]. 力学学报，1999，3（31）：300-310.

[4] 李杰. 混凝土随机损伤本构关系研究新进展[J]. 东南大学学报（自然科学版），2002，5（32）：750-755.

[5] 郑山锁，杨丰，谢明，等. 混凝土双轴拉-压综合随机损伤本构关系研究[J]. 力学学报，2013，（9）：111-116.

[6] 安占义，郑山锁，谢明. 混凝土单轴受压统一随机损伤本构关系[J]. 土木工程学报，2010，（S2）：241-245.

[7] 刘彬. 超高强高性能混凝土随机损伤本构关系研究[D]. 西安：西安建筑科技大学，2010.

[8] 李杰，卢朝辉，张其云. 混凝土随机损伤本构关系-单轴受压分析[J]. 同济大学学报，2003，31（5）：502-509.

[9] 李杰. 混凝土随机损伤本构关系研究新进展[J]. 东南大学学报，2002，（16）：750-755.

[10] 董毓利，谢和平，赵鹏. 混凝土受压全过程损伤的实验研究[J]. 实验力学，1995，1（2）：95-102.

[11] 李杰，张其云. 混凝土随机损伤本构关系[J]. 同济大学学报，2001，29（10）：1135-1141.

[12] Haftka R T，Adelman H M. Recent developments in structural sensitivity analysis[J]. Structural Opimization，1989，1（2）：137-152.

[13] Tong M，et al. Numerical modelling for temperature distribution in steel bridges[J]. Computers & Structures，2001，79（6）：583-593.

[14] 车顺利. 适用于型钢混凝土的高强高性能混凝土及其损伤本构关系研究[D]. 西安：西安建筑科技大学，2006.

3　钢-混凝土界面的损伤本构模型研究[1]

3.1　型钢混凝土的随机损伤本构模型

本章基于大量型钢混凝土试件粘结滑移性能试验数据的统计分析，得到了型钢与混凝土粘结面上粘结应力的分布特征和构成粘结力的三部分（化学胶结力、摩擦阻力和机械咬合力）之间的转化规律；根据型钢混凝土粘结面上三部分粘结力的相互转化规律，建立了基于弹簧-摩擦块单元的细观模型；考虑到粘结面上混凝土性能的离散性和缺陷的随机性，应用随机损伤理论，建立了型钢混凝土粘结面随机粘结损伤本构模型。与大量型钢混凝土拉拔试验结果的对比分析表明，该模型能合理地反映型钢混凝土粘结面的损伤特性。

3.1.1　损伤模型及损伤指数定义

1. 型钢混凝土界面粘结应力分析

型钢与混凝土之间的粘结作用力是保证型钢与混凝土协同工作的关键，其主要由三部分组成：化学胶结力、摩擦阻力和机械咬合力。试验表明，化学胶结力只在构件的原始形成状态下存在，一旦发生型钢与混凝土连接面上的粘结滑移，化学胶结力将丧失并转化成摩擦阻力和机械咬合力。同时在尚未滑移的化学胶结力的扩散长度范围内又将产生化学胶结力（图 3.1）。

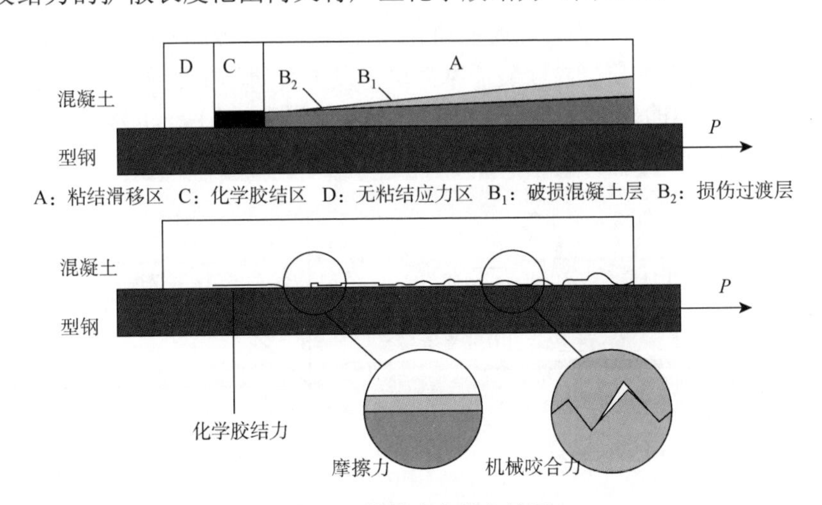

图 3.1　粘结应力分布简图

2. 型钢混凝土界面细观模型

根据上述型钢混凝土界面粘结作用的特点，引入 Eibl 的弹簧-摩擦块模型来模拟界面的受力情况[2]，如图 3.2 所示。其中，图 3.2（a）中型钢混凝土拉拔试验的型钢混凝土粘结面可以用图 3.2（b）所示的无数个弹簧-摩擦块单元模拟。假设粘结面以外混凝土和型钢为刚性，则粘结面上每个弹簧-摩擦块单元所受外力是一致的。

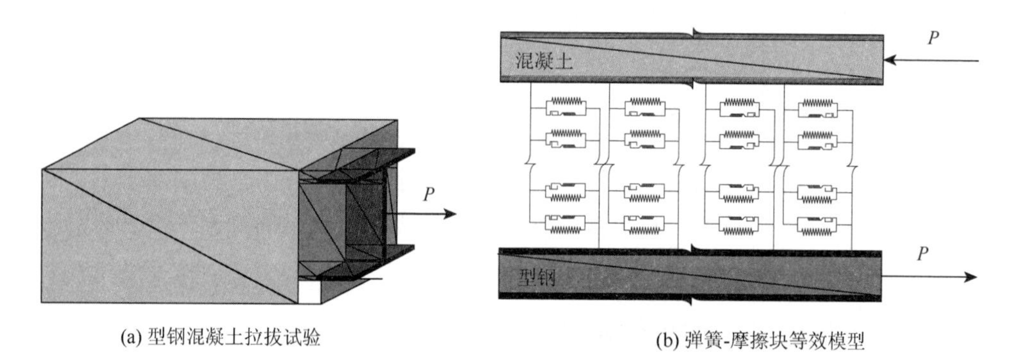

(a) 型钢混凝土拉拔试验　(b) 弹簧-摩擦块等效模型

图 3.2　型钢混凝土粘结损伤细观模型

图 3.2（b）中的弹簧-摩擦块模型由图 3.3（a）中弹簧-摩擦块微元构成的细观单元组成。该模型中的弹簧反映型钢混凝土界面的化学胶结作用；摩擦块反映型钢混凝土界面的机械咬合作用和摩擦阻力作用。

3. 型钢混凝土界面细观单元机理分析

如图 3.3（a）所示，弹簧和摩擦块并联连接，滑移控制器限制了摩擦块的滑移起始位置，使得在弹簧受拉断裂前摩擦块不发生滑动。P_1 为弹簧所承担的外力，P_f 为摩擦块所承担的外力，$P_1 = P(\varDelta < \varDelta_0)$ 或 $P_f = P(\varDelta \geqslant \varDelta_0)$。$\varDelta_e$ 为弹簧的拉伸位移，$\varDelta_d$ 为摩擦块的滑动位移，$\varDelta_e = S(S < S_0)$ 或 $\varDelta_d = S - S_0(S \geqslant S_0)$。

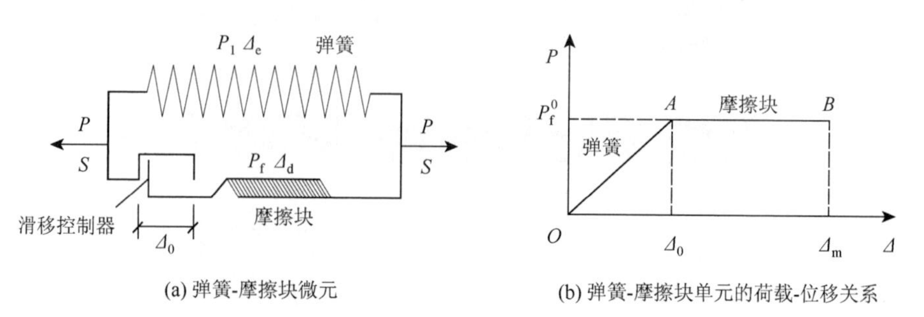

(a) 弹簧-摩擦块微元　(b) 弹簧-摩擦块单元的荷载-位移关系

图 3.3　弹簧-摩擦块微元模型

当粘结面滑移量 S 小于弹簧极限位移 Δ_0 时，型钢混凝土界面荷载由化学胶结力承担，没有机械咬合力和摩擦力，摩擦块不发生相对滑移，荷载-位移关系如图 3.3（b）OA 段所示；当滑移量 $\Delta_0 \leqslant \Delta \leqslant \Delta_m$ 时，化学胶结力消失，弹簧断裂，型钢混凝土界面上荷载开始由机械咬合力和摩擦力承担，摩擦块开始发生相对滑移，产生滑动摩擦力，荷载-位移关系如图 3.3（b）AB 段所示；当滑移量继续增大时，因为滑动摩擦力不变，不能抵抗外荷载的不断增大，所以相邻的弹簧-摩擦块单元会依次参与受力；当滑移量达到摩擦块极限位移 Δ_m 时，摩擦块脱落，机械咬合力和摩擦力丧失，弹簧-摩擦块单元完全断裂；当粘结面所有的弹簧-摩擦块单元都断裂时，粘结面完全破坏。

4. 损伤指数定义

假设型钢混凝土界面损伤服从连续介质损伤力学，则定义界面损伤变量 D 为已断裂面积与总面积之比，即

$$D = \frac{A_\omega(S)}{A} \tag{3-1}$$

式中，A_ω 为损伤面积（已断裂界面的面积）；A 为原始面积（型钢与混凝土总粘结面积）。

对于弹簧单元，在粘结面上定义其损伤面积为

$$A_\omega(S) = \sum_{i=1}^{Q} H(S - \Delta_{0i})\mathrm{d}A_i \tag{3-2}$$

式中，A_i 为第 i 个弹簧单元的截面积；Q 为原始粘结面上弹簧单元的总个数；Δ_{0i} 为第 i 个弹簧的极限拉伸位移，即第 i 个弹簧的 Δ_0；$H(x)$ 为 Heaviside 方程，即

$$H(S - \Delta_i) = \begin{cases} 0, & S \leqslant \Delta_{0i} \\ 1, & S > \Delta_{0i} \end{cases} \tag{3-3}$$

将式（3-2）代入式（3-1），类比第 1 章内容，可得弹簧单元的损伤变量 $D(S)$ 为

$$D(S) = \int_0^1 H(S - \Delta(y))\mathrm{d}y \tag{3-4}$$

式中，$\Delta(y)$ 为 x 处截面 y 上的弹簧单元极限变形量。

同理，可定义粘结面上摩擦块单元的损伤指数 $D_\mathrm{f}(S)$ 为

$$D_\mathrm{f}(S) = \int_0^1 H(S - \Delta(z))\mathrm{d}z \tag{3-5}$$

式中，$\Delta(z)$ 为沿外力方向 z 处截面上的摩擦块单元的极限变形量。

根据随机损伤原理，在型钢与混凝土粘结面上的弹簧刚度和摩擦块的摩擦系数应该是随机变化的，按此处理将导致后续计算非常复杂。为简化计算，假设粘结面上所有弹簧-摩擦块单元中弹簧刚度和摩擦块摩擦系数均为常量，而认为弹簧和摩擦块的极限变形为随机变量，即假设 $\Delta(z)$、$\Delta(y)$ 为服从同样分布规律的

随机变量，所以弹簧损伤指数 $D(S)$和摩擦块损伤指数 $D_f(S)$也为服从相同分布的随机变量。

3.1.2　随机损伤本构关系

1. 细观模型破坏模式

粘结面细观模型的损伤破坏过程可分为四个阶段，即无损伤阶段、弹性损伤阶段、塑性损伤阶段和完全损伤阶段。在无损伤阶段，外力小于等于弹簧的极限承载力，外力全部由弹簧承担，摩擦块无相对滑移，外力做的功 $W_P(\varepsilon)$ 全部由弹簧转化为弹性内能 $W_e(S)$；随着荷载的继续增大，因为 $\Delta(y)$为随机变量，所以在 $\Delta(y)$较小的部位弹簧开始断裂，模型进入弹性损伤阶段，此时断裂部分的弹簧所对应的外力功转化为弹簧断裂能 $W_D(S)$；弹簧断裂后相应的外力由摩擦块承担，模型进入塑性损伤阶段，该阶段摩擦块产生相对滑移，在外力不变的情况下粘结滑移量继续增大，因为 $\Delta(z)$ 为随机变量，所以在 $\Delta(z)$ 较小的部位摩擦块开始脱落，外力功一部分由摩擦力转化成内能，一部分转化成摩擦块断裂的断裂能；随着滑移量的进一步增加，弹簧和摩擦块破坏面积不断增大，直到整个粘结面所有弹簧和摩擦块都破坏，模型进入完全损伤阶段。

2. 随机损伤本构关系

基于上述对型钢混凝土界面粘结滑移细观损伤模型的破坏模式分析，根据能量守恒定律可得能量平衡方程为

$$\begin{cases} W_P(S) = W_e(S), & S < S_0 \\ W_P(S) = W_e(S) - W_D(S), & S \geqslant S_0 \end{cases} \tag{3-6}$$

式中

$$\begin{cases} W_e(S) = \dfrac{1}{2}ES^2, & S < S_0 \\ W_e(S) = \dfrac{1}{2}ES^2 + \displaystyle\int_{S_0}^{S} P_f^0 D(x)\mathrm{d}x, & S \geqslant S_0 \end{cases} \tag{3-7}$$

$$W_D(S) = \int_{S_0}^{S} ExD(x)\mathrm{d}x + \int_{S_0}^{S} P_f^0 D(x)D_f(x)\mathrm{d}x, \qquad S \geqslant S_0 \tag{3-8}$$

将式（3-7）和式（3-8）代入式（3-6）可得

$$\begin{cases} \displaystyle\int_0^S P(x)\mathrm{d}x = \frac{1}{2}ES^2, & S < S_0 \\ \displaystyle\int_{S_0}^S P(x)\mathrm{d}x = \frac{1}{2}ES^2 + \int_{S_0}^{S} P_f^0 D(x)\mathrm{d}x - \int_{S_0}^{S} ExD(x)\mathrm{d}x - \int_{S_0}^{S} P_f^0 D(x)D_f(x)\mathrm{d}x, & S \geqslant S_0 \end{cases} \tag{3-9}$$

对式（3-9）中的 S 求导有

$$\begin{cases} P(S) = ES, & S < S_0 \\ P(S) = ES[1 - D(S)] + E_0 S_0 D(S)[1 - D_{\mathrm{f}}(S)], & S \geqslant S_0 \end{cases} \tag{3-10}$$

式（3-10）即型钢与混凝土粘结面的随机损伤本构关系。当滑移量小于 S_0 时，粘结面处于弹性阶段，没有损伤；当滑移量大于等于 S_0 时，粘结面开始损伤，且 $S_0=\min(\Delta_{0i})$。

研究表明，混凝土细观缺陷和先天损伤服从近似的对数正态分布。所以假设型钢与混凝土粘结面的损伤指数和刚度服从对数正态分布，即 $\log D \sim N(\mu_D, \sigma_D^2)$、$\log E \sim N(\mu_{\mathrm{E}}, \sigma_{\mathrm{E}}^2)$。则式（3-10）的平均值可写为

$$\begin{cases} \mu_\sigma(S) = \mu_E S, & S < S_0 \\ \mu_\sigma(S) = \mu_E S[1 - \mu_D(S)] + \mu_{E_0} S_0 \mu_D(S)[1 - \mu_{D_{\mathrm{f}}}(S)], & S \geqslant S_0 \end{cases} \tag{3-11}$$

同理，其方差可写为

$$\begin{cases} VP(S)=S^2\sigma_E^2, & S < S_0 \\ VP(S)=S^2(\sigma_E^2 - \sigma_E^2\sigma_D^2 - \sigma_E^2\mu_D^2 - \sigma_D^2\mu_E^2) & \\ \qquad +\mu_{E_0}^2 S_0^2(2\sigma_D^2+\mu_D^2+\sigma_D^2\sigma_{D_{\mathrm{f}}}^2 & \\ \qquad +\sigma_D^2\sigma_{D_{\mathrm{f}}}^2+2\mu_D^2\sigma_{D_{\mathrm{f}}}^2+2\sigma_D^2\mu_{D_{\mathrm{f}}}^2+\mu_D^2\mu_{D_{\mathrm{f}}}^2), & S \geqslant S_0 \end{cases} \tag{3-12}$$

3.1.3 算例及试验验证

为了验证本节所建立的损伤模型的准确性，采用文献[1]中型钢混凝土拉拔试验数据与模型数值计算结果进行对比分析。

1. 试验概况

试验设计以轴心拉拔试验为主，如图 3.4 所示。所有试件使用的型钢均采用由两个 10 号槽钢和两块 6mm 厚钢板组合成的工字钢（图 3.5），以便于在其翼缘和腹板内（纵向）开槽埋置电阻应变片（测量翼缘和腹板纵向粘结应力的大小及沿锚固长度的分布规律）。

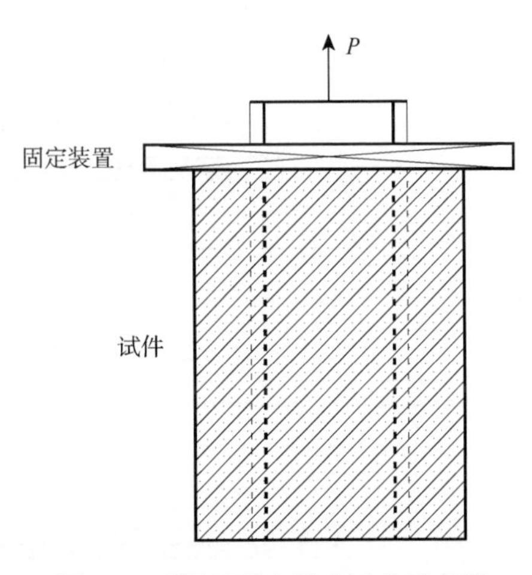

图 3.4 型钢混凝土拔出试验示意图

工字钢的几何与截面尺寸：截面高度 $h_{\mathrm{a}} = 112\mathrm{mm}$，翼缘宽度为 $b_{\mathrm{f}} = 96\mathrm{mm}$，翼缘厚度 $t_{\mathrm{f}} = 14.5\mathrm{mm}$，腹板厚度 $t_{\mathrm{w}} = 10.6\mathrm{mm}$，

腹板高度 $h_w = 83\text{mm}$ ，截面面积 $A_s = 3602\text{mm}^2$ ，翼缘和腹板的表面积分别为 $A_f = 835\text{mm}^2$ 和 $A_w = 2767\text{mm}^2$ ，周长 $C_s = 572\text{mm}$ 。

试件混凝土依据设计强度等级，参考《混凝土与钢筋混凝土施工手册》的有关规定，并结合西安建筑科技大学建筑工程材料检验测试中心的相关研究成果配置，所用材料：秦岭水泥、浐河中沙、粒径为 5～8mm 碎石、普通自来水。

混凝土采用人工搅拌、机械振捣，分批水平一次浇筑成型。在浇筑完试件的同时，每批试件制作同批混凝土的立方体强度测试试块 3 个（150mm×150mm×150mm），并使这些试块与试件在相同条件下养护 28d。按标准试验方法对预留混凝土试块进行单向轴心受压试验，得到其相关力学性能指标。为了保护内埋型钢上已设置滑移传感器，试件混凝土采用横向浇筑。

试件内部钢材：主筋采用 ϕ16（HRB335），箍筋采用 ϕ6（HPB235）和 ϕ8（HPB235），钢板和槽钢均为 Q235。

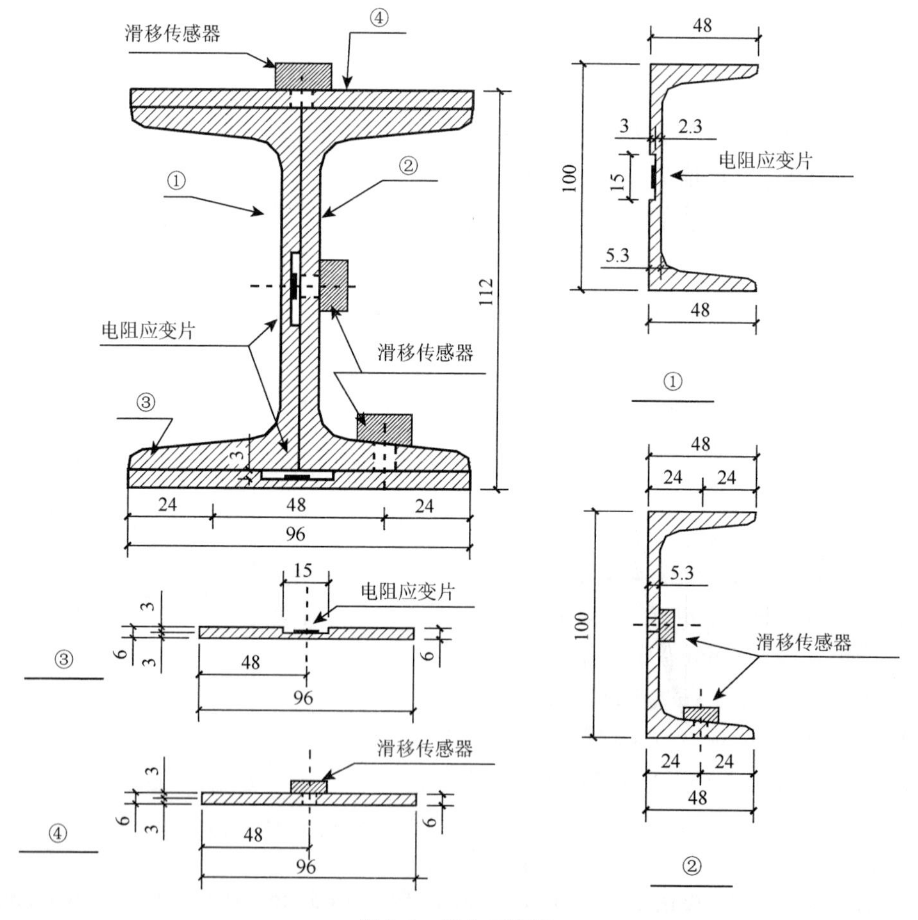

图 3.5　组合工字钢

2. 试验结果与理论计算结果对比

数值计算中假设弹簧损伤指数 $D(S)$ 和摩擦块损伤指数 $D_{\mathrm{f}}(S)$ 服从相同的演化规律：

$$D(S)=1-\exp\left[-\frac{1}{2}\left(\frac{S-S_0}{aS_0}\right)^2\right],\qquad S\geqslant S_0 \tag{3-13}$$

$$D_{\mathrm{f}}(S)=1-\exp\left[-\frac{1}{2}\left(\frac{S-S_0}{bS_0}\right)^2\right],\qquad S\geqslant S_0 \tag{3-14}$$

式中，a、b 为与构件尺寸相关的参数。

将式（3-13）和式（3-14）分别代入式（3-11）和式（3-12），可计算得到型钢混凝土的 *P-S* 均值曲线及单倍方差波动曲线，其与试件 A-10、A-13 和 A-14 的相应试验曲线对比如图 3.6 所示。

图 3.6 分别给出了由弹簧-摩擦块模型理论计算获得的均值 *P-S* 曲线，以及以一倍方差为变化幅值的 *P-S* 曲线波动范围。可以看出，各试件 *P-S* 试验曲线的变化规律与理论计算均值 *P-S* 曲线的变化规律一致。其中，试件 A-10 和 A-14 的 *P-S* 试验曲线全部落在均值的一倍方差变化范围内，试件 A-13 的 *P-S* 试验曲线的大部分亦落在均值的一倍方差变化范围内。表明本节建立的弹簧-摩擦块随机损伤理论模型能够较好地在均值意义上模拟型钢与混凝土界面的 *P-S* 变化规律，并可较准确地预测由于混凝土材料性能的离散性和缺陷的随机性给该本构关系分析结果带来的误差范围。

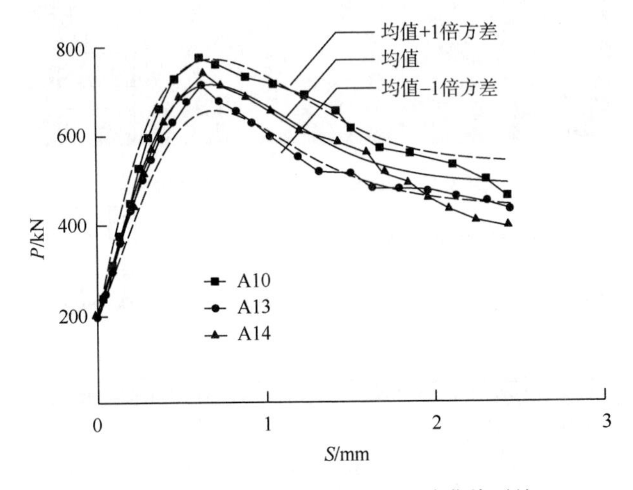

图 3.6　数值计算 *P-S* 曲线与试验曲线对比

3.2　型钢混凝土的分形损伤本构模型

3.2.1　型钢混凝土界面破坏特点分析

如图 3.7 所示，在型钢混凝土的拉拔试验中，型钢与混凝土的连接界面在受力破坏后表现出一定的非规则特性，由混凝土的分形特性可知，型钢混凝土界面的非规则粘结滑移断裂面具有一定尺度上的分形特性。

但是有别于混凝土断裂面的三维分形特性，型钢混凝土界面的粘结滑移分形面具有以下两个特点。

（1）型钢混凝土界面粘结滑移分形曲面是一类单向延伸分形曲面，如图 3.7 所示。沿着型钢拉拔方向上的分形曲面形式是不变的，即该分形曲面只在型钢拉拔方向上表现出分形特性。

（2）型钢混凝土界面粘结滑移曲面的形式受混凝土强度影响较大。

图 3.7　型钢混凝土试件拉拔试验

3.2.2　型钢混凝土界面细观模型

本节研究的拉拔试验的破坏模型为型钢混凝土粘结滑移破坏，型钢没有发生屈服破坏。

如 3.1.1 节所述，型钢与混凝土之间的粘结作用力主要由三部分组成：化学胶结力、摩擦阻力和机械咬合力。

根据上述混凝土弹塑性力学特点和既有研究成果，本节引入 Eibl[2]的弹簧-摩擦块模型来模拟型钢混凝土界面的细观结构。如图 3.3 所示，Eibl 的弹簧-摩擦块模型由一个刚性弹簧、一个摩擦块和一个滑移控制器组成。微弹簧、微摩擦块单元的作用与组成与 3.1.1 节相同。

图 3.8 为型钢混凝土拉拔试验过程中型钢与混凝土界面的细观模型示意。图中，型钢混凝土界面可用无数个改进的 Eibl 弹簧-摩擦块模型来模拟，从而型钢混凝土界面复杂的作用力被化解为无数个弹簧-摩擦块细观单元的单向拉伸作用力。

3.2.3 型钢混凝土界面分形损伤指数

1. 表观损伤指数

表观损伤指数的定义同 3.1.1 节。

弹簧的损伤指数 $D(S)$ 为

$$D(S)=\frac{A_{\omega}(S)}{A}=\int_{0}^{1}H(S-\Delta(y))\mathrm{d}y \tag{3-15}$$

摩擦块的损伤指数 $D_{\mathrm{f}}(S)$：

$$D_{\mathrm{f}}(S)=\frac{A_{\omega}^{\mathrm{f}}(S)}{A}=\int_{0}^{1}H(S-\Delta(z))\mathrm{d}z \tag{3-16}$$

式中，各参数的含义同 3.1.1 节。

为简化计算，假设界面断裂面上所有弹簧-摩擦块单元中弹簧刚度和摩擦块摩擦系数均为常量，而认为弹簧和摩擦块的极限应变为随机变量，即假设 $\Delta(z)$、$\Delta(y)$ 为服从同样分布规律的随机变量，所以弹簧损伤指数 $D(S)$ 和摩擦块损伤指数 $D_{\mathrm{f}}(S)$ 也为服从相同分布的随机变量。

2. 分形损伤指数

考虑到界面真实断裂面的几何特性，采用非规则分形断裂面作为型钢混凝土粘结滑移界面的损伤断裂面，以取代传统表观损伤本构理论中以平面作为损伤面的假设，如图 3.8 所示。

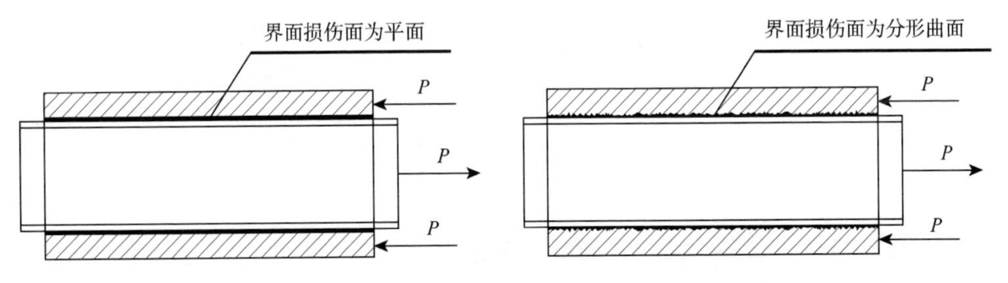

图 3.8 表观损伤理论损伤面与分形曲面损伤理论损伤断裂面的对比

将型钢混凝土界面粘结滑移的损伤定义为界面细观弹簧-摩擦块模型中已经

断裂的微元面积与界面细观弹簧模型最终破坏的分形断裂面上弹簧微元总面积之比。

与前面几章关于混凝土弹塑性损伤本构理论一样，型钢混凝土界面细观模型中同样要面临微元数量 Q 是否变化及如何变化的问题。

针对该问题，参考混凝土弹性分形损伤的相关内容，对界面细观弹簧-摩擦块模型提出假设条件：①型钢混凝土界面上和对应平截面上每个弹簧-摩擦块微元对应的微元面积是相等的；②型钢混凝土界面细观弹簧-摩擦块模型中的弹簧-摩擦块微元的数量是可以变化的。

假设弹簧-摩擦块细观模型中，弹簧-摩擦块微元中弹簧和摩擦块这两个并联机构所对应的面积是相等的，即

$$\begin{cases} A_{si}=A_{fi}=\dfrac{1}{2}A_i \\ A_{s0}=A_{f0}=\dfrac{1}{2}A_0 \end{cases} \tag{3-17}$$

因为弹簧-摩擦块细观模型中弹簧的数量和摩擦块的数量是相同的，即

$$Q_f=Q_s=Q \tag{3-18}$$

则当型钢混凝土界面的弹簧-摩擦块细观模型中弹簧和摩擦块的极限应变分布规律相同时，其损伤程度是一样的，则有

$$d_s=d_f=d \tag{3-19}$$

当弹簧与摩擦块的极限应变分布规律不一样时，弹簧数量的变化必将导致损伤指数的变化，由分形损伤指数的定义可得弹簧的分形损伤指数为

$$\begin{aligned} d_s^*(S)&=\frac{A_{s\omega}(S)}{A_{s0}^*} \\ &=d_s(S)\frac{A_0}{A_0^*}\lim_{Q\to\infty}\sum_{i=1}^{Q}l^{1+d_i} \end{aligned} \tag{3-20}$$

同理可知

$$\begin{aligned} d_f^*(S)&=\frac{A_{f\omega}(S)}{A_{f0}^*} \\ &=d_f(S)\frac{A_0}{A_0^*}\lim_{Q\to\infty}\sum_{i=1}^{Q}l^{1+d_i} \end{aligned} \tag{3-21}$$

3. 分形损伤指数与广义损伤指数的关系

假设型钢混凝土界面横向接触面积为 $a\times a$，则有 $A_0=a^2$，$A_0^*=a^D$。将其代入式（3-20），可得

$$d_{\mathrm{s}}^{*}(S)=d_{\mathrm{s}}(S)a^{2-D}\lim_{Q\to\infty}\sum_{i=1}^{Q}l^{1+d_i} \tag{3-22}$$

假设

$$B=a^{2-D}\lim_{Q\to\infty}\sum_{i=1}^{Q}l^{1+d_i} \tag{3-23}$$

则 $B=B(f(\alpha))$，B 是一个与型钢混凝土界面多重分形特性相关的参数。

所以式（3-22）可以变成

$$d_{\mathrm{s}}^{*}(S)=d_{\mathrm{s}}(S)B(f(\alpha)) \tag{3-24}$$

式中，$f(\alpha)$为界面多重分形谱。

同理，摩擦块数量的变化必将导致摩擦块损伤指数的变化，由分形损伤指数的定义可得

$$d_{\mathrm{f}}^{*}(S)=d_{\mathrm{f}}(S)B(f(\alpha)) \tag{3-25}$$

3.2.4 型钢混凝土粘结滑移分形损伤本构关系

1. 细观模型破坏模式

型钢混凝土界面粘结滑移损伤破坏过程可分为无损伤、化学胶结力损伤、机械咬合力和摩擦力损伤、完全损伤四个阶段。各个阶段的能量转换与微单元的受力状态与 3.1.2 节相同，这里不再赘述。

2. 型钢混凝土界面粘结滑移分形损伤本构关系

依据 3.1.2 节相关理论，由能量守恒原理得

$$W_P(S)=W_{\mathrm{e}}(S)-W_D(S) \tag{3-26}$$

式中：$W_P(S)$ 为外力在 S 方向上对型钢混凝土界面所做的外力功；$W_{\mathrm{e}}(S)$ 为型钢混凝土界面在 S 方向上所储存的弹簧的弹性势能；$W_D(S)$ 为型钢混凝土界面在 S 方向上产生断裂损伤所消耗的能量，该能量包含两部分：弹簧的断裂能和摩擦块的摩擦所消耗的能量，即

$$\begin{aligned}W_D(S)=&\frac{1}{A_{\mathrm{s}0}}\int_0^S\lim_{Q^*\to\infty}\sum_{i=1}^{Q^*}\sigma_i^*H(S-\Delta_{\mathrm{s}i})A_{\mathrm{s}i}^*\mathrm{d}x\\&+\int_0^S P_{\mathrm{f}}^0\frac{1}{A_{\mathrm{f}0}}\lim_{Q\to\infty}\sum_{i=1}^{Q}H(S-\Delta_{\mathrm{f}i})A_{\mathrm{f}i}^*\mathrm{d}x\frac{1}{A_{\mathrm{s}0}}\lim_{Q\to\infty}\sum_{i=1}^{Q}H(S-\Delta_{\mathrm{s}i})A_{\mathrm{s}i}^*\mathrm{d}x\end{aligned} \tag{3-27}$$

由弹簧-摩擦块细观单元微元面积关系可知

$$A_{s0} = A_{f0} = \frac{1}{2}A_0 \tag{3-28}$$

$$A_{si}^* = A_{fi}^* = \frac{1}{2}A_i^* \tag{3-29}$$

将式（3-28）和式（3-29）代入式（3-27）可得

$$W_D(S) = \int_0^S Ed_s^*(x)\mathrm{d}x + \int_0^S P_f^0 d_s^*(x) d_f^*(x)\mathrm{d}x \tag{3-30}$$

又因为

$$W_e(S) = \frac{1}{2}ES^2 + \int_0^S P_f^0 d_s(x)\mathrm{d}x \tag{3-31}$$

所以将式（3-30）和式（3-31）代入式（3-26）可得

$$\int_0^S P(x)\mathrm{d}x = \frac{1}{2}ES^2 - \int_0^S Ed_s^*(x)\mathrm{d}x + \int_0^S P_f^0 d_s^*(x)\mathrm{d}x - \int_0^S P_f^0 d_s^*(x) d_f^*(x)\mathrm{d}x \tag{3-32}$$

将式（3-32）两边关于 S 求导有

$$P(S) = ES\left[1 - d_s(S)\sum_{j=1}^{Q} l^{1+d_j}\right] + P_f^0 d_s(S)\sum_{j=1}^{Q} l^{1+d_j}\left[1 - d_f(S)\sum_{j=1}^{Q} l^{1+d_j}\right] \tag{3-33}$$

式（3-33）即型钢混凝土界面粘结滑移分形损伤本构关系。

3. 型钢混凝土界面细观粘结滑移多重分形损伤本构关系

与混凝土的真实断裂面类似，在实际工程中，型钢混凝土界面粘结滑移断裂面大致可分为两类，即均匀分形曲面和非均匀分形曲面。由于这两种曲面具有不同的几何特点，将导致其分别对应的分形损伤模型不尽相同，下面就这两种分形曲面的特点分别研究其对应的分形损伤本构公式。

1）型钢混凝土界面粘结滑移断裂面为均匀分形曲面

若假设型钢混凝土界面粘结滑移断裂面为均匀分形曲面，则曲面上各处的维数增量 d_i=d_j=d=常数，即分形曲面上每个微元的分形维数增量是相同的。

将该特征代入式（3-33）有

$$P(S) = ES[1 - d_s(S)l^d] + P_f^0 d_s(S)l^d[1 - d_f(S)l^d] \tag{3-34}$$

如图 3.9 所示，这种情况包含了两种可能，即型钢混凝土界面粘结滑移断裂面为平面和型钢混凝土界面粘结滑移断裂面为均匀变化的曲面。

因为在型钢混凝土界面微元体系中，每处的分形维数增量必须满足条件 $0 \leqslant d_j < 1$，所以下面分别讨论 d=0 和 $0 < d < 1$ 两种情况对应的分形损伤本构特性。

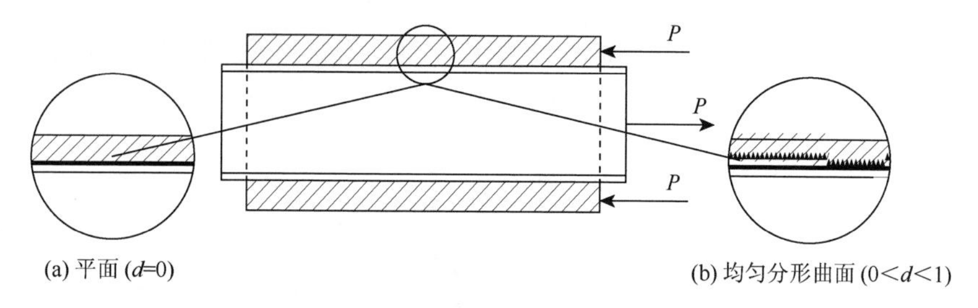

(a) 平面 (d=0)　　(b) 均匀分形曲面 (0＜d＜1)

图 3.9 均匀分形曲面的两种情况

（1）当 $d=0$ 时，$D=2-d=2$，说明型钢混凝土界面粘结滑移断裂面为一二维平面，即图 3.9（a）所示型钢混凝土界面粘结滑移断裂面为平面的情况，基于此，式（3-33）变为

$$P(S)=ES[1-d_{\mathrm{s}}(S)]+P_{\mathrm{f}}^{0}d_{\mathrm{s}}(S)[1-d_{\mathrm{f}}(S)] \tag{3-35}$$

式（3-35）与基于平截面假设的型钢混凝土界面粘结滑移损伤本构方程形式相同，说明基于平截面假设的型钢混凝土界面粘结滑移表观损伤本构关系只是基于非规则断裂面的型钢混凝土界面粘结滑移分形损伤本构关系的一种特殊情况，分形损伤本构关系具有更广泛的适应性。

（2）当 0＜d＜1 时，如图 3.9（b）所示，型钢混凝土界面粘结滑移断裂面为一规律变化的均匀分形曲面。此时所得损伤本构方程式中的 d 与第 1 章中相应部分所述的 ω 意义相同。

2）型钢混凝土界面粘结滑移断裂面为非均匀分形曲面

假设型钢混凝土界面粘结滑移分形断裂面为非均匀曲面，根据多重分形的定义，可以认为该情况下的型钢混凝土界面粘结滑移分形断裂面满足多重分形的规律。

类比 $f(\alpha)\sim\alpha$ 法描述混凝土多重分形特性，引入多重分形谱 $f(\alpha)$ 反映混凝土分形断裂面的多重分形特性，则式（3-33）可改写为

$$P(S)=ES\left[1-d_{\mathrm{s}}(S)\eta\sum_{j=1}^{Q}l^{f(\alpha_j)-1}\right]+P_{\mathrm{f}}^{0}d_{\mathrm{s}}(S)\sum_{j=1}^{Q}l^{f(\alpha_j)-1}\left[1-d_{\mathrm{f}}(S)\sum_{j=1}^{Q}l^{f(\alpha_j)-1}\right] \tag{3-36}$$

式（3-36）即断裂面为非均匀分形曲面时型钢混凝土界面粘结滑移分形损伤本构方程，由于考虑了混凝土断裂面的多重分形特性，也可称为型钢混凝土界面粘结滑移多重分形损伤本构方程。

3.2.5 算例及验证

参考前述相关内容与方法计算分析，并将分析结果代入式（3-36），可得型钢混凝土粘结滑移界面的多重分形损伤本构关系，如图 3.10 所示。计算分析中摩擦

块和弹簧均采用 3.1.3 节所提出的损伤演化方程。图 3.11 为型钢混凝土界面粘结滑移多重分形损伤本构关系曲线与试验值的对比。

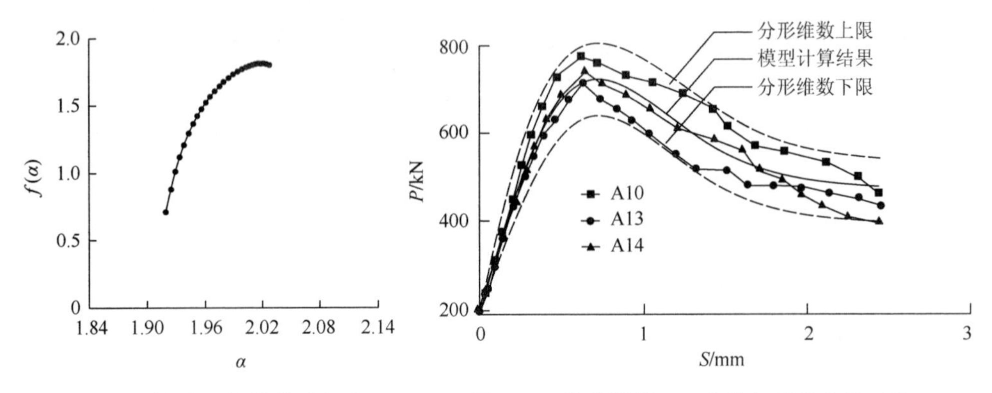

图 3.10　粘结滑移断裂面多重分形谱模拟曲线

图 3.11　数值计算 *P-S* 曲线与试验曲线对比

图 3.11 中的实线为基于本节所提出的型钢混凝土界面粘结滑移多重分形损伤本构关系计算所得的理论值。上下两条虚线是根据混凝土分形试验结果所得的混凝土分形维数离散范围进而确定的混凝土多重分形损伤本构关系曲线离散范围。

可以看出，本章所建议的模型可以较好地描述型钢混凝土界面粘结滑移损伤的产生、开展和破坏等演化过程，其本构曲线计算结果与试验结果吻合良好。同时，试验数据点均落在由型钢混凝土界面粘结滑移断裂面分形维数离散范围确定的 *P-S* 关系波动范围内，表明该模型可有效实施型钢混凝土界面粘结滑移损伤离散范围的预测。

3.3　本 章 小 结

本章在之前混凝土弹性、弹塑性分形损伤本构关系和混凝土综合分形损伤本构关系的理论及试验研究的基础上，提出了型钢混凝土粘结滑移随机损伤本构模型和分形损伤本构模型。主要研究成果如下。

（1）根据型钢与混凝土界面上化学胶结力、摩擦阻力和机械咬合力的分布和相互之间的转化规律，建立了以弹簧-摩擦块单元为基础的界面细观模型。

（2）考虑到混凝土性能的离散性和缺陷的随机性，应用随机损伤理论，根据损伤演化过程的能量转化与守恒定律，分别建立了型钢混凝土粘结面随机粘结损伤本构模型和型钢混凝土粘结滑移分形损伤本构模型。

（3）研究了型钢混凝土界面粘结滑移断裂面的多重分形特性，进而建立了型钢混凝土界面粘结滑移多重分形损伤本构关系。

（4）模型数值计算结果与型钢混凝土拉拔试验结果的对比分析表明，本章建立的弹簧-摩擦块随机损伤理论模型能够较好地在均值意义上模拟型钢与混凝土界面的 *P-S* 变化规律，并可较准确地预测由于混凝土材料性能的离散性和缺陷的随机性给该本构关系分析结果带来的误差范围。该模型将为进行型钢混凝土组合结构精细化损伤模拟分析提供理论基础。

参 考 文 献

[1] 谢明. 混凝土分形特性及分形损伤本构关系研究[D]. 西安：西安建筑科技大学，2012.

[2] Eibl J，Schmidt-Hurtienne B. Strain-rate-sensitive constitutive law for concrete[J]. Journal of Engineering Mechanics，1999，125（12）：1411-1420.

4 SRHPC 构件及其框架结构地震损伤性能研究[1]

历次国内外震害调查表明，框架结构中柱的震害情况往往比其他构件严重。结构破坏性试验和倒塌机理分析表明，框架柱是否有足够的抗震延性与耗能能力是保证建筑物在遭受大震作用时不致破坏倒塌的关键因素。为研究型钢高强高性能混凝土（SRHPC）框架柱的抗震性能，课题组前期进行了 16 榀不同混凝土强度、轴压比、剪跨比、配箍率下的 SRHPC 框架柱低周反复加载试验，考察了框架柱在反复荷载作用下的受力特点、破坏形态、变形特征、延性性能，提出了考虑粘结滑移影响的型钢（普通与高强高性能）混凝土框架柱的强度、刚度/变形、延性的实用计算理论和设计方法[2]。基于上述研究成果，课题组相继补充进行了 12 榀不同含钢率、轴压比、配箍率和不同加载路径下的 SRHPC 框架柱低周反复加载试验，以及 5 榀不同含钢率、配箍率下 SRHPC 框架梁低周反复加载试验，旨在从损伤的角度研究 SRHPC 框架梁、柱在地震作用下的失效过程与规律及其主要影响因素，建立框架梁、柱构件的累积损伤演化模型与基于损伤的恢复力模型，以及 SRC 框架结构的地震损伤模型，进而揭示损伤对构件与结构力学性能（包括强度、刚度、延性、滞回耗能等）的影响，以及不同设计参数和加载制度对构件与结构损伤演化的影响规律。研究结果可为该类结构的震后损伤状况评价与修复，以及抗震设计提供依据。

4.1 SRHPC 框架柱损伤试验研究

4.1.1 试验概况

1. 设计参数选取

本试验主要研究 SRHPC 框架柱在地震作用下的损伤演化规律。已有研究结果表明[3~7]，构件的轴压比、剪跨比、混凝土强度、含钢率、配箍率、混凝土保护层厚度、加载制度等对构件的损伤及损伤的累积、发展过程影响显著，基于课题组前期试验研究结果，本章再补充进行了 12 榀不同含钢率、轴压比、配箍率和不同加载路径下的 SRHPC 框架柱损伤试验，试件设计参数变化及加载制度见表 4.1。

（1）含钢率：试件内置型钢采用 I10、I12、I14，其对应的含钢率分别为 4.6%、5.7%、6.8%三种。

（2）轴压比：根据试验目的，结合试验加载条件与设备，确定轴压比为 0.2、0.4、0.6 三种。

（3）配箍率：参考实际工程设计，体积配箍率取 0.8%、1.1%、1.4%三种。

（4）加载制度：采用单调静力加载、变幅循环+单调静力加载、常幅循环加载、变幅循环加载四种加载制度。

表 4.1 试件设计参数与加载制度

试件编号	截面尺寸/（mm×mm）	型钢规格	混凝土强度等级	剪跨比 λ	轴压比 n	含钢率/%	配箍率/%	箍筋配置	加载制度
SRC-1	150×210	I 14	C80	3.0	0.4	6.8	0.8	ϕ6@110	单调加载
SRC-2	150×210	I 14	C80	3.0	0.4	6.8	0.8	ϕ6@110	常幅加载
SRC-3	150×210	I 14	C80	3.0	0.4	6.8	0.8	ϕ6@110	变幅+单调加载
SRC-4	150×210	I 14	C80	3.0	0.4	6.8	0.8	ϕ6@110	变幅+单调加载
SRC-5	150×210	I 14	C80	3.0	0.4	6.8	0.8	ϕ6@110	变幅+单调加载
SRC-6	150×210	I 14	C80	3.0	0.4	6.8	0.8	ϕ6@110	变幅加载
SRC-7	150×210	I 14	C80	3.0	0.2	6.8	0.8	ϕ6@110	变幅加载
SRC-8	150×210	I 14	C80	3.0	0.6	6.8	0.8	ϕ6@110	变幅加载
SRC-9	150×210	I 10	C80	3.0	0.4	4.6	0.8	ϕ6@110	变幅加载
SRC-10	150×210	I 12	C80	3.0	0.4	5.7	0.8	ϕ6@110	变幅加载
SRC-11	150×210	I 14	C80	3.0	0.4	6.8	1.1	ϕ6@80	变幅加载
SRC-12	150×210	I 14	C80	3.0	0.4	6.8	1.4	ϕ8@120	变幅加载

2. 试件设计

试件设计参考《型钢混凝土组合结构技术规程》（JGJ 138—2001）[8]和《钢骨混凝土结构技术规程》（YB 9082—2006）[9]进行。为研究框架柱的受力性能，保证柱试件在试验过程中破坏，试件设计遵循“强梁弱柱”设计原则。本试验共设计 12 榀框架柱试件（试件编号为 SRC-1～SRC-12）。试件截面尺寸（b×h）均为 150mm×210mm，型钢均采用实腹式普通热轧工字型钢，材质为 Q235；纵筋均采用 HRB335 级螺纹钢 4ϕ10，箍筋采用 HPB300，试件详细设计参数见表 4.1。试件几何、截面尺寸及配筋如图 4.1 所示。

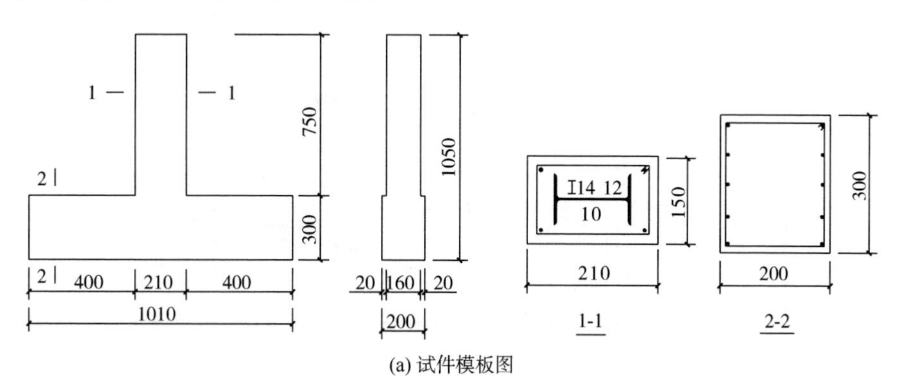

(a) 试件模板图

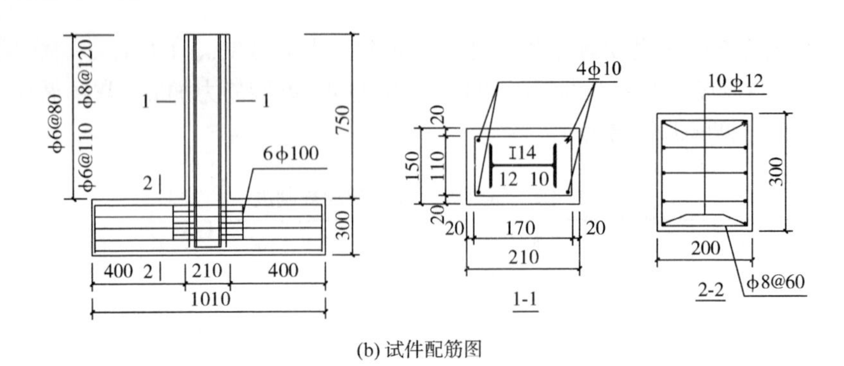

(b) 试件配筋图

图 4.1　试件模板及配筋图

4.1.2　试验加载装置与测试方案

1. 试验加载装置

框架结构在抵御地震作用时，柱受轴向压力、弯矩和剪力的共同作用，为了尽可能准确模拟框架柱的实际受力状况，并考虑试验加载条件与设备，本试验采用悬臂梁式拟静力加载方法。试验在西安建筑科技大学教育部结构与抗震重点实验室进行。采用 1000kN 液压千斤顶在柱顶施加恒定的竖向荷载，水平低周反复荷载由 500kN 电液伺服作动器施加，试验台承力系统为 L 型反力墙，试验数据由 1000 通道 7V08 数据采集仪采集，试验全过程由 MTS 电液伺服结构试验系统及微机控制。框架柱试件加载简图及加载装置如图 4.2 所示。

2. 材料性能

柱试件纵向钢筋采用 HRB335，箍筋采用 HPB300，型钢采用 Q235 普通热轧工字钢。按照《金属材料拉伸试验第 1 部分：室温试验方法》(GB/T 228.1—2010) 进行材料性能试验，其性能指标见表 4.2。

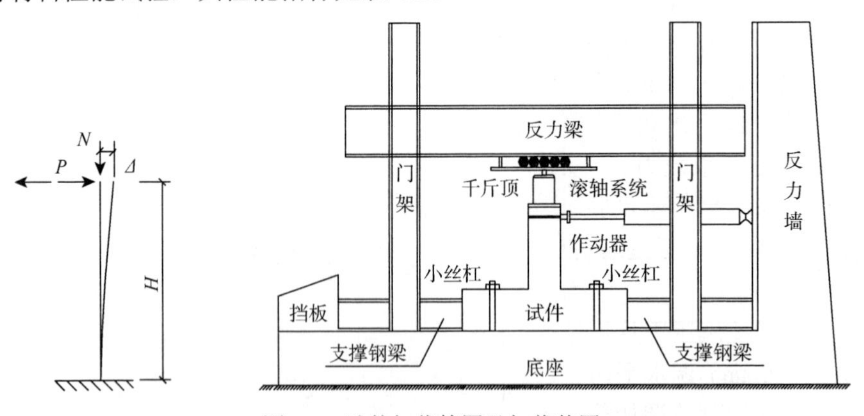

图 4.2　试件加载简图及加载装置

试件混凝土设计强度等级均为 C80，混凝土配合比见表 4.3。试件采用木模浇筑成型，混凝土采用机械搅拌、立式浇筑，室外自然条件下养护 28 天后进行试验。试件浇筑的同时，预留 150mm×150mm×150mm 标准立方体试块及 150mm×150mm×300mm 棱柱体试块各三组，同条件养护，以测定混凝土材料的力学性能，表 4.4 为其试验测试结果。

表 4.2 钢材材料性能

钢材种类	性能指标 / 型号	屈服强度 f_y / MPa	极限强度 f_u / MPa	弹性模量 E_s/MPa
型钢	翼缘	319.7	491.5	2.07×10^5
	腹板	312.4	502.5	2.07×10^5
纵筋	ф10	386.3	495.7	2.06×10^5
箍筋	ф6	397.5	438.0	2.07×10^5
	ф8	354.5	457.3	2.07×10^5

表 4.3 高强高性能混凝土配合比 （单位：kg/m^3）

混凝土设计强度等级	水泥品种	水泥	砂	石	水	减水剂	硅灰	粉煤灰
C80	P·O 52.5R	450	544	1156	156	12	30	120

表 4.4 混凝土材料性能

混凝土设计强度等级	立方体抗压强度平均值 f_{cu} /MPa	轴心抗压强度平均值 f_c /MPa	弹性模量 E_c /MPa
C80	83.89	75.49	42042

3. 试验加载制度

在结构抗震试验中，通常采用位移控制、荷载控制、荷载-位移混合控制对试件进行低周反复或单调加载[10]，使试件从弹性阶段进入弹塑性阶段直至破坏，以模拟地震激励下试件的受力与变形过程，揭示结构的地震损伤机理与主要影响因素，进而建立可靠的地震损伤理论模型。上述方法可以最大限度地获得试件的刚度、承载力、变形和耗能等信息。根据《建筑抗震试验方法规程》（JGJ 101—1996）[11]，本试验中试件 SRC-1 采用荷载控制单调加载，试件 SRC-3～SRC-5 采用荷载-位移混合控制低周反复加载，其余试件均采用位移控制低周反复加载。

首先，通过液压千斤顶辅以荷载传感器施加竖向恒定荷载，然后再由水平作动器施加往复或单调水平荷载。具体试验加载制度如下。

（1）荷载控制单调加载：主要研究无累积损伤情况下构件的极限变形和极限

耗能能力。每级荷载的增加幅度为预估屈服荷载值的 20%，加载级间间歇时间为 10min，为获得更为准确的试验屈服荷载，在加至 80%屈服荷载后，每级荷载的增加幅度为屈服荷载值的 5%；超过屈服荷载后，每级荷载的增加幅度为屈服荷载值的 10%，直至柱试件破坏。具体试验加载制度如图 4.3（a）所示。

（2）位移控制常幅循环加载：幅值取两倍的屈服位移，直至柱试件破坏。试验加载制度如图 4.3（b）所示。

（3）混合加载（位移控制变幅循环加载+荷载控制单调加载）：主要研究不同循环次数后构件极限耗能和极限变形能力的变化。试件屈服前采用位移控制一次循环加载，每级位移的增加幅度为屈服位移值的 20%；达到屈服位移后，每级位移的增加幅度为屈服位移值的倍数，且每级位移幅值下循环三次；当依次完成在一倍、两倍、三倍屈服位移控制下的循环加载后，间歇 10min，再进行荷载控制单调加载。单调加载的荷载增幅取试验屈服荷载值的 5%，分级加载级间间歇时间取为 10min，加载至柱试件破坏，试验加载制度如图 4.3（c）所示。

（4）位移控制变幅循环加载：拟与常幅循环加载进行对比分析，以揭示试件在不同加载制度下的强度、刚度退化规律及滞回耗能的变化。试件屈服前采用位移控制一次循环加载，每级位移的增加幅度为屈服位移值的 20%；达到屈服位移后，每级位移的增加幅度为屈服位移值的倍数，且每一级位移幅值下循环三次。试验加载制度如图 4.3（d）所示。

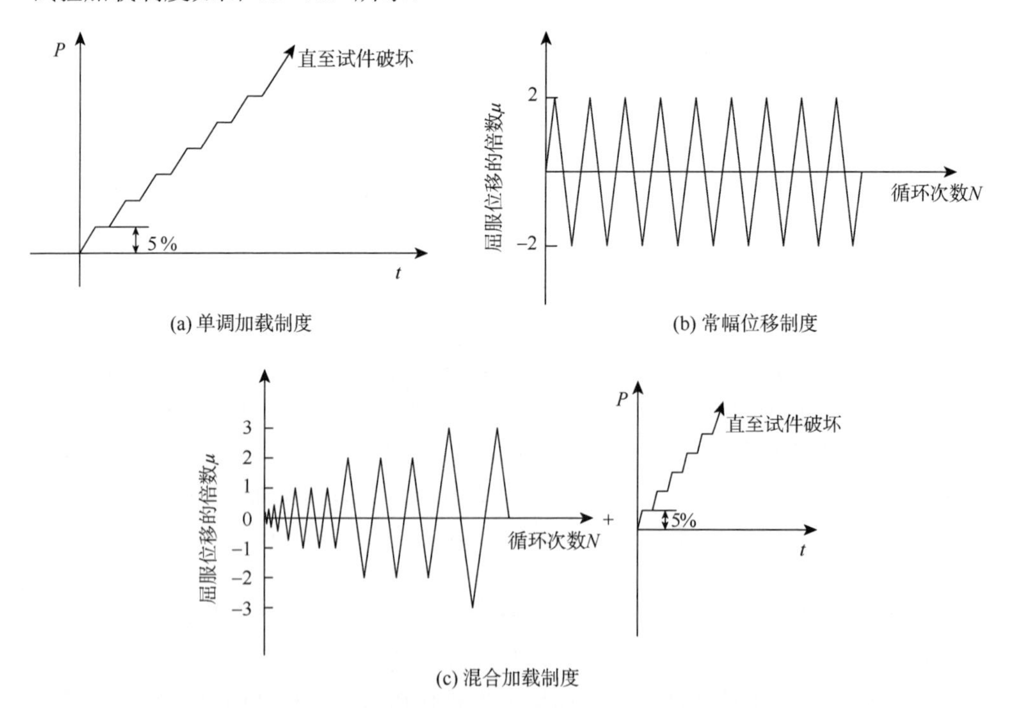

(a) 单调加载制度

(b) 常幅位移制度

(c) 混合加载制度

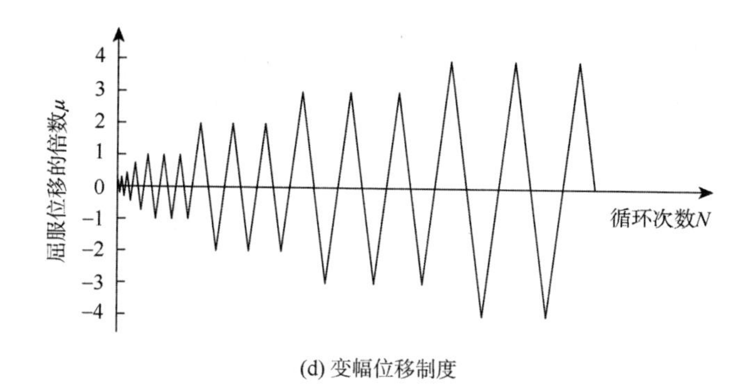

(d) 变幅位移制度

图 4.3　试件加载制度

试验中定义柱纵向钢筋发生屈服时所对应的位移为屈服位移，同时，当水平加载至试件弯矩开始下降，或不能稳定地承受竖向荷载时，停止试验。试验前，试件均需预加反复荷载两次，以消除试件内部的不均匀性，并检查试验装置及各测量仪表的工作是否正常。预加反复荷载值不应超过屈服荷载理论计算值的 30%。

4. 测试内容与方案

本试验的主要测试内容有试件柱顶竖向荷载及水平加载点处的水平荷载和水平位移，纵向钢筋、箍筋和型钢的应变，荷载-位移滞回曲线，裂缝开展情况的记录与描绘等。

1）荷载量测

柱顶竖向轴力采用液压千斤顶施加，并通过荷载传感器全程监控轴压力的变化，以确保整个试验过程中竖向荷载恒定不变。柱顶水平荷载和位移通过 MTS 电液伺服作动器中的荷载位移传感器实时采集。

2）水平位移及混凝土应变量测

试验中在柱顶和基梁处水平设置电测位移计，分别用以量测试件顶部水平位移与平动，并在试件根部两侧面均设置有 45°斜向正交的附着式应变仪，以量测柱控制截面处混凝土的剪切变形。通过 *X-Y* 函数记录仪记录整个试验过程中柱顶的水平荷载-位移全曲线。测量仪表的布置如图 4.4 所示。

3）钢材应变量测

在试件控制截面的纵向钢筋、型钢翼缘和腹板及箍筋上粘贴电阻应变片，用以测量纵向钢筋、型钢翼缘和腹板及箍筋的拉、压应变。试件内部钢材应变测点布置如图 4.5 所示。

4）数据采集

试验过程中，试件外部附着式应变仪、电测位移计以及试件内部钢材应变与

TDS602 自动数据采集仪实时记录，柱顶水平荷载和水平位移数据同步传输到 X-Y 函数记录仪中，以实时绘制荷载-位移（P-Δ）滞回曲线。

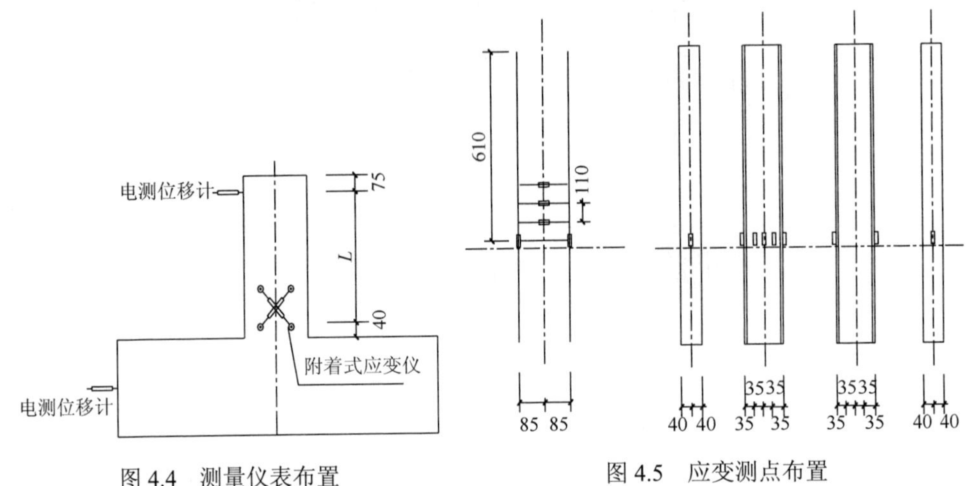

图 4.4　测量仪表布置　　图 4.5　应变测点布置

4.1.3　试验结果与分析

1. 破坏过程与特征

试验结果表明，“荷载控制单调加载”试件 SRC-1 及“混合加载（位移控制变幅循环加载+荷载控制单调加载）”试件 SRC-3、SRC-4 均发生弯曲破坏。加载初期，在框架柱根部首先出现数条水平细微裂缝，随着荷载或位移值的增加，水平裂缝不断延伸和开展；加载后期，柱根部水平裂缝逐步贯通，且裂缝截面的拉、压纵筋及型钢拉、压翼缘和腹板逐渐屈服，最后柱根部受压区混凝土被压碎剥落，纵筋压曲，水平承载力迅速降低。但由于型钢的存在及型钢翼缘框对核心混凝土的约束作用，试件直至破坏并未完全丧失水平和竖向承载能力，具有良好的二次设防和变形能力。

“位移控制常幅或变幅循环加载”试件 SRC-2 和 SRC-6～SRC-12 及“混合加载（位移控制变幅循环加载+荷载控制单调加载）”试件 SRC-5 均发生以弯曲破坏为主的弯剪破坏。加载伊始，在框架柱根部首先出现数条水平裂缝，随着位移幅值及循环次数的增加，沿柱高方向不断出现新的水平裂缝，原有裂缝不断延伸和开展，同时，部分水平裂缝发展为剪切斜裂缝，但斜裂缝发展相对较为缓慢。试件破坏时，弯曲水平裂缝贯通，裂缝截面的拉、压纵筋及型钢拉、压翼缘和大部分腹板屈服，柱根部受压区混凝土保护层外鼓并大面积脱落，纵筋和箍筋裸露，部分纵筋压曲，但由于型钢的存在以及型钢翼缘框对核心区混凝土约束作用，试件强度和刚度衰减较为缓慢，延性较好。总体而言，发生此类破坏的试件一般体积配箍率适中或较小，达到极限承载力时，部分箍筋受拉屈服，试件破坏过程相对较为缓慢，极限位移较大，具有良好的抗震延性。

各个试件的最终破坏形态如图 4.6 所示。

图 4.6　试件的破坏形态

2. 水平荷载-位移曲线

结构构件在水平荷载作用下的荷载-位移关系曲线是其变形能力及抗震性能的综合反映。对于低周反复荷载作用下的构件，滞回曲线越丰满，说明其累积耗能能力，即消耗地震能量的能力越强，抗震性能越好。研究结果表明，试件屈服前基本处于无损或轻微损伤阶段，基于本试验研究的重点是揭示地震作用下试件损伤的演化规律，为此，对于低周反复荷载作用下的各个试件，仅给出了位移控制常幅循环和变幅循环加载下试件屈服后的试验实测水平荷载-位移（P-Δ）滞回曲线，如图 4.7 所示。从图中可以看出以下特点。

（1）依次完成一倍、两倍、三倍屈服位移 Δ_{y} 控制下的循环加载后，再次进行荷载控制单调加载时，试件的极限变形能力和极限耗能能力均有不同程度的降低。这主要是由于试件的损伤随着加载循环次数的增加而不断累积，从而造成试件的极限变形和耗能能力的逐渐减小。

（2）在 Δ_{y}、$2\Delta_{\mathrm{y}}$ 控制反复循环加载下，试件的滞回环均不同程度地出现捏拢现象，但随着位移幅值的增大及循环次数的增加，该捏拢现象逐步得到改善，当位移幅值达到 $3\Delta_{\mathrm{y}}$ 时，捏拢现象基本消失，滞回环呈较为丰满的梭形。产生这一现象的主要原因是高强混凝土的抗拉强度相对较低，在荷载作用下易开裂，一旦所施加的水平荷载达到其开裂荷载后，试件保护层混凝土就会开裂，在拉压往复荷载作用下，裂缝不断张开与闭合，造成试件损伤不断累积，从而引起滞回环逐渐出现捏拢。随着循环位移幅值的提升和循环次数的增加，裂缝不断延伸和开展，然而在较大位移幅值循环下，伴随着保护层混凝土严重开裂与局部剥落，保护层混凝土进而退出工作，型钢和核心区混凝土将共同发挥其强度和刚度作用。其中，型钢翼缘框对核心区混凝土提供约束，使其抗压变形能力显著提高，同时由于横向箍筋对混凝土的约束，混凝土对型钢形成侧向支撑，可防止型钢发生整体与局部屈曲，正因为如此，在此阶段，试件滞回环较为丰满，表现出良好的延性和耗能能力。

（3）在水平荷载未达到峰值荷载前，即在Δ_y下循环加载，各试件的滞回环形状相似，三次循环的加、卸载曲线基本重合，表明此时试件的强度尚未衰减，同时残余变形较小，刚度变化不大；达到峰值荷载后，试件滞回环形状变化较大，各级位移幅值循环下的第一次和第二次循环之间的强度衰减幅度较大，而第二次和第三次循环之间的强度衰减幅度比前一次有所减小，试件刚度退化较为明显。

（4）结构所能承担损伤的大小主要依靠其在不同加载历程下的响应，即结构响应的变化是结构所经历的加载历程的函数。在位移控制常幅循环加载试验中，虽然试件的强度随循环次数的增加而逐渐衰减，但衰减幅度相对较小，且比较均匀。同时，试件残余变形较小，刚度退化现象也不显著。但在加载后期，由于混凝土保护层的剥落，试件强度和刚度均有一定的衰减。

位移控制变幅循环加载试验中，在Δ_y的三次循环加载完成后，实施$2\Delta_y$循环时的试件强度虽有所增加，但与同一位移下常幅循环加载的试件相比，随着循环次数的增加，强度和刚度的退化幅度均相对较大，这很大程度是由于具有较高轴压的试件，在达到这一阶段前已经消耗了一部分能量，并且已有所损伤。随着位移幅值的不断增加，试件损伤累积程度不断加大，从而强度和刚度退化比较明显，但由于内置型钢及型钢翼缘框对核心混凝土的有效约束作用，试件在外围混凝土保护层剥落后，还能表现出较好的变形能力，加载后期的滞回曲线呈较为丰满的梭形。

（5）轴压比对柱的损伤影响较为显著。轴压比低的试件，滞回环呈较为丰满的梭形，达到峰值荷载后，滞回曲线比较稳定，试件强度和刚度衰减较慢，在没有明显强度衰减情况下，循环次数多，极限变形能力强，耗能能力大。与之相反，轴压比高的试件，达到峰值荷载后，滞回环虽呈较为丰满的梭形，但滞回曲线的稳定性较差，强度、刚度衰减较快，极限变形和荷载循环次数都明显小于轴压比较低的试件。这主要是因为在较高轴力作用下，随着位移幅值的增大，试件所承受的$P\text{-}\Delta$效应加剧，从而造成试件损伤进一步累积。

（6）在轴压比和配箍率相同的情况下，含钢率较大的试件，滞回环变化较为稳定，呈丰满的梭形，且循环次数较多，极限变形大；反之，含钢率小的试件，滞回环稳定性相对较差，强度和刚度衰减较快，且循环次数较少，极限变形小。这是因为若含钢率过小，型钢及型钢翼缘框对核心区混凝土的有效约束作用减小，从而试件的滞回特性将与高强钢筋混凝土框架柱相类似。

（7）相同条件下，随着配箍率的增大，达到峰值荷载后，试件强度和刚度的衰减幅度减小，滞回环较为丰满，且循环次数增多，延性好，累积耗能能力增强。

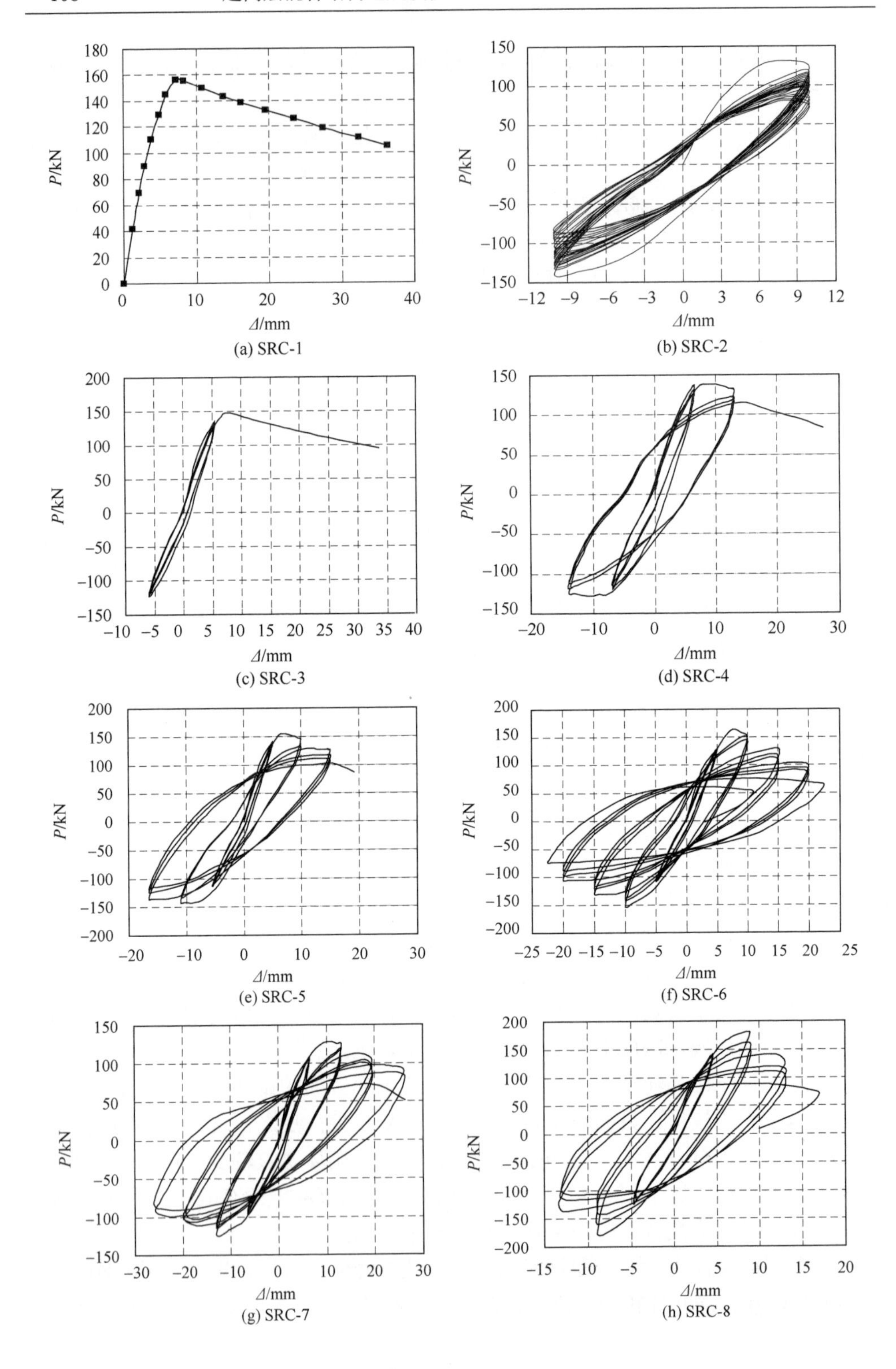
P/kN
Δ/mm
(a) SRC-1
(b) SRC-2
(c) SRC-3
(d) SRC-4
(e) SRC-5
(f) SRC-6
(g) SRC-7
(h) SRC-8

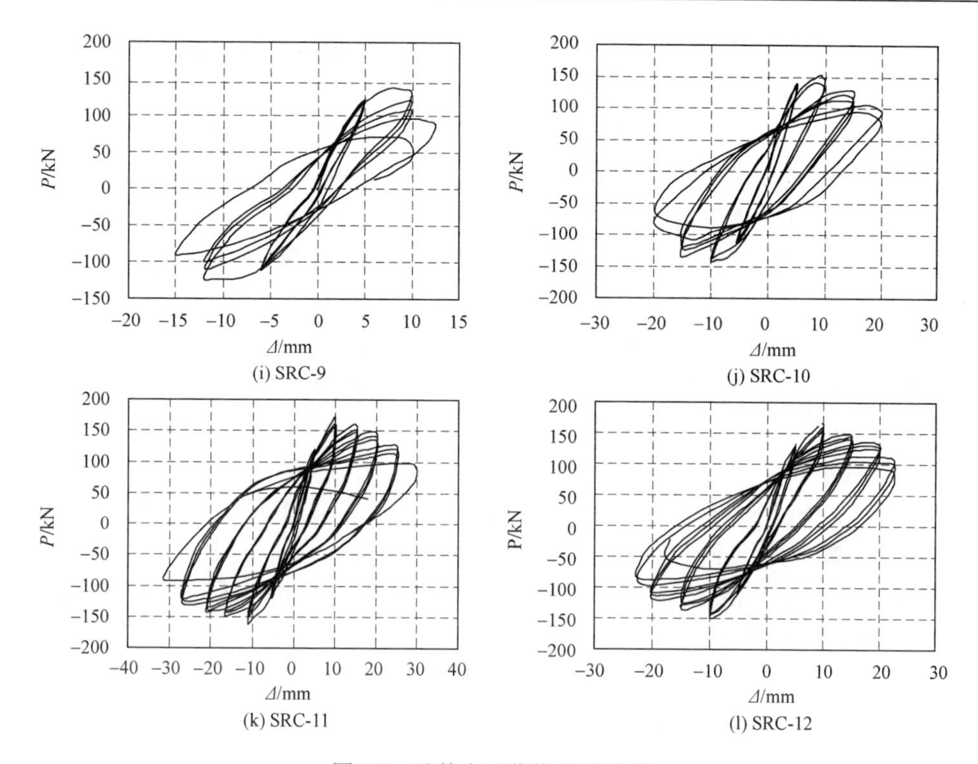

图 4.7　试件水平荷载-位移曲线

3. 骨架曲线

构件的骨架曲线是指在构件反复荷载作用下的滞回曲线图上，将同方向各次加载的峰值点依次相连得到的曲线。骨架曲线能够反映出构件的开裂荷载、屈服荷载、峰值荷载、破坏荷载及相应的位移等特征点，同时以简洁的方式宏观反映构件在反复荷载作用下的损伤过程，即能量耗散、延性、强度、刚度及其退化等力学特性，是研究构件弹塑性地震反应的重要依据之一。图 4.8 给出了本试验所获得的各试件在反复荷载作用下的骨架曲线及其对比。从图中可以得到以下结论。

（1）SRHPC 框架柱的损伤是一个逐渐演化、累积的过程，大致可以分为三个阶段：无损（弹性）阶段、损伤稳定增长（带裂缝工作）阶段、损伤急剧增长（破坏）阶段。与 RC 框架柱相比，SRHPC 框架柱具有更好的延性和耗能能力，其骨架曲线下降段较长，且较平缓。但是与型钢普通混凝土框架柱相比，其骨架曲线下降段相对较为陡峭，变形能力相对稍差。

（2）正向加载骨架曲线和反向加载骨架曲线并非完全对称，正向骨架曲线对应的峰值荷载略高于反向骨架曲线对应的峰值荷载。这主要是由于正向循环加载结束后试件尚存在一定的残余变形，当反向加载时，需要首先抵消试件中的残余变形。另外，正向加载时试件已有一定程度的损伤，造成反向加载时的承载能力比相应正向加载时的承载能力偏低。

（3）相同条件下，试件 SRC-1 单调加载荷载-位移（P-Δ）曲线与试件 SRC-6 反复加载骨架曲线相比较，在峰值荷载前，曲线的形状基本重合，且峰值荷载大小相近，但在峰值荷载后，反复荷载作用下的试件随着位移幅值和循环次数的增加，其损伤累积比单调加载试件严重，致使其强度衰减加快，变形能力减小。

（4）SRC-6、SRC-7 和 SRC-8 三个试件，除了轴压比不同，其余参数均相同。可以看出，轴压比大的试件，由于有较好的柱端约束，刚度较大，试件的峰值荷载有明显的增加，但达峰值荷载后，骨架曲线下降段较为陡峭，说明其强度衰减较快，且衰减幅度较大，延性差。

（5）SRC-6、SRC-9 和 SRC-10 三个试件，除了含钢率不同，其余参数均相同。可以看出，随着含钢率的增大，试件的峰值荷载有所提高，但对于含钢率较为接近的试件，峰值荷载提高幅度不是十分显著。如试件 SRC-6 与试件 SRC-10 相比，含钢率提高 16%，峰值荷载提高 3.5%，而与试件 SRC-9 相比，含钢率提高 32%，其峰值荷载提高 13%。这主要是由于含钢率小的试件，型钢和型钢翼缘框对核心区混凝土的有效约束作用减小，从而对试件的承载力提高有限。另外，含钢率较大的试件，达到峰值荷载后，骨架曲线的下降段较为平缓，表明强度衰减缓慢，变形能力大。

（6）SRC-6、SRC-11 和 SRC-12 三个试件，除了配箍率不同，其余参数均相同。可以看出，与含钢率相类似，随着配箍率的增大，试件的峰值荷载有所提高，这主要是由于箍筋对混凝土产生横向约束，使得核心区混凝土的抗压承载力与变形能力均得到明显改善，从而提高了试件的水平承载力。达到峰值荷载后，配箍率大的试件，下降段较为平缓，强度衰减比较缓慢，变形能力大。这主要是由于箍筋提供的侧向约束有效地延缓了混凝土与型钢之间的剥离现象，改善了核心区混凝土与型钢的协同工作能力，从而提高了试件的延性。

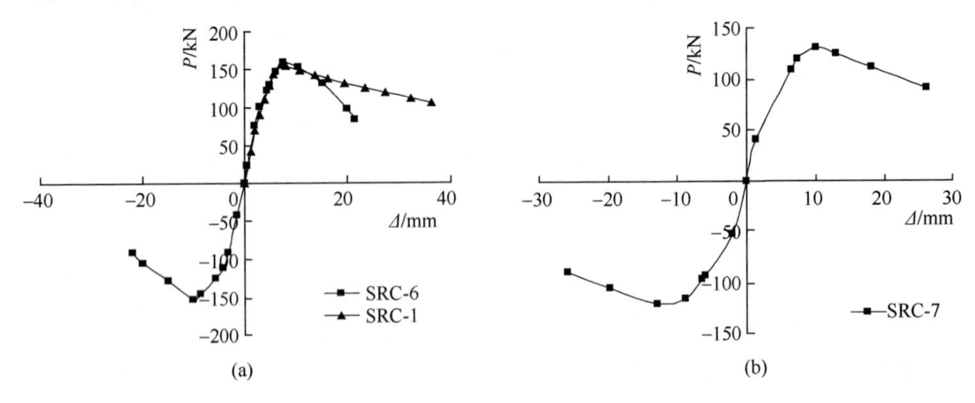

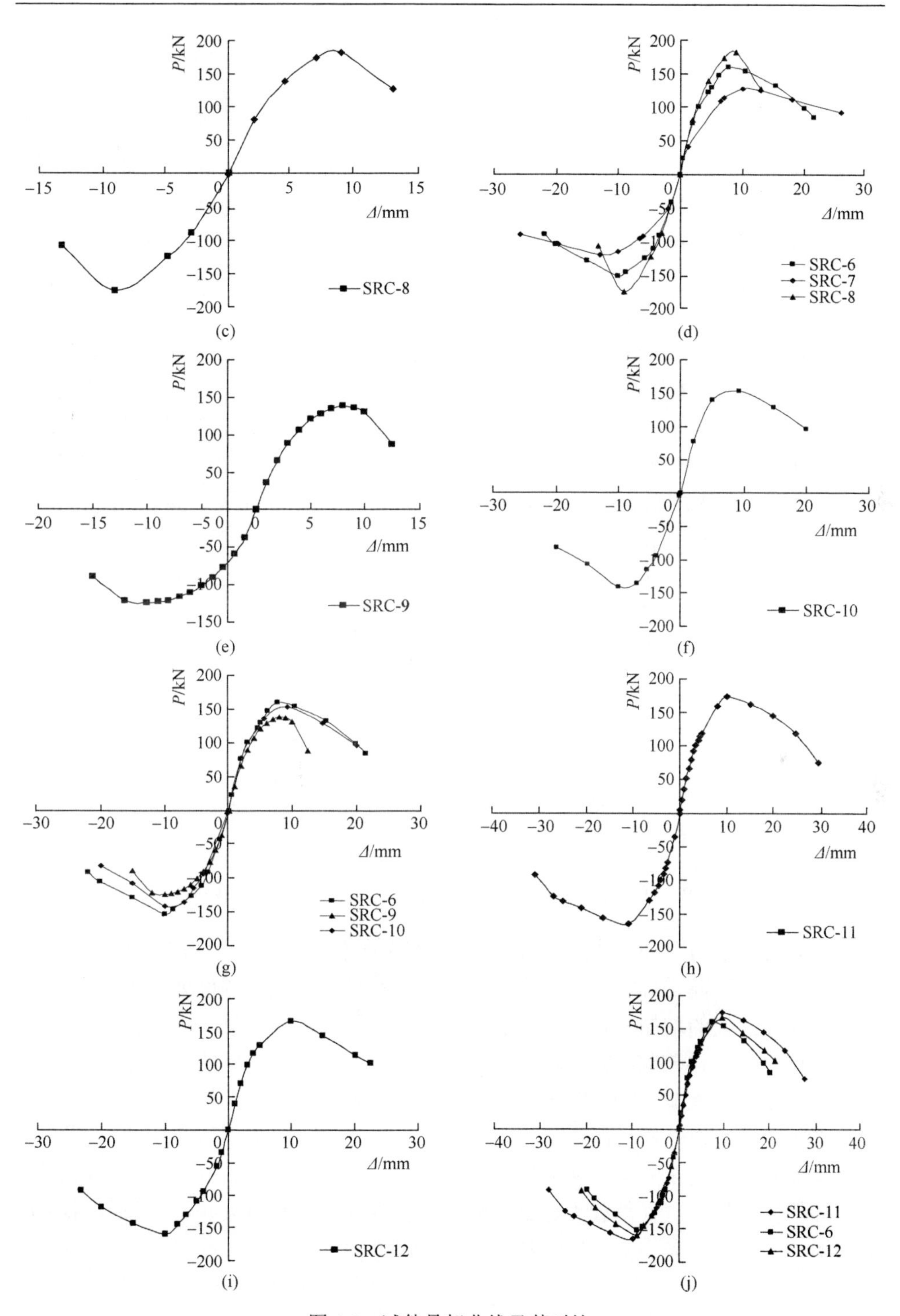

图 4.8 试件骨架曲线及其对比

4. 强度衰减

型钢混凝土构件（或结构）承载力随着变形和荷载循环次数的增加比构件（或结构）无损状态下有所降低的现象称为强度衰减。随着循环次数的增加，试件的损伤不断累积，造成其强度不断衰减。强度衰减与试件的损伤发展过程一致，导致其产生的根本原因是试件弹塑性性质及损伤的发展。这种损伤主要表现为混凝土的各种裂缝的产生和发展，型钢（翼缘、腹板）和纵、横向钢筋的逐渐屈服，以及型钢与混凝土之间的粘结滑移等。

图 4.9 给出了不同循环次数后，再次单调加载时试件的荷载-位移关系曲线。从图中可以看出，随着循环次数的增加，试件承载能力显著降低，同时，下降段强度衰减加快，说明试件在经历数次循环加载之后，其抵御水平荷载的能力大幅降低。体现在地震中即当框架柱遭遇一定的地震作用后，其继续抵抗地震作用的能力明显下降，在随后不大的地震作用或大震之后的余震作用下可能遭受严重破坏。

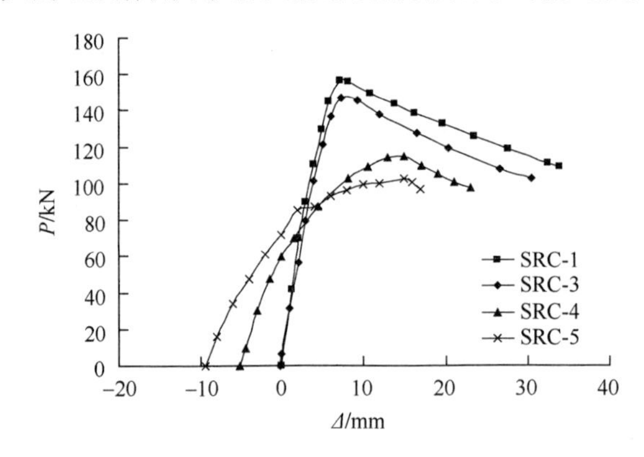

图 4.9 试件经历不同次数循环加载后单调加载荷载-位移曲线

图 4.10 给出了不同加载制度下试件强度随循环次数的变化规律。从图中可以看出，在位移控制常幅循环加载中，从第二次循环开始试件强度就出现了衰减，且随着循环次数的增加，强度不断衰减，但衰减幅度逐渐减小，P-N 曲线趋于平缓。相反，在位移控制变幅循环加载中，一倍屈服位移幅值下的三次循环，试件强度尚未见明显衰减，随着循环次数的增加，P-N 曲线基本保持线性变化。这主要是因为在该级位移幅值循环下，试件仅出现一些细微裂缝，且裂缝无明显发展，纵向钢筋和型钢尚未屈服，从而试件虽有损伤，但损伤程度较轻。进入两倍屈服位移幅值循环后，试件承载力达到其峰值，但随即强度明显衰减，且随着循环次数的增加，强度衰减加快，P-N 曲线越来越陡峭。

图 4.11 给出了不同轴压比下试件强度随循环次数的变化规律。从图中可以看出，轴压比对试件的强度衰减影响较为显著。当轴压比为 0.2 时，随着循环次数

的增加，试件强度的衰减逐步增加，但变化较为平稳；当轴压比为 0.4 时，试件后期强度衰减有所加大，但 *P-N* 曲线仍基本稳定；当轴压比增加到 0.6 时，构件后期强度衰减急剧加大，*P-N* 曲线呈不稳定发展。

图 4.12 给出了不同含钢率下试件强度随循环次数的变化规律。从图中可以看出，随着含钢率的增大，同循环次数下试件强度衰减幅度减小，*P-N* 曲线下降段趋于平缓，同时，含钢率相近试件的 *P-N* 曲线基本重合。

图 4.13 给出了不同配箍率下试件强度随循环次数的变化规律。从图中可以看出，峰值荷载之前，配箍率对试件强度的影响并不显著，峰值荷载基本接近。达到峰值荷载后，随着循环次数的增加，配箍率小的试件强度衰减幅度较大，*P-N* 曲线下降段相对较为陡峭。另外，试件 SRC-12 的配箍率虽大于试件 SRC-11，但其强度衰减幅度却小于试件 SRC-11，其主要原因是前者箍筋间距比后者大，导致箍筋对核心区混凝土的有效约束削弱，从而削减了箍筋对强度衰减的抑制作用。因此在设计中，当配箍率相同或比较接近时，应尽量采用“细而密”的箍筋配置方法，以提高配箍的有效性。

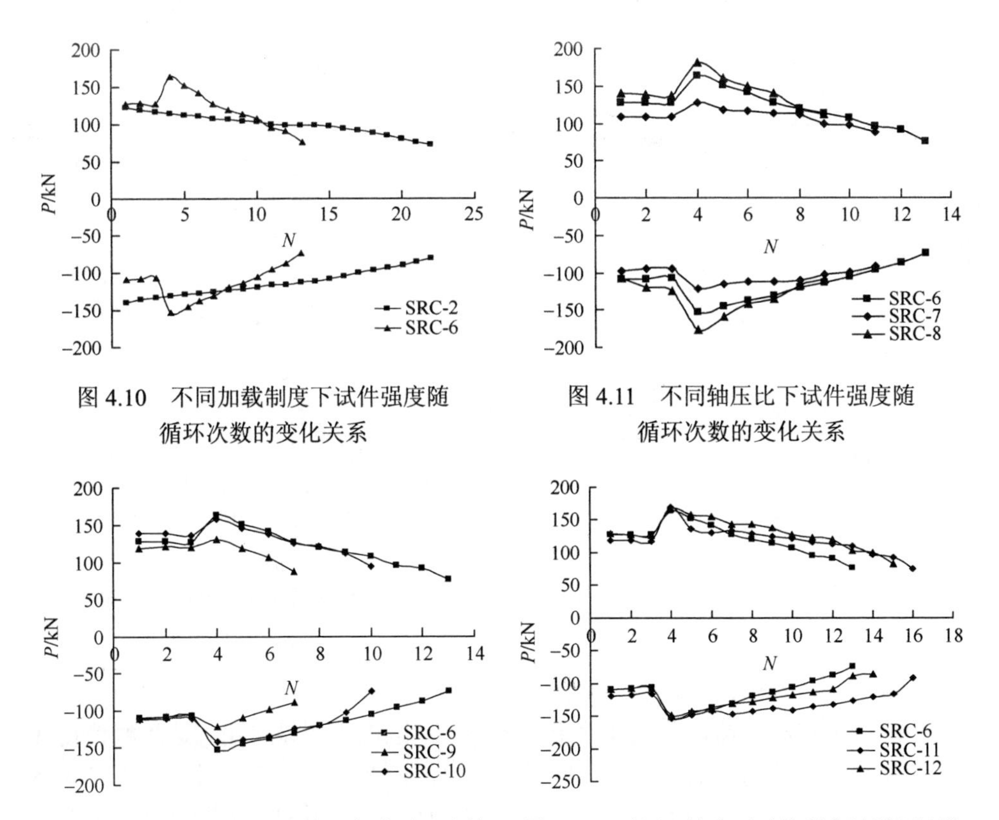

图 4.10　不同加载制度下试件强度随循环次数的变化关系

图 4.11　不同轴压比下试件强度随循环次数的变化关系

图 4.12　不同含钢率下试件强度随循环次数的变化关系

图 4.13　不同配箍率下试件强度随循环次数的变化关系

5. 刚度退化

在抗震分析中，常常采用割线刚度来代替切线刚度。根据《建筑抗震试验方法规程》(JGJ 101—1996)[11]中所述方法，定义原点与某次循环的荷载峰值连线的斜率为等效刚度 K 。与强度相类似，损伤亦引起试件刚度的不断退化。从各试件的骨架曲线可以看出，刚度一直处于变化之中，达到峰值荷载后，各循环均具有较大的残余变形，而且随着位移幅值的增加，试件刚度退化现象不断加剧。各试件等效刚度 K 随循环次数 N 的变化规律如图 4.14～图 4.17 所示（图中“–”代表反向加载）。

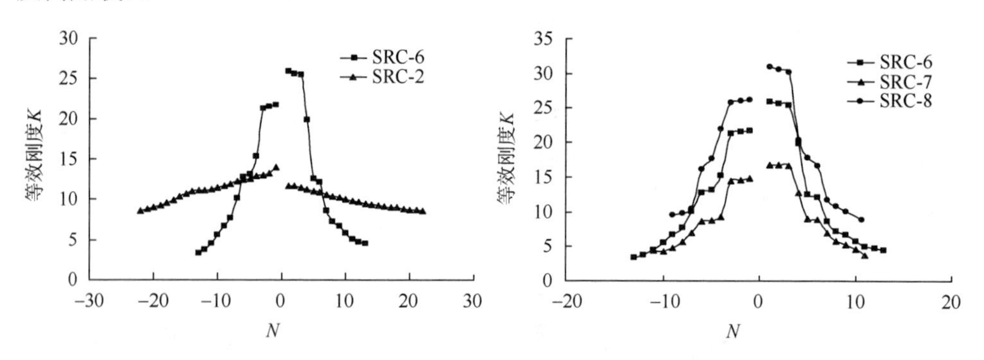

图 4.14　不同加载制度下试件刚度随循环次数的变化关系

图 4.15　不同轴压比下试件刚度随循环次数的变化关系

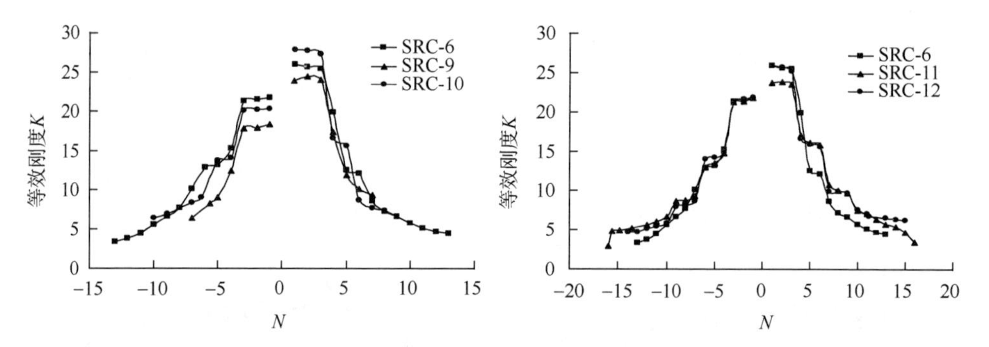

图 4.16　不同含钢率下试件刚度随循环次数的变化关系

图 4.17　不同配箍率下试件刚度随循环次数的变化关系

从图中可以看出以下几点。

（1）峰值荷载之前，各试件残余变形较小，刚度无明显退化。达到峰值荷载后，随着循环次数的增加，试件刚度显著退化，后期趋于平稳。同时，正向 K-N 曲线与反向 K-N 曲线不对称，且正向最大刚度明显高于反向最大刚度。这主要是由于正向循环加载结束后，试件尚存在一定的残余变形，当反向加载时，需要首先抵消试件中的残余变形，另外，正向加载时对试件已有一定程度的损伤，造成反向加载时的刚度比相应正向加载时的刚度偏低。

（2）达到峰值荷载后，随着循环次数的增加，变幅循环加载下试件刚度的退化急剧，而常幅循环加载下试件刚度的退化相对缓慢，幅度较小。

（3）轴压比对试件刚度退化的影响比较显著。在较高轴压比下，每一级位移幅值下三次循环中试件刚度退化均较为明显。而轴压比较小的试件，同一级位移幅值下，第二次比第一次循环刚度退化较快，第三次比第二次循环刚度无明显退化。

（4）配箍率和含钢率较为接近的试件，刚度退化规律基本一致；而配箍率和含钢率明显增大的试件，其刚度退化相对缓慢。

6. 变形能力

1）位移延性系数

结构构件的变形能力通过延性来反映。反复荷载作用下的延性可以简单地定义为：在无明显强度退化的情况下，截面或构件弹塑性变形的能力。目前各国规范采用延性设计方法来确保建筑结构具有良好的抗震性能，故在结构设计中延性与强度占有同等重要的地位。

2008 年 5 月 12 日 14 点 28 分发生在我国四川省汶川县的 8.0 级特大地震，给人民的生命财产造成了巨大的损失，据统计，此次地震造成的直接经济损失高达 6920.11 亿元，截至 7 月 5 日，死亡 69207 人，失踪 18194 人，受伤 374468 人。这一巨大的灾害再次带给结构科技工作者许多启示，其中，延性设计作为主要的设计方法再一次体现了其重要性。目前描述延性需求的方法很多，例如，用曲率延性系数 μ_ϕ 来描述截面的延性，该系数常用来表述塑性铰区的局部延性；采用塑性转角延性系数 μ_θ 或位移延性系数 μ_Δ 来描述构件延性，同时也用于描述整体结构延性。目前大多数国家规范中都采用位移延性系数和转角延性系数来评估结构的抗震性能，以保证结构的安全性。本章主要借用位移延性系数来描述 SRHPC 框架柱的延性性能，其定义为最大位移 $\Delta_{\max}$ 与屈服位移 Δ_y 的比值，即 $\mu_\Delta=\Delta_{\max}/\Delta_y$ 。

由于 SRHPC 框架柱并非理想弹塑性体，所以对其屈服点的确定较为困难，目前确定屈服点的方法通常有通用屈服弯矩法和能量等效法。本章将采用能量等效法来确定试件的屈服点，其原理如图 4.18 所示。过原点 O 做任意一割线交骨架线上升段于 A 点，并与峰值荷载延伸线交于 B 点，两条直线 OA 和 BC 与骨架曲线所包围的面积分别为 A_1 和 A_2，如图中阴影部分所示，使得 A_1 等于 A_2，过 B 点作平行于纵轴的直线交骨架曲线于 E 点，则 E 点即为等效屈服点，所对应的荷载和位移即为屈服荷载 P_y 和屈服位移 Δ_y。对于极限位移 Δ_u，一般取其最大荷载降至 85%时所对应的位移，如图 4.18 所示的 D 点。但已有研究表明[5, 9]，对于 SRHPC

构件，由于截面的塑性转动，弯矩值的下降段滞后于水平荷载，所以，在本章计算中取弯矩开始下降时所对应的构件位移为极限位移 Δ_u 。

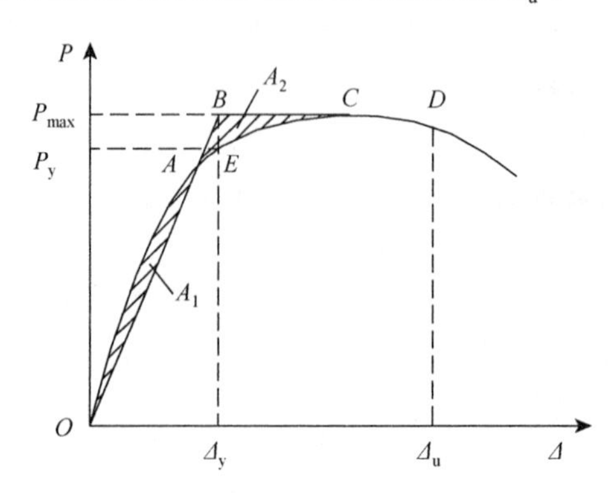

图 4.18　能量等效法确定屈服点原理图

根据本试验结果，按照能量等效法确定试验中位移控制变幅循环加载试件的位移延性系数和弹塑性层间位移角，见表 4.5。

表 4.5　部分试件的位移延性系数

试件编号	混凝土强度 f_{cu} / MPa	剪跨比 λ	轴压比 n	配箍率 ρ_v / %	含钢率 ρ_s / %	位移延性系数 μ_Δ	弹塑性层间位移角/rad
SRC-1	83.89	3.0	0.4	0.8	6.8	5.85	0.051
SRC-6	83.89	3.0	0.4	0.8	6.8	3.64	0.028
SRC-7	83.89	3.0	0.2	0.8	6.8	4.08	0.041
SRC-8	83.89	3.0	0.6	0.8	6.8	2.73	0.020
SRC-9	83.89	3.0	0.4	0.8	4.6	2.33	0.018
SRC-10	83.89	3.0	0.4	0.8	5.7	3.29	0.025
SRC-11	83.89	3.0	0.4	1.1	6.8	4.83	0.042
SRC-12	83.89	3.0	0.4	1.4	6.8	3.86	0.035

2）影响延性性能的主要因素

影响 SRHPC 框架柱抗震延性的因素主要有轴压比、配箍率、含钢率、剪跨比、混凝土强度、配箍形式、纵筋配筋率和加载速率等。在课题组前期研究成果的基础上，本章重点研究轴压比、配箍率、含钢率对 SRHPC 框架柱延性的影响。

（1）轴压比的影响。研究表明，轴压比是影响结构构件延性的重要参数之一。图 4.19 给出了相同条件下，试件的位移延性系数随轴压比的变化曲线。从图中可以看出，随着轴压比的增大，试件的位移延性系数减小。对于具有较高轴压力作用的 SRHPC 框架柱试件，在水平循环荷载作用下，型钢外围混凝土将不断剥落，致使试件有效承载力截面面积逐渐减小，从而其实际轴压比不断增加，当实际轴压比超过某一临界轴压比时，随着水平位移幅值的增大，轴向压力所引起的 $P\text{-}\Delta$ 效应加大，附加弯矩加剧了试件强度的衰减，从而使得试件极限变形减小，一定程度地削弱了构件的延性。但由于型钢与横向箍筋对核心区混凝土的有效约束，试件核心区混凝土处于三向受压状态，其延性明显优于仅受矩形箍筋约束的混凝土，且型钢本身可以被视为一连续约束的箍筋，因此，与型钢普通混凝土框架柱类似，SRHPC 框架柱具有良好的延性。

（2）含钢率的影响。含钢率是影响结构构件延性的又一重要参数。图 4.20 给出了相同条件下试件的位移延性系数随含钢率的变化曲线。从图中可以看出，随着含钢率的增加，试件的延性系数增大。含钢率的增加幅度越大，延性提高越明显。

（3）配箍率的影响。图 4.21 结合课题组前期的试验研究结果，给出了相同条件下，试件的位移延性系数随配箍率的变化曲线。从图中可以看出，随着配箍率的增加，试件的延性系数增大。且对于具有较低轴压比的试件，延性系数提高的幅度较大；对于具有较高轴压比的试件，延性系数提高的幅度较小。

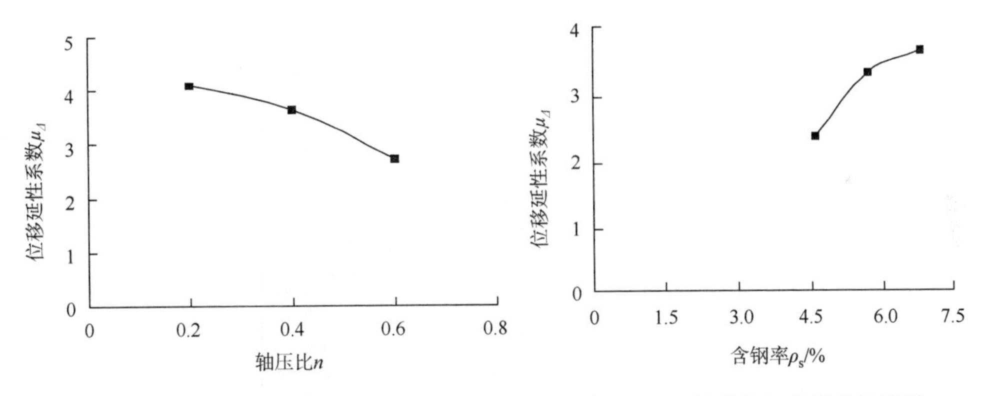

图 4.19　延性系数与轴压比的关系　　图 4.20　延性系数与含钢率的关系

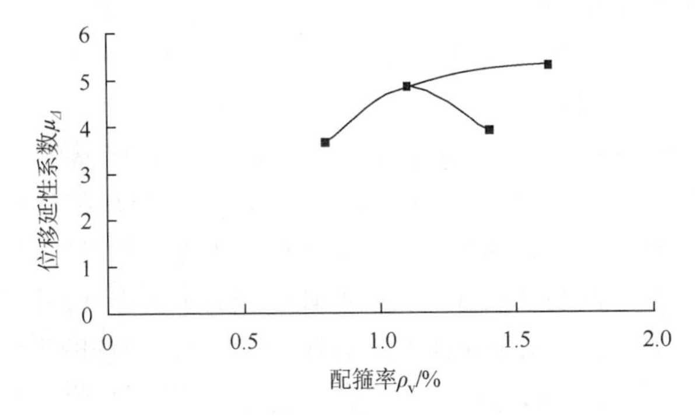

图 4.21　延性系数与配箍率的关系

但在配箍率一定的条件下，加大箍筋间距而增加直径的做法将显著削弱试件的延性。例如，试件 SRC-11 和 SRC-12 的配箍率分别为 1.1%和 1.4%，箍筋设置分别为 ϕ6@80 和 ϕ8@120。虽然后者比前者的配箍率大，但位移延性系数却小。因此，在 SRHPC 框架柱设计中，箍筋应尽可能设置“细而密”。

另外，研究表明[1]，混凝土强度及剪跨比对 SRHPC 框架柱延性影响亦显著。随着混凝土强度的提高，试件的延性系数减小；随着剪跨比的增大，试件的延性系数提高。

从表 4.5 还可看出，本试验除了试件 SRC-9 的弹塑性层间位移角为 1/55，小于 1/50，其余试件的弹塑性层间位移角为 1/40～1/24，均大于 1/50。这表明，SRHPC 框架柱的延性优于 RC 框架柱的延性，而比型钢普通混凝土框架柱的延性略差。

7. 滞回耗能

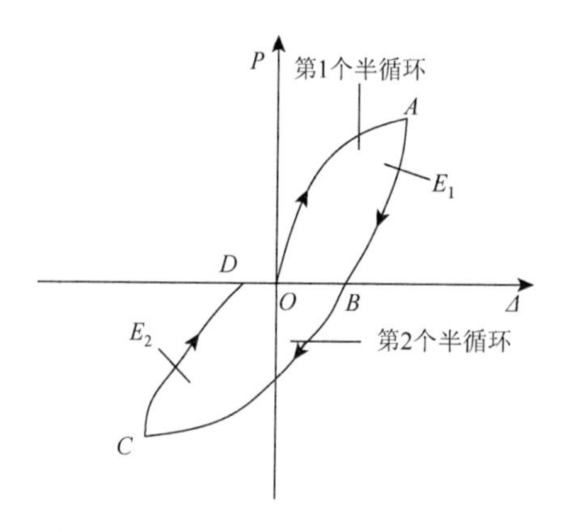

图 4.22　滞回耗能与半循环次数的定义

随着循环次数的增多，结构构件的性能逐渐劣化，当损伤累积到一定程度时，结构构件宣告破坏。而结构构件的滞回耗能能力作为评价构件抵御损伤累积能力的一个重要参数，综合了循环次数和变形对构件损伤的影响，反映了结构构件抗震性能的优劣。滞回耗能是指滞回曲线中卸载曲线与加载曲线所包围面积的大小，反映了结构构件耗散能量的能力，滞回曲线越丰满，耗能能力越强，其抵御损伤累积的能力越强。这些能量通过材料的内摩阻或局部损伤（如塑性铰转动）转换为热能散失到外部空间。本章规定在滞回曲线上两个连续零加载点之间的间隔部分为一个半循环，如图 4.22 所示，曲线 OAB 表示第一个半循环，所包围的面积为滞回耗能 E_1；曲线 BCD 表示第 2 个半循环，所包围的面积为滞回耗能 E_2。图 4.23 给出同一破坏准则（即弯矩开始下降时，试件宣告破坏），不同参数及不同加载制度、轴压比、含钢率和配箍率下，试件在每个半循环能量耗散 E_i 与对应半循环次数 i 之间的关系曲线。

由图 4.23（a）可以看出，加载制度对试件的耗能能力影响明显。常幅循环加载下，随着半循环次数的增加，试件的耗能能力基本保持不变。相反，对于变幅循环加载下的试件，随着半循环次数的增加，试件的耗能能力不断提高，达到峰值荷载后，由于累积损伤程度的加大，水平荷载下降明显，但试件的耗能能力仍有一定增加。

由图 4.23（b）可以看出，轴压比对试件耗能性能影响较大，在初始加载阶段，不同轴压比试件的滞回耗能能力基本相同，但当处于相同半循环次数时，随着轴压比的增大，滞回耗能能力略微增加。加载后期，轴压比小的试件，其耗能能力增加比较明显，而轴压比大的试件，其耗能能力增加缓慢。表明随着轴压比的增大，试件后期耗能能力增加缓慢。

从图 4.23（c）和图 4.23（d）可以看出，初始加载阶段，不同含钢率和配箍率试件的耗能能力基本相同。但到加载后期，随着含钢率和配箍率增加，试件耗能能力有所提升，但在配箍率一定的条件下，采用“细而密”的箍筋配置时，试件耗能能力增加幅度较大。其中，提高配箍率比增加含钢率更能有效地提升试件的耗能能力。

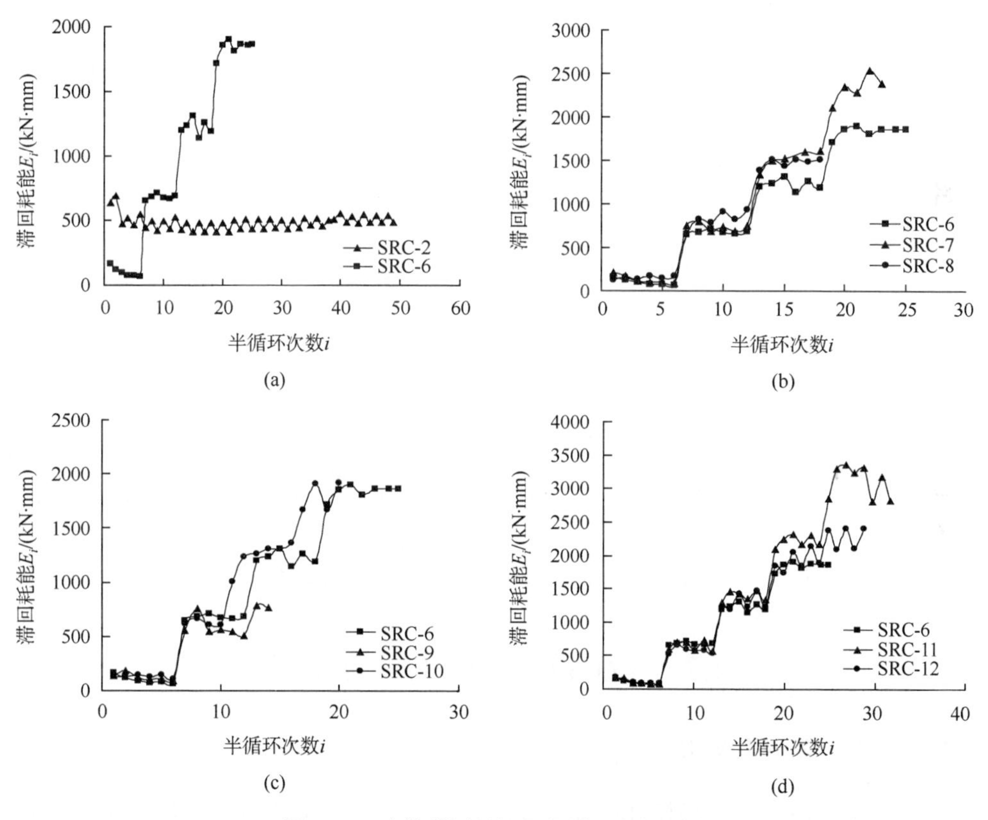

图 4.23　试件滞回耗能与半循环次数关系

为了进一步考察上述关系，图 4.24 给出了不同加载制度、轴压比、含钢率和配箍率下，试件在整个循环过程中的累积耗能 $E(=\sum E_i)$ 与半循环次数 i 之间的关系曲线。从图中可以看出以下几点。

（1）对于相同试件，常幅循环加载下框架柱破坏时的累积耗能总量大于变幅加载循环下的。

（2）随着轴压比的减小，试件累积耗能总量增加。表明轴压比越小，框架柱耗能能力越强。

（3）含钢率越大，试件的累积耗能总量越大。在箍筋间距相同的条件下，配箍率越大，框架柱的累积耗能总量越大。在配箍率相同条件下，采用“细而密”的箍筋配置能有效改进框架柱的耗能能力。

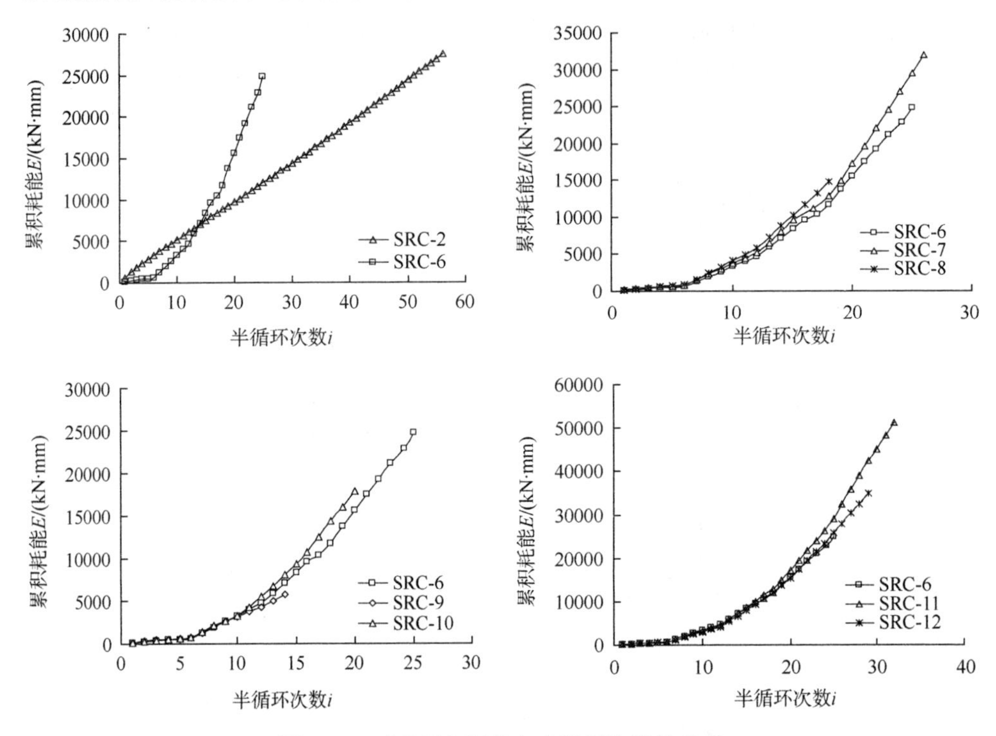

图 4.24　试件累积耗能与半循环次数的关系

4.2　SRHPC 框架柱损伤模型

4.2.1　强度衰减和刚度退化

对于型钢混凝土结构构件，地震造成构件局部乃至整体损伤主要表现在混凝土的宏观裂缝，混凝土被压碎，型钢（翼缘、腹板）和纵、横向钢筋屈服，型钢与混凝土之间的粘结滑移等，从而导致构件强度和刚度等力学性能的不断劣化，如构件强度衰减、刚度退化等。因此，可通过对构件强度和刚度退化的理论描述来反映其损伤程度及其发展趋势。

1. 强度衰减

根据 Takeda 提出的滞回模型，构件的强度衰减与其滞回耗能有关[12]。本试验研究结果亦表明，框架柱的强度衰减主要发生在混凝土被压碎和剥落后，位移幅值达两倍的屈服位移 Δ_y 后，每当位移幅值增加时，试件强度衰减较为明显。通常强度的衰减可借助滞回环形状的变化来描述，因此试件在常幅低周疲劳加载下简化的荷载-位移滞回关系，即可反映其强度的衰减。框架柱在非弹性常幅位移幅值 Δ_m 循环加载下，其强度衰减与滞回耗能的简化关系如图 4.25 所示。从图中可以看出，从第一个滞回环（循环加载路径为 *ABCDEFG*）的滞回耗能 $E_{h,1}$ 到第 i 次加载循环（循环加载路径为 *GHDI*）下的滞回耗能 $E_{h,1}$，构件强度由第 1 次加载循环下的强度 P_1 衰减到第 i 次加载循环下的强度 P_i，衰减幅度为 ΔP。根据图 4.25 所示的几何关系可得到强度与滞回耗能的关系。因此，可通过考虑当前位移幅值下构件能量耗散能力来反映其强度衰减。

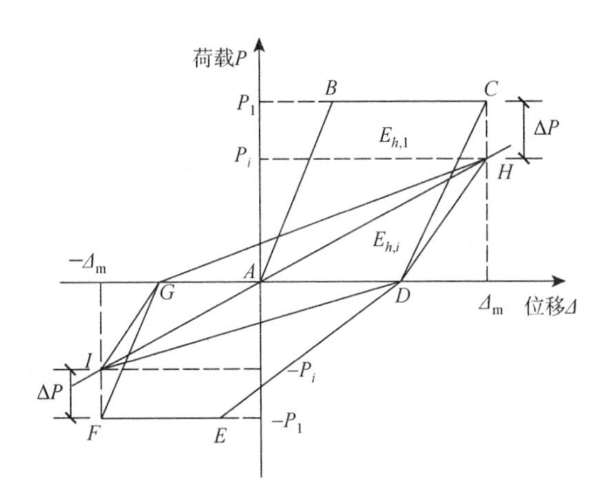

图 4.25 强度衰减与滞回耗能的简化关系

2. 刚度退化

试验结果表明，伴随着混凝土的开裂破损、型钢及（纵、横向）钢筋的屈服、型钢与混凝土之间的粘结滑移等，试件刚度不断退化。每当水平位移幅值有所增加时，试件刚度退化的程度较为明显，且随着位移幅值的增加而逐步增大。

与强度衰减相似，依据课题组位移控制变幅加载试验结果，图 4.26 给出了构件在非弹性变幅位移循环加载下，其刚度退化与水平位移幅值之间的简化关系，图中刚度采用割线刚度，其定义与前述相同。在位移幅值 Δ_m 和 Δ_i 第一次正向加载循环中，所对应的刚度分别为 K_1（割线 *OA*）和 K_i（割线 *OB*）。从图中可以看出，随着位移的增大，构件刚度不断降低。因此可通过变形项来考虑地震变幅位移响应对构件刚度的影响。

上述分析表明，损伤导致框架柱强度衰减和刚度的退化，可分别通过其滞回耗能和变形变化来反映。因此，本章将建立基于能量与变形组合的损伤模型，以

实现对 SRHPC 框架柱地震损伤的合理评估。

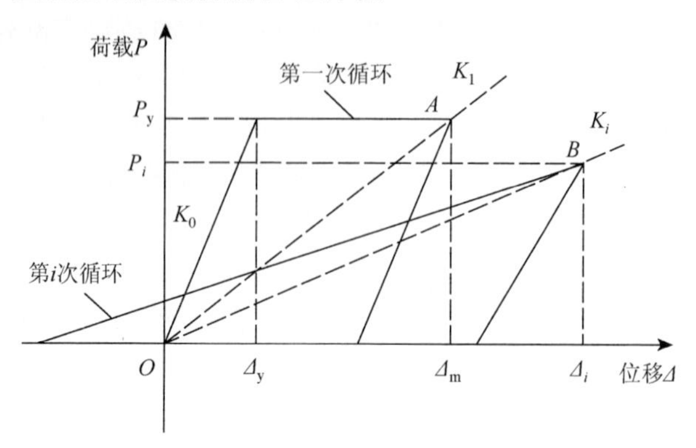

图 4.26　位移与刚度退化的简化关系

4.2.2　框架柱极限抵御能力随循环次数的变化关系

对于理想的弹塑性框架柱，其极限抵御能力随循环加载次数的变化关系如图 4.27 所示。框架柱从 A 点开始单调加载直至柱完全破坏，加载路径为 ABC，其加载刚度为 K_0，极限变形为 $\Delta_{u,0}$。在完成第 i 次循环加载，卸载至 E 点后，再从 E 点开始单调加载，加载路径为 $EFGH$，加载刚度为 K_i，极限变形为 $\Delta_{u,i}$。图中阴影部分为在完成第 i 次循环加载后，再从 E 点开始单调加载直至柱完全破坏时所需要的能量，它反映了框架柱经历数次循环后再次单调加载下的极限耗能能力。从图 4.27 可以看出，由于循环加载对框架柱造成的损伤累积，使得 $K_i < K_0$，且强度比初始加载时的强度降低了 ΔP，循环数次后再次单调加载时的极限变形 $\Delta_{u,i}$ 小于初始极限变形 $\Delta_{u,0}$；另外，框架柱的极限耗能能力随循环次数的增加亦在不断降低。由此可见，框架柱极限耗能和变形能力随着循环加载次数的增加而不断降低。

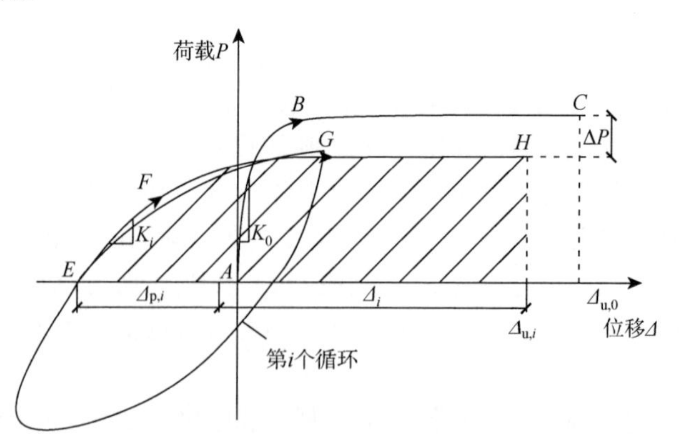

图 4.27　构件极限能力随加载循环次数的变化

图 4.28 为 4 榀 SRHPC 框架柱试件在经历不同次数循环加载后，再次对其进行单调加载时的荷载-位移关系曲线[13, 14]。从图中可以看出，框架柱在经历不同次数循环加载后，再次对其实施单调加载，其极限抵御能力（极限耗能和变形能力）有所降低，且随着加载循环次数的增加，框架柱损伤累积越严重，极限抵御能力降低越多。体现在地震中即当框架柱遭遇一定的地震作用后，其继续抵抗地震作用的能力明显下降，在随后不大的地震作用或大震之后的余震作用下可能遭受严重破坏。

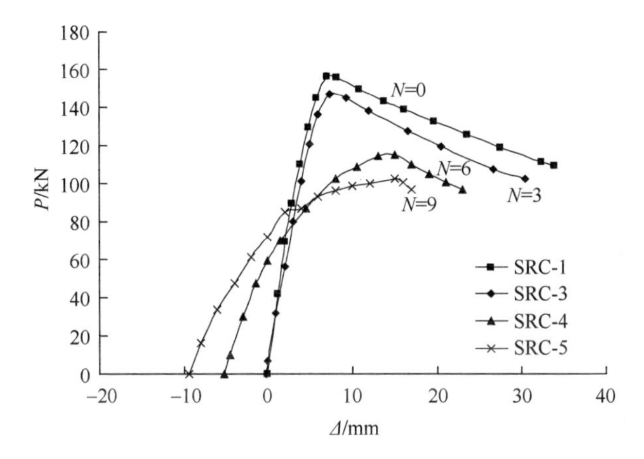

图 4.28　不同循环次数后试件单调荷载-位移曲线

因此，为准确地估计 SRHPC 框架柱的损伤程度，损伤模型的建立将考虑构件极限抵御能力随循环加载次数的变化关系。

4.2.3　加载顺序对损伤的影响

已有研究表明，循环加载顺序是影响结构构件损伤的主要因素之一。在循环加载过程中，相对于常幅循环或不断减小幅值的变幅循环加载过程，变形幅值不断增加的循环加载过程所引起的构件强度和刚度退化明显增大。同样，从图 4.10～图 4.17 也可以反映上述结论，在变幅加载三循环试验中，每当加载位移幅值增加，试件的强度和刚度退化则较为明显，而随后在同一位移幅值下的第二次、第三次循环加载下，试件刚度退化则较为平缓，但强度衰减仍较为明显。传统的损伤模型只考虑了最大变形引起的损伤，而忽略了其他非弹性变形所引起的损伤。

为了较为真实地模拟地震作用，研究中基于变幅循环加载制度，建立可同时考虑最大变形和非弹性变形引起构件损伤的损伤模型。

4.2.4　双参数损伤模型的建立

基于上述分析，本章通过引入组合参数 γ 来合理地考虑变形与循环累积损伤耦联影响，建立由变形损伤分量 D_Δ 和循环累积损伤分量 D_c 联合表征的低周反复

荷载作用下 SRHPC 框架柱的非线性双参数损伤模型。其具体表达式为

$$D=(1-\gamma)D_{\Delta}+\gamma D_{\mathrm{c}} \tag{4-1}$$

式中，变形损伤分量 D_{Δ} 和循环累积损伤分量 D_{c} 分别为

$$D_{\Delta}=\sum_{j=1}^{N_1}\left(\frac{\varDelta_{\max,j}-\varDelta_{\mathrm{y}}}{\varDelta_{\mathrm{u},i}-\varDelta_{\mathrm{y}}}\right)^{c} \tag{4-2}$$

$$D_{\mathrm{c}}=\sum_{i=1}^{N_{\mathrm{h}}}\left(\frac{E_i}{F_{\mathrm{y}}(\varDelta_{\mathrm{u},i}-\varDelta_{\mathrm{y}})}\right)^{c} \tag{4-3}$$

其中，$\varDelta_{\max,j}$ 为第 j 次半循环所对应的最大非弹性变形；N_1 为第一次产生最大非弹性变形 $\varDelta_{\max,j}$ 的半循环次数；$\varDelta_{\mathrm{u},i}$ 为第 i 次半循环加载后，再次单调加载时构件的极限变形能力；E_i 为第 i 次半循环的滞回耗能；N_{h} 为半循环总次数；γ 为组合参数；c 为试验参数。

如图 4.27 所示，构件在完成第 i 次循环加载后，再次单调加载至构件破坏时所对应的极限变形能力 $\varDelta_{\mathrm{u},i}$ 可表达为

$$\varDelta_{\mathrm{u},i}=R\varDelta_{\mathrm{p},i}+\varDelta_i \tag{4-4}$$

式中，$\varDelta_{\mathrm{p},i}$、$\varDelta_i$ 分别为完成 i 次半循环后的残余变形和可恢复变形，如图 4.27 所示，例如，完成第一次半循环加载后的单调极限位移可表示为 $\varDelta_{\mathrm{u},1}=R\varDelta_{\mathrm{p},1}+\varDelta_1$，$R$ 为变形衰减因子。

根据 Miner 的低周循环累积损伤关系，变形衰减因子可表示为

$$R=\left[1-\sum_{i}^{N_{\mathrm{h}}}1/(N_{\mathrm{f}})_i\right]^{\zeta} \tag{4-5}$$

式中，N_{f} 为达到结构构件破坏时的半循环次数；N_{h} 为半循环总次数；ζ 为系数，表示随着循环次数的增加，低周累积损伤增加的速率，$\zeta=1$。

将式（4-2）和式（4-3）代入式（4-1），得到双参数损伤模型表达式为

$$D=(1-\gamma)\sum_{j=1}^{N_1}\left(\frac{\varDelta_{\max,j}-\varDelta_{\mathrm{y}}}{\varDelta_{\mathrm{u},i}-\varDelta_{\mathrm{y}}}\right)^{c}+\gamma\sum_{i=1}^{N_{\mathrm{h}}}\left(\frac{E_i}{F_{\mathrm{y}}(\varDelta_{\mathrm{u},i}-\varDelta_{\mathrm{y}})}\right)^{c} \tag{4-6}$$

虽然上述损伤模型在一定程度上克服了现有损伤模型的一些不足，但该模型中极限变形 $\varDelta_{\mathrm{u},i}$ 的计算较为烦琐，且该模型仍仅适用于理想弹塑性体。因此，拟对上述模型做进一步改进。通过能量方面的一些近似与假设，循环累积损伤分量 D_{c} 可以表示为

$$D_{\mathrm{c}}=\sum_{i=1}^{N_{\mathrm{h}}}\left(\frac{E_i}{E_{\mathrm{u}}}\right)^{c} \tag{4-7}$$

式中，E_{u} 为单调荷载作用下的极限滞回能。

为了考虑循环次数对单调荷载作用下极限耗能的影响，式（4-7）可表示为

$$D_{\mathrm{c}}=\sum_{i=1}^{N_{\mathrm{h}}}\left(\frac{E_i}{E_{\mathrm{u},i}}\right)^c \tag{4-8}$$

式中，$E_{\mathrm{u},i}$ 为经历 i 次半循环加载后，再次进行单调加载时构件的极限耗能能力，与构件经历的半循环加载次数有关。

经过进一步改进和简化后的地震损伤模型可以写成如下形式：

$$D=(1-\gamma)\sum_{j=1}^{N_1}\left(\frac{\varDelta_{\max,j}-\varDelta_{\mathrm{y}}}{\varDelta_{\mathrm{u},i}-\varDelta_{\mathrm{y}}}\right)^c+\gamma\sum_{i=1}^{N_{\mathrm{h}}}\left(\frac{E_i}{E_{\mathrm{u},i}}\right)^c \tag{4-9}$$

值得注意的是，式（4-9）中去掉右边第一项中的求和符号，同时令试验参数 c=1，并忽略屈服位移 $\varDelta_{\mathrm{y}}$，则表达形式上与 Park-Ang 损伤模型相似。

该模型较大程度地克服了已有损伤模型的一些缺陷，其具有以下优点。

（1）物理概念清晰，且计算较为简洁和方便。

（2）适应于非理想弹塑性体，同时，损伤模型表达式采用了变形损伤分量和循环累积损伤分量的非线性组合，理论上更为合理。

（3）模型中考虑了加载路径对损伤的影响，能够较为真实地反映地震随机作用。

（4）定义最大非弹性变形 $\varDelta_{\max,j}$ 可以反映较大的非弹性变形幅值比较小的非弹性变形幅值对损伤的影响更大这一试验结果。

（5）在变形与循环累积损伤联合效应的基础上，可考虑极限变形与循环次数的动态变化关系，即损伤与控制界限之间的相互影响。

以下结合损伤试验研究结果，确定模型中的具体参数。

4.2.5 模型参变量的确定

1. 构件的极限耗能能力

单调荷载作用下的极限耗能是指直接单调加载至构件破坏，或构件在给定常幅或变幅值荷载作用下，循环加载数次后再单调加载至破坏，此时单调荷载-位移曲线部分所包围的面积即单调荷载作用下的极限耗能。

根据本试验研究结果，图 4.29 给出了规格化极限耗能（不同循环次数后，再单调加载极限耗能与直接单调加载极限耗能之比，即 $E_{\mathrm{u},i}/E_{\mathrm{u},0}$，$E_{\mathrm{u},0}$ 为直接单调加载的极限耗能）与规格化循环加载累积耗能的关系曲线。从图中可以看出，该曲线呈负指数衰减特征，可用如下关系式表达：

$$\bar{E}_{\mathrm{u},i}=A_1+B_1\mathrm{e}^{-\alpha} \tag{4-10}$$

式中，$\bar{E}_{\mathrm{u},i}$ 为第 i 个半循环加载后再次单调加载所对应的规格化单调极限耗能；α

为规格化循环加载累积耗能，表示为

$$\alpha=\frac{\sum_{k=1}^{N_h}E_k}{E_{u,0}} \tag{4-11}$$

其中，$\sum E_k$ 为前 k 次正（负）向半循环的累积滞回耗能；N_h 为半循环加载总次数。

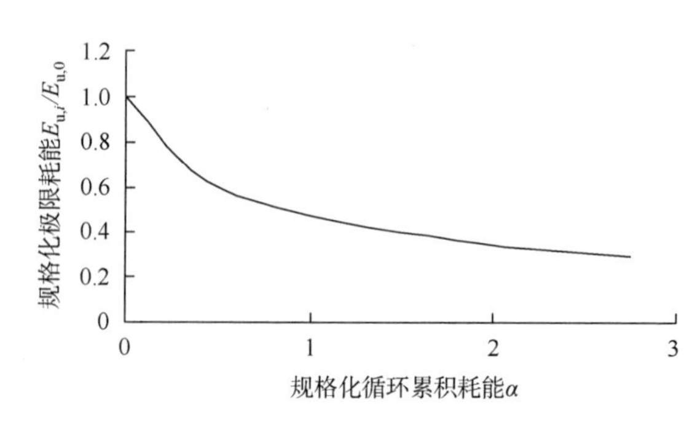

图 4.29　规格化极限耗能与规格化循环累积耗能的关系

2. 构件的极限变形能力

根据本试验研究结果得到试件屈服的循环加载数次后，再次单调加载时规格化极限变形（不同循环次数后，再单调加载极限变形与直接单调加载极限变形之比，即 $\Delta_{u,i}/\Delta_{u,0}$，$\Delta_{u,0}$ 为单调荷载作用下的极限变形）与半循环次数之间的关系曲线，如图 4.30 所示。从图中可以看出，与单调荷载作用下构件的极限耗能相类似，再次单调加载时规格化极限变形与规格化循环加载累积耗能呈指数衰减变化，可表达为

$$\bar{\Delta}_{u,i}=A_1+B_1\mathrm{e}^{-\alpha} \tag{4-12}$$

式中，$\bar{\Delta}_{u,i}$ 为第 i 次半循环加载后再次单调加载所对应的规格化极限变形。

根据本试验数据回归分析得到：对于极限耗能，A_1=0.46，B_1=0.54；对于极限变形，A_1=0.76，B_1=0.24。

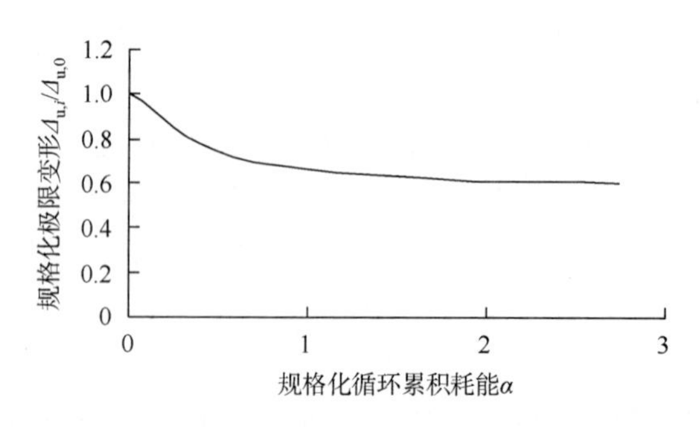

图 4.30　规格化极限变形与规格化循环累积耗能的关系

3. 非弹性变形 $\Delta_{\max,j}$

非弹性变形 $\Delta_{\max,j}$ 可定义为首次出现的最大非弹性位移幅值。在循环荷载作用下，若结构构件的正（负）向位移小于曾经达到过的正（负）向最大位移，则该循环下的损伤值为前一个循环损伤值加上本次循环的滞回耗能引起的损伤值，反之，该循环下的损伤值应为前一个循环损伤值加上本次循环的变形和滞回耗能共同引起的损伤值。如图 4.31 所示，在正向加载半循环 1、3、5、9、11 和 17 所对应的位移幅值下，除了考虑结构构件累积损伤，其变形损伤也将被考虑。而其他小于上述位移幅值（如 7、13 和 15 循环所对应的位移幅值）所造成的变形损伤被忽略，在此仅考虑累积损伤的影响。反向加载半循环也如此，如在半循环 2、4、10 和 14 所对应的位移幅值下，除了考虑结构构件累积损伤，其变形损伤也将被考虑。而其他小于上述位移幅值（如 6、8、12、16 和 18 循环所对应的位移幅值）所造成的变形损伤被忽略，在此仅考虑累积损伤的影响。

上述对于损伤模型中最大非弹性变形的考虑能较好地反映加载顺序对结构构件损伤的影响，使损伤描述更接近试验观察结果，因此在理论上更为合理。

4. 组合参数 γ 和试验参数 c

从理论上讲，当构件无损时，$D=0$；当构件完全破坏时，$D=1$；当 $0<D<1$ 时，构件处于某一损伤状态。因此，为了满足理论上的要求，在式（4-9）所表示的损伤模型中引入组合参数 γ 和试验参数 c，使得构件在完全破坏时，$D=1$。

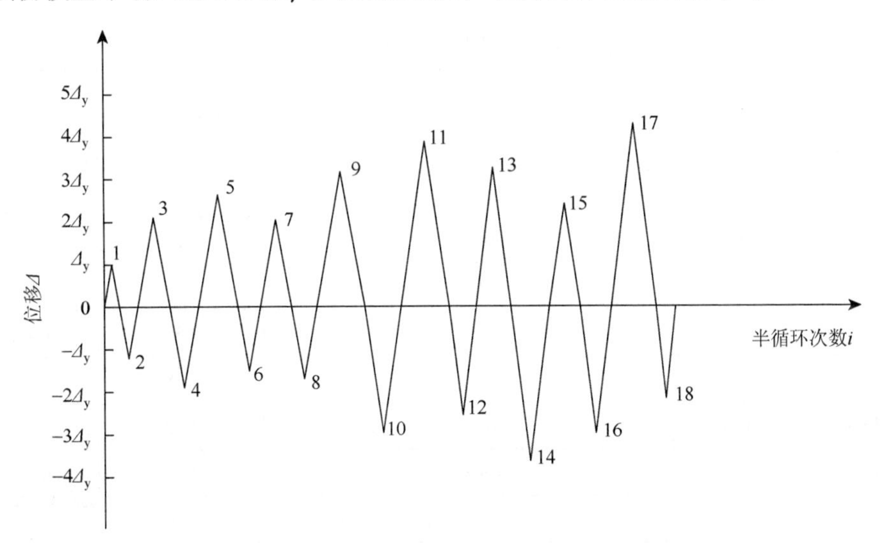

图 4.31　非弹性变形 $\Delta_{\max,j}$ 的定义

SRC 框架柱地震损伤试验研究表明，对于相同试件，相对于常幅循环加载，变幅循环加载下试件强度衰减更为显著，且累积耗能较小，造成循环累积损伤分量 D_c 较小，因此，按式（4-9）计算评估构件完全破坏（D=1）时，变幅循环加载下的组合参数γ应大于常幅循环加载。因此，应分别对常幅和变幅循环加载下组合参数γ进行讨论，根据框架柱变幅循环加载试验结果确定组合参数γ和试验参数 c，其主要依据如下。

（1）按照变幅循环加载确定参数γ和 c 的值，对于常幅循环加载试件，将获得比较保守的损伤计算结果，且变幅循环加载试验比常幅循环试验更能真实地模拟地震作用效应。

（2）变幅循环加载试验过程不仅包含了变形损伤项，还包含了循环累积损伤项，同时也涉及了应变硬化影响。

（3）变幅循环加载试验能够获得较多关于构件性能的信息，如在不同幅值下滞回环的大小等，从而得到不同位移幅值下半循环滞回耗能的差异。

关于组合参数γ和试验参数 c 的确定，Kumar 和 Usami[15]提出了较为合理的方法，即先确定组合参数γ，然后根据试件完全破坏 D=1 时再确定试验参数 c。通过试验结果分析发现，当试验参数 c 取 1～2 时，组合参数γ在 0.1～0.2 变化。基于课题组本次及前期地震损伤试验结果[14, 16～19]，经过大量试算发现，当组合参数γ=0.15 时，试验参数 c 的离散性较小，因此，在此取组合参数γ=0.15。据此，依据文献[1]和[19]的试验结果，由式（4-9）即可计算出不同剪跨比、混凝土强度、轴压比、含钢率及配箍率的 SRHPC 框架柱试件（设计参数见表 4.6）在完全破坏（D=1）时，所对应的试验参数 c。

表 4.6　回归的相关设计参数

试件编号	试验参数					组合参数 γ
	混凝土强度等级	剪跨比 λ	轴压比 n	含钢率 ρ_s /%	配箍率 ρ_v /%	
PSRC-1	C80	3.0	0.4	5.6	1.38	0.15
PSRC-2	C80	2.5	0.4	5.6	1.38	0.15
PSRC-3	C80	2.0	0.4	5.6	1.38	0.15
PSRC-4	C80	1.5	0.4	5.6	1.38	0.15
PSRC-5	C60	3.0	0.4	5.6	1.38	0.15
PSRC-6	C100	3.0	0.4	5.6	1.38	0.15
PSRC-7	C120	3.0	0.4	5.6	1.38	0.15
SRC-6	C80	3.0	0.4	6.8	0.8	0.15
SRC-7	C80	3.0	0.4	6.8	0.8	0.15

续表

试件编号	试验参数					组合参数 γ
	混凝土强度等级	剪跨比 λ	轴压比 n	含钢率 ρ_s /%	配箍率 ρ_v /%	
SRC-8	C80	3.0	0.2	6.8	0.8	0.15
SRC-9	C80	3.0	0.6	6.8	0.8	0.15
SRC-10	C80	3.0	0.4	4.6	0.8	0.15
SRC-1	C80	3.0	0.4	5.7	0.8	0.15
SRC-11	C80	3.0	0.4	6.8	1.1	0.15
SRC-12	C80	3.0	0.4	6.8	1.4	0.15

注：表中“P”代表本课题组前期试验试件。

需要指出的是，欲获得各试件所对应的试验参数 c，首先需要确定各试件在直接单调加载时的极限变形和极限耗能能力，但对具有不同设计参数的各循环加载试件均进行相应的单调加载以获得其试验实测极限变形和极限耗能能力是不现实的。故本章借助数值模拟分析方法来获得相应试件单调加载时的极限变形和极限耗能能力[1]。

计算结果表明，试验参数 c 随剪跨比λ、含钢率 ρ_s 和配箍率 ρ_v 的提升而增大，而随轴压比 n、混凝土强度的增大而减小。但不同混凝土强度对试验参数 c 的影响不大，因此假定：混凝土强度对试验参数 c 的影响可被忽略。图 4.32 给出了试验参数 c 与剪跨比、含钢率、配箍率及轴压比的关系曲线。

从图中可以看出，试验参数 c 随剪跨比、含钢率及轴压比呈线性变化，而随配箍率呈非线性变化。基于表 4.6 提供的设计参数，对试验参数 c 进行多元非线性回归分析，其表达式为

$$c = 5.69 + 0.87\ln\rho_v + 0.056\lambda + 10.46\rho_s - 2.1n \tag{4-13}$$

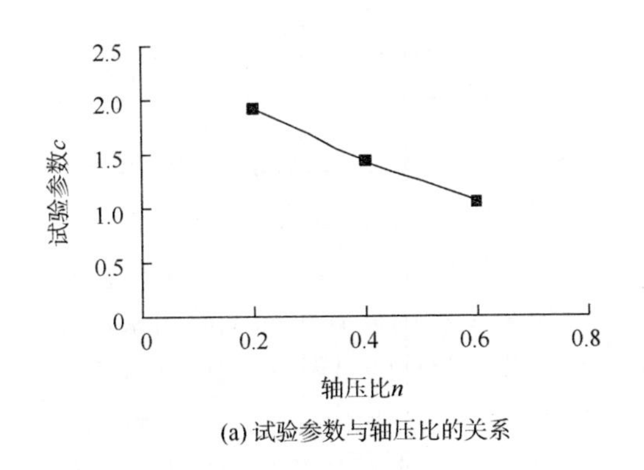

(a) 试验参数与轴压比的关系

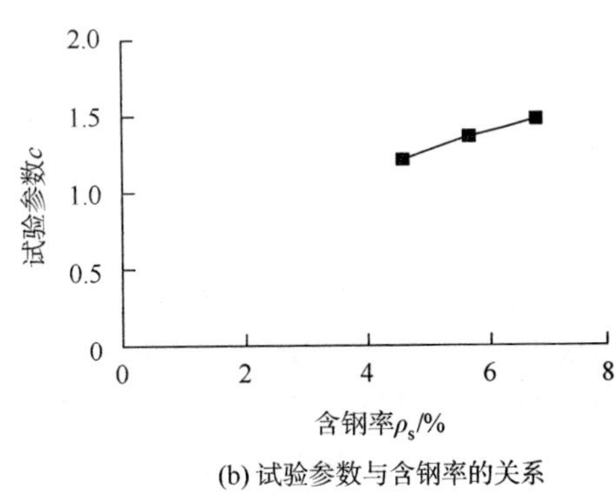

(b) 试验参数与含钢率的关系

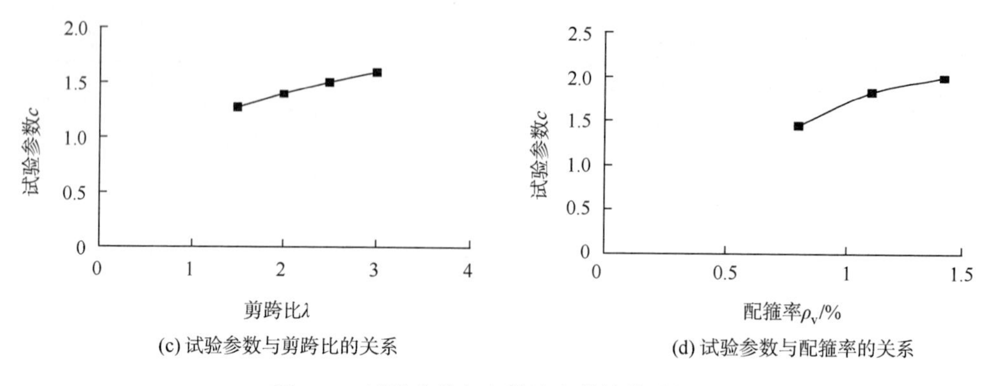

(c) 试验参数与剪跨比的关系　　(d) 试验参数与配箍率的关系

图 4.32　试验参数与各设计参数的关系曲线

4.2.6　损伤模型的有效性验证

基于 4.2.4 节所建立的损伤模型，对课题组前期部分试验试件在完全破坏时的损伤指数进行计算评估，其结果见表 4.7。由表可知，损伤指数均值为 0.997，标准差为 0.0035，变异系数为 0.0035。表明按照式（4-9）计算所表达的累积损伤模型能够较好地反映低周反复循环荷载作用下 SRHPC 框架柱的损伤累积、发展乃至破坏的全过程。

表 4.7　破坏时损伤变量 *D* 值

试件编号	试验设计参数					损伤指数
	混凝土强度等级	剪跨比 λ	轴压比 n	含钢率 ρ_s / %	配箍率 ρ_v / %	
PSRC-8	C80	1.5	0.2	5.6	1.38	0.985
PSRC-9	C80	1.5	0.4	5.6	1.38	0.0996
PSRC-10	C80	1.5	0.6	5.6	1.38	1.016
PSRC-11	C100	1.5	0.4	5.6	1.38	0.997
PSRC-12	C120	1.5	0.4	5.6	1.38	0.993
PSRC-13	C80	2.0	0.4	5.6	1.26	1.009
PSRC-14	C80	2.0	0.4	5.6	1.72	0.986
PSRC-15	C80	2.0	0.4	4.7	1.26	0.995

同时，分别采用式（4-9）所提出的损伤模型和经典的 Park-Ang 损伤模型对各个试件进行损伤指数随循环次数变化的计算分析，并将其计算结果与试验结果进行对比分析，以进一步验证课题组所提出的损伤模型的合理性。为了使 Park-Ang 损伤模型能应用于 SRHPC 构件损伤分析，首先需要利用课题组的试验结果，对 Park-Ang 损伤模型中的非负参数 β 值进行回归分析。分析结果表明，当 β=0.025 时离散性较小。故采用 Park-Ang 损伤模型对试件 PSRC-9 进行损伤分析时，取 β=0.025。

按不同损伤模型计算获得试件 PSRC-9 的损伤指数与试验损伤值的对比分析

如图 4.33 所示。从图中可以看出，在地震作用下，进入弹塑性阶段后，构件损伤累积越来越严重，相反，处于弹性阶段时，构件损伤非常轻微，可认为处于无损状态，即 $D=0$。课题组所提出的损伤模型的计算结果与试验结果基本吻合，较为真实地反映了框架柱的地震损伤演化过程；而 Park-Ang 损伤模型则偏高地估计了框架柱的损伤程度。

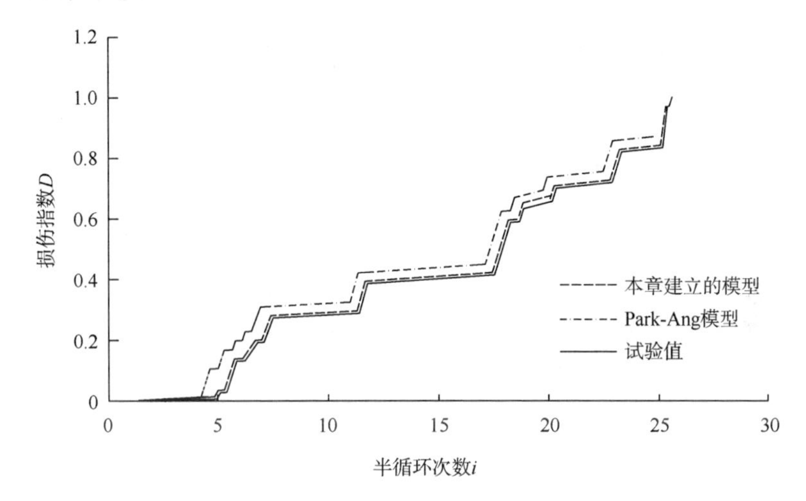

图 4.33 损伤指数计算结果与试验结果的对比分析

4.2.7 构件相应损伤状态的确定

欲对震后建筑结构的损伤程度和经济损失做出合理的评估，其相应损伤状态的确定就显得非常重要。根据建筑结构对应的损伤状态，可合理地对建筑结构进行震后评估，并为结构或构件震后处理提供依据。目前，国内外对于结构损伤状态的划分没有统一的方法，破坏等级的制定受主观因素影响较大，这主要是因为在损伤估计过程中存在许多不确定的影响因素，如结构或构件的承载能力的确定、性能水准的定义、破坏等级的定义、修复和置换的代价等。但归纳起来结构损伤状态的确定主要有以下两种方法。

（1）直接定义两种损伤状态，即破坏和无破坏状态。

（2）利用定性指标确定离散型损伤状态，如无损、轻微损伤、中等损伤、严重损伤和破坏，进而应用理论和经验方法得到结构损伤的各种估计。

美国应用技术委员会（The Applied Technology Council，ATC）在对 1997 年发生于加利福尼亚州北部的地震进行震后调查时，采用 ATC-38 给出的损伤状态类型（表 4.8）对建筑结构进行了震后调查和评估[20]。另外，早在 1985 年，美国 ATC 提出了以震后建筑结构置换修复所需造价为函数的 ATC-13 损伤状态的划分，表 4.9 给出了 ATC-13 中规定的损伤状态及相应的损伤指数范围[21]。

表 4.8 ATC-38 损伤状态的划分

损伤状态	损伤描述
无损（none）	结构或构件无损伤，或有损伤，但损伤不明显
轻度损伤（light）	仅需对非结构构件的损伤进行修复，结构无需修复。非结构构件包括填泥料、分割缝、天花板、安装设备等
中度损伤（moderate）	结构的损伤需要修复。已有构件可在原位被修复，没有实质性的破坏，构件无需置换。对于非结构构件需要一些置换
重度损伤（heavy）	损伤进一步累积，结构单元需要大量修复或置换，对于非结构构件的损伤部分需要部分或全部置换，如天花板、设备等

表 4.9 ATC-13 损伤状态及相应损伤指数范围

损伤状态	损伤指数范围/%
无损（none）	0
轻微损伤（slight）	0～1
轻度损伤（light）	1～10
中度损伤（moderate）	10～30
重度损伤（heavy）	30～60
非常严重损伤（major）	60～100
破坏（destroyed）	100

根据型钢混凝土结构四个性能水准（正常使用、暂时使用、生命安全、接近倒塌）及其宏观描述[22]，同时结合破损度与本试验中观察到的 SRHPC 框架柱破坏程度的比较分析，表 4.10 给出了 SRHPC 框架柱的性能水准及其对应的破坏程度的定义。从表中可以看出，与已有研究结果不同，在 SRHPC 框架柱的性能水准中增加了倒塌水准，该划分方法弥补了损伤后期由于损伤指数范围较大造成的损伤评估难以确定的缺点。尽管试验观察得到的损伤带有一定的主观性，但它能提供关于结构构件抗震性能较为有效的信息。

表 4.10 SRHPC 框架柱的性能水准及其描述

性能水平	结构宏观描述	破坏程度	易修复程度
正常使用	SRHPC 框架柱无损伤，或损伤非常轻微；SRHPC 框架柱保持原有强度和刚度，且处于弹性工作阶段	基本完好	不需修复
暂时使用	有轻微裂缝出现，仅需要少量修复，SRHPC 框架柱强度和刚度均略有退化（退化幅度较小），可近似认为处于弹性工作阶段；受拉纵筋和型钢受拉翼缘屈服，腹板尚未完全屈服	轻微破坏	较易修复
生命安全	SRHPC 框架柱丧失了部分刚度和强度，构件进入弹塑性工作状态，其受拉和受压型钢屈服，柱根塑性铰开始形成，承载力达到最大值	严重破坏	可以修复
接近倒塌	SRHPC 框架柱刚度和强度退化严重，柱根部受压区混凝土保护层外鼓并大面积脱落，纵筋和箍筋裸露，部分纵筋压曲，型钢局部压屈，构件处于塑性工作阶段	接近倒塌	难以修复
倒塌	SRHPC 框架柱根塑性铰达到极限变形，完全丧失承载能力	倒塌	无法修复

根据表 4.10 给出的性能水准及其描述，表 4.11 给出了 SRHPC 框架柱对应的损伤状态及其相应的损伤定义。

表 4.11 SRHPC 框架柱损伤状态及其定义

损伤状态	损伤状态的定义
轻微损伤（slight damage）	混凝土未明显开裂，仅局部出现细微裂缝，裂缝无需修复
轻度损伤（light damage）	微裂缝增多，但无残余变形，裂缝较易修复
中度损伤（moderate damage）	裂缝开裂较为严重，构件仅有较小残余变形
重度损伤（heavy damage）	柱根截面裂缝贯通，且拉、压纵筋及型钢拉、压翼缘和大部分腹板屈服，柱根部受压区混凝土保护层外鼓并大面积脱落，纵筋和箍筋裸露，构件残余变形进一步加大
完全破坏（completely failure）	构件残余变形达最大，构件失去承载能力

针对地震作用下结构破坏的 5 个等级：基本完好、轻微破坏、中等破坏、严重破坏和倒塌，国内外学者根据各自所提损伤模型给出了不同损伤状态及其对应的损伤指数范围（表 4.12）[23]。结合试件损伤试验观察，依据表 4.10 和表 4.11 中关于 SRHPC 框架柱损伤状态的描述及定义，给出框架柱损伤状态对应的损伤指数范围，见表 4.13。通常在对 SRHPC 构件进行抗震损伤评价及性能评估时，可按照式（4-9）所给的损伤指数计算模型求得各结构构件的损伤指数，然后依据表 4.13 所给出的损伤指数范围确定结构构件的损伤状态及破坏程度。

表 4.12 不同损伤状态及其对应的损伤指数范围

研究者＼破坏等级	基本完好	轻微破坏	中等破坏	严重破坏	倒塌
牛荻涛	0～0.2	0.2～0.4	0.4～0.65	0.65～0.9	≥0.9
欧进萍	0～0.1	0.1～0.25	0.25～0.45	0.45～0.65	≥0.9
刘伯权	0～0.1	0.1～0.3	0.3～0.6	0.6～0.85	≥0.85
江近仁	0.228	0.254	0.420	0.777	≥1.0
胡聿贤	0～0.2		0.2～0.4	0.4～0.6	0.8～1.0
Ghobarah	0～0.15		0.15～0.3	0.3～0.8	≥0.8
Park-Ang	0～0.1	0.1～0.25	0.25～0.4	0.4～0.1	≥1.0

表 4.13 SRHPC 框架柱损伤状态及相应的损伤指数范围

损伤状态	破坏程度	损伤指数范围	易修复程度
轻微损伤（slight damage）	基本完好	$D<0.1$	不需修复
轻度损伤（light damage）	轻微破坏	$0.1\leqslant D<0.3$	较易修复

续表

损伤状态	破坏程度	损伤指数范围	易修复程度
中度损伤（moderate damage）	严重破坏	$0.3 \leqslant D < 0.6$	可以修复
重度损伤（heavy damage）	接近倒塌	$0.6 \leqslant D < 1.0$	难以修复
完全破坏（completely failure）	倒塌	$D \geqslant 1.0$	无法修复

4.3 基于损伤的 SRHPC 框架柱恢复力模型

现行抗震规范规定：对于一些重要高层建筑、刚度和质量分布特别不均匀的建筑及高度超过一定规定的建筑，除了采用反应谱法对其进行抗震分析，还应采用弹塑性时程分析法对其进行补充分析。而恢复力模型作为结构弹塑性时程分析的基础，其合理选取就显得尤为重要。理想的恢复力模型应能够较为真实地反映地震作用下结构或构件的实际受力情况，如强度衰减、刚度退化、变形性能、耗能能力、不同材料间粘结滑移行为等。合理地建立基本构件的恢复力模型，准确地确定模型中诸参数，计算所得结果才能真实反映实际结构的力学特性。

大多恢复力模型是基于大量试验所获得的关系曲线，经过适当抽象与简化后，而得到的实用数学模型。目前，国内外一些研究人员已对钢筋混凝土结构或构件的恢复力特性进行了大量的试验研究，并提出了相关恢复力特性的模型及计算表达式。而对于型钢混凝土结构或构件，尤其是对 SRHPC 结构或构件的恢复力特性研究还很少。

鉴于此，作者以低周反复荷载作用下 SRHPC 框架柱损伤试验研究为基础，建立考虑损伤影响的滞回模型，并基于所建立的地震损伤模型提出循环退化指数的确定方法，以此对框架柱各阶段的性能退化进行理论描述，进而建立基于损伤的 SRHPC 框架柱的恢复力模型。试件滞回曲线计算值与试验值的对比分析表明，所建立的恢复力模型可准确描述 SRHPC 框架柱在反复荷载作用下的滞回特性，研究结果可为该类结构的弹塑性时程分析提供理论支撑。

4.3.1 恢复力模型的组成及确定

与 RC 结构类似，SRHPC 结构在地震作用下亦产生一系列非线性反应，如内力和变形、混凝土的裂缝、钢筋与型钢的屈服、型钢与混凝土之间的粘结滑移等均在往复地变化着。为了进行地震作用下构件受力全过程动力分析，首先应建立能够准确描述反复荷载下材料或截面性能变化的本构关系，即恢复力模型。

恢复力模型主要由骨架曲线和不同特性的滞回曲线两部分组成。通常采用较为可靠的理论公式确定骨架曲线上的关键点。滞回曲线可反映构件的塑性性能，根据滞回环面积的大小，可以衡量构件吸收能量的能力。

确定恢复力模型的试验方法主要有反复静荷载试验法和周期循环动荷载试验法。目前国内外多采用反复静荷载试验法，即低周反复加载试验来分别建立材料、构件和结构三个层次上的恢复力模型。

4.3.2 常用恢复力模型

多年来，国内外学者通过对试验获得的结构或构件实际滞回曲线的简化和模型化，得到了诸多便于工程应用的恢复力模型。归纳起来可分为曲线型和折线型两种类型。通过试验直接得到的恢复力曲线均为曲线型，刚度变化基本连续，仅在加载和卸载转换处出现刚度突变点。曲线型恢复力模型虽与工程实际较为接近，但对于刚度的确定及数值计算则较为困难；而折线型恢复力模型由多段直线段构成，刚度变化不连续，存在明显的拐点或刚度突变点，刚度计算较为简单，因此，在工程实际中应用较多。下面就工程实际中经常用到的几种折线型和曲线型恢复力模型给以简单介绍。

1. 折线型恢复力模型

目前，工程实际中应用较多的折线型恢复力模型有双线型恢复力模型、Clough 退化刚度模型、Takeda 模型、退化三线型模型和损伤恢复力模型。

1）双线型恢复力模型

在早期的非线性动力分析中，多采用弹塑性恢复力模型进行分析。弹塑性体在加载与卸载变化之间线弹性变化。而达到屈服强度后，结构产生一恒定的力，同时伴随着零刚度。为了反映屈服后材料的应变硬化特性，弹塑性模型被研究人员修改，修改后的模型即双线型模型。伴随着前一次最大位移循环后，卸载刚度 K_r 有所退化，其表达式为[24]

$$K_{\mathrm{r}} = K_{\mathrm{e}}\left|\frac{\Delta_{\mathrm{m}}}{\Delta_{\mathrm{y}}}\right|^{-\omega} \tag{4-14}$$

式中，K_e 为初始刚度；Δ_y 为屈服位移；Δ_m 为以前经历的最大位移；ω 为卸载刚度退化指数，$0<\omega<1$。当循环至某一次的位移幅值超过前一次的位移值时，卸载刚度才会改变。该模型也称为退化双线型滞回模型。若 $\omega=0$，则屈服后，卸载刚度不会产生退化现象。

2）Clough 退化刚度模型

在 20 世纪 60 年代后期，Clough 和 Johnson[25]提出了最具代表性的多段线恢复力模型。该模型中考虑了刚度退化，较为真实地反映了钢筋混凝土构件的滞回特性。但规定卸载时，刚度无退化，认为卸载刚度与其初始弹性刚度保持一致，即 $K_r=K_e$。当滞回环中再加载段指向以前最大响应点时，随着最大响应变形幅值的增加，再加载斜率不断减小。

Clough 模型中，当循环加载至中间位置时，开始卸载，再次加载时假定其加载方向指向前一次最大响应位置，如图 4.34（a）中的 *BC* 段。Mahin 和 Bertero[26] 研究发现，这一假定并不符合实际。因此，对其进行了修改，使得再加载时，沿之前卸载方向再次加载至 *A* 点，而后沿 *AC* 段指向之前的最大响应继续加载，如图 4.34（b）所示。

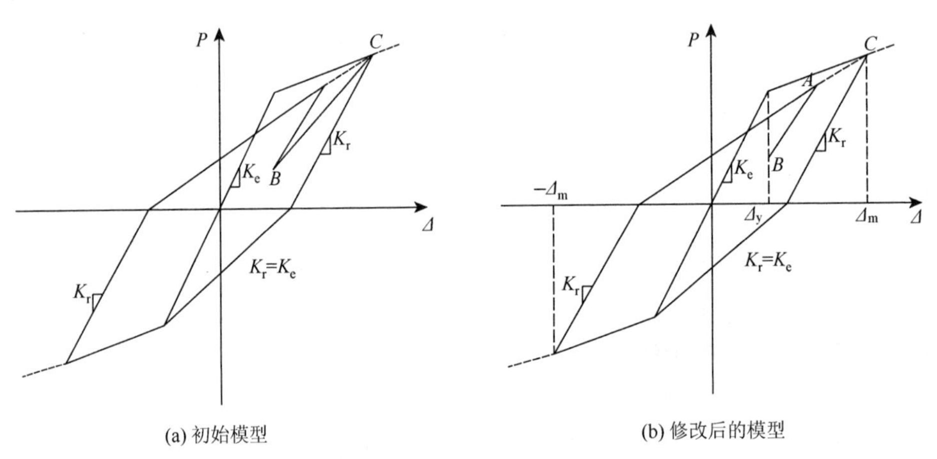

(a) 初始模型　　(b) 修改后的模型

图 4.34　Clough 退化刚度模型

3）Takeda 模型

基于钢筋混凝土构件在往复荷载作用下的试验结果，Takeda 等[27]提出了刚度退化恢复力模型，由于它能更好地模拟结构构件的受力行为，所以该模型得到了较为广泛的应用。如图 4.35 所示，该模型采用三折线型模型，卸载刚度的表达式为

$$K_r = \frac{P_y + P_c}{\Delta_y + \Delta_c}\left|\frac{\Delta_m}{\Delta_y}\right|^{-\theta} \tag{4-15}$$

式中，P_c、Δ_c 分别为开裂点的力和位移，其余含义同前。与 Clough 退化刚度模型类似，再加载时也向之前最大变形处靠近，如图 4.35 中的 *AB* 段。

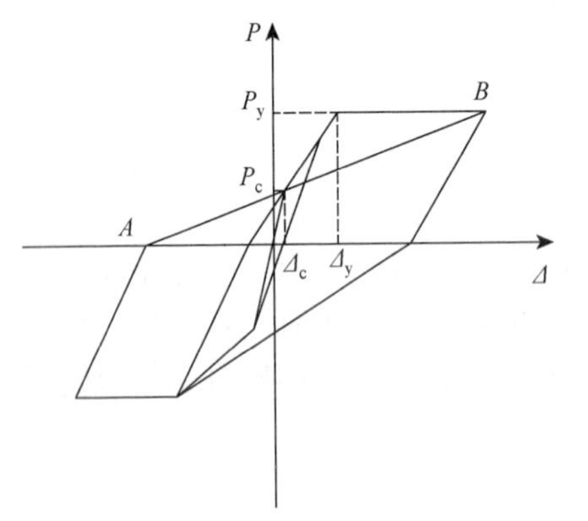

图 4.35　Takeda 退化刚度模型

4）退化三线型模型[28]

武田等于 1969 年提出了退化三线型模型，

该模型主要适用于模拟钢筋混凝土构件弯曲破坏的情况。如图 4.36（a）所示，模型中考虑了混凝土开裂对构件刚度的影响，其卸载刚度的确定方法与 Takeda 模型相同。

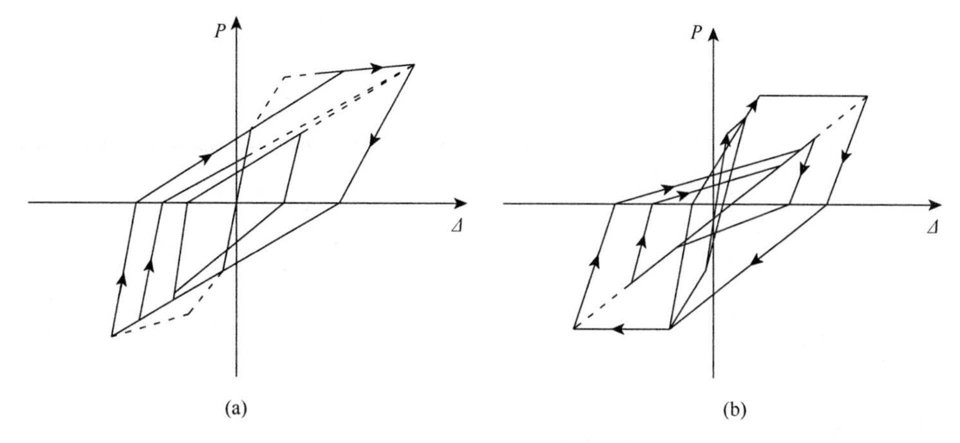

图 4.36　退化三线型模型

5）修正的退化三线型模型

江户等考虑到钢筋混凝土柱在较大变形时易出现钢筋滑移的行为，对退化三线型模型进行了修正，如图 4.36（b）所示。通过对卸载与再加载刚度确定方法的改进，来近似考虑因钢筋滑移致使构件滞回曲线出现捏缩效应的影响。

6）损伤恢复力模型

地震作用会使结构构件出现不同程度的损伤，从而导致构件强度和刚度等力学性能的不断劣化。因此，所建立的构件恢复力模型应能反映损伤对构件强度和刚度等力学性能的影响。鉴于此，Takeda 和 Sozen 于 1978 年提出了基于损伤指数的恢复力模型，如图 4.37（a）所示[28]。该模型的特点在于，其描述的屈服点不是固定不变的，而是随着损伤程度的增加而降低，反向加载时指向最新的屈服点。

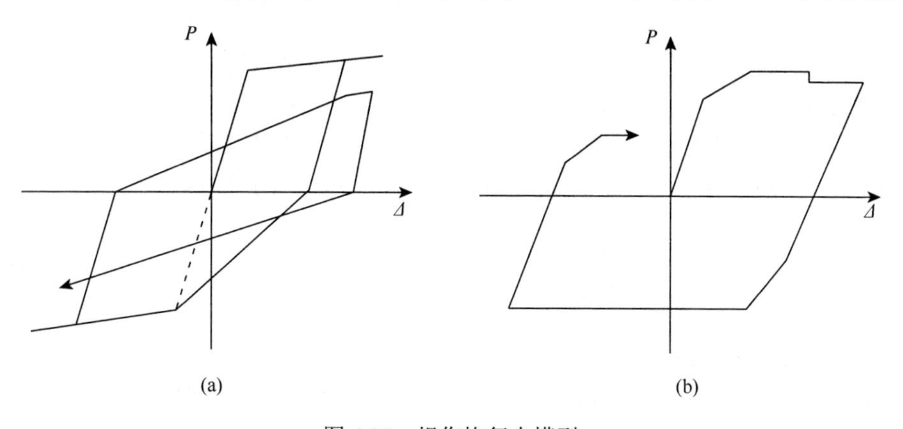

图 4.37　损伤恢复力模型

同样，Kumar 和 Usami[29]于 1996 年提出了基于损伤指数的恢复力模型，如图 4.37（b）所示。该模型利用损伤指数描述了构件的整个破坏过程，通过损伤指数的变化来反映损伤效应对构件力学性能的影响。

2. 曲线型恢复力模型

曲线型恢复力模型刚度变化基本连续，但当出现卸载和退化时，会引起刚度的突变。曲线型恢复力模型可分为代数模型和微分模型。代数模型用代数方程来表示恢复力与位移之间的关系；微分模型则采用微分方程来表示恢复力与位移之间的关系。模型的建立均基于 Masing 假定。

1）代数模型

（1）Masing 假定。

假如通过代数关系 $f(\Delta,P)=0$ 确定初始加载曲线，则曲线在顶点 $(\Delta_{\rm ver}^{+},P_{\rm ver}^{+})$ 和 $(\Delta_{\rm ver}^{-},P_{\rm ver}^{-})$ 之间可用代数模型表示为

$$f\left(\frac{\Delta-\Delta_{\rm ver}^{+/-}}{2},\frac{P-P_{\rm ver}^{+/-}}{2}\right)=0 \tag{4-16}$$

该模型具有光滑的初始曲线，其实现较为困难。下面介绍几种较为著名的曲线代数模型。

（2）Ramberg-Osgood 模型。

1943 年，Ramberg 和 Osgood[30]利用一个单一非线性代数方程来描述观察到的金属材料恢复力特性，从而建立了恢复力模型。后来 Jennings[31]通过参数的引入对模型进行了修改。修改后模型的初始加载曲线可表示为

$$\frac{\Delta}{\Delta_{\rm y}}=\frac{P}{P_{\rm y}}+\eta_0\left|\frac{P}{P_{\rm y}}\right|^{a} \tag{4-17}$$

式中，a 为 Ramberg-Osgood 模型中的指数；η_0 为 Jennings 引入的修正参数。初始曲线的形状随指数 a 的变化而改变，当 $a=0$ 时，曲线表现弹性特性；当 $a=\infty$ 时，曲线表现弹塑性特性。如果 a 值较大，曲线的变化特性类似于双线型模型。达到峰值响应 $(\Delta_{\rm o},P_{\rm o})$ 后开始卸载，则卸载与再加载段的关系可表达为

$$\frac{\Delta-\Delta_{\rm o}}{2\Delta_{\rm y}}=\frac{P-P_{\rm o}}{2P_{\rm y}}+\eta\left|\frac{P-P_{\rm o}}{2P_{\rm y}}\right|^{a} \tag{4-18}$$

（3）Menegotto-Pinto 模型。

20 世纪 70 年代 Menegotto 和 Pinto 建立了描述钢筋滞回特性的恢复力模型。该模型通过非线性代数表达式定义如下：

$$\frac{\Delta}{\Delta_y}=\frac{P}{P_y}\left(1-\left|\frac{P}{P_y}\right|^{\phi_u}\right)^{-1} \tag{4-19}$$

式中，ϕ_u 为卸载曲线的参数。

值得注意的是，以上介绍的几种恢复力模型均假定在正、反向加载时结构构件具有对称的滞回特性，这一点显然与实际不符，例如，当结构受到地震作用时，其加载历程表现出明显的不对称性。因此，通过非线性微分方程建立恢复力和位移之间的关系可在一定程度上弥补上述不足。

2）微分模型

Endochronic 模型、Ozdemir 模型和 Bouc-Wen 模型为三种常用曲线微分型恢复力模型。虽然模型建立的目的不同，但在一定条件下，这三种模型之间具有明显的相似性。

（1）Endochronic 模型。

基于固有时间 t 与材料变形过程之间的关系，在线黏弹性的卷积积分中用固有时间替换真实时间，即可建立 Endochronic 模型[32]。基于 Maxwell 模型，Bazant 和 Bhat 利用塑性应变函数代替真实时间，对一维情况下的 Endochronic 模型进行了物理解释。Endochronic 模型的具体表达式为

$$\dot{P}=K_0\dot{\Delta}-\frac{1}{Z}P\left|\dot{\Delta}\right| \tag{4-20}$$

式中，$Z=P_y/K_0$。

（2）Ozdemir 模型。

1976 年，Ozdemir[33]建立了曲线微分模型，其表示式为

$$\frac{\dot{P}}{P_y}=\frac{\dot{\Delta}}{\Delta_y}-\frac{1}{\tau}\left(\frac{P}{P_y}\right)^{\phi} \tag{4-21}$$

当 $\phi\to\infty$ 时，该模型近似于弹塑性模型。Ozdemir 研究指出，对于每次加载率 $\dot{D}$，存在时间常数 $\tau=\left|D_y/\dot{D}\right|$，使得模型率无关。则率无关 Ozdemir 模型表示为

$$\frac{\dot{P}}{P_y}=\frac{\dot{\Delta}}{\Delta_y}-\left|\frac{\dot{\Delta}}{\Delta_y}\right|\left(\frac{P}{P_y}\right)^{\phi}=\frac{\dot{\Delta}}{\Delta_y}\left[1-\left|\frac{P}{P_y}\right|^{\phi-1}\mathrm{sgn}\left(\frac{P}{P_y}\frac{\dot{\Delta}}{\Delta_y}\right)\right] \tag{4-22}$$

（3）Bouc-Wen 模型。

当结构遭受剧烈循环荷载作用时，相关滞回环是相互关联的，即滞回环的演化不仅与瞬时变形有关，而且与变形的过程有关。Bouc-Wen 模型能够描述上述关联[34, 35]。

假定结构运动方程为

$$m\ddot{x}+c\dot{x}+r(x,z)=F_{\text{ext}}(t) \tag{4-23}$$

式中，x 为结构构件位移；z 为假想滞回位移；$r(x,z)$ 为总的恢复力；m、c 分别为质量和阻尼系数。假定外力 $F_{\text{ext}}(t)$ 为循环作用，在微分模型建立过程中，恢复力 $r(x,z)$ 被分为弹性和滞回两部分，即

$$r(x,z)=\alpha_0 kx+(1-\alpha_0)kz \tag{4-24}$$

式中，k 为刚度系数；α_0 为权重系数，$0<\alpha_0<1$。当 $\alpha_0=0$ 时，其恢复力对应滞回恢复力部分，相反，当 $\alpha_0=1$ 时，其恢复力对应弹性恢复力部分。其滞回退化结构如图 4.38 所示。

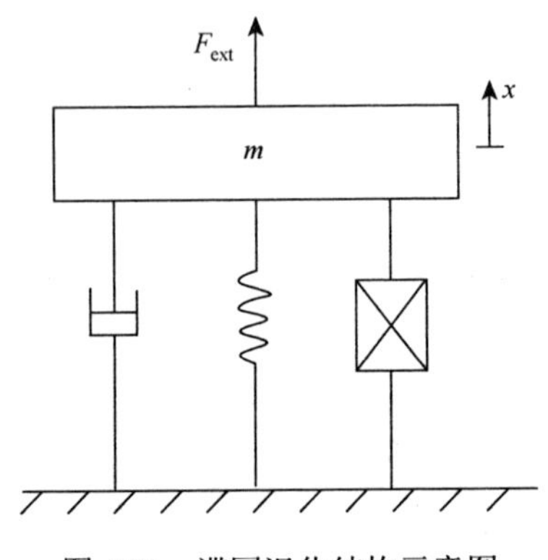

图 4.38　滞回退化结构示意图

由式（4-25）所示滞回位移 z 与总位移 x 的非线性微分方程，则可获得相应的滞回环：

$$\dot{z}=A_2\dot{x}-\beta_2|\dot{x}||z|^{n_2-1}z-\gamma_2\dot{x}|z|^{n_2} \tag{4-25}$$

式（4-23）～式（4-25）为经典的 Bouc-Wen 模型，其中，A_2、β_2、γ_2、n_2 为四个不具体的参数。式（4-25）可另写为

$$\dot{z}=A_2\dot{x}-\dot{x}|z|^{n_2}\left[\beta_2\operatorname{sgn}(z\dot{x})+\gamma_2\right]=A_2\dot{x}-A_2\dot{x}\frac{\beta_2\operatorname{sgn}(z\dot{x})+\gamma_2}{\beta_2+\gamma_2}\left|\frac{z}{z_{\text{u}}}\right|^{n_2} \tag{4-26}$$

式中

$$z_{\text{u}}=\left(\frac{A_2}{\beta_2+\gamma_2}\right)^{1/n_2} \tag{4-27}$$

3）曲线型恢复力模型之间的关系

假定经典的 Bouc-Wen 模型中，$\gamma_2=0$，$\beta_2=1$，则式（4-26）可重写为

$$\dot{z}=A_2\left[\dot{x}-\dot{x}\operatorname{sgn}(\dot{x})\frac{|z|^{n_2}\operatorname{sgn}(z)}{z_{\text{u}}^{n_2}}\right]=A_2\left(\dot{x}-|\dot{x}|\frac{z^{n_2}}{z_{\text{u}}^{n_2}}\right) \tag{4-28a}$$

$$\dot{P}=K\left[\dot{\varDelta}-\left|\dot{\varDelta}\right|\left(\frac{P}{P_{\mathrm{y}}}\right)^{\phi_{\mathrm{u}}}\right] \tag{4-28b}$$

$$\frac{\dot{P}}{P_{\mathrm{y}}}=\left[\frac{\varDelta}{\varDelta_{\mathrm{y}}}-\left|\frac{\varDelta}{\varDelta_{\mathrm{y}}}\right|\left(\frac{P}{P_{\mathrm{y}}}\right)^{\phi_{\mathrm{u}}}\right] \tag{4-28c}$$

令 $A_2=K=P_{\mathrm{y}}/\varDelta_{\mathrm{y}}$，以 z 和 x 分别代替式（4-22）中的 P 和 $\varDelta$，同时假定 $\gamma_2=1$，$\beta_2=0$，则式（4-26）可重写为

$$\dot{z}=A_2\dot{u}-A_2\dot{u}\left|\frac{z^{n_2}}{z_{\mathrm{u}}^{n_2}}\right|=A_2\left(1-\left|\frac{z^{n_2}}{z_{\mathrm{u}}^{n_2}}\right|\right)\dot{u} \tag{4-29a}$$

$$u=\frac{z}{A_2}\left(1-\left|\frac{z^{n_2}}{z_{\mathrm{u}}^{n_2}}\right|\right)^{-1} \tag{4-29b}$$

$$\frac{\varDelta}{\varDelta_{\mathrm{y}}}=\frac{P}{P_{\mathrm{y}}}\left(1-\left|\frac{P}{P_{\mathrm{y}}}\right|^{\phi_{\mathrm{u}}}\right)^{-1} \tag{4-29c}$$

按上述方法，当 $\gamma_2=0$、$\beta_2=1$ 时，式（4-19）也可被重新表示，与式（4-29）相类似。因此，可以看出，典型的 Bouc-Wen 模型是率无关 Ozdemir 模型与 Menegotto-Pinto 模型的加权组合。

4.3.3　型钢混凝土柱的恢复力模型研究现状

上述恢复力模型大多已被用于钢筋混凝土结构和钢结构的分析中，而用于分析型钢混凝土组合结构的较少。型钢混凝土组合结构同时具备了钢结构和钢筋混凝土结构的一些特性，因此，构件的恢复力特性介于两者之间。当含钢率较低时，恢复力特性接近于钢筋混凝土结构的特性；相反，当含钢率较高时，则更多地表现出钢结构的一些特性。

文献[36]定义屈服点、最大弯矩点作为特征点，将型钢混凝土柱的弯矩-曲率骨架曲线简化为三折线，如图 4.39 所示，并给出了求解各个特征点的具体表达式。该恢复力模型未考虑反复加载时构件的强度衰减，同时也没有给出明确的滞回规则。

文献[37]提出了型钢混凝土柱三线型恢复力模型，该模型采用开裂荷载 V_{cr}、屈服荷载 V_{y} 作为特征点，建立了型钢混凝土柱三折线骨架曲线，如图 4.40 所示。同时，给出了各特征点及相应位移的计算表达式。但该模型没有给出卸载刚度的确定方法。

文献[38]基于 6 榀配角钢骨架空腹式型钢混凝土框架柱的试验结果，给出了能反映空腹式型钢混凝土框架柱性能退化的三线型恢复力模型及其特征点的计算方法。该模型考虑了混凝土开裂和钢材屈服对构件刚度的影响，但没有考虑反复荷载作用下构件的强度衰减，同时在确定卸载刚度时没有考虑轴压力系数的影响。

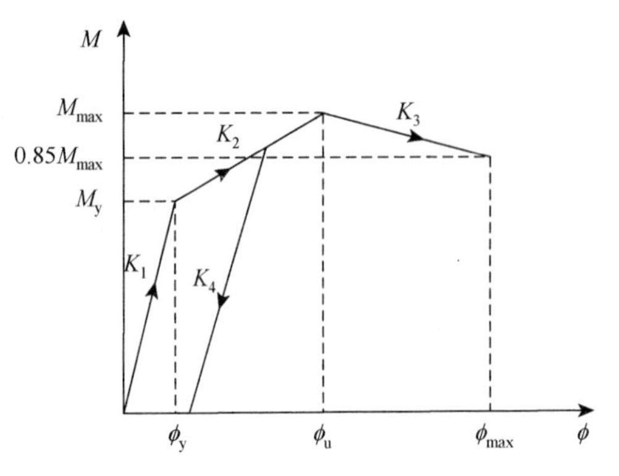

图 4.39　弯矩-曲率恢复力模型

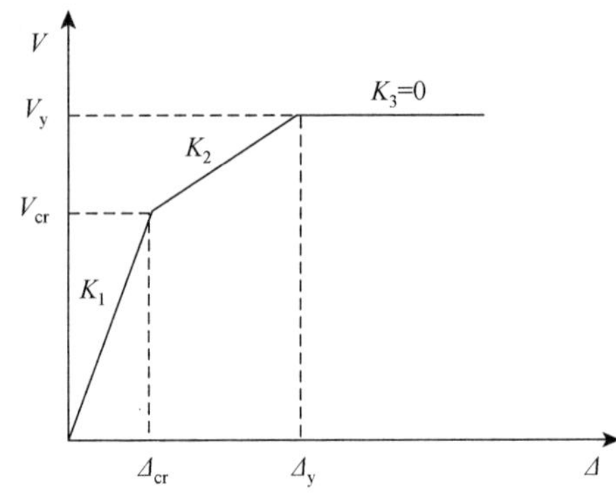

图 4.40　型钢混凝土柱三线型恢复力模型

4.3.4　基于损伤的 SRHPC 柱恢复力模型的建立

Takeda 和 Sozen 认为循环荷载作用下构件的屈服点随着损伤的累积而不断降低，再加载时指向最新的屈服点，从而提出了基于损伤的构件恢复力模型，如图 4.37（a）所示。本节通过对已有损伤恢复力模型的分析，结合 SRHPC 框架柱在地震作用下的滞回特性及构件各项力学性能的变化，根据损伤模型建立了循环退化指数，对框架柱各阶段的性能退化进行了理论描述，进而建立了基于损伤的 SRHPC 框架柱的恢复力模型。

1. 骨架曲线的确定

已有研究一般根据试验结果把构件滞回曲线每次循环的峰值点（开始卸载点）连接起来（外包线），以此作为构件的骨架曲线。实际上，在对构件进行循环加载的过程中，构件已经产生了一定程度的损伤，因此按已有方法确定的骨架曲线很难真实地反映结构构件在地震作用下各项力学性能的退化。采用单调静力加载下结构构件的荷载-位移曲线作为骨架曲线可更好地反映循环荷载引起的结构性能退化，从而更好地描述结构构件在地震作用下的恢复力特性。研究中以 SRHPC 框架柱在单调静力加载下的荷载-位移曲线作为骨架曲线，如图 4.41 所示。从图中可以看出，试件骨架曲线的初始刚度比较大，且试件屈服时没有明显的拐点，屈服后强度仍有很大程度的提高，达到峰值强度后，构件强度虽有下降，但下降段的斜率不大，这表明试件的强度衰减相对缓慢。

根据试验骨架曲线及相关的试验数据，可将 SRHPC 框架柱的骨架曲线简化为带下降段的理想三折线型骨架曲线模型，如图 4.42 所示，其中 A 点为屈服荷载点，B 点为峰值荷载点，C 点为极限荷载点。

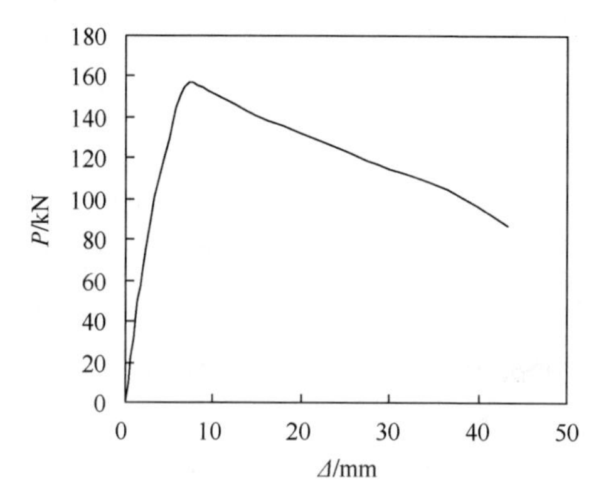

图 4.41 试件 SRC-1 的骨架曲线

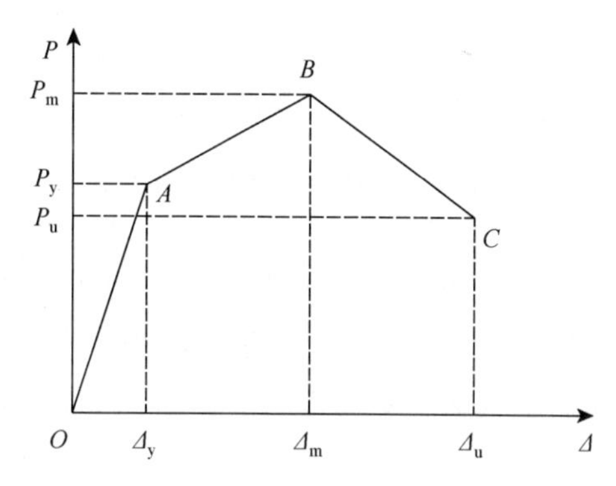

图 4.42 简化的骨架曲线及各特征点

理想三折线骨架曲线模型的具体划分如下。

（1）弹性段 OA。由本试验结果可知，SRHPC 框架柱在屈服之前已经出现了一些轻微裂缝，但总的变形较小，加载曲线的斜率变化小。考虑到弹塑性地震反应分析的主要目的是研究构件进入塑性阶段后的受力性能，因此为了简化计算，可以把 SRHPC 框架柱屈服前的骨架曲线简化为坐标原点至屈服点的连线，用它来描述构件骨架曲线的弹性阶段，如图 4.42 中的 OA 段。此阶段的刚度为初始刚度 K_e：

$$K_e = P_y / \Delta_y \tag{4-30}$$

式中，P_y 为构件的屈服荷载；Δ_y 为屈服位移。

（2）强度硬化段 AB。构件屈服后的骨架曲线存在着明显的强度硬化段，把此阶段简化为骨架曲线上屈服点 (Δ_y, P_y) 与峰值荷载点 (Δ_m, P_m) 的连线，如图 4.42 中的 AB 段。此阶段的刚度为硬化刚度，用来描述结构构件屈服后的受拉刚化效应，硬化刚度与构件初始刚度成比例，其表达式为

$$K_s = \alpha_s K_e \tag{4-31}$$

式中，α_s 为硬化系数。试验数据的统计分析表明，构件的轴压比 n 对 α_s 的影响较大，当 $0.2 \leqslant n \leqslant 0.4$ 时，$\alpha_s = 0.3$；当 $0.4 < n \leqslant 0.6$ 时，$\alpha_s = 0.4$。

（3）强度退化段 BC。达到峰值荷载后，构件的强度开始衰减，但下降段斜率较小，表明构件强度衰减相对缓慢，此阶段可简化为峰值荷载点 (Δ_m, P_m) 与极限

变形点 ($\varDelta_u$,P_u) 的连线，如图 4.42 中的 BC 段。此阶段的刚度为负刚度，它表示荷载达到峰值荷载后构件承载力衰减的幅度。构件的负刚度可表示为

$$K_n = \alpha_n K_e \tag{4-32}$$

式中，α_n 为软化系数。试验数据的统计分析表明，当 $0.2 \leqslant n \leqslant 0.4$ 时，$\alpha_n = -0.07$；当 $0.4 < n \leqslant 0.6$ 时，$\alpha_n = -0.1$，n 为轴压比。

2. 骨架曲线特征点的计算

为了确定上述 SRHPC 框架柱骨架曲线模型，除了应确定各段的刚度，还需确定骨架曲线中各特征点的值：屈服荷载 P_y 与屈服位移 $\varDelta_y$、峰值荷载 P_m 与相应位移 $\varDelta_m$、极限位移 $\varDelta_u$ 与破坏荷载 P_u。为计算分析方便，做如下假定：①截面应变服从平截面假定；②忽略受拉区混凝土的抗拉作用；③钢材采用理想弹塑性体的应力-应变关系；④受压区混凝土的应力-应变关系为[39]

$$\begin{cases} \varepsilon_c \leqslant \varepsilon_0, \quad \sigma_c = kf_c\left[2\left(\dfrac{\varepsilon_c}{\varepsilon_0}\right) - \left(\dfrac{\varepsilon_c}{\varepsilon_0}\right)^2\right] \\ \varepsilon_0 < \varepsilon_c \leqslant \varepsilon_{cu}, \quad \sigma_c = kf_c \end{cases} \tag{4-33}$$

式中，参数 ε_0、ε_{cu}、k 的取值如下：

$$\varepsilon_0 = 0.002 + 0.5(f_{cu,k} - 50)\times 10^{-5} \geqslant 0.002 \tag{4-34}$$

$$\varepsilon_{cu} = 0.0033 - (f_{cu,k} - 50)\times 10^{-5} \leqslant 0.0033 \tag{4-35}$$

$$k = \alpha(1 + \lambda_v) \tag{4-36}$$

其中，ε_0 为混凝土达最大应力值时的应变；ε_{cu} 为混凝土的极限压应变；k 为考虑箍筋和型钢对混凝土的约束作用而引入的强度提高系数；f_c 为混凝土轴心抗压强度值；$f_{cu,k}$ 为混凝土立方体抗压强度标准值；λ_v 为配箍特征设计值；α 为型钢对核心混凝土的约束作用提高系数，取 $\alpha = 1.1$。

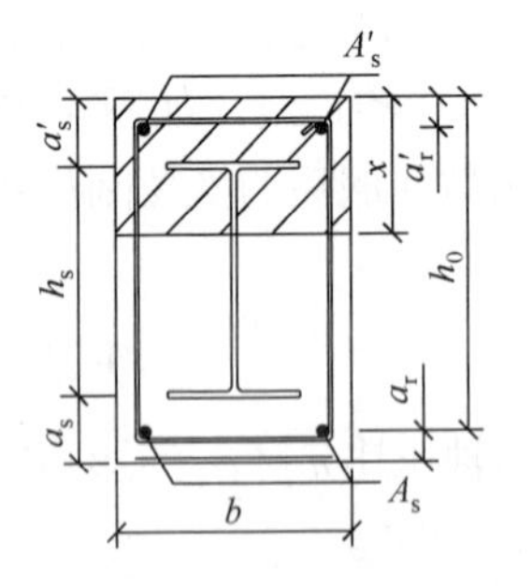

图 4.43　型钢混凝土柱大偏心受压截面示意图

1）屈服点 P_y 和 $\varDelta_y$ 的计算

（1）大偏心受压柱的计算。

当型钢受拉翼缘屈服时为大偏心受压框架柱的屈服点。图 4.43 为型钢混凝土柱大偏心受压截面示意图。根据本试验结果，当受拉区纵向钢筋屈服时，型钢受拉翼缘亦接近屈服。因此，定义纵向钢筋屈服为构件的屈服点。截面受压应力分布如图 4.44 所示。

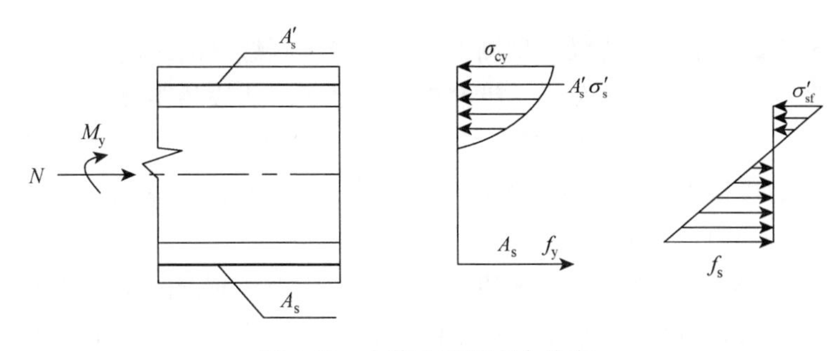

图 4.44　大偏心受压应力分布

由图 4.44 可知，框架柱根部截面的屈服曲率为

$$\phi_y = \frac{\varepsilon_y}{h_0 - x} \tag{4-37}$$

式中，ϕ_y 为构件的屈服曲率；ε_y 为受拉区纵向钢筋的屈服应变；h_0 为混凝土受压边缘至受拉钢筋重心的距离；x 为混凝土受压区高度。

计算截面屈服曲率的关键是确定框架柱屈服时混凝土受压区高度 x。由图 4.44 的截面平衡条件可得

$$N + f_y A_s + f_s A_{sf} + \frac{1}{2} f_s t_w (h - x - a_s - t) = \sigma_s' A_s' + \frac{2}{3}\sigma_{cy} bx + \frac{1}{2}\sigma_{sf}' t_w (x - a_s' - t) + \sigma_{sf}' A_{sf}' \tag{4-38}$$

$$\begin{aligned} & f_y A_s h_0 + f_s A_{sf}(h - a_s - \frac{t}{2}) + \frac{1}{6} f_s t_w (h - x - a_s - t)(x + 2h - 2a_s - 2t) + 0.5Nh \\ & = M_y + \sigma_s' A_s' a_r' + \sigma_{sf}' A_{sf}' (a_s' + \frac{t}{2}) + \frac{1}{6}\sigma_{sf}' t_w (x - a_s' - t)(2x + a_s' + t) + \frac{1}{4}\sigma_{cy} bx^2 \end{aligned} \tag{4-39}$$

式中

$$\sigma_s' = \frac{x - a_r'}{h_0 - x} f_y \tag{4-40}$$

$$\sigma_{sf}' = \frac{x - a_s'}{h - x - a_s} f_s \tag{4-41}$$

$$\sigma_{cy} = \frac{x}{h_0 - x} \frac{k\varepsilon_y}{\varepsilon_0} f_c \tag{4-42}$$

其中，N 为轴向压力；f_s、f_y 分别为型钢和纵向钢筋的抗拉强度；σ_{sf}'、σ_s' 分别为型钢和纵向钢筋的受压应力；σ_{cy} 为受拉纵向钢筋屈服时受压混凝土边缘的压应力；A_s、A_s' 分别为受拉和受压纵向钢筋的截面面积；A_{sf}'、A_{sf} 分别为型钢上、下翼缘截面面积；t_w 为型钢腹板厚度；t 为型钢翼缘厚度；h 为柱截面高度；a_s、a_s' 分

别为型钢下翼缘至受拉区边缘和型钢上翼缘至受压区边缘的距离；a_r、a_r' 分别为受拉纵筋重心至受拉区边缘和受压纵筋重心至受压区边缘的距离。

解方程式（4-38）和式（4-39），可分别求出混凝土受压区高度 x 和截面屈服弯矩 M_y。进而可根据式（4-37）计算出框架柱的截面屈服曲率 ϕ_y。

（2）小偏心受压柱的计算。

当型钢受压翼缘屈服，受压区边缘混凝土的应力达到混凝土的抗压强度，型钢受拉翼缘还尚未屈服时为小偏心受压破坏。图 4.45 为型钢混凝土柱小偏心受压截面示意图。截面受压应力分布如图 4.46 所示。

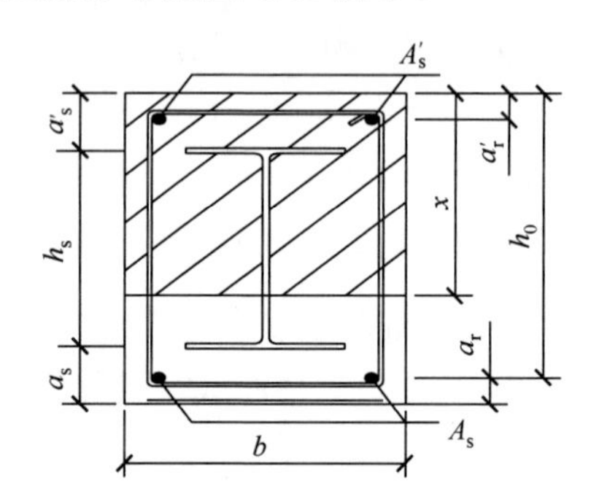

图 4.45　型钢混凝土柱小偏心受压截面示意图

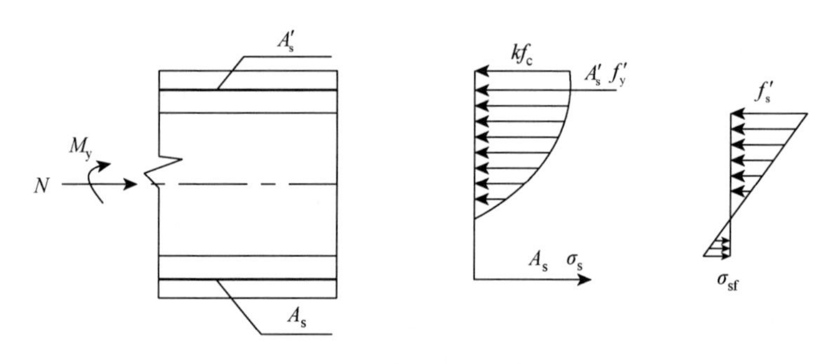

图 4.46　小偏心受压应力分布

由图 4.46 可知，框架柱根部截面的屈服曲率为

$$\phi_y = \frac{\varepsilon_0}{x} \tag{4-43}$$

式中，符号意义同前。

由图 4.46 型钢混凝土柱小偏心受压屈服时截面平衡条件可得

$$N + \sigma_s A_s + \sigma_{sf} A_{sf} + \frac{1}{2}\sigma_{sf} t_w (h - a_s - t - x) = f_y' A_s' + f_s' A_{sf}' + \frac{2}{3} k f_c b x + \frac{1}{2} f_s' t_w (x - a_s' - t) \tag{4-44}$$

$$\sigma_s A_s h_0 + \sigma_{sf} A_{sf}(h - a_s - \frac{t}{2}) + \frac{1}{6}\sigma_{sf} t_w (h - a_s - \frac{t}{2} - x)(x + 2h - 2a_s - t) + 0.5Nh$$
$$= M_y + f_y' A_s' a_r' + f_s' A_{sf}'(a_s' + \frac{t}{2}) + \frac{1}{4} k f_c b x^2 + \frac{1}{6} f_s' t_w (x - a_s' - \frac{t}{2})(x + 2a_s + t) \quad (4\text{-}45)$$

式中

$$\sigma_{sf} = \frac{h - x - a_s}{x - a_s'} f_s \quad (4\text{-}46)$$

$$\sigma_s = \frac{h_0 - x}{x - a_r'} f_y \quad (4\text{-}47)$$

其中，f_s'、f_y' 分别为型钢和纵向钢筋的抗压强度；σ_s、σ_{sf} 分别为纵向钢筋和型钢受拉应力；其余符号意义同前。

解方程式（4-44）和式（4-45）便可求出混凝土受压区高度 x 和截面屈服弯矩 M_y。进而，由式（4-43）便可计算出框架柱小偏心受压屈服时的截面屈服曲率 ϕ_y。

根据构件的实际受力情况，可将框架柱简化为如图 4.47 所示的悬臂构件，假设型钢混凝土框架柱截面的曲率沿柱呈直线分布，则框架柱支座截面屈服时的柱顶水平位移为

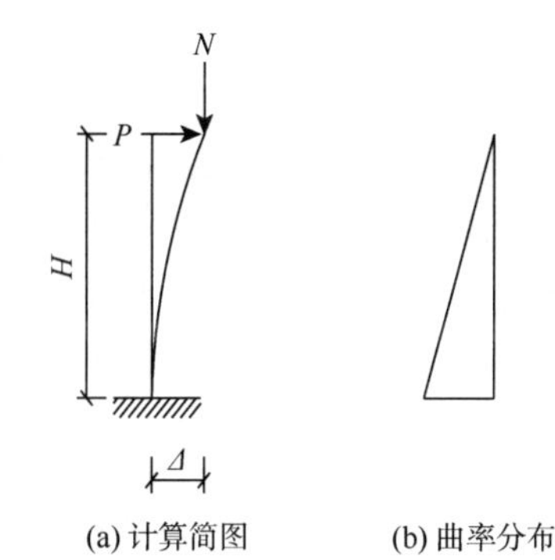

图 4.47 框架柱受力和曲率分布图

$$\Delta_y = \frac{1}{3}\phi_y H^2 \quad (4\text{-}48)$$

式中，H 为加载点至柱根的距离。

根据力平衡条件，可得框架柱支座截面屈服时柱顶的水平荷载为

$$P_y = \frac{M_y - N\Delta_y}{H} \quad (4\text{-}49)$$

2）峰值荷载点 P_m 和 Δ_m 的计算

框架柱支座处截面达到极限抗弯承载力时的柱顶荷载可由式（4-50）计算：

$$P_m = \frac{M_{max} - N\Delta_m}{H} \quad (4\text{-}50)$$

式中，Δ_m 为柱顶水平荷载达到最大值 P_m 时对应的柱顶水平位移；M_{max} 为框架柱支座截面的极限抗弯承载力，可根据《型钢混凝土组合结构技术规程》（JGJ 138—2001）建议的偏心受压构件截面抗弯承载力计算方法求得。

根据简化的构件骨架曲线，峰值荷载对应的位移 Δ_m 可由式（4-51）确定：

$$\Delta_m = \frac{P_m - P_y}{K_s} + \Delta_y \tag{4-51}$$

3）极限变形时 P_u 和 Δ_u 的计算

当框架柱端部发生破坏时，其极限破坏荷载取 $P_u = 0.8P_m$，极限位移可由峰值荷载、破坏荷载、峰值荷载所对应的位移和负刚度确定，计算公式为

$$\Delta_u = \Delta_m - \frac{P_m - P_u}{K_n} = \Delta_m - \frac{0.2P_m}{K_n} \tag{4-52}$$

3. SRHPC 框架柱剩余强度的确定

地震作用下结构构件将产生不同程度的损伤，达到峰值荷载后，其宏观表现为构件强度的不断衰减，故构件的剩余强度可以直观地描述构件的损伤程度[40]。已有试验研究表明[41~44]，常幅循环加载下构件的强度衰减幅度小于变幅循环加载下的，且构件剩余强度与损伤指数之间呈指数衰减规律，故当构件在地震作用下产生的损伤值为 D 时，构件的剩余强度可表示为

$$P = A_3 e^{-qD} \tag{4-53}$$

式中，A_3 和 q 为相关系数；P 为构件的剩余强度。

假定构件处于无损状态，即损伤值 $D=0$，对应一假想最大强度 P_{in}，如图 4.48 所示。在单调静力加载下，构件的剩余强度由最大值 P_{in} 衰减到其实际峰值荷载 P_m 的 80%时，认为构件破坏，即当损伤值 $D=1$ 时，构件的剩余强度 $P=0.8P_m$。则 SRHPC 框架柱的剩余强度可表达为

$$P = P_{in} e^{-\left[\ln\left(\frac{P_{in}}{0.8P_m}\right)\right]D} \tag{4-54}$$

同时，对公式（4-54）两边取对数，有

$$P = P_{in}\left(\frac{0.8P_m}{P_{in}}\right)^D \tag{4-55}$$

式中

$$P_{in} = e^{\frac{\ln P_m - D_m \ln(0.8P_m)}{1-D_m}} \tag{4-56}$$

其中，P_{in} 为假想的无损状态时构件单调静力加载下所对应的强度最大值；P_m 为单调静力加载下构件的峰值荷载；D_m 为单调静力加载下构件达到峰值荷载 P_m 时所对应的损伤值。

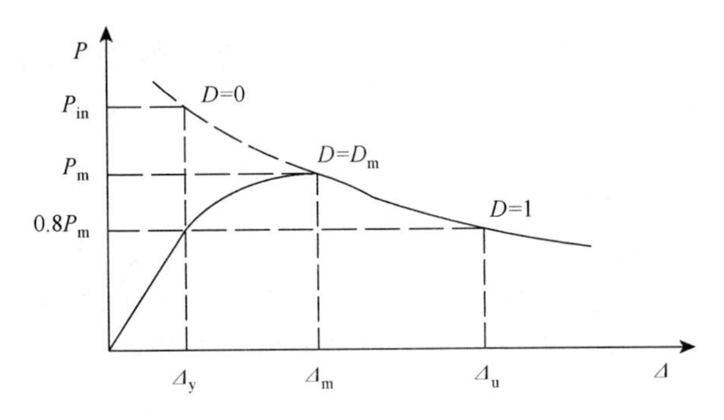

图 4.48 单调静力加载下构件强度的退化

4. 滞回环的简化

构件在循环荷载作用下，加载一周得到的荷载-位移曲线称为滞回曲线（滞回环）。构件在周期性荷载作用下的典型滞回环一般有梭形、弓形、反 S 形、Z 形四种基本形态[9]，如图 4.49 所示。构件耗能能力通过滞回环面积来反映，面积越大，耗能能力越强，在以上四种典型的滞回环中，梭形滞回曲线表征耗能能力最强，弓形次之，反 S 形和 Z 形相对较差。

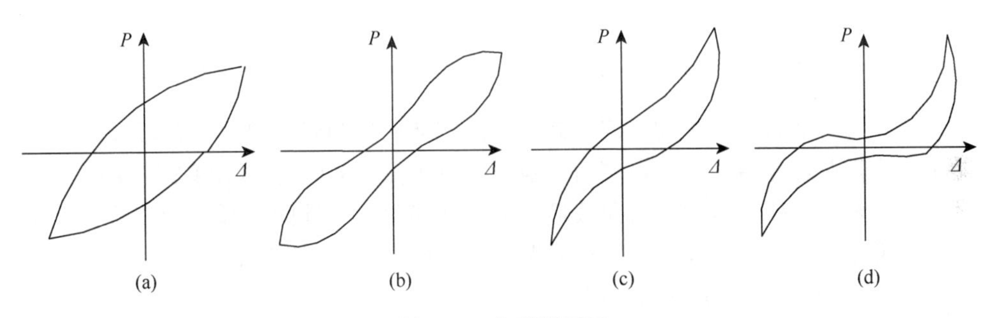

图 4.49 典型滞回环

一个完整的滞回环应包括加载曲线和卸载曲线两部分[45]，由本试验结果可以看出，构件屈服以后，加、卸载曲线具有以下特点。

加载曲线：每一次加载过程中，曲线的斜率随着位移的增大而减小，且减小的幅度逐渐加大；比较各次同向加载曲线，与前一次加载曲线的斜率相比，后一次加载曲线的斜率相对减小，说明在反复荷载作用下构件的刚度在不断退化。

卸载曲线：同加载曲线一样，卸载曲线的斜率随反复加卸载次数的增加而不断减小，构件卸载刚度不断退化。完全卸载后，构件存在一定的残余变形，且其值随反复加卸载次数的增加而不断累积增大。

已有研究是将（正、反向）加载曲线简化为加载点与相对应骨架曲线上点的连线[46]，如图 4.50 所示。从图中可以看出，当构件在反复荷载下循环数次后，再加载时，从 F 点直接加载至 G' 点（考虑了循环加载时强度的衰减），然后指向 G 点。图 4.51 为本试验得到的 SRHPC 框架柱的滞回曲线，从图中可以看出，如果采用上述简化的滞回环，在加、卸载初期，构件滞回环的模拟精度相对较高，但达到峰值荷载后，随着位移幅值的增加，试验构件的滞回环呈较为丰满的梭形，从而使得简化滞回环的模拟精度越来越差，不能较好地反映型钢混凝土构件良好的抗震性能。为了克服这一缺陷，提高加载后期对滞回曲线的模拟精度，根据本试验结果及加、卸载曲线的特点，对滞回环做如下简化。

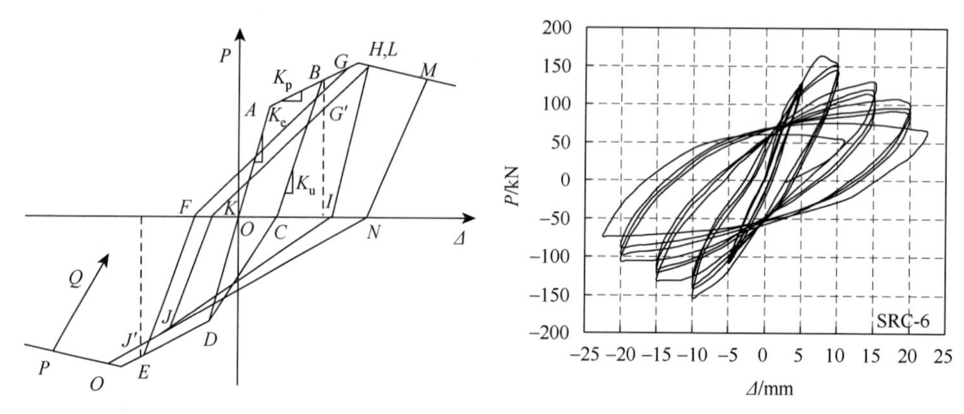

图 4.50 简化的 SRC 柱的恢复力模型　　图 4.51 SRHPC 框架柱滞回曲线

（1）当水平荷载未达到峰值荷载时，滞回环简化为弹性段、强化段和卸载段三部分，分别对应图 4.52（a）中的 OA（CD）段、AB（DE）段和 BC（EF）段。

（2）当水平荷载达到峰值荷载后，滞回环简化为弹性段、强化段、软化段和卸载段四部分，简化的各段分别对应图 4.52（b）中的 OA（DE）段、AB（EF）段、BC（FG）段和 CD（GH）段。

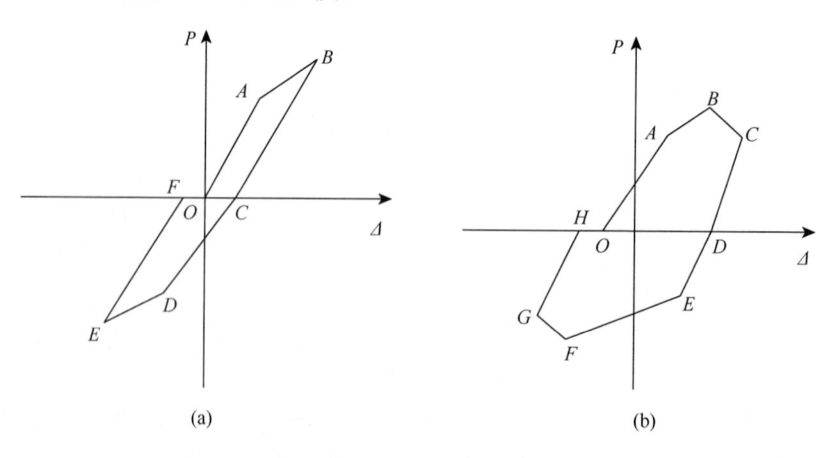

图 4.52 简化的滞回环

可以看出，达到峰值荷载后，正、反向加载曲线可简化为弹性段、强化段和软化段三部分，比已有的简化模型能更好地描述型钢混凝土构件在反复荷载作用下良好的滞回特性，提高模拟精度，从而更能真实地反映型钢混凝土结构构件的抗震性能。

基于上述简化，滞回环的弹性段、强化段、软化段和卸载段分别对应的刚度为再加载刚度、硬化刚度、软化刚度和卸载刚度。根据本试验获得的SRHPC框架柱的滞回曲线可以看出，随着荷载循环次数和水平位移的增加，构件的再加载刚度、硬化刚度、软化刚度和卸载刚度均不断退化。同时构件的屈服荷载和峰值荷载也随着荷载循环次数和水平位移的增加而不断降低。因此，要模拟完整的滞回曲线，便要确定结构构件各项性能的退化情况，如循环荷载作用下构件屈服荷载、峰值荷载、硬化刚度、软化刚度、卸载刚度、再加载刚度的变化情况。

下面将基于4.2节提出的框架柱地震损伤模型建立循环退化指数，对构件各项性能的退化进行理论论述。

5. 循环退化指数

文献[47]引入一个循环退化指数来描述地震作用下SRHPC框架结构各项性能的退化。该循环退化指数是以结构能量耗散来表征的，若假定某一加载制度下结构的能量耗散能力为一定值，则结构的循环退化指数可表示为

$$\beta_i = \left[E_i \Big/ \left(E_\mathrm{t} - \sum_{j=1}^{i-1} E_j \right) \right]^{\frac{3}{2}} \tag{4-57}$$

式中，E_i为第i次加载循环时结构耗散的能量；$\sum E_j$为第i次加载循环之前结构累积耗散的能量；E_t为结构的能量耗散能力，其值为结构破坏时对应的功比系数与五倍的结构弹性应变能的乘积，其表达式为

$$E_\mathrm{t}=2.5I(P_\mathrm{y}\varDelta_\mathrm{y}) \tag{4-58}$$

式中，I为功比系数，用来表示结构在加载过程中吸收能量的大小，可由下面公式计算：

$$I = \sum_{i=1}^{n} P_i \varDelta_i / (P_\mathrm{y}\varDelta_\mathrm{y}) \tag{4-59}$$

其中，P_i、$\varDelta_i$分别为第i次循环加载时结构顶点的荷载和位移值；P_y、$\varDelta_\mathrm{y}$分别为屈服荷载和屈服位移。

已有试验研究表明[43]，在相同破坏准则下，常幅循环加载试验构件的累积耗能能力大于变幅加载试验构件的累积耗能能力，所以加载路径对构件耗能能力的大小有显著影响，故给出地震作用下构件耗能能力的统一表达式较为困难。因此作者提出如下循环退化指数：

$$\beta_i = [\Delta D_i/(1-D_{i-1})]^{\varphi} \tag{4-60}$$

式中，ΔD_i 为第 i 次加载循环时构件损伤值的增量；D_{i-1} 为第 i 次加载循环之前构件累积损伤值；φ 为相关系数，根据试验结果分析取 $\varphi=1.2$。该循环退化指数以构件在循环加载下的损伤程度来描述构件性能的退化，同时考虑了加载路径对循环退化指数的影响。

循环退化指数 β_i 的取值在[0, 1]，其值越接近 1，说明构件的性能退化越严重。若 $\beta_i<0$ 或 $\beta_i>1$，则表示构件在某次循环加载下损伤值增量超过了构件的剩余损伤值，认为结构构件失效。故结构构件失效准则可表示为

$$\Delta D_i > 1 - D_{i-1} \tag{4-61}$$

下面就用基于损伤的循环退化指数 β_i 来描述构件各项性能的退化规律。

6. 构件各项性能的退化分析

此次试验中，试件的再加载刚度、硬化刚度、软化刚度和卸载刚度随着荷载循环次数和位移幅值的增加都出现了不同程度的退化，同时，与单调加载试验相比，循环加载下试件的屈服强度和峰值强度亦存在不同程度的降低。

反复荷载作用下结构构件各项力学性能的退化规律决定了结构构件的地震反应效应。对结构构件在反复荷载作用下各项性能的退化描述是建立构件恢复力模型的前提条件之一，同时也是研究型钢混凝土结构在地震作用下的动力反应及其破坏机理的基础。

1）屈服荷载的退化

随着荷载循环次数的增加，每次反向加载和再加载时，构件的屈服荷载不断降低，其退化规律为

$$P_{yi}^{\pm} = (1-\beta_i)P_{y(i-1)}^{\pm} \tag{4-62}$$

式中，$P_{yi}^{\pm}$ 为第 i 次加载循环之后构件的屈服荷载；$P_{y(i-1)}^{\pm}$ 为第 i 次加载循环之前构件的屈服荷载。上标“±”代表加载方向，其中“+”表示正向加载，“−”表示反向加载，下面表示亦相同。

2）硬化刚度的退化

随着荷载循环次数的增加，构件硬化刚度不断退化，其退化规律为

$$K_{si}^{\pm} = (1-\beta_i)K_{s(i-1)}^{\pm} \tag{4-63}$$

式中，$K_{si}^{\pm}$ 为第 i 次加载循环之后构件的硬化刚度；$K_{s(i-1)}^{\pm}$ 为第 i 次加载循环之前构件的硬化刚度。

3）软化刚度的退化

随着荷载循环次数和位移的增加，构件的软化刚度段逐渐地向原点靠近且不断退化，其退化规律为

$$K_{ni}^{\pm}=(1-\beta_i)K_{n(i-1)}^{\pm} \tag{4-64}$$

式中，$K_{ni}^{\pm}$ 为第 i 次加载循环之后构件的软化刚度；$K_{n(i-1)}^{\pm}$ 为第 i 次加载循环之前构件的软化刚度。

图 4.53 为构件屈服荷载、硬化刚度和软化刚度的退化示意图，构件从点 0 开始沿正向加载至点 2，加载路径为 012，其初始加载刚度为 K_e，硬化刚度为 K_{s0}，软化刚度为 K_n^+。而后沿点 2 卸载至点 3，卸载路径为 23，此时完成一次半循环，可按式（4-9）计算一次损伤值，然后再按式（4-60）计算退化指数 β_i，分别根据式（4-62）、式（4-63）和式（4-64）计算相应的量值。再反向加载时构件的屈服荷载由 P_y^- 降为 P_{y1}^-，硬化刚度由 K_{s0} 降至 K_{s1}^-，软化刚度由 K_n^- 降至 K_{n1}^-。从点 6 卸载至点 7 时，再次由式（4-9）重新计算损伤值，同时计算出该半循环的损伤值增量 ΔD_i，然后由式（4-60）重新计算退化指数 β_i，沿加载路径 789 再加载时，结构的屈服荷载由 P_y^+ 降为 P_{y1}^+，硬化刚度由 K_{s0} 降至 K_{s1}^+，软化刚度由 K_n^+ 降至 K_{n1}^+。

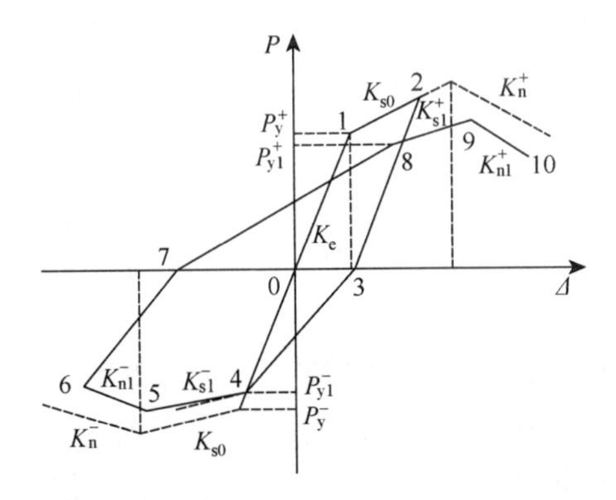

图 4.53 构件屈服荷载、硬化刚度和软化刚度的退化示意图

4）卸载刚度的退化

已有研究结果表明，在弹性阶段和弹塑性阶段，构件的卸载刚度未明显退化，其与初始刚度 K_e 基本相同。而当水平荷载达到峰值荷载而使结构处于塑性受力状态后，构件的卸载刚度不断退化，可描述为

$$K_{ui}=(1-\beta_i)K_{u(i-1)} \tag{4-65}$$

式中，K_{ui} 为第 i 次加载循环之后构件的卸载刚度；$K_{u(i-1)}$ 为第 i 次加载循环之前构件的卸载刚度。

构件进入塑性阶段，其卸载刚度退化如图 4.54 所示。从点 0 开始加载，直达卸载点 2，加载路径为 012，此时按式（4-9）计算一次损伤值，然后再按式（4-60）计算退化指数 β_i。由式（4-65）计算卸载刚度，此时卸载刚度由初始刚度 K_e 降至

K_{u1}，然后再反向加载至点 5，再次按式（4-9）重新计算损伤值，同时计算出从卸载点 2 至卸载点 5 的损伤值增量 ΔD_i，然后再次由式（4-60）重新计算退化指数 β_i，由式（4-65）计算卸载刚度，此时构件的卸载刚度由 K_{u1} 降至 K_{u2}。

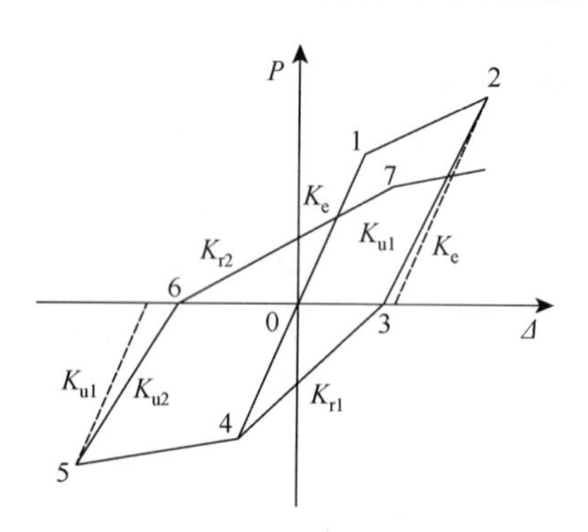

图 4.54　构件卸载和再加载刚度的退化示意图

5）再加载刚度的退化

基于前面滞回环的假定可知，再加载刚度与其上次循环的卸载刚度有关，其退化规律可表示为

$$K_{ri} = (1-\beta_i)K_{ui} \tag{4-66}$$

式中，K_{ri} 为第 i 次加载循环之后构件再加载刚度；K_{ui} 为对应的构件第 i 次循环的卸载刚度。

如图 4.54 所示，从点 0 开始加载直至反向加载点 3，加载路径为 0123，此时按式（4-9）计算一次损伤值，然后再按式（4-60）计算退化指数 β_i。反向加载时，根据式（4-66），构件的再加载刚度由 K_e 变为 K_{r1}，然后继续沿加载路径 3456 加载至点 6，再次按式（4-9）重新计算损伤值，同时计算出该半循环的损伤值增量 ΔD_i，然后再按式（4-60）重新计算退化指数 β_i。再加载时，构件的再加载刚度由 K_{r1} 变为 K_{r2}。

7. 滞回规则

通过对上述构件各项性能退化的描述，可归纳出 SRHPC 框架柱的滞回规则如下。

（1）构件未屈服前，加载和卸载均沿构件骨架曲线的弹性段进行。

（2）构件达到屈服荷载后，加载路径沿着构件的骨架曲线进行；卸载时，首先根据建议的损伤模型（即式（4-9）），计算卸载点处对应的损伤值，然后按式（4-60）计算相应的退化指数 β_i，并由公式（4-65）计算卸载刚度。

（3）反向加载和再加载路径：完成半个循环之后，对构件的损伤值重新计算，同时计算出该半循环损伤值增量 ΔD_i，然后按式（4-60）计算退化指数 β_i，并依次由式（4-66）、式（4-62）、式（4-63）和式（4-64）计算出构件滞回环的反向加载刚度、屈服荷载、硬化刚度和软化刚度，然后加载。若未加载至构件的剩余强度便卸载，首先根据建议的损伤模型，即式（4-9），计算卸载点处对应的损伤值，同时计算出前一个半循环卸载点与此处卸载点的损伤值增量 ΔD_i，然后根据式（4-60）重新计算退化指数 β_i，卸载时的刚度可根据式（4-65）计算。如果加载至构件的剩余强度，构件的剩余强度由式（4-55）确定，继续加载沿着构件的软化刚度进行，卸载时刚度的计算同前，再加载时的路径与前述相同。

4.3.5　恢复力模型的验证

表 4.14 给出了本试验中试件 SRC-1 骨架曲线各特征点的试验值与计算值的对比，从表中可以看出，计算所得结果与试验值较为接近，相对误差≤7.9%，满足精度要求。图 4.55 为试件 SRC-1 计算所得骨架曲线与试验所得骨架曲线的对比，从图中可以看出，采用本节所建议方法确定的骨架曲线模型与试验结果吻合较好。

表 4.14　骨架曲线各特征点试验值与计算值的对比

试件 SRC-1	P_y /kN	Δ_y /mm	P_m /kN	Δ_m /mm	P_u /kN	Δ_u /mm
试验值	129.8	5.12	156.2	7.86	124.9	32.8
计算值	123.6	5.26	143.8	8.12	115.0	33.5
相对误差/%	−4.8	2.7	−7.9	3.3	−7.9	2.1

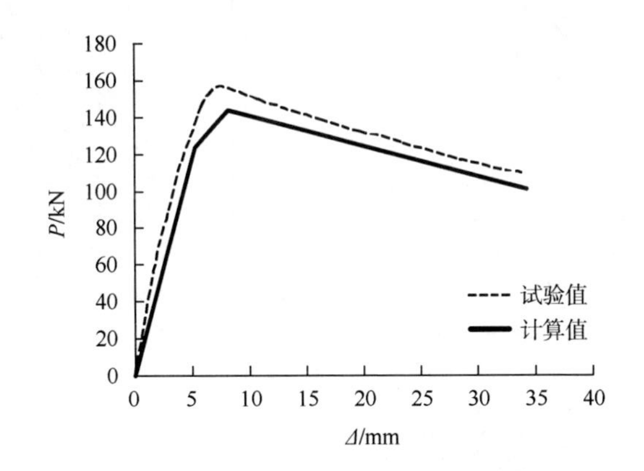

图 4.55　单调加载计算骨架曲线与试验骨架曲线的对比

按照上述步骤和方法，图 4.56 给出了部分 SRHPC 框架柱试件计算滞回曲线与试验滞回曲线的对比。从图中可以看出，二者吻合较好，表明本节所建议的 SRHPC 框架柱的恢复力滞回模型可较好地描述 SRHPC 结构构件在反复荷载作用下的滞回特性。

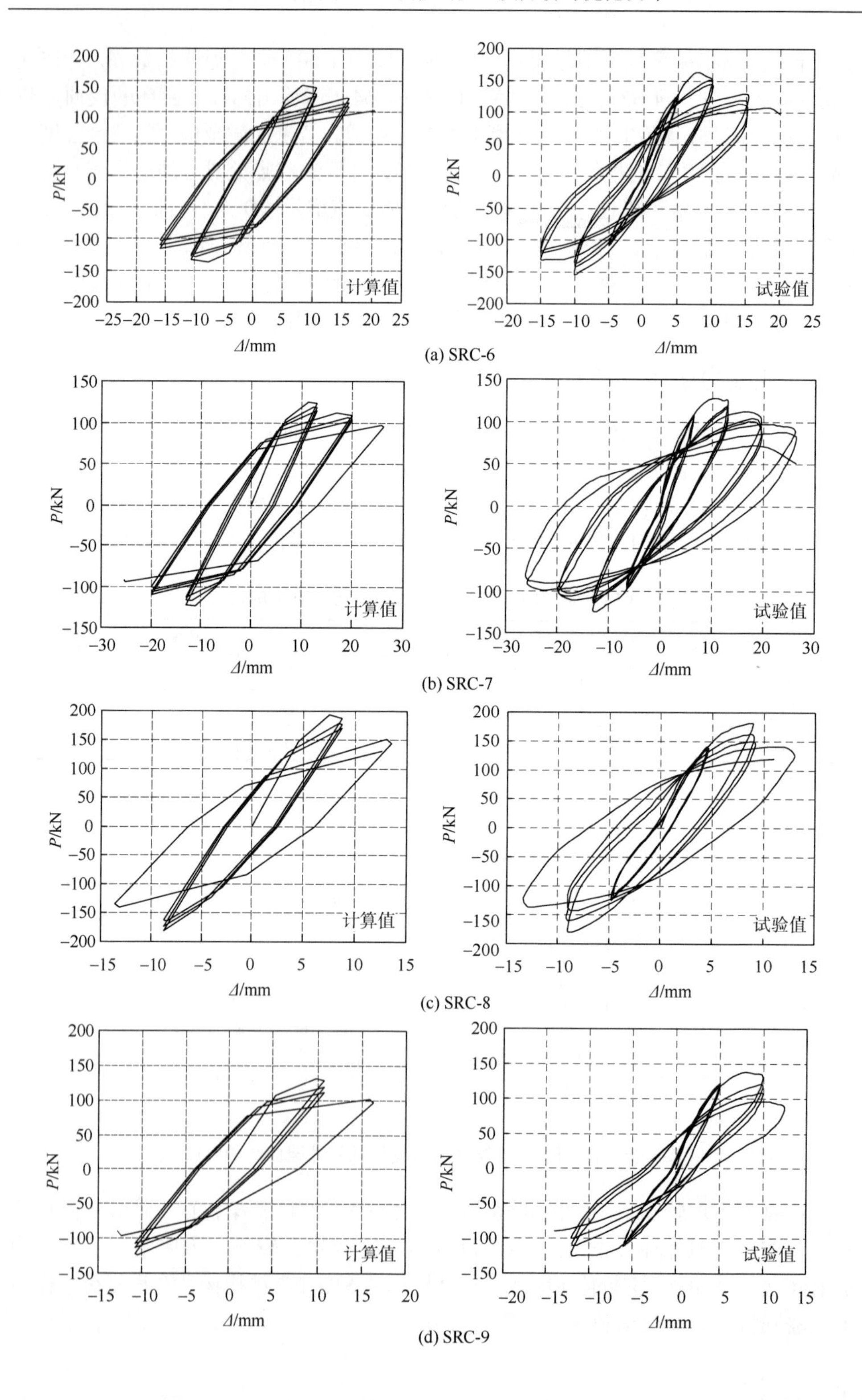

(a) SRC-6

(b) SRC-7

(c) SRC-8

(d) SRC-9

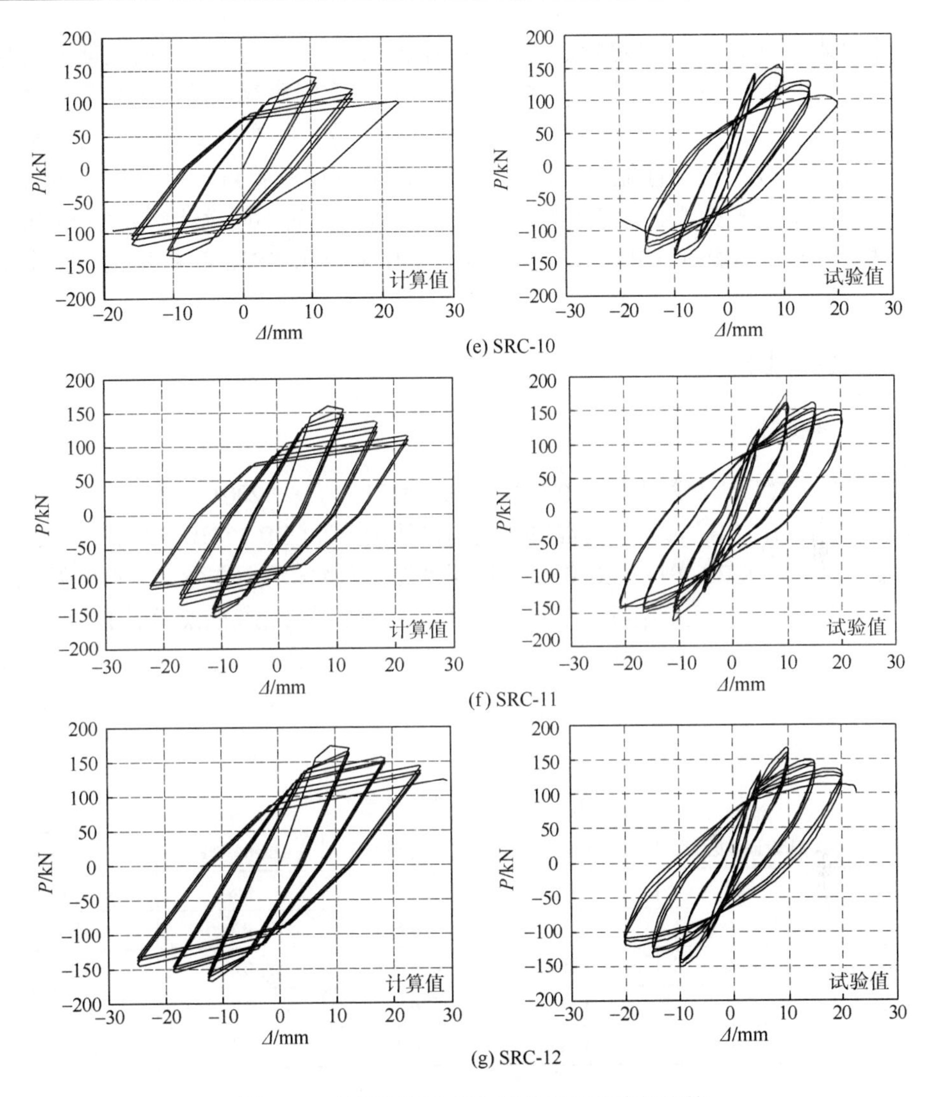

图 4.56　计算滞回曲线与试验滞回曲线的比较

4.4　SRHPC 框架梁损伤性能研究

4.4.1　试验背景及目的

目前，框架结构抗震设计中大多采用强柱弱梁的设计理念，即在地震作用下，尽可能地避免框架柱首先出现破坏，而是通过框架梁端产生塑性铰来耗散地震能量，因此，框架梁性能的优劣成为影响框架结构抗震性能的重要因素。

本试验为国家自然科学基金重大研究计划面上资助项目（90815005）“超高层

混合结构地震损伤的多尺度效应及其精细化建模理论与方法研究”的框架梁试验研究部分，主要对 SRHPC 框架梁的损伤累积效应进行研究。通过 5 榀不同含钢率、配箍率下 SRHPC 框架梁低周反复加载试验，分析其在反复荷载作用下刚度退化、强度衰减、延性性能、耗能能力等方面的规律与特点，旨在从损伤的角度研究 SRHPC 框架梁在地震作用下的失效过程，探讨不同设计参数对 SRHPC 框架梁损伤累积的影响，并以强度和刚度的退化来表征 SRHPC 框架梁的损伤累积效应。

4.4.2 试验概况

1. 试件设计

试件参考《型钢混凝土组合结构技术规程》(JGJ 138—2001)、《建筑抗震试验方法规程》(JGJ 101—1996)、《混凝土结构设计规范》(GB 50010—2010)、《建筑抗震设计规范》(GB 50011—2010)，并按照“强柱弱梁、强剪弱弯、节点更强”的原则进行设计，在保证框架柱和节点安全可靠的前提下，选取框架梁端 1/2 部分进行试验研究，并按悬臂梁设计试件。试验试件共 5 榀，主要考虑含钢率、体积配箍率这两个参数的影响，各试件设计参数见表 4.15。试件截面尺寸、试件模板及截面配筋如图 4.1 所示。

表 4.15　试件设计参数

试件编号	混凝土强度等级	型钢规格	含钢率/%	配箍率/%	箍筋配置
SRC-1	C80	I 14	6.8	0.8	ϕ6@110
SRC-2	C80	I 10	4.6	0.8	ϕ6@110
SRC-3	C80	I 12.6	5.7	0.8	ϕ6@110
SRC-4	C80	I 14	6.8	1.1	ϕ6@80
SRC-5	C80	I 14	6.8	1.4	ϕ8@120

2. 材料性能

试件纵向钢筋采用 HRB335，箍筋采用 HPB300，型钢采用 Q235 普通热轧工字钢。按照《金属材料拉伸试验第 1 部分：室温试验方法》(GB/T 228.1—2010)进行材料性能试验，其性能指标见表 4.2。

试件混凝土设计强度等级为 C80，其混凝土配合比与力学试验测试结果见表 4.3 和表 4.4。

3. 加载装置与方案

SRHPC 框架梁损伤试验采用拟静力方法，试验在西安建筑科技大学教育部结构与抗震重点实验室进行。采用悬臂梁式加载方案，在加载过程中，梁顶既可发生线位移又可发生角位移，梁底固定，以使试件的受力状态与实际框架梁尽可能相似。水平低周反复荷载由 500kN 电液伺服作动器施加，试验台承力系统为 L 型反力墙；试验数据由 1000 通道 7V08 数据采集仪采集，试验全过程由 MTS 电液伺服结构试验系统及微机控制。梁加载简图及加载装置如图 4.57 所示。

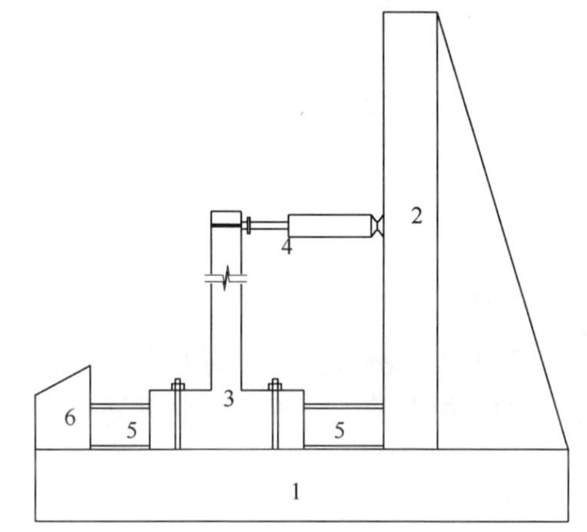

1.试验台座；2.反力墙；3.试件；4.作动器；5.支撑钢梁；6.挡板

图 4.57 试验加载装置

依据《建筑抗震试验方法规程》(JGJ 101—1996)规定，在正式试验前，各试件均先进行预加反复荷载试验两次，以消除试件内部的不均匀性并检查试验装置及各测量仪表的反应是否正常。预加反复荷载值不超过开裂荷载计算值的 30%。

试验采用位移控制变幅循环加载方式：试件屈服前，位移的增加幅度为预估屈服位移值 δ_y 的 20%，每级位移下循环一次。达到屈服位移后，每级位移的增加幅度为屈服位移值 δ_y 的倍数，每级位移幅值下往复循环三次，直至试件破坏。试验加载制度如图 4.58 所示。

屈服点的确定：对于理想的弹塑性体，当荷载-位移曲线出现拐点时，构件已进入屈服阶段，但是 SRHPC 框架梁为非理想的弹塑性体，荷载-位移曲线上往往没有明显的拐点，用此方法确定的屈服点往往落后于实际的屈服点。因此，在试验过程中，需要结合控制截面处钢筋及型钢应变的读数、荷载-位移曲线和框架梁表面混凝土开裂情况综合确定屈服点，试验过程中定义框架梁纵向钢筋发生屈服时所对应的位移为屈服位移。

破坏点的确定：在反复荷载作用下，试件的恢复力下降至最大值的 85%时即认为试件破坏。

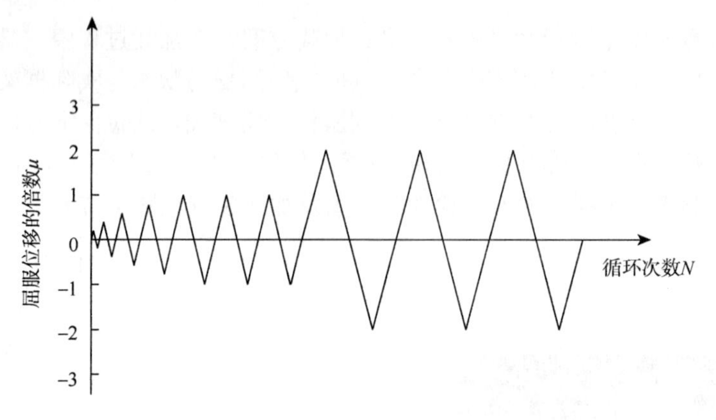

图 4.58　加载制度

4. 测试内容与方案

试验的主要测试内容：每级循环加载中，试件顶部水平荷载与位移及底部塑性铰区的截面曲率，型钢、纵向钢筋和箍筋的应变，裂缝出现、发展及分布规律与特征等。试验前，对所用测量仪器和仪表进行认真筛选和标定，以确保其精度和量程满足试验测试要求。

1）荷载和位移的量测

试件顶部水平荷载与位移通过作动器自带的荷载、位移传感器即时采集与控制，并在试件顶部外侧相应位置附设电测位移计，以实施位移监测与校对。同时，在梁底支座处亦设置了电测位移计，测量试验过程中试件的整体滑移，以便计算获得梁顶相对位移。采用 X-Y 函数记录仪对试验过程中试件的荷载-位移关系曲线进行实时记录。试件位移测点布置如图 4.59 所示。

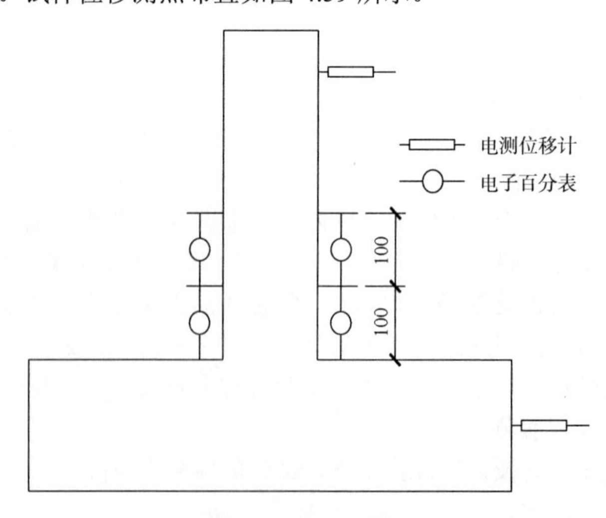

图 4.59　测量仪表布置图

2）框架梁底部塑性铰区截面转动的量测

塑性铰区的转动可以用截面的平均曲率ϕ来表示，如图 4.60 所示。截面的平均曲率是指一定范围内 *A-A*、*B-B* 两个截面的相对转动与该段长度 *L* 的比值，即单位长度的平均转角。采用电子百分表实时测得试验过程中试件底部塑性铰区截面两侧的伸长或缩短量，即可计算获得框架梁塑性铰区域范围内 *A-A*、*B-B* 截面的转角：

$$\phi_i = \frac{\varDelta_1 + \varDelta_2}{h}, \qquad i = A, B \tag{4-67}$$

式中，h、$\varDelta_1$（$\varDelta_2$）分别为试件塑性铰区同一截面左右两测点之间的距离（mm）和相应的伸长（或缩短）量。

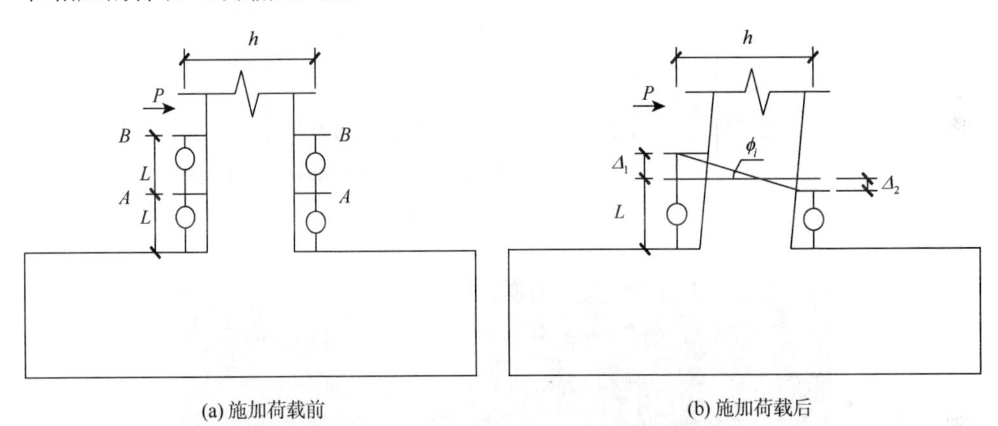

图 4.60　塑性铰区截面曲率量测示意图

则塑性铰区截面的平均曲率ϕ为

$$\phi = \frac{\phi_A - \phi_B}{L} \tag{4-68}$$

式中，ϕ_A、ϕ_B分别为由式（4-67）求得的 *A-A*、*B-B* 截面的转动曲率；*L* 为给定的测量标距。

3）钢材应变量测

为研究框架梁内型钢和钢筋在循环加载中的受力规律与特点，在型钢腹板和翼缘、纵筋及箍筋上设置有一定数量的电阻应变片，测量其应变发展情况。应变测点布置如图 4.61 所示。

4）裂缝观测

在试验中，全程观测并记录试件裂缝出现、发展及分布规律与特征等，并绘制构件最终裂缝与破坏图，为理论分析提供试验资料。

试验过程中，荷载、变形和应变测量仪表或仪器均通过 TDS-602 自动数据采集仪（图 4.62）实时记录。

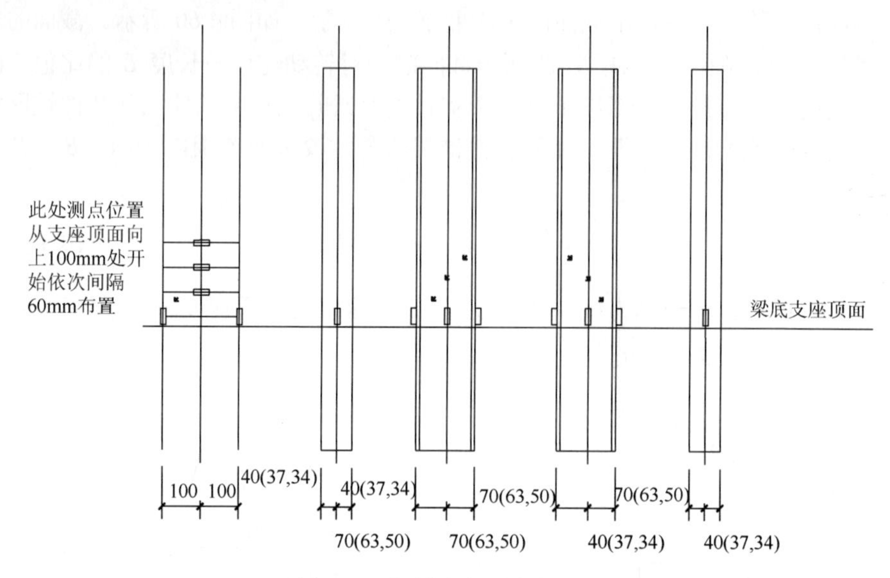

图 4.61　钢材应变测点布置图

图 4.62　试验用 TSD-602 自动数据采集仪

4.4.3　破坏过程与特征

试验过程中各试件均发生了弯曲型破坏，破坏过程相似，均经历了弹性、弹塑性（即带裂缝工作）、塑性（即破坏）三个受力阶段。图 4.63～图 4.65 分别为各受力阶段试件的裂缝与破坏现象，图 4.66 为各试件最终裂缝图。试件裂缝发展和破坏过程如下。

图 4.63 弹性阶段试件的裂缝

图 4.64 弹塑性阶段试件的裂缝

1）弹性阶段

水平循环加载初期，SRHPC 框架梁表现出良好的弹性性能，型钢、纵筋和混凝土应变一致（协同工作）且均较小，且梁顶水平位移、型钢和纵筋应变均随水平荷载的增加而线性递增。随着水平循环荷载的增大，当框架梁受拉区混凝土应变达到极限拉应变时，混凝土开裂，第一条水平裂缝出现在框架梁受拉区根部位置（图 4.63），此时的水平荷载即开裂荷载。

2）弹塑性阶段

随着水平循环荷载的继续增加，框架梁根部塑性铰区不断有新的水平裂缝产生，原有水平裂缝继续发展，部分水平裂缝开始斜向延伸，但由于型钢的存在，斜裂缝发展缓慢。继续加载，水平裂缝发展迅速且在梁根部逐步贯通，受拉钢筋屈服，试件达到事先定义的屈服状态，但在荷载-位移曲线上未看到明显的拐点。试件屈服后，随着位移和循环次数的增加，原有主要裂缝宽度不断增大，试件裂缝截面处的型钢拉、压翼缘逐渐屈服，且角部混凝土出现局部压碎现象。

3）塑性阶段

进入大变形控制阶段，裂缝宽度急剧增大，诸多水平裂缝贯通，个别水平裂缝也有一定程度的斜向发展，在型钢翼缘处出现纵向粘结裂缝，框架梁根部混凝土局部压碎，此时裂缝截面处的型钢翼缘已经整体屈服，处于塑性流动乃至强化状态，型钢腹板也部分屈服。同时由于变形大，框架梁根部受压区纵筋部分压屈、箍筋外鼓，导致混凝土保护层大面积剥落。破坏时，框架梁根部塑性铰完全形成，试件基本绕塑性铰转动。

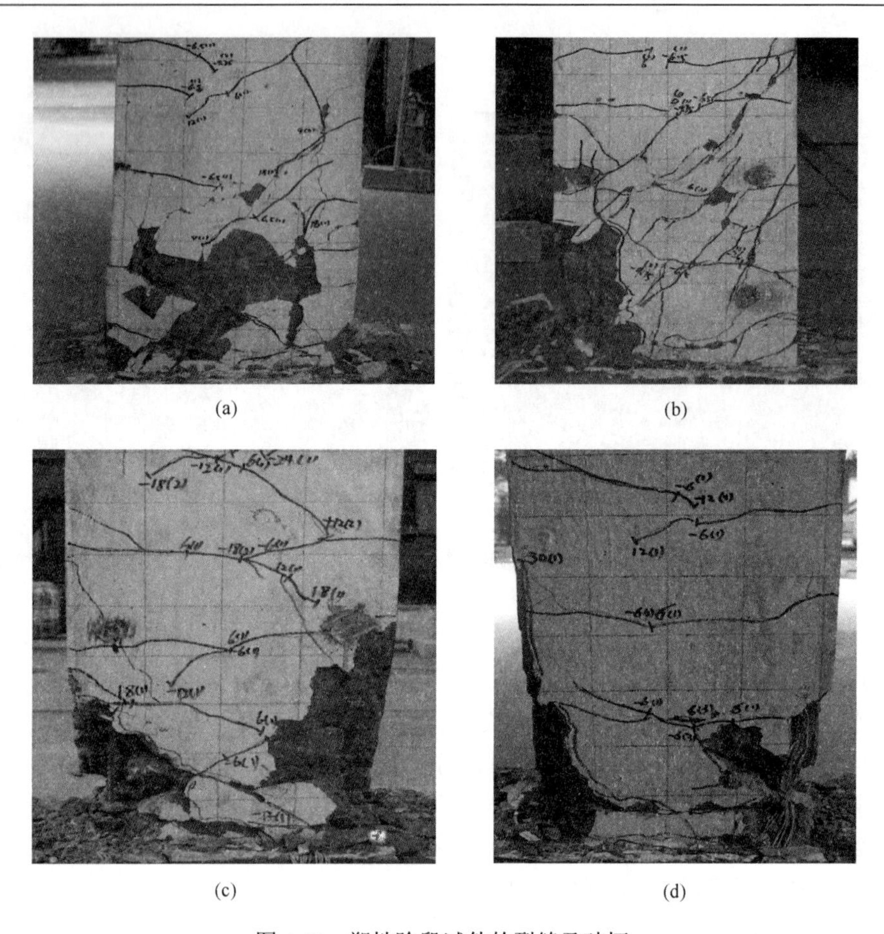
(a)　(b)　(c)　(d)

图 4.65　塑性阶段试件的裂缝及破坏

砸开破坏后的试件发现，框架梁根部型钢与混凝土之间的粘结界面明显破坏，并出现一定的粘结滑移现象，但由于型钢翼缘框内核心区混凝土的存在，各试件型钢均未发生局部屈曲现象。这表明，混凝土仍能对型钢提供可靠的侧向约束，较之钢结构，SRHPC 结构中的型钢强度可得到更充分的发挥。

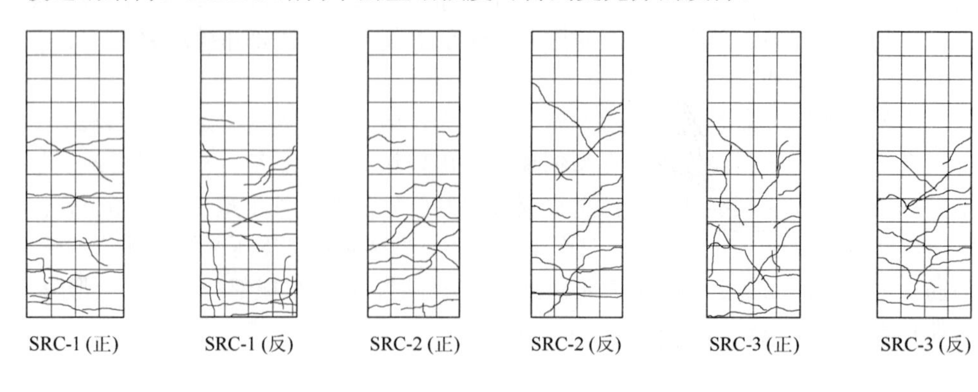

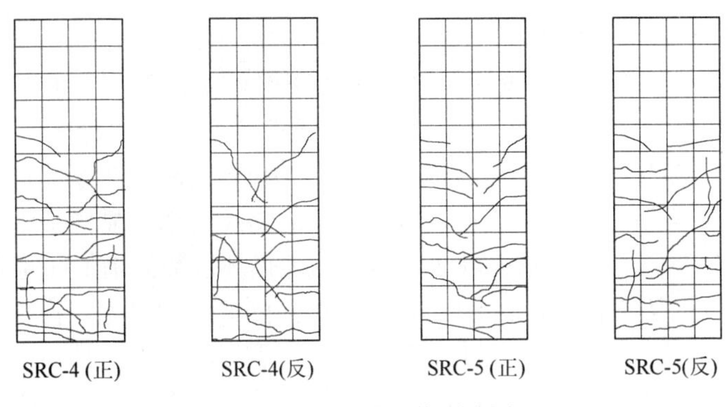

图 4.66 试件最终裂缝图

4.4.4 试验结果及分析

1. 滞回曲线

1）荷载-位移滞回曲线

试件在反复荷载作用下的滞回曲线可以综合反映其刚度退化、强度衰减、能量耗散等抗震性能信息。研究结果表明，试件屈服前基本处于无损或轻微损伤状态，而本节重点研究地震作用下框架梁损伤的演化规律，为此，图 4.67 仅给出了各试件屈服后的水平荷载-位移滞回曲线。

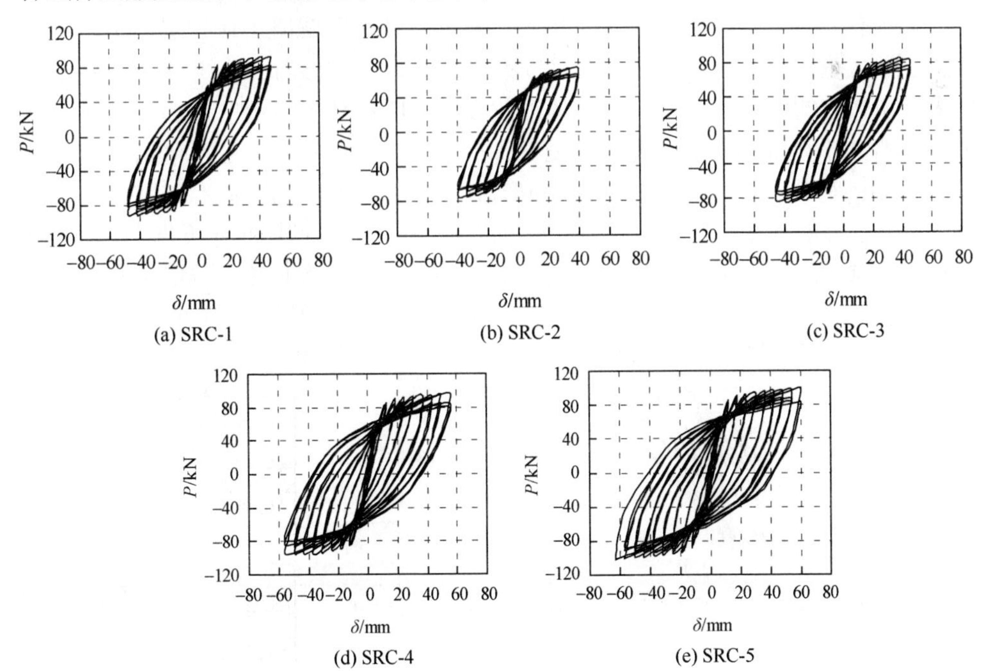

图 4.67 试件的荷载-位移滞回曲线

从图中可以得到如下结论。

（1）当水平循环荷载较小时，试件基本处于弹性工作阶段，加载时荷载-位移曲线沿直线上升。试件混凝土开裂后，随着水平荷载的增加，荷载-位移曲线不再保持直线变化，卸载时残余变形逐步增加，加载和卸载刚度亦逐渐退化，试件弹塑性性质越来越明显。试件屈服后，水平位移的增长速率明显快于水平荷载，达到峰值荷载后，同一位移幅值循环下，承载力随循环次数的增加而稍有衰减。

（2）与 RC 框架梁相比，SRHPC 框架梁的滞回曲线始终无捏拢现象，呈较为丰满的梭形。表明 SRHPC 框架梁具有良好的抗震耗能能力，且在大变形阶段，由于内置型钢及型钢翼缘框对核心区混凝土的有效约束作用，试件在外围混凝土保护层剥落后，依然具有较好的承载与变形能力。

（3）在其他条件相同的情况下，高含钢率和高配箍率试件的滞回曲线更为饱满，且极限承载与变形能力及承受循环荷载的次数均较大，从而抗震延性和耗能能力更为优越。其中，高含钢率对试件性能的影响主要体现在抗震承载能力的提高；高配箍率对试件性能的影响主要体现在极限变形的增大。

2）弯矩-曲率滞回曲线

试件截面的弯矩-曲率滞回曲线是建立其截面恢复力模型的基础。试验过程中，试件的弯矩值由作动器所施加的水平荷载乘以有效力臂长度求得。在中、小变形下试件截面各曲率参数可通过电子百分表的实测量值计算获得，但进入大变形阶段后，随着位移和循环次数的增加，框架梁根部塑性铰区混凝土保护层逐步脱落，未能记录大变形后期试件截面的曲率参数。鉴于荷载-位移滞回曲线与弯矩-曲率滞回曲线所包含的面积均为试件在循环加载过程中所耗散的能量[48]，即作动器所输入的能量几乎全部由框架梁塑性铰处截面产生的应变能吸收，故可借用试验中完整记录到的荷载-位移滞回曲线对大变形后期试件截面的弯矩-曲率滞回曲线进行修补。各试件底部塑性铰区截面的弯矩-曲率滞回曲线如图 4.68 所示。从图中可以看出，各试件的弯矩-曲率滞回曲线与荷载-位移滞回曲线的规律与特征基本一致。

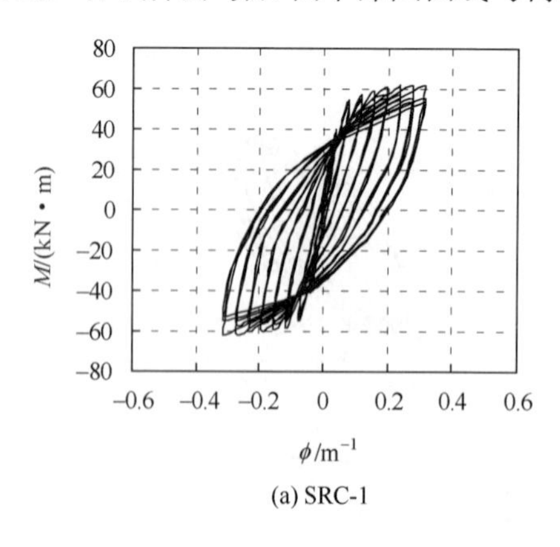

(a) SRC-1

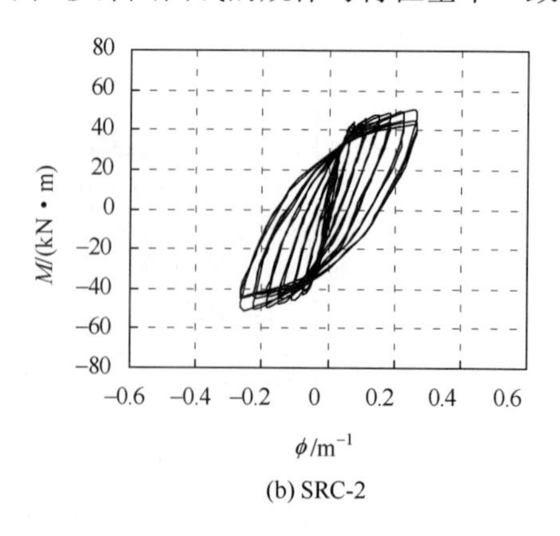

(b) SRC-2

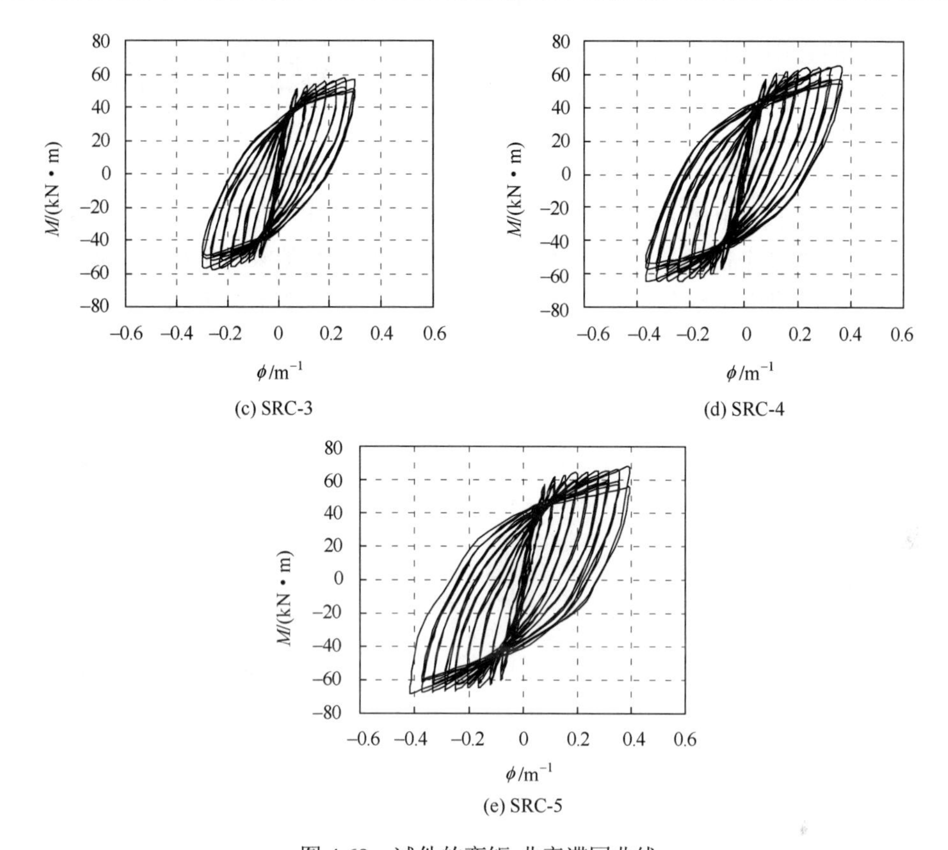

(c) SRC-3 (d) SRC-4

(e) SRC-5

图 4.68 试件的弯矩-曲率滞回曲线

2. 骨架曲线

将低周反复加载试验所获得的荷载-位移滞回曲线各峰值点以轨迹形式相连即可得到试件的骨架曲线，即滞回曲线的外包线。图 4.69 给出了本试验所获得的各个试件的骨架曲线及其对比，从图中可以看出以下几点。

（1）SRHPC 框架梁的损伤是一个逐渐演化、累积的过程，其受力过程大致可以分为无损（弹性）、损伤稳定增长（弹塑性）、损伤急剧发展（塑性）三个阶段。但是在骨架曲线上并看到明显的屈服拐点，主要原因在于梁内型钢的屈服是一个从局部向整体逐渐扩散的过程。

（2）在大变形阶段，即使受压区混凝土已经破损，各试件骨架曲线均未见下降，而仍呈缓慢上升趋势，延性很好。这主要是因为当试件混凝土保护层剥落后，内置型钢及型钢翼缘框内核心区混凝土的潜力逐步得到充分发挥，致使在大变形状态下，框架梁依然具有良好的承载能力和变形性能。

（3）SRC-1、SRC-2 和 SRC-3 是剪跨比、截面尺寸、配箍率均相同，而含钢率分别为 6.8%、4.6%、5.7%的三个试件。对比其骨架曲线可知，高含钢率试件具有更高的极限承载力和极限变形，表明提高含钢率可有效增强框架梁的抗震能力与性能。这主要是由于含钢量大的试件，除了内置型钢自身抗力得到增强，其对核心区混凝土的有效约束面积亦相应增大，从而可有效提升试件抵御地震的能力。

（4）SRC-1、SRC-4 和 SRC-5 是其他条件均相同，而配箍率分别为 0.8%、1.1%、1.4%的三个试件。对比其骨架曲线可以看出，配箍率对试件的极限承载力影响不大，但配箍率越大，箍筋间距越密，试件的极限变形能力越强。这主要是由于箍筋提供的侧向约束有效地延缓了混凝土与型钢之间发生剥离，从而增强了核心区混凝土与型钢的协同工作能力，提高了试件的延性。

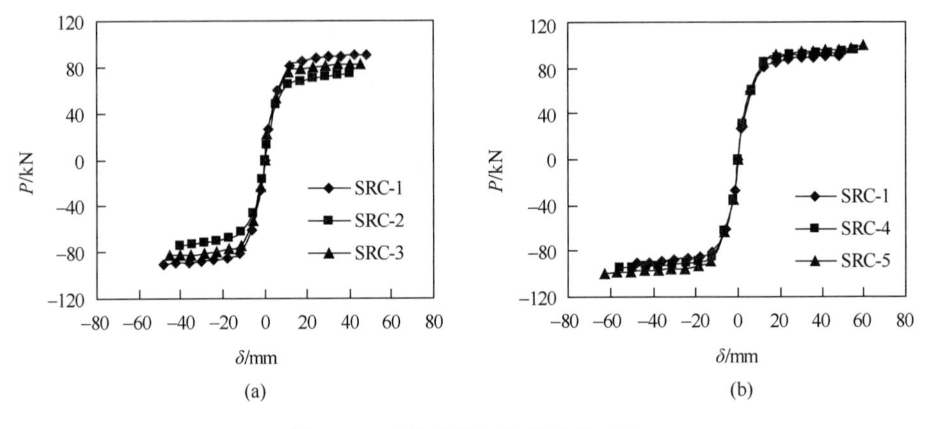

图 4.69　试件的骨架曲线及其对比

3. 刚度退化

随着水平位移和循环次数的增加，试件的损伤不断累积，造成其刚度不断退化。刚度退化与试件的损伤发展过程一致，导致其产生的根本原因是试件弹塑性性质及损伤的发展。这种损伤主要表现为混凝土各种裂缝的产生和发展，纵、横向钢筋及型钢的屈服，型钢与混凝土之间的粘结滑移，混凝土保护层的酥碎与脱落等。

由前面分析可知，反复荷载作用下，SRHPC 框架梁的刚度退化主要包括卸载刚度退化和再加载刚度退化，其中，卸载刚度定义为卸载点与卸载后残余变形点连线的斜率，再加载刚度定义为原点与某次循环加载的荷载峰值点连线的斜率，它们的作用主要体现在试件的荷载-位移滞回规则中。本节以卸载刚度为对象，对其退化规律进行分析。由试验结果可知，在同一位移幅值下试件卸载刚度退化随循环次数的变化并不明显，取同一位移幅值下三次循环的平均卸载刚度为该位移下试件的卸载刚度，各试件卸载刚度退化随水平位移的变化如图 4.70 所示。图中，纵坐标采用的是规格化的卸载刚度，即卸载刚度 K_r 与初始弹性刚度 K_0 的比值。由图可以看出以下几点。

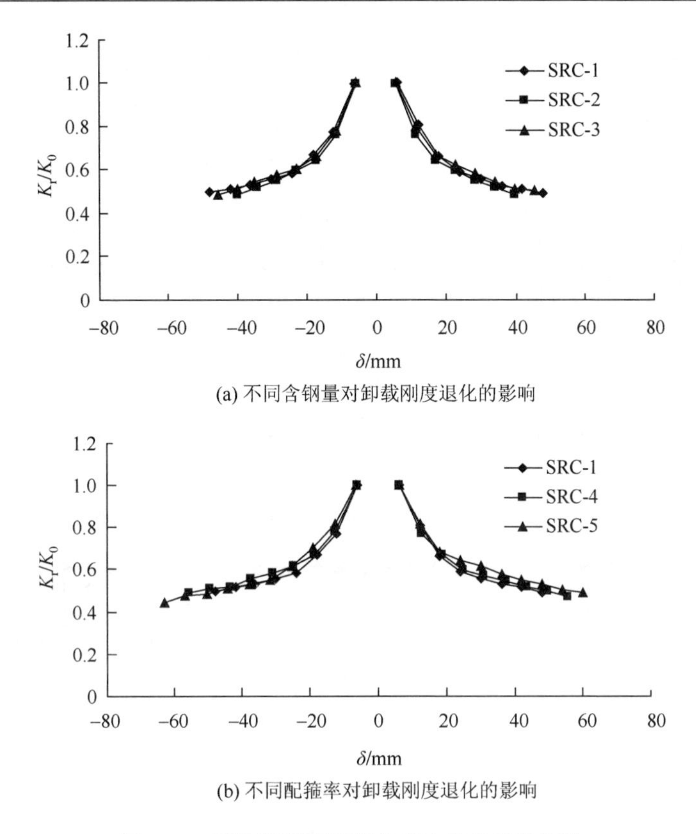

(a) 不同含钢量对卸载刚度退化的影响

(b) 不同配箍率对卸载刚度退化的影响

图 4.70 试件卸载刚度退化随水平位移的变化

（1）随着水平位移的增大，各试件卸载刚度均不断退化，且小变形阶段，卸载刚度退化速率较快；进入大变形阶段后，试件卸载刚度退化速率则逐渐平缓。这主要是因为在小变形阶段，混凝土各种裂缝的产生和发展，纵、横向钢筋及型钢的逐渐屈服，型钢与混凝土之间的粘结滑移，乃至混凝土保护层的酥碎与脱落等导致试件刚度显著退化；但进入大变形阶段后，内置型钢及型钢翼缘框内核心区混凝土的潜力逐步得到充分发挥，致使在大变形状态下，框架梁依然具有较大的刚度。

（2）试件 SRC-1、SRC-2 和 SRC-3 的其他条件相同，含钢率分别为 6.8%、4.6%、5.7%。从图 4.70（a）可以看出，尽管含钢率较大的试件具有较大的初始刚度，但含钢率的变化对卸载刚度退化的影响不显著，三个试件卸载刚度退化的速率基本相同。

（3）在小变形阶段，配箍率对 SRHPC 框架梁的刚度退化影响不大，进入大变形后，配箍率较高的试件刚度退化更为平缓，表明提高配箍率能有效改善加载后期 SRHPC 框架梁的受力性能。

4. 强度衰减

在位移幅值不变的条件下，结构或构件承载力随往复加载次数的增加而降低的特性称为强度衰减。与刚度退化相类似，损伤累积亦引起框架梁强度的不断衰减。强度衰减对结构或构件的受力性能有很大的影响，强度衰减得越快，表明结构抵御荷载的能力下降得越迅速，此特征通常采用某一控制位移下第 N 次循环的峰值荷载与该级位移下首次加载时的峰值荷载之比，即承载力降低系数来表示：

$$\lambda_i = \frac{P_j^i}{P_j^1} \tag{4-69}$$

式中，P_j^i 为第 j 级加载时第 i 次循环的峰值荷载值；P_j^1 为第 j 级加载时第 1 次循环的峰值荷载值。

各试件强度衰减随水平位移和循环次数的变化如图 4.71 所示。

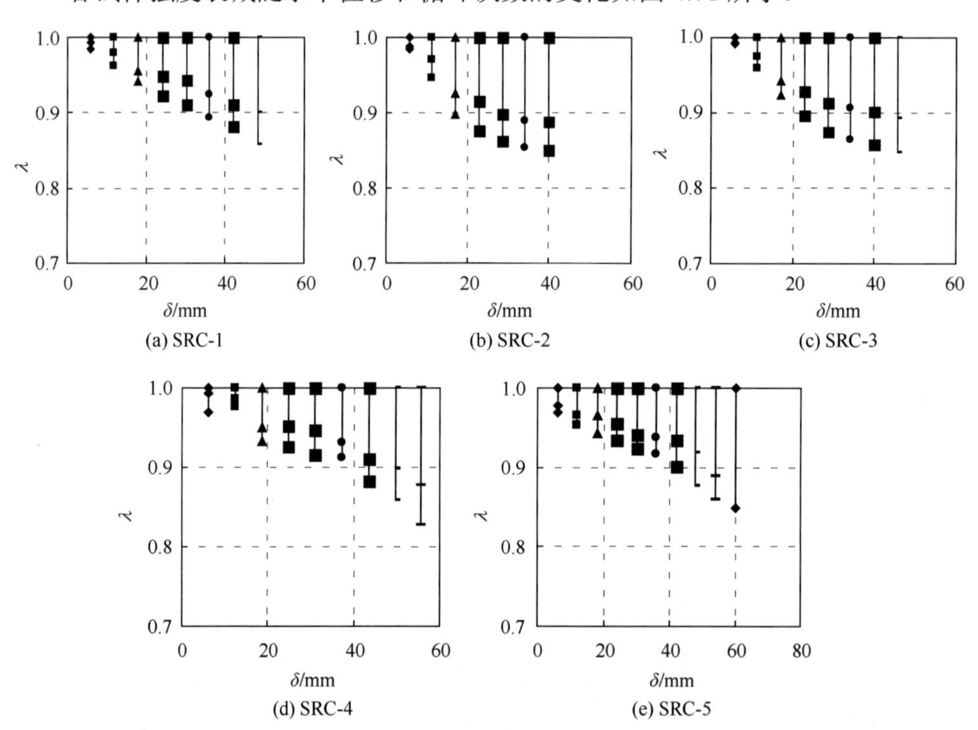

图 4.71 试件强度衰减随水平位移和循环次数的变化

从图中可以看出以下几点。

(1) 随着水平位移的增加，各试件的强度均不断衰减，且在同级位移的三次循环中，试件强度亦明显衰减，体现在抗震中即当框架梁遭受到一定的地震作用后，其继续抵御地震作用的能力显著下降。

（2）对比试件 SRC-1、SRC-2 和 SRC-3 的强度衰减特征可知，含钢率对框架梁承载力降低系数有一定影响，主要表现在高含钢率试件在小变形阶段的强度下降相对较小，这主要是因为含钢率的提高将延缓试件的整体屈服过程。

（3）对比试件 SRC-1、SRC-4 和 SRC-5 的强度衰减特征可知，在箍筋间距相同条件下，配箍率的变化对试件强度衰减的影响并不显著。另外，试件 SRC-5 的配箍率虽大于试件 SRC-4，但在加载后期前者的强度衰减幅度却大于后者。其主要原因是前者箍筋间距比后者大，导致箍筋对核心区混凝土的有效约束作用减小，从而削弱了箍筋对试件强度衰减的抑制作用。因此在设计中，应尽量采用“细而密”的箍筋配置方法，以提高配箍的有效性。

5. 延性和耗能能力

延性是表征变形能力的一个重要参数，是指结构或构件在承载力没有显著降低条件下承受变形的能力，通常用延性系数来表示，其中，位移延性系数 μ_δ 的计算公式为

$$\mu_\delta = \frac{\delta_u}{\delta_y} \tag{4-70}$$

式中，δ_y 为试件的屈服位移；δ_u 为试件破坏时的极限位移。

能量耗散能力是指结构或构件吸收地震能量后将其转化为热能、机械能等其他非弹性变形能的能力，在往复加载试验中表现为荷载-位移滞回曲线所包围的面积。反映耗能能力大小的指标主要有等效黏滞阻尼系数 h_e、能量耗散系数 E 和功比系数 I_w 等。其中，等效黏滞阻尼系数是通过分析滞回曲线包络图（近似取为加载至极限位移时本循环的单个滞回环），得到结构或构件在相应循环中的耗能能力，其值越大则其耗能能力越强，如图 4.72 所示，其定义为

$$h_e = \frac{1}{2\pi}\frac{S_{ABC}}{S_{AOD}} \tag{4-71}$$

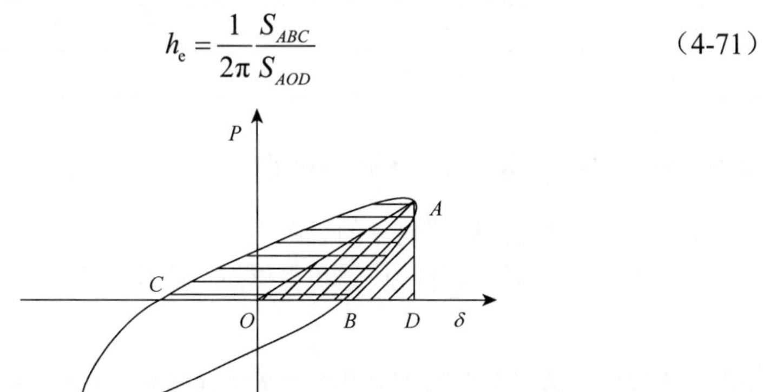

图 4.72　滞回环与能量耗散示意图

则能量耗散系数可表达为

$$E = 2\pi h_e \tag{4-72}$$

鉴于等效黏滞阻尼系数 h_e 和能量耗散系数 E 不能反映构件破坏前总的耗能能力[49]，此处引入功比指数来分析试件总的能量耗散能力，它是反映结构或构件在整个加载过程中吸收能量大小的一种评价指标，其计算公式为

$$I_w = \sum_{i=1}^{n}(P_i\delta_i / P_y\delta_y) \tag{4-73}$$

式中，P_i、δ_i 分别为第 i 次循环时卸载点的荷载和位移；P_y、δ_y 分别为屈服荷载和屈服位移。

表 4.16 为各试件的延性系数和耗能指标计算结果。从表中可以看出以下几点。

（1）由于型钢翼缘框对核心区混凝土的有效约束作用，高强高性能混凝土的脆性得到了较好的改善，各试件均表现出良好的延性性能和耗能能力。

（2）增加含钢率、采用“细而密”的箍筋配置方式可显著提高试件的延性和耗能能力。如试件 SRC-1 与 SRC-2（含钢率分别为 6.8%和 4.6%）相比，延性系数增加了 14.6%，功比系数提高了 29.9%；试件 SRC-5 与 SRC-1（箍筋配置分别为 ϕ6@110 和 ϕ8@120）相比，延性系数增加了 23.0%，功比系数提高了 49.1%。

表 4.16　试件的延性和耗能指标

试件编号	μ_δ	h_e	E	I_w
SRC-1	8.01	0.304	1.909	151.419
SRC-2	6.99	0.296	1.859	116.579
SRC-3	7.98	0.303	1.903	151.996
SRC-4	8.96	0.331	2.079	190.251
SRC-5	9.85	0.339	2.129	225.834

4.4.5　SRHPC 框架梁地震损伤模型

与前述框架柱损伤模型建立的思路大致相同，框架梁损伤模型的建立亦采用双参数组合模型。即位移首次超越和累积损伤的线性联合表征：

$$D = D_1 + D_2 \tag{4-74}$$

式中，D_1 为最大变形反应对应的破坏指数；D_2 为反映累积破坏效应的破坏指数。

构件的损伤累积效应具体表现在损伤所引起的构件刚度、强度、耗能能力、阻尼等力学性能的改变，而已有研究表明，低周疲劳累积损伤对构件抗力衰减的影响主要体现在构件刚度和强度的不断劣化，如图 4.73 所示。因此，合理的结构

或构件的地震损伤模型应能较好地反映其刚度和强度的退化规律。

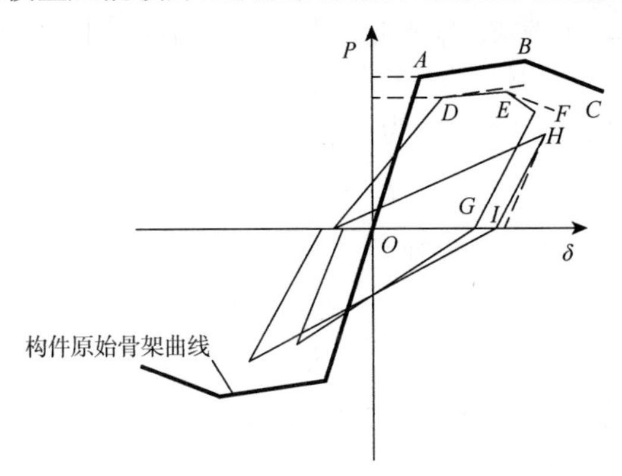

图 4.73　损伤累积效应引起的强度和刚度退化

1. 刚度退化

由低周反复荷载作用下 SRHPC 框架梁损伤试验结果可知，在反复荷载作用下，随着位移幅值及循环次数的增加，SRHPC 框架梁的卸载刚度不断退化，而在同一位移幅值下的多次循环中，卸载刚度基本保持不变。上述现象表明，最大变形处卸载刚度的退化充分反映了位移首次超越破坏，因此，式（4-74）中 D_1 可用卸载刚度的退化来表示，即

$$D_1 = 1 - \frac{K_r}{K_0} \tag{4-75}$$

式中，K_r 为卸载刚度；K_0 为初始弹性刚度。

对于反复荷载作用下构件卸载刚度的退化规律，Takeda 等[27]依据卸载刚度与最大位移的关系，建立了适用于钢筋混凝土构件的退化模式，其表达式为

$$K_r = K_0 \left(\frac{\delta_m}{\delta_y} \right)^{-0.4} \tag{4-76}$$

式中，δ_y 和 δ_m 分别为构件的屈服位移和反复荷载作用下实际经历的最大位移，且当 $\delta_m \leqslant \delta_y$ 时，忽略卸载刚度的退化。由式（4-76）可以看出，Takeda 提出的卸载刚度的退化仅与构件反复荷载作用下的最大位移幅值有关，而与构件的各个设计参数无关，故该退化模式有一定的局限性。

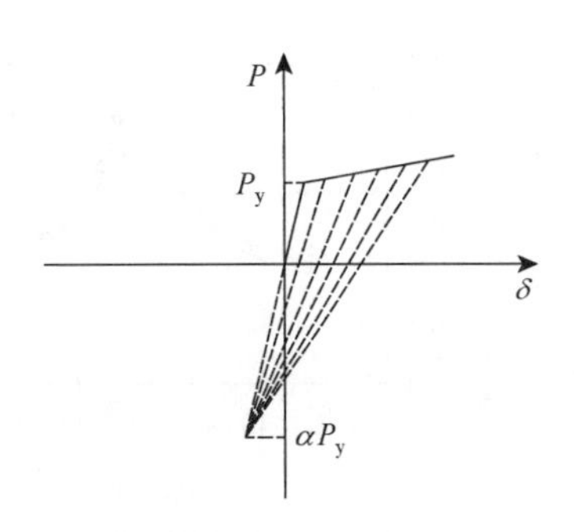

图 4.74　卸载刚度退化的枢纽模式

另外，Reinhorn 等[50]进行了一系列足尺比例的钢筋混凝土构件低周反复加载试验，结果发

现，在荷载-位移关系中，同一加载方向上，构件的卸载路径均指向初始刚度直线上的同一点，如图 4.74 所示，基于此，提出了钢筋混凝土构件在反复荷载作用下的刚度退化模式，该模式又称为枢纽模式，由初始刚度 K_0 乘以一个小于 1 的修正系数 R_k 得到卸载刚度 K_r，表达式为

$$K_r = R_k K_0 \tag{4-77}$$

修正系数由如下公式计算得到：

$$R_k = \frac{P_m - \alpha_0 P_y}{K_0 \delta_m - \alpha_0 P_y} \tag{4-78}$$

式中，P_m 为对应于 δ_m 处的荷载值，α_0 为系数，其值越大，构件的刚度退化越不明显。

此外，Mostaghel[51]也提出过一种刚度退化模式，该模式在计算修正系数 R_k 时与式（4-78）不同，计算式如下：

$$R_k = (1 + \alpha_1 E)^{-1} \tag{4-79}$$

或

$$R_k = e^{-\alpha_1 E} \tag{4-80}$$

式中，E 为构件反复荷载作用下的滞回耗能；α_1 为刚度退化系数。

为获得适用于 SRHPC 框架梁的卸载刚度退化模式，本节拟采用 Takeda 模式，并对其进行修正。

按照式（4-76）计算所得的结果与本次试验结果对比如图 4.75 所示。从图中可以看出，在小变形下，SRHPC 框架梁卸载刚度退化速率较快，其与式（4-76）的计算结果吻合较好。进入大变形后，尽管混凝土的承载力已有明显退化，但由于核心区型钢的存在，而且翼缘框内混凝土对型钢形成侧向支撑，防止了型钢局部屈曲，所以，此阶段 SRHPC 框架梁的卸载刚度退化比钢筋混凝土构件明显变缓。

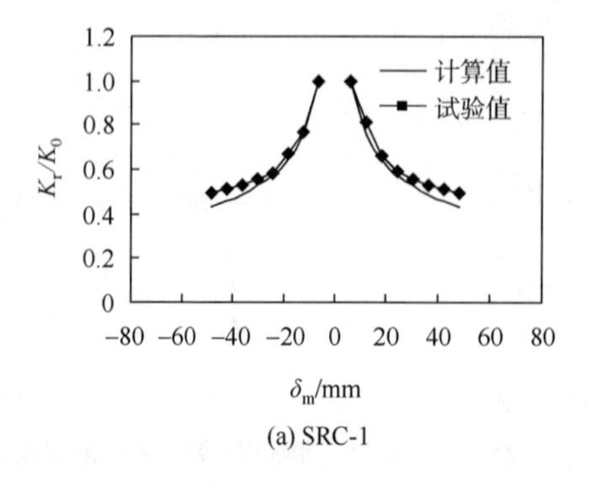

(a) SRC-1

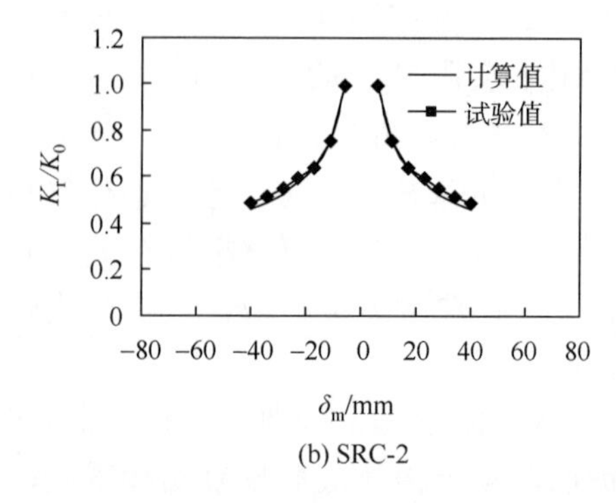

(b) SRC-2

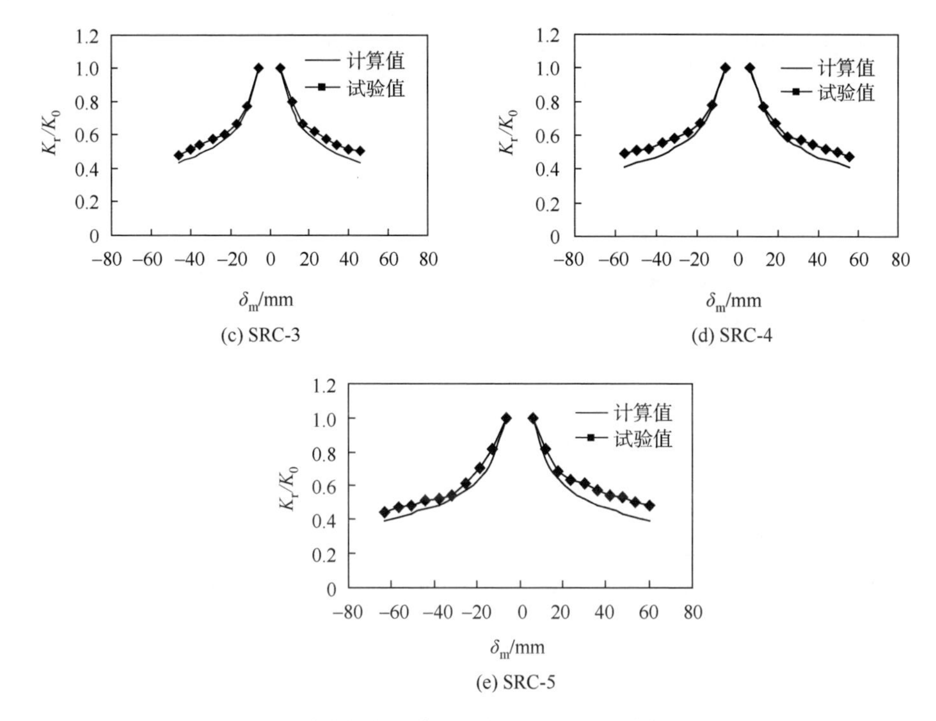

(c) SRC-3

(d) SRC-4

(e) SRC-5

图 4.75　试验卸载刚度退化与 Takeda 退化模式对比图

已有研究表明，在反复荷载作用下，构件卸载刚度随位移幅值的增加而退化，并且不同位移幅值下构件的卸载刚度退化与构件的剪跨比、轴压比、体积配箍率、混凝土保护层厚度及加载次数等参数有关。为获得 SRHPC 框架梁卸载刚度的退化模式，并便于统计回归分析及实际工程的应用，从本试验所设计的参数出发，对试验数据进行回归分析，发现影响 SRHPC 框架梁卸载刚度退化的主要因素为位移幅值和体积配箍率，而含钢率对其影响不大。因此，将式（4-76）进行如下修正，使其适用于 SRHPC 框架梁，表达式为

$$K_r = K_0\left(\frac{\delta_m}{\delta_y}\right)^{\alpha} \tag{4-81}$$

式中，参数α为

$$\alpha = \begin{cases} -0.4, & \delta_m \leqslant 3\delta_y \\ 0.43 - 8.3\rho_v, & \delta_m > 3\delta_y \end{cases} \tag{4-82}$$

其中，ρ_v为构件的体积配箍率；其余各符号意义同前。

按照式（4-81）计算的结果与试验结果对比如图 4.76 所示。从图中可以看出，二者吻合程度较好，表明公式（4-81）可较为准确地描述 SRHPC 框架梁在反复荷

载下卸载刚度的退化规律。将式（4-81）代入式（4-75）中可得

$$D_1 = 1 - \left(\frac{\delta_m}{\delta_y}\right)^{\alpha} \tag{4-83}$$

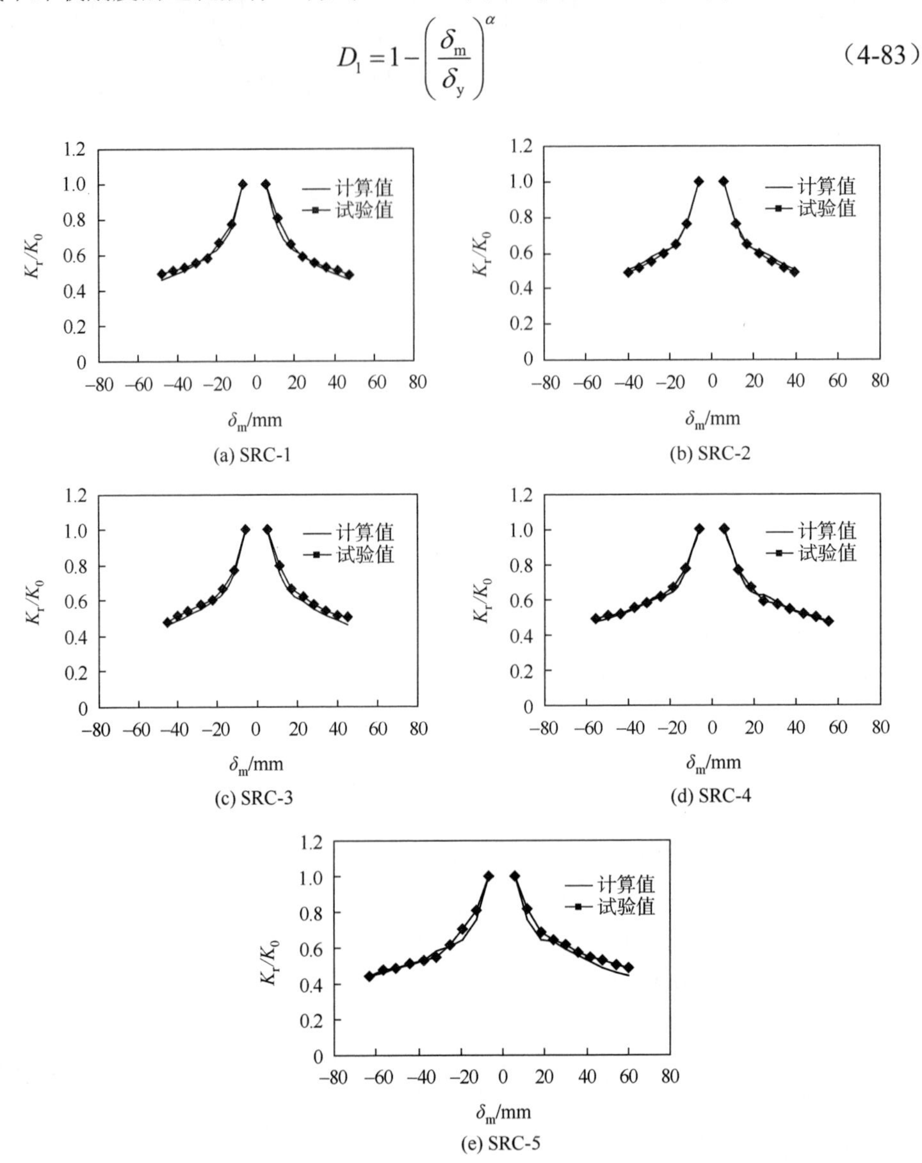

图 4.76　试验卸载刚度退化与式（4-81）计算结果对比图

2. 强度衰减

对于反复荷载作用下构件的强度衰减规律，国内外学者进行了大量研究，并提出了不同的强度衰减模式，Park-Ang 地震损伤模型中的系数 β 实际上反映了构件强度的衰减，IDARC 程序中亦采用了这种强度衰减模式，如图 4.77 所示，其

中系数的计算式为

$$\beta=\left(\frac{\mathrm{d}\delta_{\mathrm{m}}}{\delta_{\mathrm{u}}}\right)\Bigg/\left(\frac{\mathrm{d}E}{P_{\mathrm{y}}\delta_{\mathrm{u}}}\right)=P_{\mathrm{y}}\frac{\mathrm{d}\delta_{\mathrm{m}}}{\mathrm{d}E} \tag{4-84}$$

Kunnath 等[50]根据 260 榀钢筋混凝土梁柱的低周反复加载试验，提出了 β 的经验公式：

$$\beta=[0.37n_0+0.36(k_{\mathrm{p}}-0.2)^{0.2}]0.9^{\rho_{\mathrm{v}}} \tag{4-85}$$

式中，n_0 为构件的轴压比；$k_{\mathrm{p}}=\rho_{\mathrm{t}}f_{\mathrm{y}}/(0.85f_{\mathrm{c}})$，其为归一化的受拉钢筋配筋率，$\rho_{\mathrm{t}}$ 为以百分数表示的纵筋配筋率；f_{y} 为钢筋抗拉屈服强度；f_{c} 为混凝土抗压强度；ρ_{v} 为以百分数表示的体积配箍率。

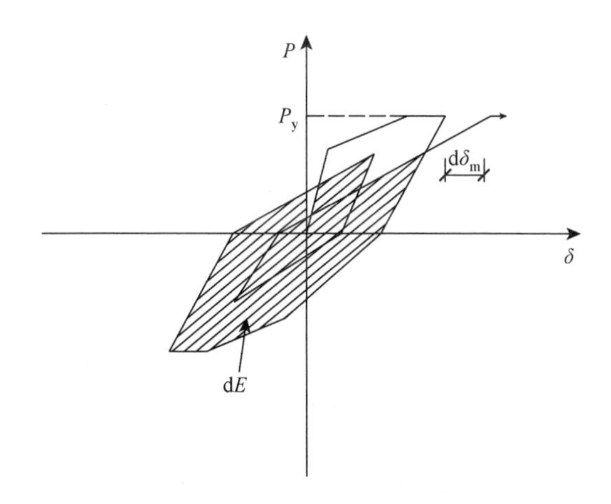

图 4.77 Park 强度衰减模式图

另外，在改良的 IDARC4.0 分析方法中，其强度衰减模式不仅考虑了能量耗散的影响，还考虑了试件延性的影响，其在第 i 个滞回环与第 i+1 个滞回环间的强度衰减可表示为

$$P_{\mathrm{m}}^{i+1}=P_{\mathrm{m}}^{i}\left(1-\beta_{\mathrm{E}}\frac{\int\mathrm{d}E}{P_{\mathrm{y}}\delta_{\mathrm{u}}}-\beta_{\mathrm{D}}\frac{\delta_{\mathrm{m}}}{\delta_{\mathrm{y}}}\right) \tag{4-86}$$

式中，β_{E} 和 β_{D} 分别为以延性和耗能为基准的强度衰减系数，其值均为小于 1 的正数；$\int\mathrm{d}E$ 为构件的累积滞回耗能；其余符号意义同前。

由式（4-86）可以看出，在同一位移下，构件的强度随正规化累积耗能的增加呈线性衰减，其亦随位移（延性）的增大呈线性衰减。但就位移（延性）对构件强度退化的影响而言，使用线性方法将无法完整模拟构件受弯矩作用时强度衰减较缓的事实，因为当构件仅受弯矩作用时，在构件屈服后，其强度大多会有继续上升的趋势。另外，此模式也无法反映出构件达到极限强度后，因混凝土严重开裂或纵筋压屈而产生的强度急剧衰减现象。因此，使用式（4-86）所表示的强度衰减模式并不完全恰当，Sivaselvan 和 Reinhorn[52]进一步提出了曲率幂次方的关系来模拟构件受反复荷载产生的强度衰减，此方法表现为构件在反复荷载作用下，其强度衰减量为其单调荷载下强度包络线的下降量，如图 4.78 所示。因此，该模式是以每一滞回环构件的屈服强度的改变量来表示的，即

$$P'_{\mathrm{y}} = P_{\mathrm{y}}\left[\left(1-\frac{\delta_{\mathrm{m}}}{\delta_{\mathrm{u}}}\right)^{\frac{1}{\beta_{\mathrm{D}}}}\right]\left[1-\frac{\beta_{\mathrm{E}}}{1-\beta_{\mathrm{E}}}\cdot\frac{\int \mathrm{d}E}{E_{\mathrm{ult}}}\right] \tag{4-87}$$

式中，P'_{y} 为衰减后的屈服强度；E_{ult} 为单调荷载下构件所耗散的能量；其余符号的意义同前。

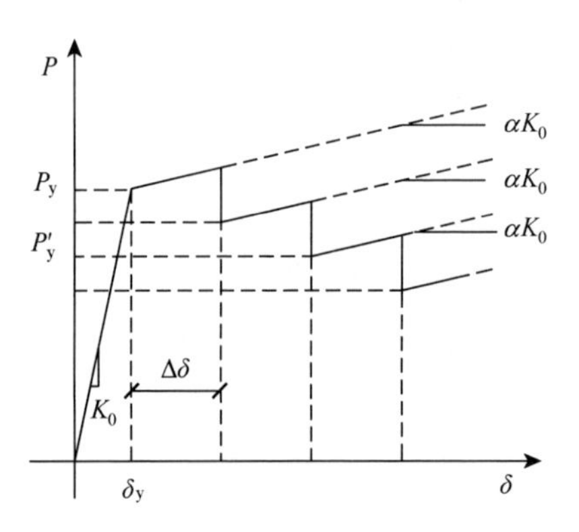

图 4.78　Sivaselvan 强度退化模式图

此外，Mostaghel[51]也提出了一种强度衰减模式，该模式与其所提出的刚度退化模式一致，表达式为

$$P'_{\mathrm{y}} = P_{\mathrm{y}}(1+\alpha_2 E)^{-1} \tag{4-88}$$

或

$$P'_{\mathrm{y}} = P_{\mathrm{y}}\mathrm{e}^{-\alpha_2 E} \tag{4-89}$$

式中，E 为构件反复荷载作用下的滞回耗能；α_2 为强度衰减系数。

由以上分析可知，当位移幅值相同时，反复荷载作用下，强度的衰减主要与构件的累积滞回耗能有关，为简便起见，在此认为在同一位移延性下，构件强度随正规化累积耗能呈线性衰减，因此，式（4-74）中 D_2 用累积滞回耗能表示为

$$D_2 = \beta\frac{\sum E_i}{P_{\mathrm{y}}\delta_{\mathrm{y}}} \tag{4-90}$$

式中，β 为与构件参数有关的强度衰减因子。

3. 地震损伤模型的提出

将式（4-81）和式（4-90）代入式（4-74），得到适用于 SRHPC 框架梁的双参数地震损伤模型为

$$D = 1 - \left(\frac{\delta_{\mathrm{m}}}{\delta_{\mathrm{y}}}\right)^{\alpha} + \beta \frac{\sum E_i}{P_{\mathrm{y}}\delta_{\mathrm{y}}} \tag{4-91}$$

式中，α 值由式（4-82）计算得到。令 $D=1$，回归分析得到参数 β 值为

$$\beta = 0.0057 - 0.039\rho_{\mathrm{s}} - 0.13\rho_{\mathrm{v}} \tag{4-92}$$

式中，ρ_{s} 为以百分数表示的含钢率；ρ_{v} 意义同式（4-85）。

在式（4-90）中，设构件的极限滞回耗能为 E_{u}，令 $D=1$，根据损伤指数为 1 的极限状态方程，可以得到极限滞回耗能与位移的关系：

$$\frac{E_{\mathrm{u}}}{P_{\mathrm{y}}\delta_{\mathrm{y}}} = \frac{1}{\beta}\left(\frac{\delta_{\mathrm{m}}}{\delta_{\mathrm{y}}}\right)^{\alpha} \tag{4-93}$$

将式（4-93）中 $\frac{\delta_{\mathrm{m}}}{\delta_{\mathrm{y}}}$ 用位移延性系数 μ 表示，即

$$\frac{E_{\mathrm{u}}}{P_{\mathrm{y}}\delta_{\mathrm{y}}} = \frac{1}{\beta}(\mu)^{\alpha} \tag{4-94}$$

式（4-94）表明，构件规格化的极限滞回耗能与位移延性系数呈指数衰减关系，这与文献[53]的研究结果一致。这也证明了本节所提地震损伤模型的适用性。

用式（4-91）所示的地震损伤模型对本试验的试件进行损伤分析，结果如图 4.79 所示。假定在试件屈服前损伤指数为 0，即定义屈服点为损伤起始点，因此，图中显示的初始时试件损伤指数增加较快。

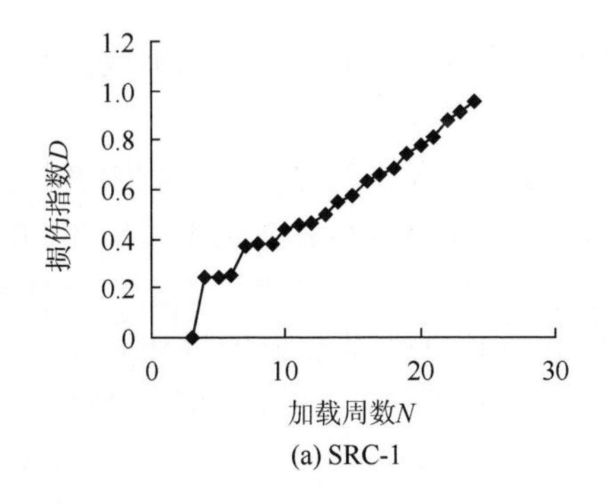

(a) SRC-1

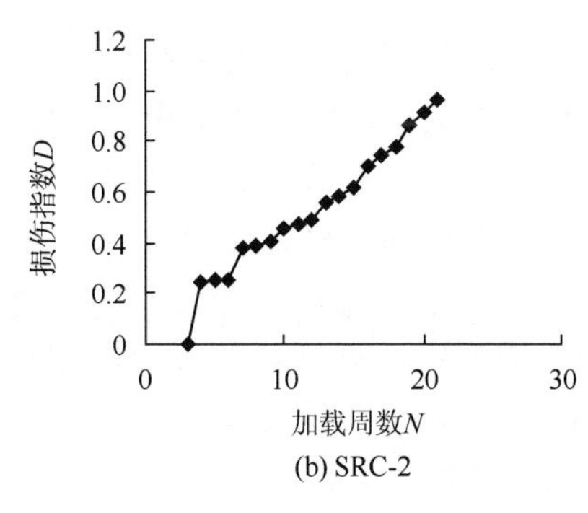

(b) SRC-2

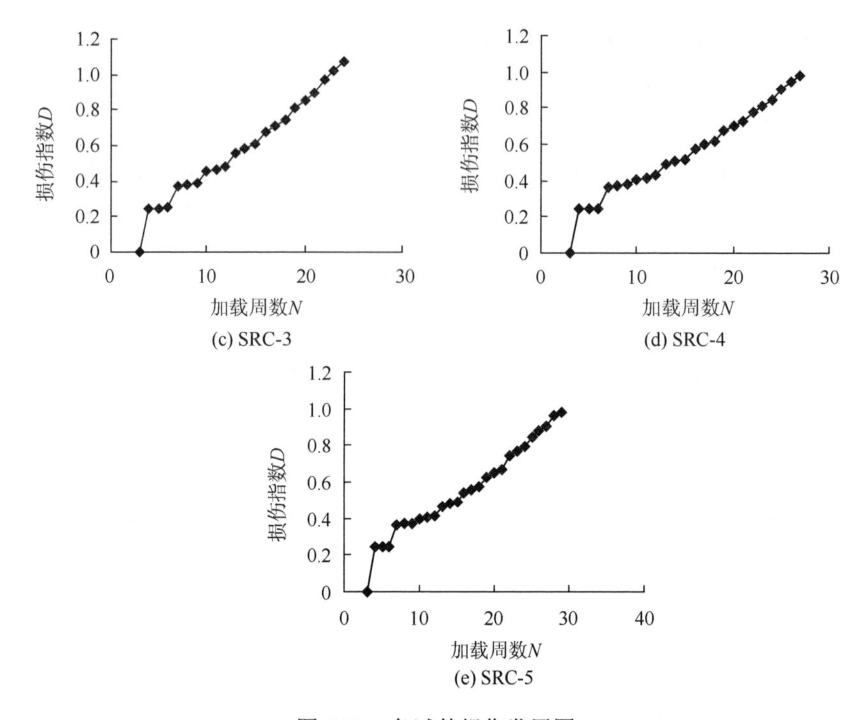

图 4.79　各试件损伤发展图

表 4.17 为按式（4-91）计算的各试件破坏时损伤指数 D 的值。由表可以看出，各构件的损伤值均值为 0.991，标准差为 0.0496，变异系数为 0.0501，可以认为式（4-74）所表达的地震损伤模型能够较好地反映承受低周反复循环荷载作用的 SRHPC 框架梁的损伤累积、发展直至破坏的过程。

表 4.17　破坏时损伤指数 D 值

试件编号	SRC-1	SRC-2	SRC-3	SRC-4	SRC-5
破坏时损伤值	0.954	0.961	1.077	0.984	0.979

本节提出的地震损伤模型在形式上依然采用变形和累积耗能的非线性组合，但与其他双参数地震损伤模型相比，有以下几个特点。

（1）模型形式上依然是变形和能量的非线性组合，但建立了卸载刚度与位移的关系，因而该损伤模型可较为清晰地反映构件在反复荷载作用下强度和刚度的退化规律。

（2）模型中，规格化的极限滞回耗能和位移延性系数为指数衰减关系。而 Park-Ang 模型将其近似定义为线性关系，与之相比，式（4-74）所表达的损伤模型更符合实际情况。

4.4.6 损伤结果量化

损伤模型能否客观准确地评估结构的损伤状况，取决于模型与试验结果的吻合程度。试验研究能够通过试验表观现象、荷载、位移、应变等的实时监控来提供大量的信息，采用合适的评判准则可以将试验结果通过数值指标来表达，即可以定量地评估结构的损伤。框架梁的损伤量化方法与框架柱基本相同，根据型钢混凝土结构四个性能水准（正常使用、暂时使用、生命安全、接近倒塌）及其宏观描述[22]，同时结合破损度与本试验中观察到的 SRHPC 框架梁破坏程度的比较分析，以及表 4.10 给出的性能水准和对应的破坏程度的定义可以看出，在 SRHPC 框架梁的性能水准中增加了倒塌水准，该划分方法弥补了损伤后期由于损伤指数范围较大造成的损伤程度难以确认的缺点。尽管试验观察得到的损伤带有一定的主观性，但它能提供关于结构构件抗震性能的较为有效的信息。

根据表 4.10 给出的性能水准及其描述，表 4.18 给出 SRHPC 框架梁对应的损伤状态及其相应的损伤定义。

表 4.18 SRHPC 框架梁损伤状态及其定义

损伤状态	损伤状态的定义
轻微损伤（slight damage）	混凝土未明显开裂，仅局部出现细微裂缝，裂缝无需修复
轻度损伤（light damage）	微裂缝增多，但无残余变形，裂缝较易修复
中度损伤（moderate damage）	裂缝开裂较为严重，构件仅有较小残余变形
重度损伤（heavy damage）	梁根截面裂缝贯通，且拉、压纵筋及型钢拉、压翼缘和大部分腹板屈服，梁根部受压区混凝土保护层外鼓并大面积脱落，纵筋和箍筋裸露，构件残余变形进一步加大
完全破坏（completely failure）	构件残余变形达到极限值

针对地震作用下结构破坏的 5 个等级：基本完好、轻微破坏、中等破坏、严重破坏和倒塌，国内外学者根据各自所提损伤模型给出了不同损伤状态及其对应的损伤指数范围（表 4.12）。本章结合试件损伤试验观察，依据表 4.10 和表 4.18 中关于损伤状态的描述及定义。给出 SRHPC 框架梁损伤状态对应的损伤指数范围，见表 4.19。在对 SRHPC 框架梁进行抗震损伤评价及性能评估的实际工程应用中，可按照式（4-91）的损伤指数计算模型求得其损伤指数，而后依据表 4.19 所给出的损伤指数范围确定框架梁的损伤状态及破坏程度。

表 4.19 SRHPC 框架梁损伤状态及相应的损伤指数范围

损伤状态	破坏程度	损伤指数范围	易修复程度
轻微损伤（slight damage）	基本完好	$D<0.1$	完好
轻度损伤（light damage）	轻微破坏	$0.1\leqslant D<0.3$	较易修复
中度损伤（moderate damage）	严重破坏	$0.3\leqslant D<0.6$	可以修复
重度损伤（heavy damage）	接近倒塌	$0.6\leqslant D<1.0$	难以修复
完全破坏（completely failure）	倒塌	$D\geqslant 1.0$	无法修复

4.4.7 SRHPC 框架梁损伤影响因素分析

研究表明，含钢率、混凝土强度、剪跨比、配箍率对 SRHPC 框架梁的损伤及损伤的累积、发展过程都有明显的影响，本章主要研究了含钢率和配箍率对框架梁损伤性能的影响。

SRC-1、SRC-2 和 SRC-3 是混凝土强度、截面尺寸、配箍率都相同，而含钢率分别为 6.8%、4.6%、5.7%的三个试件。试验结果表明，加载初期，各试件曲线基本重合，说明该阶段损伤与含钢率的关系不大，而在位移达到 24mm 左右时，损伤急剧发展，直至破坏。在加载后期，相同变形条件下含钢率小的试件比含钢率大的试件具有更大的损伤值。

SRC-1、SRC-4 和 SRC-5 是混凝土强度、截面尺寸、含钢率都相同，而配箍率分别为 0.8%、1.1%、1.4%的三个试件。试验结果表明，加载初期，各试件损伤指数基本相同，但是加载后期，配箍率低的试件与配箍率高的试件相比，其损伤指数较大，损伤发展速度较快，试件极限破坏时所能经历的变形更小。这主要是由于配箍率低的试件，其箍筋对核心区混凝土的有效约束面积较小，对延缓强度退化贡献作用减小，从而在同一变形下的损伤指数要比配箍率高的试件大。

由以上分析可以看出，含钢率和配箍率对 SRHPC 框架梁损伤的影响主要表现在大变形阶段，对小变形下的损伤发展影响并不明显，进入大变形后，高含钢率和高配箍率的试件，其损伤发展较为平缓，在相同变形条件下，与低含钢率和低配箍率的试件相比，其具有较小的损伤值。

4.5 SRHPC 框架结构地震损伤分析

目前，对于构件层次的损伤研究较多，而对结构层次的损伤研究较少。整体结构损伤模型归纳起来可分为三类：权重平均损伤模型、基于模态的损伤模型、经济损伤模型。主要的损伤分析方法有两种：整体法和加权系数法。前者是将结构作为一个整体进行损伤分析，该方法忽略了局部损伤构件对整体结构损伤的影响；而后者首先是对结构各构件的损伤进行分析，并确定各自的损伤指数，按一定的权重系数进行加权组合，从而最终得到整体结构损伤指数，该方法可较好地考虑局部损伤构件对结构整体损伤的影响，能够较为准确地跟踪和描述建筑结构中构件层次到结构层次的损伤演化过程。现有的权重系数法基本都只是简单地考虑不同结构层损伤对整体结构损伤的影响，而未对同一层中，不同构件损伤对该层损伤的影响进行深入的研究，如此确定的权重系数并不能很好地反映局部损伤构件对整体结构损伤的影响。

鉴于此，为研究构件损伤向结构损伤迁移转化的多尺度效应，首先基于课题组前期进行的 SRHPC 框架结构拟静力试验研究结果，进一步揭示框架梁、柱构件破坏与局部结构破坏及整体结构破坏三者之间的关系。进而，根据 SRHPC 框架结构的损伤演化过程，通过合理假定，建立能够反映构件、局部结构及整体结构损伤三者之间损伤演化规律的地震损伤模型。最后，根据框架结构的损伤指数，以及试验破坏过程观测，提出 SRHPC 框架结构的损伤状态及相应的损伤指数范围。

4.5.1 试验概况[54]

1. 试件的设计

依据西安建筑科技大学结构工程与抗震教育部重点实验室的设备条件，取两跨框架结构的底层、标准层及顶层作为试验模型，试件缩尺比为 1 ∶ 4。

试件按照“强柱弱梁、强剪弱弯、节点更强”的原则进行设计。SRHPC 框架梁、柱混凝土采用 C90 高强高性能混凝土，框架梁、柱的内置型钢分别采用 I10 和 I14，材质为 Q235B；框架梁、柱内纵向钢筋采用直径为 12mm 的 HRB335 级螺纹钢筋，箍筋采用直径为 6mm 的 HPB300 级光圆钢筋；基础梁的内置型钢为 I40c，材质为 Q235B。SRHPC 框架试件的型钢骨架和纵横向钢筋笼加工成型后如图 4.80 所示。试件的几何尺寸、构件的截面尺寸与配钢如图 4.81 所示，混凝土与钢材的实测力学性能指标分别见表 4.20 和表 4.21。

表 4.20 混凝土材料性能

混凝土设计强度等级	立方体抗压强度平均值 f_{cu} /MPa	轴心抗压强度平均值 f_c /MPa	弹性模量 E_c /MPa
C90	91.13	76.09	40.7×10^3

表 4.21 钢材材料性能

力学性能指标	I10 Q235		I14 Q235		ϕ6 HPB300	ϕ12 HRB335
	翼缘	腹板	翼缘	腹板		
屈服强度/MPa	312.3	314.7	317.2	306.5	299.0	390.0
	332.5	318.2	313.4	314.7	295.5	380.5
	318.3	313.6	328.5	316.1	298.0	382.0

续表

力学性能指标	I10　Q235		I14　Q235		ϕ6 HPB300	ϕ12 HRB335
	翼缘	腹板	翼缘	腹板		
屈服应变/ με	1530	1520	1540	1490	1450	1880
	1590	1480	1520	1530	1450	1850
	1500	1510	1570	1500	1440	1860
平均屈服强度/MPa	321.0	315.5	319.7	312.4	297.5	384.0
平均屈服应变/ με	1540	1503	1543	1507	1447	1863
弹性模量/（$\times10^5$MPa）	0.208	0.210	0.207	0.207	0.206	0.206
极限强度/MPa	524.6	485.4	484.2	511.2	441.0	557.0
	496.8	500.7	503.1	523.8	435.5	559.5
	508.2	496.5	487.3	472.4	437.5	554.5
平均极限强度/MPa	509.9	494.2	491.5	502.5	438.0	557.0
备　注	钢材的质量密度、剪切模量和线膨胀系数分别按 $\rho=7850\text{kg}/\text{m}^3$，$G=79\times10^3\text{MPa}$，$\alpha=12\times10^{-6}$℃$^{-1}$ 取值					

图 4.80　SRHPC 框架内置钢骨架连接详图

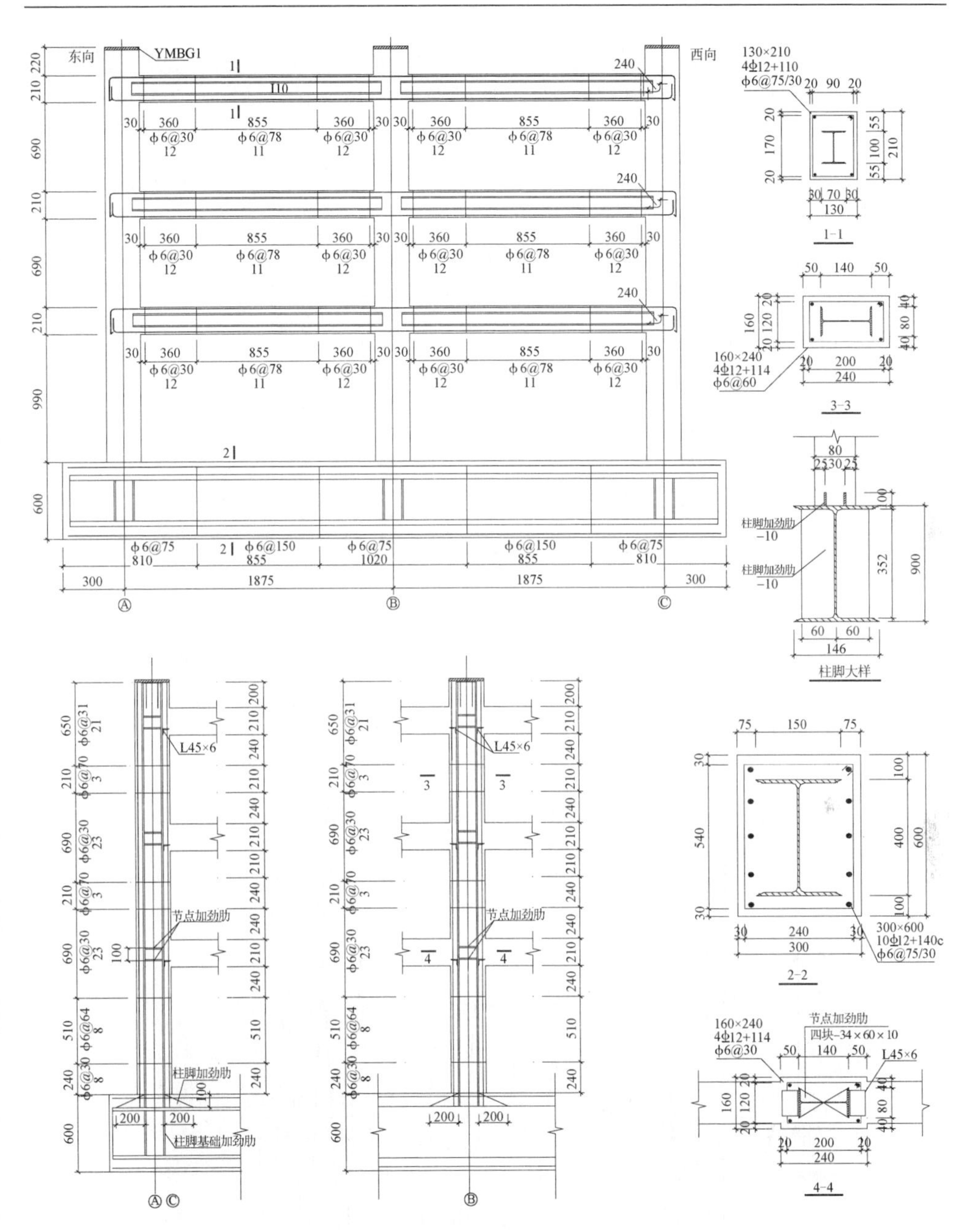

图 4.81　SRHPC 框架试件设计详图（单位：mm）

2. 试验方案

本试验采用的加载方案：首先采用三台竖向千斤顶在框架柱与框架梁定位轴线的交点处施加恒定的竖向荷载，然后采用 MTS 电液伺服加载系统在第三层框架梁端部作用低周反复水平荷载。水平加载采用荷载-位移混合控制的加载制度，当结构处于弹性和初始弹塑性状态时，采用荷载控制加载；结构进入屈服阶段以后，采用位移控制加载，每级位移的增加幅度为框架结构顶层屈服位移值的倍数，每级位移幅值下循环三次，加载至结构破坏（水平荷载下降至峰值荷载的 80%～85%，且不低于屈服荷载）。

上述加载方案可较好地模拟地震激励下试件的受力与变形过程，揭示框架结构的地震损伤机理，进而为建立可靠的地震损伤理论模型提供试验支撑。试验加载装置和加载制度分别如图 4.82 和图 4.83 所示，试验加载现场照片如图 4.84 所示。

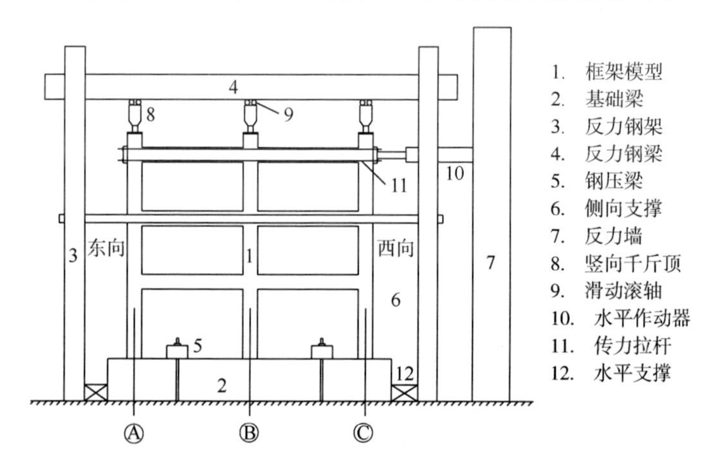

图 4.82　SRHPC 框架试验加载装置

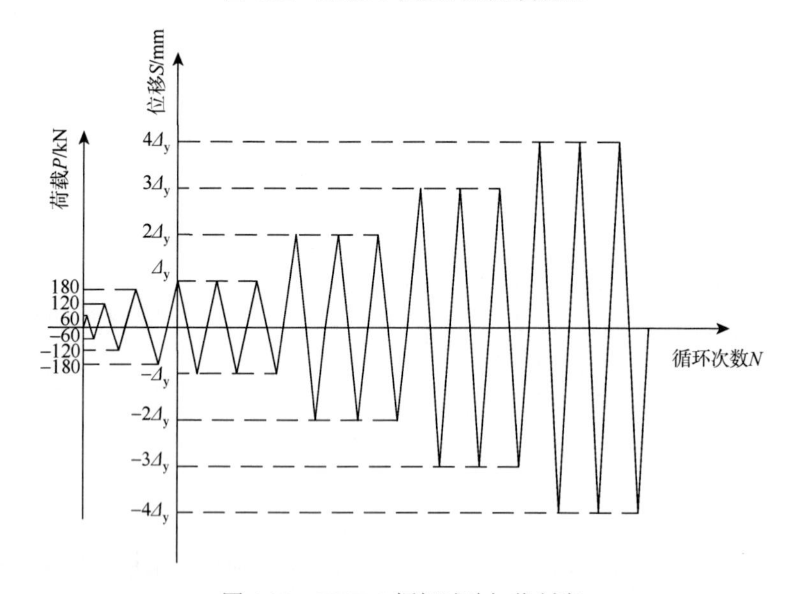

图 4.83　SRHPC 框架试验加载制度

图 4.84　SRHPC 框架试验装置照片

4.5.2　试件损伤破坏过程与滞回特性

1. 损伤破坏过程

试验加载过程中，首先在 SRHPC 框架结构底层和二层中柱两侧梁端的下部出现细微裂缝；由于往复荷载的作用，相应梁端的上部亦相继出现细微裂缝。随着荷载的不断增加，裂缝不断出现和开展，框架梁混凝土保护层逐渐剥落，纵向钢筋开始屈服。随着边柱梁端弯曲裂缝的不断出现和发展，框架梁内的型钢上、下翼缘开始屈服。达到峰值荷载后，随着变形的加大，梁端上、下部保护层混凝土开裂严重，框架梁与柱交接部位的混凝土出现压酥、剥落现象，梁端塑性铰得到充分发展。在整个加载过程中，框架梁的裂缝主要分布在梁端，其他部位只出现了少量的细微裂纹，如图 4.85（a）～（c）所示。

框架柱的破坏明显滞后于框架梁，在梁端开始出现塑性铰之后，底层柱下端才出现弯曲裂缝。在底层柱型钢翼缘开始屈服以后，在二、三层柱上、下端部才开始出现细微的弯曲裂缝。达到峰值荷载后，二、三层柱端逐渐出现贯通的弯曲裂缝，但裂缝开展不明显，型钢和钢筋尚未屈服。进入承载力下降段后，底层柱脚混凝土压酥剥落、箍筋外凸（图 4.85（d）～（f））。可以看出，在框架结构中底层的破坏程度比其他层严重。

相对于框架梁、柱裂缝的出现，节点区裂缝出现的相对较晚。当整体结构接近峰值荷载时，节点区保护层混凝土才开始出现 45°交叉式分布的细小斜裂缝，一、二层中节点较为明显，边节点箍筋外侧混凝土仅有细微开裂。当框架结构接近破坏荷载时，此时的框架梁、柱已经破坏，且退出工作。同时，一、二层中柱节点区保护层混凝土开裂比较严重，并且出现局部剥落的现象，但节点没有发生较大变形，箍筋约束区内的混凝土较为完整，箍筋尚未屈服，节点承载能力基本没有降低。裂缝分布情况如图 4.85（g）～（i）所示。

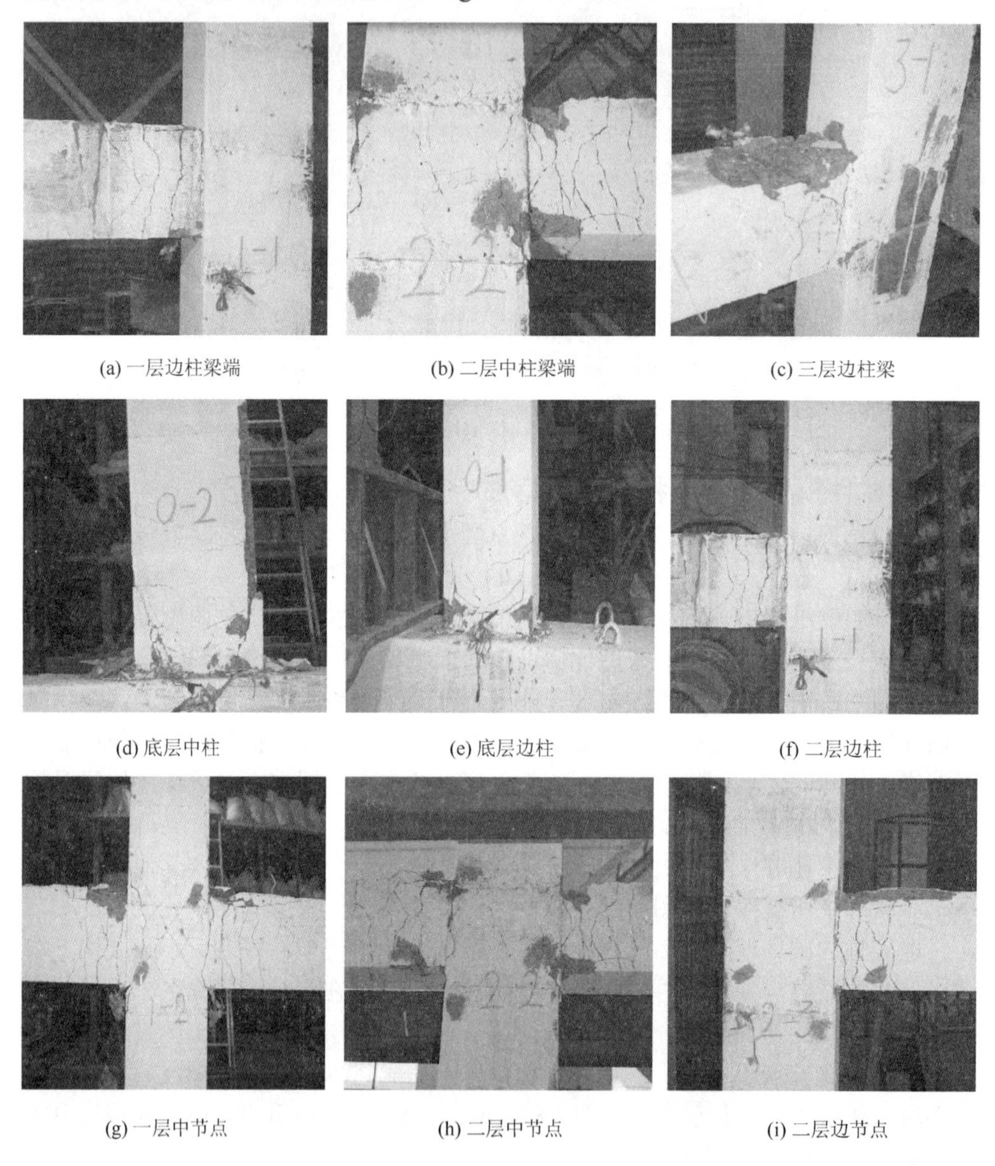

(a) 一层边柱梁端　(b) 二层中柱梁端　(c) 三层边柱梁

(d) 底层中柱　(e) 底层边柱　(f) 二层边柱

(g) 一层中节点　(h) 二层中节点　(i) 二层边节点

图 4.85　SRHPC 框架局部裂缝开展和分布图

综上所述，在往复荷载作用下，SRHPC 框架结构中柱的破坏迟于梁的破坏，而节点的破坏则相对梁、柱构件较为滞后，且在整体结构破坏过程中表现得比较轻微。

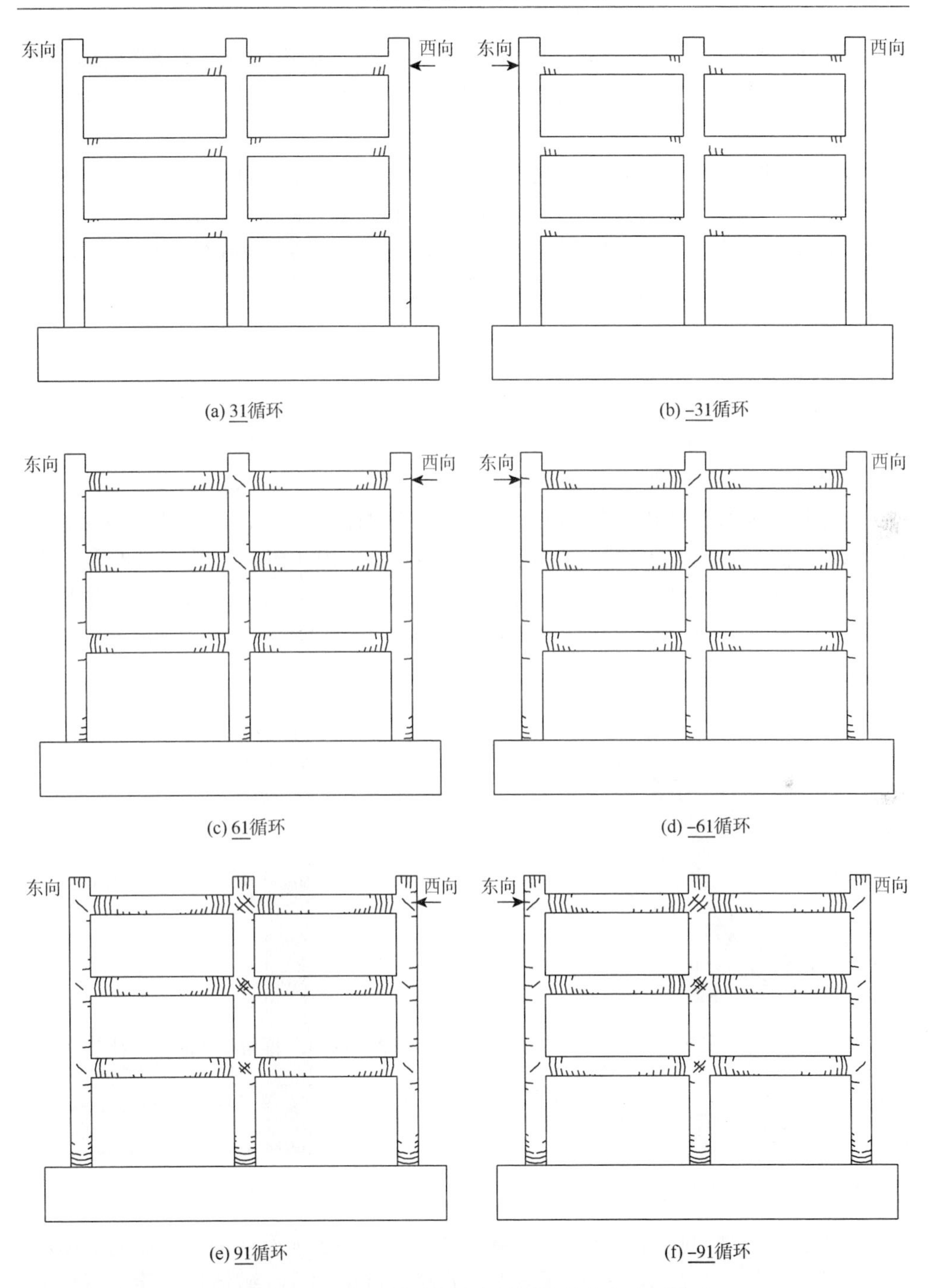

图 4.86 SRHPC 框架结构整体裂缝分布和破坏模式

图 4.86 给出了 SRHPC 框架结构整体裂缝的发展过程及分布。从图中可以看

出，SRHPC 框架柱作为最主要抗侧力构件，在往复荷载作用下，其损伤较为严重的构件出现在整体结构较低层的中间部位，柱的损伤程度由上向下、由两侧向中间逐渐加剧，梁的损伤整体上均较为严重，结构形成了较为理想的"梁铰机制"，实现了"强柱弱梁"的抗震设计思想。在型钢混凝土组合结构，尤其是 SRHPC 组合结构中，裂缝开展较快，型钢外部混凝土较早地退出工作，但由于型钢及其翼缘框内部混凝土还可以继续承载，所以在型钢外部混凝土裂缝得到充分发展后，结构仍然具有较大的承载能力，其二次设防和变形能力仍较强。

2. 滞回特性

低周反复荷载作用下，SRHPC 框架顶层梁端水平荷载-位移（P-$\varDelta$）滞回曲线及骨架曲线分别如图 4.87 和图 4.88 所示。

总体来看，框架滞回曲线初始刚度大，滞回环呈饱满的梭形，无明显的捏拢现象，说明其消耗地震能量的能力强，具有良好的抗震性能。从骨架曲线来看，SRHPC 框架结构经历了无损伤（弹性）、轻微损伤阶段（初始开裂）、损伤稳定发展（带裂缝工作）、损伤急剧发展（破坏）四个阶段。在整个加载过程中，框架的承载能力高、变形能力强，且达到峰值荷载后，下降段较为平缓，强度和刚度衰减缓慢，具有较好的延性性能。

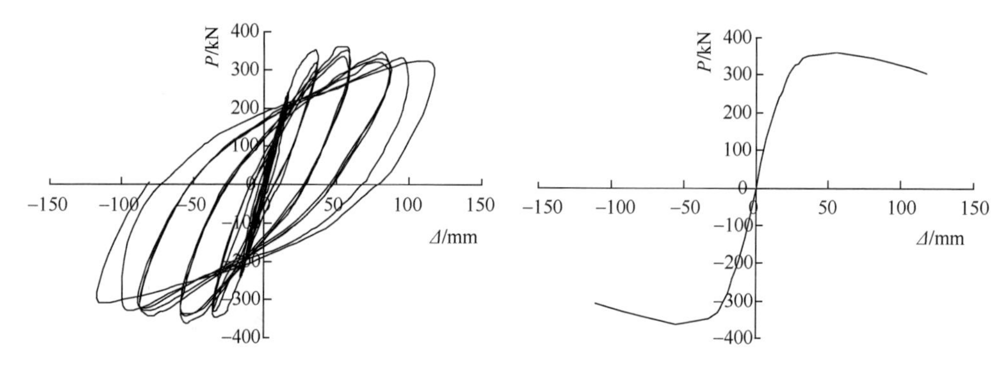

图 4.87　SRHPC 框架顶部的 P-$\varDelta$ 滞回曲线　　图 4.88　SRHPC 框架顶部的 P-$\varDelta$ 骨架曲线

4.5.3　框架结构层损伤模型

1. 层损伤模型的建立

为了实现"强节点弱构件"的抗震设计思想，要求框架结构中节点的破坏迟于梁、柱构件的破坏。本试验结果表明，在梁、柱构件完全破坏后，除了下部个别节点进入损伤稳定发展阶段，大多数节点仅出现了一些轻微裂缝，处于轻微损伤状态，并未进入塑性变形阶段。因此，为了简化计算，在对 SRHPC 框架结构进行层损伤分析时，仅考虑本层框架梁、柱构件损伤对本楼层结构损伤的影响，而忽略本层节点损伤的影响。通过计算节点周围左右半梁、上下半柱各自的损伤指数，并赋予框架梁柱构件损伤指数相应的权重系数后，进行叠加，从而得到节点区损伤指数。节点区的计算简图如图 4.89 所示，节点区损伤指数的计算公式可表达为

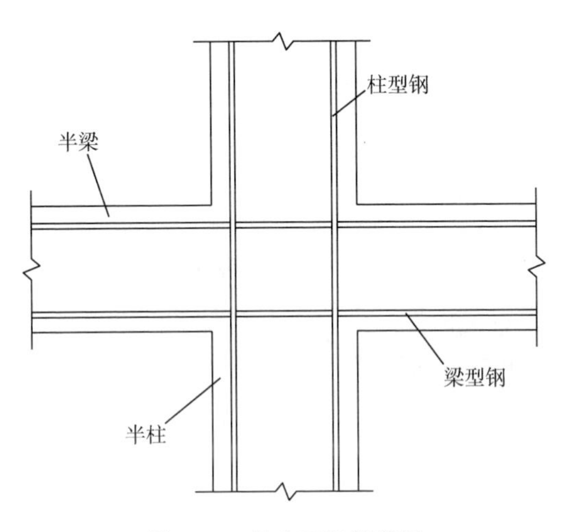

图 4.89 节点区计算简图

$$D_{ij} = \varphi(\eta_{i,\mathrm{lb}} D_{i,\mathrm{lb}} + \eta_{i,\mathrm{rb}} D_{i,\mathrm{rb}} + \eta_{i,\mathrm{uc}} D_{i,\mathrm{uc}} + \eta_{i,\mathrm{dc}} D_{i,\mathrm{dc}}) \tag{4-95}$$

式中，D_{ij} 为第 j 层第 i 个节点区的损伤指数；φ 为系数，取 0.5；$D_{i,\mathrm{lb}}$、$D_{i,\mathrm{rb}}$、$D_{i,\mathrm{uc}}$、$D_{i,\mathrm{dc}}$ 分别为第 j 层第 i 个节点左侧梁、右侧梁及上柱、下柱的损伤指数；$\eta_{i,\mathrm{lb}}$、$\eta_{i,\mathrm{rb}}$、$\eta_{i,\mathrm{uc}}$、$\eta_{i,\mathrm{dc}}$ 分别为节点区各梁柱构件损伤指数对应的权重系数。

为了反映不同位置的节点区损伤对本楼层结构损伤影响的不同，引入节点位置作为权重系数，得到 SRHPC 框架结构层损伤模型的表达式为

$$D_j = \sum_{i=1}^{n} \chi_{ij} D_{ij} = \sum_{i=1}^{n} \chi_{ij} \varphi(\eta_{i,\mathrm{lb}} D_{i,\mathrm{lb}} + \eta_{i,\mathrm{rb}} D_{i,\mathrm{rb}} + \eta_{i,\mathrm{uc}} D_{i,\mathrm{uc}} + \eta_{i,\mathrm{dc}} D_{i,\mathrm{dc}}) \tag{4-96}$$

式中，χ_{ij} 为第 j 层第 i 个节点区的位置权重系数；n 为框架结构第 j 层中节点总数；D_j 为第 j 层损伤值。

2. 层损伤模型中系数的确定

1）梁、柱构件损伤指数的计算

框架梁、柱的损伤指数可分别依据 4.4.5 节和 4.2 节提供的方法计算求得，这里不再赘述。

2）构件损伤值权重系数的确定

构件损伤值的权重系数$\eta_{i,\mathrm{lb}}$、$\eta_{i,\mathrm{rb}}$、$\eta_{i,\mathrm{uc}}$、$\eta_{i,\mathrm{dc}}$表示该节点区各个构件损伤对节点区总体损伤的影响程度。试验结果表明，随着构件滞回耗能的增大，其损伤累积不断增加。因此可采用构件滞回耗能所占节点区总耗能的比例作为权重系数来反映不同构件损伤对节点区损伤的影响，权重系数$\eta_{i,\mathrm{lb}}$、$\eta_{i,\mathrm{rb}}$、$\eta_{i,\mathrm{uc}}$、$\eta_{i,\mathrm{dc}}$可分别表示为

$$\eta_{i,\mathrm{lb}}=\frac{E_{i,\mathrm{lb}}}{\sum E_i},\quad \eta_{i,\mathrm{rb}}=\frac{E_{i,\mathrm{rb}}}{\sum E_i},\quad \eta_{i,\mathrm{uc}}=\frac{E_{i,\mathrm{uc}}}{\sum E_i},\quad \eta_{i,\mathrm{dc}}=\frac{E_{i,\mathrm{dc}}}{\sum E_i} \tag{4-97}$$

其中

$$\sum E_i=E_{i,\mathrm{lb}}+E_{i,\mathrm{rb}}+E_{i,\mathrm{uc}}+E_{i,\mathrm{dc}} \tag{4-98}$$

式中，$\sum E_i$为第i个节点区梁、柱构件总的滞回耗能；$E_{i,\mathrm{lb}}$、$E_{i,\mathrm{rb}}$、$E_{i,\mathrm{uc}}$、$E_{i,\mathrm{dc}}$分别为第i个节点区左、右梁构件及上、下柱构件的滞回耗能。

3）节点区位置权重系数的确定

节点区位置权重系数χ_{ij}的取值综合考虑了梁、柱构件破坏的次序及最终受力的大小。欲确定权重系数χ_{ij}，首先需要得到各个梁、柱构件的滞回曲线。目前，较为可信且耗费较小的方法是通过数值模型试验获取相关数据[55~57]。因此作者采用文献[53]中的数值建模方法得到了 SRHPC 框架结构各梁、柱构件的滞回曲线。课题组邓国专等前期已对该方法的可靠性与准确性进行了验证[54, 58, 59]。基于数值模拟获得的数据，由式（4-95）即可求出各个节点区的损伤指数，进而通过回归分析得到第i个节点区的位置权重系数χ_{ij}：

$$\chi_{ij}=\begin{cases}1.73\left[-\dfrac{2}{(n-1)^2}i^2+\dfrac{2(n+1)}{(n-1)^2}i\right]-0.35\left[\dfrac{1}{2}\left(\dfrac{n+1}{n-1}\right)^2+1\right], & j=1\\ -\dfrac{0.0776}{(n-1)^2}i^2+\dfrac{0.0776(n+1)}{(n-1)^2}i-0.0194\left(\dfrac{n+1}{n-1}\right)^2+0.3307, & j=2,3,\cdots,N\end{cases} \tag{4-99}$$

式中，N为结构层数；其余符号同前。

4.5.4 整体结构损伤模型

基于上述内容，本节以局部构件损伤为基础，结合 SRHPC 框架结构的损伤演化过程，寻找局部构件损伤与整体结构损伤的关系，从而建立整体结构损伤模型。

1. 已有整体结构损伤模型

研究表明[60~63]，已有的整体结构损伤模型，大多数是采用加权系数法建立的基于层损伤的模型，其统一表达式为

$$D_c = \sum_{j=1}^{N} \lambda_j D_{cj} \tag{4-100}$$

式中，D_c 为整体结构损伤指数；λ_j 为第 j 层权重系数；D_{cj} 为第 j 层损伤指数。

式（4-100）所示的整体结构损伤模型，概念清晰，物理意义明确。采用加权系数法的难点在于权重系数的合理选取。目前在层权重系数的选取上较为单一，确定的基本原则是能够反映构件或楼层在维持整体稳定性中的相对重要程度，从而对影响整体结构倒塌的关键构件或楼层赋予更大的权重系数。

通常采用结构层的位置和结构层耗能能力作为层权重系数。研究表明，二者均可较好地反映层损伤对整体结构损伤的影响程度。关于层权重系数的选取和确定方法主要有以下几种。

（1）Chung 等[60]引入层位置作为权重系数来反映不同层损伤对整体结构损伤的影响，其表达式为

$$\lambda_j = \frac{N+1-j}{\sum_{j=1}^{N}(N+1-j)} \tag{4-101}$$

式中，N 为结构层数。

（2）欧进萍等[61, 62]同时考虑了层位置和层损伤对整体结构损伤的影响，将层权重系数定义为

$$\lambda_j = \frac{N+1-j}{\sum_{j=1}^{N}(N+1-j)D_{cj}} D_{cj} \tag{4-102}$$

式中，D_{cj} 为第 j 层的损伤指数，同时考虑了结构薄弱层和层序的重要性，如结构的薄弱层损伤指数 D_{cj} 大，且结构层偏底部，系数 $(N+1-j)$ 大。

（3）杨栋等[63]认为上述两种确定层权重系数的方法对刚度和层间位移较均匀的结构较为适用，而对非均匀结构，计算结果有失于偏颇，因此，提出采用楼层屈服强度系数作为层权重系数对整体结构进行损伤分析，其权重系数定义为

$$\lambda_j = \frac{\eta_j D_{cj}}{\sum_{j=1}^{N}\eta_j D_{cj}} \tag{4-103}$$

其中

$$\eta_j = 1/\xi_{yj} \tag{4-104}$$

式中，η_j 为楼层损伤因子；$\xi_{yj} = V_{yj}/V_{ej}$，V_{yj} 为楼层实际屈服剪力，取材料强度标准值和各构件实际配筋，按有关规范计算得到；V_{ej} 为在罕遇地震作用下，楼层按弹性分析所得的剪力。

Park 等[64]定义层滞回能作为层权重系数，其表达式为

$$\lambda_j = \frac{E_j}{\sum_{j=1}^{N} E_j} \tag{4-105}$$

式中，E_j 为第 j 层滞回耗能，$E_j = \sum_{i=1}^{m} E_{ij}$；$E_{ij}$ 为第 j 层第 i 个构件的滞回耗能；m 为第 j 层总的构件数。

Mohammad 等[65]认为，式（4-100）直接反映了层到整体结构的损伤关系，无法反映局部构件损伤对整体结构损伤的影响。因此，以构件滞回耗能作为权重系数，建立了考虑局部构件损伤对整体结构损伤影响的整体结构损伤模型，具体表达式为

$$D_{\mathrm{c}} = \frac{\sum_{j=1}^{N} \left(\alpha_j^{\mathrm{c}} \lambda_j^{\mathrm{c}} D_j^{\mathrm{c}} + \alpha_j^{\mathrm{b}} \lambda_j^{\mathrm{b}} D_j^{\mathrm{b}} \right)}{\sum_{j=1}^{N} \left(\alpha_j^{\mathrm{c}} + \alpha_j^{\mathrm{b}} \right)} \tag{4-106}$$

式中

$$\lambda_j^{\mathrm{c}} = \frac{E_j^{\mathrm{c}}}{\sum_{j=1}^{N} E_j^{\mathrm{c}}}, \quad \lambda_j^{\mathrm{b}} = \frac{E_j^{\mathrm{b}}}{\sum_{j=1}^{N} E_j^{\mathrm{b}}} \tag{4-107}$$

其中，α_j^{c}、α_j^{b} 分别为第 j 层柱和梁的校准系数；E_j^{c}、E_j^{b} 分别为第 j 层所有柱和梁的滞回耗能；λ_j^{c}、λ_j^{b} 分别为第 j 层柱和梁的权重系数；D_j^{c}、D_j^{b} 分别为第 j 层柱和梁的总损伤指数，计算公式为

$$D_j^{\mathrm{c}} = \sum_{k=1}^{n_j^{\mathrm{c}}} \lambda_{kj}^{\mathrm{c}} D_{kj}^{\mathrm{c}} \tag{4-108}$$

$$D_j^{\mathrm{b}} = \sum_{k=1}^{n_j^{\mathrm{b}}} \lambda_{kj}^{\mathrm{b}} D_{kj}^{\mathrm{b}} \tag{4-109}$$

其中

$$\lambda_{kj}^{\mathrm{c}} = \frac{E_{kj}^{\mathrm{c}}}{\sum_{i=1}^{n_j^{\mathrm{c}}} E_{ij}^{\mathrm{c}}}, \quad \lambda_{kj}^{\mathrm{b}} = \frac{E_{kj}^{\mathrm{b}}}{\sum_{i=1}^{n_j^{\mathrm{b}}} E_{ij}^{\mathrm{b}}} \tag{4-110}$$

式中，D_{kj}^{c}、D_{kj}^{b} 分别为第 j 层第 k 个柱和梁的损伤指数；n_j^{c}、n_j^{b} 分别为第 j 层柱和梁数；$\lambda_{kj}^{\mathrm{c}}$、$\lambda_{kj}^{\mathrm{b}}$ 分别为第 j 层第 k 个柱和梁的权重系数；E_{ij}^{c}、E_{ij}^{b} 分别为第 j 层第 i 个柱和梁的滞回耗能。

2. SRHPC 框架结构整体损伤模型的建立

式（4-96）所示的层损伤模型能较好地反映构件损伤对层损伤的影响，在此基础上，采用加权系数法即可建立基于层损伤的整体结构损伤模型，其表达式为

$$D_{\mathrm{c}} = \sum_{j=1}^{N} \lambda_j D_j = \sum_{j=1}^{N} \lambda_j \sum_{i=1}^{n} \chi_{ij} D_{ij} \tag{4-111}$$

式中，D_j 为第 j 层损伤指数，可由式（4-96）计算得到；λ_j 为第 j 层的权重系数。

关于层权重系数的确定，欧进萍等所提出的方法已被广泛用于钢结构和钢筋混凝土结构的整体损伤分析中，并得到了较为理想的结果。因此，式（4-111）中所定义的层权重系数亦按照此方法来确定，λ_j 的表达式同式（4-102）。

图 4.90 给出了 SRHPC 框架结构整体损伤计算过程框图。从图中可以看出，结构整体损伤计算过程可体现构件、局部结构乃至整体结构损伤三者之间的演化规律。

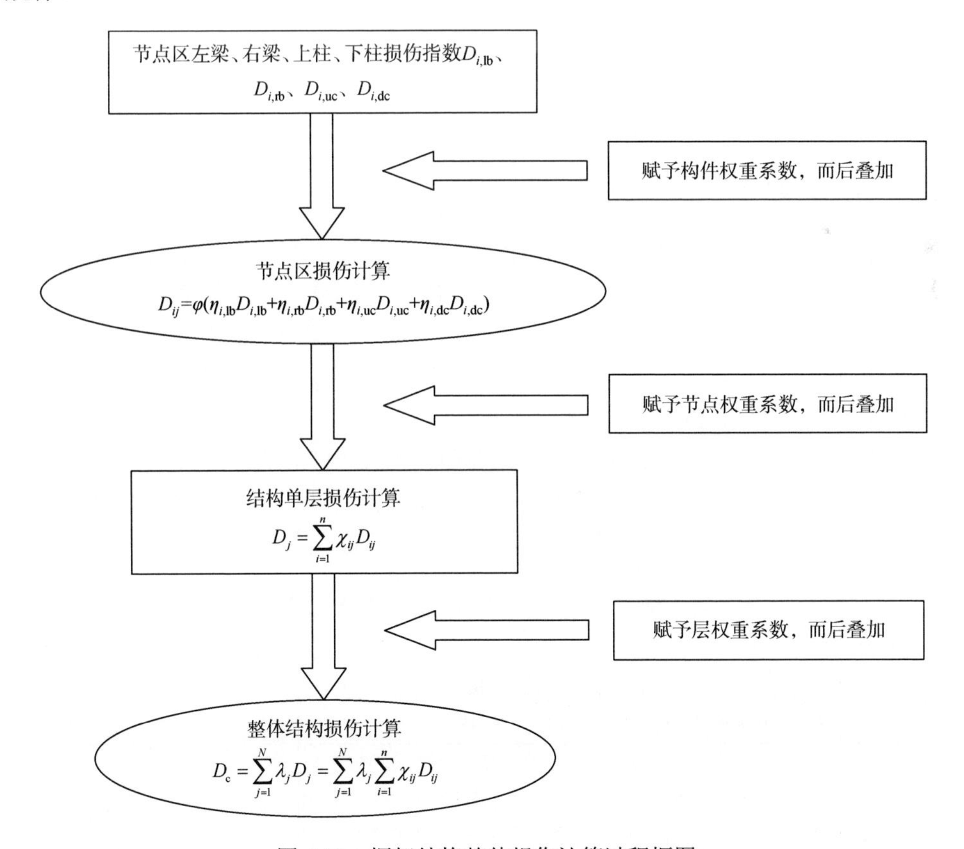

图 4.90 框架结构整体损伤计算过程框图

3. 整体损伤模型的有效性验证

框架结构整体损伤计算结果与试验结果的对比如图 4.91 所示。从图中可以看出，二者吻合较好，表明本章所提出的整体结构损伤模型可以反映 SRHPC 框架结构的地震损伤行为。

需要指出的是，SRHPC 框架结构物理试验模型中各梁、柱构件的滞回曲线均可通过数值模拟获得。

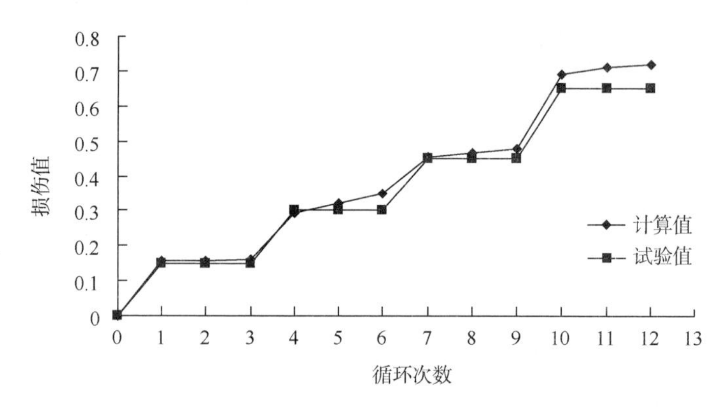

图 4.91　计算结果与试验结果的对比

4.5.5　SRHPC 框架结构损伤水平的确定

与框架梁柱构件确定方法类似，欲对震后建筑结构的损伤程度及经济损失做出合理的评估，应先确定结构的损伤程度。Park[64]把结构损伤程度分为无损、轻微损伤、中度损伤、重度损伤和倒塌；同样，Bracci 等[66]把结构损伤程度分为无损、轻微损伤、可修复、不可修复和倒塌。以上损伤程度的划分思路可为 SRHPC 框架结构损伤水平的确定提供参考。

已有研究表明，SRHPC 框架结构与 SRC 框架结构的破坏过程类似，因此，参照表 4.22 给出的 SRC 框架结构性能水平及宏观描述，基于课题组的试验结果，表 4.23 给出了 SRHPC 框架结构的破坏程度及相应的损伤指数范围。

表 4.22　SRC 框架结构性能水平及宏观描述

性能水平	结构宏观描述	破坏程度	易修复程度
正常使用	结构和非结构构件不损坏或轻微损坏；SRC 框架梁柱保持原有的强度和刚度，构件尚处于弹性工作阶段	基本完好	完好
暂时使用	个别承重构件轻微开裂，需要少量修复，非承重构件需大量修复；SRC 框架梁柱几乎保持原有的强度和刚度，可近似认为处于弹性工作阶段；SRC 框架柱的受拉纵筋和型钢受拉翼缘屈服，腹板尚未完全屈服	轻微破坏	较易修复

续表

性能水平	结构宏观描述	破坏程度	易修复程度
生命安全	多数承重构件屈服，结构尚保持稳定；SRC 框架柱丧失了部分刚度和强度，构件进入弹塑性工作状态，其受拉和受压型钢屈服，塑形铰开始形成，承载力达到最大值	严重破坏	可以修复
接近倒塌	大多数承重构件破坏，但结构保持不倒；SRC 框架柱丧失大部分刚度和强度，柱端钢筋及型钢局部压屈，混凝土保护层逐渐剥落，构件处于塑性工作阶段	接近倒塌	不可修复

表 4.23　SRHPC 框架结构的破坏程度及相应的损伤指数范围

相应的地震破坏等级	基本完好	轻微破坏	中等破坏	严重破坏	倒塌
损伤指数范围	$0 \leqslant D_c < 0.3$	$0.3 \leqslant D_c < 0.45$	$0.45 \leqslant D_c < 0.65$	$0.65 \leqslant D_c < 0.8$	$D_c \geqslant 0.8$

参 考 文 献

[1] 王斌. 型钢高强高性能混凝土构件及其框架结构的地震损伤研究[D]. 西安：西安建筑科技大学，2010.

[2] 郑山锁，李磊. SRHPC 结构的基本性能与设计[M]. 北京：科学出版社，2012.

[3] 王连广. 钢与混凝土组合结构理论与计算[M]. 北京：科学出版社，2001.

[4] 贾金青. 超高强混凝土组合柱抗震性能的试验研究[D]. 大连：大连理工大学，2007.

[5] James M R，Shannon D P. Seismic performance of steel-encased composite columns[J]. Journal of Structural Engineering，ASCE，1994，120（8）：2474-2494.

[6] Cheng C C，Jian M L. Experimental behaviour and strength of concrete-encased composite beam-columns with T-shaped steel section under cyclic loading[J]. Journal of Constructional Steel Research，2005，61：863-881.

[7] 蒋东红，王连广，刘之洋，等. 高强钢骨混凝土框架柱的抗震性能[J]. 东北大学学报（自然科学版），2002，23（1）：67-70.

[8] 中华人民共和国行业标准. 型钢混凝土组合结构技术规程（JGJ 138—2001）[S]. 北京：中国建筑工业出版社，2002.

[9] 中华人民共和国行业标准. 钢骨混凝土结构技术规程（YB 9082—2006）[S]. 北京：中国建筑工业出版社，2007.

[10] 马永欣，郑山锁. 结构试验[M]. 北京：科学出版社，2001.

[11] 中华人民共和国行业标准. 建筑抗震试验方法规程（JGJ 101—1996）[S]. 北京：中国建筑工业出版社，1996.

[12] Benavent-Climent A. An energy-based damage model for seismic response of steel structures[J]. Earthquake Engineering & Structural Dynamics，2007，36（8）：1049-1064.

[13] Zheng S S，Wang B，et al. Component seismic damage model for SRHPC joints[J]. Key Engineering Materials，2009，417-418：705-708.

[14] 郑山锁，王斌，侯丕吉，等. 低周反复荷载作用下型钢高强高性能混凝土框架柱损伤试验研究[J]. 土木工程学报，2011，44（9）：1-10.

[15] Kumar S. Usami T. Damge evaluation of damage in steel box columns by cyclic loading tests[J]. Journal of Structural Engineering，ASCE，1996，122（6）：626-634.

[16] 郑山锁，张亮，李磊，等. 型钢高强混凝土框架柱抗震性能试验研究[J]. 建筑结构学报，2012，34（5）：124-132.

[17] 张亮，郑山锁，李磊. 型钢高强高性能混凝土柱轴压比限值的试验研究[J]. 哈尔滨工业大学学报，2008，40（sup）：56-60.

[18] 张亮，郑山锁，王斌. 配箍率对型钢高强高性能混凝土框架柱抗震性能的影响[J]. 哈尔滨工业大学学报，2008，40（sup）：61-65.

[19] 张亮. 型钢高强高性能混凝土框架柱抗震性能及设计计算理论研究[D]. 西安：西安建筑科技大学，2010.

[20] Applied Technology Council（ATC）. Database on the performance of structures near strong-motion recordings：1994 Northridge，California，earthquake. Applied Technology Council，Redwood，2000.

[21] Applied Technology Council（ATC）. Earthquake damage evaluation data for California. Applied Technology Council，Redwood，1985.

[22] 王秋维，史庆轩，杨坤. 型钢混凝土结构抗震性态水平和容许变形值的研究[J]. 西安建筑科技大学学报（自然科学版），2009，41（1）：82-87.

[23] 刘海卿，陈小波，王学庆. 基于损伤指数的框架结构倒塌分析综述[J]. 自然灾害学报，2008，17（1）：186-190.

[24] Nielsen N N，Imbeault F A. Validity of various hysteretic systems[C]. Proceedings of the 3rd Japan National Conference on Earthquake Engineering，Tokyo，1971.

[25] Clough R W，Johnson S B. Effect of stiffness degradation on earthquake ductility requirements[C]. Proceedings of the 2nd Japan National Conference on Earthquake Engineering，Tokyo，1966.

[26] Mahin S A，Bertero V V. Rate of loading effect on uncracked and repaired reinforced concrete members[R]. Earthquake Engineering Research Center，University of California，Berkeley，1972.

[27] Takeda T，Sozen M A，Neilsen N N. Reinforced concrete response to simulated earthquakes[J]. Journal of the Structural Division，1970，96（12）：2557-2573.

[28] 曾磊. 型钢高强高性能混凝土框架节点抗震性能及设计计算理论研究[D]. 西安：西安建筑科技大学，2008.

[29] Kumar S，Usami T. An evolutionary degrading hysteretic model for thin-walled steel structures[J]. Engineering structures，1996，18（7）：504-514.

[30] Ramberg W，Osgood W R. Description of stress strain curves by threes parameters[C]. Technical Note 902 National Advisory Committee on Aeronautics，Washington，1943.

[31] Jennings P C. Earthquake response of yielding structure[J]. Journal of Engineering Mechanics Division，ASCE，1965，91：41-67.

[32] Bazant Z P，Bhat P D. Endovhronic theory of inelasticity and failure of concrete[J]. Journal Engineering Mechanics Division，ASCE，1976，102：701-722.

[33] Ozdemir H. Nonlinear transient dynamic analysis of yielding structures[D]. California：University of California，1976.

[34] Bouc R. Force vibration of mechanical systems with hysteresis[C]. Proceedings of the 4th Conference on Nonlinear Oscillations，Prague，1967.

[35] Wen Y K. Method for random vibration of hysteretic systems[J]. Journal of Engineering Mechanics，ASCE，1976，102：249-263.

[36] 薛建阳，赵鸿铁. 型钢混凝土框架模型的弹塑性地震反应分析[J]. 建筑结构学报，2000，21（4）：28-33.

[37] 潘育耕，孙兆英，苟树东，等. 高层组合结构的型钢混凝土柱恢复力特性研究[J]. 西北建筑工程学院学报，2000，17（3）：21-23.

[38] 白国良，石启印. 空腹式型钢砼框架柱的恢复力性能[J]. 西安建筑科技大学学报，1999，31（1）：32-34.

[39] 中华人民共和国国家标准. 混凝土结构设计规范（GB 50010—2002）[S]. 北京：中国建筑工业出版社，2002.

[40] 李洪泉，贲庆国，吕西林，等. 钢框架结构在地震作用下累积损伤分析及试验研究[J]. 建筑结构学报，2004，25（3）：69-74.

[41] Kumar. S，Usami T. Damage evaluation in steel box columns by cyclic loading tests[J]. Journal of Structural Engineering，ASCE，1996，122：626-634.

[42] Zheng S S，Wang B，Li L，et al. Study on seismic damage of SRHPC frame columns[J]. Science China Technological Sciences：Series E，2011，54（11）：2886-2895.

[43] 王斌，郑山锁，国贤发，等. 型钢高强高性能混凝土框架柱地震损伤分析[J]. 工程力学，2012，29（2）：61-68.

[44] 郑山锁，王斌，等. 低周反复荷载作用下型钢高强高性能混凝土框架柱损伤试验研究[J]. 土木工程学报，2011，44（9）：1-10.

[45] 过镇海，时旭东. 钢筋混凝土原理与分析[M]. 北京：清华大学出版社，2003.

[46] 张志伟. SRC 柱变形性能及恢复力特性试验研究[D]. 福州：华侨大学，2007.

[47] 李磊，郑山锁，王斌，等. 型钢高性能混凝土框架结构的循环退化效应[J]. 工程力学，2010，27（8）：125-132.

[48] 王仪. 预应力混凝土框架梁能量耗散-损伤积累特性分析的研究[D]. 扬州：扬州大学，2004.

[49] 石永久，奥晓磊，王元清，等. 中高强度钢材钢框架梁柱组合节点抗震性能试验研究[J]. 土木工程学报，2009，42（4）：48-54.

[50] Kunnath S K，Reinhorn A M，Park Y J. Analytical modeling of inelastic seismic response of R/C structures[J]. Journal of Structural Engineering，ASCE，1990，116（4）：996-1017.

[51] Mostaghel N. Analytical description of pinching degrading hysteretic systems[J]. Journal of Engineering. Mechanics，ASCE，1999，125（2）：216-224.

[52] Sivaselvan M V，Reibhorn A M. Hysteretic models for cyclic behavior of deteriorating inelastic structures[R]. State University of New York at Buffalo，1999.

[53] 王东升，冯启民，王国新. 考虑低周疲劳寿命的改进 Park-Ang 地震损伤模型[J]. 土木工程学报，2004，37（11）：41-49.

[54] 邓国专. 型钢高强高性能混凝土框架结构力学性能及抗震设计的研究[D]. 西安：西安建筑科技大学，2008.

[55] Enrico S，El-Tawil S. Nonlinear analysis of steel-concrete composite structures：state of the art[J]. Journal of Structural Engineering，2004，130（2）：159-168.

[56] Alex D H，Eugenio O，Alex H B. A finite element methodology for local/global damage evaluation in civil engineering structures [J]. Computers and Structures，2002，80：1667-1687.

[57] Nie J G，Qin K，Xiao Y. Push-over analysis of the seismic behavior of a concrete-filled rectangular tubular frame structure[J]. Tsinghua Science and Technology，2006，11（1）：124-130.

[58] 郑山锁，邓国专，王斌，等. SRHPC 框架结构数值模拟及参数分析[J]. 工业建筑，2010，12（5）：13-19.

[59] 李磊，郑山锁，邓国专. 型钢高性能混凝土框架结构数值模拟及参数分析[J]. 工业建筑，2010，40（5）：124-128.

[60] Chung Y S，Meyer C，Shinozwha M. Modeling of concrete damage[J]. ACI Structural Journal，1989，86（3）：259-270.

[61] 欧进萍，何政，吴斌，等. 钢筋混凝土结构基于地震损伤性能的设计[J]. 地震工程与工程振动，1999，19（1）：21-29.

[62] 李洪泉，欧进萍. 剪切型钢筋混凝土结构的地震损伤识别方法[J]. 哈尔滨建筑大学学报，1996，29（2）：8-12.

[63] 杨栋，丁大钧，宰金銀. 钢筋混凝土框架结构的地震损伤分析[J]. 南京建筑工程学院学报，1995，4：8-13.
[64] Park Y J，Reinhorn A M，Kunnath S K. Inelastic damage analysis of reinforced concrete frame shear wall structures[R]. Technical Report NCEER 87-0008，1987.
[65] Mohammad R，Ali B. Vulnerability and damage analyses of existing buildings[C]. 13th World Conference on Earthquake Engineering，Canada，2004：1-13.
[66] Bracci J M，Kunnath S K，Reinhorn A M. Seismic performance and retrofit evaluation of reinforced concrete structures[J]. Journal of Structural Engineering，1997，123（1）：3-10.

5 RC剪力墙构件及核心筒结构地震损伤性能研究[1]

框架-核心筒混合结构中的剪力墙体系是建筑结构中重要的受力结构，它主要承担由地震作用引起的水平剪力。在通常的抗震设计中，不但要考虑剪力墙的抗剪承载能力，还需考虑其在反复荷载作用下的延展性能与耗能能力。国内外历次震害调查表明，在地震发生时，作为第一道抗震防线的剪力墙体系，耗散了大部分地震能量。因此，研究剪力墙在地震中力学性能的退化规律，对分析剪力墙结构和框架-核心筒结构的抗震性能，以及评估其地震损伤状况具有重要的理论意义和工程应用价值。

本章在已有试验资料的基础上[2~5]，考虑轴压比、边缘配箍、混凝土强度和加载方式变化对RC剪力墙累积损伤的影响，设计制作了9榀RC剪力墙试件，对其进行单调和低周反复加载试验[6,7]，旨在从损伤角度研究RC剪力墙在地震作用下的损伤过程与规律及其影响因素，分析不同设计参数下剪力墙的损伤特点，揭示损伤对剪力墙构件力学性能（包括刚度、强度、延性、滞回耗能等）的影响规律，进而建立剪力墙构件的累积损伤演化模型及基于损伤的恢复力模型，以及RC核心筒结构基于损伤的地震易损性模型[8]。

5.1 RC剪力墙构件损伤性能研究

5.1.1 试验概况

1. 试件设计

根据国家现行规程和规范[9~11]，本试验共设计了9榀RC剪力墙试件，试件截面尺寸均为100mm×950mm，纵筋采用HRB335，边缘配箍均为HPB300，试件具体设计参数见表5.1，混凝土与钢材的实测力学性能指标分别见表5.2和表5.3，试件几何、截面尺寸与配筋如图5.1所示。

表5.1 RC剪力墙试件参数

试件编号	混凝土强度	剪跨比	高厚比	边缘配箍	轴压比	加载方式
JLQ-1	C40	2.01	9.5	ϕ6@100	0.40	单调加载
JLQ-2	C40	2.01	9.5	ϕ6@100	0.40	常幅循环
JLQ-3	C40	2.01	9.5	ϕ6@100	0.40	变幅循环
JLQ-4	C40	2.01	9.5	ϕ6@100	0.20	变幅循环

续表

试件编号	混凝土强度	剪跨比	高厚比	边缘配箍	轴压比	加载方式
JLQ-5	C40	2.01	9.5	φ6@100	0.30	变幅循环
JLQ-6	C40	2.01	9.5	φ6@80	0.30	变幅循环
JLQ-7	C40	2.01	9.5	φ6@120	0.30	变幅循环
JLQ-8	C60	2.01	9.5	φ6@100	0.20	变幅循环
JLQ-9	C80	2.01	9.5	φ6@100	0.20	变幅循环

表 5.2　钢材材料性能

钢材	型号	屈服强度 f_y /MPa	极限强度 f_u /MPa	弹性模量 E_s /MPa
纵筋 横筋	φ6.5	386.3	422.5	2.07×10^5
箍筋	φ6	375.1	431.6	2.07×10^5

表 5.3　混凝土材料性能

混凝土设计强度等级	立方体抗压强度平均值 f_{cu} /MPa	轴心抗压强度平均值 f_c /MPa	弹性模量 E_c /MPa
C40	43.20	32.12	33218
C60	61.34	52.12	37214
C80	82.12	73.21	41233

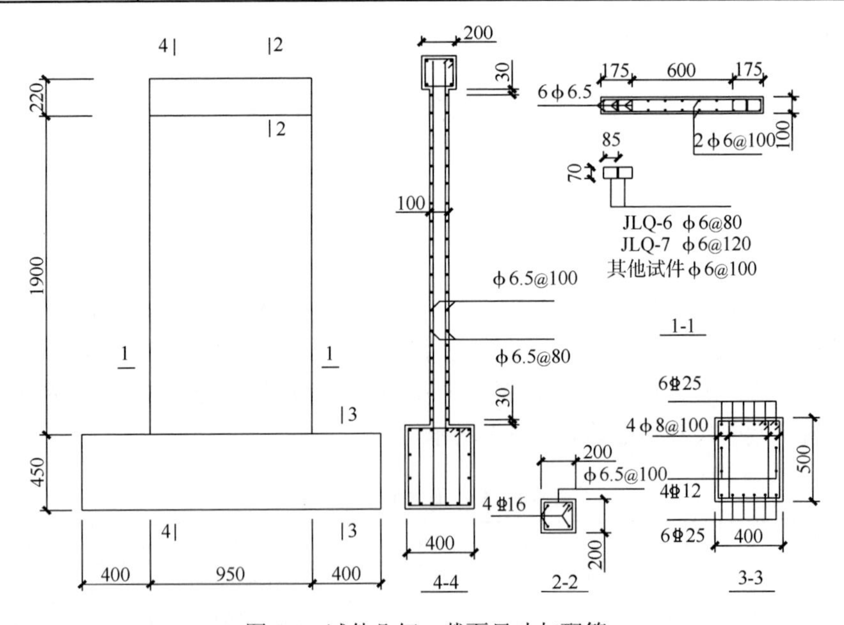

图 5.1　试件几何、截面尺寸与配筋

2. 试验加载制度

试验在西安建筑科技大学结构工程与抗震教育部重点实验室进行。为了尽可能准确模拟 RC 剪力墙的实际受力状况，并考虑试验加载设备与条件，采用悬臂梁式加载，采用 1000kN 液压千斤顶在剪力墙顶施加恒定的竖向荷载，水平低周反复荷载由 500kN 电液伺服作动器施加。试验台承力系统为 L 型反力墙。试验数据由 1000 通道 7V08 数据采集仪采集，试验全过程由 MTS 电液伺服结构试验系统及微机控制，剪力墙加载装置如图 5.2 所示。

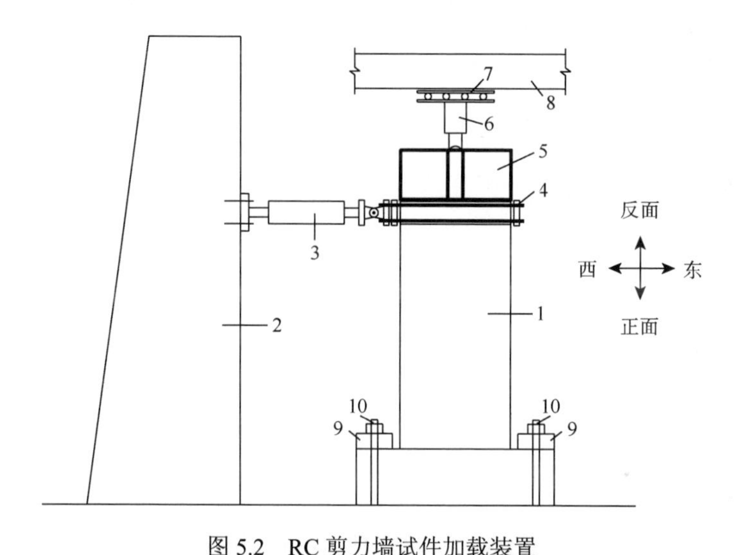

图 5.2 RC 剪力墙试件加载装置

1. 试件；2. 反力墙；3. 往复作动器；4. 水平连接装置；5. 刚性垫梁；6. 千斤顶；7. 滑动支座；8. 反力梁；9. 压梁；10. 地锚螺栓

为模拟地震激励下试件的受力与变形过程，最大限度地获得刚度、承载力、变形和耗能等信息，揭示结构的地震损伤机理与主要影响因素，进而建立可靠的地震损伤理论模型，试验采用荷载控制单调静力加载和位移控制低周反复静力加载制度。

试件 JLQ-1 采用荷载控制单调静力加载方式，具体如下：试件屈服前，每级荷载取预估屈服荷载的 20%；加至 80%预估屈服荷载后，每级荷载取屈服荷载的 5%左右；试件屈服后，每级荷载取屈服荷载的 10%，直至剪力墙破坏。试件 JLQ-1 采用单调加载方式，试验加载制度如图 5.3 所示。

试件 JLQ-2 采用位移控制常幅循环静力加载方式，试验加载制度如图 5.4 所示。

为能与常幅循环加载进行对比分析，揭示试件在不同加载制度下的强度、刚度退化规律及滞回耗能的变化，试件 JLQ-3～JLQ-9 采用位移控制变幅循环加载方式，具体如下：试件屈服前，每级位移循环一次；达到屈服位移后，每级位移取屈服位移的倍数，每一级位移幅值下循环三次，试验加载制度如图 5.5 所示。

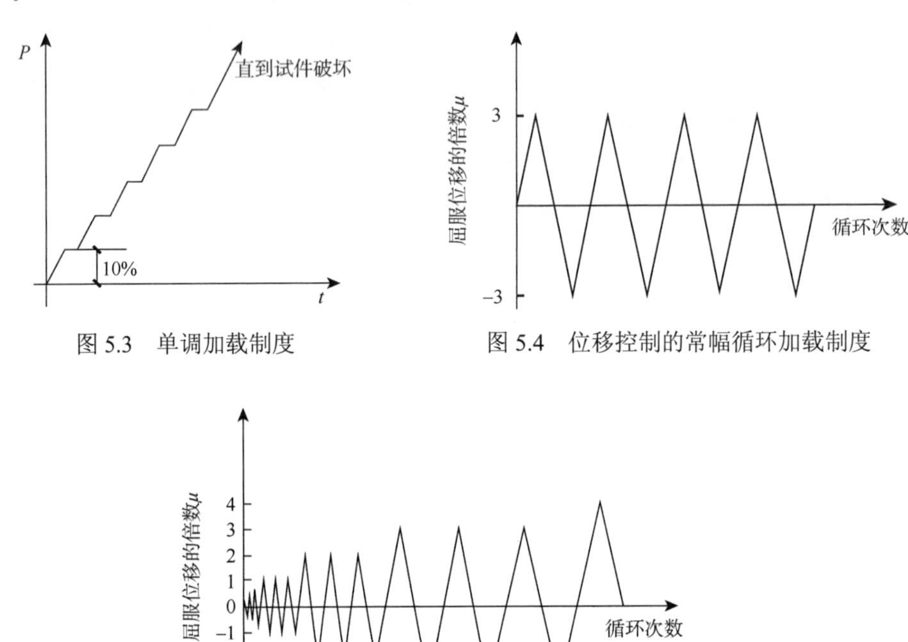

图 5.3　单调加载制度

图 5.4　位移控制的常幅循环加载制度

图 5.5　位移控制的变幅加载制度

试验中，定义墙体纵向钢筋发生屈服时所对应的位移为屈服位移。当水平加载至试件弯矩显著下降，或不能稳定地承受竖向荷载时，停止试验。正式试验前，各试件均预加反复荷载两次，以消除试件内部的不均匀性，并检查试验装置及各测量仪表的工作是否正常，预加反复荷载值不应超过预估屈服荷载值的 30%。

3. 试验测试内容

试验测试内容根据试验目的预先确定：主要测试水平荷载，水平位移，纵向钢筋、箍筋及混凝土应变。布置的应变片、位移计等不但要满足精度的要求，而且要保证足够的量程，确保满足构件进入非线性阶段量测大变形的要求。

1）位移的测量

试验中，在剪力墙顶和底梁处水平设置有电测位移计，分别量测顶部水平位移与平动，并在试件根部两侧设置 45°斜向正交的附着式应变仪以量测剪力墙控制截面处混凝土的剪切变形。通过 X-Y 函数记录仪记录整个试验过程中剪力墙顶的水平荷载-位移曲线。测量仪表的布置如图 5.6 所示。

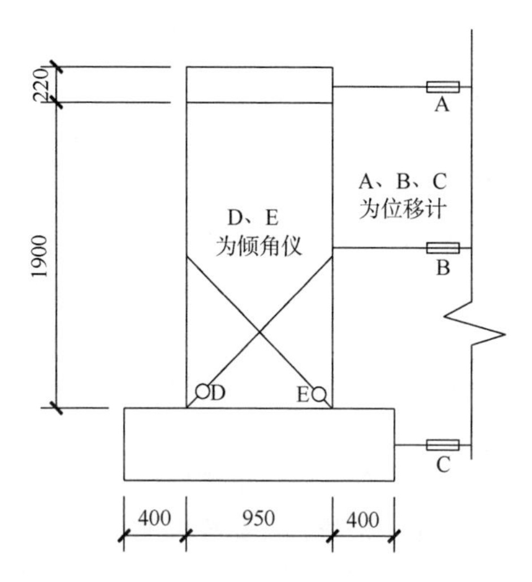

图 5.6 试件外部测量仪表布置图

2）裂缝观测

为了研究不同轴压比混凝土剪力墙在不同加载路径下的裂缝发展规律，需要精确记录裂缝出现的时间、裂缝的类型和分布规律，同时观测构件的破坏形式，以便为理论分析提供数据资料。

3）内部应变片布置

为研究墙体内部钢筋在循环荷载作用下的受力规律，在竖向和水平钢筋上布置一定数量的应变片，应变片布置如图 5.7 所示。

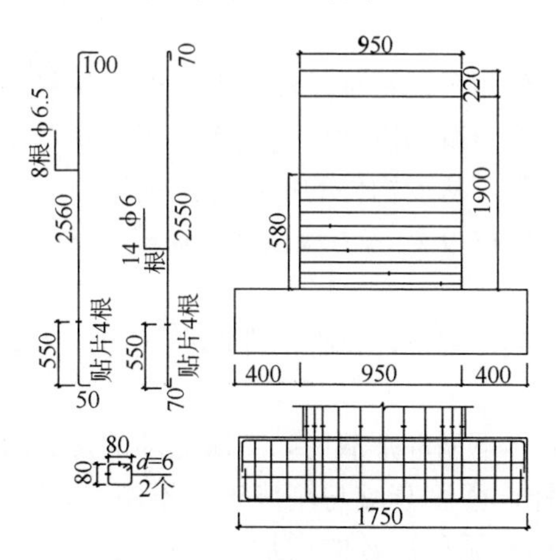

图 5.7 试件内部应变片布置图

试验过程中，附着式应变仪、电测位移计、内部钢材的应变均通过 TSD-602 静态数据采集仪实时记录。其中墙顶水平荷载和水平位移数据同步传输到 X-Y 函数记录仪中，以实时绘制荷载-位移（P-Δ）滞回曲线。

5.1.2 试验结果及分析

1. 试件破坏过程与特征

试验中，荷载控制单调加载试件 JLQ-1 发生弯曲破坏（图 5.8（a）），位移控制循环加载试件 JLQ-2～JLQ-9 均发生以弯曲破坏为主的弯剪破坏（图 5.8（b））。表明在低周反复荷载作用下，剪跨比 $\lambda > 2.0$ 的 RC 剪力墙，当体积配箍率适中时，一般发生以弯曲破坏为主的弯剪破坏，其损伤过程可分为无损、损伤稳定发展和损伤急剧发展三个阶段。

弯曲破坏试件：加载初期，首先墙体根部出现少许水平细微裂缝，随着荷载量值的增加，水平裂缝不断延伸和开展；加载后期，墙根部水平裂缝逐渐贯通，且裂缝截面处的拉、压纵筋相继屈服，最后，受压区混凝土保护层外鼓并局部压碎脱落，纵筋压曲，试件水平承载力不断降低。

弯剪破坏试件：加载初期，在墙体根部相继出现数条水平裂缝，随着循环次数和位移幅值的增加，沿墙高方向不断有新的水平裂缝出现，原有裂缝不断延伸和开展，且墙腹部部分水平裂缝逐渐发展为剪切斜裂缝，但斜裂缝发展相对较为缓慢。加载后期，墙体根部水平裂缝逐渐贯通，裂缝截面处的拉、压纵筋相继屈服，最后，受压区混凝土保护层外鼓并大面积压碎脱落，纵筋和箍筋裸露，部分纵筋压曲，试件水平承载力不断降低。

2. 荷载-位移曲线

对于低周反复荷载作用下的构件，滞回曲线的形状能够反映其抗震性能，滞回曲线越丰满，构件强度衰减与刚度退化越慢，极限变形能力越大，延性越好，消耗地震能量的能力越强，从而构件的抗震性能优越。

图 5.9 给出了试验所得 9 榀剪力墙试件的荷载-位移（P-Δ）关系曲线。从图中可以看出以下几点。

（1）在低周反复荷载作用下，试件的滞回曲线均较为饱满，表明其具有良好的变形和耗能能力。

（2）在一倍屈服位移下循环加载时，三次循环的加、卸载曲线基本重合，表明此时试件的损伤较轻，强度衰减与刚度退化不明显，残余变形小；达到峰值荷载后，随着水平位移和循环次数的增加，试件损伤逐渐累积，使其强度和刚度不断退化，耗能能力和极限变形能力不断降低，且每级位移下的三次循环加载中，滞回环不重合，试件强度和刚度亦有一定程度的衰减，但衰减幅度逐步放缓。

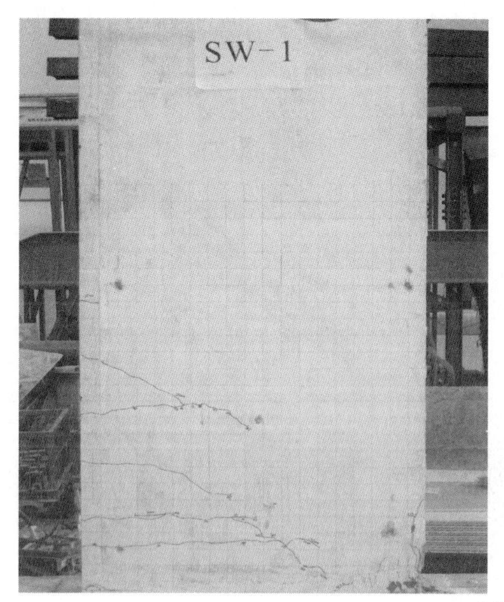

(a) 弯曲型破坏

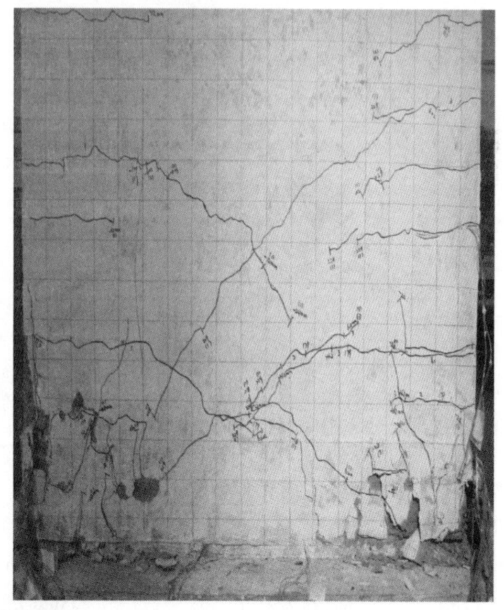

(b) 弯剪型破坏

图 5.8 试件的破坏形态

（3）不同设计参数和加载制度对试件荷载-位移曲线的影响规律如下。

轴压比对试件损伤的影响比较显著。随着轴压比的减小，试件滞回曲线逐渐变丰满，强度和刚度衰减趋于缓慢。

加密边缘箍筋间距，虽然对试件承载力提升无明显影响，但可延缓试件的损伤发展，增强试件的极限变形和耗能能力，从而改善试件的延性。

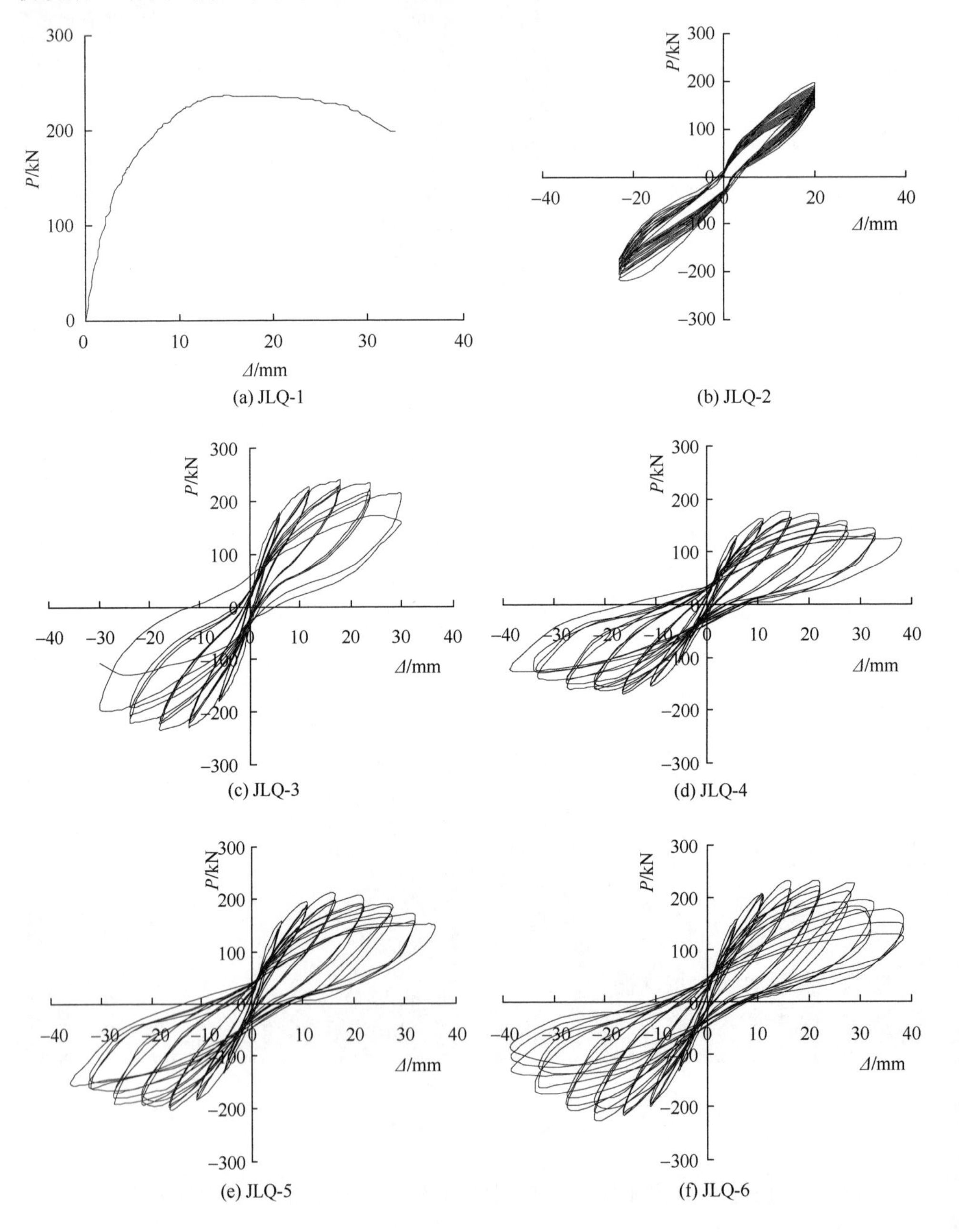

(a) JLQ-1　(b) JLQ-2　(c) JLQ-3　(d) JLQ-4　(e) JLQ-5　(f) JLQ-6

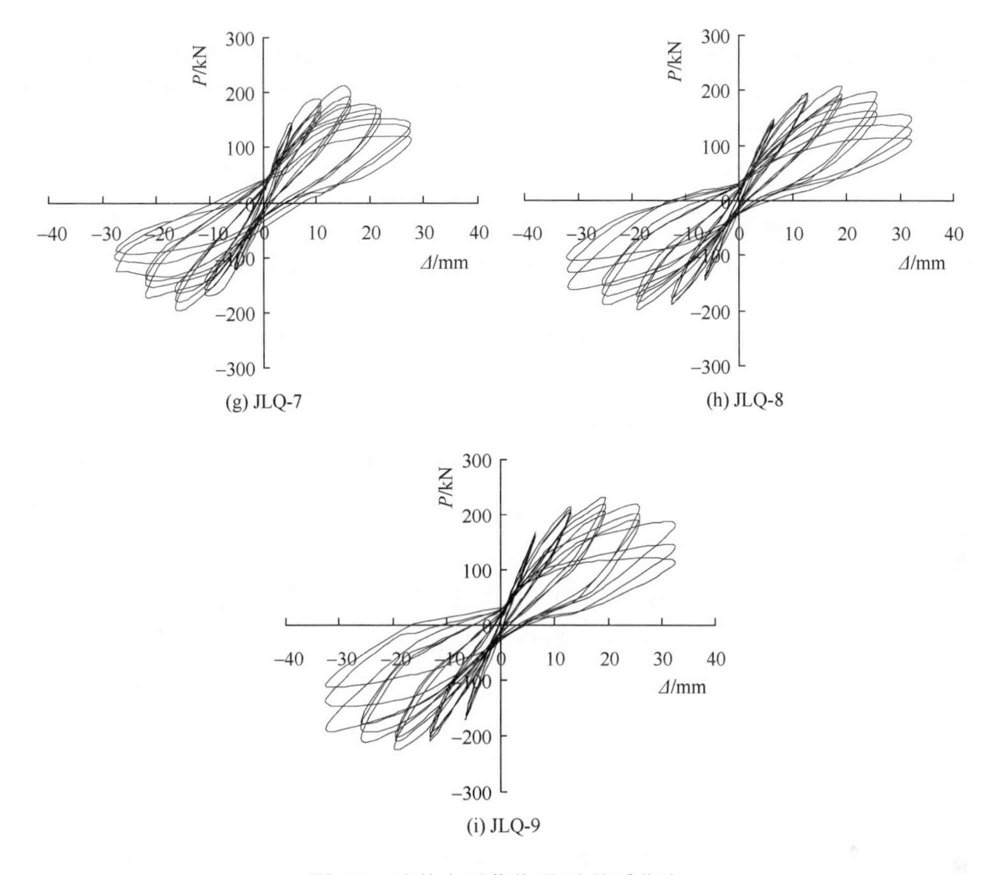

(g) JLQ-7

(h) JLQ-8

(i) JLQ-9

图 5.9　试件水平荷载-位移关系曲线

在相同轴压比和边缘配箍情况下，随着混凝土强度的增加，试件的峰值荷载得到明显提高，但峰值荷载后，试件内部损伤发展剧烈，强度衰减速率加快。

在相同受力状态下，相对于常幅循环加载，变幅循环加载试件的强度和刚度的衰减速率与幅度均相对较大。

3. 骨架曲线

作为滞回曲线中每次循环达到最大峰值点的外包线，骨架曲线能够反映构件的强度、刚度、延性等力学特征，揭示构件在反复荷载作用下的损伤发展，乃至其力学特性的变化过程，这是研究结构弹塑性地震反应的重要依据。

根据试验数据，绘制出 8 榀剪力墙试件的骨架曲线，如图 5.10 所示。从图中可以看出以下几点。

（1）正向加载完成后，试件已发生一定程度的损伤（即反向加载时试件的承载力比正向加载时有所降低），加之反向加载初期需要抵消正向加载所产生的塑性变形（即正向卸载后，试件中存在的残余变形），所以正向加载骨架曲线与反向加载骨架曲线不完全对称。

（2）在相同轴压比下，将试件 JLQ-1 单调加载荷载-位移（P-Δ）曲线与试件 JLQ-3 反复加载骨架曲线进行比较（图 5.10（a））。从图中可以看出，两曲线的峰值荷载大小相近，达到峰值荷载后，试件 JLQ-1 的曲线较为平缓，试件 JLQ-3 的曲线相对较陡峭。这主要是因为试件 JLQ-3 在反复荷载作用下，随着位移幅值和循环次数的增加，累积损伤越来越严重，试件变形能力有所减小，致使其骨架曲线下降段变得陡峭。

（3）试件 JLQ-3、JLQ-4 和 JLQ-5 的骨架曲线比较如图 5.10（b）所示。从图中可以看出，试件轴压比越大，其峰值荷载越大，但达到峰值荷载后，其强度衰减幅度也越大，表现出较差的延性。这主要是因为高轴压比下，随着位移幅值的增大，其 P-Δ 效应不断增强。

（4）试件 JLQ-5、JLQ-6 和 JLQ-7 的骨架曲线比较如图 5.10（c）所示。从图中可以看出，随着边缘箍筋间距的减小，试件的峰值荷载略有提高，这是因为箍筋对混凝土产生了有效的横向约束，使得核心混凝土处于三向受压状态，从而提高了试件的承载力；由于箍筋可有效地阻止斜裂缝的开展，以增强混凝土与钢筋之间的协同工作，所以箍筋间距较小的试件，其骨架曲线下降段较为平缓，承载力衰减较为缓慢，延性较好。

（5）试件 JLQ-4、JLQ-8 和 JLQ-9 的骨架曲线比较如图 5.10（d）所示。从图中可以看出，随着混凝土强度的提高，试件的峰值荷载明显增大，骨架曲线的下降段变得越来越陡峭。这主要是因为混凝土强度的增加可以提高构件的承载力，但同时也增加了其脆性，致使构件内部更易发生损伤，强度衰减也就越快。

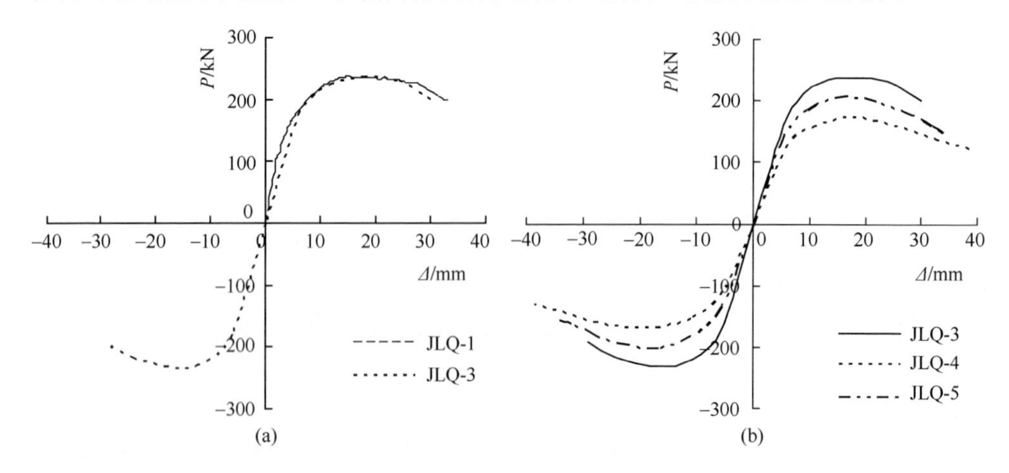

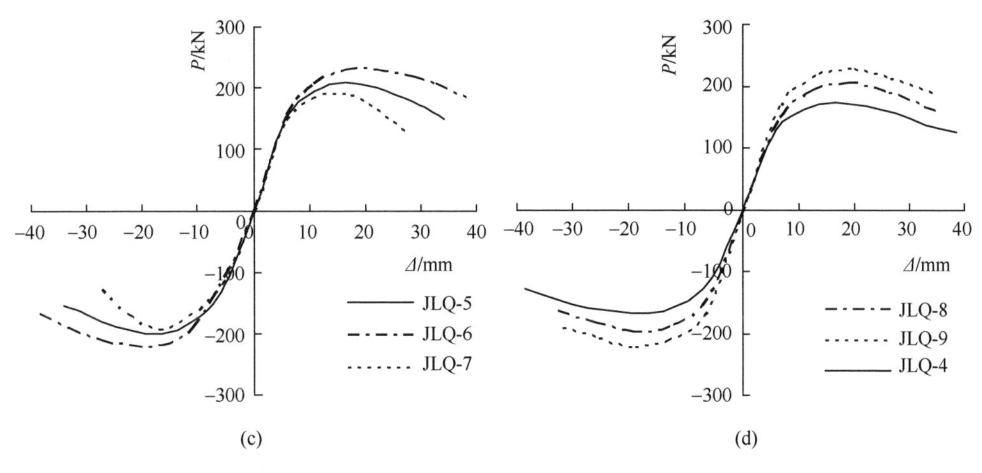

图 5.10 试件骨架曲线

4. 承载力随循环次数变化的关系

在低周反复荷载下，随着循环次数的增加，损伤不断累积，结构和构件的力学性能将发生一定的退化，其中水平承载力的衰减是反映这种退化的重要宏观物理量之一。试件的水平承载力会因损伤的不断累积而发生衰减，为研究不同设计参数及加载制度对剪力墙强度衰减的影响，以准确评估试件能否继续抵抗水平荷载，依据试验数据得到了不同设计参数及加载制度下试件水平承载力随循环次数变化的关系曲线，如图 5.11 所示。

图 5.11（a）给出了不同加载制度下试件水平承载力与循环次数的关系曲线。从图中可以看出，在常幅循环加载下，随着循环次数的增加，剪力墙的水平承载力不断衰减，但衰减幅度较小，曲线较为平缓；在变幅循环加载下，一倍屈服位移幅值下的三次循环，试件水平承载力的衰减并不明显，主要是因为此阶段的试件仅发生了轻微损伤，裂缝开展并不明显，钢筋尚未完全屈服。两倍屈服位移循环加载后，随着循环次数及位移幅值的增加，试件的水平承载力衰减加快，曲线较为陡峭。

图 5.11（b）给出了不同轴压比下试件水平承载力与循环次数的关系曲线。从图中可以看出，随着轴压比的减小，试件的峰值荷载逐渐降低，水平承载力衰减曲线变得平缓，这主要是因为试件出现塑性铰后，轴压比较小的试件，底部截面附加弯矩也较小，试件仍可继续承担一定的水平荷载；轴压比较大的试件的峰值荷载大，但由于 P-Δ 效应的增强，试件在加载后期，水平承载力衰减加快，脆性特征表现明显。

图 5.11（c）给出了不同边缘配箍下试件水平承载力与循环次数的关系曲线。从图中可以看出，峰值荷载之前，三个试件的水平承载力相差并不明显。达峰值

荷载后，随着循环次数的增加，箍筋间距大的试件，其水平承载力衰减幅度大，曲线下降段较为陡峭，峰值荷载很快降至其 80%～85%而达到极限荷载；箍筋间距小的试件，其水平承载力衰减幅度相对较小，经历的循环次数较多，延性得到了明显的提升，这主要是因为当箍筋间距减小时，可有效阻止裂缝向剪力墙腹部延伸，提升了钢筋与混凝土之间的协同工作能力。

图 5.11(d)给出了不同混凝土强度下试件水平承载力与循环次数的关系曲线。从图中可以看出，峰值荷载之前，随着混凝土强度的提高，试件水平承载力也相应提升；达到峰值荷载后，混凝土强度越高，试件的水平承载力衰减越剧烈，破坏越迅速，这主要是由于混凝土强度高的试件，其脆性大、延性差。

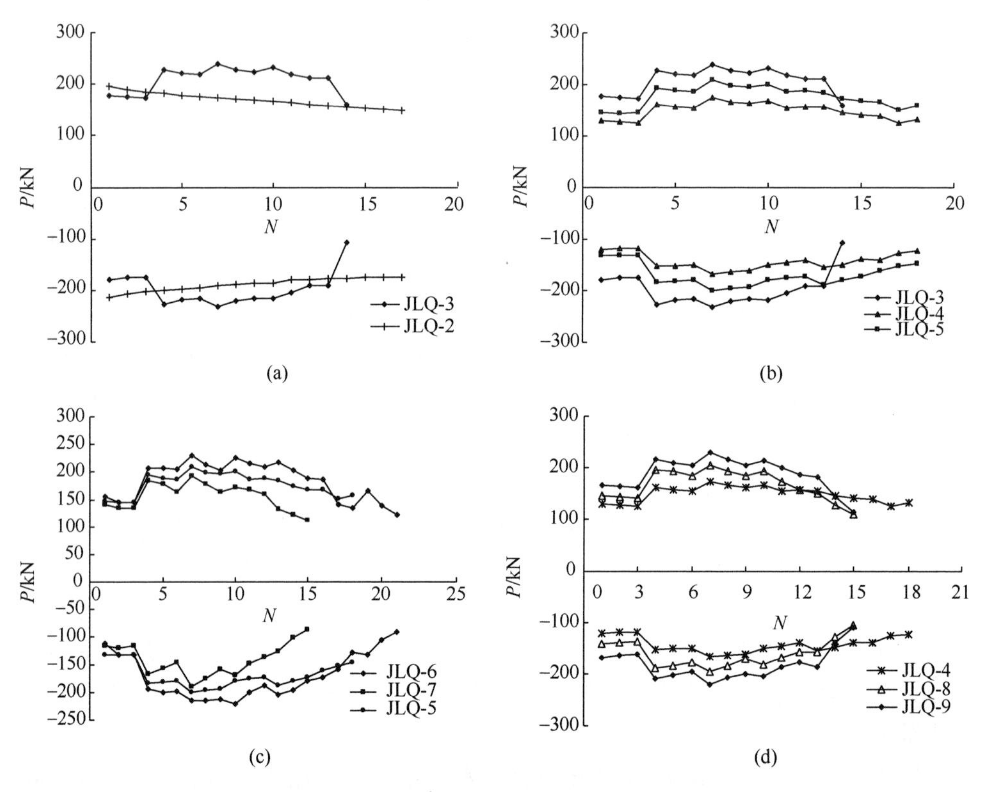

图 5.11　试件水平承载力与循环次数关系曲线

5. 刚度随循环次数变化的关系

从试件的荷载-位移曲线和骨架曲线可以看出，在加载过程中试件的刚度不断发生退化。为便于得到不同设计参数及加载方式对试件刚度退化的影响规律，本节采用《建筑抗震试验方法规程》(JGJ 101—1996) 中关于等效刚度 K 的定义（即原点与某次循环荷载峰值连线的斜率为等效刚度 K ），给出了各个试件等效刚度

K 随循环次数的变化规律，如图 5.12 所示。

由图 5.12（a）可以看出，加载初始，轴压比的增大延缓了混凝土裂缝的开展，使得试件的初始刚度明显提高。但随着循环次数的增加，P-Δ 效应相应增强，轴向压力对试件底部截面产生的附加弯矩增大，加快了试件的损伤累积。尤其是达到峰值荷载后，轴压比大的试件的刚度退化曲线越陡峭。

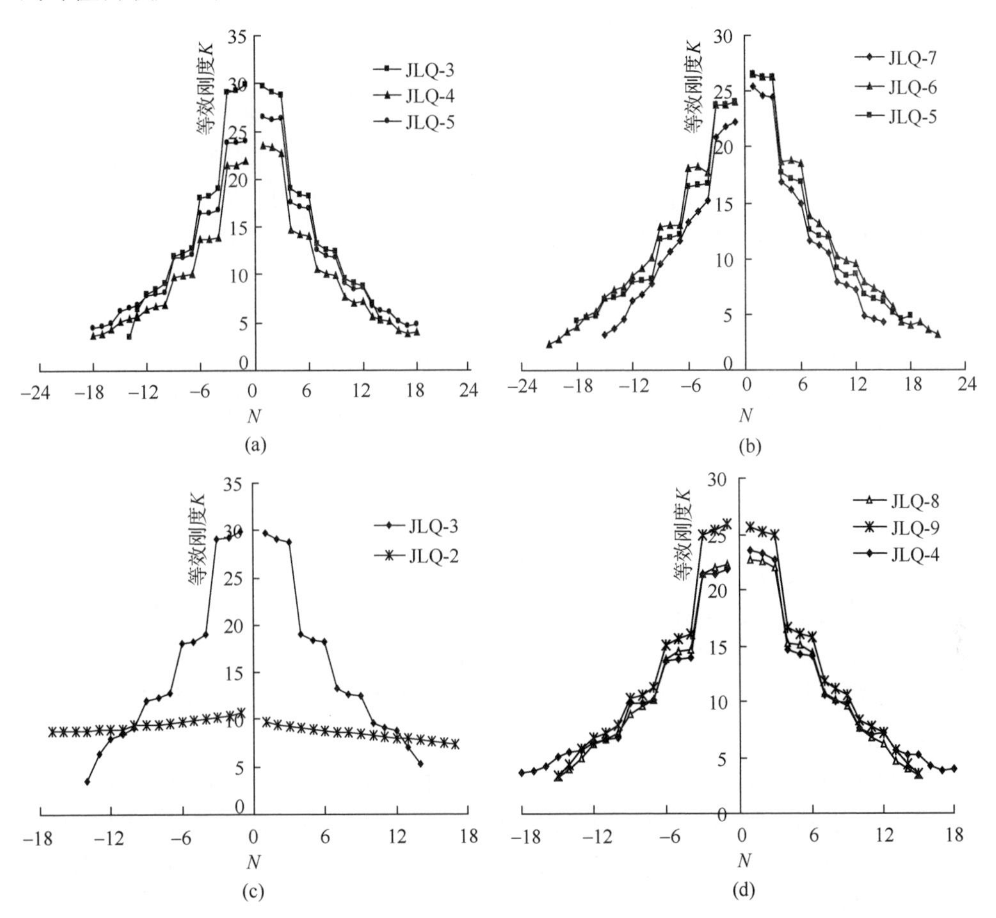

图 5.12 试件刚度退化与循环次数关系曲线

由图 5.12（b）可以看出，随着边缘箍筋间距的减小，试件的刚度退化曲线越平缓；随着循环次数的增加，箍筋间距较小的试件的极限变形较大。这主要是因为试件边缘约束的加强增加了裂缝面的摩擦咬合力，提高了边缘约束构件核心截面抵抗斜剪裂缝面滑移的能力，延缓了混凝土的开裂，有利于试件材料塑性变形能力的充分发挥。因此，加强试件的边缘约束对提高试件延性、减缓刚度退化有利。

由图 5.12（c）可以看出，随着循环次数的增加，变幅循环加载试件的刚度退化显著，而常幅循环加载下试件的刚度退化相对平缓。

由图 5.12（d）可以看出，虽然混凝土强度高的试件的刚度要大于混凝土强度低的试件，但由于高强混凝土存在脆性大、延性差等缺点，使得混凝土强度高的试件裂缝发展更快，刚度的退化随之加快。

6. 耗能能力

构件的耗能反映了其在地震中吸收地震能量而减轻结构地震作用的能力。其中累积耗能能力作为评价构件损伤累积的一个重要参数，综合考虑了循环次数和变形对构件损伤的影响。随着循环加载次数的增多，结构构件的损伤逐渐加重，当损伤累积到一定程度时，结构构件宣告破坏。本章采用累积耗能来评价构件的损伤状况。累积耗能可表示为 $\sum_{i=1}^{N} E_i$，其中，E_i 为第 i 圈加载循环下加载曲线与卸载曲线所包围的面积，N 为循环次数。可以看出，试件累积耗能的增长主要与位移加载幅值有关，随着循环次数和位移幅值的增大，累积耗能增加越快，构件耗能能力越强，但损伤程度也越严重。图 5.13 给出了不同轴压比、边缘配箍、混凝土强度和加载制度下试件累积滞回耗能与循环次数的关系曲线。

由图 5.13（a）可以看出，常幅循环加载和变幅循环加载下试件的总耗能基本相同。加载初期，常幅循环加载试件的累积滞回耗能要大于变幅循环加载试件。这与试验过程中，加载前期常幅循环加载下试件裂缝的出现与开展均先于变幅循环加载的情况相吻合。总体来讲，常幅循环加载下试件累积耗能以近似线性的方式增长，而变幅循环加载下试件的耗能增长表现出前期缓慢、后期加快的特点。

由图 5.13（b）可以看出，轴压比对试件耗能能力影响较大，循环初期各试件累积滞回耗能基本相同，但循环后期，随着轴压比的减小，试件的耗能能力明显增强。在整个加载过程中，轴压比小的试件，其累积滞回耗能曲线较为平缓，总耗能大于轴压比较大的试件。

由图 5.13（c）可以看出，峰值荷载之前，各试件的累积耗能基本相同；达到峰值荷载后，随着循环次数的增多，边缘箍筋间距小的试件，其耗能能力明显增强，极限位移较大，总耗能明显大于箍筋间距较大的试件。可见加强构件边缘配箍，增强边缘约束可有效改善构件的耗能能力。

由图 5.13（d）可以看出，在加载初期，混凝土强度较高的试件，其耗能能力较大，但总耗能有限；相反，随着循环次数的增加，混凝土强度较低的试件，其延性和总耗能均较大。

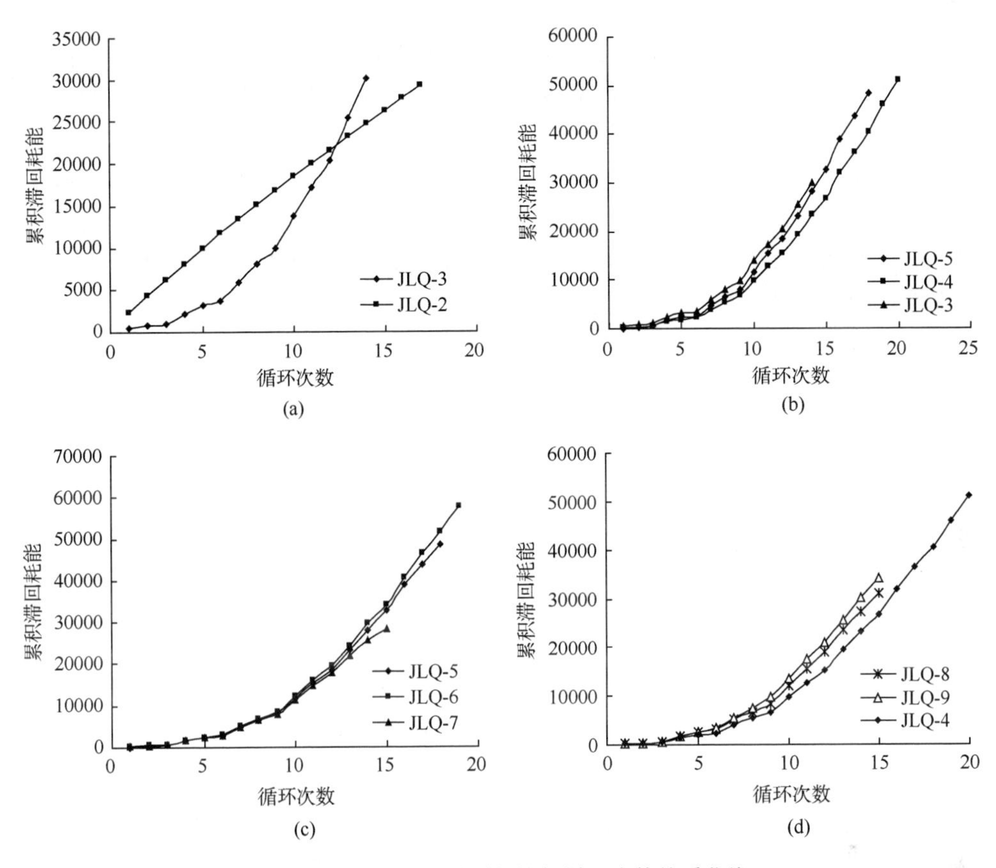

图5.13 试件累积滞回耗能与循环次数关系曲线

7. 变形能力

1）位移延性系数

大量的工程经验和试验表明，结构或构件的损伤性能与其延性有很大的相关性，两者之间可以建立起相应的定量关系。结构或构件的延性越强，其吸收和耗散地震能量的能力越强，结构的损伤性能也就越好。在很多经典的损伤模型中，均利用延性来体现结构损伤的变形项（尤其考虑到首超破坏时）。延性被定义为在无明显强度退化的情况下，结构构件弹塑性变形的能力，通常包括截面延性、构件延性、结构延性三个层次。

本试验研究旨在揭示整片RC剪力墙试件在构件层次上的损伤特性，因此选择位移延性系数 $\mu_{\varDelta}$ 作为标度变形能力的指标，其定义为极限位移 $\varDelta_u$ 与屈服位移 $\varDelta_y$ 的比值，即 $\mu_{\varDelta}=\varDelta_u/\varDelta_y$。在试验加载过程中，将试件出现第一条裂缝所对应的荷载作为开裂荷载，相应的位移为开裂位移。RC剪力墙属于非理想弹塑性体，目前常用的确定屈服点的方法有通用屈服弯矩法和能量等效法。本节采用能量等效法确定试件的屈服点。其原理如图 5.14 所示。

过原点 O 作任意一割线交骨架线上升段于 A 点，并与峰值荷载延伸线交于 B 点，两条直线 OA 和 BC 与骨架曲线所包围的面积分别为 A_1 和 A_2，如图中阴影部分所示，使得 A_1 等于 A_2，过 B 点作平行于纵轴的直线交骨架曲线于 E 点，则 E 点即等效屈服点，所对应的荷载和位移即屈服荷载 P_y 和屈服位移 Δ_y。对于极限位移 Δ_u，一般取其最大荷载降至 85%时所对应的位移，如图 5.14 所示的 D 点。各试件骨架曲线的特征点及延性的试验结果见表 5.4。

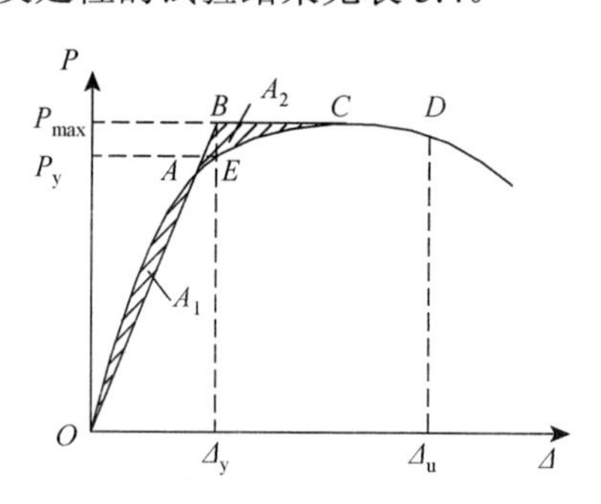

图 5.14　能量等效法确定屈服点

表 5.4　试件特征点及延性的试验结果

试件编号	开裂		屈服		峰值		极限位移 Δ_u/ mm	位移延性系数 $\mu_\Delta=\Delta_u/\Delta_y$
	荷载 P_{cr} / kN	位移 Δ_{cr} / mm	荷载 P_y / kN	位移 Δ_y/ mm	荷载 P_u / kN	位移 Δ_0/ mm		
JLQ-1	144	3.5	183.5	6.2	237.0	16.0	35.0	5.65
JLQ-2	144	3.7	195.0	6.0	205.0	21.5	21.5	3.58
JLQ-3	144	3.5	178.5	6.1	234.6	18.0	29.5	4.84
JLQ-4	102	3.0	119.9	5.7	170.5	16.5	38.5	6.75
JLQ-5	123	3.2	137.9	5.6	204.3	16.5	34.2	6.11
JLQ-6	135	3.2	133.0	5.5	225.5	22.0	38.4	6.98
JLQ-7	115	3.2	114.5	5.4	191.5	16.5	27.3	5.06
JLQ-8	165	4.0	213.5	5.9	200.0	13.4	30.4	5.15
JLQ-9	178	4.2	237.5	6.2	262.0	12.9	28.2	4.55

由表 5.4 可以看出，各试件的屈服位移比较接近；随着轴压比和混凝土强度的增大，试件的开裂荷载、屈服荷载和峰值荷载均有明显的提高，但混凝土强度的增加，使得试件极限位移变小，延性变差；边缘配箍的改变，对试件的峰值荷载无明显影响，但随着边缘箍筋间距的减小，试件延性得到显著的改善。

2）影响延性的因素

研究表明，影响 RC 剪力墙延性的因素主要有轴压比、边缘配箍率、混凝土强度、纵筋配筋率、剪跨比、宽厚比、配箍形式、加载速率等。本节重点研究轴压比、边缘配箍率、混凝土强度对 RC 剪力墙延性的影响。

（1）轴压比的影响。轴压比是影响压弯构件诸多因素中最主要的因素。随着轴压比的增加，构件的延性逐渐降低，当混凝土强度提高时，由于构件的脆性增大，轴压比的变化对延性的影响更加显著，但改善构件边缘约束情况，可以在一定程度上弥补轴压比增大对构件延性的损失。

（2）边缘约束的影响。边缘约束包括配箍率、箍筋形式、箍筋间距等。由于本试验试件数量有限，主要考察了箍筋间距的变化。大量的研究证明，RC 剪力墙截面端部约束边缘构件的配箍率、箍筋形式和箍筋间距直接影响混凝土的极限变形能力，本试验表明，配置直径较细、间距较密的边缘箍筋能够明显提高 RC 剪力墙的极限变形能力，从而改善其延性。

（3）混凝土强度的影响。在相同轴压比和边缘配箍条件下，混凝土强度不同的构件，其延性有着显著的差异。随着混凝土强度的提高，构件的延性逐渐降低。混凝土强度对 RC 剪力墙延性的影响主要体现在：高强混凝土的本构关系不同于普通混凝土的；混凝土强度的提高，使其受压时产生的横向变形减小，从而箍筋对混凝土的约束作用削弱。

8. 残余变形

RC 剪力墙在循环荷载作用下，总会产生一定量的不可恢复的塑性变形，过大的塑性变形不仅影响结构的适用性，也会引起附加竖向力的 $P\text{-}\varDelta$ 效应，使结构提早进入最大强度后的负刚度阶段。试件任一次循环中的最大位移可表示为 x_i，按照塑性力学理论，x_i 可分解为两部分，即

$$x_i = x_{ei} + x_{pi} \tag{5-1}$$

式中，x_{ei} 为弹性位移；x_{pi} 为本次循环卸载至 0 时对应的残余变形。

作为可恢复的弹性位移，在加、卸载过程中对结构损伤的影响是可以忽略的，因此结构或构件的损伤主要是由残余变形累积而引起的。从试验获得的滞回曲线可以看出，在位移控制变幅循环加载下，当每次循环卸载至 0 时，同一位移幅值下的三次循环，试件残余变形随着循环次数的增多基本无变化，这是因为，在同一位移幅值下第一次循环加载，试件已经达到了本级加载的最大位移幅值和最大强度，剩余两次加载，当到达本级最大位移幅值时，试件屈服强度和最大强度在不断衰减，此时试件的损伤仅通过能量的形式耗散，所以残余变形不再明显增大。但这种残余变形随位移幅值的增大而增加，这是因为当位移幅值增大时，在前期损伤的基础上，试件损伤的程度继续加深，导致不可逆变形不断增加。由于这些残余变形与构件的强度及刚度退化有着紧密的关系，所以残余变形是一个可反映

构件损伤程度的重要物理量。

设本试验中 RC 剪力墙在循环荷载作用下的循环位移幅值 x_i 卸载至 0 对应的残余变形为 $x_{\mathrm{p}i}$，它与卸载时 x_i 关系密切。因此，残余变形 $x_{\mathrm{p}i}$ 可表示为 $x_{\mathrm{p}i}=f(x_i)$，其关系可以通过试验数据拟合获得。本试验共设计 RC 剪力墙试件 9 榀，为了更具有普遍性，本节结合本试验结果与国内 RC 剪力墙试验的相关数据[2]，以形成拟合数据组，采用非线性回归分析法求得试件残余变形与位移幅值的关系式为

$$x_{\mathrm{p}i}=0.0001x_i^{3}-0.0017x_i^{2}+0.0958x_i+0.1739 \tag{5-2}$$

两者的关系曲线如图 5.15 所示。

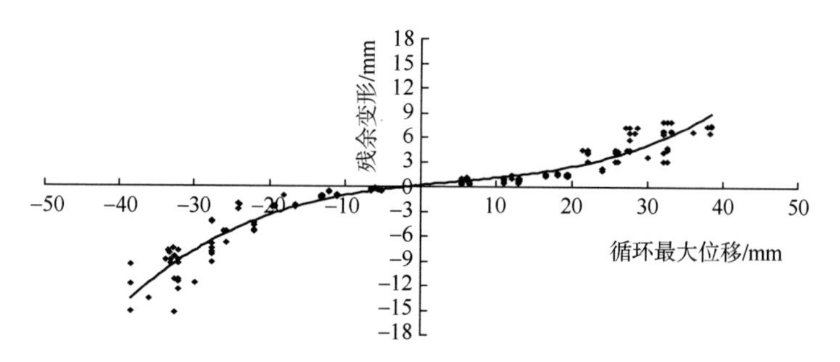

图 5.15　残余变形与位移幅值的关系曲线

图中，横坐标为各级循环加载中的最大位移幅值，纵坐标为试件的残余变形。基于该回归公式（5-2），即可应用损伤力学方法，从构件层次上来定量地描述 RC 剪力墙强度和刚度的退化规律[12]。

5.1.3　RC 剪力墙损伤模型

1. 强度衰减和刚度退化

从试验中可以看出，RC 剪力墙损伤主要表现在裂缝的开展、内部钢筋屈服甚至拉断、混凝土压酥剥落及残余变形不断增大等，以上现象导致构件强度（水平承载力）和刚度等力学性能的不断退化。因此，对构件的强度和刚度退化规律进行较为准确地把握与描述将是合理定义构件损伤的关键。

1）强度衰减

文献[13]指出构件的水平承载力衰减与其耗能能力有着密不可分的关系。从本试验结果中可以看出，当位移幅值达到 $2\varDelta_{\mathrm{y}}$ 后，继续加载，试件水平承载力开始出现较显著衰减。水平承载力的衰减可利用试验过程中滞回环形状的变化来描述，本节采用常幅循环加载下试件简化的荷载-位移滞回关系来反映水平承载力的衰减过程。在非弹性常幅位移幅值 $\varDelta_{\mathrm{m}}$ 循环加载下，RC 剪力墙的水平承载

力衰减与滞回耗能的简化关系如图 5.16 所示。从图中可以看出，首圈（路径：*ABCDEFG*）的滞回耗能 $E_{h,1}$ 与第 i 圈（路径：*GHDI*）滞回耗能 $E_{h,i}$ 相比，构件水平承载力由 P_1 衰减到 P_i，衰减幅度为 ΔP。水平承载力与滞回耗能的关系可由图 5.16 所示的几何关系得到。因此，利用当前位移幅值下构件耗能的变化可以反映试件水平承载力的衰减。

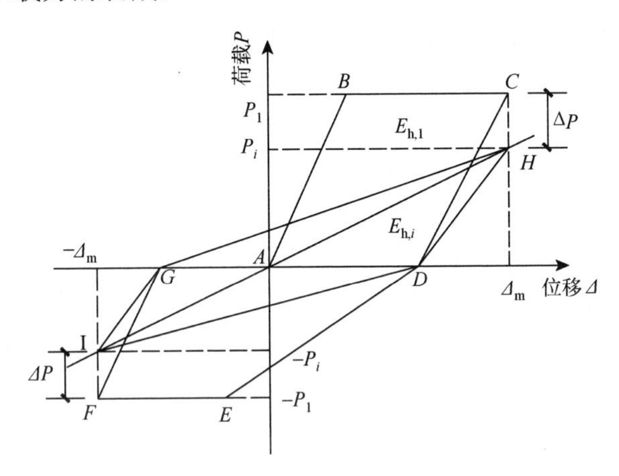

图 5.16　强度衰减与滞回耗能的简化关系

2）刚度退化

随着试验加载的进行，水平承载力衰减的同时，试件刚度也在不断退化，且随着位移幅值的不断增加，刚度退化速率逐渐加快。

基于本试验中位移控制变幅加载的试验结果，图 5.17 给出了试件在非弹性变幅位移循环加载下，其刚度退化与水平位移幅值之间的简化关系（图中所指刚度为割线刚度）。在第 1 次加载到达位移幅值 $\varDelta_m$ 和 $\varDelta_i$ 时，对应的刚度分别为 K_1（*OA*）和 K_i（*OB*）。可以看出，位移越大，试件刚度越小。因此试件刚度的退化可通过其位移响应来考虑。

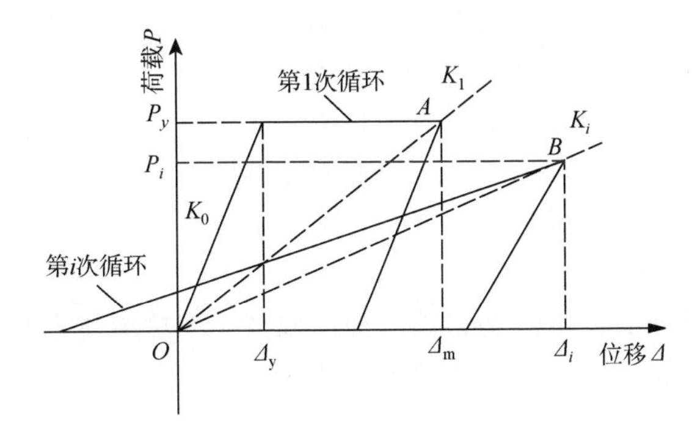

图 5.17　位移与刚度退化的简化关系

综上所述，构件水平承载力和刚度的退化可以通过构件滞回耗能和变形变化（即能量和变形）来反映。因此，本节以能量和变形来表征损伤，以合理评估构件的地震损伤程度。

2. RC 剪力墙构件极限抵御能力的退化

RC 剪力墙极限抵御能力随循环加载次数的变化关系如图 5.18 所示。对剪力墙构件进行单调加载（路径：*ABC*），其加载刚度为 K_0，极限变形为 $\varDelta_{u,0}$。若实施循环加载，在第 *i* 次循环加载结束后，卸载至 *E* 点，再由 *E* 点开始进行单调加载（路径：*EFGH*），加载刚度为 K_i，极限变形为 $\varDelta_{u,i}$。可以看出，由于循环加载的实施，使得 $K_i < K_0$，且承载力也比初始加载时降低了 ΔP，且 $\varDelta_{u,i} < \varDelta_{u,0}$。由此可见，剪力墙构件极限耗能和变形能力随着循环加载次数的增加而不断降低。图中阴影部分表示经历 *i* 次循环加载后，再对构件进行单调加载直至破坏时构件所能耗散的能量。

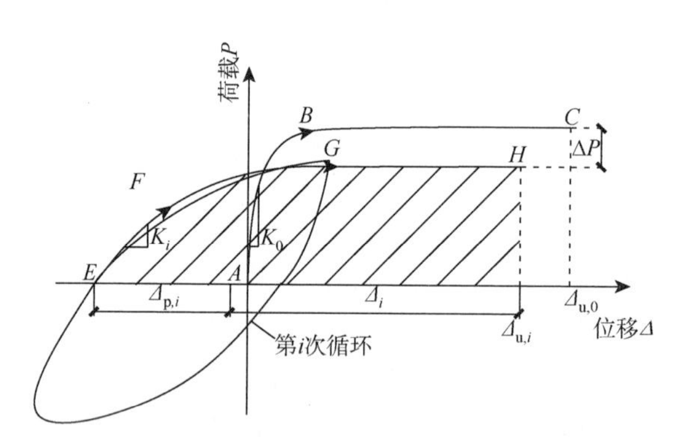

图 5.18　构件极限抵御能力随加载循环次数的变化

图 5.19 为利用数值模拟得到的 RC 剪力墙试件在经历不同次数循环加载后，再次对其进行单调加载时的荷载-位移关系曲线（数值模型设计参数与物理试验中试件 JLQ-1 相同）。由图可以看出，在经历不同次数循环加载后，再次实施单调加载，剪力墙构件极限耗能和变形能力均有所降低，且加载循环次数越多，构件极限抵御能力降低越大。该规律表明，当剪力墙遭遇了一定的水平地震作用后，其储备抵抗地震作用的能力已有所下降，后期一个小震或者大震之后的余震都可能对结构造成致命的破坏。

因此，为准确地估计 RC 剪力墙的损伤程度，本章所建立的损伤模型将考虑构件极限抵御能力随循环加载次数的变化关系。

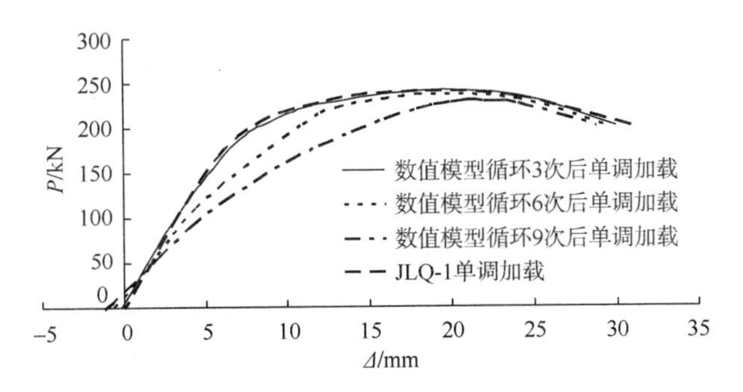

图 5.19 不同循环次数后试件单调荷载-位移曲线

3. 加载顺序对损伤的影响

不同类型的循环加载制度若以不同的顺序先后施加在结构上，结构所反映出的损伤状态是不同的。从已有研究资料可以看出，在变形幅值不断增加的循环加载中，相对于常幅循环或不断减小幅值的变幅循环加载过程，构件水平承载力和刚度退化更为明显。而在同一位移幅值下的数次循环中，试件刚度退化则较为平缓，但水平承载力衰减仍较为明显。但是，以往的损伤模型一般均忽略了其他非弹性变形所引起的损伤，而只是单纯考虑了最大变形引起的损伤。因此，若损伤模型中能够同时考虑最大变形和非弹性变形对结构构件损伤的影响，将会更真实地体现地震作用对结构构件的影响。

4. 双参数损伤模型的建立

基于上述分析，本节引入组合参数γ来合理地考虑变形与循环累积损伤的耦联影响，建立由变形损伤分量D_{Δ}和循环累积损伤分量D_c联合表征的非线性双参数损伤模型。其具体表达式为

$$D=(1-\gamma)D_{\Delta}+\gamma D_c \tag{5-3}$$

其中，变形损伤分量D_{Δ}和循环累积损伤分量D_c分别为

$$D_{\Delta}=\sum_{j=1}^{N_1}\left(\frac{\Delta_{\max,j}-\Delta_y}{\Delta_{u,i}-\Delta_y}\right)^c \tag{5-4}$$

$$D_c=\sum_{i=1}^{N_h}\left(\frac{E_i}{F_y(\Delta_{u,i}-\Delta_y)}\right)^c \tag{5-5}$$

式中，$\Delta_{\max,j}$为第j次半循环所对应的最大非弹性变形；N_1为第一次产生的最大非弹性变形$\Delta_{\max,j}$的半循环次数；$\Delta_{u,i}$为第i次半循环加载后，再次单调加载时构件的极限变形能力；E_i为第i次半循环的滞回耗能；N_h为半循环次数；γ为组合参数；c为试验参数。

如图 5.18 所示，构件在完成第 i 次循环加载后，再次单调加载至构件破坏时所对应的极限变形能力 $\Delta_{u,i}$ 可表达为

$$\Delta_{u,i} = R\Delta_{p,i} + \Delta_i \tag{5-6}$$

式中，$\Delta_{p,i}$、Δ_i 分别为完成 i 次半循环后的残余变形和可恢复变形，如图 5.18 所示，如完成第一次半循环加载后的单调极限位移可表示为 $\Delta_{u,1}=R\Delta_{p,1}+\Delta_1$，$R$ 为变形衰减因子。

根据 Miner 的低周循环累积损伤关系，变形衰减因子可表示为

$$R = \left[1 - \sum_{i}^{N_h} 1/\left(N_f\right)_i\right]^{\zeta} \tag{5-7}$$

式中，N_f 为达到结构构件破坏时的半循环次数；N_h 为半循环总次数；ζ 为系数，表示随着循环次数的增加，低周累积损伤增加的速率，$\zeta=1$。

将式（5-4）和式（5-5）代入式（5-3），得到双参数损伤模型表达式为

$$D = (1-\gamma)\sum_{j=1}^{N_1}\left(\frac{\Delta_{\max,j} - \Delta_y}{\Delta_{u,i} - \Delta_y}\right)^c + \gamma\sum_{i=1}^{N_h}\left(\frac{E_i}{F_y(\Delta_{u,i} - \Delta_y)}\right)^c \tag{5-8}$$

虽然上述损伤模型在一定程度上克服了现有损伤模型的一些不足，但该模型中极限变形 $\Delta_{u,i}$ 的计算较为烦琐，且该模型仍仅适用于理想弹塑性体。因此，本研究对上述模型做了进一步改进。通过能量方面的一些近似与假设，循环累积损伤分量 D_c 可以表示为

$$D_c = \sum_{i=1}^{N_h}\left(\frac{E_i}{E_u}\right)^c \tag{5-9}$$

式中，E_u 为单调荷载作用下的极限滞回能。

为了考虑循环次数对单调荷载作用下极限耗能的影响，式（5-9）可表示为

$$D_c = \sum_{i=1}^{N_h}\left(\frac{E_i}{E_{u,i}}\right)^c \tag{5-10}$$

式中，$E_{u,i}$ 为经历 i 次半循环加载后，再次进行单调加载时构件的极限耗能能力，与构件经历的半循环加载次数有关。

经过进一步改进和简化后的地震损伤模型可以写成如下形式：

$$D = (1-\gamma)\sum_{j=1}^{N_1}\left(\frac{\Delta_{\max,j} - \Delta_y}{\Delta_{u,i} - \Delta_y}\right)^c + \gamma\sum_{i=1}^{N_h}\left(\frac{E_i}{E_{u,i}}\right)^c \tag{5-11}$$

值得注意的是，式（5-11）中去掉右边第一项中的求和符号，同时令试验常数 c =1，并忽略屈服位移 Δ_y，则表达形式上与 Park-Ang 损伤模型相似。

该模型较大程度地克服了已有损伤模型的一些缺陷，其具有以下优点。

（1）物理概念清晰，且计算较为简洁和方便。

（2）适应于非理想弹塑性体，同时，损伤模型表达式将变形损伤分量和循环累积损伤分量进行非线性组合，理论上更为合理。

（3）合理考虑了加载路径对损伤的影响，在一定程度上体现了地震作用的随行性。

（4）最大非弹性变形 $\varDelta_{\max,j}$ 的提出，考虑了较大的非弹性变形幅值比较小的非弹性变形幅值对损伤的影响更显著这一试验结果。

（5）在变形与循环累积损伤联合效应的基础上，考虑了损伤与控制界限之间的相互影响。

5. 模型参变量的确定

1）构件的极限耗能能力

构件极限耗能是指不考虑前期加载历程，在直接单调加载至构件破坏时，单调曲线部分所包围的面积。

根据本试验研究结果，图 5.20 给出了规格化极限耗能（不同循环次数后，再单调加载极限耗能与直接单调加载极限耗能之比，即 $E_{\mathrm{u},i}/E_{\mathrm{u},0}$，$E_{\mathrm{u},0}$ 为直接单调加载的极限耗能）与规格化循环加载累积耗能的关系曲线。从图中可以看出，该曲线呈负指数衰减特征，可用如下关系式表达：

$$\overline{E}_{\mathrm{u},i}=A_1+B_1\mathrm{e}^{-\alpha} \tag{5-12}$$

式中

$$\alpha=\frac{\sum_{k=1}^{N_\mathrm{h}}E_k}{E_{\mathrm{u},0}} \tag{5-13}$$

其中，$\sum E_k$ 为前 k 次正（负）向半循环的累积滞回耗能；$\overline{E}_{\mathrm{u},i}$ 为第 i 次半循环加载后再次单调加载所对应的规格化单调极限耗能；α 为规格化循环加载累积耗能；N_h 为半循环加载总次数。

2）构件的极限变形能力

根据本试验研究结果得到构件屈服后，循环加载数次后，再次单调加载时规格化极限变形（不同循环次数后，再单调加载极限变形与直接单调加载极限变形之比，即 $\varDelta_{\mathrm{u},i}/\varDelta_{\mathrm{u},0}$、$\varDelta_{\mathrm{u},0}$ 为单调荷载作用下的极限变形）与半循环次数之间的关系曲线，如图 5.21 所示。从图中可以看出，与单调荷载作用下构件的极限耗能相类似，再次单调加载时规格化极限变形与规格化循环加载累积耗能呈指数衰减变化，可表达为

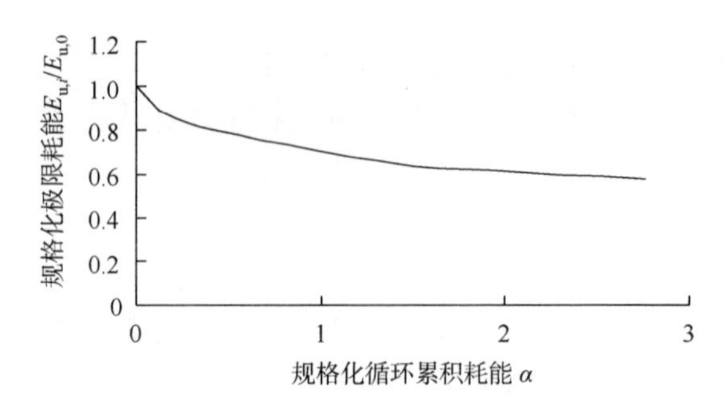

图 5.20　规格化极限耗能与规格化循环累积耗能的关系

$$\bar{\Delta}_{u,i} = A_1 + B_1 e^{-\alpha} \tag{5-14}$$

式中，$\bar{\Delta}_{u,i}$ 为第 i 次半循环加载后再次单调加载所对应的规格化极限变形。

根据本试验数据回归分析得到：对于极限耗能，A_1=0.72，B_1=0.28；对于极限变形，A_1=0.69，B_1=0.31。

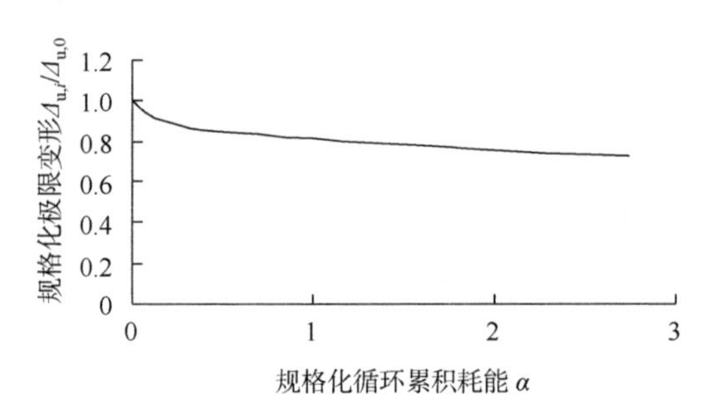

图 5.21　规格化极限位移与规格化循环累积耗能的关系

3）非弹性变形 $\Delta_{\max,j}$

与第 4 章定义相同，本章定义当构件首次出现的最大非弹性位移幅值为非弹性变形 $\Delta_{\max,j}$（详见 4.2.4 节）。

4）组合参数 γ 和试验参数 c

从理论上讲，当构件无损时，D=0；当构件完全破坏时，D=1；当 0<D<1 时，构件处于某一损伤状态。因此，将组合参数 γ 和试验参数 c 引入式（5-11）所表示的损伤模型中，即可满足理论上构件在完全破坏时 D=1 的要求。

RC 剪力墙构件地震损伤试验研究表明，对于相同试件，相对于常幅循环加载，变幅循环加载下试件强度衰减更为显著，且累积耗能较小，造成循环累积损伤分量 D_c 较小，因此，按式（5-11）计算评估构件完全破坏（D=1）时，变幅循环加载下的组合参数 γ 应大于常幅循环加载。因此，应分别对常幅和变幅循环加载下组合参数 γ 进行讨论。本章将根据剪力墙构件变幅循环加载试验结果确定组合参数 γ 和试验参数 c，其主要原因如下。

（1）按照变幅循环加载确定参数 γ 和 c 的值，对于常幅循环加载试件，将获得比较保守的损伤计算结果，且变幅循环加载试验较常幅循环试验更能真实地模拟地震作用效应。

（2）变幅循环加载试验过程不仅包含了变形损伤项，还包含了循环累积损伤项，同时也涉及了应变硬化影响。

（3）变幅循环加载试验能够获得较多关于构件性能的信息，如在不同幅值下滞回环的大小等，从而得到不同位移幅值下半循环滞回耗能的差异。

关于组合参数 γ 和试验参数 c 的确定，本章采用 Kumar 和 Usami[14]提出的方法，即先确定组合参数 γ，然后根据试件完全破坏（D=1）时再确定试验参数 c。基于课题组及国内既有 RC 剪力墙地震损伤试验结果，经过大量试算发现，当组合参数 γ=0.18 时，试验参数 c 的离散性较小，因此，本章取组合参数 γ=0.18。据此，依据相关试验结果，由式（5-11）即可计算出不同剪跨比、混凝土强度、轴压比、配筋率及配箍率的 RC 剪力墙试件在完全破坏（D=1）时，所对应的试验参数 c。

需要指出的是，欲获得各试件所对应的试验参数 c，首先需要确定各试件在直接单调加载时的极限变形和极限耗能能力，但对具有不同设计参数的各循环加载试件均进行相应的单调加载以获得其试验实测极限变形和极限耗能能力是不现实的。故本章借助数值模拟分析方法来获得不同剪跨比及暗柱纵筋配筋率试件的相关试验数据，并计算出相应试件单调加载时的极限变形和极限耗能能力。

计算结果表明，试验参数 c 随剪跨比 λ、暗柱纵筋配筋率 ρ_s 和边缘配箍率 ρ_v 的提升而增大，而随轴压比 n、混凝土强度 f_c 的增大而减小。但不同混凝土强度对试验参数 c 的影响不大，因此假定：混凝土强度对试验参数 c 的影响可被忽略。图 5.22 给出了试验参数 c 分别与剪跨比、配筋率、配箍率和轴压比的关系曲线。

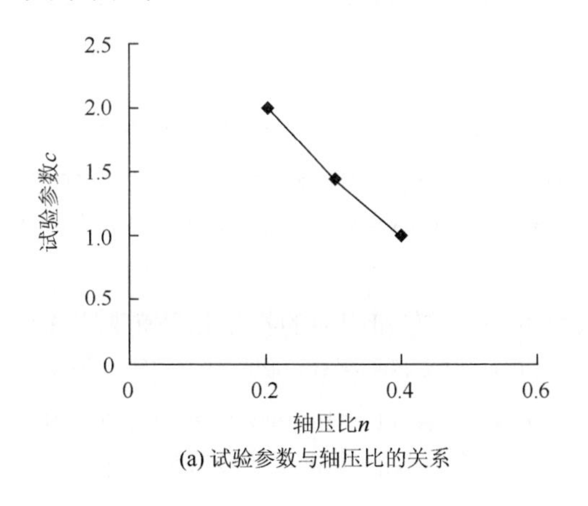

(a) 试验参数与轴压比的关系

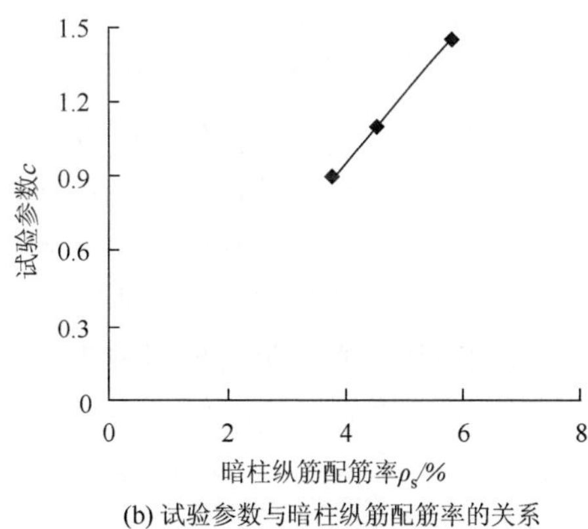

(b) 试验参数与暗柱纵筋配筋率的关系

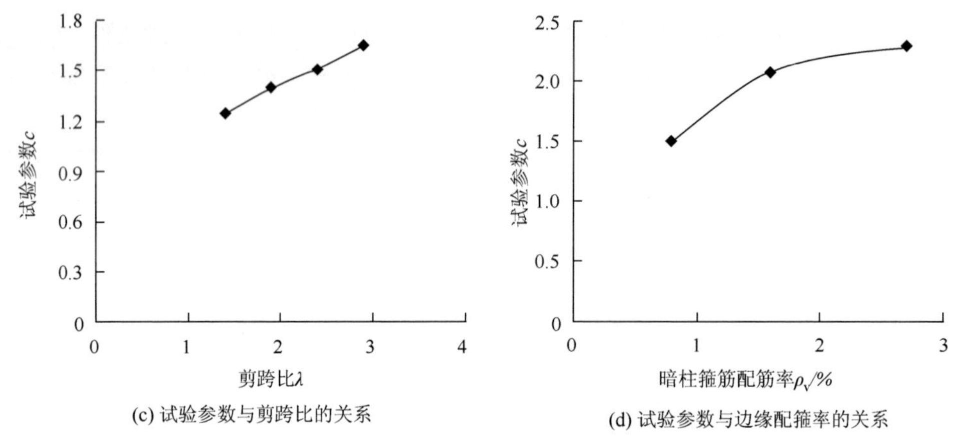

(c) 试验参数与剪跨比的关系　(d) 试验参数与边缘配箍率的关系

图 5.22　试验参数与各设计参数的关系曲线

从图 5.22 可以看出，试验参数 c 随剪跨比、含钢率及轴压比呈线性变化，而随配箍率呈非线性变化。基于各试件设计参数对试验参数 c 进行多元非线性回归分析，其表达式为

$$c = 6.21 + 0.94\ln\rho_{\mathrm{v}} + 0.77\lambda + 6.36\rho_{\mathrm{s}} - 4.34n \tag{5-15}$$

5）损伤模型的有效性验证

基于本章所建立的损伤模型，对本试验中部分试件在完全破坏时的损伤指数进行计算评估，其结果见表 5.5。

表 5.5　试件破坏时损伤变量 D 值

试件编号	D 值	试件编号	D 值	统计结果
JLQ-2	1.013	JLQ-6	1.011	均值=0.991 标准差=0.0035 变异系数=0.0035
JLQ-3	0.945	JLQ-7	0.989	
JLQ-4	0.991	JLQ-8	0.974	
JLQ-5	1.007	JLQ-9	0.997	

6. 构件相应损伤状态的确定

对震后结构构件的损伤程度进行合理的界定和划分，能够为结构或构件震后经济损失评估与修复等提供依据。目前国内外对于结构损伤状态的划分还没有统一的方法，一般主要是利用定性指标确定离散型损伤状态，进而应用理论和经验方法定量得到结构损伤的各种估计。

美国应用技术委员会早期对结构构件的损伤状态和相应的损伤指数范围进行了划分和定义[15,16]，见表 5.6 和表 5.7。根据其所定义的四个性能水准（正常使用、暂时使用、生命安全、接近倒塌）及其宏观描述，结合课题组试验中观察到的 RC 剪力墙破坏程度的比较分析，表 5.8 给出了 RC 剪力墙的性能水准及其对应的破坏程度定义。由表可以看出，较现有研究结果，本章在 RC 剪力墙的性能水准中提出了倒塌水准，该水准的提出，虽然仍带有一定的主观性，但能够弥补损伤后期由于损伤指数范围较大造成的损伤状态难以确定的缺点，为结构构件抗震性能分析提供有益的信息。根据表 5.8 给出的性能水准及其描述，表 5.9 给出了 RC 剪力墙对应的损伤状态及其相应的损伤定义。

表 5.6 ATC-38 损伤状态的划分

损伤状态	损伤描述
无损	结构或构件无损伤，或有损伤，但损伤不明显
轻度损伤	仅需对非结构构件的损伤进行修复，结构无需修复。非结构构件包括填泥料、分割缝、天花板、安装设备等
中度损伤	结构的损伤需要修复。已有构件可在原位被修复，没有实质性的破坏，构件无需置换。对于非结构构件需要一些置换
重度损伤	损伤进一步累积，结构单元需要大量修复或置换，对于非结构构件的损伤部分需要部分或全部置换，如天花板、设备等

表 5.7 ATC-13 损伤状态及相应损伤指数范围

损伤状态	损伤指数范围
无损	0
轻微损伤	0～0.01
轻度损伤	0.01～0.1
中度损伤	0.1～0.3
重度损伤	0.3～0.6
非常严重损伤	0.6～1
破坏	1

表 5.8 RC 剪力墙的性能水准及其描述

性能水平	结构宏观描述	破坏程度	易修复程度
正常使用	剪力墙无损伤，或损伤非常轻微；剪力墙保持原有强度和刚度，且处于弹性工作阶段	基本完好	不需修复
暂时使用	有轻微裂缝出现，仅需要少量修复，剪力墙强度和刚度均略有退化（退化幅度较小），可近似认为处于弹性工作阶段；受拉纵筋屈服	轻微破坏	较易修复
生命安全	剪力墙丧失了部分刚度和强度，构件进入弹塑性工作状态，其受拉和受压钢筋屈服，墙根塑性铰开始形成，承载力达到最大值	严重破坏	可以修复
接近倒塌	剪力墙刚度和强度退化严重，墙根部受压区混凝土保护层外鼓并大面积脱落，纵筋和箍筋裸露，部分纵筋压曲，构件处于塑性工作段	接近倒塌	不易修复
倒塌	剪力墙根塑性铰达到极限变形，完全丧失承载能力	倒塌	无法修复

表 5.9 RC 剪力墙损伤状态及其定义

损伤状态	损伤状态定义
轻微损伤（slight）	混凝土未明显开裂，仅局部出现细微裂缝，裂缝无需修复
轻度损伤（light damage）	微裂缝增多，但无残余变形，裂缝较易修复

续表

损伤状态	损伤状态定义
中度损伤	裂缝开裂较为严重，构件仅有较小残余变形
重度损伤	墙根截面裂缝贯通，且拉、压纵筋屈服，墙根部受压区混凝土保护层外鼓并大面积脱落，纵筋和箍筋裸露，构件残余变形进一步加大
完全破坏	构件残余变形达最大，构件失去承载能力

针对地震作用下结构破坏的 5 个等级：基本完好、轻微破坏、中等破坏、严重破坏和倒塌，国内外学者[17]根据各自所提损伤模型给出了不同损伤状态及其对应的损伤指数范围，见表 5.10。

表 5.10　不同损伤状态及其对应的损伤指数范围

研究者＼损伤状态	基本完好	轻微破坏	中等破坏	严重破坏	倒塌
牛荻涛	0～0.2	0.2～0.4	0.4～0.65	0.65～0.9	≥0.9
欧进萍	0～0.1	0.1～0.25	0.25～0.45	0.45～0.65	≥0.9
刘伯权	0～0.1	0.1～0.3	0.3～0.6	0.6～0.85	≥0.85
江近仁	0.228	0.254	0.420	0.777	≥1.0
胡聿贤	0～0.2		0.2～0.4	0.4～0.6	0.8～1.0
Ghobarah	0～0.15		0.15～0.3	0.3～0.8	≥0.8
Park-Ang	0～0.1	0.1～0.25	0.25～0.4	0.4～0.1	≥1.0

结合试件损伤试验观察，依据表 5.8 和表 5.9 中关于 RC 剪力墙损伤状态的描述及定义，本章给出了 RC 剪力墙损伤状态对应的损伤指数范围，见表 5.11。

表 5.11　RC 剪力墙损伤状态及其对应的损伤指数范围

损伤状态	破坏程度	损伤指数范围	易修复程度
轻微损伤	基本完好	$D<0.1$	不需修复
轻度损伤	轻微破坏	$0.1\leqslant D<0.3$	较易修复
中度损伤	严重破坏	$0.3\leqslant D<0.6$	可以修复
重度损伤	接近倒塌	$0.6\leqslant D<1.0$	难以修复
完全破坏	倒塌	$D\geqslant 1.0$	无法修复

通常，在对 RC 剪力墙构件进行抗震损伤评价及性能评估时，根据本章所建立的损伤指数计算模型（式（5-11）），即可求得各剪力墙构件的损伤指数，进而，依据表 5.11 所给出的损伤指数范围，即可确定 RC 剪力墙构件的损伤状态及破坏程度。

5.1.4　RC 剪力墙循环退化效应研究

较大的塑性变形会增大结构构件在遭遇强烈地震时的失效概率，因此设计时必须严格遵循相关设计原则，以使结构构件在合理的部位产生合理的变形，并最大限度地耗散地震的能量，以满足抗震设防目标的要求。基于此，若要建立合理的设计计算方法，对结构构件进行弹塑性时程分析，从理论上深入研究其动力性能，并对设计方法进行合理的指导是很有必要的，其中建立合理的构件循环退化模型是进行弹塑性时程分析的必要环节和基础。本章在课题组相关试验数据的基础上，另收集整理了国内 56 榀 RC 剪力墙构件的低周反复加载试验数据，对这些数据进行综合分析，进一步揭示轴压比、剪跨比、混凝土强度、配筋率、边缘约束、加载制度等主要影响因素的变化对 RC 剪力墙性能退化的影响，进而，建立考虑损伤影响的 RC 剪力墙的循环退化模型。

1. 常用 RC 剪力墙恢复力模型

恢复力模型是对大量试验获得的结构或构件的恢复力与变形的关系曲线进行抽象和简化而得到的实用数学模型，其应满足精度高和简便实用两个特点。

自 20 世纪 70 年代开始，国内外研究人员针对普通 RC 构件，已提出了一系列恢复力特性计算模型，这些恢复力模型大致可分为曲线型和折线型两类，如图 5.23 所示。曲线型恢复力模型的优点是模拟精度高，但其刚度确定和计算方法存在不足；而折线型恢复力模型由于是在某种特定的受力状态下根据试验研究提出的，不具有普遍性。其中，一些经典的折线型模型，如 Clough 模型，虽应用方便，但只适用于具有梭形滞回特性的纯受弯构件；应用最多的 Takeda 模型，虽较之前的模型做了改进，但整个过程中仍没有考虑强度的衰减、裂缝的张合及钢筋粘结滑移引起的捏缩现象，对高轴压比、高剪力及滑移变形成分较大的构件不适用。曲线型模型是在一定的理论基础上提出的，大都可以反映出构件在各个阶段的力学性能变化，但是曲线上每一点的刚度是不断变化的，从而难以确定，因此其工程应用性较差。表 5.12 给出了几种较典型模型的优缺点对比。

表 5.12 常用 RC 剪力墙恢复力模型的优缺点

模型	时间	研究学者	优点	缺点
改进的原点指向型模型	1989	武藤清	在高剪应力阶段遵循 Clough 双线型模型，弥补了原点指向型模型的不足	不能有效反映剪力墙滞回曲线的捏缩效应
Fajfar 剪切滑移模型	1990	Fajfar	考虑了剪力墙受剪时的剪切滑移效应	不能反映墙体各力学性能的退化和捏缩效应
Ghobarah 滑移模型	1999	Ghobarah	考虑了剪力墙受剪时的剪切滑移效应	不能准确描述刚度的退化
Ozcebe 等建议模型	1989	Ozcebe	全面考虑了剪力墙强度、刚度的退化规律和捏缩效应	模型复杂，不便于应用，且仅限于纯弯曲破坏的墙体
Takeda 模型	1970	Takeda、Sozen 和 Nielsen	考虑了卸载刚度的退化，较全面地反映了钢筋混凝土构件的恢复力特性	不能准确表示墙体在下降段各力学性能的退化

续表

模型	时间	研究学者	优点	缺点
修正的 Takeda 模型	1987	Tohma 和 Hwang	考虑了剪力墙强度、刚度的退化规律和捏缩效应	骨架曲线缺少下降段并且不能准确表示墙体强度的衰减
张令心等建议简化模型	1999	张令心	考虑了剪力墙强度、刚度的退化规律和捏缩效应	模型较为复杂，不便于工程应用

2. 骨架曲线的确定

循环退化模型主要由建立骨架曲线和确定滞回规则两部分构成。骨架曲线主要反映加载过程中构件开裂、屈服、破坏等主要特征信息；滞回曲线则能够反映构件的变形和耗能能力，滞回环的面积越大说明构件延性好且在地震作用下可以吸收较多的能量，对抗震有利。以往的恢复力模型大多是根据大量从试验中获得的恢复力与变形的关系曲线，经过适当抽象和简化而得到的实用数学模型。一个合理的循环退化模型应能客观地反映构件在地震作用下的强度衰减、刚度退化、延性性能、滞回耗能等力学行为，并且能够反映构件主要设计参数的变化对诸力学行为的影响程度。

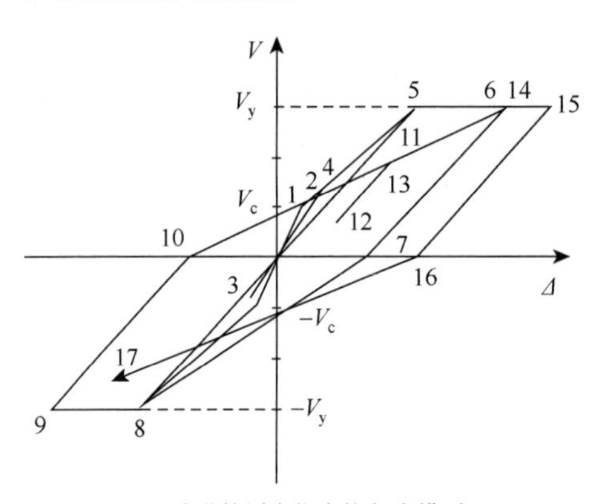

(a) 改进的原点指向恢复力模型

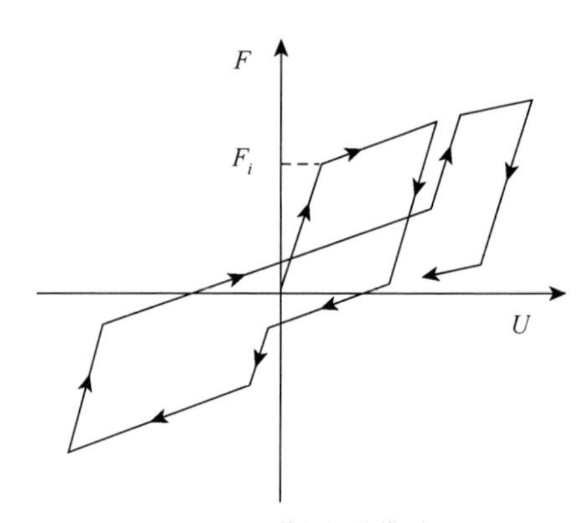

(b) Fajfar剪切滑移模型

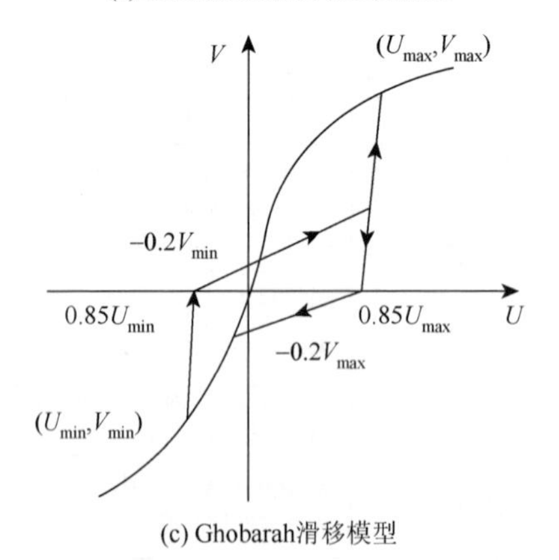

(c) Ghobarah滑移模型

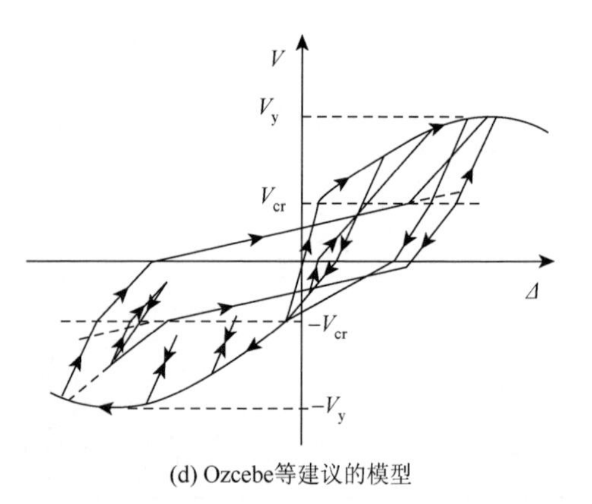

(d) Ozcebe等建议的模型

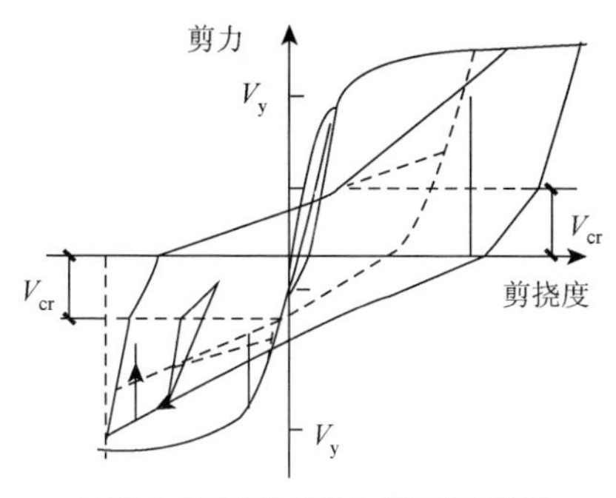

(e) 张令心等建议的简化剪切滞变模型

图 5.23 常用 RC 剪力墙恢复力模型

1）试验数据收集

5.1.1 节已给出了课题组完成的 9 榀 RC 剪力墙试件的拟静力试验结果，考虑到试件数量较少且缺少剪跨比参数变化的试件，因此课题组收集了国内 56 榀 RC 剪力墙拟静力试验数据[18~27]，这些试验与课题组的试验条件基本相似，并具有一致的破坏准则。表 5.13 为 RC 剪力墙试件参数的统计分布情况。

表 5.13 RC 剪力墙试件参数的统计分布情况

试件剪跨比分布				
剪跨比	0～1.0	0.10～1.5	1.5～2	≥2
试件数量	20	21	19	5
试件混凝土强度分布				
强度/MPa	20	30	40	≥50
试件数量	7	9	12	2
试件轴压比分布				
轴压比	0～0.10	0.10～0.20	0.20～0.30	≥0.3
试件数量	10	10	10	10
试件暗柱体积配箍率分布				
体积配箍率	1%～2%	2%～3%	3%～4%	≥5%
试件数量	12	3	10	5

2）骨架曲线模型

本节通过对诸试件试验骨架曲线（试件 JLQ-1 的骨架曲线如图 5.24 所示）及相关的试验数据的统计分析，将 RC 剪力墙的骨架曲线简化为带下降段的三折线型模型，如图 5.25 所示。其中，*A* 点为屈服荷载点，定义为剪力墙边缘构件纵筋达到屈服时所对应的水平荷载点；*B* 点为峰值荷载点；*C* 点为破坏荷载点，定义为剪力墙水平承载力下降至 85%峰值荷载时所对应的水平荷载点。

确定 RC 剪力墙骨架曲线模型，关键是给出骨架曲线中各特征点对应的参数：屈服荷载 P_y 、屈服位移 $\varDelta_y$ 、峰值荷载 P_m 及对应的位移 $\varDelta_m$ 、破坏荷载 P_u 、极限位移 $\varDelta_u$ 。

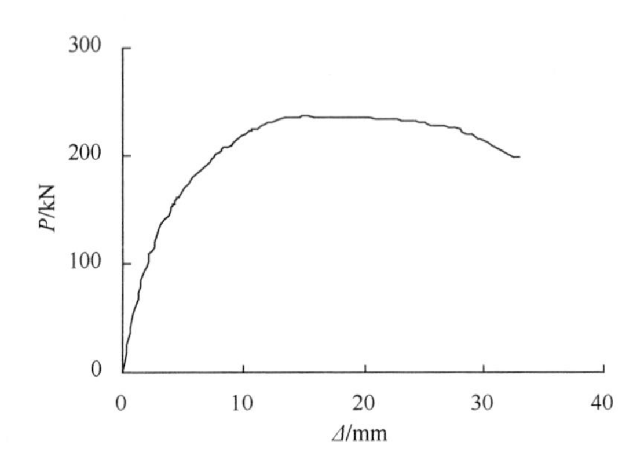

图 5.24　试件 JLQ-1 的骨架曲线

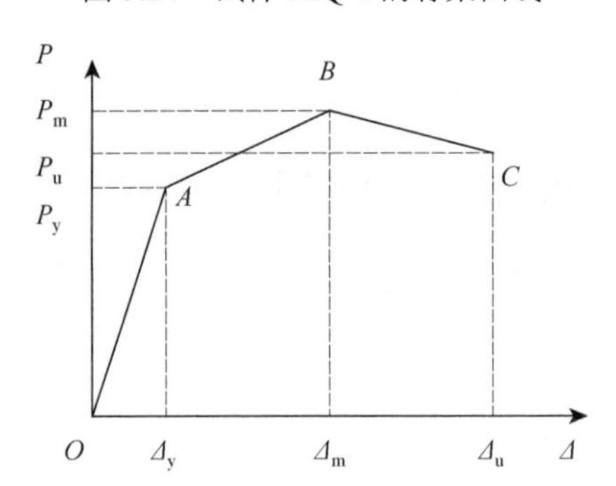

图 5.25　简化的骨架曲线及各特征点

首先基于损伤程度界定，将 RC 剪力墙整个受力过程分为如下三个阶段。

（1）无损阶段。试验结果表明，在屈服之前，虽然试件墙体已经出现了一些微裂缝，但总体变形很小，加载曲线的斜率几乎没有变化，滞回环仍基本呈一条直线，可以认为这个阶段墙体损伤较小。因此，可将试件屈服前的骨架曲线简化为坐标原点至屈服点的连线，并定义为墙体的无损阶段（图 5.25 中的 *OA* 段）。此阶段的刚度 K_e 为初始刚度，由式（5-16）确定：

$$K_e = P_y / \varDelta_y \tag{5-16}$$

式中， P_y 为构件的屈服荷载； $\varDelta_y$ 为屈服位移。

（2）损伤发展阶段。该阶段中，墙体边缘纵筋已经屈服，试件裂缝逐渐增多并不断延展，骨架曲线存在明显的强度硬化段，因此把此阶段简化为屈服荷载点$(\varDelta_y,P_y)$与峰值荷载点$(\varDelta_m,P_m)$的连线（图 5.25 中的 *AB* 段），称此阶段为损伤发展阶

段，并用其来描述结构构件屈服后的受拉刚化效应，硬化刚度 K_s 可表示为

$$K_s = \frac{P_m - P_y}{\Delta_m - \Delta_y} \tag{5-17}$$

（3）损伤破坏阶段。超过峰值荷载后，墙体裂缝继续发展并且变宽，墙体角部混凝土逐渐剥落，构件的强度逐渐退化，但下降段斜率较小，最终试件达到破坏。此阶段可简化为峰值荷载点(Δ_m,P_m)与破坏荷载点(Δ_u,P_u)的连线（图 5.25 中的 BC 段），称为损伤破坏阶段。此阶段的刚度为软化刚度，它表示达到峰值荷载后构件承载力衰减的幅度。软化刚度 K_n 可表示为

$$K_n = \frac{P_u - P_m}{\Delta_u - \Delta_m} \tag{5-18}$$

3）RC 剪力墙曲率分布规律及特征点计算

骨架曲线中需要确定的特征点包括：屈服荷载 P_y、屈服位移 Δ_y、峰值荷载 P_m 及对应的位移 Δ_m、破坏荷载 P_u、极限位移 Δ_u，其中峰值荷载 P_m 按现行《高层建筑混凝土结构技术规程》（JGJ 3—2010）计算确定，取 $P_u = 0.85P_m$，文献[28]建议屈服荷载 P_y 取 0.95 P_m。

（1）屈服点。

RC 剪力墙位移主要由剪切变形、弯曲变形和滑移变形三部分组成，在实际工程中，当剪力墙试件底部截面的最边缘纵筋达到屈服时，定义剪力墙屈服。在这个阶段由于钢筋和混凝土材料基本处于弹性阶段，墙体截面曲率沿高度方向呈线性分布，如图 5.26（a）所示。顶部截面曲率为 0，底部截面为屈服曲率 ϕ_y，剪力墙顶点位移为

$$\Delta_y = \Delta_{by} + \Delta_{sy} \tag{5-19}$$

$$\Delta_{sy} = 1.2\frac{FH}{Gb_w h_w} \tag{5-20}$$

$$\Delta_{by} = \frac{1}{3}\phi_y H^2 \tag{5-21}$$

式中，H 为剪力墙的高度。

文献[29]认为剪力墙截面的屈服曲率只与受拉钢筋的屈服应变和墙体截面的有效高度有关，可按式（5-22）计算：

$$\phi_y = \beta\frac{\varepsilon_y}{h_w} = \beta\frac{f_y}{E_s h_w} \tag{5-22}$$

式中，ε_y 为钢筋屈服应变；h_w 为墙体截面有效高度；β 为待定系数，令 $\gamma = \frac{1}{3}\beta$；$f_y$ 为钢筋屈服强度；E_s 为钢筋弹性模量。

将式（5-22）代入式（5-21）可得

$$\Delta_{\mathrm{by}} = \gamma \frac{f_{\mathrm{y}}}{E_{\mathrm{s}} h_{\mathrm{w}}} H^2 \tag{5-23}$$

通过对 120 片剪力墙试件的试验结果分析，文献[30]指出，γ 与剪力墙的剪跨比有很大的关系，并通过回归得到 γ 表达式为

$$\begin{cases} \gamma_{(\lambda)} = -0.146\lambda^2 + 0.721\lambda - 0.423, & 1.5 \leqslant \lambda < 2.5 \\ \gamma_{(\lambda)} = 0.468, & 2.5 \leqslant \lambda < 4 \end{cases} \tag{5-24}$$

（2）峰值荷载点。

当剪力墙达到最大承载力时，底部截面曲率达到极限值，沿墙体高度方向曲率分布可以简化为图 5.26（b）。在此阶段墙体底部一定高度范围进入塑性，其余部分仍停留在弹性阶段。

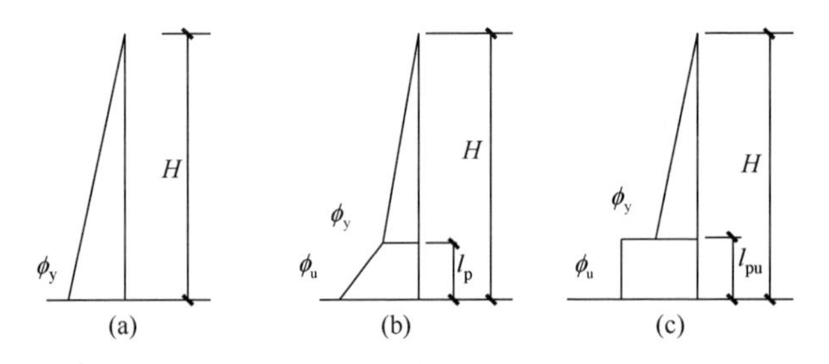

图 5.26 RC 剪力墙曲率分布示意图

一般认为当剪力墙受压区边缘混凝土达到极限压应变 $\varepsilon_{\mathrm{cu}}$ 时，截面曲率达到极限 ϕ_{u}。研究表明[31]，当截面边缘混凝土达到极限压应变后，截面受压区高度基本保持不变，而此时箍筋的约束作用比较小，因此可以近似地按照无约束作用的混凝土应力-应变关系来确定截面的受压区高度，取 $\varepsilon_{\mathrm{cu}}=0.0033$。

$$\phi_{\mathrm{u}} = \frac{\varepsilon_{\mathrm{cu}}}{x_{\mathrm{n}}} \tag{5-25}$$

式中，x_{n} 为剪力墙截面受压区高度，根据截面平衡关系可得

$$x_{\mathrm{n}} = \frac{\rho f_{\mathrm{y}} - \rho' f_{\mathrm{y}}' + \rho_{\mathrm{w}} f_{\mathrm{yw}} + P/(b_{\mathrm{w}} h_{\mathrm{w}})}{0.8 f_{\mathrm{c}} + 2\rho_{\mathrm{w}} f_{\mathrm{yw}}} h_0 \tag{5-26}$$

其中，b_{W} 为墙体厚度；h_{W} 为墙体宽度；ρ、ρ'、ρ_{W} 分别为剪力墙端部受拉、受压钢筋配筋率和竖向分布钢筋配筋率；P 为轴向压力。

对于一个完全弹塑性受弯构件，可以很容易确定其塑性区的高度，但是由于 RC 构件本身的复杂性，混凝土斜裂缝的开展会显著增大塑性区高度；并且试件在未达到破坏之前，构件斜裂缝区并非完全达到屈服，所以不能直接通过试验测定塑性区的高度。鉴于此，本章引入了等效塑性区高度的概念，用于确定剪力墙构件塑性变形的程度。通过对以往试验结果的综合分析，总结出 RC 剪力墙塑性区

高度的主要影响因素有以下几个。

剪跨比。剪跨比直接决定了墙体的破坏形态，是影响塑性区高度的主要因素。在其他因素不变的情况下，剪跨比越小，破坏形式越趋于剪切破坏，墙体承载能力提高，但呈现较大的脆性；相反，剪跨比越大，其破坏形式越趋于弯曲破坏，墙体承载能力降低，但表现出良好的延性和耗能能力，塑性区高度较大。

轴压比。较大的轴压力会使构件产生嵌固效应，增加构件的刚度，同时轴压力增加了受压区高度，减小了构件的塑性变形，所以轴压比大的剪力墙塑性区高度较小。

边缘约束。加强边缘约束可以延缓混凝土的开裂，从而使墙体内部的损伤发展更加充分，同时也增加了墙体的延性，使其塑性区高度增加。

塑性区高度可定义为

$$l_{\mathrm{p}} = \mu l_{\mathrm{pu}} \tag{5-27}$$

式中，μ 为调整系数，通过试验数据回归得到

$$\mu = 0.63\ln\rho_{\mathrm{v}} - 0.056\lambda - 1.6n + 0.2 \tag{5-28}$$

l_{pu} 为试件塑性区最大高度，文献[32]通过对 18 榀不同参数剪力墙试验结果分析，提出剪力墙塑性区最大高度主要与弯剪比 m' 有关，计算公式为

$$l_{\mathrm{pu}} = (0.33m' - 0.03)H \tag{5-29}$$

式中，$m' = \dfrac{M_{\mathrm{u}}}{V_{\mathrm{u}}H}$，$M_{\mathrm{u}}$ 和 V_{u} 分别为按《混凝土结构设计规范》和《高层建筑混凝土结构技术规程》计算确定的 RC 剪力墙抗弯承载力和抗剪承载力。

RC 剪力墙顶点位移可分为剪切变形 Δ_{s} 和弯曲变形 Δ_{b}，则 B 点的位移可表示为

$$\Delta_{\mathrm{m}} = \Delta_{\mathrm{sm}} + \Delta_{\mathrm{bm}} \tag{5-30}$$

弯曲变形 Δ_{bm} 可通过截面曲率求得，即

$$\Delta_{\mathrm{bm}} = \int_0^H x\phi(x)\mathrm{d}x \tag{5-31}$$

对式（5-31）积分得

$$\Delta_{\mathrm{bm}} = \frac{1}{6}\phi_{\mathrm{u}}l_{\mathrm{p}}^2 + \frac{2}{3}\phi_{\mathrm{y}}l_{\mathrm{p}}^2 + \frac{1}{6}\phi_{\mathrm{y}}H^2 - \frac{1}{2}\phi_{\mathrm{y}}Hl_{\mathrm{p}} \tag{5-32}$$

文献[33]通过对剪力墙剪切变形引起的位移分析，提出桁架模型并得到塑性区的抗剪刚度 K_{s}。该桁架模型假定腹杆由垂直的箍筋和 45°的混凝土斜压杆组成，从而

$$K_{\mathrm{s}} = \frac{\rho_{\mathrm{sh}}E_{\mathrm{s}}b_{\mathrm{w}}h_{\mathrm{w}}}{1 + 4n\rho_{\mathrm{sh}}}$$

其中，ρ_{sh} 为剪力墙水平钢筋配筋率；$n = \dfrac{E_{\mathrm{s}}}{E_{\mathrm{c}}}$，$E_{\mathrm{s}}$ 和 E_{c} 分别为钢筋和混凝土的弹性模量。

则剪切变形为

$$\Delta_{\mathrm{sm}} = l_{\mathrm{p}} \frac{F}{K_{\mathrm{s}}} \tag{5-33}$$

式中，F 为剪力墙所能承受的峰值荷载。

由式（5-24）～式（5-33），即可求得峰值荷载点 B 点的位移。

（3）破坏点。

如图 5.26（c）所示，当墙体底部屈服区域截面曲率均达到截面极限曲率 ϕ_{u} 时，有

$$\Delta_{\mathrm{u}} = \Delta_{\mathrm{su}} + \Delta_{\mathrm{bu}} \tag{5-34}$$

$$\Delta_{\mathrm{bu}} = \int_0^H x\phi(x)\mathrm{d}x = \frac{1}{2}\phi_{\mathrm{u}} l_{\mathrm{pu}}^2 + \frac{1}{3}\phi_{\mathrm{y}}(H - l_{\mathrm{pu}})^2 \tag{5-35}$$

$$\Delta_{\mathrm{su}} = l_{\mathrm{pu}} \frac{F}{K_s} \tag{5-36}$$

将式（5-35）和式（5-36）代入式（5-34）可得

$$\Delta_{\mathrm{u}} = \frac{1}{2}\phi_{\mathrm{u}} l_{\mathrm{pu}}^2 + \frac{1}{3}\phi_{\mathrm{y}}(H - l_{\mathrm{pu}})^2 + l_{\mathrm{pu}} \frac{F}{K_{\mathrm{s}}} \tag{5-37}$$

（4）骨架曲线试验对比。

通过计算，图 5.27 给出了试件 JLQ-1 计算骨架曲线与试验骨架曲线的对比，由图可以看出本章所建议的骨架曲线模型与试验结果吻合较好。

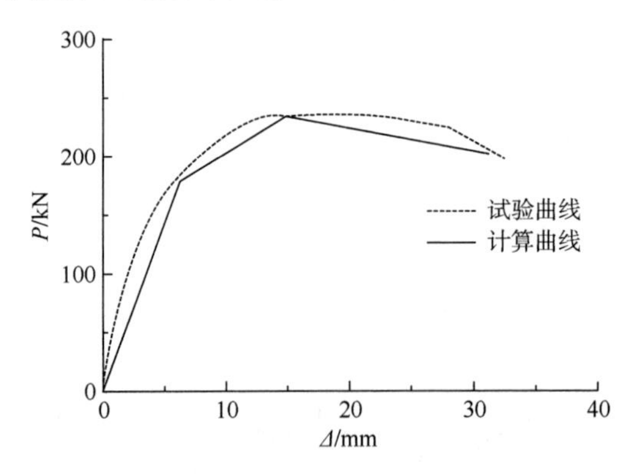

图 5.27　试件 JLQ-1 计算骨架曲线与试验骨架曲线对比

3. 滞回模型

1）建议损伤模型

损伤指数是指结构或构件在荷载作用过程中某一累积量与相应的指标极限允许量之比，它可以有效描述地震作用下结构构件的损伤程度，并对其后续使用能

力进行评估，为震后评估提供理论依据，通常损伤指数用 D 表示。本节将采用 5.1.3 节建立的能够全面反映水平地震作用下 RC 剪力墙力学特性变化的基于变形和能量组合的非线性双参数损伤模型。

2）循环退化指数

通过引入一个基于损伤的循环退化指数来描述地震作用下 RC 剪力墙各项性能的退化。循环退化指标 β_i 的值在[0，1]，其值越接近 1，说明构件性能的退化越严重。若 $\beta_i<0$ 或 $\beta_i\geqslant0$，则表示结构构件在某次循环加载下损伤值增量超过了构件的剩余损伤值，则认为结构或构件失效，循环退化指数可表达为

$$\beta_i=\left[\Delta D_i/(1-D_{i-1})\right]^{\varphi} \tag{5-38}$$

式中，ΔD_i 为第 i 次加载循环时构件损伤值的增量；D_{i-1} 为第 i 次加载循环之前构件的累积损伤值；φ 为相关系数，根据试验结果统计分析，取 $\varphi=1.42$ 。

该循环退化指数以构件在循环加载下的损伤程度来描述构件性能的退化，同时考虑了加载路径对循环退化指数的影响。

3）RC 剪力墙滞回曲线特征

反复荷载作用下结构构件各项力学性能的退化规律决定了结构构件的地震反应效应。对结构构件在反复荷载作用下各项性能的退化描述是建立构件恢复力模型的前提条件之一，同时也是研究结构构件在地震作用下的动力反应及其破坏机理的基础。

构件在周期性荷载作用下的典型滞回环一般有梭形、弓形、反 S 形、Z 形四种基本形态，如图 5.28 所示。构件耗能能力通过滞回环面积来反映，面积越大，耗能能力越强，在以上四种典型的滞回环中，梭形滞回曲线表征耗能能力最强，弓形次之，反 S 形和 Z 形相对较差。对于 RC 剪力墙，在受力过程中由于裂缝的闭合和剪切滑移效应，其滞回曲线有明显的捏缩现象，与图 5.28（b）的形状相似。

由 5.1.2 节所给剪力墙滞回曲线可以看出，试件正反向加、卸载曲线呈现出如下特点。

（1）加载曲线：在无损阶段，每一循环的加载曲线基本重合，无明显变化；在损伤发展阶段再次加载曲线的斜率比前一次有所减小，且减小的速度逐渐加快；在损伤破坏阶段，比较各次同向加载曲线，与前一次加载曲线的斜率相比，后一次曲线的斜率明显减小。说明在反复荷载下剪力墙的刚度不断退化，并且其承载能力也随着荷载循环次数的增加而不断降低。

（2）卸载曲线：卸载初始，曲线比较陡峭，变形较小，但随着荷载逐渐减小，卸载曲线趋向平缓，试件残余变形变大，并且残余变形随着加卸载次数的增加而不断累积；比较各次同向卸载曲线，与前一次卸载曲线的斜率相比，后一次曲线的斜率相对减小，说明在反复荷载下剪力墙的卸载刚度不断退化。

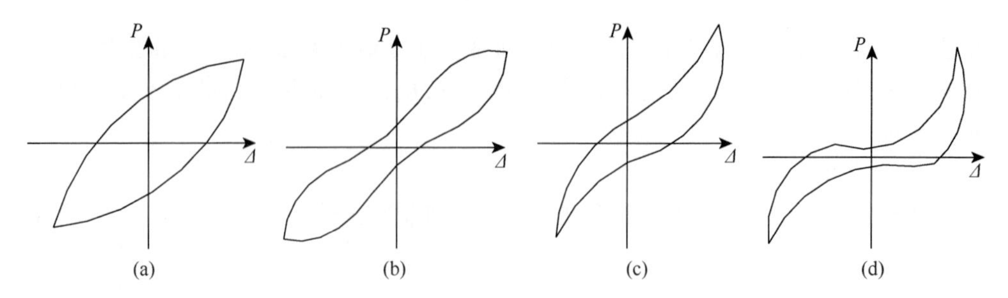

图 5.28　典型的滞回环

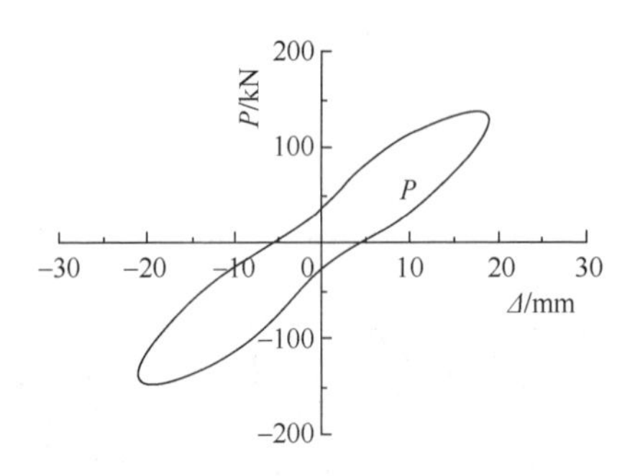

图 5.29　试验滞回环

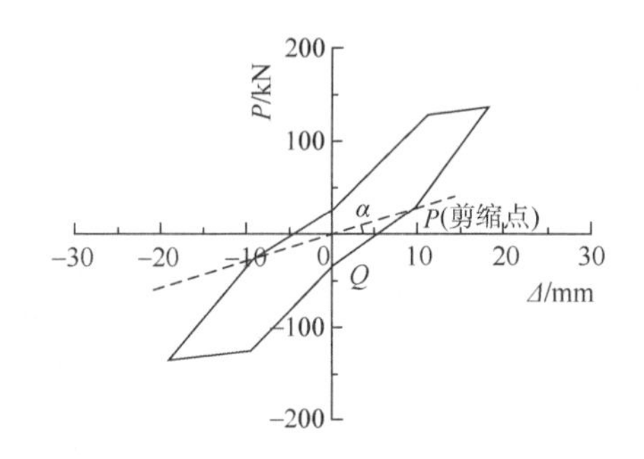

图 5.30　简化滞回环

（3）曲线捏缩效应：如图 5.29 所示，对一个单循环来说，曲线有明显的捏缩现象，这是由在加载过程中裂缝闭合导致试件刚度变化所引起的。这种现象可解释为：开裂区的混凝土在裂缝闭合的时候受压，此时对试件刚度有一定的贡献；反之在裂缝张开时受拉则对试件刚度无贡献。在卸载过程中，由于水平荷载逐渐减小，试件截面开裂区混凝土受压面积也随之减小，刚度逐渐降低，到达 P 点时，曲线出现明显的折点（定义为捏缩点）；反向加载到 Q 点时（位移为 0，图 5.30），试件开裂区裂缝界面之间咬合作用较小，可视为“虚接触”，试件刚度达到最小值。通过对试验数据分析，$\tan\alpha$（α 为 OP 与 x 轴夹角）与损伤变量 D_i 线性相关，即 $\tan\alpha=\zeta D_i$，取 $\zeta=0.2$。

（4）在整个往复加载过程，由于损伤的不断累积，裂缝不断开展，OP 连线与 x 轴的夹角随着循环次数的不断增加而减小，本章定义 PQ 连线的斜率为捏缩刚度 $K_{\mathrm{v}}=\xi K_{\mathrm{u}}$，其中，$K_{\mathrm{u}}$ 为卸载刚度；ξ 为调整系数，取 $\xi=0.82$。

4）力学性能退化分析

（1）上升段性能的退化。

上升段性能退化是指水平荷载达到峰值荷载之前，构件屈服荷载的衰减和硬化刚度的退化。退化规律为

$$P_{\mathrm{y}i}^{\pm}=(1-\beta_i)P_{\mathrm{y}(i-1)}^{\pm} \tag{5-39}$$

$$K_{\mathrm{s}i}^{\pm}=(1-\beta_i)K_{\mathrm{s}(i-1)}^{\pm} \tag{5-40}$$

式中，$P_{yi}^{\pm}$ 为第 i 次加载循环之后构件的屈服荷载；$P_{y(i-1)}^{\pm}$ 为第 i 次加载循环之前构件的屈服荷载；$K_{si}^{\pm}$ 为第 i 次加载循环之后构件的硬化刚度；$K_{s(i-1)}^{\pm}$ 为第 i 次加载循环之前构件的硬化刚度。上标“±”代表加载方向，其中“+”表示正向加载，“–”表示反向加载。

图 5.31 为试件屈服荷载和硬化刚度的退化示意图，从 0 点开始加载，构件初始加载刚度为 K_e=K_{01}，硬化刚度为 K_{s0}=K_{12}，然后计算其损伤值，求出 3 点。从 2 点卸载至 3 点再到 4 点，完成半个循环。此时按式（5-11）计算一次损伤值，然后再按式（5-38）计算退化指数 β_i。根据式（5-39）和式（5-40），计算反向加载时构件的屈服荷载由 P_y^- 降为 P_{y1}^-，硬化刚度的斜率由 K_{s0} 降至 K_{s1}^-。而后沿着 456 继续加载直至 7 点，再次根据式（5-11）重新计算损伤值，求得 8 点，加载到 9 点之后计算出该半循环损伤值增量 ΔD_i，然后再次根据式（5-38）重新计算退化指数 β_i。再加载时，构件的屈服荷载由 P_y^+ 降为 P_{y1}^+，硬化刚度由 K_{s0} 降至 K_{s1}^+。

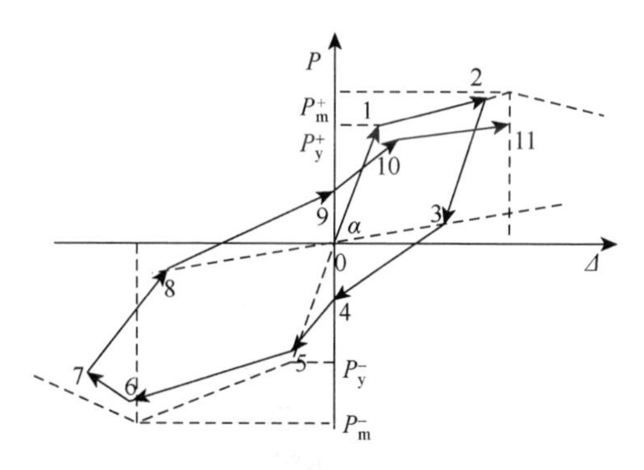

图 5.31　屈服荷载和硬化刚度的退化示意图

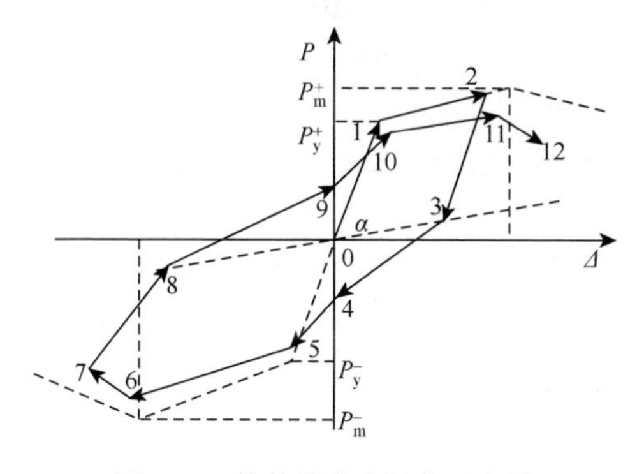

图 5.32　构件承载力退化示意图

（2）承载力退化。

随着加载循环次数的增加，构件的承载力不断退化，如图 5.32 所示。从 0 点开始加载，构件初始加载刚度为 K_e，峰值荷载为 P_m^+，沿着 12 进行，然后从 2 点卸载至 3 点，再到 4 点完成半个循环，此时按式（5-11）计算一次损伤值，根据式（5-38）计算循环退化指数，通过式（5-38）得反向加载时构件的峰值荷载由 P_m^- 降为 P_{m1}。继续加载直至 7 点，再次根据式（5-11）重新计算损伤值，正向加载时构件的峰值荷载由 P_{m1} 降至 P_{m2}。

（3）卸载刚度的退化。

在一次循环中，卸载刚度由于之前的损伤累积会产生退化，所以定义初始卸载刚度 $K_{u0}=D_0K_{e0}$，D_0 为首次加载所产生的损伤。

在加载初期，构件的滞回曲线基本沿直线变化，卸载时构件刚度退化不明显，此时构件处于弹性工作阶段。当荷载达到屈服荷载以后，随着水平位移和循环次数的增加，构件的卸载刚度退化越来越显著，其退化规律可表示为

$$K_{ui}=(1-\beta_i)K_{u(i-1)} \tag{5-41}$$

式中，K_{ui} 为第 i 次加载循环之后构件的卸载刚度；$K_{u(i-1)}$为第 i 次加载循环之前构件的卸载刚度。

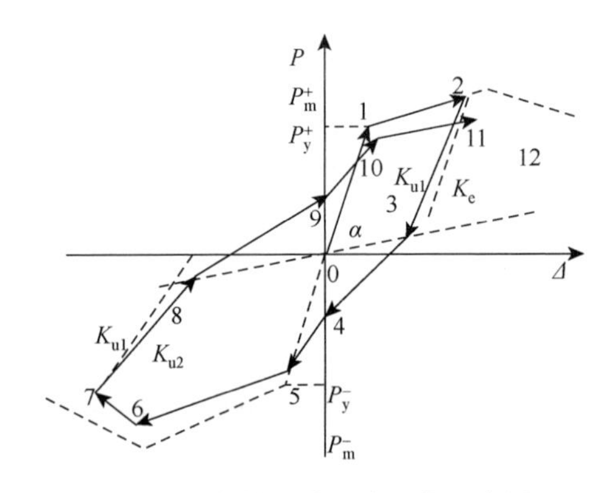

图 5.33　构件卸载刚度退化示意图

图 5.33 为构件卸载刚度退化示意图。从 0 点开始加载，直至到达卸载 2 点，此时按式（5-11）计算一次损伤值，求得 K_{23} 和 3 点，然后再按式（5-38）计算退化指数 β_i。然后沿着 34 继续加载直至反向卸载 7 点，再次重新计算损伤值，同时计算出从卸载 2 点至卸载 7 点的损伤值增量 ΔD_i，然后再次根据式（5-38）重新计算退化指数 β_i，反向卸载时，构件的卸载刚度由 K_{u1} 降至 K_{u2}。

（4）再加载刚度的加速退化。

在传统的恢复力模型中，普遍认为构件再加载时，加载曲线指向此前加载循环中的最大位移点，没有考虑再加载刚度的加速退化。

为了描述构件再加载刚度的加速退化，构件再加载时曲线不指向此前加载循环的最大位移点，而是指向一个位移更大的目标点，该目标点的位移为

$$\Delta_{ti}^{\pm} = (1+\beta_i)\Delta_{(i-1)}^{\pm} \tag{5-42}$$

式中，$\Delta_{ti}^{\pm}$ 为第 i 次加载循环时的目标位移；$\Delta_{(i-1)}^{\pm}$ 为第（i–1）次加载循环时的目标位移。

图 5.34 为构件再加载刚度退化示意图。从 0 点开始加载，沿着 01 进行，直至达到反向加载 3 点，计算一次损伤值，然后计算退化指数 β_i。反向加载至目标 5 点，再次重新计算损伤值，同时计算出该半循环的损伤值增量 ΔD_i，然后再按式（5-38）重新计算退化指数 β_i。再加载时，曲线指向从 9 到目标点 10，线段 10 2 和 10 11 的夹角反映了此次加载循环中再加载刚度的退化幅度。

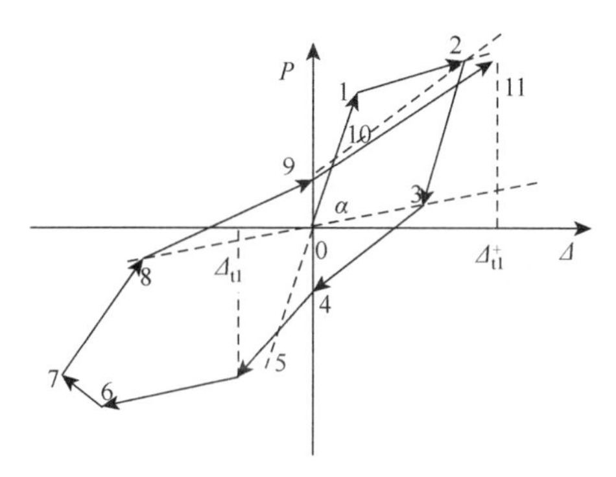

图 5.34　构件再加载刚度退化示意图

5）滞回规则

基于上述对构件在反复荷载作用下各项性能退化规律的描述，即可得到基于损伤的 RC 剪力墙循环退化模型，如图 5.35 所示，模型的滞回规则表述如下。

（1）未达到屈服之前，试件加载和卸载的路径均沿图 5.35 中的 01 段进行。

（2）达到屈服荷载后，试件的加载沿图 5.35 中的 12 段进行；开始卸载时，应先利用本章所提出的损伤模型，求出卸载点所对应的损伤值及卸载刚度，同时还需确定相应的捏缩点和捏缩刚度，如图 5.35 中的 2～4 所示。

（3）反向加载与再加载路径：任一个半循环结束后，需重新计算构件的损伤值，并求出该半循环损伤值增量 ΔD_i，以计算退化指数 β_i。沿反向加载时，如图 5.35 中的 45 段，计算出构件滞回环的反向加载刚度、屈服荷载和硬化刚度（如图 5.34 中的 56、67 和 78 段），再通过计算损伤值来确定捏缩刚度（89 段）。继续加载，如果未达到构件的剩余强度之前卸载，应利用本章所提出的损伤模型，计算卸载点此刻所对应的损伤值，并计算出前一个半循环卸载点与此处卸载点的损伤值增量 ΔD_i，进而重新计算退化指数 β_i 和卸载时的刚度。若加载达到构件的剩余强度，后期的加载则沿着滞回环中的软化段进行，卸载刚度的计算方法同上。正向再加载时，再加载刚度、屈服荷载、硬化刚度和卸载刚度计算方法与前述相同。

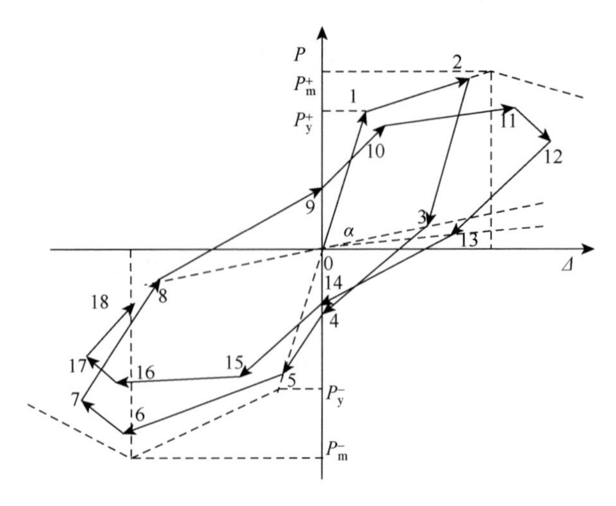

图 5.35　基于损伤的 RC 剪力墙循环退化模型

（4）加载超过峰值荷载后，构件加、卸载滞回规则与在峰值荷载前类似，值得注意的是此时不考虑屈服荷载和硬化刚度的退化。如图 5.35 所示，从 14 点开始，反向加载中应根据式（5-42）计算出构件再加载刚度，然后继续加载，如果未达到构件的剩余强度前卸载，卸载刚度计算同前；如果加载至构件的剩余强度（构件剩余强度由式（5-39）确定），后期加载则沿着构件滞回环进行，相关计算同前。

6）滞回模型与试验结果的对比

根据上述滞回规则，图 5.36 给出了部分 RC 剪力墙试件计算滞回曲线与试验滞回曲线的对比。从图中可以看出，本章建议的 RC 剪力墙的滞回模型与试验结果较为接近，可准确描述墙体在反复荷载作用下的滞回性能，且较真实地体现了由裂缝开展和剪切滑移引起的捏缩效应。研究成果可为 RC 剪力墙构件的抗震性能和动力反应分析提供理论依据。

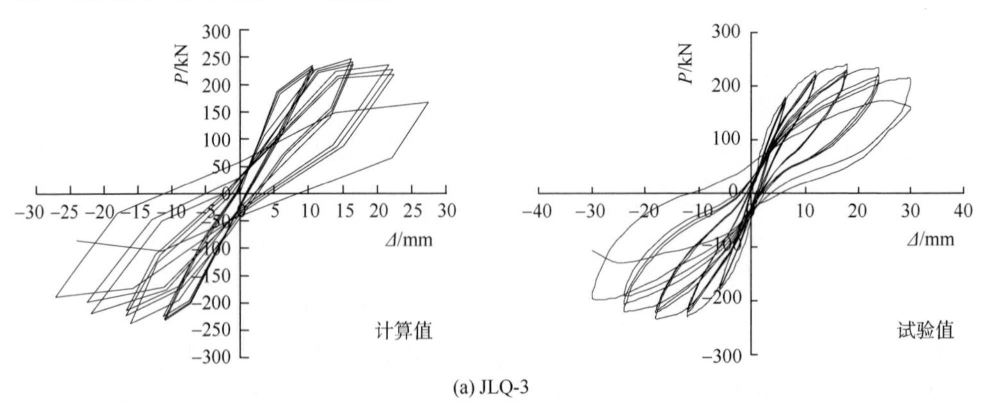

(a) JLQ-3

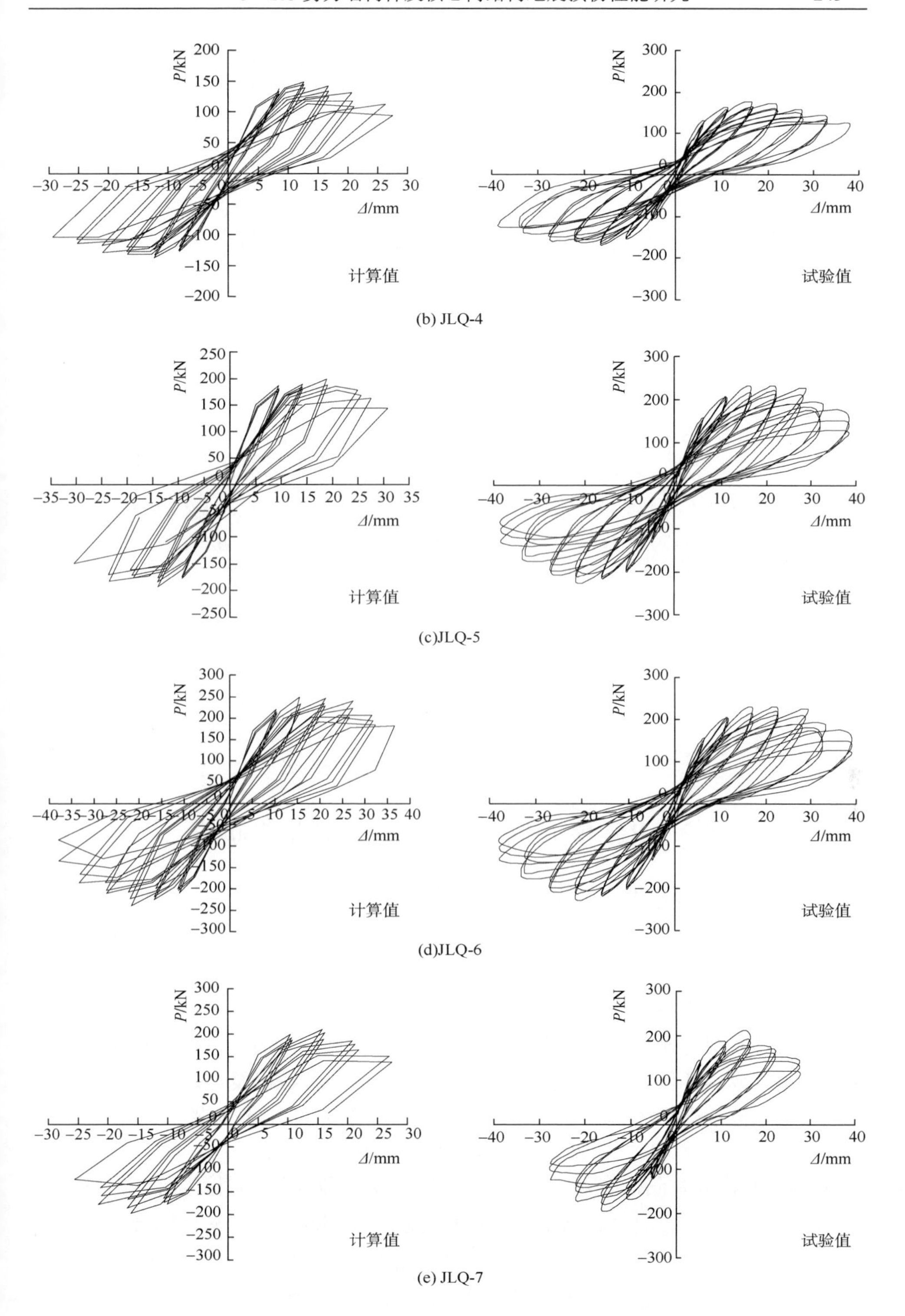

(b) JLQ-4

(c)JLQ-5

(d)JLQ-6

(e) JLQ-7

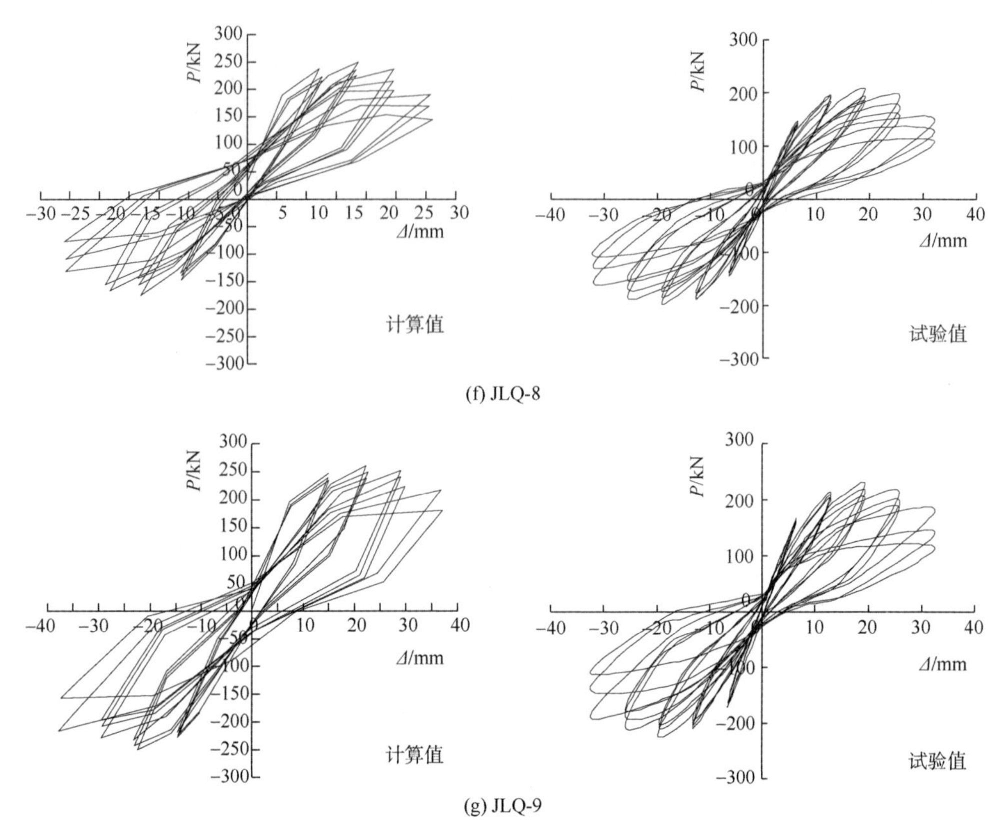

图 5.36　计算滞回曲线与试验结果对比

5.2　RC 核心筒结构地震损伤性能研究

5.2.1　楼层损伤模型

1. 损伤模型的建立

国内外震害资料显示，整体结构的破坏均始于局部构件的逐步失效，因此通过整体法建立结构损伤模型并不能体现结构的破坏过程。加权系数法通过将结构中各子结构或构件作为独立目标单元，从各目标损伤特性出发，赋予每个目标相应的权重系数来进行叠加，最终得到整体结构的损伤指标，该思路可表示为

$$D = f(D_1, D_2, D_3, \cdots, D_m) \tag{5-43}$$

式中，D 为整体结构的损伤指标；D_1、D_2、D_3、D_m 分别为各个目标单元的损伤指数。

核心筒结构楼层的损伤应该同时考虑剪力墙损伤和连梁损伤两个方面，本章采用加权系数法，结合数值模拟的分析结果来建立整体结构的损伤模型。此方法可以较好地体现损伤的多尺度效应，建立能够反映构件损伤、局部结构损伤和整体结构损伤三者之间迁移演化规律的结构整体损伤模型，实现损伤模型由低层次向高层次的迁移转化。

首先考虑墙与连梁对结构层损伤的贡献大小，赋予各构件相应的权重系数，而后叠加得到结构层的损伤模型。RC 核心筒结构楼层计算简图如图 5.37 所示。

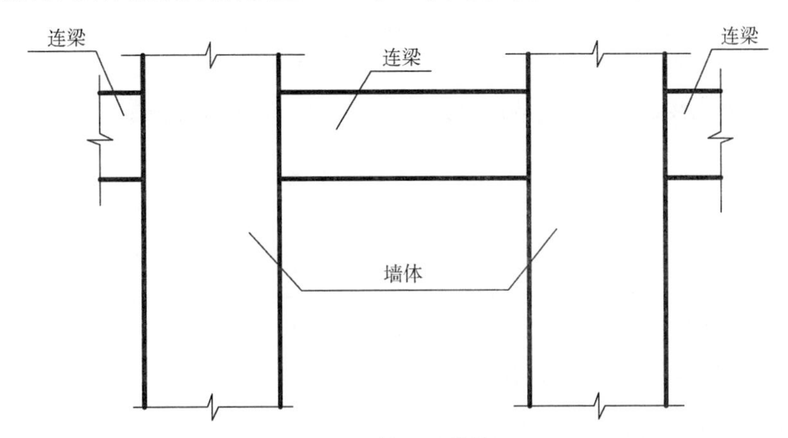

图 5.37 楼层计算简图

综上分析，RC 核心筒结构单层损伤模型可表达为

$$D_j = \sum_{i=1}^{n} \eta_{ij,\mathrm{w}} D_{ij} + \sum_{k=1}^{m} \eta_{kj,\mathrm{b}} D_{kj} \tag{5-44}$$

式中，D_j 为第 j 层损伤值；$\eta_{ij,\mathrm{w}}$ 为第 j 层第 i 片墙所对应的权重系数；n 为筒体结构中第 j 层墙体总数；D_{ij} 为第 j 层第 i 片墙的损伤值；$\eta_{kj,\mathrm{b}}$ 为第 j 层第 k 根连梁所对应的权重系数；D_{kj} 为第 j 层第 k 根连梁的损伤值。

2. 模型参数的计算

1）构件损伤值

RC 剪力墙的损伤指数按照式（5-11）进行计算。连梁损伤指数可按照文献[34]提供的方法进行计算，其表达式为

$$D = 1 - \left(\frac{\Delta_\mathrm{m}}{\Delta_\mathrm{y}}\right)^{\alpha} + \beta \frac{\sum E_i}{F_\mathrm{y} \Delta_\mathrm{y}} \tag{5-45}$$

其中

$$\alpha = \begin{cases} -0.4, & \Delta_\mathrm{m} \leqslant 3\Delta_\mathrm{y} \\ 0.43 - 8.3\rho_\mathrm{v}, & \Delta_\mathrm{m} > 3\Delta_\mathrm{y} \end{cases} \tag{5-46}$$

$$\beta = 0.0057 - 0.039\rho_\mathrm{s} - 0.13\rho_\mathrm{v} \tag{5-47}$$

式中，Δ_y 为连梁的屈服位移；Δ_m 为反复荷载作用下连梁实际经历的最大位移（当 $\Delta_\mathrm{m} \leqslant \Delta_\mathrm{y}$ 时，忽略卸载刚度的退化）；F_y 为连梁的屈服荷载；F_m 为对应于 Δ_m 处的

荷载值；α 为变形系数，α 越大，说明连梁的刚度退化越不明显；β 为强度衰减因子；E_i 为第 i 个滞回环的耗能量；ρ_v 为连梁的体积配箍率；ρ_s 为连梁配筋率。

2）构件损伤的权重系数

构件损伤的权重系数 $\eta_{ij,w}$ 和 $\eta_{kj,b}$ 分别表示目标楼层中墙体和连梁对本楼层总体损伤的贡献大小。本节采用构件在层中滞回耗能的比重作为权重系数，来体现各类构件对所在楼层损伤的影响，则楼层各个构件损伤权重系数的计算式为

$$\eta_{ij,w}=\frac{E_{ij,w}}{\sum E_j},\quad \eta_{kj,b}=\frac{E_{kj,b}}{\sum E_j} \tag{5-48}$$

其中

$$\sum E_j=\sum E_{ij,w}+\sum E_{kj,b} \tag{5-49}$$

式中，$\sum E_j$ 为第 j 层总的滞回耗能；$\sum E_{ij,w}$、$\sum E_{kj,b}$ 分别为第 j 层剪力墙总滞回耗能和第 j 层连梁总滞回耗能。

5.2.2　楼层损伤分析

文献[35]对 RC 核心筒结构的破坏形态与模式和滞回性能等进行了较为系统的分析，为了提取相关的试验数据，本章借助文献[35]所提供的试件设计方案，利用有限元程序建立了相同的筒体结构数值模型（图 5.38），逐一计算出各楼层墙体、连梁的损伤值，令式（5-44）中 $\eta_{kj,b}$=0 得到剪力墙的总体损伤贡献值，令 $\eta_{ij,w}$=0 得到连梁的总体损伤贡献值，将墙体、连梁总体损伤贡献值相加得到结构各楼层的损伤值。分别以结构楼层损伤值、墙体和连梁的总体损伤值为纵坐标，以加载循环次数 N 为横坐标，绘制出结构楼层损伤、墙体和连梁的总体损伤随加载循环

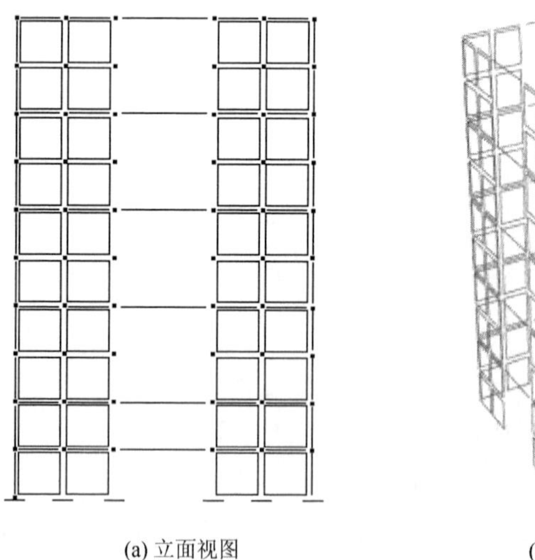

(a) 立面视图

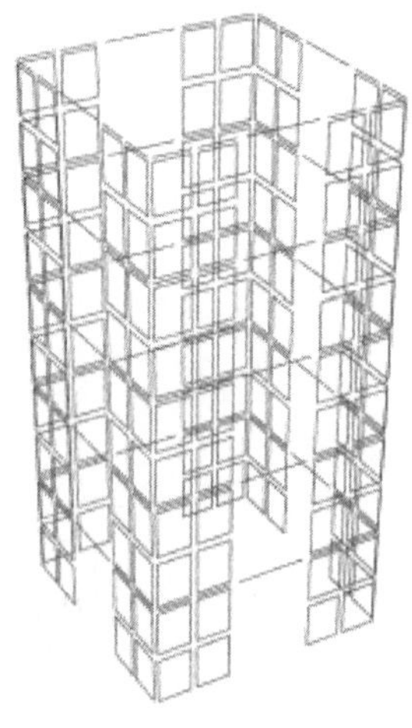

(b) 三维视图

图 5.38　RC 核心筒数值模型

次数的变化关系，如图 5.39 所示。

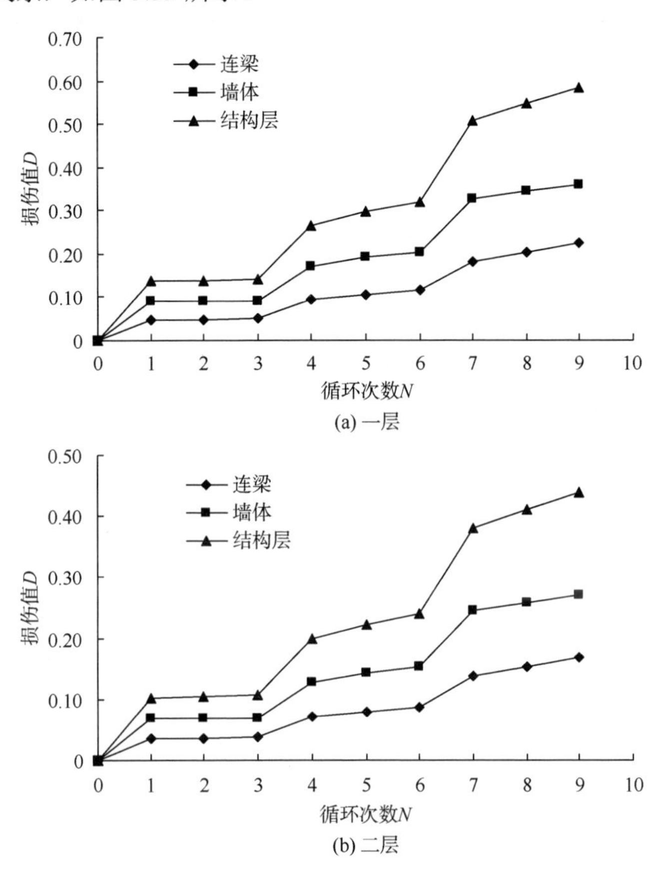

(a) 一层

(b) 二层

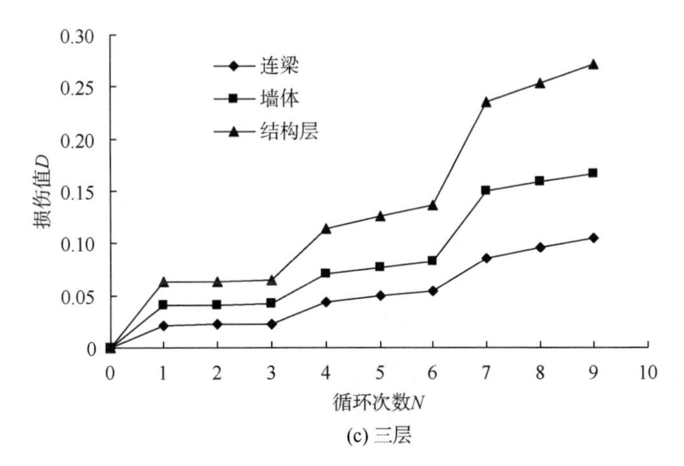

(c) 三层

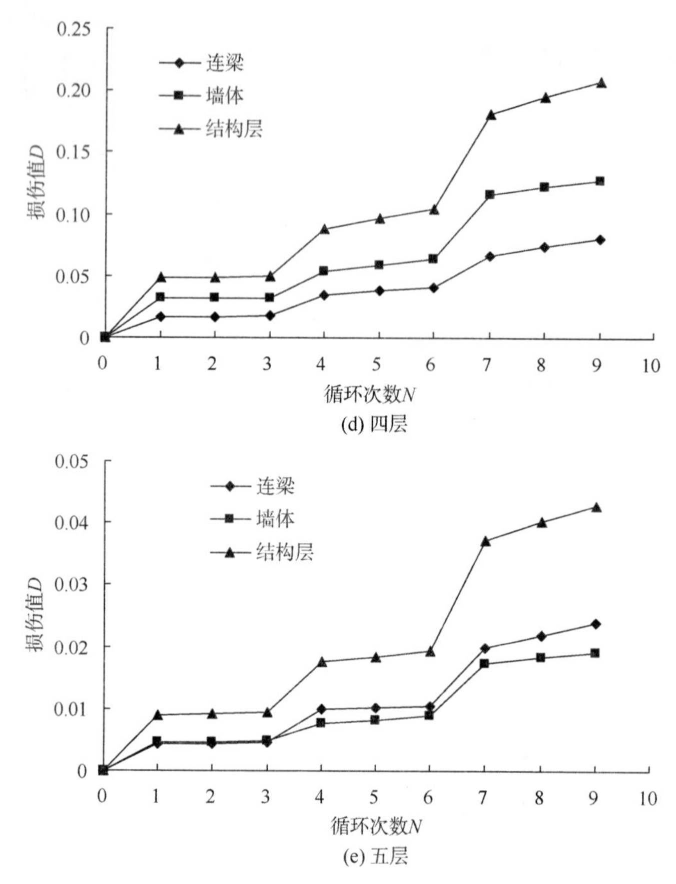

图 5.39　楼层损伤、各类构件损伤与循环次数的关系

从图中可以看出以下几点。

(1) 在结构各楼层中，RC 剪力墙的损伤贡献大于连梁的损伤贡献。对于结构的某一层，墙体和连梁对结构层的损伤贡献分别约为 60%和 40%，在加载初期这个比率基本保持定值。随着循环次数的增加，两者的损伤值同时增大，连梁达到破坏首先退出工作，墙体达到屈服以后损伤发展较快，对层损伤贡献逐渐加大，达到破坏时，墙体对结构层的损伤贡献达到 60%左右。

(2) 在同一位移幅值下的三次循环中，结构层的损伤值均有一定的增加，较好地体现了能量累积效应对结构层损伤的影响作用。

5.2.3　RC 核心筒结构整体损伤模型

1. 结构损伤过程分析

在低周反复荷载作用下，RC 核心筒结构的损伤破坏过程可分为下述四个阶段。

(1) 无损阶段。水平加载初期，RC 核心筒结构各抗侧移构件主要处于弹性变形阶段，核心筒结构损伤主要表现为腹板墙体中部连梁的四角出现细微竖向弯曲裂缝。此阶段结构的总体损伤很小，认为结构处于无损伤阶段。

（2）损伤初始阶段。随着水平荷载和位移的增大，连梁开始出现裂缝，并逐渐延伸至墙肢，原有裂缝继续发展，塑性变形产生，能量的耗散主要集中在梁端塑性铰区域，此阶段墙体变形较小，整个结构处于损伤初始阶段。

（3）损伤稳定发展阶段。当连梁斜裂缝贯通并延伸至墙体时，翼缘墙体出现水平弯曲裂缝，腹板墙体中下部出现较多剪切斜裂缝，原有裂缝不断加宽、延伸和贯通。整个结构的顶部位移稳定增加，构件损伤稳定增长，结构处于损伤稳定发展阶段。

（4）损伤急剧发展阶段。连梁发生破坏，核心筒顶部位移迅速增大，最终整个结构形成一个破坏机构而失去承载能力，宣告破坏。这个阶段损伤发展较快，损伤处于急剧发展阶段。

2. 加权法整体损伤模型

加权法能较合理地体现结构楼层损伤对整体结构损伤影响的程度，其基本形式如下：

$$D=\sum_{j=1}^{N}\lambda_j D_j \tag{5-50}$$

式中，λ_j 为第 j 层损伤权重系数；D_j 为第 j 层损伤指数；N 为结构总层数。

本章建立的 RC 核心筒结构地震损伤模型采用式（5-50）的数学表达形式。

3. 已有的几种结构层损伤权重系数

加权系数法应用的关键就是找到一个合理的楼层损伤权重系数，该系数应能够反映楼层在结构整体性能表现中的相对重要程度。因此，较大的权重系数应赋予影响 RC 核心筒结构倒塌的关键楼层，且权重系数应能反映各楼层的层位置、耗能能力、损伤指数等信息。国内外学者在此方面做了大量研究，得到许多经典的定义层权重系数的数学表达式[36~41]，也有学者从结构各层自重和楼层屈服强度系数等角度出发来定义结构层损伤权重系数，其均在一定意义上体现了结构层的损伤程度及其影响。

4. 结构层损伤权重系数分析

地震作用时，在引起结构破坏的众多因素中，最基本也是最主要的因素其实由结构自身的组成决定。结构层损伤权重系数 λ_j 的确定，最重要的一点就是所选系数必须能够合理体现结构各层损伤对整体结构损伤的不同贡献。目前对于层权重系数的研究，通常都单纯考虑了单个因素，虽简单易行，但无法体现其他因素的影响。应该指出的是，在整体结构中，结构层的不同位置和结构层的不同损伤程度均对整体结构的损伤有重要的影响，同时赋予结构层不同的位置权重系数和损伤权重系数，既可以体现各楼层在整体结构中所处位置的重要性，又可以体现结构各层在地震作用下的不同反应对整体结构所带来的影响。综上分析，本章采用楼层位置权重系数γ_j与楼层损伤权重系数μ_{D_j}的组合形式来表征结构层损伤权重系数。

1）γ_j的计算

对整体结构的损伤分析表明，杜修力和欧进萍[42]提出的线性变化的位置权重系数适用于刚度和屈服强度分布比较均匀的框架结构，在结构底层较为符合，但是随着层数的增加，权重系数的退化较缓，这样考虑夸大了上部各结构层的重要程度，造成最终分析结果的不合理。Chung 等[37]提出的非线性变化的位置权重系数合理表述了结构上部各层的重要程度，但在底部各层的退化较快，这样考虑过度夸大了结构底层的重要性，而缩小了上部结构层对整个结构损伤的影响，造成的结果是，当结构底层破坏时，整体结构已破坏，底层的损伤值为 1，而上部各层的损伤值可能很小，因而整体结构的损伤加权平均值可能小于 1，从而导致结构已破坏而整体结构的损伤加权平均值较小的不合理现象。

综合上述分析，针对两种系数的缺陷，文献[43]提出一种介于二者之间的位置权重系数，表达式如下：

$$\gamma_j = \frac{1}{N^{1/2}} \tag{5-51}$$

以$N=20$为例，绘制出根据上述三种方法确定的结构层位置权重系数随结构层数变化的关系，如图 5.40 所示。

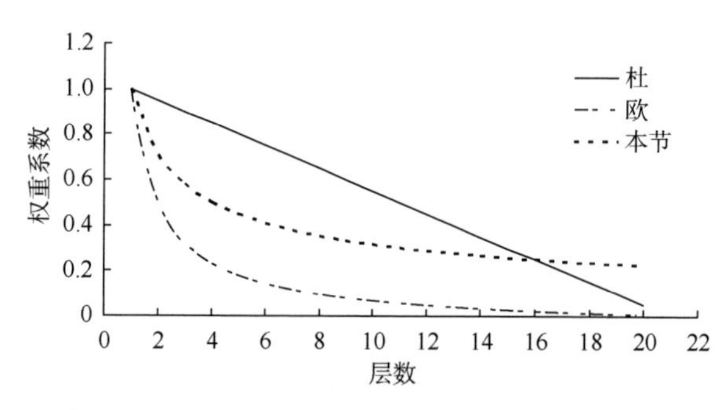

图 5.40　结构层位置权重系数与结构层数的关系

由图 5.40 可以看出，文献[43]提出的位置权重系数保留了文献[37]和文献[42]中所给的两种系数退化规律的优点，既考虑到底部结构各层成为结构薄弱层的可能性，又克服了夸大结构底层重要性的弊端，同时也合理体现了上部各层结构对整体结构的重要性。

2）μ_{D_j}的计算

结构楼层损伤权重系数μ_{D_j}能够直观地体现本楼层较其他楼层的损伤程度，

反映了本层结构对整体结构的损伤贡献，体现出了局部构件损伤对结构整体损伤的影响，这一参数具有直接意义，其计算公式为

$$\mu_{D_j}=\frac{D_j}{\sum_{j=i}^{N}D_j} \tag{5-52}$$

本章建立的结构损伤模型采用式（5-50）的表示形式，其中结构层损伤权重系数的确定，拟采用楼层位置权重系数与楼层损伤权重系数二者组合的形式，其表达式为

$$\lambda_j=\sqrt{{\gamma_j}^2+\mu_{D_j}^2} \tag{5-53}$$

式中，γ_j 为结构第 j 层位置权重系数；μ_{D_j} 为结构第 j 层损伤权重系数。

依据式（5-50），结合上述权重系数的确定方法，进行 RC 核心筒结构地震损伤分析，并将计算结果与根据试验现象量化确定的整体结构损伤指数变化关系进行比较，如图 5.41 所示。

由图 5.41 可以看出，根据式（5-53）计算得到的损伤值与试验值吻合较好，表明本章给出的结构层损伤权重系数可较为准确地描述 RC 核心筒结构的损伤破坏过程与特性，基于此，RC 核心筒结构的地震损伤模型可表示为

$$D=\sum_{j=1}^{N}\sqrt{{\gamma_j}^2+\mu_{D_j}^2}\cdot D_j \tag{5-54}$$

式中，γ_j 为结构第 j 层位置权重系数；μ_{D_j} 为结构第 j 层损伤权重系数；D_j 为结构第 j 层损伤指数。

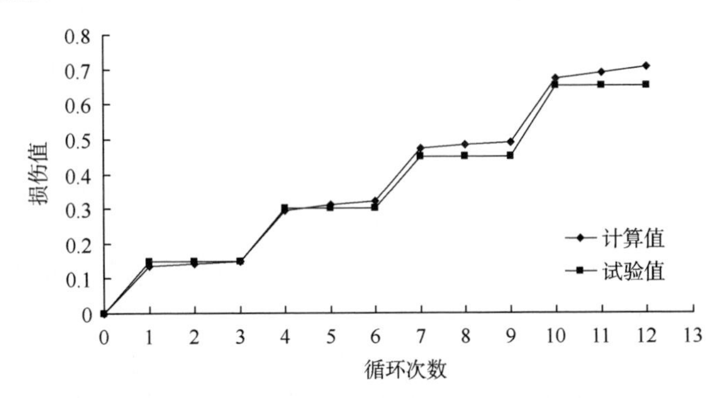

图 5.41 整体结构损伤计算值与试验值的对比

5. 结构整体损伤水平的确定

基于既有试验资料及本章数值模拟结果，参考 Park 等[36]、Bracci 等[44]的研究思路，表 5.14 给出了 RC 核心筒结构的性能水平及宏观描述，各性能水平对应

的结构破坏程度及相应的损伤指数范围见表 5.15。

表 5.14　RC 核心筒结构性能水平及宏观描述

性能水平	结构宏观描述	破坏程度	易修复程度
正常使用	结构基本完好，连梁刚开始出现轻微竖向裂缝及斜向小裂缝，结构保持原有强度和刚度，仍处于弹性阶段	基本完好	不需修复
暂时使用	结构轻微至中等破坏，连梁及墙肢裂缝发展较为充分，接近屈服阶段	轻微破坏	较易修复
生命安全	结构破坏较为严重，裂缝发展、延伸，宽度加大，进入屈服阶段，表现出明显的塑性变形	严重破坏	可以修复
接近倒塌	结构连梁纵筋出现屈服，混凝土剥落严重，底部墙肢破坏较为严重，接近或严重破坏	接近倒塌	不可修复

表 5.15　RC 核心筒结构的破坏程度及相应损伤指数

地震破坏等级	轻微损伤	轻度损伤	中度损伤	重度损伤	完全破坏
损伤指数范围	$0 \leqslant D_c < 0.3$	$0.3 \leqslant D_c < 0.45$	$0.45 \leqslant D_c < 0.65$	$0.65 \leqslant D_c < 0.8$	$D_c \geqslant 0.8$

5.3　基于损伤的 RC 核心筒结构地震易损性研究

本节考虑地震动强度和地震动入射角对结构的共同影响，通过引入地震动入射角来模拟结构可能遭遇到的更为客观、实际的水平双向地震作用。采用拉丁超立方体网络抽样方法，考虑地震动强度和地震动入射角的随机性，选取用于分析的双向“地震动”记录，在传统增量动力分析（IDA）方法的基础上，提出多元增量动力分析（MIDA）方法，该方法保留了传统 IDA 方法的优点，改进和完善了传统 IDA 方法的不足，可为多维地震作用下结构抗损伤性能分析提供理论支撑。

5.3.1　传统增量动力分析方法

1977 年由 Bertero [45]将多个时程分析的结果汇总，观察结构在逐级放大的地震作用下非线性发展的影响规律，提出增量动力分析的雏形概念，随后被各国学者应用并加以完善，促使增量动力分析方法更多地应用于各种结构形式的抗震性能研究与实际工程设计中。

IDA 方法基本的应用形式为将所选的一条地震波的强度按一定比例逐级调幅，然后记录结构在这组“调幅”后的地震作用下的动力响应。“调幅”方法如下：

$$a_\lambda = \lambda a \tag{5-55}$$

式中，a_λ 为调幅后的加速度记录值；λ 为调整系数；a 为调幅前的加速度记录值，是 $a(t_i)$ 的简写，$t \in \{0, t_1, \cdots, t_n\}$ 。

在保留原始地震动记录信息完整性的基础上，通过调幅系数 λ 来比例化弹性加速度频谱，对地震动加速度各时间位的数值按一定比例放大或缩小，在坐标系中将不同地震动强度与对应的结构响应值由“点对”连成“曲线”，即 IDA 曲线。通过结构性能参数与地震强度之间的关系曲线，来研究结构在水平地震作用下的损伤破坏全过程，同时通过不同地震记录下结构的非线性动力位移响应来对结构的抗震性能进行评估，并检验结构的抗倒塌能力。IDA 方法具有以下特征[46]。

（1）能够较为准确地反映出结构在未来可能遇到的不同水准地震下的地震需求能力。

（2）能够反映出地震强度变化时结构刚度、强度和变形能力等特性的变化过程，确定不同性能水准下结构的抵御能力。

IDA 方法包括单条地震动记录和多条地震动记录的 IDA 曲线评估。选取一定数量的地震动记录对结构进行动力分析，从而获取多条 IDA 曲线。多条地震波样本形成的 IDA 曲线“簇”则可以较为真实地反映结构的抗震性能。

5.3.2 多元增量动力分析方法

1. MIDA 方法提出的背景及意义

在结构的动力弹塑性时程分析中，建立能合理表征实际工程的数值模型并选取能真实反映实际地震响应的地震动记录，对计算结果及精度至关重要。大量的震害分析和观测结果表明，地震动具有明显的多维特性，结构的地震反应也不同程度地表现出多维效应。随着某些重大工程和复杂工程结构的日益增多，要求设计者更精细、全面考虑结构在地震动作用下的动力响应。多维地震动作用下结构的受力状态和性能更为复杂，对于质心、刚心对称的结构形式，尤其是偏心结构，仅考虑单向地震作用的动力分析不能全面反映结构真实的抗震性能。在多维地震动作用下，实际结构或构件在各主轴方向上的地震反应相互影响，具有空间耦合的特点[47]，结构在一个方向上的破坏和损伤直接影响其他方向的抗震性能，多方向相互耦合作用会严重降低结构的整体抗震性能。钢筋混凝土框架柱等构件的双向抗震性能试验结果表明，在双向地震作用下，构件的性能与单向地震作用下相比有很大的差异，故只考虑单向地震作用对构件进行数值模拟分析，所得结果不够合理[48]。无论规则结构还是不规则结构，在多向水平地震作用下，结构的响应要比单向水平地震动作用下的大[49]。因此研究多维地震作用下结构的抗震能力十分必要。

在我国超高层建筑中，钢-混凝土等混合结构体系内部多采用 RC 核心筒受力单元，该单元在各方向均具有较大的抗侧刚度，是混合结构体系的主要抗侧力构件。RC 核心筒结构抗震试验研究大多集中于单向水平作用条件[49,50]，而双向水平地震作用下的试验研究较为缺乏。双向水平地震作用对 RC 核心筒结构的抗震性能有显著的影响，与单向水平地震作用相比，双向水平地震作用严重削弱了筒体变形和延性性能，同时将使核心筒的承载力明显下降[51]。故研究多元动力增量分析方法，对 RC 核心筒结构抗震性能的合理模拟与分析具有重要的理论意义。

2. MIDA 方法基本原理

在对结构的抗震性能研究中，地震动强度和地震动入射角对结构的动力响应有着重要的影响，但同时考虑地震动记录与地震动入射角的“地震动”记录，对建筑结构进行相应的动力时程分析的研究报告则很少。由于地震动记录和地震动入射角均具有很大的随机性，所以合理地选取相应的地震动记录则相对困难，从而会影响结构动力弹塑性时程分析的结果。故本节借助拉丁超立方体网络抽样方法，引入地震动入射角来模拟双向地震作用，考虑地震动入射角及地震动强度，选取一系列“地震动”记录，针对每条“地震动”记录进行分析得到结构相应的 MIDA 曲线，采用统计方法在一系列的 MIDA 曲线中选取具有代表性的曲线来研究结构的抗震性能，MIDA 方法的基本原理如图 5.42 所示。

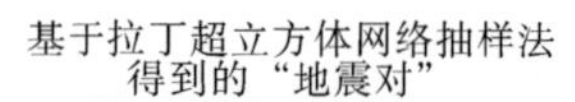

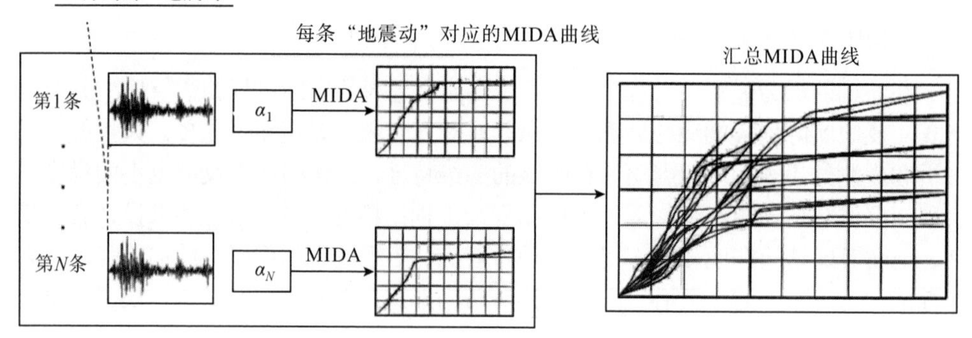

图 5.42　MIDA 方法原理图

3. MIDA 方法地震动入射角的定义

MIDA 方法是在双向水平地震作用下对结构进行多元增量动力时程分析，故合理地定义双向地震动入射角尤为重要，这也是 MIDA 分析方法的关键。本节假定原始地震动记录为双向正交，结构遭受水平双向正交地震动作用，通过地震动入射角的变化来模拟结构所遭受到的不同强度的地震作用，进而定义合理的“地震动”记录。地震动入射角的定义如图 5.43 所示。

图中，*ow*、*op* 分别代表地震加速度方向，坐标系 *oxy* 代表结构的参考坐标系，将 *ox* 轴向 *op* 轴的逆时针旋转角定义为地震动记录的入射角。

4. MIDA 方法入射角的简化原则

Nikos[52]选取 Loma Prieta(WAHO)、Imperial Valley(Compuertas)和 Northridge (LA, Baldwin Hills) 三条双向地震波记录，选用结构加速度谱值 $S_a(T_1,5\%)$ 作为

IM，选取最大层间位移角作为DM，分别取$S_a(T_1,5\%)$为$0.05g$、$0.30g$和$0.50g$，基本涵盖了结构可能遭遇的小震、中震和大震作用范围。以5°为增量步长将0°～360°等分，将三条地震波分别沿等分的角度逐一输入，对三层 RC 框架结构进行动力时程分析，将每一增量步角度下结构的最大动力响应-地震动强度坐标点绘制于图中，并连成IM-DM曲线，如图5.44所示。

由图5.44可知，对于Loma Prieta(WAHO)地震波，当$S_a(T_1,5\%)=0.05g$时，随着入射角的改变，结构的最大层间位移角变化范围为1.77%～2.23%；当$S_a(T_1, 5\%)$=0.50g时，结构的最大层间位移角变化范围为1.77%～2.20%。对于Northridge(LA, Baldwin Hills)地震波，当$S_a(T_1, 5\%)$=0.30g时，随着入射角的改变，结构的最大层间位移角其变化范围为1.0121%～1.4483%；对于Loma Prieta（WAHO）地震波，当$S_a(T_1, 5\%)$=0.30g时，随着入射角的改变，结构的最大层间位移角变化范围为1.0197%～1.4295%。

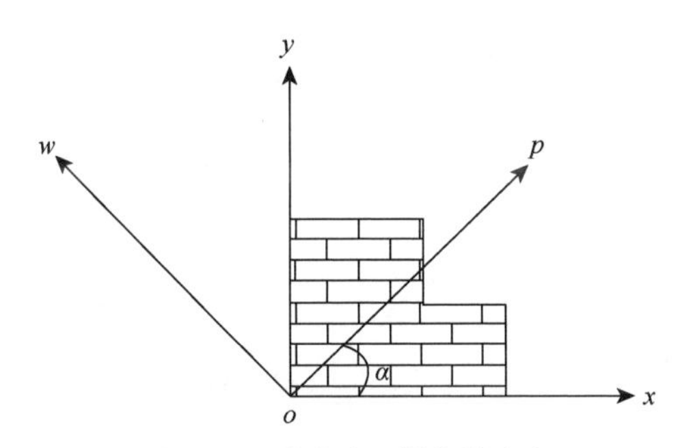

图5.43 地震动入射角的定义

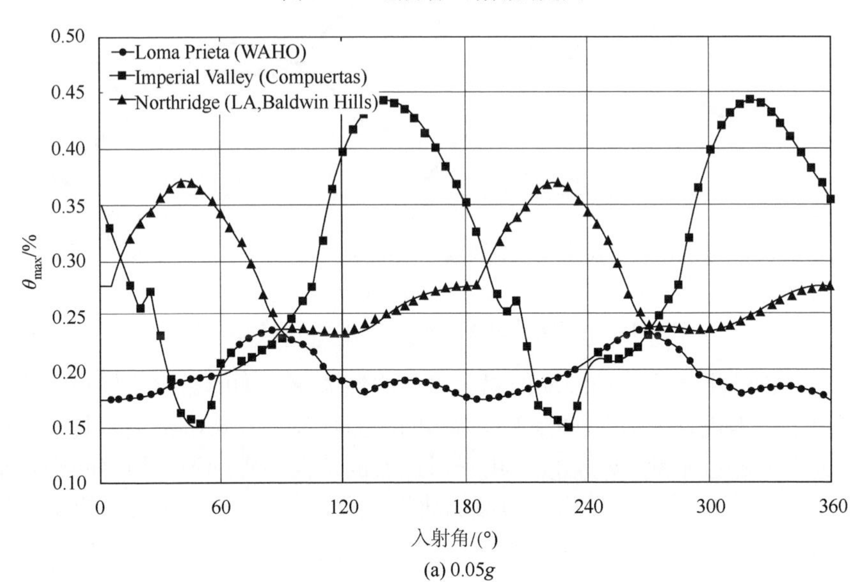

(a) 0.05g

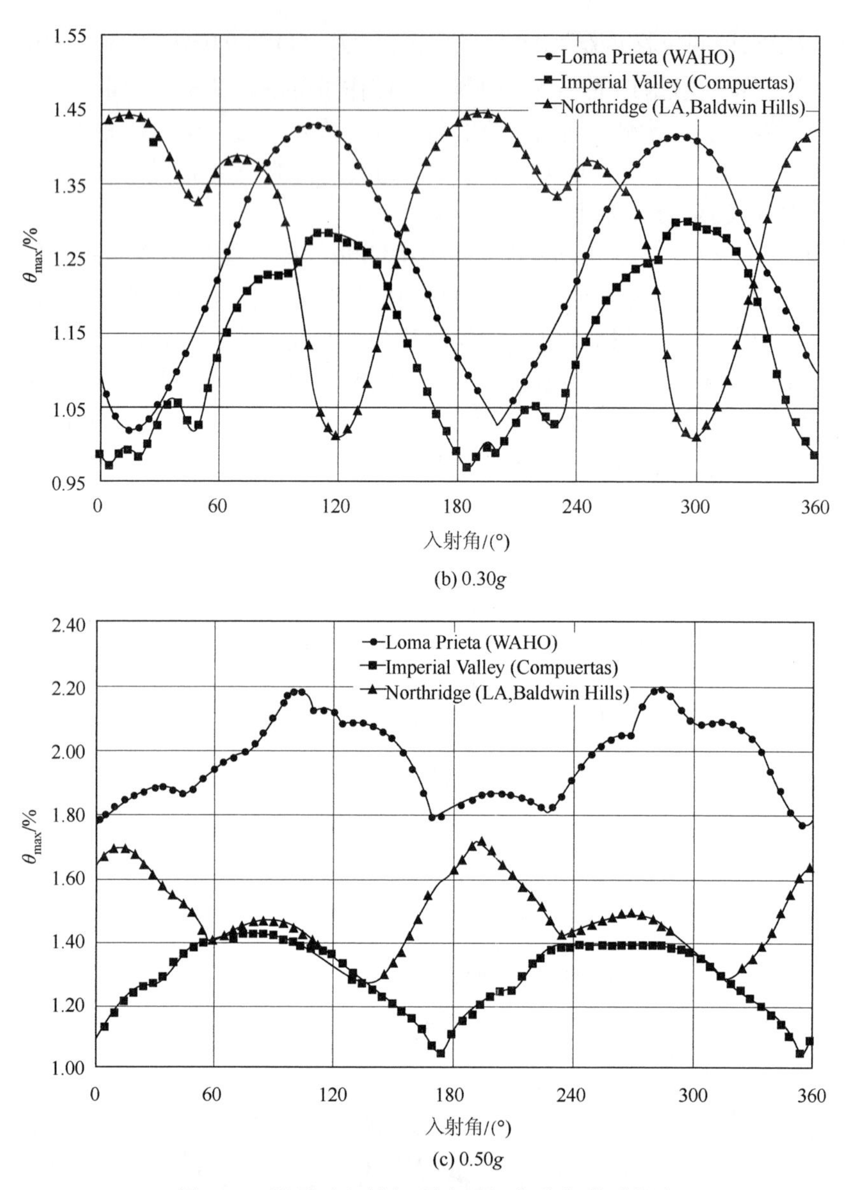

图 5.44　地震动入射角-最大层间位移角关系曲线

上述分析结果表明，地震动的强度对结构性能有较大的影响，但相同地震动强度作用下，地震动入射角的改变对结构的动力性能同样影响很大，甚至在一定程度上其影响超过了地震动强度。由于所选取的双向地震动记录中，两个水平方向上地震动强度接近，并且相同的谱加速度 $S_a(T_1,5\%)$ 主要考虑结构的第一阶振型，故地震入射角在 0°～180°范围内的结构地震响应与 180°～360°范围内的结构地震响应接近。

基于上述分析，可选取一系列分布于 0°～180°的地震入射角，采用拉丁超立方体网络抽样方法来确定 MIDA 方法中“地震动”记录的选取。

5. 基于 LHC 方法的“地震动”记录的选取

MIDA 方法借助地震动入射角来模拟多维地震动作用，需要同时考虑地震入射角和地震动强度，故常规方法对该“地震动”记录的选取很烦琐。本节采用拉丁超立方体网络抽样方法考虑二者的随机性，基于前述规定入射角在 0°～180°范围内的随机分布，合理选取能反映地震动-入射角的“地震动”记录。

拉丁超立方体网络抽样法最初由 McKay 等[53]在1979 年提出，后经各国学者将其改进和推广并已广泛用于结构的可靠度概率分析中。

结构体系的响应可表示为

$$A = f(B) \tag{5-56}$$

式中，$B=[b_1,b_2,b_3,\cdots,b_{nx}]$，为 nx 个输入的随机向量；$a=[a_1,a_2,a_3,\cdots,a_m]$，为结构体系的响应向量，$a_i$ 为第 i 组随机变量样本的响应量，m 为随机变量样本组数。

假设 $F_i(x_i)$为每个随机变量的概率分布函数，$F_i(x_i)\in[0,1]$，要求生成服从概率分布的 m 个随机变量样本。根据拉丁超立方体抽样原理，将随机变量的定义域划分为 m 个等概率区域，生成服从概率分布的 m 个随机变量样本，如图 5.45 所示。

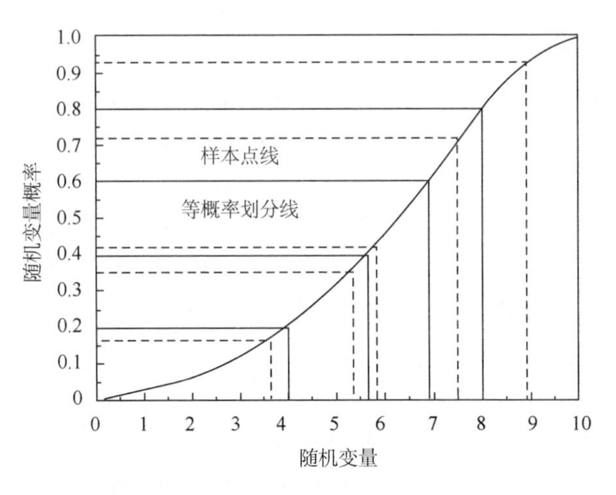

图 5.45 拉丁超立方抽样（LHC）

LHC 抽样是将每一随机变量进行分层，在概率尺上等概率将其分成 N 个区间，从等概率输入分布的每个区间中随机抽取样本。因此，如果有 M 个随机变量，则会生成 N^M 个单元的样本空间。每一个随机变量都对应唯一值，从每个等概率片段中随机选取组成一组 N 值。将每一个随机变量对应值与其他的变量值进行匹配，进而获取 N 个随机变量的样本空间。故在考虑地震动记录与地震动入射角的“地震动”选取中，将一系列地震动记录和相应地震入射角（0°～180°）都当做独立同分布的随机变量，则采用 LHC 抽样方法，把地震动强度-地震动入射角划分成等概率片段，如图 5.46 所示。

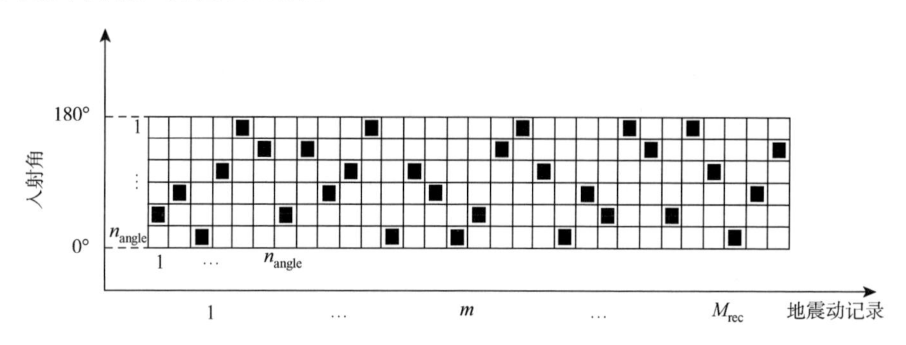

图 5.46 地震动记录-入射角的拉丁超立方网络抽样分布

由地震动记录-地震动入射角的拉丁网络抽样分布规律，可得地震入射角度与选取的地震动记录数量满足如下关系：

$$n_{\text{angle}} = M_{\text{rec}} / N_{\text{sic}} \tag{5-57}$$

式中，n_{angle} 为选取的地震动入射角数量；M_{rec} 为选取的地震动记录的数量；N_{sic} 为表征地震动记录-地震入射角的“地震动”，分布在 0°～180°内的地震入射角决定了“地震动”的数量选取。

由上述方法确定的“地震动”记录，保证了所选记录的随机性和普遍性，根据结构动力分析中所需考虑的地震动入射角的数量和地震动的条数之间的关系，来反映二者的随机特性，进而采用选取的“地震动”记录对结构进行增量动力时程分析。因为选取的地震动入射角数量决定了地震动记录的条数。因此基于本节所提方法，收集大量的地震动记录对结构进行 MIDA 分析，以提高分析的精度，从而更准确、真实地反映结构在多维地震作用下的性能。

6. 地震动强度指标与结构损伤指标的选取

MIDA 分析的主要目的是建立地震动强度（IM）与结构损伤指标（DM）之间的关系曲线，以反映结构在不同强度地震作用下的性能。因此，选取合适的 DM 和 IM 对准确地进行分析尤为重要。

1）MIDA 方法中 DM 指标的选取

DM 指标的选取原则是尽可能使 MIDA 曲线分布更集中，以更好地评估结构的抗震性能与抗倒塌能力。在进行 MIDA 分析时，用于表征结构响应的 DM 指标主要包括：结构顶层位移、层间位移、损伤指数、最大层间位移角、基底剪力等。其中最大层间位移角 θ_{max} 与节点转动、构件破坏程度和层面变形等直接相关，与整体动力非稳定性和极限状态下的性能亦有很好的关联性，故本节选用最大层间位移角 θ_{max} 作为 DM 指标。

传统的 IDA 方法获取的是单向地震动作用下的结构动力响应值，本节提出的 MIDA 方法，考虑了结构在双向水平地震动作用下的最大动力响应，故定义结构在“地震动”作用下的最大动力响应为

$$\theta_{max} = \sqrt{\theta(t)_x^2 + \theta(t)_y^2} \tag{5-58}$$

式中，$\theta(t)_x$、$\theta(t)_y$ 分别代表沿结构 x、y 方向随时间变化的最大层间位移角；θ_{max} 是基于双向地震动作用所得结构的最大地震动响应。

2）MIDA 方法中 IM 指标的选取及换算过程

IM 指标选取要同时考虑到其有效性和充分性[54]，前者旨在减少不同的“地震动”记录所引起的 MIDA 结果之间的差异性；后者旨在消除 IM 之外的其他地震记录特征对结果的影响。地震动强度指标 IM 主要包括：地面峰值加速度 PGA、地面峰值速度 PGV、地面运动位移峰值 PGD、5%阻尼比的结构基本周期对应的加速度谱值 $S_a(T_1, 5\%)$和结构屈服强度 R 等。

根据以往的震害分析和研究，谱加速度 $S_a(T_1)$属于地震动谱强度指标，也是很多研究中公认可以较好反映结构自身特性的地震动参数。由于高层结构的周期较长，在长周期范围内 $S_a(T_1)$的相关性比 PGA 好，同时在对结构易损性分析时，$S_a(T_1)$也可反映结构所在场地、震中距等地震动特性，并与结构体系自身的特性联系较为紧密，从而能更客观地反映出结构体系的地震响应；$S_a(T_1)$指标与各国规范有较好的衔接性，可有效降低计算结果的离散程度，是目前结构动力时程分析中被广泛采用的 IM 指标。综上，本节采用 $S_a(T_1, 5\%)$作为地震动强度指标。

地震动记录强度通常以地面加速度值来表征，通过换算原始的地面加速度记录可得到相应的谱加速度值 $S_a(T_1, \zeta)$。

实际地震灾害发生时所获取的地震动记录往往只包含地面加速度值的信息，其他的强度指标均应以此为基准，分别进行相应的换算得到。分析中采用 $S_a(T_1, \zeta)$ 作为地震动强度指标时，亦将其进行转换得到相应的 $S_a(T_1, \zeta)$。

体系在水平地震作用下的运动方程为

$$-m[\ddot{x}_0(t) + \ddot{x}(t)] - c\dot{x}(t) - kx(t) = 0 \tag{5-59}$$

即

$$m[\ddot{x}_0(t) + \ddot{x}(t)] = -c\dot{x}(t) - kx(t)$$

式（5-59）中阻尼力项 $-c\dot{x}(t)$ 相对于弹性恢复力项 $-kx(t)$，为一个可以略去的微量，故式（5-59）可等价为

$$m[\ddot{x}_0(t)+\ddot{x}(t)]=-kx(t)$$

质点的绝对加速度为

$$a(t)=\ddot{x}_0(t)+\ddot{x}(t)=-\frac{k}{m}x(t)=-\omega^2 x(t) \tag{5-60}$$

式（5-60）的解为

$$x(t)=-\frac{1}{\omega'}\int_0^t \ddot{x}_0(\tau)\mathrm{e}^{-\zeta\omega(t-\tau)}\sin\omega'(t-\tau)\mathrm{d}\tau \tag{5-61}$$

式中，ζ 为体系的阻尼比，$\omega'=\omega\sqrt{1-\zeta^2}$ 为体系存在阻尼时的自振频率。通常情况下，结构的阻尼比 ζ 很小，即 $\omega\approx\omega'$，又 $\omega=\dfrac{2\pi}{T}$，则质点绝对加速度可表示为

$$\begin{aligned}a(t)&=\omega\int_0^t \ddot{x}_0(\tau)\mathrm{e}^{-\zeta\omega(t-\tau)}\sin\omega(t-\tau)\mathrm{d}\tau\\&=\frac{2\pi}{T}\int_0^t \ddot{x}_0(\tau)\mathrm{e}^{-\zeta\frac{2\pi}{T}(t-\tau)}\sin\frac{2\pi}{T}(t-\tau)\mathrm{d}\tau\end{aligned} \tag{5-62}$$

由于地面运动的加速度 $\ddot{x}_0(\tau)$ 随时间延续而发生变化，所以为了得到抗震设计时所用的结构最大地震作用，就必须计算出质点的最大绝对加速度，即

$$\begin{aligned}S_a&=|a(t)|_{\max}\\&=\frac{2\pi}{T}\left|\int_0^t \ddot{x}_0(\tau)\mathrm{e}^{-\zeta\frac{2\pi}{T}(t-\tau)}\sin\frac{2\pi}{T}(t-\tau)\mathrm{d}\tau\right|_{\max}\end{aligned} \tag{5-63}$$

从式（5-63）可知，当地面运动加速度 $\ddot{x}_0(\tau)$、结构自振频率 ω 或自振周期 T、结构的阻尼比 ζ 已知时，即可求出质点的绝对最大加速度 S_a。

7. MIDA 曲线的统计方法

由于 MIDA 曲线与地震动记录和地震入射角的选取相关，该两者的随机性易造成 MIDA 曲线的差异性，所以有必要采用合理的数值统计方法来减小这种差异。

根据多条地震动记录计算所得的 MIDA 曲线，可采用下述两种统计方法。

（1）按 IM 统计：求出不同“地震动”记录在同一强度等级 $S_a(T_1, 5\%)$下不同 $\theta_{\max}$ 的中值 η_d 和自然对数的标准差 β_d，再将坐标点($\theta_{\max}$, η_d)连成曲线得到 50%分位数曲线，不同的坐标点($\eta_d\mathrm{e}^{\pm\beta d}$, $S_a(T_1, 5\%)$)连成曲线分别得到16%和 84%的分位数曲线。

（2）按 DM 统计：求出不同“地震动”记录在同一 θ_{max} 下不同 $S_a(T_1,5\%)$ 的中值 η_c 和自然对数的标准差 β_c，再将坐标点 (θ_{max}, η_c) 连成曲线得到 50% 分位数曲线，不同的坐标点 $(\theta_{max}, \eta_c e^{\pm\beta_c})$ 连成曲线分别得到 16% 和 84% 的分位数曲线。

从进行 MIDA 曲线统计中发现以下两点。

（1）单条 MIDA 曲线在反映结构倒塌破坏状态前，曲线上的相同 θ_{max} 值可能对应多个强度等级 $S_a(T_1,5\%)$，这使得多条 MIDA 曲线的统计失去了相应的意义。

（2）多条 MIDA 曲线在结构接近整体动力失稳水平段时，随着 $S_a(T_1,5\%)$ 强度等级的增大，最后可能只有一条 MIDA 曲线参与计算，这使得统计的误差较大。

鉴于此，本节采用混合统计方法，即在下限 MIDA 曲线相应的强度等级 $S_a(T_1, 5\%)$范围内，按 IM 方法统计分析；在上、下限 MIDA 曲线水平段部分相应的强度等级 $S_a(T_1, 5\%)$范围内，按 DM 方法统计分析。该混合统计方法弥补了 IM 和 DM 单独控制统计方法的不足，使得统计结果更加精细、可靠。采用软件 SPSS 对数据进行处理，将所得 MIDA 曲线分别汇总为 16%、50%、84%的分位数曲线，用这三条分位数曲线来表征所得 MIDA 曲线的分布水平和离散性。

8. MIDA 方法分析的步骤

本节采用 MIDA 方法，对 RC 核心筒结构的抗震性能进行研究，其分析流程如图 5.47 所示。

MIDA 方法的具体分析步骤如下。

（1）利用有限元软件建立结构的计算模型，通过一定的筛选原则，选取具有足够精度并能代表结构所处场地的一系列地震动记录，同时选择合理的结构地震响应指标。

（2）根据拉丁超立方体网络抽样法选取一系列同时考虑地震动强度-地震动入射角的“地震动”记录。

（3）选取一条“地震动”曲线，通过合适的调幅使之扩展为一组“地震动”曲线，基于已选取的地震动入射角，对结构进行增量动力时程分析。

（4）提取单条 MIDA 分析结果曲线进行统计，根据曲线斜率变化幅值，在单条 MIDA 曲线上定义结构各极限性态点。

（5）选取多条“地震动”曲线，对每条“地震动”记录重复步骤（3）和（4），获得多条地震动记录的 MIDA 分析结果曲线，根据混合统计方法得出 50%、84% 和 16%的分位 MIDA 曲线，对结构的抗震性能进行相应评估。

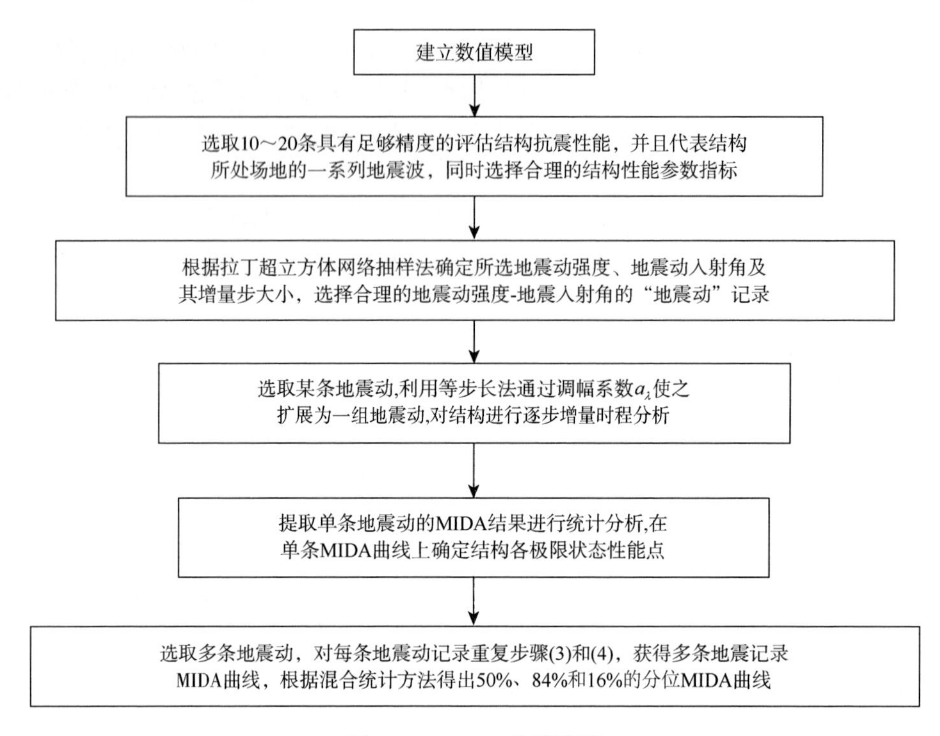

图 5.47　MIDA 分析流程

5.3.3　基于损伤的 RC 核心筒结构地震易损性分析算例

基于 5.3.2 节 MIDA 理论与方法，对 RC 核心筒结构进行增量动力时程分析，得到结构的抗震性能曲线（即 MIDA 曲线）。将所得不同地震动下的多条 MIDA 曲线进行汇总得到具有代表性的特征曲线，同时根据性能需求定义出 RC 核心筒结构的性能水平。在此基础上，依据结构地震易损性分析理论与方法，考虑结构及地震动的不确定性，从概率意义上得到结构地震易损性曲线，并对结构在特定极限状态下的易损性能进行分析与评估。分析流程如图 5.48 所示。

1. 结构的有限元模拟

1）Perform-3D 软件简介及特点

Perform-3D（Nonlinear Analysis and Performance Assessment for 3D Structure），即三维结构非线性分析与性能评估软件，是通过 Drain-2DX 和 Drain-3DX 发展而来的，美国科研机构及高校将其应用于结构非线性性能评估中，是一个有效研究结构抗震性能的非线性分析工具。软件主要以承载力和变形能力作为控制参数，以结构工程基本概念为基础，其所涵盖的力学概念明确、分析界面简洁直观，对工程结构实施非线性分析的结果易于应用到结构概念设计和结构的抗震性能评估中。Perform-3D 软件包含多种单元类型，如框架单元、平面单元、剪力墙单元等，除板、壳单元，所有构件模型均可采用不同的组件进行定义。组件的基本构成如图 5.49 所示。

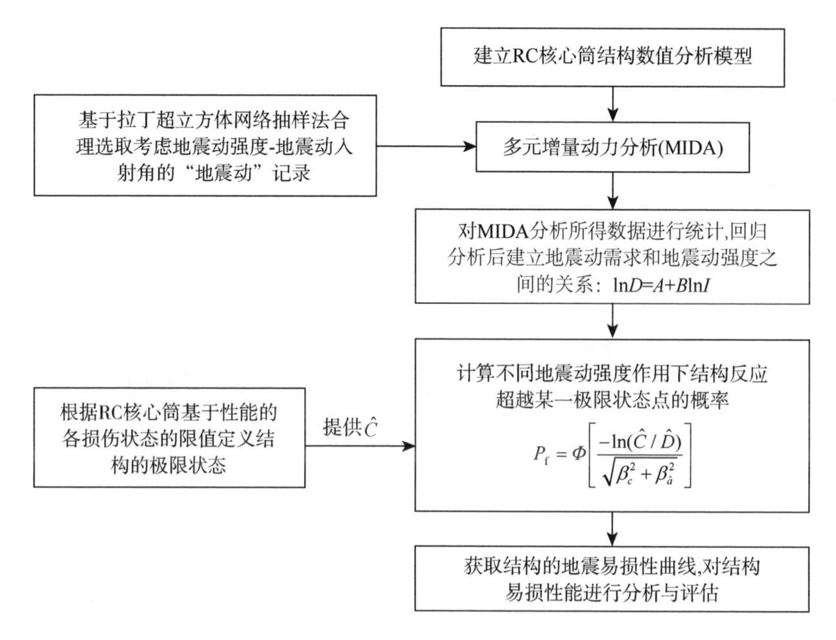

图 5.48 结构易损性分析流程

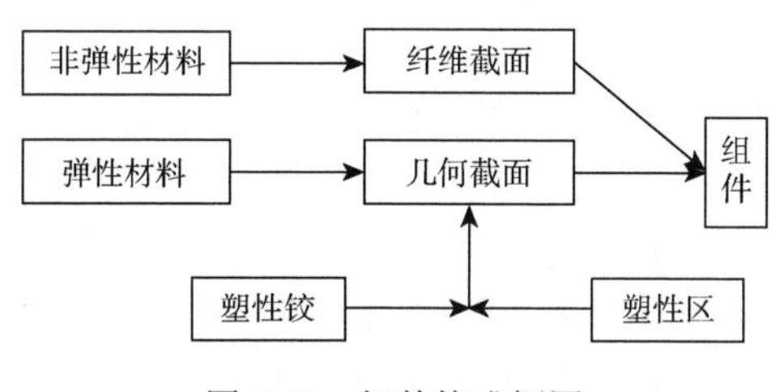

图 5.49 组件构成框图

Perform-3D 软件采用纤维模型进行连梁及剪力墙的模拟，研究者可以对材料、构件、结构等层次进行目标性能的定义，体现结构从细观到宏观性能的连续变化，与基于性能的抗震设计思想有较好的衔接性。纤维模型具有以下优点[55]。

（1）将构件截面根据需求划分为若干混凝土纤维和钢筋纤维，用户可自设定每根纤维的几何坐标位置、面积及材料的本构关系，并可定义构件的任意截面形状。

（2）纤维模型可以准确考虑相互关系（单向或双向）。

（3）根据各构件截面纤维模型的不同，可以定义不同的材料本构关系，即选用更加符合构件受力状态的本构关系，以实现从材料的细观方面来更为精确地模拟各截面部分的受力性能。

2）RC 核心筒数值分析模型的建立

结构数值模型建立的一般步骤为：绘制节点、设置支座、定义质量、定义材料、指定截面、组合构件、指定单元。建立符合工况的分析模型后，定义荷载并将其指定到受载位置，选择分析中需要提取的数据参数，定义完荷载分析工况后即可运行分析，按需要提取所得的数据结果。荷载、模型中各构件的定义及材料的本构关系的确定对运算的收敛性、运算精度和速度等至关重要。Perform-3D 提供了基于纤维模型的剪力墙单元，模拟实体剪力墙或带连梁的联肢剪力墙。图 5.50 为用剪力墙单元模拟三维墙结构的示意图。

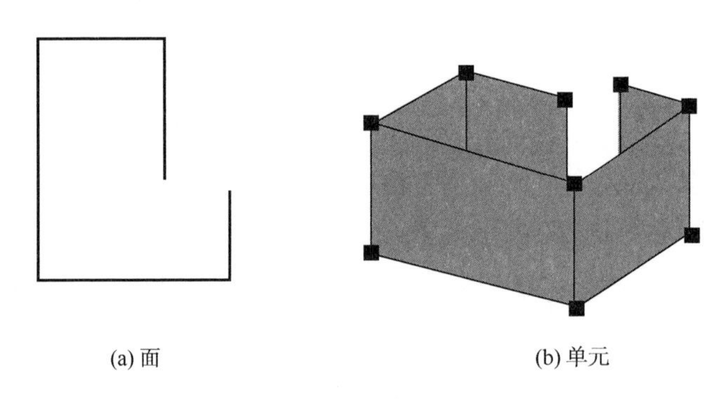

(a) 面　　(b) 单元

图 5.50　Perform-3D 纤维剪力墙单元

剪力墙通常由墙肢单元和连梁单元组成，当满足平截面假定条件时，水平地震作用下的墙肢单元多发生剪切破坏或弯曲破坏，其受力性能与框架柱构件相似。地震作用下，高连梁易发生剪切破坏，低连梁则容易发生弯曲破坏或剪切破坏。基于构件单元地震作用下的受力特性，Perform-3D 软件分别采用一种剪切材料和纤维截面对墙肢的剪切及弯曲破坏进行模拟。对于 RC 剪力墙，需要综合考虑二者的协同工作，基于其非线性剪切材料的特性，采用等效剪切模量，其数值根据 RC 剪力墙的配筋率等参数选取。Perform-3D 软件用纤维截面来模拟 *P-M*（轴力-弯矩）的相关性，因此分别采用钢筋纤维和混凝土纤维来模拟 RC 剪力墙。

应用 Perform-3D 软件对结构进行非线性分析时，可以通过分析结果中的能量耗散的统计，确定出各构件单元能量耗散的类别及在总耗能中所占的权重；亦可获取地震作用下结构层间位移、最大层间位移角、层间剪力、层间弯矩等分析结果。

3）材料的本构关系

Perform-3D 软件的混凝土本构模型以塑性理论为基础。在确定本章模型的本构关系时，假定混凝土的拉、压行为相互独立，其受拉行为不会随着其受压区混凝土的碎裂而受到影响，并且受拉区混凝土裂缝亦不会影响受压行为。采用三折线模型模拟混凝土应力-应变关系，依据我国《混凝土结构设计规范》(GB 50010—2010）来确定相关参数（图 5.51)。

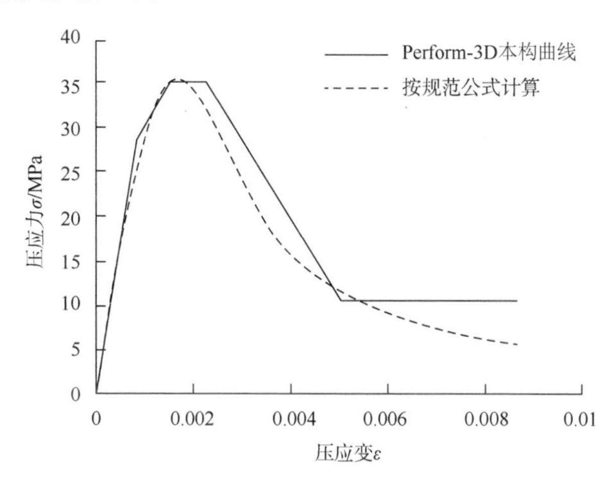

图 5.51　混凝土压应力-应变关系

4）RC 核心筒结构计算模型概况

Perform-3D 软件具有结点、单元几何信息、质量与结点荷载等数据的导入功能，因此应用程序将 ETABS 数据中的节点几何编号，连接单元编号、结点的质量及荷载等转变成与 Perform-3D 软件相对应的文本格式，进而单元按截面分类赋予其截面属性，并将其导入 Perform-3D 有限元程序中，其导入原理如图 5.52 所示。

本节采用结构设计软件 ETABS 设计了一个 20 层 RC 核心筒结构，并将结构模型导入有限元程序 Perform-3D 中进行数值分析，导入后的 Perform-3D 模型的构件组成、质量分布、动力特征等与原模型基本一致，模型如图 5.53 所示。根据抗震设计规范的规定，将地震计算的质量按结构体系的 100%恒载和 50%活载之和进行换算，即分析的重力代表值与模型重力代表值相一致。模型层高均为 4m，总高度 80m，结构抗震设防烈度为 8 度，场地类别为 II 类，设计地震分组为第一组。核心筒恒荷载取 3.5kN/m^2，房间活荷载取 2.0kN/m^2，走廊活荷载取 2.0kN/m^2。1～4 层剪力墙混凝土强度等级为 C40，5～20 层混凝土强度等级均为 C35，楼板混凝土强度等级均为 C35，纵筋为 HRB335，材料的具体性能参数见表 5.16。

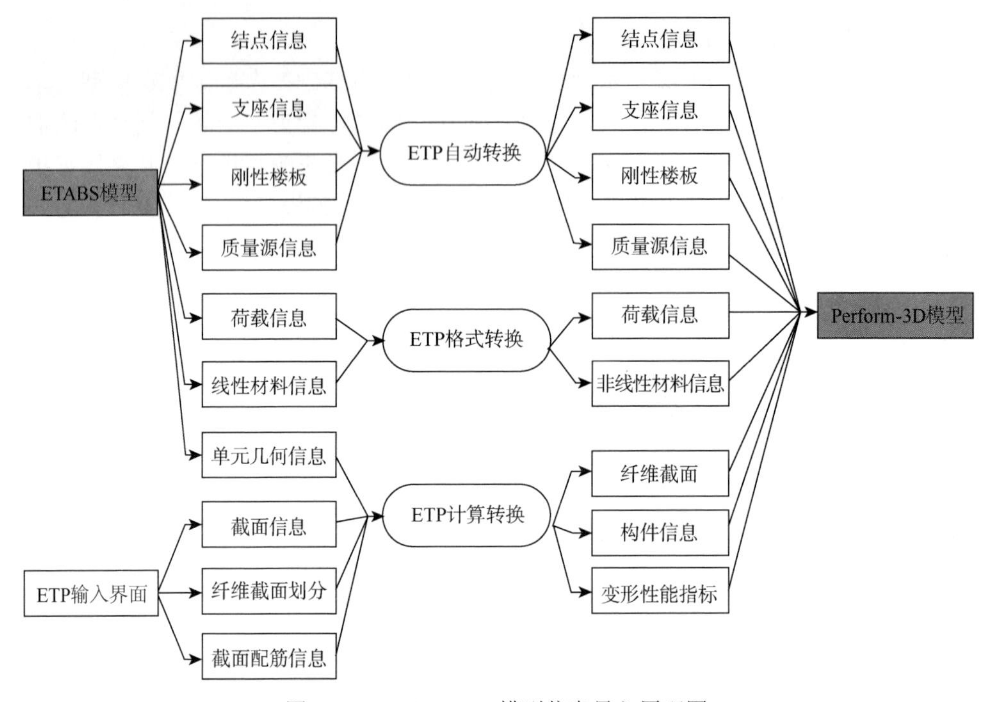

图 5.52　Perform-3D 模型信息导入原理图

表 5.16　材料力学性能参数

材料	型号	强度	弹性模量
混凝土	C35	f_c=19.1N/mm^2 f_t=1.71N/mm^2	E_s=3.15×10^{4}N/mm^2
	C40	f_c=19.1N/mm^2 f_t=1.71N/mm^2	E_s=3.25×10^{4}N/mm^2
纵筋	HRB335	f_y=300N/mm^2	E_s=2.0×10^{5}N/mm^2

2. 地震波记录的选取

对结构进行动力弹塑性时程分析时，选择合适的地震动输入将会提高计算分析的精度与速度。输入的地震波可以从国内既有的地震记录中合理选取，也可以针对结构所处的场地条件选择合适的人工合成地震动记录。

地震动记录是小概率大随机性事件，采用拟合反应谱生成的人工地震波会尽量符合实际场地的要求来生成，但不能全面地体现地震动原始特性。地震台网的迅速发展及地震观测技术的不断改进，使得在 20 世纪末全球范围内的几次大的地震中获得了丰富的地震动记录数据。通常采用峰值、频谱和持时这三要素来表征地震波的特征，因此时程分析时不同的地震动输入，结构相应的地震响应（如内力、层间位移、最大层间位移角等物理量）会有较大的差异，应根据地震波特性和建筑场地条件（如设计地震分组、场地类别等）相符合的原则选取地震记录。

美国 ATC-63 针对中硬场地，基于地震震级、机制、周期等选择原则，考虑地震波造成结果的离散性，建议了远场和近场地震波[56]。《建筑工程抗震性态设计通则》建议，时程分析应尽量选取实际的地震记录。相关文献研究表明，对于中等高度的建筑，选取 10～20 条地震记录进行增量动力分析可以得到较为精确的地震需求估计[57]。在分析中，如果选取的地震记录数量过少，分析结果缺乏可靠度；如果选取的数量过多，会加大分析计算的耗时。如果选取的地震波卓越周期与结构基本周期相接近，将会加剧结构的地震响应，夸大结构破坏的概率。综上所述，对地震波选取原则仍将是一个需要继续深入研究的重要课题。

图 5.53　RC 核心筒结构有限元分析模型

地震波的加速度峰值是反映地面地震动强度特性的一个重要参数，针对原地震波记录，基本保留实际地震动的频谱特征，将地震动各时刻加速度值按照调幅原则一定比例地放大或缩小，使得调幅后的地震动记录覆盖地震各阶段结构损伤破坏的全过程，从而使得对结构抗震性能的评估更为准确、全面。本节按照反应谱特征周期与设计场地特征周期相接近的原则选取地震波，共选取 15 条地震波，见表 5.17，其典型地震波记录对应的加速度时程如图 5.54 所示。

表 5.17　分析所用地震动记录

编号	震级	地震记录名称	时间	测站位置	PGA_{log}/g	PGA_{tran}/g	持时/s
1	6.7	Superstition Hills	1987	El Centro Imp.Co Cent	0.36	0.26	40.00
2	6.7	Superstition Hills	1987	Wildlife Liquefaction Array	0.18	0.21	44.00
3	6.5	Imperial Valley	1979	Chihuahua	0.27	0.25	40.00

续表

编号	震级	地震记录名称	时间	测站位置	PGA_{log}/g	PGA_{tran}/g	持时/s
4	6.5	Imperial Valley	1979	Compuertas	0.19	0.15	36.00
5	6.5	Imperial Valley	1979	El Centro Array #1	0.14	0.13	39.03
6	6.6	San Fernando	1971	LA，Hollywood Stor. Lot	0.21	0.17	28.00
7	6.7	Northridge	1994	Leona Valley #2	0.09	0.06	32.00
8	6.7	Northridge	1994	LA，Baldwin Hills	0.24	0.17	40.00
9	6.7	Northridge	1994	LA，Fletcher Dr	0.16	0.24	29.99
10	6.7	Northridge	1994	Glendale Las Palmas	0.36	0.21	29.99
11	6.9	Loma Prieta	1989	Hollister Diff Array	0.27	0.28	39.64
12	6.9	Loma Prieta	1989	WAHO	0.37	0.64	24.96
13	6.9	Loma Prieta	1989	Halls Valley	0.13	0.10	39.95
14	6.9	Loma Prieta	1989	Agnews State Hospital	0.17	0.16	40.00
15	6.9	Loma Prieta	1989	Sunnyvale Colton Ave	0.21	0.21	39.25

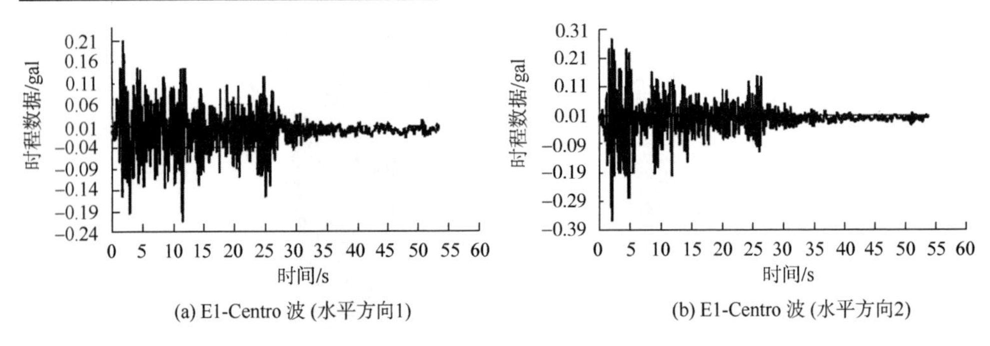

图 5.54 典型地震波加速度时程曲线

3. 算例分析结果

1）MIDA 分析结果

依据 5.3.2 节所述的 MIDA 分析中“地震动”的选取原则，从表 5.17 收集的地震动记录中选取三条典型的地震波，随机获取 5 个地震动入射角，采用前述 $S_a(T_1,5\%)$的换算方法，将 PGA 换算成加速度反应谱值 $S_a(T_1,5\%)$，以 $S_a(T_1,5\%)$为强度指标，将选取的三条地震动记录进行调幅，调幅基准分别为 0.05g、0.15g、0.3g、0.4g、0.5g、0.6g、0.75g、0.85g、0.95g、1.05g，使得 $S_a(T_1,5\%)$可以覆盖结构从弹性、弹塑性直至倒塌各个阶段可能遭受到的地震动强度范围；再分别将调幅后的地震动记录沿 5 个入射角输入，依次对 RC 核心筒结构进行增量动力时程分析。

对所选的地震动记录逐步进行调幅，得到每次调幅后双向地震动作用下结构的最大层间位移角 θ_{max}，直至 θ_{max} 趋于无穷大，表明结构已经倒塌，即停止分析运算。图 5.55 为不同地震入射角度下 RC 核心筒结构的损伤发展对比。

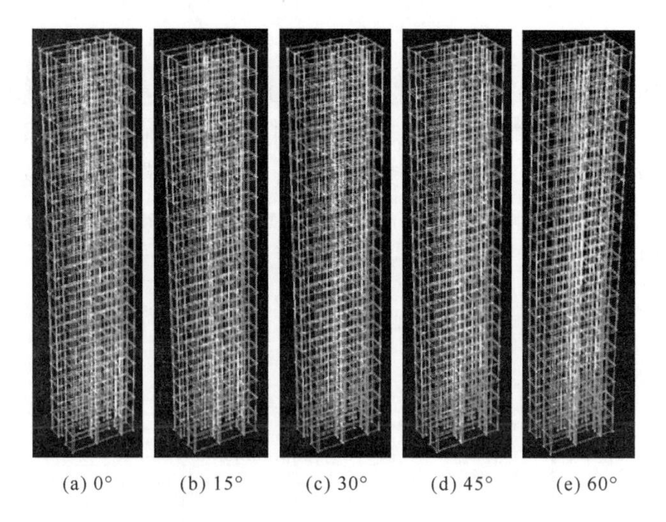

图 5.55　不同输入角度地震作用下核心筒损伤发展对比

从图 5.55 可以看出，RC 核心筒结构在不同地震动入射角下，其最终损伤程度有较大差异。随着地震动入射角的改变，剪力墙及连梁的损伤程度明显变化。

将调幅的地震动记录沿着选取的地震动入射角输入进行 MIDA 分析，并将分析获得的有效点(θ_{max},S_a)绘制于 DM-IM 坐标系中，即可得到整条 MIDA 曲线，如图 5.56 所示。

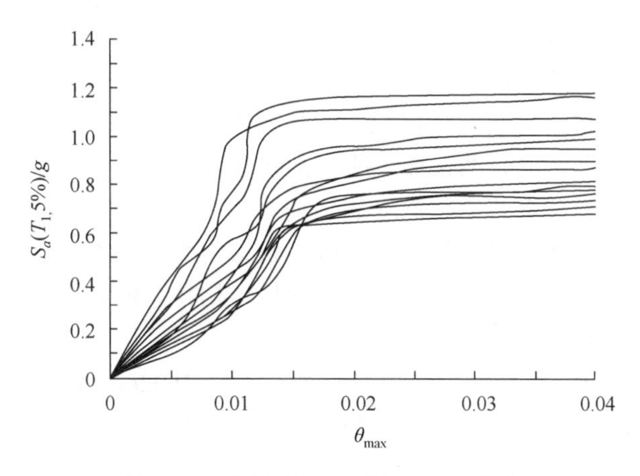

图 5.56　多条地震动记录 MIDA 曲线

由图 5.56 可知，当在 S_a 处于 0～0.21g 时，MIDA 曲线基本按线性变化发展，即结构处于弹性变形状态，此阶段结构的损伤较小；当 S_a 处于 0.32g～0.57g 时，结构出现应力硬化现象，曲线的斜率逐渐增大，而后随着结构的塑性变形逐渐增大，曲线的斜率亦相应降低，直至 S_a≈0.76g，结构最大层间位移角 θ_{max} 趋于无穷大，此后伴随着 S_a 的轻微增加，θ_{max} 迅速增长，表明此阶段结构体系已处于整体动力失稳状态。

不同地震记录具有很大的随机性，而 MIDA 分析中考虑了地震动入射角的影响，因此所得的 MIDA 曲线存在一定的离散性。同时随着地震动强度的增大，结构塑性变形越来越显著，获取的有效点（θ_{max}，S_a）的离散程度也越大，因此需要对所得数据进行统计分析。本节采用前述的 MIDA 曲线混合统计方法，得到均值曲线如图 5.57 所示。

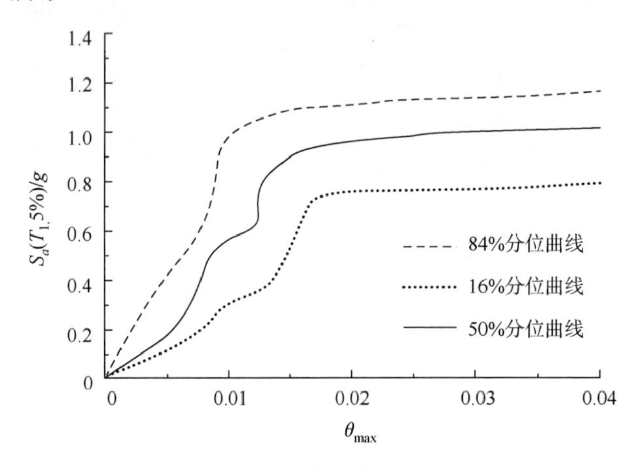

图 5.57　统计后的分位 MIDA 曲线

采用统计方法获取了三条具有代表性的 MIDA 曲线，处于最上端的 84%分位 MIDA 曲线表示分析处理后共有 84%的数据小于此曲线上的数据，并且较小的数据处于此曲线的下部；反之，共有 16%的数据比曲线上的数据大，这些较大的数据处于此曲线的上部。其余两条曲线的含义同理。

2）RC 核心筒结构各极限状态点的确定

结构的抗震性能水平是一种有限的破坏状态，而且与不同强度地震作用下结构可能发生的最大破坏程度相对应，为了评估结构体系的易损性能，在所得抗震性能曲线上定义各极限状态点至关重要。

FEMA350 规定，结构性能曲线上所对应 DM=0.02θ_{max} 时的点为极限 IO 点（immediate occupancy，即有限的结构损伤发生后的震后损伤状态）；曲线上切线斜率为弹性斜率 20%的点与 θ_{max}=10%的点相比较，取 IM 值较小的那个点作为极限 CP 点（collapse prevention，即结构处于局部或整体倒塌边缘的震后损伤状态），当 IM≥C_{IM}时，结构达到极限状态；曲线上趋于平台段对应 GI 点（global instability，即结构发生整体倒塌状态），此时结构响应出现整体动力失稳，IM 的微小增长将会导致 DM 趋于无限大。这种方法将 IDA 曲线的斜率与结构的刚度联系起来，地震作用下结构刚度的下降就表现为曲线斜率的下降，使得表征结构性能的物理意义明确、直观，但性能点的确定比较粗糙，缺乏明确的数值限值，性能水准的划分也比较少。

文献[58]研究表明，建筑结构的破坏可分为 5 个等级：基本完好、轻微损坏、中等破坏、严重破坏和倒塌破坏，取最大层间位移角作为结构的整体性能指标。5 个等级与结构整体性能指标的对应关系见表 5.18。

表 5.18　结构破坏等级与最大层间位移角的关系

破坏等级	基本完好	轻微破坏	中等破坏	重度破坏	倒塌破坏
最大层间位移角 θ_{max} $(1/R)$	<1.0	1.0～2.0	2.0～4.0	4.0～10.0	>10.0

表中的 R 为常数，对于框架-剪力墙结构和剪力墙结构，取 R=100。例如，由表 5.18 可知框架-剪力墙结构的最大层间位移角与破坏等级的关系：小于 1/800 为基本完好；1/800～1/500 为轻微损坏；1/500～1/250 为中等破坏；1/250～1/100 为重度破坏；大于 1/100 为倒塌破坏。

我国抗震设计规范采用“小震不坏、中震可修、大震不倒”三水准；FEMA 定为“基本完好、轻微破坏、生命安全、防止倒塌”四水准。基于 5.2 节中定义的 RC 核心筒正常使用（NO）、暂时使用（IO）、生命安全（LF）和防止倒塌（CP）四个性能水准，本节依据 MIDA 曲线斜率变化来确定结构性能水准的限值，见表 5.19。

表 5.19　RC 核心筒不同性能水准对应的 MIDA 曲线斜率下降幅值

我国规范	小震不坏	中震可修		大震不倒
性能水准	基本完好	轻微破坏	生命安全	防止倒塌
结构刚度（K）下降幅值	≤10%	10%～20%	20%～50%	50%～80%
MIDA 曲线斜率（k）下降幅值	10%	20%	50%	80%

结合前述 RC 核心筒结构损伤的宏观描述，以层间位移角作为性能控制指标，给出四个性能水平对应的结构破坏状态，见表 5.20。

表 5.20　RC 核心筒极限破坏状态定义与对应量化性能指标限值

极限破坏状态	良好使用	暂时使用	生命安全	防止倒塌
整体及局部破坏状态描述	连梁四角刚开始出现轻微竖向裂缝，墙肢弹性或可能出现细小斜裂缝，结构在水平力作用下基本处于弹性状态	连梁及墙肢裂缝发展较为充分，但仍很细微，结构在水平力作用下尚未进入屈服状态	结构破坏较为严重，连梁和墙肢裂缝延伸较长，宽度加大，结构已进入屈服状态，在水平力作用下表现出明显的塑性变形	结构接近或已发生严重破坏，混凝土破碎、掉落，墙肢发生破坏，结构未发生倒塌，此时结构水平承载力约下降至最大承载力的 85%，仍可稳定承受竖向荷载
量化指标限值	LS1	LS2	LS3	LS4

基于 MIDA 方法对 RC 核心筒结构进行动力时程分析，结构四个不同性能水平的最大破坏程度是与结构的基本完好、轻微破坏、中等破坏和严重破坏的最低极限破坏状态相对应，其对应关系见表 5.21。

表 5.21　结构破坏等级与量化指标的关系

破坏等级	基本完好	轻微破坏	中等破坏	严重破坏	倒塌
量化指标	≤LS1	LS1～LS2	LS2～LS3	LS3～LS4	>LS4

通过 MIDA 曲线斜率的下降，可得到结构在双向地震作用下所达到的地震响应值。依据 5.3.2 节所述的性态点确定方法，将三条不同分位 MIDA 曲线按照曲线斜率下降的幅值分别确定出四个极限状态点，四个性能点对应的最大层间位移角 θ_{max} 和 $S_a(T_1,5\%)$值见表 5.22。

表 5.22　不同分位 MIDA 曲线的各性能状态点

分位曲线	正常使用		暂时使用		生命安全		防止倒塌	
	S_a（T_1，5%）/g	θ_{max}	S_a（T_1，5%）/g	θ_{max}	S_a（T_1，5%）/g	θ_{max}	S_a（T_1，5%）/g	θ_{max}
16%	0.05	1/1123	0.13	1/332	0.31	1/96	0.72	1/58
50%	0.12	1/982	0.26	1/306	0.55	1/118	0.83	1/64
84%	0.23	1/931	0.43	1/321	0.92	1/132	1.08	1/89

由表 5.22 可知，RC 核心筒结构在地震作用下的各极限状态性能指标相差不大，对三条分位线上各性能点的损伤值取均值，得到正常使用、暂时使用、生命安全和接近倒塌性能状态的最大损伤限值分别为 0.32、0.47、0.68 和 0.94。表明当 θ_{max} 达到 1/1020 时，RC 核心筒结构基本处于弹性状态，建筑各项功能均可正常使用；当 θ_{max} 达到 1/326 时，结构发生轻微破坏，仍可暂时正常使用，不需修理仍可继续使用；当 θ_{max} 达到 1/112 时，核心筒主体发生较轻破坏，剪力墙出现较多损伤，但结构仍处于稳定状态，仍可完全保证人的生命安全；当 θ_{max} 达 1/68（CP）时，核心筒主体发生破坏，大部分连梁发生破坏，底部剪力墙也发生一定损坏，但不会发生倒塌。表中分析数据表明，RC 核心筒结构遭遇到一系列不断增大的地震动时具有较好的抗侧力能力和较好的变形能力。将基于已有试验[59]所得的 RC 核心筒各性态限值与计算所得结构的相应指标限值进行对比，见表 5.23。

表 5.23　MIDA 方法与试验方法所得性能指标限制对比

性能水准	正常使用	暂时使用	生命安全	防止倒塌
MIDA 方法	1/1020	1/326	1/121	1/68
试验方法	1/1200	1/350	1/150	1/80

由表 5.23 可知，采用本节提出的 MIDA 方法对 RC 核心筒结构进行动力时程分析，获取的 MIDA 曲线确定的各极限性态点与试验结果基本吻合，本节提出的 MIDA 方法合理，可用于对 RC 核心筒结构的抗震性能评估中。

3）地震易损性分析结果

（1）地震需求概率模型的建立。

对地震动强度 IM 和结构响应值 DM 取对数，以地震动强度 S_a 的对数为自变量，以结构地震响应值 θ_{max} 的对数为因变量，对其进行线性回归。将多元增量动力分析的计算结果统计到坐标图中，建立 $\ln S_a$ - $\ln\theta_{max}$ 线性回归分析，如图 5.58 所示。

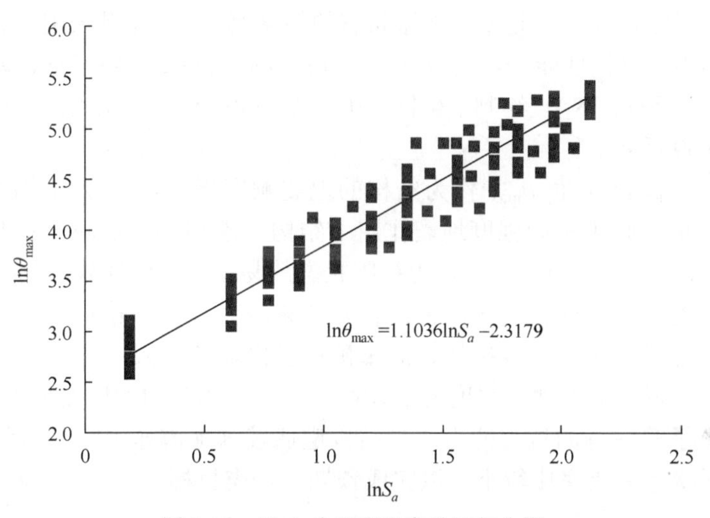

图 5.58 以 S_a 为地震强度的回归分析

（2）地震易损性模型的建立。

基于 MIDA 方法获取结构的抗力曲线，对地震动输入的加速度进行换算得到所需的谱加速度，进而求得相应结构处于某一震害等级的累积超越概率。结构的易损性分析基于其抗震性能，反之其从概率的角度上刻画了结构的抗震性能，成为基于抗震性能设计研究延续和热点领域。地震动强度与结构破坏程度之间的关系可表示为

$$P_{\mathrm{DV/IM}}(0/S_a)=\sum P_{\mathrm{DV/LS}}(0/c)P_{\mathrm{DV/IM}}(Z>c/S_a) \tag{5-64}$$

式中，DV 为表征结构达到的指示变量，DV = 0 表示结构达到了其规定的极限状态；LS 为结构的能力表征量；$P_{\mathrm{DV/IM}}(0/S_a)$表示当地震动强度达到 S_a 时，结构达到极限状态的概率，对其进行研究即为地震易损性分析；$P_{\mathrm{DV/LS}}(0/c)$表示当结构抗震能力为 c 时，其达到极限状态的概率；$P_{\mathrm{DV/IM}}(Z>c/S_a)$表示当地震动强度达到 S_a 时，结构的地震响应 Z 超越其抗震能力 c 的概率。

基于可靠度原则并考虑结构本身的不确定性，得到结构的超越概率表达式为

$$P_{\mathrm{f}} = \Phi\left[\frac{\ln(\hat{D}/\hat{C})}{\sqrt{\beta_c^2+\beta_d^2+\beta_m^2}}\right] = \Phi\left[\frac{\ln(aI^b/\hat{C})}{\sqrt{\beta_c^2+\beta_d^2+\beta_m^2}}\right] \tag{5-65}$$

当采用地震动强度指标 S_a 时，结构各极限状态的超越概率为

$$P_{\mathrm{f}} = \Phi\left[\frac{\ln\left(0.0985 S_a^{1.1036}/\hat{C}\right)}{0.89}\right] \tag{5-66}$$

式中，结构能力参数 $\hat{C}$ 由 50%分位 MIDA 曲线确定。

依据标准正态分布表确定 $\Phi(\cdot)$的值，将不同的 S_a 值代入式（5-66）中，即得到不同地震强度 S_a 下结构达到各极限状态的超越概率值。本节采用地震易损性曲线来研究结构的易损性能，以横坐标代表地震动强度参数，纵坐标代表结构的超越概率。将所得(P_{f}, S_a)点绘制于坐标系中，得到 RC 核心筒结构的地震易损性曲线，如图 5.59 所示。

以最大层间位移角 $\theta_{\max}$ 作为结构的地震响应指标，获取结构的易损性曲线，达到定量刻画了不同强度地震作用下结构需求超过特定破坏水准的概率。从图 5.59 可以看出，结构正常使用极限状态的易损性曲线比较陡峭，即地震作用下超越结构弹性层间位移角限值的极限状态相对容易；随着结构地震损伤程度的增大，轻微破坏、中等破坏、严重破坏及倒塌等极限状态的易损性曲线逐渐变得扁平，表明随着地震强度的逐渐增大，结构相应的塑性变形也随之增大，结构表现出了其应有的抗震能力。当结构遭遇较强地震作用时，达到严重破坏和倒塌极限状态的概率比较小，以完成预期的抗震目标。

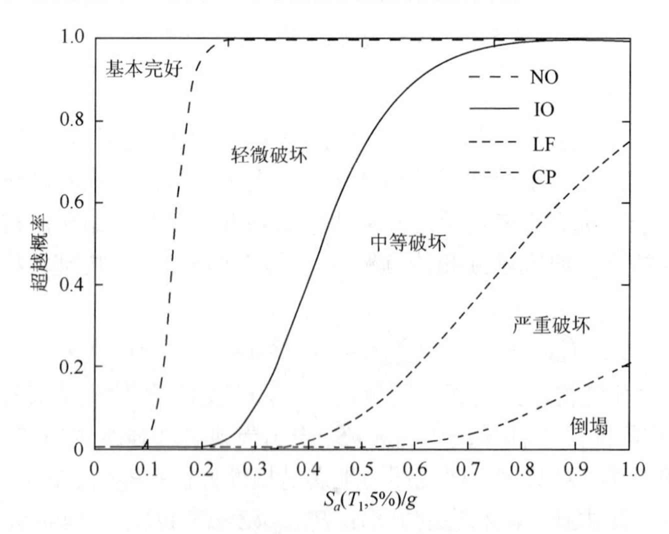

图 5.59　RC 核心筒结构地震易损性曲线

参 考 文 献

[1] 侯丕吉. RC 剪力墙构件及 RC 核心筒地震损伤性能研究[D]. 西安：西安建筑科技大学，2012.

[2] 李宏男，李兵. 钢筋混凝土剪力墙抗震恢复力模型及试验研究[J]. 建筑结构学报，2004，25（5）：35-42.

[3] 李兵，李宏男，曹敬党. 钢筋混凝土高剪力拟静力试验[J]. 沈阳建筑大学学报，2009，25（2）：230-234.

[4] 王立长，李凡璘，朱维平，等. 设置暗支撑钢筋混凝土剪力墙的抗震性能试验研究[J]. 建筑结构学报（增刊），2007，（12）：51-58.

[5] 邓明科. 高性能混凝土剪力墙基于性能的抗震设计理论与试验研究[D]. 西安：西安建筑科技大学，2006.

[6] 马永欣，郑山锁. 结构试验[M]. 北京：科学出版社，2001.

[7] 郑山锁，侯丕吉，李磊，等. RC 剪力墙地震损伤试验研究[J]. 土木工程学报，2012，45（2）：51-59.

[8] 于海洋. 钢筋混凝土结构地震损伤模型研究[D]. 重庆：重庆大学，2004.

[9] 中华人民共和国国家标准. 建筑抗震设计规范（GB 50011—2010）[S]. 北京：中国建筑工业出版社，2010.

[10] 中华人民共和国行业标准. 混凝土结构设计规范（GB 50010—2010）[S]. 北京：中国建筑工业出版社，2010.

[11] 中华人民共和国行业标准. 高层建筑混凝土结构技术规程（JGJ 3—2002）[S]. 北京：中国建筑工业出版社，2002.

[12] 李洪泉，欧进萍. 钢筋混凝土框架地震损伤识别与试验研究[J]. 世界地震工程，1996，（4）：46-52.

[13] Benavent-Climent A. An energy-based damage model for seismic response of steel structures[J]. Earthquake Engineering & Structural Dynamics，2007，36：1049-1064.

[14] Kumar S，Usami T. A note on evaluation of damage in steel structures under cyclic loading [J]. Journal of Structural Engineering，1999，40A：177-188.

[15] Applied Technology Council（ATC）. Earthquake damage evaluation data for California. Applied Technology Council，Redwood，1985.

[16] Applied Technology Council（ATC）. Database on the performance of structures near strong-motion recordings：1994 Northridge，California，earthquake. Applied Technology Council，Redwood，2000.

[17] 刘海卿，陈小波，王学庆. 基于损伤指数的框架结构倒塌分析综述[J]. 自然灾害学报，2008，17（1）：186-190.

[18] 张展，周克荣. 变高宽比高性能混凝土剪力墙抗震性能的试验研究[J]. 结构工程师，2004，（2）：62-68.

[19] 左晓宝，戴自强，李砚波. 改善高强混凝土剪力墙抗震性能的试验研究[J]. 工业建筑，2001，（6）：37-39.

[20] 李兵，李宏男. 不同剪跨比钢筋混凝土剪力墙拟静力试验研究[J]. 工业建筑，2010，（9）：32-36 .

[21] 邓明科. 高性能混凝土剪力墙基于性能的抗震设计理论与试验研究[D]. 西安：西安建筑科技大学，2006.

[22] 李宏男，李兵. 钢筋混凝土剪力墙抗震恢复力模型及试验研究[J]. 建筑结构学报，2004，（5）：35-42.

[23] 章红梅，吕西林，鲁亮，等. 边缘约束构件对钢筋混凝土剪力墙抗震性能的影响[J]. 地震工程与工程振动，2007，（1）：92-98.

[24] 李兵，李宏男. 钢筋混凝土低剪力墙拟静力试验及滞回模型[J]. 沈阳建筑大学学报（自然科学版），2010，（5）：869-874.

[25] 吕文，钱稼茹，方鄂华. 钢筋混凝土剪力墙延性的试验和计算[J]. 清华大学学报（自然科学版），1999，（4）：88-91.

[26] 龚治国，吕西林，姬守中. 不同边缘构件约束剪力墙抗震性能试验研究[J]. 结构工程师，2006，（1）：56-61.

[27] 张松，吕西林，章红梅. 钢筋混凝土剪力墙配箍参数设计方法试验研究[J]. 结构工程师，2009，（1）：83-89.

[28] 张松，吕西林，章红梅. 钢筋混凝土剪力墙构件恢复力模型[J]. 沈阳建筑大学学报（自然科学版），2009，（4）：644-649.

[29] 钱稼茹，方鄂华. 钢筋混凝土剪力墙延性的试验和计算[J]. 清华大学学报（自然科学版），1999，（4）：88-91.

[30] Thomsen J H，Wallace J. Displacement based design of slender reinforced concrete walls-Experimental verification [J]. Journal of Structural Engineering，2004，（4）：618-630.

[31] 张松，吕西林，章红梅. 钢筋混凝土剪力墙构件极限位移的计算方法及试验研究[J]. 土木工程学报，2009，（4）：10-16.

[32] Park R，Pauay T. Reinforced Concrete Structures[M]. New York：John Wiley & Son，1975.

[33] 王斌，郑山锁，国贤发，等. 型钢高强高性能混凝土框架柱地震损伤分析[J]. 工程力学，2012，（2）：61-69.

[34] 于飞. 型钢高强高性能混凝土框架梁损伤试验及损伤分析[D]. 西安：西安建筑科技大学，2010.

[35] 侯炜. 钢筋混凝土核心筒抗震性能及其设计理论研究[D]. 西安：西安建筑科技大学，2010.

[36] Park Y J，Reinhorn A M，Kunnath S K. Inelastic damage analysis of frame shear wall structures[R]. Technical Report NCEER 87-0008，1987.

[37] Chung Y S，Meyer C，Shinozwha M. Modeling of concrete damage[J]. ACI Structural Journal，1989，86（3）：259-270.

[38] 欧进萍，何政，吴斌，等. 钢筋混凝土结构基于地震损伤性能的设计[J]. 地震工程与工程振动，1999，19（1）：21-29.

[39] 杨栋，丁大钧，宰金鋹. 钢筋混凝土框架结构的地震损伤分析[J]. 南京建筑工程学院学报，1995，4：8-13.

[40] 李洪泉，欧进萍. 剪切型钢筋混凝土结构的地震损伤识别方法[J]. 哈尔滨建筑大学学报，1996，29（2）：8-12.

[41] Mohammad R，Bakhshi A. Vulnerability and damage analyses of existing buildings[C]. 13th World Conference on Earthquake Engineering，Canada，2004：1-13.

[42] 杜修力，欧进萍. 建筑结构地震破坏评估模型[J]. 世界地震工程，1991，7（3）：52-58.

[43] 郑山锁，侯丕吉，张宏仁. SRHPC 框架结构地震损伤试验研究[J]. 工程力学，2012，29（7）：84-92.

[44] Bracci J M，Kunnath S K，Reinhorn A M. Seismic performance and retrofit evaluation of reinforced concrete structures [J]. Journal of Structural Engineering，1997，123（1）：3-10.

[45] Bertero V V. Strength and deformation capacities of buildings under extreme environments. Structural Engineering and Structural Mechanics，1977，53（1）：29-79.

[46] 周颖，吕西林，卢文胜，等，双塔连体高层混合结构抗震性能研究. 地震工程与工程振动，2008，28（5）：71-78.

[47] 李宏男. 结构多维抗震理论与设计[M]. 北京：科学出版社，1998.

[48] 邱法维，李文峰，潘鹏，等. 钢筋混凝土柱的双向拟静力实验研究[J]. 建筑结构学报，2001，22（5）：26-31.

[49] 李宏男，王强，李兵，等. 钢筋混凝土框架柱多维恢复力特性的试验研究[J]. 东南大学学报，2002，32（5）：728-732.

[50] Habasaki A，Kitada Y，Nishikawa T，et al. Multi-directional loading test for RC seismic shear walls[C]. Proceedings of the 12th WCEE. New Zealand：The New Zealand Society for Earthquake Engineering，2000.

[51] Maruta M，Suzuki N，Miyashita T，et al. Structural capacities of h-shaped RC corewall subjected to lateral load and torsion[C]. Proceedings of the 12th WCEE. New Zealand：The New Zealand Society for Earthquake Engineering，2000.

[52] Nikos D. Multicomponent incremental dynamic analysis considering variable incident angle. Structure and Infrastructure Engineering，2010，6：77-94

[53] McKay M D，Beckman R J，Conover W J. A comparison of three methods for selecting values of input variables in the analysis of output from a computer code [J]. Technometrics，1979，21（2）：239-245.

[54] Vamvatsikos D，Cornell C A. Incremental dynamic analysis[J]. Earthquake Engineering and Structural Dynamics，2002，31（3）：491-514.
[55] 陈学伟，韩小雷，林生逸. 基于宏观单元的结构非线性分析方法、算例及工程应用[J]. 工程力学，2010，27（S1）：59-67.
[56] 吴巧云，朱宏平，樊剑. 基于性能的钢筋混凝土框架结构地震易损性分析[J]. 工程力学，2012，29(9)：117-124.
[57] Shome N. Probabilistic Seismic Demand Analysis of Nonlinear Structures[D]. Stanford：Stanford University，1999.
[58] 卜一，吕西林，周颖，等. 采用增量动力分析方法确定高层混合结构的性能水准[J]. 结构工程师，2009，25（2）：77-84.
[59] 史庆轩，侯炜，田园. 钢筋混凝土核心筒性态水平及性能指标限值研究[J]. 地震工程与工程振动，2011，31（6）：88-95.

6 SRC 框架-RC 核心筒混合结构楼层损伤模型研究

地震作用将引起建筑结构发生损伤，且损伤随着水平荷载循环次数的增加而不断累积，损伤的累积效应会造成材料、构件乃至结构力学性能的不断退化，致使局部或整体结构的承载能力、刚度等逐步降低。当建筑结构的损伤累积到一定程度后，会使得结构无法承受竖向荷载而引起结构的整体倒塌。虽然国内外关于往复荷载作用下混合结构楼层累积损伤的研究已取得了一定的成果，但仍存在一些值得进一步探讨的问题：①混合结构楼层的损伤表征；②诸类构件损伤对楼层损伤的影响规律；③主要设计参数对楼层累积损伤的影响规律；④损伤在构件与楼层（局部结构）之间的迁移规律；⑤适用于 SRC 框架-RC 核心筒混合结构楼层的损伤模型等。

鉴于诸类构件在混合结构中充当的角色不同（SRC 框架梁主要承受竖向荷载并维持整体结构的鲁棒性，SRC 框架柱和 RC 核心筒充当主要耗能构件），本章将抗弯刚度作为评价型钢混凝土（SRC）框架梁损伤的表征量，将极限耗能能力作为评价 SRC 框架柱和 RC 剪力墙损伤的表征量，详细介绍了计算 SRC 框架梁抗弯刚度的刚度叠加法，并基于低周往复荷载作用下 SRC 框架柱相关试验研究的 84 组有效试验数据和相关研究成果，给出了 SRC 框架柱和 RC 剪力墙极限耗能能力的确定方法，计算分析了截面属性、混凝土强度和含钢率（配筋率）等设计参数的损伤敏感度，揭示了各主要设计参数对混合结构各类构件损伤演化的影响规律，为建立 SRC 框架-RC 核心筒混合结构楼层损伤模型提供理论和数据支持。

将层间最大位移角作为往复荷载作用下楼层损伤的表征量，并基于诸类构件各主要设计参数的损伤敏感度分析结果，设计了具有不同设计参数的若干组计算模型，借助大型有限元分析软件 ABAQUS，建立了适用于 SRC 框架-RC 核心筒混合结构的数值模型，对往复荷载作用下混合结构楼层损伤进行数值模拟分析，揭示了诸类构件损伤对楼层损伤的影响规律，最终建立了往复荷载作用下 SRC 框架-RC 核心筒混合结构楼层损伤模型。研究成果将为建立整体结构地震损伤模型提供理论支持。

6.1 SRC 框架-RC 核心筒混合结构诸类构件损伤的表征

地震作用下，SRC 框架-RC 核心筒混合结构通过阻尼力做功和滞回变形等方式耗散地震波向结构输入的能量，RC 核心筒和 SRC 框架柱充当了主要耗能构件的角色，而 SRC 框架梁则主要承受竖向荷载并维持整体结构的鲁棒性。鉴于此，本章以损伤前后抗弯刚度的衰减来描述 SRC 框架梁损伤，以损伤前后往复荷载作用下滞回耗能能力的变化来描述 SRC 框架柱和 RC 剪力墙损伤[1~3]。

6.1.1 SRC 框架梁损伤的表征

往复荷载作用将引起构件发生损伤，且损伤随着荷载循环次数的增加而不断累积，损伤的累积效应会造成构件力学性能（如承载能力、刚度、延性、滞回耗能等）不断退化。作为混合结构中主要受力构件之一，框架梁主要承受竖向荷载并维持整体结构的鲁棒性。鉴于此，以损伤前后 SRC 框架梁抗弯刚度的变化来描述其损伤，可表达为

$$D_e = 1 - \frac{B_{sc,weakened}}{B_{sc,original}} \tag{6-1}$$

式中，D_e 为构件损伤值；$B_{sc,original}$、$B_{sc,weakened}$ 分别为损伤前后构件的抗弯刚度。

关于 SRC 框架梁抗弯刚度的计算方法大体可分为三类[4,5]：①变形协调法；②刚度叠加法；③刚度折减法。其中，刚度叠加法和刚度折减法物理意义最为明确，具有很强的实际可操作性，本章将采用刚度叠加法计算 SRC 框架梁的抗弯刚度。

在短期荷载作用下，SRC 框架梁的抗弯刚度从形式上可由三部分组成（图 6.1）：①外围钢筋混凝土部分的贡献 B_1；②型钢部分的贡献 B_s；③约束混凝土部分的贡献 B_c。

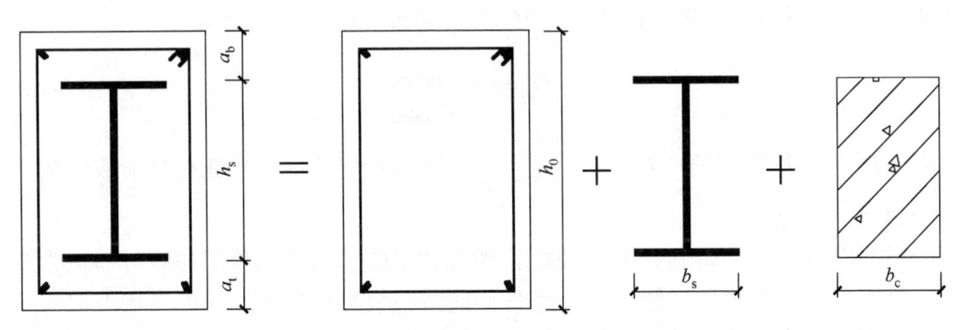

图 6.1 SRC 框架梁刚度分离模型示意图

SRC 框架梁的抗弯刚度可表达为

$$B_{sc} = B_c + B_s + B_1 \tag{6-2}$$

式中，B_c 为约束混凝土的刚度，按式（6-3）确定；B_s 为型钢的刚度，按式（6-4）确定；B_l 为外围钢筋混凝土的刚度，按式（6-5）确定。

$$B_c = E_c\left[\frac{1}{12}b_c h_s^3 + b_c h_s\left(\frac{h_s}{2} + a_b - x_n\right)^2\right] \tag{6-3}$$

式中，a_b 为型钢下翼缘混凝土保护层厚度；h_s 为型钢截面高度。

$$B_s = E_s\left[I_s + A_s\left(\frac{h_s}{2} + a_t - x_n\right)^2\right] \tag{6-4}$$

式中，a_t 为型钢上翼缘混凝土保护层厚度；x_n 为中和轴平均高度。

$$B_l = \frac{E_s A_r h_0^2}{1.15\psi + 0.2 + \dfrac{6\alpha_E \rho_{te}}{1 + 3.5\gamma_f'}} \tag{6-5}$$

式中，h_0 为截面有效高度；ψ 为钢筋应力不均匀系数，按式（6-6）计算；α_E 为型钢与混凝土弹性模量之比；ρ_{te} 为纵向受拉钢筋的配筋率；$\gamma_f' = b_c a_s' / (b - b_c) h_0$；$A_r$ 为纵向受拉钢筋的截面面积。

$$\psi = 1.1 - \frac{0.65 f_{tk}}{\rho_{te}\sigma_{sk}} \tag{6-6}$$

式中，f_{tk} 为混凝土抗拉强度标准值；σ_{sk} 为裂缝截面处受拉钢筋应力。

6.1.2 SRC 框架柱和 RC 剪力墙损伤的表征

构件滞回耗能能力是评价其抗震性能的重要指标，良好的耗能能力使得构件可以通过滞回变形吸收更多的地震能量，从而有效地保护结构。鉴于 SRC 框架柱和 RC 剪力墙在混合结构中充当主要耗能构件的角色，以往复荷载作用下滞回耗能能力的变化来描述 SRC 框架柱和 RC 剪力墙损伤演化，可表示为

$$D_e = 1 - \frac{E_{weakened}}{E_{original}} \tag{6-7}$$

式中，D_e 为构件损伤值；$E_{original}$、$E_{weakened}$ 分别为损伤前后构件在往复荷载作用下的滞回耗能能力。

根据国内外相关研究成果，SRC 框架柱和 RC 剪力墙的骨架曲线可简化为带下降段的三折线型模型（图 6.2），且骨架曲线与位移轴之间面积的三倍近似等于滞回环面积。为计算构件的极限耗能能力，需要确定三折线型骨架曲线的三个特征点（存在六个待定参数：屈服荷载 F_y、屈服位移 Δ_y、峰值荷载 F_m、峰值位移 Δ_m、极限荷载 F_u 和极限位移 Δ_u）。

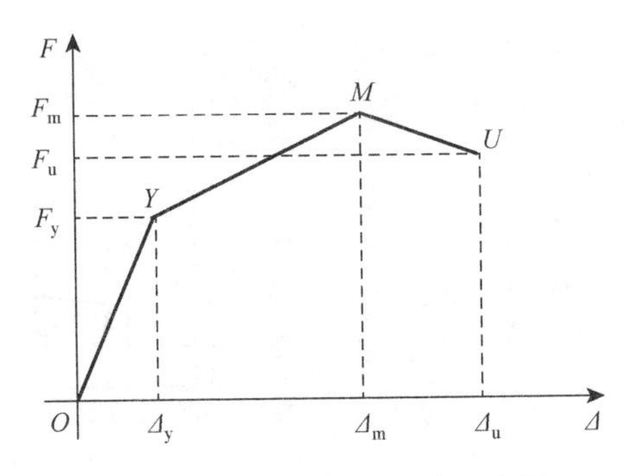

图 6.2　三折线型骨架曲线示意图

1. SRC 框架柱骨架曲线的确定

根据收集的 84 组有效试验数据[6～13]，对 SRC 框架柱骨架曲线的主要影响因素进行了参数分析，回归了骨架曲线特征点与诸影响因素之间的关系，提出了 SRC 框架柱骨架曲线特征点的计算方法。为了能够较为客观地反映构件实际受力情况而又便于工程应用，本章提出的 SRC 框架柱骨架曲线只考虑了影响构件变形和刚度的主要因素，即轴压比、混凝土强度、体积配箍率、剪跨比及配箍特征值。

通过对试验数据进行多元线性回归分析，得到了骨架曲线峰值荷载时的位移与屈服荷载时的位移之比 Δ_m/Δ_y 与混凝土强度、剪跨比、轴压比、体积配箍率、配箍特征值之间的关系曲线（图 6.3～图 6.7），并给出最大位移与屈服位移之比的工程实用计算公式。由图可以看出，Δ_m/Δ_y 与混凝土强度 f_{cu} 和体积配箍率 ρ_v 成正比，与轴压比 n、剪跨比 λ 和配箍特征值 λ_v 均成反比。对 84 组试验数据进行多元线性拟合，得到 Δ_m/Δ_y 与混凝土强度 f_{cu}、剪跨比 λ、轴压比 n、体积配箍率 ρ_v 和配箍特征值 λ_v 的多元线性回归公式为

$$\Delta_m/\Delta_y = 5.22 - 0.01f_{cu} - 0.07\lambda - 3.74n + 100.21\rho_v - 7.32\lambda_v \quad (6\text{-}8)$$

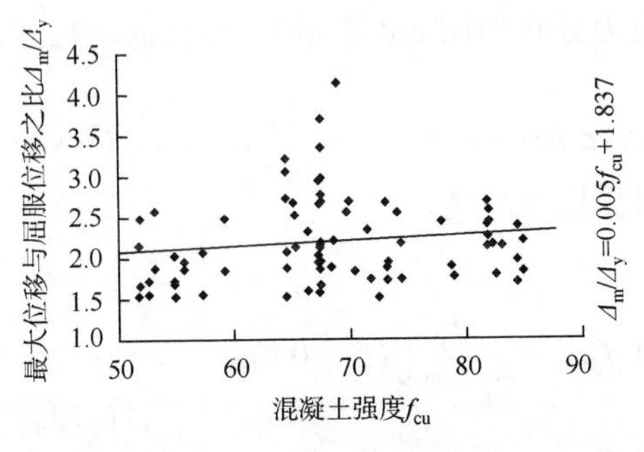

图 6.3　Δ_m/Δ_y 与混凝土强度之间的关系

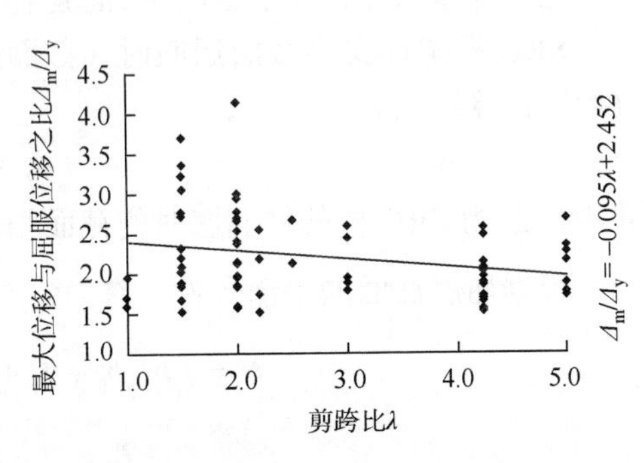

图 6.4　Δ_m/Δ_y 与剪跨比之间的关系

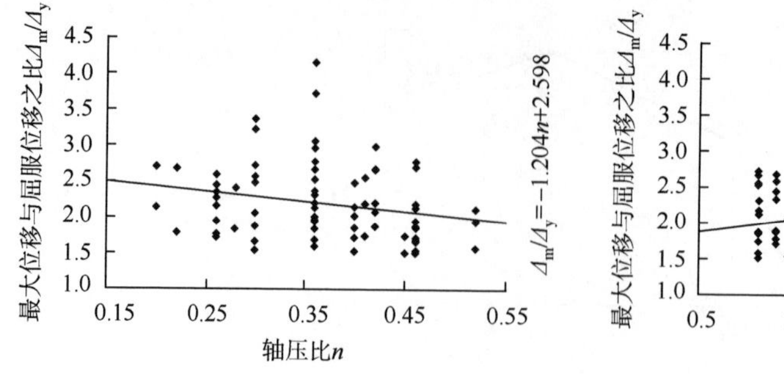

图 6.5　Δ_m/Δ_y 与轴压比之间的关系　　　图 6.6　Δ_m/Δ_y 与体积配箍率之间的关系

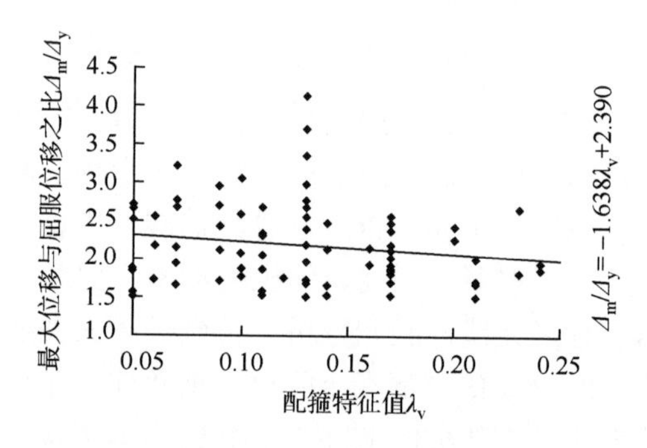

图 6.7　Δ_m/Δ_y 与配箍特征值之间的关系

1）屈服荷载 F_y 和屈服位移 Δ_y

基本假定：不考虑受拉区混凝土的抗拉作用；框架柱截面的变形规律符合“平均应变平截面假定”；型钢和纵向钢筋的受压和受拉具有相同的材料性能；受压区混凝土的应力-应变关系曲线依据现行《混凝土结构设计规范》（GB 50010—2010）[14]取用。

SRC 框架柱支座截面屈服时（截面应力分布如图 6.8 所示），截面曲率按式（6-9）计算：

$$\phi_y = \varepsilon_0 / \xi_y h_0 \tag{6-9}$$

式中，ξ_y 为 SRC 框架柱屈服时的截面相对受压区高度。

根据屈服截面的平衡条件，有

$$\begin{aligned} N = & f_c b \xi_y h_0 + f_y' A_s' + f_a' A_{af}' - \frac{f_y}{\xi_b - 0.8}(\xi_y - 0.8) A_s \\ & - \frac{f_a}{\xi_b - 0.8}(\xi_y - 0.8) A_{af} + N_{aw} \end{aligned} \tag{6-10}$$

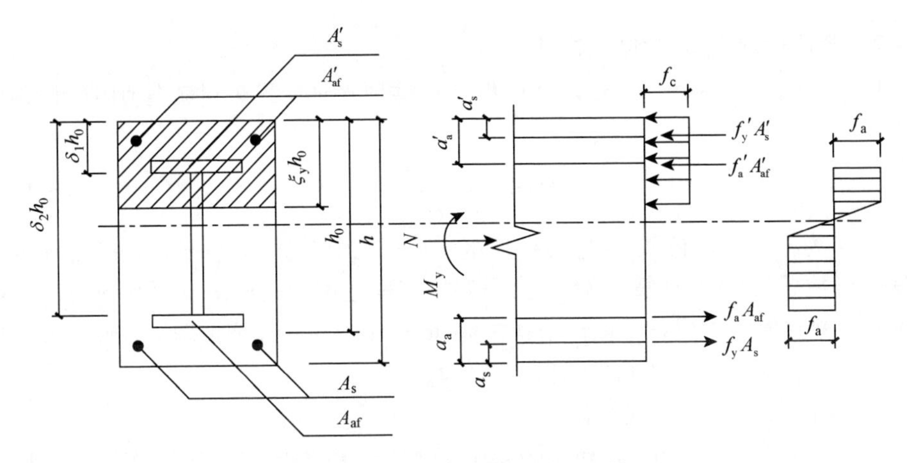

图 6.8 SRC 框架柱截面应力分布情况

$$N(h_0 - h/2) + M_y = f_c b \xi_y h_0^2 (1 - 0.5\xi_y) + f_y' A_s' (h_0 - a_s') + f_a' A_{af}' (h_0 - a_a') + M_{aw} \quad (6\text{-}11)$$

式中，ξ_b 为界限相对受压区高度，按式（6-12）取用：

$$\xi_b = \frac{0.8}{1 + \dfrac{f_y + f_a}{2 \times 0.003 E_s}} \quad (6\text{-}12)$$

当 $\delta_1 h_0 < 1.25\xi_y h_0$，$\delta_2 h_0 < 1.25\xi_y h_0$ 时

$$\begin{cases} N_{aw} = (\delta_2 - \delta_1) t_w h_0 f_a \\ M_{aw} = \left[\dfrac{1}{2}(\delta_1^2 - \delta_2^2) + (\delta_2 - \delta_1) \right] t_w h_0^2 f_a \end{cases} \quad (6\text{-}13)$$

当 $\delta_1 h_0 < 1.25\xi_y h_0$，$\delta_2 h_0 > 1.25\xi_y h_0$ 时

$$\begin{cases} N_{aw} = \left[2.5\xi_y - (\delta_1 + \delta_2) \right] t_w h_0 f_a \\ M_{aw} = \left[\dfrac{1}{2}(\delta_1^2 + \delta_2^2) - (\delta_1 + \delta_2) + 2.5\xi_y - (1.25\xi_y)^2 \right] t_w h_0^2 f_a \end{cases} \quad (6\text{-}14)$$

按式（6-10）和式（6-11）计算 SRC 框架柱支座截面屈服时的截面相对受压区高度及屈服弯矩，再由式（6-9）求解屈服时的截面曲率 ϕ_y。假定框架柱屈服时曲率分布为直线，则 SRC 框架柱支座截面屈服时的柱顶水平位移可表达为

$$\Delta_y = \frac{1}{3}\phi_y H^2 \quad (6\text{-}15)$$

根据力的平衡条件，可求得 SRC 框架柱支座截面屈服时的柱顶水平荷载为

$$F_y = \frac{M_y - N\Delta_y}{H} \quad (6\text{-}16)$$

2）峰值荷载 F_m 和峰值位移 Δ_m

根据力的平衡条件，可求得 SRC 框架柱柱顶水平荷载达到最大值时的柱顶位移为

$$F_m = \frac{M_{max} - N\Delta_m}{H} \tag{6-17}$$

式中，N 为柱顶竖向荷载；Δ_m 为柱顶水平荷载达到最大值 F_m 时试件的柱顶水平位移，可按式（6-8）计算；M_{max} 为框架柱支座边截面的极限抗弯承载力，可依据现行《型钢混凝土组合结构技术规程》（JGJ 138—2001）[15]求解（型钢及钢筋的抗拉强度取材料性能试验测得的极限抗拉强度）。

3）极限荷载 F_u 和极限位移 Δ_u

对于轴压比较大而剪跨比较小的 SRC 框架柱，若将构件的极限位移定义为极限荷载时的位移，则屈服位移 Δ_y 和极限位移 Δ_u 较为接近。因此，一般采用扩大的极限位移，即取骨架曲线中荷载下降到名义极限荷载所对应的位移作为极限位移 Δ_u。

本章收集的 84 组试验数据均取 85%峰值荷载时的位移作为极限位移，即

$$F_u = 0.85F_m \tag{6-18}$$

则

$$\Delta_u = \Delta_m + \frac{0.15F_m}{\chi K_e} \tag{6-19}$$

式中，χ 为软化刚度系数，可由 84 组试验结果多元线性拟合得到其与混凝土强度 f_{cu}、剪跨比 λ、轴压比 n、体积配箍率 ρ_v 及配箍特征值 λ_v 的关系式为

$$\begin{aligned}\chi = \frac{K_n}{K_e} = \frac{F_u - F_m}{\Delta_u - \Delta_m} \times \frac{1}{K_e} &= -0.38 + 0.003f_{cu} \\ &+ 0.011\lambda + 0.386n - 12.262\rho_v + 0.736\lambda_v\end{aligned} \tag{6-20}$$

其中，K_e 为 SRC 框架柱的弹性刚度，可依据式（6-21）计算确定，即

$$K_e = \frac{1}{\dfrac{1}{12EI}H^3 + \dfrac{\beta H}{GA}} \tag{6-21}$$

式中，β 为截面剪应力分布不均匀系数，矩形截面时取为 1.2；EI 和 GA 分别为 SRC 框架柱在弹性阶段的抗弯刚度和抗剪刚度，可取为 $EI = E_cI_c + E_sE_s$；$GA = G_cA_c + G_sA_s$。

2. RC 剪力墙骨架曲线的确定[16]

吕西林等基于 15 片 RC 剪力墙拟静力试验结果，提出了适用于 RC 剪力墙骨架曲线特征点的确定方法，并由试验结果拟合得到峰值荷载 F_m 与屈服荷载 F_y、

峰值位移 Δ_m 与屈服位移 Δ_y 及弹性刚度 K_e 与软化刚度 K_n 的数学关系式为

$$\frac{F_m}{F_y}=2.05-0.31n+0.40\lambda_v-0.34\lambda \tag{6-22}$$

$$\frac{\Delta_m-\Delta_y}{\Delta_y}=4.25-2.50n+7.19\lambda_v-0.27\lambda-11.39r_a \tag{6-23}$$

$$\frac{K_n}{K_e}=-0.33-0.08n+0.48\lambda_v+0.55\lambda+0.49r_a \tag{6-24}$$

$$K_e=F_y/\Delta_y \tag{6-25}$$

式中，n 为剪力墙轴压比；r_a 为边缘约束区面积与总截面面积的比值。

1）屈服位移 Δ_y 和峰值位移 Δ_m

随着剪力墙非线性变形的增大，剪切变形的比重也越来越大，平截面假定所产生的误差亦越来越大。基于理论分析和试验数据，得到了屈服位移 Δ_y 与剪跨比 λ、边缘钢筋屈服应变 ε_s、边缘配箍特征值 λ_v 等因素的多元线性回归关系为

$$\Delta_y=\frac{\varepsilon_s}{3h_w}(2.90+2.10\lambda_v-0.59\lambda)H^2 \tag{6-26}$$

式中，h_w 为剪力墙截面高度；H 为剪力墙竖向高度。

峰值位移 Δ_m 可由式（6-23）计算得到。

2）屈服荷载 F_y 和峰值荷载 F_m

剪力墙的轴向极限承载力为

$$N\leqslant 0.9\varphi(f_cA+f_y'A_s') \tag{6-27}$$

式中，N 为剪力墙的轴向极限承载力；φ 为剪力墙的稳定系数；f_c 为混凝土轴心抗压强度；A 为剪力墙截面面积；A_s' 为纵筋截面面积总和。

剪力墙抗剪截面尺寸应满足

$$V_w\leqslant 0.25\beta_cf_cb_wh_{w0} \tag{6-28}$$

式中，V_w 为剪力墙的抗剪承载力；h_{w0} 为剪力墙截面有效高度；β_c 为混凝土强度影响系数。

偏心受压剪力墙的斜截面受剪承载力，即峰值荷载，可按式（6-29）求解：

$$F_m=\frac{1}{\lambda-0.5}\left(0.5f_tb_wh_{w0}+0.13N\frac{A_w}{A}\right)+f_{yh}\frac{A_{sh}}{s}h_{w0} \tag{6-29}$$

式中，N 为剪力墙的轴向压力，当 $N > 0.2f_c b_w h_w$ 时，取为 $0.2f_c b_w h_w$；A 为剪力墙截面面积；λ 为剪力墙计算截面处的剪跨比，当 $\lambda < 1.5$ 时取为 1.5，当 $\lambda > 2.2$ 时取为 2.2。

屈服荷载 F_y 由式（6-22）计算确定。

3）极限荷载 F_u 和极限位移 Δ_u

由于剪力墙的延性较小，取 95%极限荷载时的位移作为极限位移，则剪力墙的极限荷载 F_u 和极限位移 Δ_u 可表达为

$$F_u = 0.95F_m \tag{6-30}$$

$$\Delta_u = \Delta_m + \frac{0.05F_m}{K_n} \tag{6-31}$$

式中，K_n 为剪力墙的软化刚度，可由式（6-24）求得。

6.2 构件主要设计参数的损伤敏感度分析

以 SRC 框架-RC 核心筒混合结构诸类构件为研究对象，将抗弯刚度作为 SRC 框架梁的损伤表征量，将极限耗能能力作为 SRC 框架柱和 RC 剪力墙的损伤表征量，基于理论分析与试验研究的相关成果，计算分析了截面属性、混凝土强度和含钢率（配筋率）等设计参数的损伤敏感度，揭示了主要设计参数对混合结构各类构件损伤演化的影响规律，为建立 SRC 框架-RC 核心筒混合结构楼层损伤模型提供理论和数据支持。

6.2.1 SRC 框架梁

通过调整构件截面高度、混凝土强度和含钢率等主要设计参数来模拟 SRC 框架梁的初始损伤，并通过损伤前后 SRC 框架梁抗弯刚度的变化来描述损伤，对诸影响因素进行损伤敏感度分析，以得到诸主要设计参数对 SRC 框架梁损伤演化的影响规律。

原形结构构件设计参数及材料属性：SRC 框架梁的计算长度为 6000mm，截面尺寸为 500mm×800mm，内嵌型钢尺寸为 H550mm×250mm×25mm×30mm，纵向钢筋按 14ϕ25 进行配置，箍筋按 ϕ10@100 进行配置；混凝土强度等级为 C45；型钢均选用 Q235；钢筋均采用 HPB300。

“损伤”构件的设计参数及对应损伤值详见表 6.1～表 6.3。表中，型钢均选用 Q235，混凝土保护层厚度为 30mm；B0 为无损伤的原形结构构件。

表 6.1 截面高度对 SRC 框架梁损伤的影响

编号	构件截面尺寸/（mm×mm）	型钢截面尺寸/（mm×mm×mm×mm）	混凝土强度等级	受拉钢筋	含钢率/%	配筋率/%	抗弯刚度/（$\times10^{13}$）	损伤值
B0	500×800	H550×250×25×30	C45	5ϕ25	6.81	0.61	16.309	0.000
B1	500×750	H500×250×25×30	C45	5ϕ25	6.93	0.54	13.145	0.194
B2	500×700	H420×250×22×30	C45	4ϕ25	6.86	0.56	8.106	0.503
B3	500×650	H400×250×22×30	C45	4ϕ25	6.92	0.60	7.062	0.567
B4	500×600	H350×250×22×28	C45	4ϕ22	6.82	0.51	6.442	0.605

表 6.2 混凝土强度对 SRC 框架梁损伤的影响

编号	构件截面尺寸/（mm×mm）	型钢截面尺寸/（mm×mm×mm×mm）	混凝土强度等级	受拉钢筋	含钢率/%	配筋率/%	抗弯刚度/（$\times10^{13}$）	损伤值
B0	500×800	H550×250×25×30	C45	5ϕ25	6.81	0.61	16.309	0.0000
B5	500×800	H550×250×25×30	C40	5ϕ25	6.81	0.61	16.034	0.0169
B6	500×800	H550×250×25×30	C35	5ϕ25	6.81	0.61	15.758	0.0338
B7	500×800	H550×250×25×30	C25	5ϕ25	6.81	0.61	14.803	0.0923
B8	500×800	H550×250×25×30	C20	5ϕ25	6.81	0.61	14.125	0.1339

表 6.3 含钢率对 SRC 框架梁损伤的影响

编号	构件截面尺寸/（mm×mm）	型钢截面尺寸/（mm×mm×mm×mm）	混凝土强度等级	受拉钢筋	含钢率/%	配筋率/%	抗弯刚度/（$\times10^{13}$）	损伤值
B0	500×800	H550×250×25×30	C45	5ϕ25	6.81	0.61	16.309	0.000
B9	500×800	H500×250×22×28	C45	5ϕ25	5.94	0.61	12.416	0.239
B10	500×800	H450×220×20×25	C45	5ϕ25	4.75	0.61	8.265	0.493
B11	500×800	H420×220×18×22	C45	5ϕ25	4.11	0.61	7.105	0.564
B12	500×800	H400×200×15×20	C45	5ϕ25	3.35	0.61	6.004	0.632

通过引入诸设计参数的初始值（损伤前）来消除量纲上的差异，以得到 SRC 框架梁无量纲设计参数与损伤值之间的关系曲线，如图 6.9 所示。由图可知，SRC 框架梁损伤对截面高度最为敏感，含钢率次之，混凝土强度最不敏感；当损伤后截面高度与损伤前截面高度的比值（$h_{original}/h_{weakened}$）小于 1.14 时，构件损伤受截面高度的影响较为显著；当 $h_{original}/h_{weakened}$ 大于 1.14 时，虽然其影响程度有所衰减，但仍显著；当损伤后含钢率与损伤前含钢率的比值（$\rho_{original}/\rho_{weakened}$）小于 1.43 时，构件损伤受含钢率的影响较为显著；当 $\rho_{original}/\rho_{weakened}$ 大于 1.43 时，其影响程度有所衰减；混凝土强度与框架梁损伤量之间基本呈线性关系，敏感度最差。综上所述，可优先考虑通过调整 SRC 框架梁截面高度和含钢率来实现初始预定损伤。

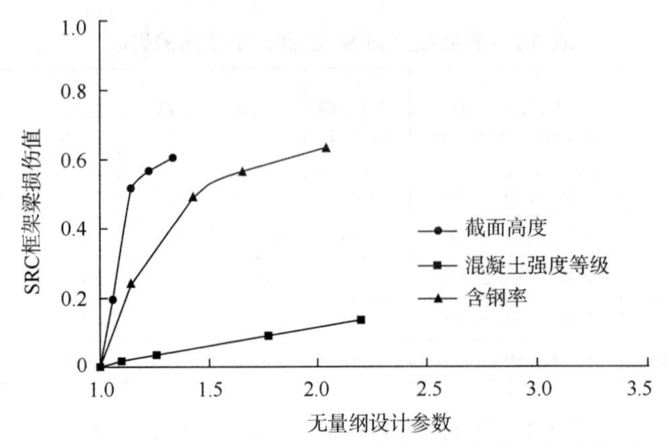

图 6.9　SRC 框架梁无量纲设计参数与损伤值之间的关系

6.2.2　SRC 框架柱

通过调整构件截面尺寸、混凝土强度和含钢率等主要设计参数来模拟 SRC 框架柱的初始损伤，并通过损伤前后 SRC 框架柱滞回耗能能力的变化来描述损伤，对诸影响因素进行损伤敏感度分析，以得到主要设计参数对 SRC 框架柱损伤演化的影响规律。

原形结构构件设计参数及材料属性：SRC 框架柱的计算高度为 3600mm，截面尺寸为 800mm×800mm，内嵌型钢尺寸为 H500mm×450mm×30mm×45mm，纵向钢筋按 16ϕ25 进行配置，箍筋按 ϕ10@100 进行配置；混凝土强度等级为 C45；型钢均选用 Q235；钢筋均采用 HPB300。

“损伤”构件的设计参数及对应损伤值详见表 6.4～表 6.6。表中，型钢均选用 Q235，混凝土保护层厚度均为 30mm；C0 为无损伤的原形结构构件。

表 6.4　截面尺寸对 SRC 框架柱损伤的影响

编号	构件截面尺寸/（mm×mm）	型钢截面尺寸/（mm×mm×mm×mm）	混凝土强度等级	含钢率/%	滞回耗能/（$\times10^8$）	损伤值
C0	800×800	H500×450×30×45	C45	8.25	9.79	0.000
C1	750×750	H450×400×30×45	C45	8.32	8.56	0.125
C2	700×700	H420×350×30×40	C45	8.06	7.33	0.251
C3	600×600	H400×300×25×40	C45	8.13	5.83	0.404
C4	500×500	H300×250×25×30	C45	8.29	4.59	0.531

表 6.5　混凝土强度对 SRC 框架柱损伤的影响

编号	构件截面尺寸/（mm×mm）	型钢截面尺寸/（mm×mm×mm×mm）	混凝土强度等级	含钢率/%	滞回耗能/（$\times10^8$）	损伤值
C0	800×800	H500×450×30×45	C45	8.25	9.79	0.000
C5	800×800	H500×450×30×45	C40	8.25	9.63	0.016
C6	800×800	H500×450×30×45	C35	8.25	9.44	0.035
C7	800×800	H500×450×30×45	C25	8.25	9.07	0.073
C8	800×800	H500×450×30×45	C20	8.25	9.60	0.091

表 6.6 含钢率对 SRC 框架柱损伤的影响

编号	构件截面尺寸 /（mm×mm）	型钢截面尺寸/（mm×mm×mm×mm）	混凝土强度等级	含钢率/%	滞回耗能 /（$\times 10^8$）	损伤值
C0	800×800	H500×450×30×45	C45	8.25	9.79	0.000
C9	800×800	H450×400×28×45	C45	7.20	8.84	0.097
C10	800×800	H400×350×25×40	C45	5.63	7.63	0.221
C11	800×800	H350×300×22×40	C45	4.68	6.77	0.301
C12	800×800	H300×250×20×38	C45	3.45	5.97	0.390

图 6.10 为 SRC 框架柱无量纲设计参数与损伤值之间的关系曲线。由图可知，SRC 框架柱损伤对截面尺寸最为敏感，含钢率次之，混凝土强度最不敏感；截面尺寸和含钢率均与框架柱损伤量之间基本呈对数关系，对 SRC 框架柱损伤的敏感度相当；混凝土强度与框架柱损伤量之间基本呈线性关系，敏感度最差。综上所述，可优先考虑通过调整 SRC 框架柱截面尺寸和含钢率来实现初始预定损伤。

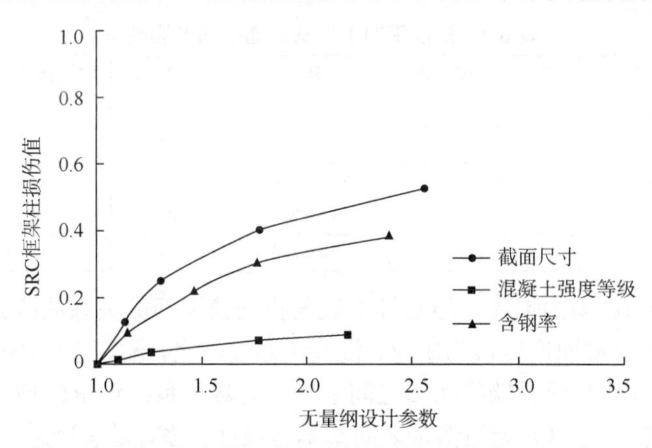

图 6.10 SRC 框架柱无量纲设计参数与损伤值之间的关系

6.2.3 RC 剪力墙

通过调整墙体厚度、混凝土强度和配筋率等主要设计参数来模拟 RC 剪力墙的初始损伤，并通过损伤前后 RC 剪力墙滞回耗能能力的变化来描述损伤，对诸影响因素进行损伤敏感度分析，以得到主要设计参数对 RC 剪力墙损伤演化的影响规律。

原形结构构件设计参数及材料属性：RC 剪力墙的计算高度为 3600mm，墙体厚度为 400mm，配置双排钢筋网片：水平分布筋按 ϕ16@150 配置，竖向分布筋按 ϕ18@200 配置，拉筋按 ϕ8@500 配置；混凝土强度等级为 C50；钢筋采用 HPB300。

“损伤”构件的设计参数及对应损伤值详见表 6.7～表 6.9。表中，钢筋均选用 HPB235，混凝土保护层厚度均为 25mm；S0 为无损伤的原形结构构件。

表 6.7　截面厚度对 RC 剪力墙损伤的影响

编号	墙体厚度/mm	混凝土强度等级	竖向分布筋	配筋率/%	滞回耗能/(×10^8)	损伤值
S0	400	C50	ϕ18@200	6.36	4.48	0.000
S1	350	C50	ϕ16@200	5.74	3.90	0.129
S2	300	C50	ϕ16@200	6.70	3.35	0.253
S3	250	C50	ϕ14@200	6.15	2.81	0.372
S4	200	C50	ϕ12@200	5.65	2.25	0.497

表 6.8　混凝土强度对 RC 剪力墙损伤的影响

编号	墙体厚度/mm	混凝土强度等级	竖向分布筋	配筋率/%	滞回耗能/(×10^8)	损伤值
S0	400	C50	ϕ18@200	6.36	4.48	0.000
S5	400	C45	ϕ18@200	6.36	4.21	0.060
S6	400	C40	ϕ18@200	6.36	3.93	0.122
S7	400	C30	ϕ18@200	6.36	3.23	0.280
S8	400	C25	ϕ18@200	6.36	2.87	0.359

表 6.9　配筋率对 RC 剪力墙损伤的影响

编号	墙体厚度/mm	混凝土强度等级	竖向分布筋	配筋率/%	滞回耗能/(×10^8)	损伤值
S0	400	C50	ϕ18@200	6.36	4.48	0.000
S9	400	C50	ϕ16@200	5.02	4.34	0.030
S10	400	C50	ϕ14@200	3.85	4.26	0.050
S11	400	C50	ϕ12@200	2.83	4.23	0.057
S12	400	C50	ϕ10@200	1.96	4.23	0.055

图 6.11 为 RC 剪力墙无量纲设计参数与损伤值之间的关系曲线。由图可知，RC 剪力墙损伤对截面厚度最为敏感，混凝土强度次之，配筋率最不敏感；截面厚度和混凝土强度均与剪力墙损伤量之间基本呈对数关系，对 RC 剪力墙损伤的敏感度相当；配筋率与剪力墙损伤量之间基本呈线性关系，敏感度最差。综上所述，可优先考虑通过调整 RC 剪力墙截面厚度和混凝土强度来实现初始预定损伤。

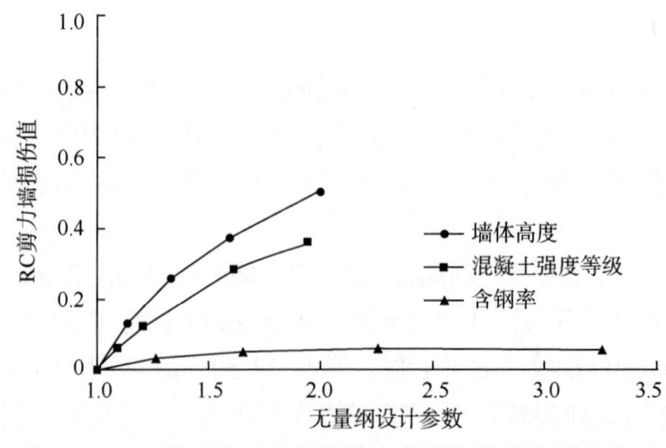

图 6.11　RC 剪力墙无量纲设计参数与损伤值之间的关系

6.3　楼层累积损伤的表征

为研究往复荷载作用下混合结构楼层损伤演化规律，首先应明确适用于 SRC 框架-RC 核心筒混合结构楼层的损伤表征量。

6.3.1　几种常见的楼层损伤表征量

早在 20 世纪 60 年代，New-Mark 就提出用延性比来评价构件（或结构）在弹塑性阶段的抗震能力，认为结构延性是评判结构抗震能力的重要指标，但其未考虑构件（或结构）变形路径的影响。为弥补延性比的缺陷，以准确描述往复荷载作用下结构受力性能的退化行为，国内外学者相继提出了大量用以定量评价结构损伤的震害指数计算模型。

1）Wang-Shah 模型（将累积变形作为损伤的表征量）

Wang 和 Shah 认为构件（或结构）损伤的累积速度与既有损伤量成正比，建立了局部结构损伤值与其在往复荷载作用下累积变形之间的数学关系式：

$$D=\frac{\mathrm{e}^{k\beta}-1}{\mathrm{e}^{k}-1} \tag{6-32}$$

式中，k 为试验常数，常取 1.0；β 为往复加载参数，按式（6-33）确定：

$$\beta=c\sum_{i=1}^{n}\frac{\delta_{\mathrm{m},i}}{\delta_{\mathrm{f}}} \tag{6-33}$$

式中，c 为经验系数，建议取值 0.1；$\delta_{\mathrm{m},i}$ 为构件（或结构）在往复荷载作用下第 i 个循环对应的最大变形；δ_{f} 为构件（或结构）在单调荷载作用下的极限变形。

2）Park-Ang 模型（将变形和耗能作为损伤的表征量）

Park 和 Ang 认为构件（或结构）最大变形与累积滞回耗能的破损限值之间存在相辅相成的关系，为揭示地震动三要素对结构地震损伤的影响规律，给出了基于变形和能量的双参数震害指数模型：

$$D=\frac{\delta_{\mathrm{m}}}{\delta_{\mathrm{f}}}+\beta\frac{E_{\mathrm{h}}}{F_{\mathrm{y}}\delta_{\mathrm{f}}} \tag{6-34}$$

式中，δ_{m} 为构件（或结构）在往复荷载作用下第 i 个循环对应的最大变形；δ_{f} 为构件（或结构）在单调荷载作用下的极限变形；E_{h} 为构件（或结构）的累积滞回耗能；F_{y} 为构件屈服时对应的剪力值；β 为构件的耗能因子（一般落在[0，0.85]），可依据式（6-35）求解：

$$\beta=(-0.447+0.073\lambda+0.24n_0+0.314\rho_{\mathrm{t}})\times0.7^{\rho_{\omega}} \tag{6-35}$$

式中，λ 为剪跨比；n_0 为轴压比；ρ_{t} 为配筋率；ρ_{ω} 为体积配箍率。

后续研究中，Kunnath 等为弥补 Park-Ang 模型的不足（当构件或结构未发生损伤时，计算得到的损伤值大于 0；当构件或结构因发生严重损伤而彻底失效时，计算损伤值大于 1），提出了改进的 Park-Ang 双参数震害指数模型。

3）我国学者建议的震害指数计算模型（将结构模态参数作为损伤的表征量）

我国龚思礼、牛荻涛、欧进萍等学者先后针对诸结构体系（RC 结构、钢结构、砌体结构等），提出了一些针对性很强的震害指数计算模型。

牛荻涛等通过对唐山地震中发生不同程度损伤的 8 座 RC 结构进行计算分析，给出了适用于 RC 结构的震害指数计算模型：

$$D=\frac{\delta_{\mathrm{m}}}{\delta_{\mathrm{u}}}+0.1387\left(\frac{E_{\mathrm{h}}}{E_{\mathrm{u}}}\right)^{0.0814} \tag{6-36}$$

式中，符号的意义同前。

吕西林和龚治国[17]基于高层混合结构缩尺模型的振动台试验，得到了结构在四类损伤状态（基本完好、轻微损坏、生命安全和接近倒塌）下的基频及等效刚度的退化幅度，认为地震激励前后结构基本自振周期的平方比能反映结构诸力学性能的退化，所建立的震害指数模型为

$$D_F=1-\frac{T_{\mathrm{undamage}}^2}{T_{\mathrm{damage}}^2} \tag{6-37}$$

式中，T_{undamage} 为结构震前的基本自振周期；T_{damage} 为结构震后的基本自振周期。

从所掌握的资料来看，目前尚未见到专门针对 SRC 框架-RC 核心筒混合结构楼层损伤的表征量。

6.3.2　适用于 SRC 框架-RC 核心筒混合结构楼层的损伤表征量

鉴于混合结构楼层这一特殊的子结构，本章将层间最大位移角作为往复荷载作用下楼层损伤的表征量，在吸收国内外相关研究成果（包括数值方法及试验方法得到的结论与数据）的基础上，给出了适用于 SRC 框架-RC 核心筒混合结构楼层损伤的表征函数：

$$D=1-\frac{\theta_{\mathrm{max,original}}}{\theta_{\mathrm{max,weakened}}} \tag{6-38}$$

式中，$\theta_{\mathrm{max,original}}$ 为楼层损伤前最大层间位移角；$\theta_{\mathrm{max,weakened}}$ 为楼层损伤后最大层间位移角。

6.4　计算模型的设计与数值模拟概况

6.4.1　工程概况

某工程采用 SRC 框架-RC 核心筒混合结构体系，平面尺寸为 24.0m×18.0m，

柱距和柱跨均为 6.0m，地上共 30 层（地下一层），楼层层高均为 3.6m，结构建筑高度为 108m，总建筑面积为 12960m^2，标准层平面布置图如图 6.12 所示。该混合结构按 7 度进行抗震设防，场地土类别为 II 类，安全等级为二级，抗震等级为二级，设计地震分组属第二组。

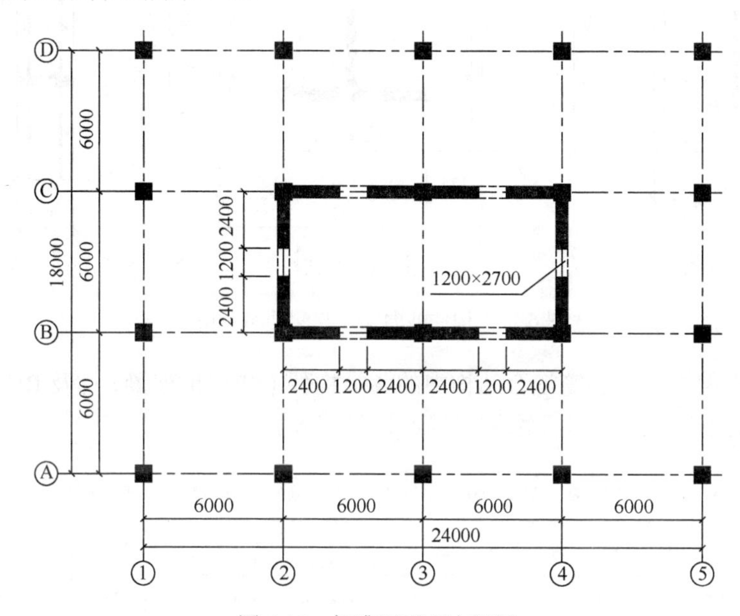

图 6.12 标准层平面布置图

6.4.2 构件截面尺寸与配筋

SRC 框架梁的截面尺寸为 500mm×800mm，内嵌型钢尺寸为 H550mm×250mm×25mm×30mm，纵向钢筋按 14ϕ25 进行配置，箍筋按ϕ10@100 进行配置；SRC 框架柱的截面尺寸为 800mm×800mm，内嵌型钢尺寸为 H500mm×450mm×30mm×45mm，纵向钢筋按 16ϕ25 进行配置，箍筋按ϕ10@100 配置；混凝土强度等级均为 C45，内置型钢均选用 Q235，钢筋均采用 HPB300。SRC 框架梁、柱截面尺寸及配钢（筋）情况如图 6.13（a）和（b）所示。

剪力墙为钢筋混凝土联肢剪力墙，墙厚为 400mm，配置双排钢筋网片（RC 剪力墙截面尺寸及配筋情况详如图 6.13（c）所示）：水平分布筋按ϕ16@150 配置，竖向分布筋按ϕ18@200 配置，拉筋按ϕ8@500 配置；剪力墙墙体的洞口尺寸为 1200mm×2700mm，洞口上方为 RC 内连梁，截面尺寸为 400mm×900mm；混凝土强度等级均为 C50，钢筋均采用 HPB300。

楼（屋）面板均采用钢筋混凝土现浇板，板厚为 150mm；混凝土强度等级均为 C35，钢筋均采用 HPB300。

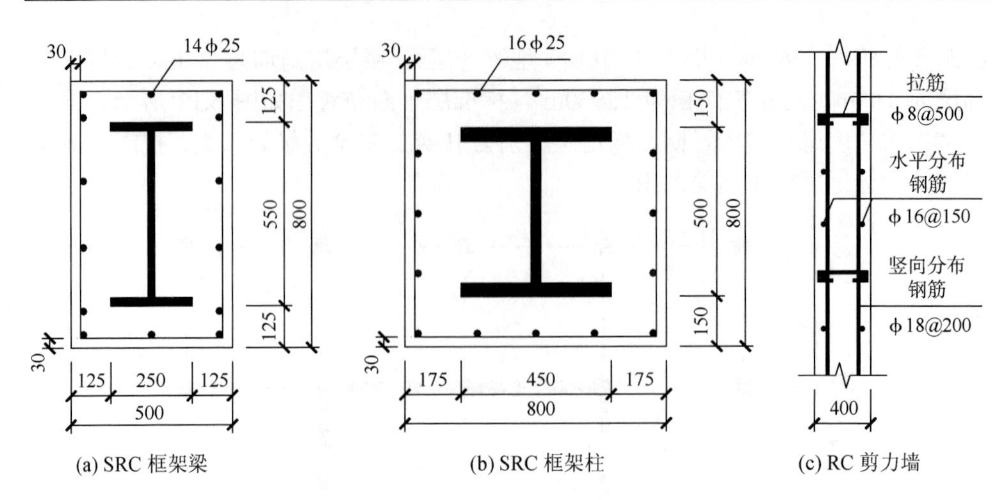

(a) SRC 框架梁　(b) SRC 框架柱　(c) RC 剪力墙

图 6.13　构件截面尺寸与配筋示意图

SRC 框架-RC 核心筒混合结构中的各类构件（SRC 框架梁、柱及 RC 剪力墙、楼（屋）面板）截面尺寸及配钢（筋）详见表 6.10。

表 6.10　SRC 框架梁、柱及 RC 剪力墙、楼（屋）面板截面尺寸及配钢（筋）

类　别	构件截面尺寸	混凝土强度等级	型钢截面尺寸/（mm×mm×mm×mm）	纵筋	箍筋
框 架 梁	500mm×800mm	C45	H550×250×25×30	14ϕ25	ϕ10@100
框 架 柱	800mm×800mm	C45	H500×450×30×45	16ϕ25	ϕ10@100
剪 力 墙	400mm	C50	水平分布筋按ϕ16@150 配置，竖向分布筋按ϕ18@200 配置，拉筋按ϕ8@500 配置；混凝土保护层厚度为 25mm		
楼（屋）面板	150mm	C35	分布筋按ϕ8@200 配置；受拉钢筋按ϕ10@150 配置；混凝土保护层厚度为 20mm		

注：①表中数据的单位均为 mm。

②根据《高层建筑混凝土结构技术规程》7.2.3 条规定：400mm 厚及其以下的剪力墙仅需配置双排钢筋；若厚度超过 400mm，应配置三层钢筋网片。

6.4.3　适用于 SRC 框架-RC 核心筒混合结构的数值建模方法

受试验条件及成本的限制，大型结构的足尺模型振动台试验难以得到开展，现阶段主要是利用数值方法对诸结构体系地震损伤进行研究。随着结构有限元分析软件（如 ABAQUS、MSC、ANSYS、ADINA 等）的快速发展与不断完善，使得学者对各类构件（或结构）更容易实施数值模拟分析，近似得到结构实际受力状态及动力响应，模拟结果基本能满足分析需要。本节基于大型有限元分析软件 ABAQUS，建立适用于 SRC 框架-RC 核心筒混合结构的数值模型，图 6.14 为应用 ABAQUS 建立的混合结构楼层三维数值模型。

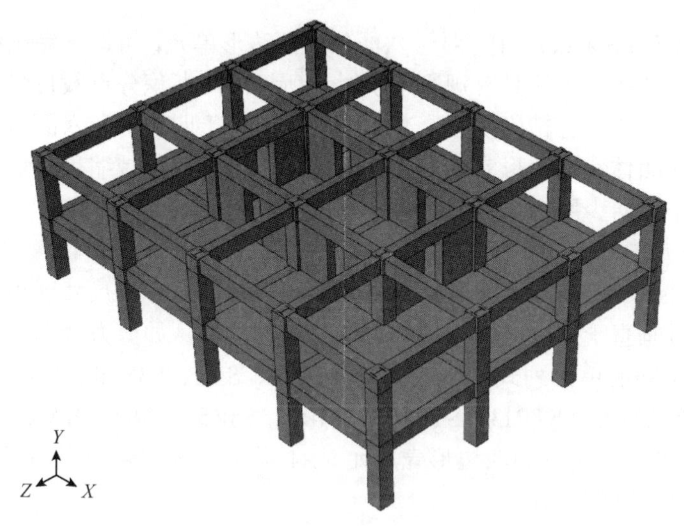

图 6.14 混合结构楼层三维数值模型

1. 模型单元的选取[18]

ABAQUS 拥有丰富的、可模拟任意几何形状的单元库，并拥有各种类型的材料模型库，可以模拟各种典型的工程材料，解决许多不同类型的问题，常见的有限单元有实体单元、壳单元、梁单元、杆单元和桁架单元。

1）实体单元

实体单元（solid element）可以通过其任意表面与其他单元连接，几乎可用于构件所有形状的模型。本章有限元数值模拟的混凝土和型钢采用三维实体单元 C3D8（图 6.15），该单元每个节点有三个方向的平动自由度，可以模拟材料在三个方向的弹性及其塑性变形。除此之外，还有二维实体单元，常用的二维实体单元有轴对称单元 CAX4、平面应变单元 CPE4 和平面应力单元 CPS4。

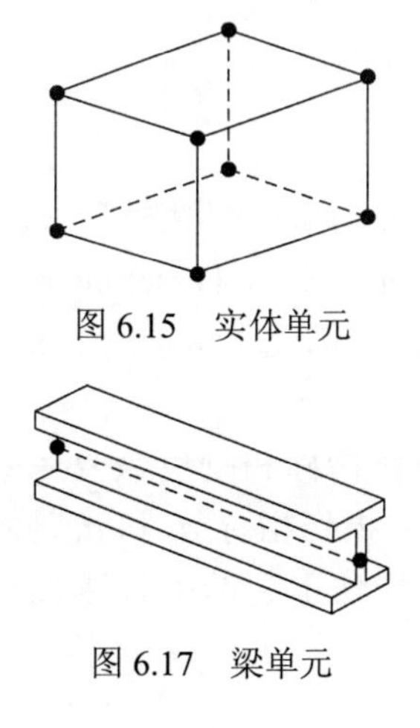

图 6.15 实体单元

图 6.17 梁单元

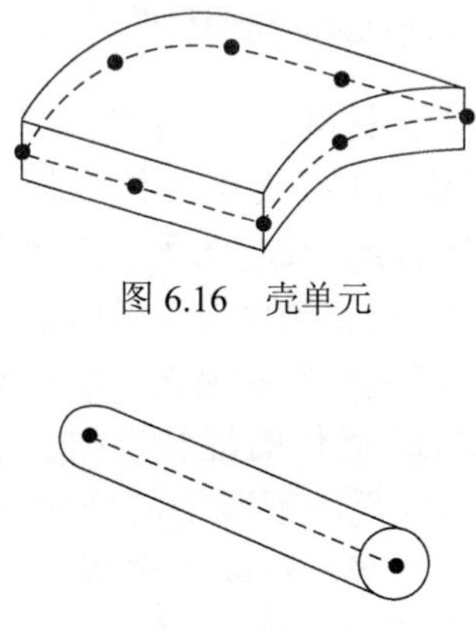

图 6.16 壳单元

图 6.18 桁架单元

在 ABAQUS/Standard 中，对于六面体和四边形单元，可选择完全积分或减缩积分。完全积分指当单元具有规则形状时，所用的高斯积分点数目足以对单元刚度矩阵中的多项式进行精确积分；减缩单元只适用于四边形和六面体单元，所有的楔形体、四面体和三角形实体单元只能采用完全积分，减缩积分单元比完全积分单元在每个方向少用一个积分点。

2）壳单元

壳单元（shell element，如图 6.16 所示）可模拟厚度方向尺寸远小于另外两个方向尺寸，且垂直于厚度方向的应力可以忽略的构件，如剪力墙和楼板。三维壳单元有三种不同的单元列式：一般壳单元（S4、S4R、S3S3R、SAX1、SAX2、SAX2T）、薄壳单元（STRI3、STRI65、S4R5、S8R5、S9R5、SAXA）和厚壳单元（S8R、S8RT）。所有的四边形壳单元（S4 除外）和三角形壳单元（S3、S3R 除外）都应采用减缩积分。

3）梁单元

梁单元（beam element，如图 6.17 所示）用来模拟长度方向尺寸远大于另外两个方向尺寸，且只有长度方向的应力比较显著的构件。梁单元库中有二维和三维、二次及三次梁单元，其中线性梁单元（B21 和 B31）和二次梁单元（B22 和 B32）允许剪切变形并考虑了有限轴向变形，适用于模拟细长梁和短梁，而三次梁单元（B23 和 B33）不考虑剪切柔度且假定轴向应变很小，只适用于模拟细长梁。

4）桁架单元

桁架单元（truss element）是只能承受拉荷载的杆，适用于模拟铰接框架结构和其他单元里的加强构件，经常用于模拟钢筋。桁架单元库中有二维和三维的线性和二次桁架单元。本次有限元数值模拟的钢筋采用两结点三维单元 T3D2（图 6.18），该单元有三个方向的自由度，具有很好的塑性变形能力。

2. 材料的本构模型[19,20]

1）混凝土材料

ABAQUS 主要提供两种混凝土本构模型：混凝土损伤塑性模型（concrete damaged plasticity model）和混凝土断裂模型（concrete smeared cracking model）。其中，混凝土损伤塑性模型考虑了混凝土的损伤效应，因此本章选用混凝土损伤塑性模型来研究构件的地震损伤行为。

ABAQUS 提供的混凝土损伤塑性模型，将损伤指标和刚度恢复系数引入混凝土模型来反映混凝土的受拉、受压损伤行为，损伤指标 d_c 和 d_t 是对材料刚度矩阵的折减，反映了混凝土在受压、受拉时损伤引起的弹性刚度退化，如图 6.19 所示。

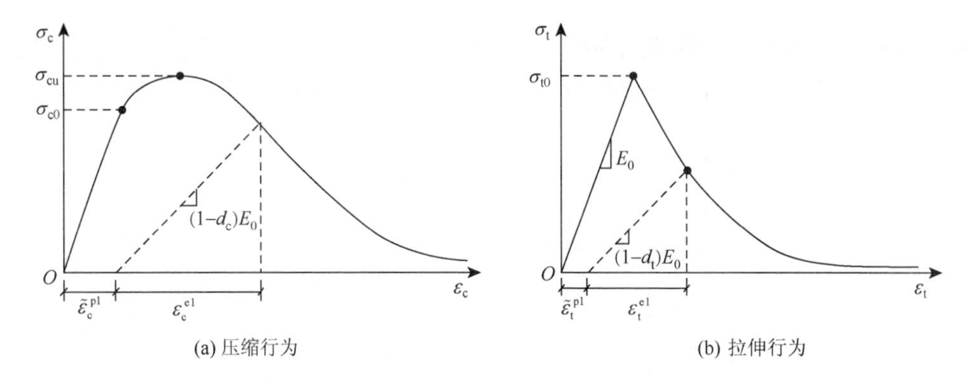

(a) 压缩行为　　(b) 拉伸行为

图 6.19　单向荷载下混凝土的压缩行为和拉伸行为

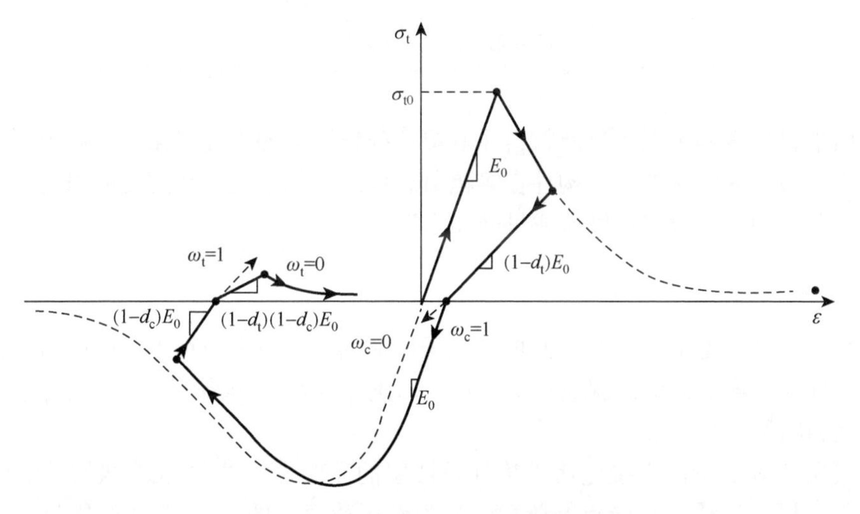

图 6.20　混凝土的受压、受拉损伤曲线

刚度恢复系数 ω_c 和 ω_t 主要用来模拟反向加载时的刚度，可以较好地模拟裂面张开-闭合的法向行为，刚度恢复系数越大，恢复的越多。例如，$\omega_t = 0$ 表示反向加载时拉伸刚度不恢复；$\omega_c = 1$ 表示反向加载时受压刚度完全恢复。图 6.20 显示了单轴情况下 $\omega_c = 1$ 和 $\omega_t = 0$ 时的材料低周往复行为。

2）钢材

选用理想三折线模型来描述钢材在弹性阶段、塑性阶段及强化阶段的应力-应变关系，如图 6.21 所示。

3. 加载与求解

采用以位移控制的加载模式（每级荷载以 0.2%的层间位移角递增，计算时每级荷载的增量步选为 2mm），通过对 step 模块输出变量的设置，得到模型各个单元在每个分析步应力、应变、位移、反力等分量的输出结果，可借助 combine 函数生成构件（或楼层）的滞回曲线。

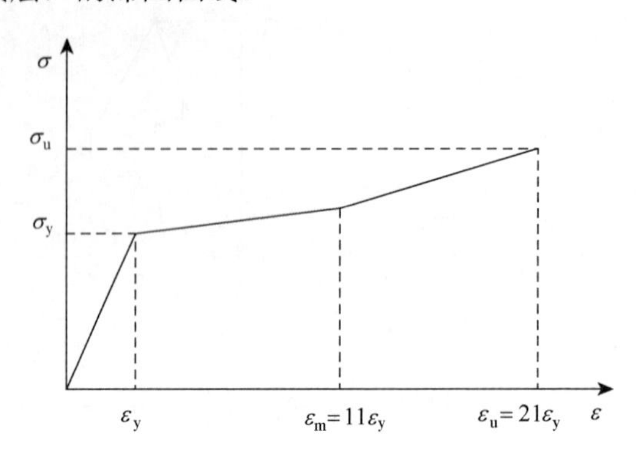

图 6.21　应力-应变曲线

σ_y 和 ε_y 分别为钢材的屈服应力和屈服应变；σ_u 和 ε_u 分别为钢材的极限应力和极限应变

由于材料本构关系未反映材料在等幅荷载作用下的强度退化，所以模型无法计算出试验中观测到的结构构件在等幅荷载作用下的承载力和刚度的退化。鉴于此，本节在加载中设定每级荷载只循环一次。

4. 构件受力状态的确定[21]

基于 ABAQUS 获得的滞回曲线上无明显的屈服点和破坏点，因此需要预先定义构件（或楼层）的屈服点与破坏点，以确定 SRC 框架梁柱、RC 剪力墙及楼层的受力状态。

采用“等能量法”确定诸类构件及楼层的屈服点，并取 85%极限荷载时的位移作为极限位移，相应点的荷载定义为破坏荷载。图 6.22 为“等能量法”的原理图。

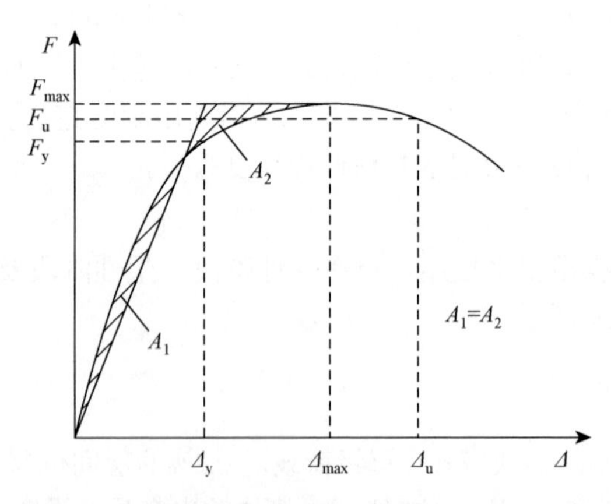

图 6.22　等能量法原理图

6.5 诸类构件损伤对楼层损伤破坏的影响

为研究往复荷载作用下诸类构件损伤对楼层损伤的影响，应先赋予指定构件一定程度的初始损伤，以便分析其对楼层动力反应的影响情况。本节将基于 6.2 节关于诸类构件各主要设计参数的损伤敏感度分析结果，通过调整截面尺寸、混凝土强度及配钢（筋）率等主要设计参数来模拟各类构件的初始损伤，并借助大型有限元分析软件 ABAQUS 对往复荷载作用下混合结构楼层损伤进行数值模拟分析，以揭示损伤构件类型（SRC 框架梁、柱及 RC 剪力墙）及程度（轻度、中度及重度）对楼层损伤的影响规律。

6.5.1 初始损伤的实现

基于诸主要设计参数对各类构件损伤敏感程度的分析结果，经反复调试，确定了诸类构件在发生轻度、中度（I 级和 II 级）及重度损伤时对应的截面尺寸、混凝土强度及配钢（筋）率情况（详见表 6.11～表 6.13），原形结构构件的设计参数见表 6.11。

表 6.11 框架梁预损设计参数

编号	截面尺寸/（mm×mm）	混凝土强度等级	型钢截面尺寸/（mm×mm×mm×mm）	型钢牌号	纵筋	箍筋	损伤值	损伤程度
B1	500×800	C45	H500×250×25×30	Q235	14ϕ25	ϕ10@100	0.09	轻度
B2	450×750	C40	H450×250×25×30	Q235	12ϕ25	ϕ10@100	0.26	中度 I
B3	450×700	C35	H450×200×20×25	Q235	12ϕ22	ϕ10@100	0.43	中度 II
B4	400×600	C25	H350×150×20×25	Q235	10ϕ20	ϕ10@100	0.64	重度

表 6.12 框架柱预损设计参数

编号	截面尺寸/（mm×mm）	混凝土强度等级	型钢截面尺寸/（mm×mm×mm×mm）	型钢牌号	纵筋	箍筋	损伤值	损伤程度
C1	750×750	C45	H450×400×30×45	Q235	16ϕ25	ϕ10@100	0.12	轻度
C2	700×700	C40	H420×350×25×40	Q235	16ϕ22	ϕ10@100	0.26	中度 I
C3	600×600	C35	H400×300×25×35	Q235	16ϕ22	ϕ10@100	0.49	中度 II
C4	450×450	C25	H300×250×20×30	Q235	12ϕ20	ϕ10@100	0.71	重度

表 6.13 剪力墙预损设计参数

编号	厚度/mm	混凝土强度等级	钢筋等级	水平分布筋	竖向分布筋	拉筋	损伤值	损伤程度
S1	350	C45	HRB335	ϕ16@150	ϕ18@200	ϕ8@500	0.15	轻度
S2	300	C40	HRB335	ϕ14@150	ϕ16@200	ϕ8@500	0.35	中度 I
S3	250	C35	HRB335	ϕ14@200	ϕ16@250	ϕ8@500	0.61	中度 II
S4	200	C25	HPB235	ϕ12@300	ϕ14@300	ϕ8@500	0.75	重度

6.5.2　模拟分析结果

为研究损伤构件类型（SRC 框架梁、柱和 RC 剪力墙）及损伤程度（轻度、中度及重度）对混合结构楼层损伤的影响，借助有限元分析软件 ABAQUS 对往复荷载作用下混合结构楼层的动力响应进行了数值模拟分析，以揭示一类和多类构件发生轻度、中度及重度损伤时对楼层损伤的影响规律。表 6.14 为一类和多类构件发生不同程度损伤时楼层的损伤情况。

图 6.23 为单类构件损伤对楼层损伤破坏的影响曲线。从图中可以看出，诸类构件发生相同（或相近）程度损伤时，SRC 框架梁的损伤对楼层损伤的影响最小，SRC 框架柱和 RC 剪力墙的损伤对楼层损伤影响相对较大，该规律适用于诸类构件发生任何程度（轻度、中度 I 级、中度 II 级、重度）的损伤，尤其在构件发生重度损伤时更为显著；随着 SRC 框架梁损伤程度的增加，混合结构楼层损伤总体呈严重趋势，但损伤值的变化幅度不大（[0.021，0.167]），即 SRC 框架梁损伤对混合结构楼层损伤的影响不明显；SRC 框架柱损伤对混合结构楼层损伤的影响规律与 SRC 框架梁基本相似，但当框架柱出现重度损伤时，其对楼层损伤的影响比框架梁更为显著；楼层损伤受 RC 剪力墙损伤的影响最大，尤其在[0.36，0.54]时最为明显，这种影响随着损伤程度进一步增大而有所衰弱。

表 6.14　一类或多类构件发生不同程度损伤对楼层损伤的影响

损伤构件类型		轻度损伤	中度损伤		重度损伤
			I 级	II 级	
一类构件发生损伤	B	0.021	0.059	0.098	0.167
	C	0.034	0.088	0.208	0.267
	S	0.045	0.135	0.267	0.347
多类构件发生损伤	B&C	0.073	0.186	0.335	0.438
	B&S	0.091	0.233	0.344	0.525
	C&S	0.099	0.265	0.456	0.698
	B&C&S	0.140	0.310	0.540	0.730

注：①所谓一类构件发生损伤是指楼层中一类构件（框架梁、柱或剪力墙）均发生相同程度损伤（轻度、中度及重度），多类构件发生损伤是指楼层中两类或三类构件同时发生相同程度损伤。

②B 代指 SRC 框架梁，C 代指 SRC 框架柱，S 代指 RC 剪力墙，B&C&S 代指 SRC 框架梁、柱及 RC 剪力墙。

③SRC 框架梁、柱及 RC 剪力墙的轻度、中度（I 级和 II 级）及重度分别为[0.09，0.26，0.43，0.64]、[0.12，0.26，0.49，0.71]及[0.15，0.35，0.61，0.75]。

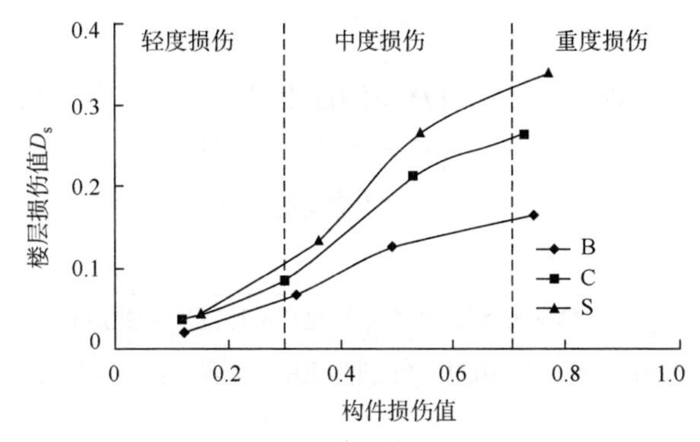

图 6.23　一类构件发生不同程度损伤对楼层损伤的影响

研究结果表明，混合结构楼层在往复荷载作用下发生损伤，诸类构件同时发生轻度、中度 I 级、中度 II 级或重度损伤时，其损伤权重系数近似存在 $\omega_S \approx 2.0\omega_B$、$\omega_S \approx 1.2\omega_C$，且 $\omega_{B+}\omega_C+\omega_S=1$。

往复荷载作用下楼层往往有多类构件同时发生损伤，且损伤构件的损伤程度各异。为研究多类构件发生不同程度损伤对整体结构损伤的影响规律，设计了 4 组计算模型（表 6.14），基于数值方法并借助有限元分析软件 ABAQUS 对其进行数值分析。图 6.24 为多类构件发生不同程度损伤对楼层损伤的影响曲线。

由图 6.23 和图 6.24 可以看出，当不同类型构件两两组合（B&C、B&S 或 C&S）发生相同程度损伤时，对楼层损伤的影响大小依次为 C&S > B&S > B&C，即 RC 剪力墙损伤对楼层损伤的贡献最大，SRC 框架柱其次，SRC 框架梁最小，该规律适用于构件发生任何程度的损伤。

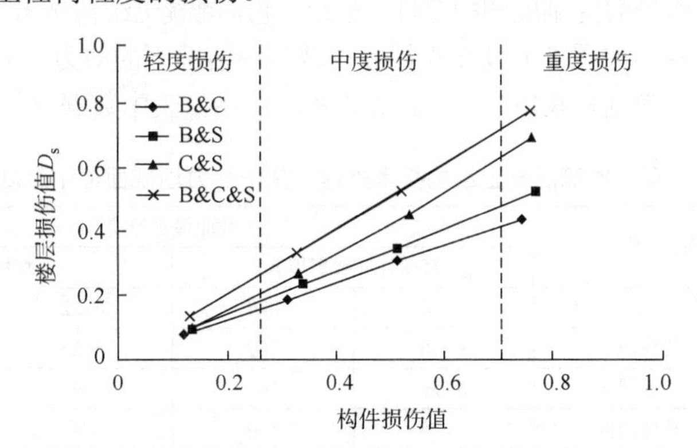

图 6.24　多类构件发生不同程度损伤对楼层损伤的影响曲线

基于上述 7 种计算模型的数值模拟结果，借助数据分析软件 ORIGIN8.0 进行回归分析，结果表明 SRC 框架梁损伤与楼层损伤之间基本呈指数关系，SRC 框架柱及 RC 剪力墙损伤与楼层损伤之间存在近似线性关系，诸类构件损伤与楼层损伤之间的数学关系如下。

一类构件

$$\begin{cases} D_s = 0.02e^{3.66D_b} \\ D_s = 0.41D_c - 0.01 \\ D_s = 0.50D_{sw} - 0.04 \end{cases} \tag{6-39a}$$

多类构件

$$D_s = 0.53e^{(0.12D_b)}\sqrt{1.4D_c^2 + 1.7D_{sw}^2 + 0.005} \tag{6-39b}$$

式中，D_s 为楼层损伤值；D_b、D_c和D_{sw} 分别为 SRC 框架梁、柱和 RC 剪力墙的损伤值。

6.6　诸主要因素对混合结构楼层损伤的影响

为研究 RC 剪力墙高厚比和 SRC 框架柱轴压比对混合结构楼层损伤的影响，这里根据 6.2 节关于诸类构件各主要设计参数的损伤敏感度分析结果及本章的回归公式（6-39），并基于与诸主要因素相对应的结构设计参数，得到了楼层损伤受诸因素影响的数学关系式，最终建立了诸主要因素对楼层损伤的综合影响函数。

6.6.1　RC 剪力墙高厚比

RC 剪力墙属于截面高度较大而厚度相对较小的“片”状构件，因其具有较大的平面内刚度而在混合结构中承担了大部分的水平荷载，其取值的大小决定了结构的受力特征倾向于框架还是核心筒。

为确保剪力墙平面内刚度和稳定性，《高层建筑混凝土结构技术规程》（JGJ 3—2010）[22]对有端柱（或翼墙）及无端柱和翼墙两种情况下的剪力墙截面最小厚度进行了强制性规定，详见表 6.15。表中，h 为楼层层高；表中数据单位均为 mm。

表 6.15　《高层建筑混凝土结构技术规程》关于剪力墙截面最小厚度的要求

抗震等级	剪力墙部位	截面最小厚度			
		有端柱（或翼墙）		无端柱和翼墙	
一、二级	底部加强部位	$h/16$	200	$h/12$	200
	其他部位	$h/20$	160	$h/15$	180
三、四级	底部加强部位	$h/20$	160	160	160
	其他部位	$h/25$	160	160	160
非抗震设计	—	$h/25$	160	160	160

当剪力墙截面厚度不满足《高层建筑混凝土结构技术规程》相关规定时，墙体应满足

$$q \leqslant \frac{E_c t^3}{10 l_0^2} \tag{6-40}$$

式中，q 为作用于墙体顶部的等效竖向均布荷载设计值；E_c 为混凝土弹性模量；t 为剪力墙截面厚度；l_0 为剪力墙墙肢的计算长度，按式（6-41）确定：

$$l_0=\beta h \tag{6-41}$$

其中，β 为墙肢计算长度系数，对于单片独立墙肢（两边支承）可取为 1.0；h 为墙肢所在楼层层高。

为研究剪力墙高厚比（高度与截面厚度之比，$\varsigma=h/t$）对混合结构楼层损伤演化规律的影响，本章对具有不同剪力墙高厚比（介于 10.3～36.0）的 6 组计算模型进行了数值分析，模拟结果详见表 6.16。表中，楼层层高为 3600mm；原型结构的剪力墙高厚比为 9.0。

表 6.16 剪力墙高厚比对楼层损伤的影响

编号	厚度/mm	高厚比	楼层损伤值	编号	厚度/mm	高厚比	楼层损伤值
1	350	10.3	0.042	4	200	18.0	0.247
2	300	12.0	0.111	5	150	24.0	0.312
3	250	14.4	0.153	6	100	36.0	0.367

图 6.25 为混合结构楼层损伤量与 RC 剪力墙高厚比之间的关系曲线。由图可知，随着剪力墙高厚比的增大，楼层损伤程度越来越严重；当 $\varsigma\geqslant18$ 时，楼层损伤受高厚比的影响较小（损伤值的变幅介于 0.247～0.367），这主要是因为随着剪力墙平面内刚度减小，核心筒所承担的水平荷载有所下降，剪力墙损伤对楼层损伤的贡献随之减少。基于 6 组计算模型的数值分析结果，拟合出楼层损伤与剪力墙高厚比的关系式：

$$D=0.26\ln\varsigma-0.54 \tag{6-42}$$

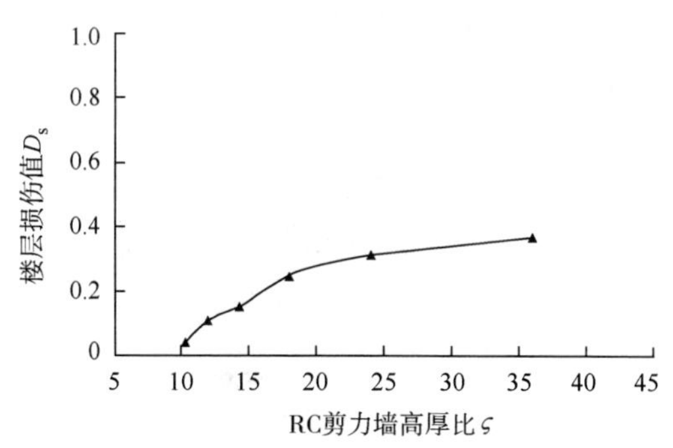

图 6.25 剪力墙高厚比对楼层损伤的影响

6.6.2 SRC 框架柱轴压比

Park-Ang 模型认为构件损伤应是最大变形和累积滞回耗能的组合，其中构件的耗能因子 β 反映了轴压比对构件滞回耗能的影响；在对 SRC 框架柱骨架曲线特征点确定的研究中，通过对收集的 84 组试验数据进行多元线性回归分析，结果表明轴压比对框架柱变形及刚度的影响较为显著。因此，作为影响 SRC 框架柱受力性能（抗剪承载力、刚度）的关键影响因素之一，轴压比关系到框架部分的整体抗倒塌能力，从而影响到整体结构的破坏形态。

为研究 SRC 框架柱轴压比对楼层损伤的影响，设计了 6 组具有不同轴压比的计算模型，设计参数及数值模拟结果见表 6.17。

表 6.17　SRC 框架柱轴压比对楼层损伤的影响

编号	截面尺寸 /（mm×mm）	轴压比	楼层损伤值	编号	截面尺寸 /（mm×mm）	轴压比	楼层损伤值
1	750×750（H450×400×30×45）	0.34	0.042	4	600×600（H350×280×25×35）	0.53	0.247
2	700×700（H400×350×30×40）	0.39	0.111	5	550×550（H300×250×22×30）	0.64	0.312
3	650×650（H350×300×28×40）	0.46	0.153	6	500×500（H250×200×20×30）	0.77	0.367

注：①括号内数据为构件内嵌型钢的截面尺寸，截面尺寸单位均为 mm。

②原型结构的 SRC 柱轴压比为 0.30。

图 6.26 为混合结构楼层损伤量与 SRC 框架柱轴压比之间的关系曲线。由图可知，楼层损伤随框架柱轴压比的增大而增大，近似呈线性关系。这主要是因为高轴压比框架柱容易发生小偏心受压破坏，致使框架柱在结构延性没有得到充分发挥时先行破坏。基于 6 组计算模型的数值分析结果，拟合得到楼层损伤与框架柱轴压比的数学关系式：

$$D = 0.55n - 0.14 \tag{6-43}$$

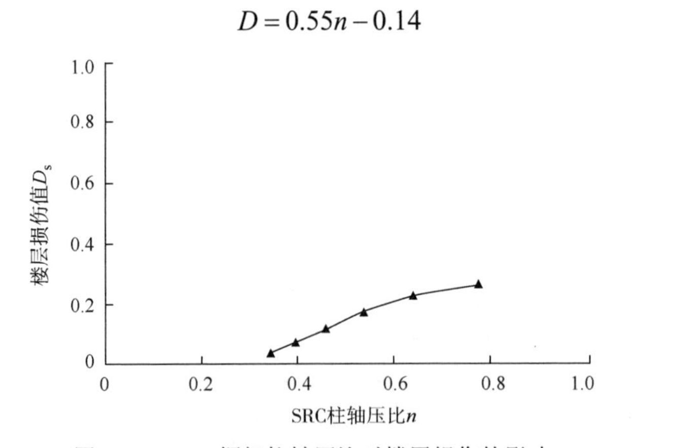

图 6.26　SRC 框架柱轴压比对楼层损伤的影响

6.7　适用于 SRC 框架-RC 核心筒混合结构楼层的损伤模型

基于国内外关于结构地震损伤模型的研究成果，可以认为混合结构楼层损伤模型应由设计参数和损伤构件类型及程度两部分组成，故构造如下函数描述楼层地震损伤模型：

$$D_s = f_1(\varsigma, n) \times f_2(D_b, D_c, D_{sw}) \tag{6-44}$$

式中，$f_1(\varsigma,n)$ 为诸设计参数对楼层损伤的综合影响函数；$f_2(D_b,D_c,D_{sw})$ 为损伤构件类型及程度与楼层损伤之间的关系函数。

$$f_1(\varsigma, n) = \frac{an^b}{c - d\ln(e\varsigma)} \tag{6-45}$$

式中，a、b、c、d 和 e 均为待定系数，可由数值模拟结果回归得到：

$$f_1(\varsigma, n) = \frac{5.2n^{0.75}}{1.2\ln(0.5\varsigma) + 0.5} \tag{6-46}$$

损伤构件类型及损伤程度与楼层损伤之间的关系函数 $f_2(D_b,D_c,D_{sw})$ 见式(6-39)。

参 考 文 献

[1] 郭子雄，刘阳，杨勇. 结构震害指数研究评述[J]. 地震工程与工程振动，2004，24（5）：56-61.

[2] 王立明，顾祥林. 钢筋混凝土结构的损伤累积模型[J]. 工程力学，1997，A02：44-49.

[3] 王斌. 型钢高强高性能混凝土构件及其框架结构的地震损伤研究[D]. 西安：西安建筑科技大学，2010.

[4] 赵鸿铁. 钢与混凝土组合结构[M]. 北京：科学出版社，2001.

[5] 车顺利. 型钢高强高性能混凝土梁的基本性能及设计计算理论研究[D]. 西安：西安建筑科技大学，2008.

[6] 李俊华. 低周反复荷载下型钢高强混凝土柱受力性能研究[D]. 西安：西安建筑科技大学，2005.

[7] 蒋传星. 配箍率对剪跨比为 5 的型钢高强混凝土柱受力性能影响的试验研究[D]. 重庆：重庆大学，2007.

[8] 刘伟. 型钢高强混凝土柱轴压比限值的试验研究[D]. 重庆：重庆大学，2007.

[9] 陈才华. 型钢混凝土压弯构件试验研究及数值计算[D]. 北京：中国建筑科学研究院，2007.

[10] 杨定锋. 配箍率对 $\lambda=3$ 型钢高强混凝土柱在反复荷载作用下受力性能影响的试验研究[D]. 重庆：重庆大学，2007.

[11] 孙苍柏. 钢骨高强混凝土柱抗震性能的研究[D]. 西安：西安建筑科技大学，2004.

[12] 贾金青. 钢骨高强混凝土短柱及高强混凝土短柱力学性能的研究[D]. 大连：大连理工大学，2000.

[13] 宋文博. 型钢高强高性能混凝土框架柱抗震性能试验研究[D]. 西安：西安建筑科技大学，2008.

[14] 中华人民共和国国家标准. 混凝土结构设计规范（GB 50010—2010）[S]. 北京：中国建筑工业出版社，2010.

[15] 中华人民共和国行业标准. 型钢混凝土组合结构技术规程（JGJ 138—2001）[S]. 北京：中国建筑工业出版社，2002.

[16] 张松，吕西林，章红梅. 钢筋混凝土剪力墙构件恢复力模型[J]. 沈阳建筑大学学报，2009，25（4）：644-649.

[17] 吕西林，龚治国. 某复杂高层建筑结构弹塑性时程分析及抗震性能评估[J]. 西安建筑科技大学学报（自然科学版），2006，38（5）：593-602.

[18] 陈敏. 地震激励下混合结构中局部构件损伤对楼层整体损伤影响的研究[D]. 西安：西安建筑科技大学，2010.

[19] 王蜀国，傅传国. ABAQUS 结构工程分析及实例详解[M]. 北京：中国建筑工业出版社，2010.

[20] 陆新征，叶列平，缪志伟. 建筑抗震弹塑性分析——原理、模型与在 ABAQUS、MSC. MARC 和 SAP2000 上的实践[M]. 北京：中国建筑工业出版社，2010.

[21] 陶清林. 地震激励下 SRC 框架-RC 核心筒混合结构损伤模型研究[D]. 西安：西安建筑科技大学，2011.

[22] 中华人民共和国行业标准. 高层建筑混凝土结构技术规程（JGJ 3—2010）[S]. 北京：中国建筑工业出版社，2011.

7 SRC 框架-RC 核心筒混合结构地震损伤模型研究

为研究地震激励下混合结构损伤演化规律，将 30 层 SRC 框架-RC 核心筒混合结构作为研究对象，构造了以基本自振周期为自变量的损伤表征函数，基于第 6 章关于往复荷载作用下 SRC 框架-RC 核心筒混合结构楼层损伤模型的研究成果，采用“预定损伤法”研究了损伤楼层的数量、位置及程度对整体结构损伤的影响，揭示了地震波峰值速度与峰值加速度的比值、高宽比及刚度特征值对整体结构地震损伤的影响规律，建立了 SRC 框架-RC 核心筒混合结构的地震损伤演化模型。

7.1 混合结构地震损伤的表征

结构物理参数（如强度、刚度、延性等）和模态参数（如自振周期、阻尼比、振型等）是评价结构抗震性能的两个重要指标，其中物理参数是反映结构性态最为直接的指标，但在实际工程中往往很难得到这些参数的精确值，这主要是因为结构的强度、刚度等参数无法通过仪器进行测量，需要基于某些假设条件进行简化计算；模态参数反映了结构质量及刚度的分布情况，某种程度上可以体现结构物理性态的变化，是评价结构性能的间接指标，通过现场测试或有限元模拟分析，很容易对其进行定量评价[1]。

7.1.1 基于物理参数的表征量

结构物理参数（如强度、刚度、延性等）是评价结构抗震性能的重要指标，直接反映结构性态的变化。目前国内外基于物理参数的损伤表征量主要有刚度、变形和延性三类。

1）刚度

Sozen[2]以损伤前后结构刚度的衰减来描述损伤，即

$$D = 1 - \frac{k_{\mathrm{f}}}{k_0} \tag{7-1}$$

式中，k_0 为初始刚度；k_{f} 为构件变形到最大位移处的割线刚度。

实际上构件的损伤不仅是单一因素退化的结果，应是强度和刚度退化的综合反映，因此 Roufaiel 和 Meyer 给出了截面修正弯曲损伤的定义：

$$D = \mathrm{Max}\left(D^+, D^-\right) = \mathrm{Max}\left(\frac{\dfrac{\phi_x^+}{M_x^+} - \dfrac{\phi_y^+}{M_y^+}}{\dfrac{\phi_m^+}{M_m^+} - \dfrac{\phi_y^+}{M_y^+}}, \frac{\dfrac{\phi_x^-}{M_x^-} - \dfrac{\phi_y^-}{M_y^-}}{\dfrac{\phi_m^-}{M_m^-} - \dfrac{\phi_y^-}{M_y^-}}\right) \tag{7-2}$$

式中，M_y/ϕ_y 为构件的初始弹性抗弯刚度；M_x/ϕ_x 为构件实际最大变形时对应的割线刚度；M_m/ϕ_m 为构件在破坏状态时对应的割线刚度；ϕ 和 M 分别为截面在某时的曲率和弯矩。

若把该模型扩展到受弯构件以外的诸类构件，则式（7-2）可改写为

$$D = \frac{k_f}{k_m} \times \frac{k_m - k_0}{k_f - k_0} \tag{7-3}$$

式中，各符号意义如图 7.1 所示。

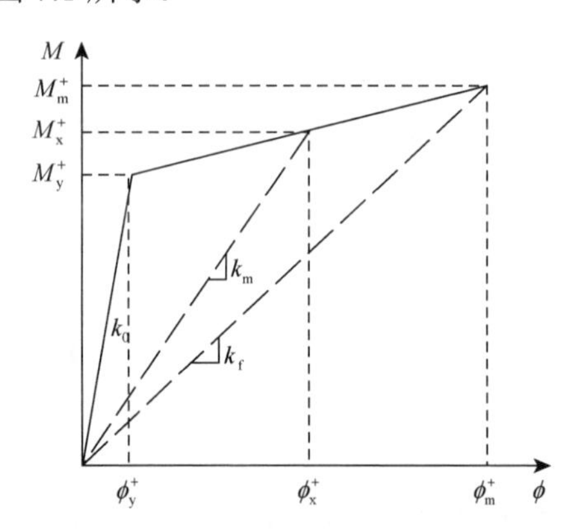

图 7.1 M-ϕ 曲线及各阶段刚度示意图

Ghobarah 等[3]提出用地震激励前后结构的刚度之比来量化结构发生的损伤，而结构刚度改变则可通过一次推覆分析来确定。

朱红武等[4]将 Ghobarah 提出的计算结构刚度变化的方法应用到结构各阶模态分析，利用模态 Pushover 得到各阶振型的刚度变化情况，计算各阶相应模态的最大损伤值，再将各阶模态的损伤值进行叠加，以较精确地计算结构（或构件）在出现弹塑性变形后损伤的变化情况。

2）变形

Giberson[5]利用构件的变形转角来定义损伤：

$$D = \frac{\theta_m - \theta_y}{\theta_u - \theta_y} = \frac{\mu_m - 1}{\mu_u - 1} \tag{7-4}$$

式中，θ_y 为构件的屈服转角；θ_m 为构件的最大转角；θ_u 为构件单调加载时的极限转角；μ_m 为构件的最大延性率；μ_u 为构件的临界延性率。

3）延性比

Powell 和 Allchabadi[6]提出一种改进的延性比模型，他们认为超限的变形是引起结构或构件破坏的最主要因素，其震害指数计算公式为

$$D=\frac{\delta_{\mathrm{m}}-\delta_{\mathrm{y}}}{\delta_{\mathrm{f}}-\delta_{\mathrm{y}}}=\frac{\mu-1}{\mu_{\mathrm{f}}-1} \tag{7-5}$$

式中，δ_{m} 为结构（或构件）经受的最大变形；μ_{f} 为单调加载试验下的极限延性比；其他符号意义同前。

该模型只有在 $\delta_{\mathrm{m}}>\delta_{\mathrm{y}}$ 时才具有物理意义，且存在一个缺陷：当结构（或构件）在地震荷载作用下彻底破坏时，其损伤值尚未达到 1。这主要是因为反复荷载作用下结构（或构件）所能经受的最大延性比可能小于单调加载下的极限延性比。

7.1.2　基于模态参数的表征量

结构损伤识别的基本思路是依据结构的动力响应识别结构当前性态，即结构性态可通过结构模态参数（自振周期、阻尼比、振型等）进行描述，它反映了结构的质量和刚度分布状态。当结构的模态参数发生变化时，能间接反映结构的物理性态变化，从而可以定性定量地判别结构状态的改变。

20 世纪 90 年代以来，学者对地震激励下结构振动特性的变化进行了大量的研究，并根据这种变化对结构的损伤状态进行了定量评估。其中最具代表性的是 Köylüoĝlu 等[7]提出的一种基于结构自振周期变化的震害指数模型，具体如下。

定义结构第 j 阶振型的瞬间振型损伤指数为

$$D_j(t)=1-\frac{T_{0,j}}{T_j(t)} \tag{7-6}$$

式中，$T_{0,j}$ 为线性结构第 j 阶振型对应的周期；$T_j(t)$为在地震中刚度缓慢变化的等效线性结构第 j 阶振型对应的周期。

$T_{0,j}$ 可通过先前对结构的分析或非损伤性试验得到，$T_j(t)$可通过对瞬间总体刚度矩阵的计算求得，也可以在震后通过一个系统识别过程对激励和位移反应的时间序列来估计。

第 j 阶振型的最大振型损伤指数定义为整个地震过程中 $D_j(t)$的最大值，即

$$D_{M,j}=\max D_j(t),\qquad j=1,2,3,\cdots,n \tag{7-7}$$

将各振型的振型损伤指数按振型参与系数进行加权平均，可以得到结构震害指数：

$$D_M=\frac{\left|\beta_j\right|}{\sum_{j=1}^{n}\left|\beta_j\right|}D_{M,j} \tag{7-8}$$

式中，β_j 为各振型的参与系数；其他符号意义同前。

王立明等[8]参考 Sozen 的损伤模型，定义结构在多次地震连续作用下，整体结构的累积损伤指标为

$$D = 1 - f_i^2 / f_0^2 \tag{7-9}$$

式中，f_i 为第 i 次地震作用后结构基本自振频率；f_0 为损伤前结构基本自振频率。

模型结构的振动台试验表明，该损伤指标能反映 RC 框架或 RC 剪力墙结构的震害，能模拟多次地震作用下结构的整体反应，但其局部损伤严重部位的计算结果与试验结果还有一定的差距，尚待进一步探讨。

地震作用前后结构模态的改变反映了结构刚度的衰退，间接反映了结构整体损伤的轻重[9]。李洪泉和欧进萍[10]采用模态提取的方法来实现对刚度退化的定量评估；李国强等[11]利用结构的前几阶动力模态，提出了适用于框架结构的分步识别法；Dipasquale 等和 Cakmak[12]研究了最大软化指标、塑性软化指标及最终软化指标之间的关系，认为软化指标与结构在不同损伤状态下的前几阶自振周期有关。

7.1.3　适用于 SRC 框架-RC 核心筒混合结构地震损伤的表征量

国内外相关研究表明，结构基本自振周期与损伤指数之间呈非线性关系。本章参考龚治国等[13]、李国强等[14]、徐培福等[15]基于结构地震损伤试验所得到的研究成果，考虑到结构模态参数对地震损伤指数的灵敏度，认为地震作用前后结构基本自振周期的变化与损伤指数之间服从对数关系，进而引入国际上对损伤程度的常规约定（损伤值在 0～1 变化），建立了适用于 SRC 框架-RC 核心筒混合结构地震损伤的表征函数，表达如下：

$$D = \chi \ln\left(\left|\frac{T_{\text{weakened}} - T_{\text{original}}}{T_{\text{original}}}\right| + 1\right) = \chi \ln\left(\left|\frac{T_{\text{weakened}}}{T_{\text{original}}} - 1\right| + 1\right) \tag{7-10}$$

式中，D 为整体结构的地震损伤值；T_{original} 和 T_{weakened} 分别为损伤前后结构的基本自振周期；χ 为经验系数。

地震激励下混合结构的受力性能（强度、刚度或变形等）会出现一定程度的退化，但结构质量基本不变，因而结构的基本自振周期会有所增大，式（7-10）可进一步简化为

$$D = \chi \ln\left(\frac{T_{\text{weakened}}}{T_{\text{original}}}\right) \tag{7-11}$$

根据龚治国、李国强及徐培福等关于地震损伤的振动台试验结果，本章对经

验系数 χ 进行了拟合分析，得到其数值分别为 0.46、0.625 和 0.83。鉴于本章的研究对象（SRC 框架-RC 核心筒混合结构）与徐培福所完成的试验更为接近，将经验系数取为 0.85，基于模态参数的混合结构地震损伤可表征为

$$D = 0.85\ln\left(\frac{T_{\text{weakened}}}{T_{\text{original}}}\right) \tag{7-12}$$

式中，D 为整体结构的地震损伤值；T_{original} 和 T_{weakened} 分别为损伤前后结构的基本自振周期。

7.2　混合结构计算模型的设计与数值模拟概况

7.2.1　工程概况

某工程采用 SRC 框架-RC 核心筒混合结构体系，平面尺寸为 24.0m×18.0m，柱距和柱跨均为 6.0m，地上共 30 层（地下一层），楼层层高均为 3.6m，结构建筑高度为 108m，总建筑面积为 12960.00m^2，标准层平面布置图如图 7.2 所示，东、南立面图（SAP 提供）分别如图 7.3（a）和（b）所示。该混合结构按 7 度进行抗震设防，场地土类别为 II 类，安全等级为二级，抗震等级为二级，设计地震分组属第二组。

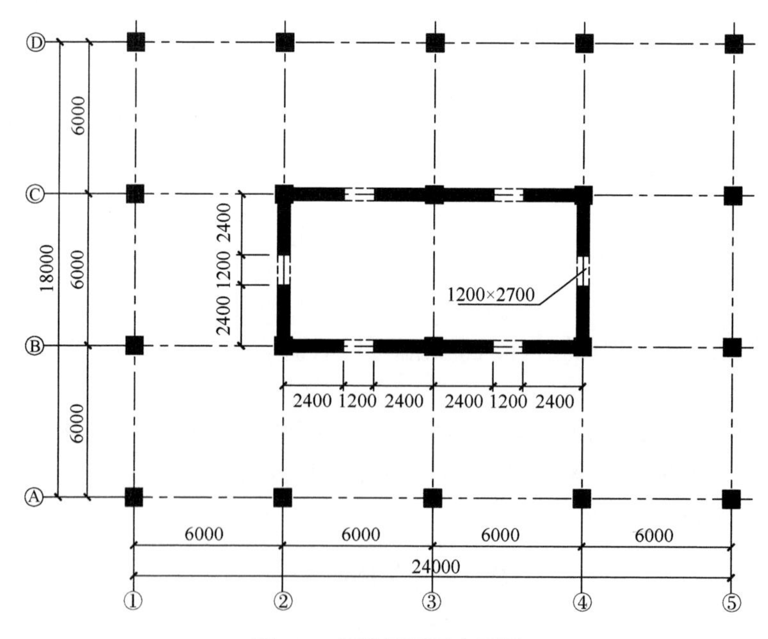

图 7.2　标准层平面布置图

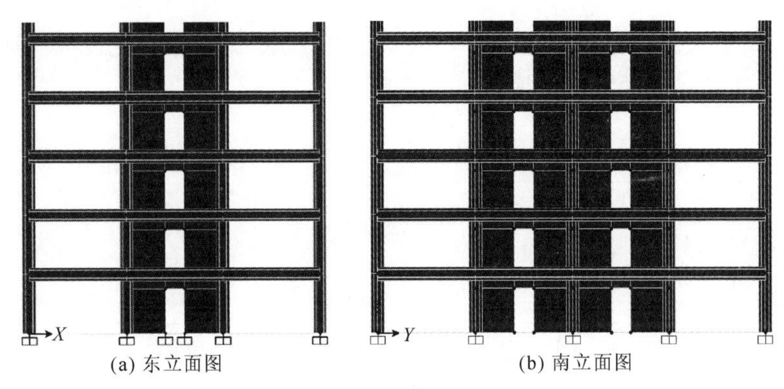

图 7.3 结构东、南立面图（底部几层）

7.2.2 构件截面尺寸与配筋

SRC 框架梁的截面尺寸为 500mm×800mm，内嵌型钢尺寸为 H550mm×250mm×25mm×30mm，纵向钢筋按 14ϕ25 进行配置，箍筋按ϕ10@100 进行配置；SRC 框架柱的截面尺寸为 800mm×800mm，内嵌型钢尺寸为 H500mm×450mm×30mm×45mm，纵向钢筋按 16ϕ25 进行配置，箍筋按ϕ10@100 配置；混凝土强度等级均为 C45，内置型钢均选用 Q235，钢筋均采用 HPB235。SRC 框架梁、柱截面尺寸及配钢（筋）情况如图 7.4（a）和（b）所示。

剪力墙为钢筋混凝土联肢剪力墙，墙厚为 400mm，配置双排钢筋网面（RC 剪力墙截面尺寸及配筋情况如图 7.4（c）所示）：水平分布筋按ϕ16@150 配置，竖向分布筋按ϕ18@200 配置，拉筋按ϕ8@500 配置；剪力墙墙体的洞口尺寸为 1200mm×2700mm，洞口上方为 RC 内连梁，截面尺寸为 400mm×900mm；混凝土强度等级为 C50，钢筋采用 HPB300。

楼（屋）面板均采用钢筋混凝土现浇板，板厚为 150mm；混凝土强度等级为 C35，钢筋采用 HPB235。

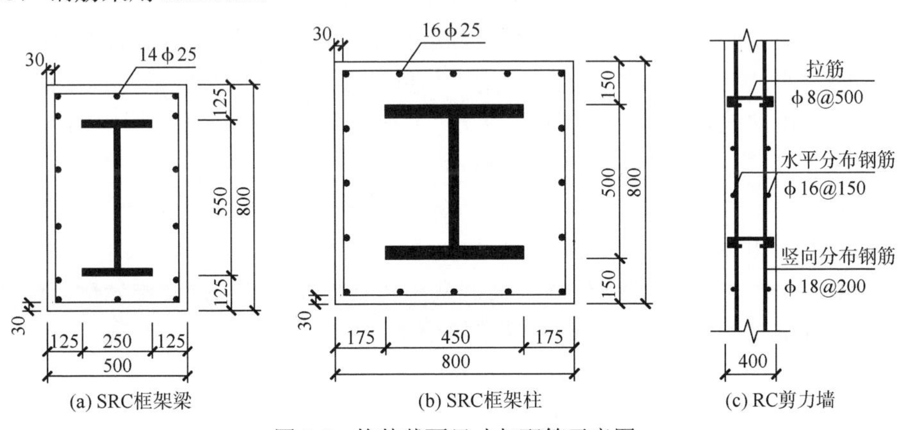

图 7.4 构件截面尺寸与配筋示意图

SRC 框架-RC 核心筒混合结构中各类构件（SRC 框架梁、柱及 RC 剪力墙、楼（屋）面板）截面尺寸及配钢（筋）详见表 7.1。

表 7.1　SRC 框架梁、柱及 RC 剪力墙、楼（屋）面板截面尺寸及配钢（筋）

类别＼属性	构件截面尺寸	混凝土强度等级	型钢截面尺寸	纵筋	箍筋
框架梁	500×800	C45	H550×250×25×30	14ϕ25	ϕ10@100
框架柱	800×800	C45	H500×450×30×45	16ϕ25	ϕ10@100
剪力墙	400	C50	水平分布筋按 ϕ16@150 配置，竖向分布筋按 ϕ18@200 配置，拉筋按 ϕ8@500 配置；混凝土保护层厚度为 25mm		
楼（屋）面板	150	C35	分布筋按 ϕ8@200 配置；受拉钢筋按 ϕ10@150 配置；混凝土保护层厚度为 20mm		

注：①表中数据的单位均为 mm。

②根据《高层建筑混凝土结构技术规程》7.2.3 条规定：400mm 厚及其以下的剪力墙仅需配置双排钢筋；若厚度超过 400mm，应配置三层钢筋网片。

7.2.3　建模约定与数值模拟

在研究损伤发生的位置及程度、地震波特性、刚度特征值、结构高宽比对 SRC 框架-RC 核心筒混合结构地震损伤演化的影响时，为避免其他因素对数值模拟结果的影响，本章在参考国内外相关文献的基础上[16~18]，给出了如下建模约定：①假定楼板为刚性楼板，即其平面内刚度无穷大；②选用连梁单元对剪力墙洞口上部墙体进行建模分析（即将其视为内连梁）；③振型数的选取遵守《建筑抗震设计规范》（GB 50011—2010）规定，并采用“耦联”的方式进行振型组合，本章振型数取为 30，阻尼比为 0.05；④不对构件的刚度进行折减（或增大），不对梁的扭转刚度实施折减，梁弯矩增大系数和梁端调幅系数均取为 1.0；⑤考虑填充墙刚度对结构自振周期的影响，周期折减系数均取为 0.85；⑥考虑重力荷载的二阶效应（即 P-Δ 效应）；⑦不考虑竖向地震作用；⑧阻尼比为 0.05 的反应谱与目标谱各周期点之间的最大差异，在结构周期不大于 3s 时不大于 15%，在结构周期大于 3s 时不大于 20%，平均差异不宜大于 10%。

相对于 ABAQUS 软件，SAP2000 软件在确保工程精度的前提下，更能够方便快捷地模拟出结构模态参数的变化情况。鉴于此，选用结构设计分析软件 SAP2000 对所给 SRC 框架-RC 核心筒混合结构进行弹塑性动力时程分析。图 7.5 为所给混合结构工程实例的结构三维数值模型。

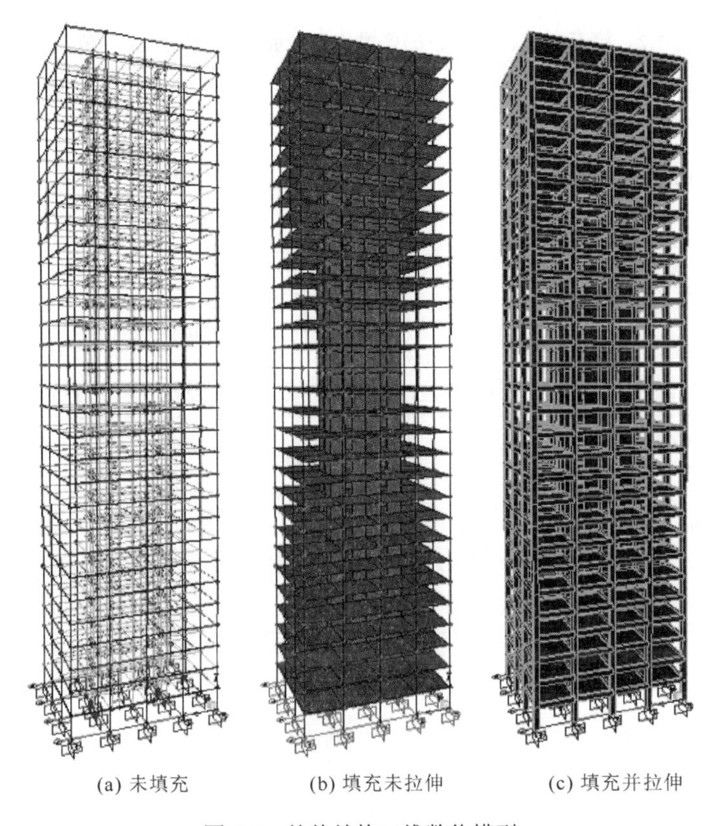

(a) 未填充　(b) 填充未拉伸　(c) 填充并拉伸

图 7.5　整体结构三维数值模型

7.3　楼层损伤对整体结构损伤破坏的影响

7.3.1　初始损伤的实现

基于第 6 章关于诸类构件各主要设计参数的损伤敏感度分析结果，得到了诸类构件损伤对楼层损伤破坏的影响，给出了诸类构件损伤对楼层损伤的贡献系数，建立了往复荷载作用下 SRC 框架-RC 核心筒混合结构楼层损伤模型。

为研究地震激励下楼层损伤对整体结构损伤的影响，基于第 6 章研究成果，预先赋予指定楼层一定程度的初始损伤，利用楼层地震损伤模型评价损伤程度，进而研究损伤楼层的数量（单个楼层和多个楼层）、位置及程度（轻度、中度及重度）对整体结构损伤的影响。经反复调试，给出楼层在发生轻度、中度（中度损伤在实际工程中较为常见，分别按 I、II 级损伤程度考虑）及重度损伤时对应的截面尺寸与配钢（筋）情况，见表 7.2～表 7.5。

表 7.2　楼层轻度损伤对应的各类构件截面尺寸及配（钢）筋情况

属性 类别	构件截面尺寸	混凝土强度等级	型钢截面尺寸/（mm×mm×mm×mm）	纵筋	箍筋
框架梁	500mm×800mm	C45	H500×250×20×25	14φ25	φ10@100
框架柱	750mm×750mm	C45	H450×400×30×45	16φ25	φ10@100
剪力墙	350mm	C45	水平分布筋按φ16@150 配置，竖向分布筋按φ18@200 配置，拉筋按φ8@500 φ8@500 配置，均采用 HPB300 级钢筋；混凝土保护层厚度为 25mm		
楼（屋）面板	150mm	C35	分布筋按φ8@200 配置；受拉钢筋按φ10@150 配置，均采用 HPB300 级钢筋；混凝土保护层厚度为 20mm		

表 7.3　楼层中度损伤 I 对应的各类构件截面尺寸及配（钢）筋情况

属性 类别	构件截面尺寸	混凝土强度等级	型钢截面尺寸/（mm×mm×mm×mm）	纵筋	箍筋
框架梁	450mm×750mm	C40	H450×250×25×30	14φ25	φ10@100
框架柱	750mm×750mm	C40	H420×350×25×40	16φ25	φ10@100
剪力墙	300mm	C40	水平分布筋按φ14@150 配置，竖向分布筋按φ16@200 配置，拉筋按φ8@500 配置，均采用 HPB300 级钢筋；混凝土保护层厚度为 25mm		
楼（屋）面板	150mm	C35	分布筋按φ8@200 配置；受拉钢筋按φ10@150 配置，均采用 HPB300 级钢筋；混凝土保护层厚度为 20mm		

表 7.4　楼层中度损伤 II 对应的各类构件截面尺寸及配（钢）筋情况

属性 类别	构件截面尺寸	混凝土强度等级	型钢截面尺寸/（mm×mm×mm×mm）	纵筋	箍筋
框架梁	450mm×700mm	C35	H450×200×20×25	14φ25	φ10@100
框架柱	600mm×600mm	C35	H400×300×25×35	16φ25	φ10@100
剪力墙	250mm	C35	水平分布筋按φ14@200 配置，竖向分布筋按φ16@250 配置，拉筋按φ8@500 配置，均采用 HPB300 级钢筋；混凝土保护层厚度为 25mm		
楼（屋）面板	150mm	C35	分布筋按φ8@200 配置；受拉钢筋按φ10@150 配置，均采用 HPB300 级钢筋；混凝土保护层厚度为 20mm		

表 7.5　楼层重度损伤对应的各类构件截面尺寸及配（钢）筋情况

属性 类别	构件截面尺寸	混凝土强度等级	型钢截面尺寸/（mm×mm×mm×mm）	纵筋	箍筋
框 架 梁	400mm×600mm	C25	H350×150×20×25	14φ25	φ10@100
框 架 柱	450mm×450mm	C25	H300×250×20×30	16φ25	φ10@100
剪 力 墙	200mm	C25	水平分布筋按φ12@300 配置，竖向分布筋按φ14@300 配置，拉筋按φ8@500 配置，均采用 HPB300 级钢筋；混凝土保护层厚度为 25mm		
楼（屋）面板	150mm	C35	分布筋按φ8@200 配置；受拉钢筋按φ10@150 配置，均采用 HPB300 级钢筋；混凝土保护层厚度为 20mm		

基于 6.2 节提出的关于诸类构件各主要设计参数损伤敏感度分析的方法，根

据表 7.2～表 7.5 中相关数据，计算得到 SRC 框架梁、柱及 RC 剪力墙的初始损伤值，再利用混合结构地震损伤模型计算楼层的初始损伤值。

不同损伤状态下各类构件及楼层的初始损伤值见表 7.6。

表 7.6 不同损伤状态下诸类构件及楼层的初始损伤值

损伤对象		轻度损伤	中度损伤		重度损伤
			I	II	
构件	框架梁	0.09	0.26	0.43	0.64
	框架柱	0.12	0.26	0.49	0.71
	剪力墙	0.15	0.35	0.61	0.75
楼层		0.14	0.31	0.54	0.73

7.3.2 模拟分析结果

为研究楼层损伤位置及程度对整体结构地震损伤的影响规律，借助分析软件 SAP2000，数值模拟了 SRC 框架-RC 核心筒混合结构在 EI Centro 地震波（名称：Imperial Valley；年代：1940 年；记录台站：EI Centro；ψ=0.174）激励下，单个或多个楼层损伤（位置及程度）对整体结构动力特性的影响，揭示了楼层损伤对整体结构损伤的影响规律。单个、多个楼层分别发生轻度、中度及重度损伤时，整体结构损伤值计算结果见表 7.7 和表 7.8。

表 7.7 单个楼层发生不同程度损伤时对整体结构地震损伤的影响

损伤层号及位置 \ 损伤程度	轻 度（$D_s=0.14$）	中 度		重 度（$D_s=0.73$）
		I 级（$D_s=0.31$）	II 级（$D_s=0.54$）	
1（0.033）	0.1247	0.1635	0.2292	0.3345
2（0.067）	0.1139	0.1472	0.2012	0.2953
3（0.100）	0.1111	0.1416	0.1919	0.2821
4（0.133）	0.1092	0.1375	0.1845	0.2717
7（0.233）	0.1051	0.1275	0.1667	0.2461
11（0.367）	0.1012	0.1169	0.1466	0.2137
15（0.500）	0.1001	0.1139	0.1362	0.1868
19（0.633）	0.0980	0.1084	0.1277	0.1714

续表

损伤程度 / 损伤层号及位置	轻　度（$D_s=0.14$）	中　度		重　度（$D_s=0.73$）
		I 级（$D_s=0.31$）	II 级（$D_s=0.54$）	
23（0.767）	0.0962	0.1040	0.1204	0.1632
27（0.900）	0.0950	0.1014	0.1165	0.1577
29（0.967）	0.0942	0.0996	0.1149	0.1555
30（1.000）	0.0939	0.0991	0.1132	0.1531

注：①“损伤层号及位置”一栏括号内数据是对楼层位置的数学化处理，可表达为 H_i/H，其中 H_i 为损伤楼层距地面高度；H 为结构总高度。

②D_s 为楼层初始损伤值：当楼层发生轻度损伤时，$D_s=0.14$；当楼层分别发生 I、II 级中度损伤时，$D_s=0.31$、$D_s=0.54$；当楼层发生重度损伤时，$D_s=0.73$。

表 7.8　多个楼层（邻层和隔层）发生不同程度损伤时对整体结构地震损伤的影响

损伤程度 / 损伤位置	轻　度（$D_s=0.14$）	中　度		重　度（$D_s=0.73$）
		I 级（$D_s=0.31$）	II 级（$D_s=0.54$）	
1&2	0.1670	0.2331	0.3336	0.5196
1&4	0.1637	0.2258	0.3206	0.5001
2&3	0.1575	0.2167	0.3047	0.4763
2&5	0.1561	0.2136	0.2990	0.4678
15&16	0.1386	0.1668	0.2045	0.2955
1&30	0.1530	0.1969	0.2654	0.4022
1&10&30	0.1492	0.1897	0.2527	0.3857
5&10&15&25	0.1419	0.1762	0.2262	0.3423

注：①多个楼层损伤包括邻层损伤和隔层损伤。

②楼层发生轻度损伤时的损伤值为 0.14；楼层发生 I、II 级中度损伤时的损伤值分别为 0.31 和 0.54；楼层发生重度损伤时的损伤值为 0.73。

图 7.6 为整体结构损伤与损伤楼层位置及程度之间的关系曲线。可以看出，当楼层发生相同程度损伤时，底层损伤对整体结构损伤的影响最为显著，该规律适用于楼层发生任何程度的损伤；当楼层发生轻度损伤时（D_s=0.14），整体结构损伤值的变幅不大（介于 0.0939～0.1247），即此时整体结构损伤受楼层位置影响不明显；当楼层发生中度损伤时（D_s=0.31 或 0.54），随着损伤楼层高度的增加，整体结构损伤受楼层位置影响逐渐衰弱；当楼层发生重度损伤时（D_s=0.72），曲线的变化规律与楼层中度损伤大体相同，但底部几层损伤对整体结构损伤的影响更为显著。

受科研条件的限制，很难开展大规模的数值损伤模拟，本章仅对楼层发生轻度损伤和重度损伤各设计一组计算模型，对实际工程中较为常见的中度损伤设计了两组计算模型，基本可以揭示楼层发生诸典型损伤时对整体结构损伤的影响规律。为研究除上述四组计算模型外其他楼层损伤程度对整体结构地震损伤的影响，基于图 7.6 中的四条关系曲线，借助 MATLAB 软件形成了三维曲面图，如图 7.7 所示，图中展示了单个楼层发生 D_s=0.14～0.73 任意程度损伤时对整体结构损伤的影响。

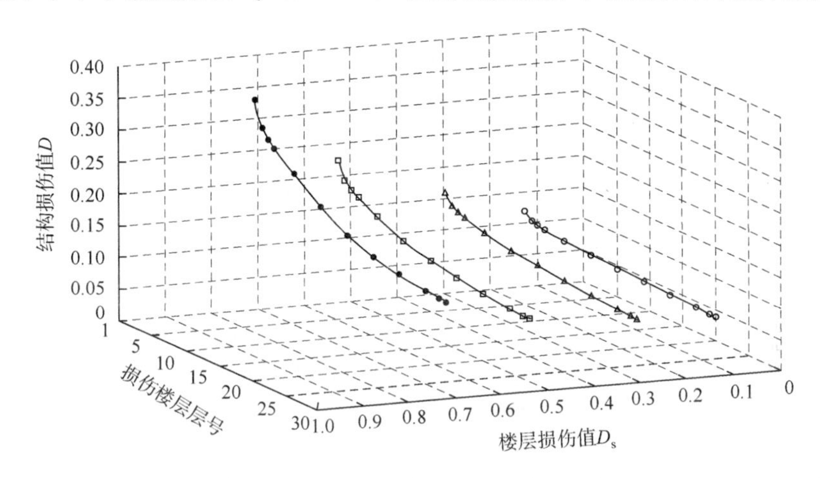

图 7.6 单个楼层发生轻度、中度及重度损伤对整体结构损伤的影响（MATLAB 提供）

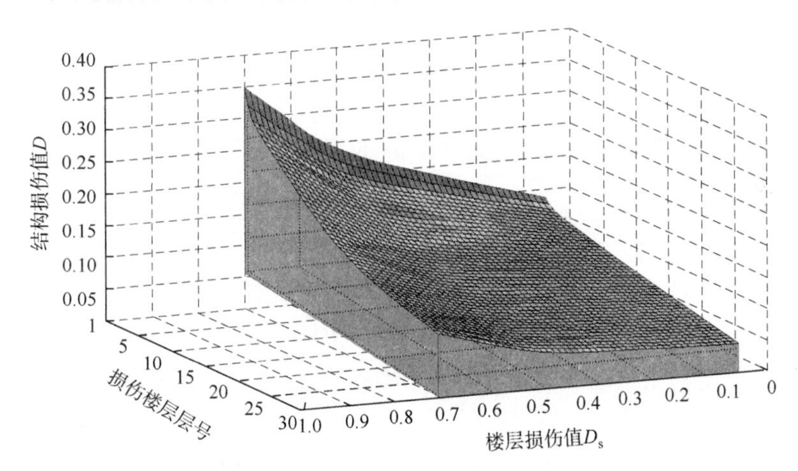

图 7.7 单个楼层发生 D_s=0.14～0.73 任意程度损伤对整体结构损伤的影响（MATLAB 提供）

将图 7.6 中的四条曲线绘制在同一平面内，并分别对其进行回归分析，得到楼层在发生轻度、中度（I、II 级）及重度损伤时损伤楼层相对位置 H_i/H 与整体结构损伤之间的四条拟合曲线，如图 7.8 所示。基于四组计算模型的数值模拟结果，回归分析得到单个楼层发生任意程度损伤时楼层位置与整体结构损伤之间的关系如下。

轻度损伤

$$D_H = -0.008\ln(H_i / H) + 0.09 \tag{7-13a}$$

中度损伤 I 级

$$D_{\mathrm{H}} = -0.019\ln(H_i / H) + 0.10 \tag{7-13b}$$

中度损伤 II 级

$$D_{\mathrm{H}} = -0.034\ln(H_i / H) + 0.11 \tag{7-13c}$$

重度损伤

$$D_{\mathrm{H}} = -0.058\ln(H_i / H) + 0.15 \tag{7-13d}$$

其中，式（7-13b）和式（7-13c）均属楼层发生中度损伤时楼层位置与整体结构损伤之间的数学关系，可归并为

$$D_{\mathrm{H},i}^{m} = -0.026\ln(H_i / H) + 0.11 \tag{7-14}$$

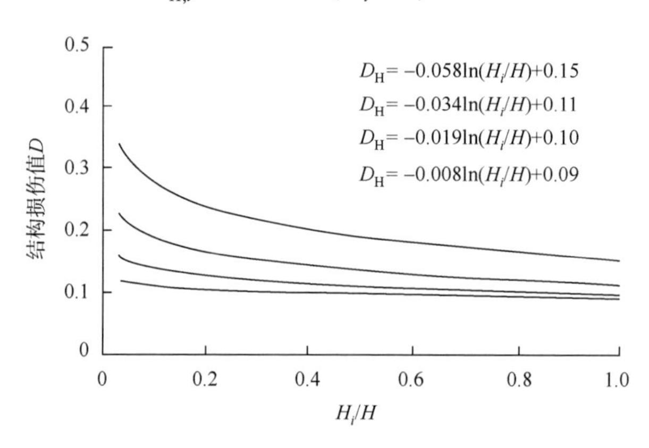

图 7.8 楼层在发生不同程度损伤时损伤楼层相对位置 H_i/H 与整体结构损伤之间的拟合曲线

从图 7.8 可以看出，损伤楼层位置与整体结构损伤之间呈非线性关系，式（7-13a）～式（7-13d）则进一步表明 H_i/H 与 D_{H} 之间服从指数关系，但不能反映楼层损伤程度与整体结构损伤之间的关系。考虑到式（7-13a）～式（7-13d）的共性（服从指数关系），本章进一步借助 ORIGIN8.0 软件对四条拟合曲线进行归一化处理，得到单个楼层发生损伤时，损伤位置及程度与整体结构损伤值之间的关系如下：

$$\begin{aligned} D_{\mathrm{H},i} = & (-0.08D_{\mathrm{s},i}^2 + 0.16D_{\mathrm{s},i} - 0.08)\ln(H_i / H) \\ & + (0.12D_{\mathrm{s},i}^2 - 0.21D_{\mathrm{s},i} + 0.18) \end{aligned} \tag{7-15}$$

式中，$D_{\mathrm{H},i}$ 为第 i 个楼层发生损伤时，整体结构的损伤值；$D_{\mathrm{s},i}$ 为第 i 个楼层的损伤值；H_i 为损伤楼层距地面高度；H 为结构总高度；H_i / H 反映了损伤楼层的相对位置。

式（7-15）是基于楼层分别发生 D_{s}=0.14、0.31、0.54 和 0.73 损伤时的数值模拟结果而回归分析建立的，反映了任意单个楼层发生 D_{s}=0.14～0.73 任意程度损伤对整体结构损伤的影响，如图 7.7 所示。若楼层损伤程度在 D_{s}=0.14～0.73 范围外，

可通过对图 7.7 曲面进行延伸以近似求解整体结构的损伤值。

地震激励下建筑结构往往有多个楼层发生地震损伤，且损伤楼层的损伤程度各异。为研究多个楼层发生不同程度损伤时对整体结构损伤的影响，对表 7.8 所给的 8 组计算模型（涵盖邻层和隔层），借助 SAP2000 进行数值模拟分析。结果显示，整体结构损伤值不等于诸损伤楼层损伤值的平均值，即整体结构损伤值与楼层平均损伤程度之间不存在等号关系，这主要是因为混合结构底部几层损伤对整体结构损伤的影响较为突出，这种影响随着损伤楼层位置的提高而逐渐衰减（在图 7.6～图 7.8 中均得到了反映）。本章在讨论该衰减规律之前，先引入楼层滞回耗能层参与系数来评价诸层在整体结构滞回耗能中的贡献。

根据 SRC 框架-RC 核心筒混合结构损伤破坏过程与特点，本章将结构滞回耗能按层间分布划分，即认为整体结构在一次地震中所消耗的地震能量为诸楼层滞回耗能总和，则楼层的滞回耗能层间参与系数可定义为

$$\gamma_i = E_{\mathrm{H},i}/E_{\mathrm{H}} \tag{7-16}$$

式中，$E_{\mathrm{H},i}$ 为第 i 个楼层滞回耗散的能量；E_{H} 为整体结构的总耗能，$E_{\mathrm{H}} = \sum_{i=1}^{n} E_{\mathrm{H},i}$；$\sum_{i=1}^{n} \gamma_i = 1$。

既有研究表明[19]，楼层滞回耗能参与系数主要受结构基本自振周期影响，间接反映了该楼层在一次地震中的损伤程度。换言之，在楼层损伤程度相同时，整体结构损伤量因损伤楼层的位置不同而存在的差异性在某种程度上可通过楼层滞回耗能参与系数来体现。

综上所述，本章通过引入楼层损伤权值系数来替代楼层滞回耗能参与系数，以体现诸损伤楼层对整体结构损伤的不同影响程度，从而评价不同楼层发生相同程度损伤时对整体结构损伤的贡献。图 7.8 中的四条曲线分别反映了楼层在发生轻度、中度（I、II 级）及重度损伤时，楼层位置对整体结构损伤的影响规律。可以认为楼层发生中度损伤时，楼层相对位置 H_i/H 与整体结构损伤的关系曲线具有一定的普遍性，故给出楼层损伤权值系数的确定方法如下：

$$\omega_i = \frac{D_{\mathrm{H},i}^m}{\sum_{i=1}^{n} D_{\mathrm{H},i}^m} = \frac{-0.026\ln(H_i/H) + 0.11}{\sum_{i=1}^{n}(-0.026\ln(H_i/H) + 0.11)} \tag{7-17}$$

式中，$D_{\mathrm{H},i}^m$ 为楼层发生中度损伤时，第 i 个楼层损伤所引起的结构损伤量，可依据 $D_{\mathrm{H},i}^m = -0.026\ln(H_i/H) + 0.11$ 求解；$\sum_{i=1}^{n} D_{\mathrm{H},i}^m$ 为 n 个楼层发生损伤所引起的结构损伤。

结合式（7-14）、式（7-15）和式（7-17），给出多个楼层发生不同程度损伤时，整体结构地震损伤量的计算公式为

$$
\begin{aligned}
D_{\mathrm{H}} &= \sum_{i=1}^{n} \omega_i D_{\mathrm{H},i} \\
&= \sum_{i=1}^{n} \frac{D_{\mathrm{H},i}^{m}}{\sum_{i=1}^{n} D_{\mathrm{H},i}^{m}} D_{\mathrm{H},i} \\
&= \sum_{i=1}^{n} \frac{-0.026\ln(H_i / H) + 0.11}{\sum_{i=1}^{n}[-0.026\ln(H_i / H) + 0.11]} \\
&\quad \times [(-0.08D_{\mathrm{s},i}^2 + 0.16D_{\mathrm{s},i} - 0.08)\ln(H_i / H) + (0.12D_{\mathrm{s},i}^2 - 0.21D_{\mathrm{s},i} + 0.18)]
\end{aligned}
\tag{7-18}
$$

7.4　诸主要因素对混合结构地震损伤影响规律的研究

7.4.1　地震波特性影响

研究资料表明，地震动是由不同频率和不同幅值的振动波在有限时间范围内组合的随机过程，可通过地震加速度幅值、持续时间和频谱特性进行描述：①加速度幅值是描述地面运动强烈程度最直观的参数，与震害有着密切关系，在工程实践中常通过加速度幅值来反映地震波的工程特性，并作为地震烈度的参考物理指标；②地震动频谱是指不同自振周期的结构在地震动作用下的反应特性，通常可以用反应谱、功率谱和傅里叶谱来表示，其中功率谱和傅里叶谱在数学上具有更明确的意义，工程上也具有一定的实用价值；③结构地震破坏的机理分析表明，结构从局部破坏（非线性开始）到完全倒塌过程往往要经历一段时间的往复振动，故而持时对地震反应的影响主要表现在非线性反应阶段，是研究工程结构抗倒塌能力的一个重要参数。

震源释放出来的地震波引起地面运动，进而使建筑结构遭受地震作用，致使结构发生地震损伤，甚至局部或整体倒塌。因此，对结构施加不同特性的地震动，研究地震动参数对结构动力响应的影响规律显得十分重要。由于地震作用具有随机性、复杂性，地震工程界目前还难以预测建筑物未来所遭遇的地震动特性，但可以通过选用合适的地震动参数（选择条件：实测地震动参数与规范规定较为接近）对结构实施弹塑性地震反应分析，揭示结构在未来可能遭遇的不同强度地震动作用下的动力响应，并依据结构的地震响应进行结构的抗震设计，实现“大震不倒”的抗震设防目标。为此，我国《建筑工程抗震性态设计通则（试用）》（CECS 160—2004）[20]中对于地震加速度时程的选择进行了相关建议，给出了用于Ⅰ、Ⅱ、Ⅲ及Ⅳ类场地的设计地震动，见表 7.9。

表 7.9 《建筑工程抗震性态设计通则（试用）》推荐用于各类场地的设计地震动

场地类别	用于短周期结构输入（0～0.5）/s		用于中周期结构输入（0.5～1.5）/s		用于长周期结构输入（1.5～5.5）/s	
	组号	记录名称	组号	记录名称	组号	记录名称
I	F1	1985，La Union，Michoacan Mexico	F1	1985，La Union，Michoacan Mexico	F1	1985，La Union，Michoacan Mexico
	F2	1994，Los Angeles Griffith Observation，Northridge	F2	1994，Los Angeles Griffith Observation，Northridge	F2	1994，Los Angeles Griffith Observation，Northridge
	N1	1988，竹塘 A 浪琴	N1	1988，竹塘 A 浪琴	N1	1988，竹塘 A 浪琴
II	F3	1971，Castaic Oldbridge Route，San Fernando	F4	1979，EI Centro，Array # 10，Imperial valley	F4	1979，EI Centro，Array # 10，Imperial valley
	F4	1979，EI Centro，Array # 10，Imperial valley	F5	1952，Taft，Kern County	F5	1952，Taft，Kern County
	N2	1988，耿马 1	N2	1988，耿马 1	N2	1988，耿马 1
III	F6	1984，Coyote Lake Dam，Morgan Hill	F7	1940，EI Centro-Imp. Vall. Irr. Dist，EI Centro	F7	1940，EI Centro-Imp. Vall. Irr. Dist，EI Centro
	F7	1940，EI Centro-Imp. Vall. Irr. Dist，EI Centro	F12	1966，Cholame Shandon Array2，Parkfield	F5	1952，Taft，Kern County
	N3	1988，耿马 2	N3	1988，耿马 2	N3	1988，耿马 2
IV	F8	1949，Olympia Hwy Test Lab，Western Washington	F8	1949，Olympia Hwy Test Lab，Western Washington	F8	1949，Olympia Hwy Test Lab，Western Washington
	F9	1981，West and，Westmoreland	F10	1984，Parkfield Fault Zone 14，Coalinga	F11	1979，EI Centro Array # 6，Imperial Valley
	N4	1976，天津医院，唐山地震	N4	1976，天津医院，唐山地震	N4	1976，天津医院，唐山地震

注：表中 F 为 Foreignal 简写，表示采用国外地震记录；表中 N 为 National 简写，表示采用国内地震记录。

《建筑抗震设计规范》（GB 50011—2010）规定[21]：采用时程分析法时，应按建筑场地类别和设计地震分组选用不少于两组的实际强震记录和一组人工模拟的加速度时程曲线，其平均地震影响系数曲线应与振型分解反应谱法所采用的地震影响系数曲线在统计意义上相符，加速度时程最大值和场地特征周期分别按表 7.10 和表 7.11 取用。

表 7.10 地震加速度时程最大值 （单位：cm/s^2）

地震影响	设防烈度			
	6 度	7 度	8 度	9 度
多遇地震	18	35（55）	70（110）	140
罕遇地震	—	220（310）	400（510）	620

表 7.11　场地特征周期值　　（单位：s）

设计地震分组	场地分类			
	I	II	III	IV
第一组	0.25	0.35	0.45	0.65
第二组	0.30	0.40	0.55	0.75
第三组	0.35	0.45	0.65	0.90

虽然可以根据建筑场地条件，通过选择与规范相关规定较为接近的实测地震动参数对结构进行时程分析，以期预测结构未来遭受地震作用的动力反应，但满足这种条件的实测地震动参数数据较少，往往需要通过引入调整系数对其进行修正以满足选择条件。根据《建筑抗震设计规范》（GB 50011—2010）中的若干规定，结合所给工程实例抗震设防烈度、场地土类别及设计地震分组，在进行弹塑性地震反应分析时，加速度时程最大值取为 400gal，场地特征周期值取 0.40s。

现有评价地震动强度的指标主要有地震动峰值（PGA、PGV 及 PGD）、地震动谱峰值（PSA、PSV 及 PSD）、峰值速度与加速度比值（PGV/PGA）、Housner 谱强度（$S_I(\zeta)$）、累积绝对速度（CAV）、有效设计加速度（EDA）等。针对单一的地震动强度指标能否适用于不同周期范围结构问题，Riddel 和 Garcia[22]基于常用的地震动强度指标时程分析结果的综合比较认为：与 PGA 相关的指标在短周期范围内比较适用；与 PGV 相关的指标在中周期范围内表现优秀；与 PGD 相关的指标在长周期范围内更为适用。

为研究地震波峰值速度与加速度比值（PGV/PGA）对 SRC 框架-RC 核心筒混合结构地震损伤破坏的影响规律，本章在对混合结构进行弹塑性地震反应分析时，向结构分别输入了 22 条地震波，这些地震波的峰值速度与加速度比值在 0.044～0.279 变化，具体参数详见表 7.12。

表 7.12　选用的 22 条地震波特性

编号	地震名称	时间	记录台站	分量	地震波特性			ψ
					PGV	PGA	调整系数	
1	Parkfield	1966	Cholame，Shandon	130	12.32	280	1.43	0.044
2	Parkfield	1966	Cholame，Shandon	40	11.28	240	1.67	0.047
3	San Fernando	1971	Pacoima Dam	196	58.32	1080	0.37	0.054
4	Northridge	1994	Santa Monica	0	25.53	370	1.08	0.069
5	Loma Prieta	1989	Capitola-Fire ST	0	36.66	470	0.85	0.078
6	Loma Prieta	1989	Gilroy	67	29.88	360	1.11	0.083
7	Loma Prieta	1989	Corralitos	0	56.07	630	0.63	0.089

续表

编号	地震名称	时间	记录台站	分量	地震波特性			ψ
					PGV	PGA	调整系数	
8	San Fernando	1940	EI Centro	270	33.25	350	1.14	0.095
9	Kern Country	1952	Taft Lincoln SCH	339	18.18	180	2.22	0.101
10	Northridge	1994	Moorpark	90	20.52	190	2.11	0.108
11	Northridge	1994	Lacc North	360	25.30	220	1.82	0.115
12	Northridge	1994	Sylmar Country Hospital	90	78.00	600	0.67	0.130
13	Cape Mendocino	1992	Petrolia	90	91.08	660	0.61	0.138
14	Landers	1992	Joshua Tree-Fire ST	90	42.84	280	1.43	0.153
15	Northridge	1994	La Country Fire ST	360	96.76	590	0.68	0.164
16	Imperial Valley	1940	EI Centro	180	36.54	210	1.90	0.174
17	San Fernando	1971	8244 Orion BLV	180	23.66	130	3.08	0.182
18	Landers	1992	Yermo-Fire ST	360	29.25	150	2.67	0.195
19	Landers	1992	Yermo-Fire ST	270	50.88	240	1.67	0.212
20	Imperial Valley	1979	EI Centro	S50W	115.00	460	0.87	0.250
21	Imperial Valley	1979	EI Centro	50W	116.16	440	0.91	0.264
22	San Fernando	1971	15107 Vanowen Street	S00W	33.48	120	3.33	0.279

注：地震波峰值速度单位为 cm/s，峰值加速度单位为 cm/s^2。

借助结构分析与设计软件 SAP2000，对原型结构进行数值模拟，分析 22 条地震波作用下结构的动力反应，得到结构遭受地震作用前后的基本自振周期，利用 7.1 节提出的混合结构地震损伤表征方法，计算整体结构地震损伤值，其数值模拟结果与计算结果的对比见表 7.13。

表 7.13 数值模拟与计算结果

地震波编号	ψ	震后周期/s	结构损伤值	地震波编号	ψ	震后周期/s	结构损伤值
1	0.044	2.9824	0.0228	9	0.101	3.1213	0.0615
2	0.047	2.9925	0.0257	10	0.108	3.1505	0.0695
3	0.054	3.0020	0.0284	11	0.115	3.1852	0.0788
4	0.069	3.0157	0.0323	12	0.130	3.2455	0.0947
5	0.078	3.0314	0.0367	13	0.138	3.2715	0.1015
6	0.083	3.0390	0.0388	14	0.153	3.3152	0.1128
7	0.089	3.0651	0.0461	15	0.164	3.3461	0.1207
8	0.095	3.0908	0.0532	16	0.174	3.3783	0.1288

续表

地震波编号	ψ	震后周期/s	结构损伤值	地震波编号	ψ	震后周期/s	结构损伤值
17	0.182	3.3980	0.1337	20	0.250	3.4763	0.1531
18	0.195	3.4245	0.1403	21	0.264	3.4910	0.1567
19	0.212	3.4537	0.1476	22	0.279	3.4987	0.1586

注：①结构震前基本自振周期为 2.9033。
②地震波的峰值速度与加速度比值在 0.044～0.279 变化。
③对实测地震波峰值加速度进行调整，使等于或约等于 400cm/s^2，以满足《建筑抗震设计规范》要求。

为直观观察地震波峰值速度与加速度比值对整体结构地震损伤的影响规律，将表 7.13 中数值模拟结果绘制成关系曲线，如图 7.9 所示。由图可以看出，结构损伤值随ψ值增加总体呈增长的趋势：当$\psi<0.078$和$\psi>0.195$时，混合结构地震损伤受ψ的影响不明显；当$0.078\leqslant\psi\leqslant0.195$时，$\psi$对整体结构地震损伤影响较为显著。基于数值模拟结果，通过回归分析建立D与ψ之间的数学关系式（分段函数）如下。

当$\psi<0.078$时

$$D=0.25\psi^{0.75} \tag{7-19a}$$

当$0.078\leqslant\psi\leqslant0.195$时

$$D=0.35+0.12\ln\psi \tag{7-19b}$$

当$\psi>0.195$时

$$D=0.10+0.21\psi \tag{7-19c}$$

式中，D为整体结构损伤值；ψ为地震波峰值速度与加速度比值。

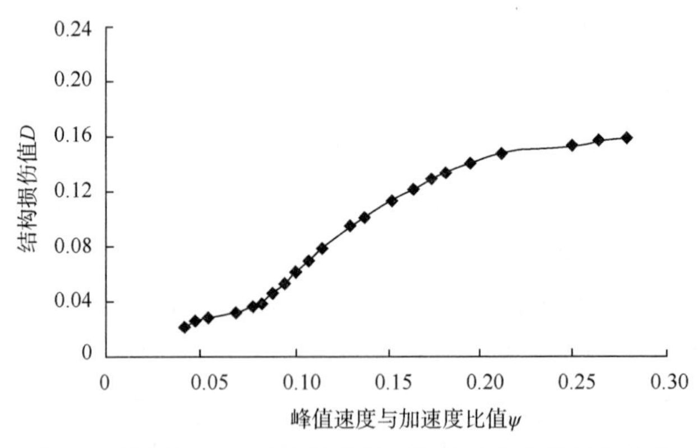

图 7.9　地震波ψ与整体结构地震损伤值之间的关系曲线

7.4.2　结构刚度特征值影响

SRC 框架-RC 核心筒混合结构体系由外部 SRC 框架和内部 RC 核心筒两种不

同的抗侧力结构组成，由于框架和核心筒在水平荷载作用下的侧移曲线特征不同，框架与核心筒之间因协同工作而形成相互作用力。

框架和核心筒是两种不同的抗侧力特性的结构体系，当平面内刚度很大的楼面板将两者连接在一起组成框架-核心筒混合结构体系时，由于楼面板处的框架和核心筒变形协调一致，这就赋予了混合结构体系侧移曲线新的特征。图 7.10 为纯框架和纯剪力墙结构的侧移曲线，图 7.11 为纯框架、纯剪力墙和框架-核心筒结构体系的侧移曲线及其相互关系[23]。

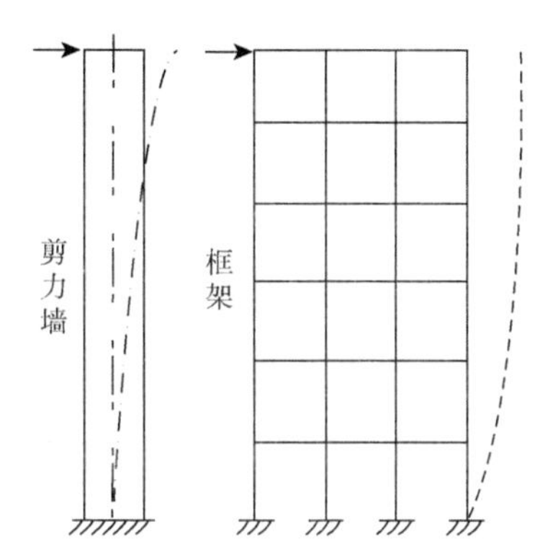

图 7.10 纯框架、纯剪力墙侧移曲线

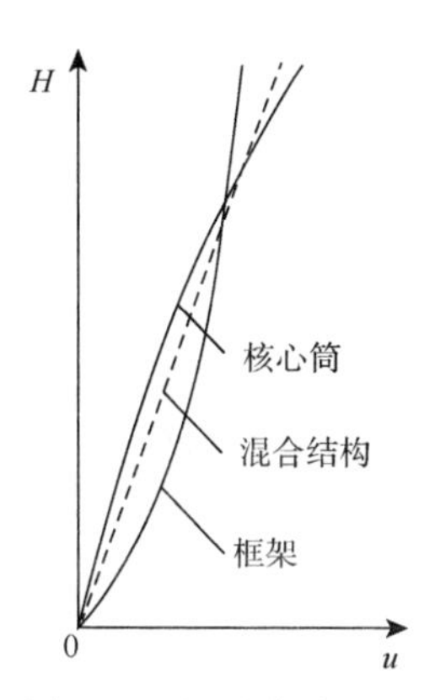

图 7.11 侧移曲线比较

在水平荷载作用下，混合结构侧向变形特征（或剪力分配）主要取决于框架与核心筒的侧向刚度比（呈非线性关系），即结构的刚度特征值。图 7.12 展示了刚度特征值与结构侧移之间的关系。由图可以看出，当 $\lambda \leqslant 1$ 时，混合结构的侧移曲线基本呈弯曲型特征；当 $1<\lambda<6$ 时，结构侧移曲线呈弯剪型变形特征；当 $\lambda \geqslant 6$ 时，结构侧移曲线具有明显的剪切型特征。

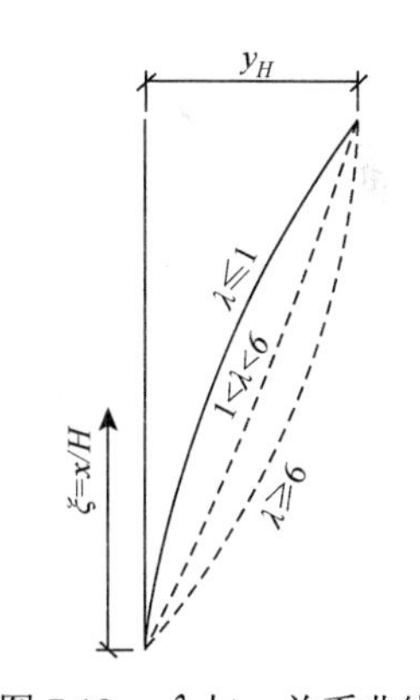

图 7.12 λ 与 u 关系曲线

现有研究资料表明，框架抗剪刚度与核心筒抗弯刚度的相对强弱决定了框架-核心筒混合结构在水平荷载作用下的侧移曲线特征，而刚度特征值反映了框架刚度与核心筒刚度的对比关系，对结构的内力分配及变形产生一定的影响，可表示为

$$\lambda = H\sqrt{\frac{C_{\mathrm{F}}}{E_{\mathrm{w}}I_{\mathrm{w}}}} \tag{7-20}$$

式中，C_{F} 为框架柱的抗剪刚度；$E_{\mathrm{w}}I_{\mathrm{w}}$ 为剪力墙等效抗弯刚度。

1）框架柱抗剪刚度的确定（D 值法）

框架的总抗剪刚度应为所有框架柱抗剪刚度之和，所谓框架抗剪刚度是指产生单位层间变形所需的剪力 C_f ， C_f 可按式（7-21）求解：

$$C_f = h\sum C_F \tag{7-21}$$

式中， C_F 为框架柱的抗剪刚度，可依据式（7-22）求解：

$$C_F = \alpha \frac{12i}{h^2} \tag{7-22}$$

式中， α 、 i 及 h 分别为框架柱的刚度修正系数、线刚度及柱高。

通过引入刚度修正系数 α 来反映框架梁、柱刚度比对框架柱侧移刚度的影响，则当框架柱上下四根梁的线刚度不相等时（此工况最具代表性），框架柱刚度比 K 可按式（7-23）求解。其他情况可以此类推。

$$K = \frac{i_1 + i_2 + i_3 + i_4}{2i_c} \tag{7-23}$$

式中， i_1、 i_2、 i_3 和 i_4 分别为框架柱上下四根梁的线刚度； i_c 为框架柱线刚度。

2）剪力墙等效抗弯刚度

在计算剪力墙侧向位移时，若剪力墙开洞面积不超过墙体面积的 15%，且洞口至墙边的净距大于洞口边长，可忽略洞口对剪力墙刚度的影响，认为截面应变沿高度仍呈线性变化(即符合平截面假定)。若采用整体悬臂墙计算模型求解位移，则需要引入洞口削弱系数 γ_0 来体现洞口对截面面积和刚度的削弱，即

$$A_q = \gamma_0 A \tag{7-24}$$

式中， A_q 为剪力墙等效截面面积； A 为无洞剪力墙截面面积； A_d 为剪力墙洞口面积； A_0 为剪力墙总墙面面积； γ_0 为洞口削弱系数，按式（7-25）确定：

$$\gamma_0 = 1 - 1.25\sqrt{A_d / A_0} \tag{7-25}$$

倒三角荷载、均布荷载及顶部集中力作用下，剪力墙的等效抗弯刚度 EI_{eq} 可表达为

$$EI_{eq} = \begin{cases} EI_q \Big/ \left(1 + \dfrac{3.64\mu EI_q}{H^2 GA_q}\right), & \text{倒三角荷载} \\ EI_q \Big/ \left(1 + \dfrac{4\mu EI_q}{H^2 GA_q}\right), & \text{均布荷载} \\ EI_q \Big/ \left(1 + \dfrac{3\mu EI_q}{H^2 GA_q}\right), & \text{顶部集中力} \end{cases} \tag{7-26}$$

式中， I_{eq} 为等效抗弯惯性矩； G 为剪切弹性模量； μ 为剪应力不均匀系数（矩形截面取 1.2）； I_q 为等效惯性矩，取有洞与无洞截面惯性矩沿竖向的加权平均值，即

$$I_q = \frac{\sum I_j h_j}{\sum h_j} \tag{7-27}$$

其中，I_j 为剪力墙沿竖向各段的惯性矩（应除去洞口部分对惯性矩的影响），$I_j = \sum_{i=1}^{n}\left(I_i + A_i y_i^2\right)$；$h_j$ 为各区段相应的高度。

为了简化计算，将三种荷载作用下的表达式进行统一，取它们的平均值，并取 G=0.4E，则等效抗弯惯性矩可表达为

$$EI_{eq} = \frac{EI_q}{1 + \dfrac{9\mu I_q}{H^2 A_q}} \tag{7-28}$$

剪力墙总的抗弯刚度 EI_w 可表达为

$$EI_w = \sum EI_{eq} = \sum \frac{EI_q}{1 + 9mEI_q/(H^2 GA_q)} \tag{7-29}$$

式中，EI_{eq} 为剪力墙等效刚度；E 和 G 分别为截面的弹性模量和剪切模量；A_q 为截面面积；I_q 和 I_{eq} 分别为截面惯性矩和截面等效惯性矩。

在理想失效模式下（核心筒发挥了第一道抗震防线的作用），混合结构遭受地震作用时，剪力墙因承担了大部分的地震剪力而率先出现较大幅度的刚度退化，框架抗剪强度也随后发生退化，但其退化程度较小。结构在一次地震作用下的不同受力阶段，由于剪力墙和框架刚度的退化程度不同，所以结构刚度特征值是一个动态的设计参数，弹塑性阶段的刚度特征值比弹性阶段的大。综上所述，结构刚度特征值的变化在某种程度上反映了结构动力特性（模态参数）的变化。

为研究刚度特征值对整体结构地震损伤的影响，设计了 10 组刚度特征值介于 0.52～5.14 的计算模型，结构设计参数与刚度特征值之间的对应关系见表 7.14。

表 7.14 结构设计参数与刚度特征值之间的对应关系

编号	SRC 框架				RC 剪力墙			刚度特征值 λ
	框架梁	框架柱	混凝土强度等级	刚度/（$\times10^6$）	墙厚	混凝土强度等级	刚度/（$\times10^9$）	
1	300×450（H250×100×10×15）	450×450（H220×180×10×18）	C20	0.29	1000	C60	12.7	0.52
2	250×450（H250×100×10×15）	450×450（H200×150×10×18）	C30	0.34	650	C50	3.97	0.99
3	250×450（H250×120×12×16）	450×450（H200×150×12×20）	C30	0.35	400	C50	1.76	1.52
4	280×500（H300×150×15×18）	500×500（H250×200×12×22）	C45	0.63	400	C50	1.79	2.03

续表

编号	SRC 框架				RC 剪力墙			刚度特征值 λ
	框架梁	框架柱	混凝土强度等级	刚度/（$\times10^6$）	墙厚	混凝土强度等级	刚度/（$\times10^9$）	
5	300×550（H350×180×18×20）	550×550（H300×250×15×25）	C45	0.97	400	C50	1.84	2.48
6	350×600（H380×200×18×22）	600×600（H350×280×15×28）	C45	1.44	400	C50	1.88	2.98
7	400×650（H400×200×20×25）	650×650（H350×300×18×30）	C45	1.99	400	C50	1.94	3.46
8	400×700（H450×200×20×25）	700×700（H400×350×20×35	C45	2.88	400	C50	1.99	4.10
9	450×750（H500×220×22×28）	750×750（H450×400×25×40）	C45	3.57	400	C50	2.06	4.50
10	500×800（H550×250×25×30）	800×800（H500×450×30×45）	C45	4.91	400	C50	2.13	5.14

注：①括号内数据为构件内嵌型钢的截面尺寸，截面尺寸单位均为 mm。
②原型结构的刚度特征值为 5.14，对应的设计参数详见第 10 组。

为研究整体结构地震损伤受刚度特征值的影响规律，同时避免其他因素对结构损伤的影响，拟定所有计算模型的数值模拟分析均在第 16 号地震波（名称：Imperial Valley；年代：1940 年；记录台站：EI Centro；ψ=0.174）激励下进行，则结构在加载前后的基本自振周期及地震损伤值计算结果见表 7.15。

表 7.15　刚度特征值对结构地震损伤的影响

编号	刚度特征值	震前周期/s	震后周期/s	结构损伤值	编号	刚度特征值	震前周期/s	震后周期/s	结构损伤值
1	0.52	2.5578	2.8596	0.0951	6	2.98	2.8101	3.1777	0.1048
2	0.99	2.5801	2.9117	0.1031	7	3.46	2.8295	3.2141	0.1087
3	1.52	2.6202	2.9636	0.1050	8	4.10	2.8466	3.2675	0.1176
4	2.03	2.6867	3.0281	0.1020	9	4.50	2.8866	3.3318	0.1223
5	2.48	2.7412	3.0907	0.1023	10	5.14	2.9033	3.3768	0.1288

图 7.13 反映了混合结构在第 16 号地震波激励下刚度特征值对整体结构损伤的影响规律。由图可见，整体结构损伤总体上随刚度特征值的增大而越来越严重；结构损伤的变幅不大（介于 0.0951～0.1288），即整体结构损伤受刚度特征值的影响不明显。

基于 10 组计算模型的数值模拟结果，回归分析得到刚度特征值与整体结构损伤之间的数学表达式：

$$D_{\mathrm{H}} = -9\times(0.1\lambda)^4 + 10.4\times(0.1\lambda)^3 - 4\times(0.1\lambda)^2 + 0.0617\lambda + 0.0718 \quad (7\text{-}30)$$

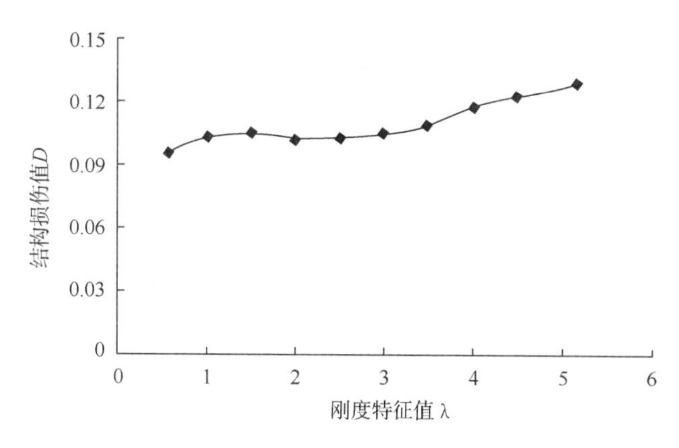

图 7.13　刚度特征值对结构损伤的影响

7.4.3　结构高宽比影响

通常可根据计算精度、适用范围等因素选用半经验公式或经验公式来近似计算结构基本自振周期，具体方法如下。

1）半经验公式

对于质量和刚度沿高度方向分布较为均匀的框架-剪力墙结构，可采用顶点位移法计算其基本自振周期，计算公式可表达为

$$T_1 = 1.7\alpha_0\sqrt{\Delta_T} \tag{7-31}$$

式中，α_0 为结构基本自振周期的折减系数；Δ_T 为结构顶点假想侧移（将各楼层重量作为水平荷载施加到诸楼面板处，并依据弹性刚度计算结构顶点位移，即结构顶点假想侧移）。

2）经验公式

《建筑结构荷载规范》(GB 50009—2012)[24]给出了框架-剪力墙结构基本自振周期的计算公式，其表达式为

$$T_1 = 0.25 + 0.53\times10^{-3}(H^2/\sqrt[3]{B}) \tag{7-32}$$

包世华[25]也给出了框架-剪力墙结构基本自振周期的计算公式：

$$T_1 = 0.33 + 0.69\times10^{-3}(H^2/\sqrt[3]{B}) \tag{7-33}$$

式中，H 为结构总高度；B 为结构平面短边方向的长度。

综上所述，无论是利用半经验公式还是经验公式计算混合结构基本自振周期，结构总高度和平面短边方向的长度均对计算结果产生明显影响，其侧面反映了结构高宽比（结构总高度与短边平面长度之比，$\eta=H/B$）对结构模态参数（主要指固有频率或基本周期）的影响较为显著。

为研究结构地震损伤受高宽比的影响规律，分别向结构输入第 2 号和第 16 号地震波，模拟分析结构的动力反应，同时为避免其他因素对结构损伤的影响，

仅通过调整混合结构的层数来形成表 7.16 中的高宽比。

表 7.16　高宽比对结构地震损伤的影响

高宽比 η	输入第 2 号地震波			输入第 16 号地震波		
	震前周期/s	震后周期/s	损伤程度 D	震前周期/s	震后周期/s	损伤程度 D
$\eta=(15\times3.6)/18=3.0$	1.0958	1.2947	0.14	1.0958	1.3034	0.15
$\eta=(18\times3.6)/18=3.6$	1.3849	1.6378	0.14	1.3849	1.6715	0.16
$\eta=(21\times3.6)/18=4.2$	1.7102	2.0345	0.15	1.7102	2.0808	0.17
$\eta=(24\times3.6)/18=4.8$	2.0717	2.5474	0.18	2.0717	2.6200	0.20
$\eta=(27\times3.6)/18=5.4$	2.4694	3.3500	0.26	2.4694	3.4051	0.27
$\eta=(30\times3.6)/18=6.0$	2.9033	4.1059	0.29	2.9033	4.2051	0.31
$\eta=(33\times3.6)/18=6.6$	3.3734	4.8721	0.31	3.3734	5.0304	0.34
$\eta=(36\times3.6)/18=7.2$	3.8797	5.6584	0.32	3.8797	5.8618	0.35

注：①表中设计了 8 个具有不同高宽比的结构计算模型（结构层数分别为 15、18、21、24、27、30、33 及 36 层，形成的高宽比介于 3.0～7.2），楼层层高均为 3.6m。

②分别向诸结构输入第 2 号及第 16 号地震波进行地震反应分析，且均考虑重力荷载二阶效应（即 P-Δ 效应）。

在第 2 号和第 16 号地震波作用下，高宽比与结构损伤之间的关系如图 7.14 所示。由图可以看出，不论向结构输入第 2 号地震波还是输入第 16 号地震波，混合结构的损伤均随着高宽比的增大而越来越严重；当 $4.2\leqslant\eta\leqslant5.4$ 时，高宽比对结构地震损伤的影响比较显著，当 $\eta<4.2$ 和 $\eta>5.4$ 时，这种影响力正逐渐衰弱；由于第 2 号地震波的峰值速度与加速度的比值 ψ 比第 16 号地震波的值小，其对结构的动力特性影响相对较大。

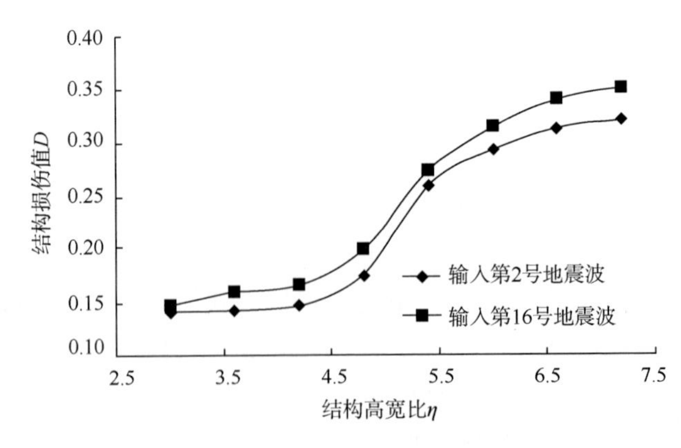

图 7.14　高宽比与结构地震损伤值之间的关系曲线

7.5　SRC 框架-RC 核心筒混合结构地震损伤模型

考虑到结构模态参数对地震损伤指数的敏感性，本章认为地震作用前后混合结构基本自振周期的比值与震害指数之间服从对数关系，以此建立整体结构地震损伤的表征函数。基于第 6 章关于诸类构件各主要设计参数的损伤敏感度分析和关于往复荷载作用下 SRC 框架-RC 核心筒混合结构楼层损伤模型的研究成果，并借助 SAP2000 软件对 SRC 框架-RC 核心筒混合结构进行模拟分析，采用“预定损伤法”研究了损伤楼层的数量、位置及程度对整体结构损伤的影响，以揭示地震波峰值速度与峰值加速度的比值、高宽比及刚度特征值对整体结构地震损伤的影响规律，进而建立了 SRC 框架-RC 核心筒混合结构地震损伤演化模型。

7.5.1　适用于 SRC 框架-RC 核心筒混合结构的地震损伤模型

结合国内外关于结构地震损伤模型的研究成果，作者认为混合结构损伤模型应由设计参数（含地震波属性）和损伤发生的位置及程度两部分组成，故可构造如下函数描述整体结构地震损伤：

$$D_{\rm H}=f_1(\psi,\lambda,\eta)f_2(H_i/H,D_{{\rm s},i}) \tag{7-34}$$

式中，$f_1(\psi,\lambda,\eta)$ 为设计参数对整体结构损伤的综合影响函数，按式（7-35）计算；$f_2(H_i/H,D_{{\rm s},i})$ 为损伤发生的位置 H_i/H 及程度 $D_{{\rm s},i}$ 与整体结构损伤之间的关系函数，按式（7-37）计算。

$$f_1(\psi,\lambda,\eta)=\frac{a\sqrt{b\psi^c+d\eta^e}}{f{\rm e}^{g\lambda}-h} \tag{7-35}$$

式中，$a\sim h$ 均为待定系数，可由数值模拟结果回归得到，则

$$f_1(\psi,\lambda,\eta)=\frac{0.8\sqrt{5.0\psi^{0.5}+2.5\eta^2}}{1.6{\rm e}^{-\lambda}-4.0} \tag{7-36}$$

$$\begin{aligned}f_2(H_i/H,D_{{\rm s},i})&=\sum_{i=1}^{n}\omega_i D_{{\rm H},i}\\&=\sum_{i=1}^{n}\frac{-0.026\ln(H_i/H)+0.11}{\sum_{i=1}^{n}(-0.026\ln(H_i/H)+0.11)}\times[(-0.08D_{{\rm s},i}^2+0.16D_{{\rm s},i}-0.08)\\&\quad\times\ln(H_i/H)+(0.12D_{{\rm s},i}^2-0.21D_{{\rm s},i}+0.18)]\end{aligned} \tag{7-37}$$

7.5.2　结构震害指数与损伤等级的对应关系

工程应用中，可根据式（7-34）计算地震激励下 SRC 框架-RC 剪力墙混合结构的震害指数，进而依据震害指数确定结构的损伤等级，从而为混合结构的抗震

鉴定与加固提供技术支撑。表 7.17 为国内外学者所建议的震害指数与结构损伤等级之间的对应关系。

表 7.17 震害指数与结构损伤等级之间的对应关系

国内外学者 \ 损伤等级	基本完好	轻微破坏	中等破坏	严重破坏	整体倒塌
牛荻涛	0.00～0.20	0.20～0.40	0.40～0.65	0.65～0.90	>0.90
刘柏权	0.00～0.10	0.11～0.30	0.31～0.60	0.61～0.85	0.86～1.00
欧进萍	0.10	0.25	0.45	0.65	0.90
江近仁	0.23	0.25	0.42	0.78	1.00
Ghobarah	0.00～0.15		0.15～0.30	0.30～0.80	>0.80
Park & Ang	0.00～0.40			0.40～1.00	≥1.0 0

参 考 文 献

[1] 李国强，李杰. 工程结构动力检测理论与应用[M]. 北京：科学出版社，2002.

[2] Sozen M A. Review of earthquake response of reinforced concrete buildings with a view to drift control [C]. State of the Art in Earthquake Engineering，7th World Conference on Earthquake Engineering，Istanbul，1980：119-174.

[3] Ghobarah A，Abou-Elfath H，Biddah A. Response-based damage assessment of structures[J]. Earthquake Engineering and Structural Dynamics，1999，28（1）：79-104.

[4] 朱红武，王孔藩，唐寿高. 模态损伤指标及其在结构损伤评估中的应用[J]. 同济大学学报，2004，32（12）：1589-1592.

[5] Giberson M F. Two nonlinear beams with definition of ductility[J]. Journal of the Structural Division，1981，95（ST_2）：137-157.

[6] Powell G H，Allchabadi R. Seismic damage prediction by deterministic method：Concept and procedures[J]. Earthquake Engineering and Structural Dynamical，1988，16（5）：719-734.

[7] Köylüoğlu H U，Nielsen S R K，Abbott J，et al. Local and modal damage indicators for RC frames subject to earthquake[J]. Journal of Engineering Mechanics，ASCE，1998，124（12）：1371-1379.

[8] 王立明，顾祥林，沈祖炎，等. 钢筋混凝土结构的损伤累积模型[J]. 工程力学，1997，增刊：44-49.

[9] Ren W X，Guido D R. Structural damage identification using modal data Ⅰ：Simulation verification [J]. Journal of Structural Engineering，2002，128（1）：87-95.

[10] 李洪泉，欧进萍. 剪切型钢筋混凝土结构的地震损伤识别方法[J]. 哈尔滨建筑大学学报，1996，29（2）：8-12.

[11] 李国强，郝坤超，陆烨. 框架结构损伤识别的两步法[J]. 同济大学学报（自然科学版），1998，26（5）：483-487.

[12] Dipasquale E，Cakmak A S. On the relation between local and global damage indices[R]. New York：National Center for Earthquake Engineering Research，1989.

[13] 龚治国，吕西林，卢文胜，等. 混合结构体系高层建筑模拟地震振动台试验研究[J]. 地震工程与工程振动，2004，24（4）：99-105.

[14] 李国强，周向明，丁翔. 高层建筑钢-混凝土混合结构模型模拟地震振动台试验研究[J]. 建筑结构学报，2001，22（2）：2-7.

[15] 徐培福，薛彦涛，肖从真，等. 高层型钢混凝土框筒混合结构抗震性能试验研究[J]. 建筑结构，2005，35（5）：

3-8.
[16] 杜修力，欧进萍. 建筑结构地震破坏评估模型[J]. 世界地震工程，1991，7（3）：52-58.
[17] 吴波，李惠，李玉华. 结构损伤分析的力学方法[J]. 地震工程与工程振动，1997，17（1）：17-22.
[18] 北京金土木软件技术有限公司，北京建筑标准设计研究院. SPA2000 中文版使用指南[M]. 北京：人民交通出版社，2006.
[19] 刘哲锋. 地震能量反应分析方法及其在高层混合结构抗震评估中的应用[D]. 长沙：湖南大学，2006.
[20] 中华人民共和国行业标准. 建筑工程抗震性态设计通则（CECS 160—2004）[S]. 北京：中国工程建设标准化协会，2004.
[21] 中华人民共和国国家标准. 建筑抗震设计规范（GB 50011—2010）[S]. 北京：中国建筑工业出版社，2010.
[22] Riddel R，Garcia E J. Hysteretic energy spectrum and damage control[J]. Earthquake Engineering and Structure Dynamics，2001，30（12）：1195-1213.
[23] 史庆轩，梁兴文. 高层建筑结构设计[M]. 北京：科学出版社，2006.
[24] 中华人民共和国国家标准. 建筑结构荷载规范（GB 50009—2012）[S]. 北京：中国建筑工业出版社，2012.
[25] 包世华. 新编高层建筑结构[M]. 北京：中国水利水电出版社，2005.

8　SRC 组合结构材料-结构一体化多目标优化设计[1]

8.1　适用于 SRC 结构的高强高性能混凝土材料的多目标优化

8.1.1　高强高性能混凝土的主要性能指标

适用于 SRC 结构的高强高性能混凝土必须具备高抗压强度、高工作性能、高粘结强度（与型钢）和优异的耐久性能。

混凝土强度指标包括抗压、抗拉、抗弯、抗剪、疲劳、粘结、局部承压强度等。混凝土高强化是通过增加水泥用量、掺入矿物掺合料、加入高效减水剂、降低水胶比等途径来获得的。

型钢混凝土结构浇筑混凝土的施工条件相对较差，特别是型钢混凝土框架节点处梁柱型钢、钢筋交汇，箍筋加密，对混凝土的浇筑质量提出了更高的要求。另一方面，机械化施工要求混凝土具有较高的流动性、保水性。

型钢与混凝土之间的粘结力主要由化学胶结力、摩擦阻力和机械咬合力三部分组成。粘结滑移试验结果表明[2, 3]，掺入高效减水剂和矿物掺合料并按照高强高性能混凝土工艺配制的混凝土试件不易发生粘结劈裂破坏；采用质地优良的碎石，混凝土与型钢接触面上的混凝土晶体的抗剪能力得到增强，提高了型钢与混凝土的摩阻力，从而型钢与混凝土之间的粘结强度得到相应的提高。

混凝土的耐久性能体现在抵抗碳化、氯离子侵蚀、冻融破坏和碱-骨料反应等方面。改善混凝土的孔结构和界面过渡层结构是提高混凝土耐久性能最根本的途径。

8.1.2　混凝土配合比多目标优化设计

1. 数学模型

适用于 SRC 结构的高强高性能混凝土配合比优化设计是一个非线性多目标问题，为了合理建立各目标函数与约束条件之间的关系并完成最优化求解，需要用多目标优化的方法予以解决。混凝土配合比多目标最优化问题的数学模型为

$$\begin{cases} \min\ \boldsymbol{F}(\boldsymbol{x}) \\ \min\ \boldsymbol{G}(\boldsymbol{x}) \\ \text{s.t.}\quad \boldsymbol{s}_i(\boldsymbol{x}) \leqslant 0, \qquad i=1,2,\cdots,m \\ \qquad \boldsymbol{h}_j(\boldsymbol{x})=0, \qquad j=1,2,\cdots,l\ (l<n) \\ \qquad \boldsymbol{x}_\mathrm{l} \leqslant \boldsymbol{x} \leqslant \boldsymbol{x}_\mathrm{u} \end{cases} \tag{8-1}$$

式中，$\boldsymbol{x}=[x_1,x_2,\cdots,x_n]^\mathrm{T}$，为包含 n 个分量的决策向量；$\boldsymbol{F}(\boldsymbol{x})$、$\boldsymbol{G}(\boldsymbol{x})$ 为目标函数向量；$\boldsymbol{s}_i(\boldsymbol{x}) \leqslant 0$、$\boldsymbol{h}_j(\boldsymbol{x})=0$ 为约束条件。满足所有约束的向量 $\boldsymbol{x}$ 称为容许解或容许点，所有容许点的集合称为容许集，优化求解的过程即在容许集中找一点 $\boldsymbol{x}^*$，使得目标函数在该点取极值，此点即为该配合比问题的最优解。

2. 约束条件

本研究中，混凝土原材料由水泥、砂、碎石、矿物掺合料、高效减水剂和水组成，称为混凝土的六组分，配合比设计即确定各组分的用量，这六种组分的用量分别用变量 $x_1, x_2, \cdots, x_6$ 来表示。

1）各组分用量 x_i 的取值范围

$$x_{i\mathrm{l}} \leqslant x_i \leqslant x_{i\mathrm{u}}, \qquad i=1,2,\cdots,6 \tag{8-2a}$$

式中，$x_{i\mathrm{l}}$、$x_{i\mathrm{u}}$ 分别为 x_i 的下限、上限。

2）水胶比的限制

$$k_\mathrm{l} \leqslant x_6/(x_1+x_4) \leqslant k_\mathrm{u} \tag{8-2b}$$

式中，$x_6/(x_1+x_4)$ 为水与胶凝材料（即水泥和矿物掺合料之和）用量的比值；k_l、k_u 分别为其下限、上限。

3）砂率

$$S_\mathrm{l} \leqslant x_2/(x_2+x_3) \leqslant S_\mathrm{u} \tag{8-2c}$$

式中，$x_2/(x_2+x_3)$ 为砂与骨料（碎石）总合的比值；S_l、S_u 分别为其下限、上限。

4）胶凝材料总用量

$$C_\mathrm{l} \leqslant x_1+x_4 \leqslant C_\mathrm{u} \tag{8-2d}$$

5）外加剂掺量

$$R_\mathrm{l} \leqslant x_5/(x_1+x_4) \leqslant R_\mathrm{u} \tag{8-2e}$$

式中，$x_5/(x_1+x_4)$ 为减水剂的掺量与胶凝材料用量的比值；R_l、R_u 分别为其下限、上限。

6）材料体积的约束

假定混凝土拌和物的体积等于各组分绝对体积和混凝土拌和物中所含空气的体积之和，则 $1\mathrm{m}^3$ 混凝土拌和物的原材料用量需满足

$$\sum_{i=1}^{6} x_i / \rho_i + 10\alpha - 1000 = 0 \tag{8-2f}$$

式中，ρ_i 为各组分的密度；α 为混凝土含气量百分数，不使用引气剂时取 $\alpha = 1$。

7）立方体抗压强度

在配合比设计计算中引入了掺合料活性指数。试验研究与理论分析结果表明，文献[4]提出的水胶比与混凝土配制强度的关系式物理概念明确、具有较好的适用性，可应用于本优化设计中。水胶比与混凝土配制强度的关系式可表述为

$$A\left(-0.4952 + \frac{5.514x_6}{x_1 + x_4}\right)\alpha_{\mathrm{a}} f_{\mathrm{ce}}\left(\frac{x_1 + x_4}{x_6} - \alpha_{\mathrm{b}}\right) - f_{\mathrm{cu,k}} + 1.645\sigma \geqslant 0 \tag{8-2g}$$

式中，A 为矿物掺合料的活性指数；$f_{\mathrm{cu,k}}$ 为混凝土的立方体抗压强度标准值；f_{ce} 为水泥的实际强度；σ 为混凝土强度标准差；α_{a}、α_{b} 为《普通混凝土配合比设计规程》（JGJ 55—2000）中的回归系数。

3. 目标函数

以混凝土与型钢的协同工作能力和混凝土经济成本为配合比优化的目标。

以型钢与混凝土连接面上的极限粘结强度 τ_{u} 来表征混凝土与型钢的协同工作能力。依据式（8-1）可建立极限粘结强度的目标函数为

$$\tau_{\mathrm{u}} = \sum_{i=1}^{6} F_i(x_i) x_i \tag{8-3}$$

式中，x_i 为水泥、骨料、矿物掺合料等材料因素；$F_i(x_i)$ 为各材料因素对极限粘结强度 τ_{u} 的影响，其函数关系可由式（8-1）和式（8-2g）来确定。

各材料组分的单价以 y_i 来表示，则混凝土单方成本的目标函数为

$$c = \sum_{i=1}^{6} y_i x_i \tag{8-4}$$

4. 求解过程

对适用于 SRC 结构的高强高性能混凝土配合比多目标优化问题，可借用 MATLAB 中的 fgoalattain 函数，并采用序列二次规划法（简称 SQP）进行求解，这是解决目标函数和约束方程为非线性优化问题的有效方法。该方法在计算机快捷运算速度的支持下，在每迭代点构造二次规划子问题，以该子问题的解作为迭代搜索方向，逼近约束优化问题的解。配合比优化的过程如下。

（1）构造拉格朗日函数。

$$L(x,\mu,\lambda)=f(x)+\sum_{i=1}^{m}\mu_i h_i(x)+\sum_{i=1}^{l}\lambda_i g_i(x) \tag{8-5}$$

式中，$f(x)$ 为目标函数；$h_i(x)$、$g_i(x)$ 为约束条件；μ_i、λ_i 为拉格朗日乘子。

用二次函数近似 $L(x,\mu,\lambda)$ 后化为二次规划问题（简称 QP）。

（2）解一系列如下形式的 QP 子问题。

$$\begin{cases}\min \quad \dfrac{1}{2}d^{\mathrm{T}}G_i d+\nabla f(x_i)^{\mathrm{T}}d \\ \text{s.t.} \quad \nabla h_i(x_i)^{\mathrm{T}}d+h_i(x_i)=0, \qquad i=1,2,\cdots,m \\ \qquad \nabla g_i(x_i)^{\mathrm{T}}d+g_i(x_i)\leqslant 0, \qquad j=1,2,\cdots,l\end{cases} \tag{8-6}$$

（3）将 QP 子问题式（8-6）得到的最优解 d_k 取为第 k 次迭代的搜索方向，形成一个新的迭代公式，新的迭代点为 $x_{i+1}=x_i+\alpha_k d_i$，其中 α_k 是按一定搜索准则得到的步长。

8.1.3 配合比优化设计算例

配制适用于SRC结构的高强高性能混凝土，强度等级要求分别为C60～C100。水泥选用秦岭牌 P・O 52.5R 普通硅酸盐水泥，其 28 天实测抗压强度为 57.4MPa，密度为 3.2kg/m³；选用的粗骨料为陕西泾阳碎石，粒径为 5～20mm，密度为 2.75kg/m³；细骨料采用灞河中粗河砂，细度模数为 2.8，密度为 2.61kg/m³；外加剂选用聚羧酸系高效减水剂，水泥净浆流动度试验表明其与选用的秦岭牌 P・O 52.5R 水泥有较好的相容性，其掺量控制在 1.5%～2.5%；选择粉煤灰和硅灰两种活性高、颗粒极细的掺合料按照 4：1 的比例复合，形成具有优异性能的复合掺合料，密度为 2.21 kg/m³；拌和用水采用饮用水。

上述材料的市场参考价格为：水泥 0.40 元/kg，粗骨料 0.035 元/kg，细骨料 0.025 元/kg，矿物掺合料 0.20 元/kg，高效减水剂 8 元/kg，水 0.002 元/kg。

通过拉拔试验来确定优化前后型钢与高强高性能混凝土之间的极限粘结强度，试件由两个 10 号槽钢和 6mm 厚钢板组合成工字形截面，保护层厚度为 60mm，锚固长度为 740mm。

以强度等级 C80 为例，基于 MATLAB 的配合比优化求解过程如下。

（1）编写目标函数的 M 文件。

```
functionf=myfun(x)
f(1)=0.1774×(x(1)+x(4))/x(6)+1.0270×x(6)/(x(1)+x(4))-
2.172
f(2)=0.40×x(1)+0.025×x(2)+0.035×x(3)+0.20×x(4)+8×x(5)+
```

```
0.002×x(6)
```

（2）编写非线性不等式约束的 M 文件。

```
function[c, ceq]=mycon(x)
c=88.89-13.64×(x(1)+x(4))/x(6)-78.99×x(6)/(x(1)+x(4))
```

（3）给定目标，权重按目标的比例确定，赋予各处初值，调用优化函数。

```
goal=[-10, 180];
weight=[-10, 180];
x0=[300, 500, 1000, 100, 9, 150];
A=[-0.35, 0, 0, -0.35, 0, 1; 0.2, 0, 0, 0.2, 0, -1; 0, 0.6, -0.4, 0, 0, 0; 0, -0.7, 0.3, 0, 0, 0; 1, 0, 0, 1, 0, 0; -1, 0, 0, -1, 0, 0; -0.025, 0, 0, -0.025, 1, 0; 0.015, 0, 0, 0.015, -1, 0];
b=[0, 0, 0, 0, 600, -500, 0, 0];
Aeq=[0.3125, 0.3831, 0.3636, 0.3448, 1.25, 1];
beq=[990];
lb=[300, 500, 1000, 100, 9, 150];
ub=[500, 1000, 1400, 200, 15, 200];
[x, fval]=fgoalattain('myfun1', x0, goal, weight, A, b, Aeq, beq, lb, ub, 'mycon')
```

（4）计算结果显示。

x=[396，601，1115，147，9.8，165]

fval=−3.18；329.18

优化后与优化前混凝土的单方成本和极限粘结强度对比分析如图 8.1 所示，图中亦给出了极限粘结强度的试验测试结果。从图中可以看出，混凝土与型钢之间极限粘结强度的理论计算值与试验实测值基本吻合；与优化前相比，经配合比优化后的极限粘结强度提高了约 12%，且每立方米可节约成本约 10%。

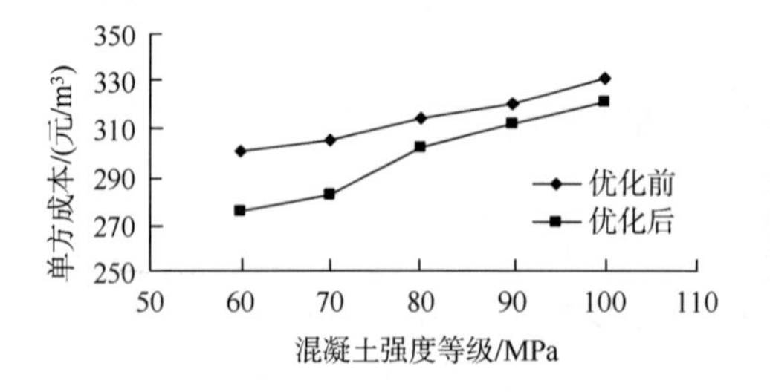

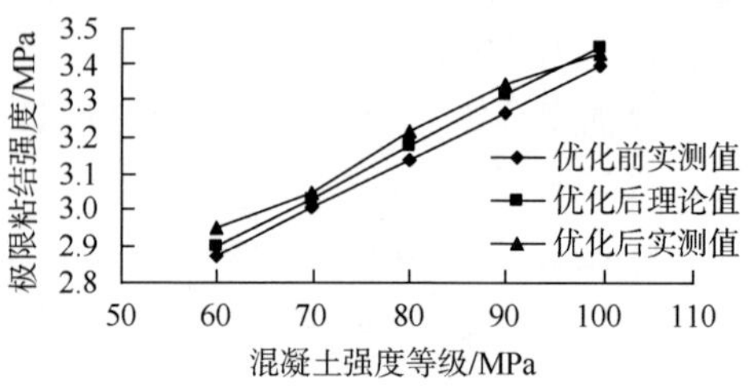

图 8.1　优化前后对比分析

8.2　基于层次分析 GA 算法的 SRC 框架梁多目标优化设计

SRC 构件的受力性能较为复杂，型钢腹板及翼缘的厚度、宽度等对 SRC 构件的受力特性所做的贡献不同。因此，对 SRC 框架梁进行基于层次分析 GA 算法的多目标优化设计具有一定的理论意义，可为组合结构的合理设计与工程应用提供参考。

8.2.1　基于层次分析的遗传算法

1. 层次分析决策模型

设 $\boldsymbol{U}=\{u_1,u_2,u_3,\cdots,u_n\}$ 为方案集的 n 个决策方案，每个方案包含 m 个目标，即 $\boldsymbol{V}=\{v_1,v_2,v_3,\cdots,v_m\}$，则其层次结构如图 8.2 所示。

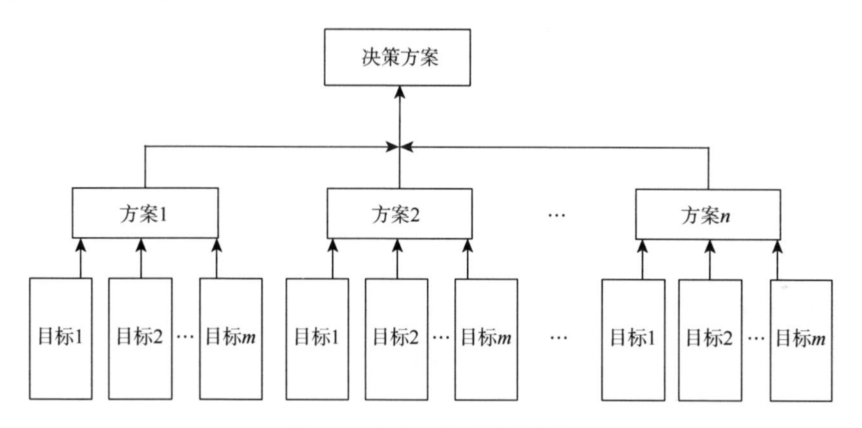

图 8.2　决策方案的层次结构

方案决策矩阵可表示为

$$\boldsymbol{X}=\begin{bmatrix} x_{11} & x_{12} & \cdots & x_{1n} \\ x_{21} & x_{22} & \cdots & x_{2n} \\ \vdots & \vdots & & \vdots \\ x_{i1} & x_{i2} & x_{ij} & x_{in} \\ \vdots & \vdots & & \vdots \\ x_{m1} & x_{m2} & \cdots & x_{mn} \end{bmatrix} \tag{8-7}$$

式中，x_{ij} 为第 i 个目标、第 j 个决策方案的标度（i=1, 2, …, m；j=1, 2, …, n）。

权重集是由其组成元素进行两两对比形成的比较矩阵，其向量大小反映了它在整个系统中的相对重要程度。比较矩阵是利用二元对比方法（表 8.1），并根据专家的经验、知识等进行评判获得的。

表 8.1　判断矩阵标度及其含义

标度 u_{ij}	含义
1	表示 u_i 与 u_j 比较，具有同等重要性
3	表示 u_i 与 u_j 比较，u_i 比 u_j 稍微重要
5	表示 u_i 与 u_j 比较，u_i 比 u_j 明显重要
7	表示 u_i 与 u_j 比较，u_i 比 u_j 强烈重要
9	表示 u_i 与 u_j 比较，u_i 比 u_j 极端重要
2、4、6、8	2、4、6、8 分别表示相邻判断 1-3、3-5、5-7、7-9 的中值
倒数	表示 u_i 与 u_j 比较得 u_{ij}，则 u_j 与 u_i 比较得 $u_{ij}=1/u_{ji}$

则比较矩阵可表达为

$$\boldsymbol{P}=\begin{bmatrix} 1 & u_{12} & \cdots & u_{1m} \\ 1/u_{12} & 1 & \cdots & u_{2m} \\ \vdots & \vdots & & \vdots \\ 1/u_{1m} & 1/u_{2m} & \cdots & 1 \end{bmatrix} \tag{8-8}$$

式中，$u_{ij}>0$，$u_{ij}=1/u_{ji}\,(i,j=1,2,\cdots,m)$；$u_{ii}=1(i=1,2,\cdots,m)$。由于采用二元对比方法时需要对所有的元素进行重要性排序，因此应满足条件$1<u_{12}<u_{13}\cdots<u_{1m}$。

此时，比较矩阵的特征向量可表示为

$$\bar{\omega}_i=\sqrt[m]{\prod_{j=1}^{m}u_{ij}} \tag{8-9a}$$

$$\bar{\boldsymbol{\omega}}=(\bar{\omega}_1,\bar{\omega}_2,\cdots,\bar{\omega}_m) \tag{8-9b}$$

权重向量 $\boldsymbol{W}$ 可表示为

$$w_i=\frac{\bar{\omega}_i}{\sum_{j=1}^{m}\bar{\omega}_j} \tag{8-10a}$$

$$\boldsymbol{W}=(w_1,w_2,\cdots,w_m) \tag{8-10b}$$

为避免人为误差，应对权重向量进行一致性检验，即

$$\lambda_{\max}=\frac{1}{m}\sum_{i=1}^{m}\frac{(\boldsymbol{PW}^{\mathrm{T}})_i}{w_i} \tag{8-11}$$

$$C.R.=\frac{C.I.}{R.I.}=\frac{1}{R.I.}\left(\frac{\lambda_{\max}-m}{m-1}\right) \tag{8-12}$$

式中，λ_{max}为一致性检验的最大特征值；n为比较矩阵的次序；$C.R.$为一致性比率；$C.I.$为随机一致性指标；$R.I.$为随机平均一致性指标，按表8.2取值。

一般而言，$C.I.$越小，则比较矩阵的一致性越好。当$C.I.<0.10$时，即认为比较矩阵满足一致性的要求；否则，对比较矩阵进行调整，直至满足一致性的要求。

表8.2　$R.I.$取值

n	1	2	3	4	5	6	7	8	9	10	11	12
$R.I.$	0.00	0.00	0.58	0.90	1.12	1.24	1.32	1.41	1.45	1.49	1.51	1.54

2. 建立层次分析改进遗传算法

层次分析改进遗传算法是对遗传（GA）算法的编码过程进行实数编码（浮点编码），并对各设计变量进行权重赋值。在传统遗传算法中，每个变量x_i可认为均被赋予了“1”的权重。大量研究表明，构件的混凝土截面尺寸、型钢翼缘和腹板的尺寸等对构件的受力性能所做的贡献不同，若对构件受力影响大的单元赋予较大的权重（均为[0，1]的值），则能够更好地发挥其作用。因此在编码过程中，可定义n维编码长度，用前n–1个编码确定变量，最后一个编码确定权重向量。

商业软件ISIGHT是Engineous Software公司的产品，是目前国际上优秀的综合性计算机辅助工程软件之一。ISIGHT除了可以连接自行开发的Fortran、C++、Visual Basic或Unix等程序，也同样可以连接集成商业软件，如ANSYS、OpenSEES、ABAQUS、MATLAB、SAP等。

ISIGHT与ANSYS联合应用的具体操作过程如下：首先用ANSYS的APDL（ANSYS Parameter Design Language）模块建立本节需要的参数化模型，该模型在ANSYS中形成以Log命名的文件，将Log文件重命名为jou文件，再在jou文件中建立tmp文件，利用tmp文件调用ISIGHT软件。然后利用ANSYS中的批处理文件bat调用ANSYS分析模块，这样便实现了遗传算法在ANSYS中的应用，如图8.3所示。应用ISIGHT软件设定遗传算法各参数的过程如图8.4～图8.8所示。

SRC框架梁混凝土截面尺寸及型钢尺寸的上限、下限可通过可视化操作界面完成，如图8.4所示。

在遗传算法基本参数操作界面上可对独立群体数目、单个独立群体所含个体数及进化的代数分别进行设置，如图8.5所示。同时，还可在遗传算法基本算子操作界面上对基因字符串长度、复制、交叉、变异概率等参数分别进行设置，如图8.6所示。

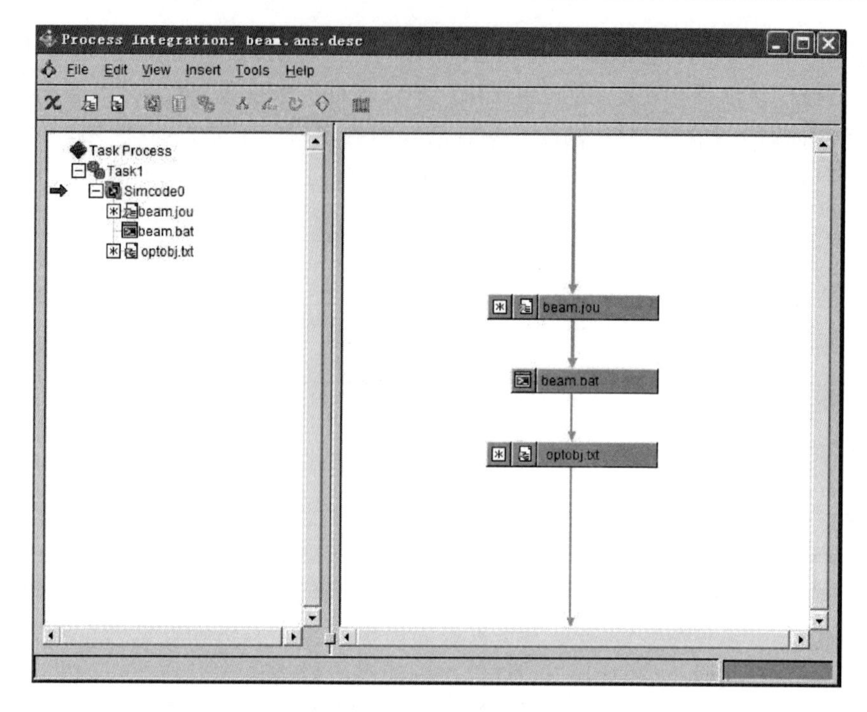

图 8.3　ISIGHT 调用函数的操作界面

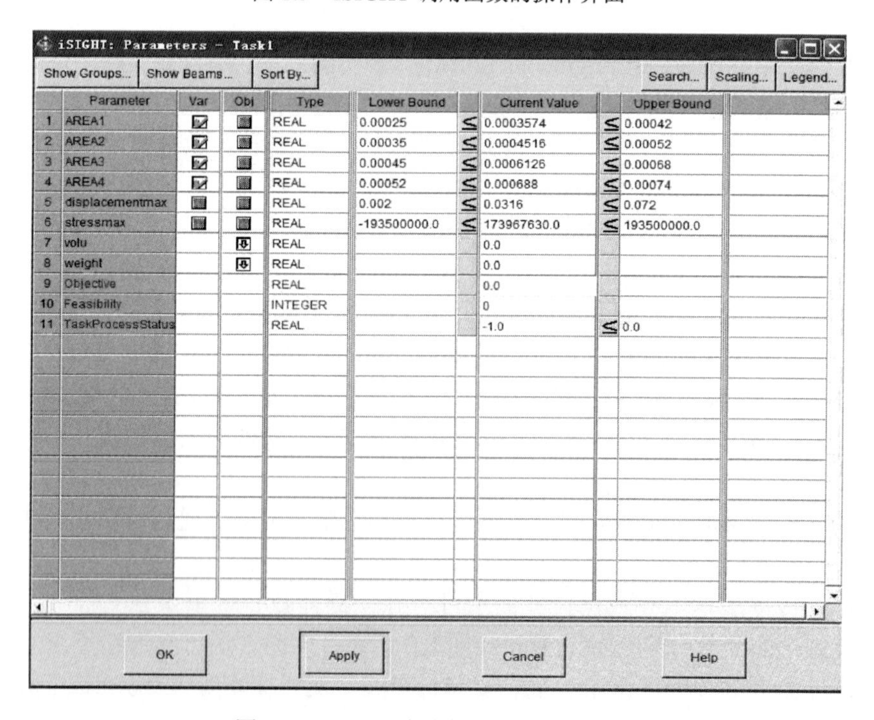

图 8.4　ISIGHT 中构件参数的设置界面

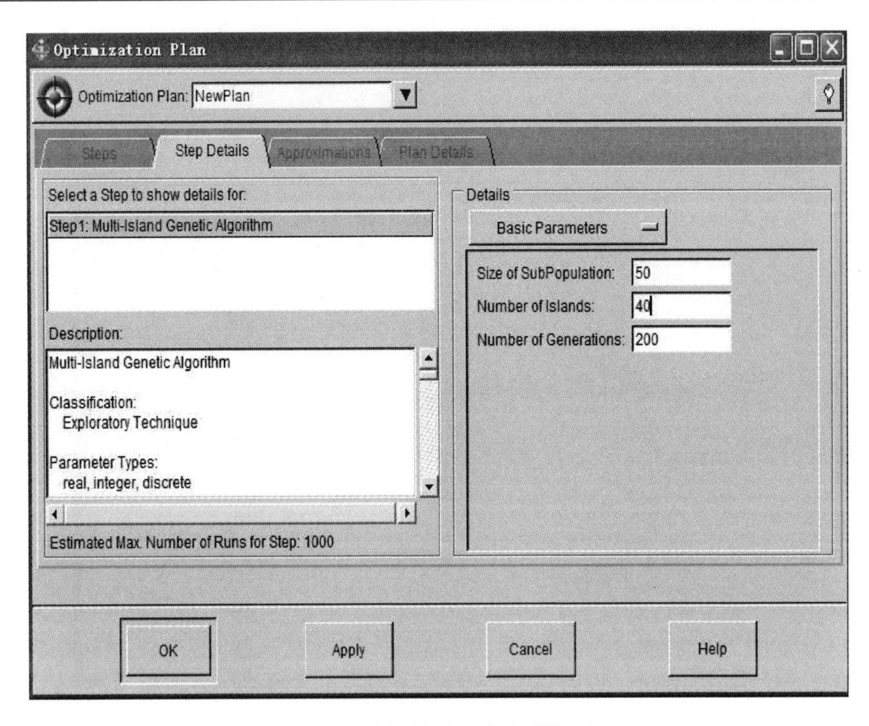

图 8.5　遗传算法基本参数设置

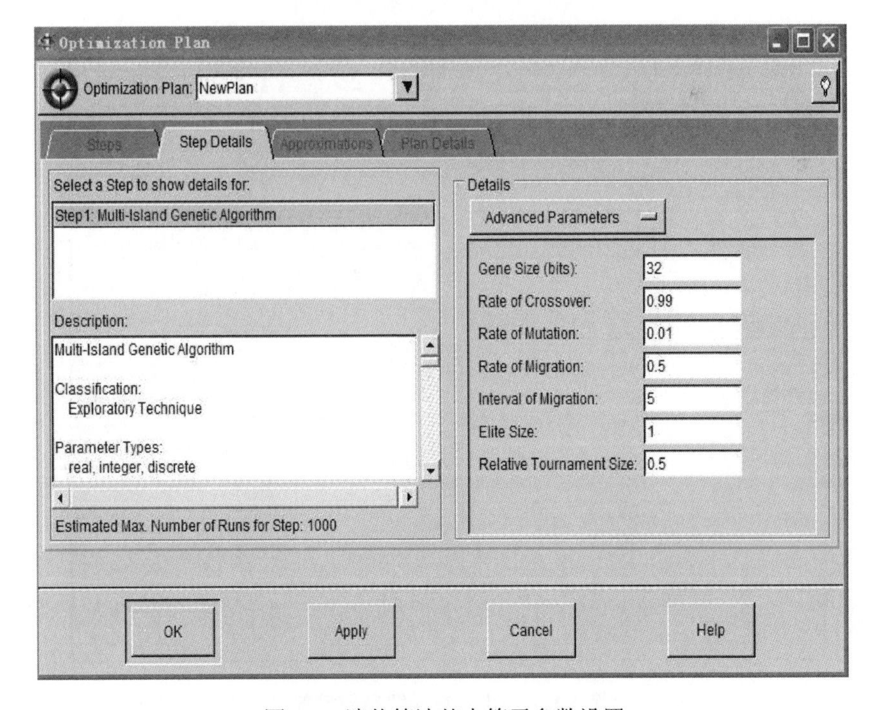

图 8.6　遗传算法基本算子参数设置

本章采用外罚函数进行优化计算，其主要参数设置如图 8.7 和图 8.8 所示。

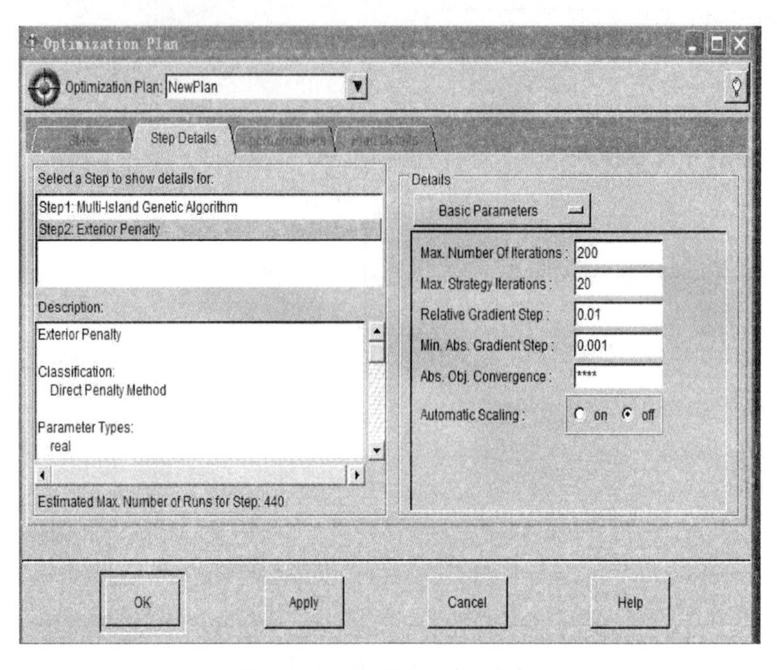

图 8.7　外罚函数基本参数设置

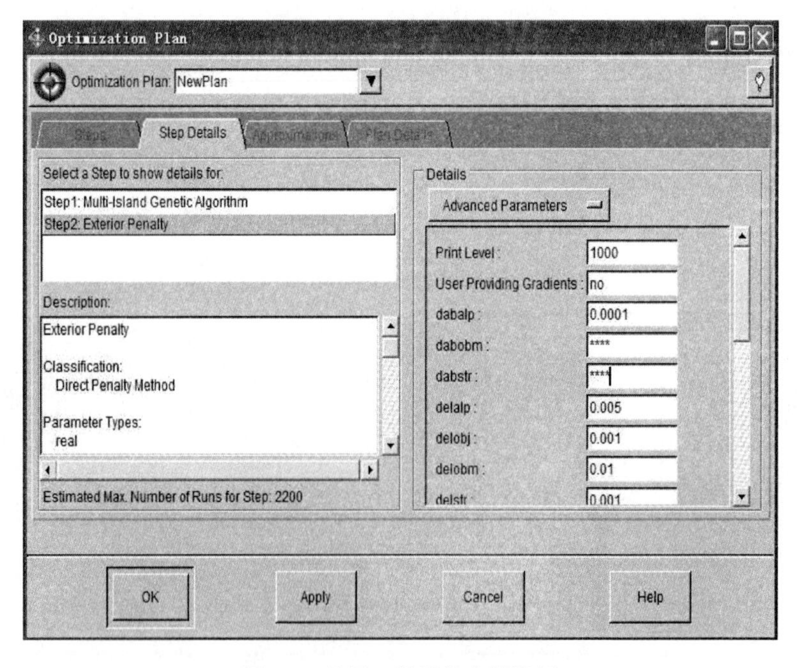

图 8.8　外罚函数详细参数设置

8.2.2 SRC框架梁优化数学模型

1. 目标函数

框架梁为结构体系中的受弯构件，其正截面抗弯承载力和斜截面抗剪承载力为其构件设计的两个主要性能指标，且只要前者合理确定后，后者即可按照强剪弱弯抗震设计原则确定。因此，本章将构造两种目标函数：Min（SRC 框架梁的总造价）和 Max（SRC 框架梁的正截面抗弯承载力）。即

$$\text{Min}\ \ F(\boldsymbol{X})=\alpha\frac{C(\boldsymbol{X})}{C_0}+\beta\left(-\frac{M(\boldsymbol{X})}{M_0}\right) \tag{8-13}$$

式中，α 和 β 分别为造价和正截面抗弯承载力的权重系数，且满足条件：$\alpha,\beta>0$，$\alpha+\beta=1$；$C(\boldsymbol{X})$ 和 $M(\boldsymbol{X})$ 分别表示框架梁的工程造价和正截面抗弯承载力；C_0 和 M_0 分别为框架梁的初始工程造价和正截面抗弯承载力。

$$C(\boldsymbol{X})=C_1+C_2+C_3+C_4 \tag{8-14a}$$

$$C_1=C_c(bh-A_a-A_s-A_s') \tag{8-14b}$$

$$C_2=C_aA_a \tag{8-14c}$$

$$C_3=C_s(A_s+A_s') \tag{8-14d}$$

$$C_4=C_{sv}A_{sv}(h+b)/s_{sv} \tag{8-14e}$$

其中，C_1、C_2、C_3、C_4 分别为单位长度中 SRC 框架梁的混凝土、型钢、纵向钢筋和箍筋的造价；C_c 为混凝土的单价，元/m^3；b、h 分别为 SRC 框架梁的截面宽度和高度；A_a 为型钢的截面面积，可由式 $A_a=b_{af}t_{af}+b_{af}'t_{af}'+h_wt_w$ 计算求得；A_s 为下部纵筋截面面积，可由式 $A_s=n_s\left(\pi d_s^2/4\right)$ 计算求得；A_s' 为上部纵筋截面面积；可由式 $A_s'=n_s'\left(\pi d_s'^2/4\right)$ 计算求得；C_a 为型钢的单价，元/m^3；C_s 为纵向钢筋的单价，元/m^3；C_{sv} 为箍筋的单价，元/m^3；A_{sv} 为配置在同一截面内的箍筋各肢的全部截面面积，可由式 $A_{sv}=\pi d_{sv}^2/2$ 计算求得；s_{sv} 为沿梁长度方向箍筋间距。

2. 设计变量

SRC 框架梁优化设计问题的设计变量为

$$\boldsymbol{X}=[b,h,b_{af},t_{af},h_w,t_w,d_s,n_s,d_s',n_s',d_{sv},s_{sv}]^{\mathrm{T}}$$

其中，框架梁的混凝土截面尺寸为（b,h）；纵向受拉、压钢筋的直径和数量分别为（d_s,n_s）和（d_s',n_s'）；型钢的截面尺寸为（b_{af},t_{af},h_w,t_w）；箍筋直径和间距分别为 d_{sv} 和 s_{sv}。

3. 约束条件[5~7]

1）承载力要求

根据型钢混凝土框架梁设计计算理论，其抗弯承载力约束条件可表示为

$$f_c bx + f'_y A'_s + f'_a A'_{af} - f_y A_s - f_a A_{af} + N_{aw} = 0 \tag{8-15a}$$

$$M \leqslant \frac{1}{\gamma_{RE}}[f_c bx(h_0 - x/2) + f'_y A'_s(h_0 - a'_s) + f'_a A'_{af}(h_0 - a'_a) + M_{aw}] \tag{8-15b}$$

$$V \leqslant \frac{1}{\gamma_{RE}}\left(0.06 f_c bh_0 + 0.8 f_{yv}\frac{A_{sv}}{s}h_0 + 0.58 f_a t_w h_w\right) \tag{8-15c}$$

$$V_b \leqslant 0.36 f_c bh_0 \tag{8-15d}$$

$$\frac{f_a t_w h_w}{f_c bh_0} \geqslant 1.10 \tag{8-15e}$$

2）构造要求

（1）框架梁截面宽度及高宽比要求。

$$b \geqslant 300\text{mm},\quad 300\text{mm} \leqslant h \leqslant 4b \tag{8-16}$$

（2）型钢及其板件的尺寸要求。

$$b_{af} \leqslant b - 200,\quad b'_{af} \leqslant b - 200 \tag{8-17a}$$

$$b'_{af} \leqslant 2b/3,\quad b_{af} > 0,\quad b'_{af} > 0,\quad h_w > 0 \tag{8-17b}$$

$$t_w \geqslant 6\text{mm},\quad t_{af} \geqslant 6\text{mm},\quad t'_{af} \geqslant 6\text{mm} \tag{8-17c}$$

（3）纵向受力钢筋的构造要求。

$$16\text{mm} \leqslant d_s \leqslant 50\text{mm},\quad 16\text{mm} \leqslant d'_s \leqslant 50\text{mm} \tag{8-18a}$$

$$\frac{h - 50 - n_s d_s}{n_s - 1} \geqslant \max(1.5d_s, 30) \tag{8-18b}$$

$$\frac{h - 50 - n'_s d'_s}{n'_s - 1} \geqslant \max(1.5d'_s, 30) \tag{8-18c}$$

$$n'_s \geqslant 2,\quad n_s \geqslant 2 \tag{8-18d}$$

$$\frac{n_s \pi d_s^2}{4b(h - a_s)} > 0.003 \tag{8-18e}$$

（4）箍筋的构造要求。

$$d_{sv} \geqslant 6 + 2\min\left[1, \text{int}\left(\frac{h}{800}\right)\right] \tag{8-19a}$$

$$d_{sv} \geqslant 0.25 d'_s \cdot \max\left\{\min\left[1, \text{int}\left(\frac{n'_s}{3.0}\right)\right], \min\left[1, \text{int}\left(\frac{d'_s}{18.0}\right)\right]\right\} \tag{8-19b}$$

$$s_{\mathrm{sv}} \leqslant \frac{15d'_{\mathrm{s}}}{\left\{\max\left[\min\left(1,\frac{n'_{\mathrm{s}}}{3.0}\right),\min\left(1,\frac{d'_{\mathrm{s}}}{18.0}\right)\right]\right\}^3} - 5d'_{\mathrm{s}}\cdot\min\left[1,\mathrm{int}\left(\frac{n'_{\mathrm{s}}}{6}\right)\right]\cdot\min\left[1,\mathrm{int}\left(\frac{d'_{\mathrm{s}}}{20}\right)\right] \tag{8-19c}$$

$$s_{\mathrm{sv}} \leqslant \min\left[1,\mathrm{int}\left(\frac{V}{0.07f_{\mathrm{c}}bh_0}\right)\right]\times 50\times\left\{4+\min\left[1,\mathrm{int}\left(\frac{h}{525}\right)\right] + \min\left[1,\mathrm{int}\left(\frac{h}{825}\right)\right]\right\} + \mathrm{int}\left[\frac{\min\left(V,0.07f_{\mathrm{c}}bh_0\right)+1}{V+1}\right]\times 300 \tag{8-19d}$$

$$s_{\mathrm{sv}} > 100\mathrm{mm} \tag{8-19e}$$

$$A_{\mathrm{sv}}/bs_{\mathrm{sv}} \geqslant 0.24f_{\mathrm{t}}/f_{\mathrm{yv}} \tag{8-19f}$$

（5）型钢的混凝土保护层厚度要求。

$$a_{\mathrm{a}} - 0.5t_{\mathrm{af}} \geqslant 100\mathrm{mm} \tag{8-20}$$

式中，各参数的意义见文献[5]和[6]。

8.2.3 算例

已知某型钢混凝土框架梁在均布荷载作用下，其支座截面最大内力组合为V_A=200kN，M_A=–300kN·m，跨中最大弯矩M_C=200kN·m，如图 8.9 所示。选择框架梁截面尺寸、配筋和配钢，使其造价和承载力达到相对最优。其中，混凝土强度等级为 C30，单价为350元/m^3，$f_{\mathrm{c}}=14.3\mathrm{N/mm^2}$，$f_{\mathrm{t}}=1.43\mathrm{N/mm^2}$；型钢采用 Q235，单价为3700元/t，$f_{\mathrm{a}}=210\mathrm{N/mm^2}$（厚度小于等于 16mm 时为$f_{\mathrm{a}}=210\mathrm{N/mm^2}$，其他厚度时，强度可由程序自动算出）；纵向钢筋采用 HRB335，单价为3000元/t，$f_{\mathrm{y}}=300\mathrm{N/mm^2}$；箍筋为双肢箍，采用 HPB300，单价为2700元/t，$f_{\mathrm{yv}}=270\mathrm{N/mm^2}$。

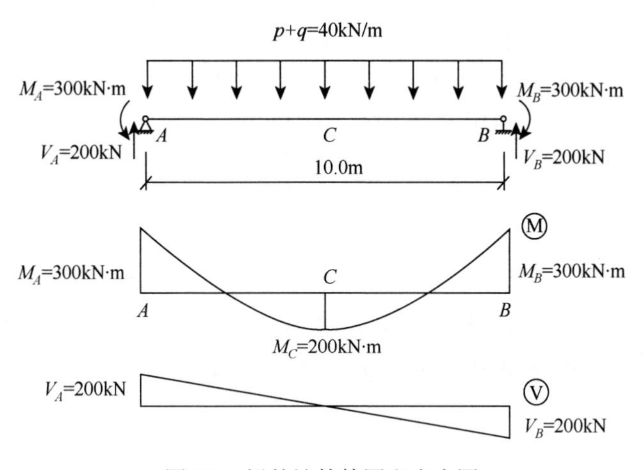

图 8.9 梁的计算简图和内力图

1. 目标权重[8]

根据前述 SRC 框架梁优化设计的数学模型知，该例题共有 12 个设计变量。首先，应用层次分析原理，按表 8.1 对这 12 个设计变量进行重要性排序（$u_1 \geqslant u_2 \cdots \geqslant u_{12}$），进而应用二元对比方法获得各目标权向量判断矩阵，见表 8.3。

表 8.3　评价目标的判断矩阵

系列	h	b	h_w	b_{af}	t_{af}	t_w	d_s	d_s'	d_{sv}	n_s	n_s'	s_{sv}
h	1	1	1	2	2	2	3	3	5	5	7	7
b	1	1	1	2	2	2	3	3	5	5	7	7
h_w	1	1	1	2	2	2	3	3	3	5	5	7
b_{af}	1/2	1/2	1/2	1	2	2	3	3	5	5	7	7
t_{af}	1/2	1/2	1/2	1/2	1	3	3	3	5	5	7	7
t_w	1/2	1/2	1/2	1/2	1/3	1	3	3	3	5	7	7
d_s	1/3	1/3	1/3	1/3	1/3	1/3	1	5	5	5	7	7
d_s'	1/3	1/3	1/3	1/3	1/3	1/3	1/5	1	3	5	5	5
d_{sv}	1/5	1/5	1/3	1/5	1/5	1/3	1/5	1/3	1	3	3	5
n_s	1/5	1/5	1/5	1/5	1/5	1/5	1/5	1/5	1/3	1	3	5
n_s'	1/7	1/7	1/5	1/7	1/7	1/7	1/7	1/5	1/3	1/3	1	5
s_{sv}	1/7	1/7	1/7	1/7	1/7	1/7	1/7	1/5	1/5	1/5	1/5	1

得到比较矩阵后，其特征向量可应用式（8-9a）求得，即

$$\bar{\boldsymbol{\omega}} = (\bar{\omega}_1, \bar{\omega}_2, \cdots, \bar{\omega}_{12}) = (2.583，2.583，2.407，2.043，1.890，1.507，1.194，0.827，0.534，0.391，0.275，0.188)$$

由层次分析法的决策模型可知，求得目标矩阵的特征值后应对其进行归一化处理。应用式（8-10a）求得权重向量，即

$$\boldsymbol{W} = (w_1, w_2, \cdots, w_{12}) = (0.157，0.157，0.147，0.124，0.115，0.092，0.073，0.050，0.033，0.024，0.018，0.011)$$

应用式（8-11）和式（8-12）对权重向量进行一致性检验，有

$$C.R. = \frac{C.I.}{R.I.} = 0.071 < 0.1$$

检验结果表明，该评判矩阵是可接受的，同时权重向量 $\boldsymbol{W} = (w_1, w_2, \cdots, w_{12}) =$（0.157，0.157，0.147，0.124，0.115，0.092，0.073，0.050，0.033，0.024，0.018，0.011）作为各目标的权重也是合理的。

2. 优化结果

运用上述优化算法对 SRC 框架梁进行优化设计。编码长度选取为 25 维，其

中前 24 个编码用来确定变量，第 25 个编码用来确定权重系数 w_i；初始值的群体规模取为 100；遗传算法的交叉算子的概率取为 0.80，变异算子的概率取为 0.01；停止准则为：运算的迭代次数达到 100 次或者最后的 5 个优化结果为同一个值。

1）权重系数

为了探讨不同权重系数对框架梁优化结果的影响，表 8.4 给出了不同权重系数对应的优化结果，其优化目标随权重系数的关系如图 8.10 所示。

表 8.4 不同权重系数对应的优化结果

项 目 \ 权重系数	$\alpha=0.0$ $\beta=1.0$	$\alpha=0.2$ $\beta=0.8$	$\alpha=0.4$ $\beta=0.6$	$\alpha=0.6$ $\beta=0.4$	$\alpha=0.8$ $\beta=0.2$	$\alpha=1.0$ $\beta=0.0$
工程造价	494.7	443.4	432.3	394.9	341.2	316.5
抗弯承载力	518.6	500.3	457.4	431.2	383.7	362.2
目标函数值	−1.178	−0.741	−0.212	0.152	0.467	0.753

由表 8.4 和图 8.10 可以看出以下两点。

（1）框架梁工程造价和正截面抗弯承载力均随着工程造价权重系数 α 的增加而呈下降趋势。

（2）当 α 较小时（$0\leqslant\alpha\leqslant0.45$），仅正截面抗弯承载力得到了优化；当 α 较大时（$0.65\leqslant\alpha\leqslant1.0$），仅工程造价得到了优化；而当 $0.45<\alpha<0.65$ 时，构件的正截面抗弯承载力和造价均得到了优化。综合考虑，建议 α 和 β 的值分别取 0.6 和 0.4 为宜。

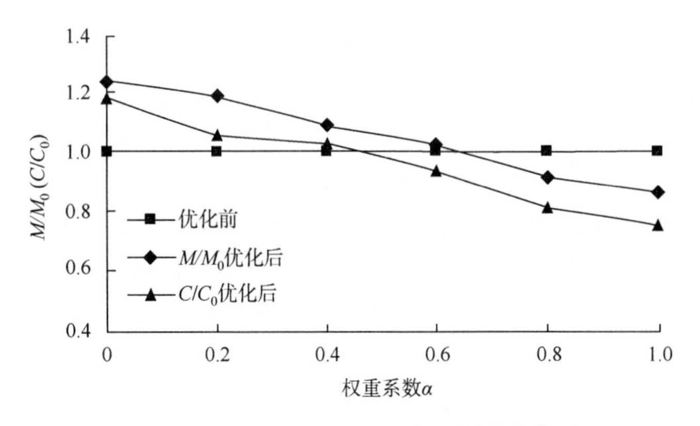

图 8.10 无量纲优化目标与权重系数的关系

2）优化结果

基于以上分析，工程造价和正截面抗弯承载力权重系数 α 和 β 分别取 0.6 和 0.4，对该框架梁进行优化求解，其结果见表 8.5。

表 8.5　SRC 框架梁的优化结果

变量	构件截面 /（mm×mm）	型钢截面 /（mm×mm×mm×mm）	$n_s \times d_s$ /mm	$d_{sv}@s_{sv}$ /mm	剪力 /kN	支座弯矩 /（kN·m）	跨中弯矩 /（kN·m）
优化结果	300×600	300×150×8×16	4ϕ20	ϕ8@150	638.9	431.2	215.6

进而，为了分析本章提出的基于层次分析 GA 算法的适应性与可行性，表 8.6 给出了该方法分析结果与相应常规 GA 算法分析结果的对比。由表可以看出，与相应常规 GA 算法分析结果相比，应用本节提出的基于层次分析 GA 算法所设计的框架梁的抗剪承载力、支座处正截面抗弯承载力、跨中正截面抗弯承载力均有较为明显的提升，且工程造价还降低了约 0.4%。表明本节提出的基于层次分析 GA 算法应用于 SRC 框架梁的优化设计是合理、可行的。

表 8.6　SRC 框架梁两种算法计算结果的对比

变量	截面尺寸 /（mm×mm）	型钢截面 /（mm×mm×mm×mm）	$n_s \times d_s$ /mm	$d_{sv}@s_{sv}$ /mm	剪力 /kN	支座抗弯承载力 /（kN·m）	跨中抗弯承载力 /（kN·m）
常规 GA 算法	300×600	280×160×10×14	4ϕ20	ϕ8@150	548.4	419.6	209.8
本节改进 GA 算法	300×600	300×150×8×16	4ϕ20	ϕ8@150	638.9	431.2	215.6

8.3　基于层次分析 OC-GA 算法的 SRC 框架柱多目标优化

以 SRC 构件的混凝土截面尺寸和内埋型钢截面尺寸为主要优化设计变量，首先运用优化准则法（optimization criterion，OC）确定构件混凝土截面尺寸，以达到显著缩小解空间的搜索范围并提高计算效率的目标，进而确定型钢截面尺寸、纵筋直径与数量等设计参数的取值范围。基于以上思路，在优化准则法中，根据最优性准则 Kuhn-Tucker 条件推导出 SRC 框架柱混凝土截面尺寸的迭代公式，并运用工程软件 ANSYS 数据接口实现优化准则法与 8.2 节提出的基于层次分析 GA 算法的结合，最终建立基于层次分析 OC-GA 混合算法的 SRC 框架柱多目标优化设计方法。

8.3.1　基于粘结滑移理论的建模过程

试验研究结果表明，型钢腹板与混凝土之间的粘结作用很小，可忽略不计；而型钢翼缘内、外侧与混凝土的粘结作用基本相等[9]。因此，本节的粘结滑移数值模拟中，仅考虑型钢翼缘与混凝土在横切向和纵切向的相互作用。

横切向：实际工程中，浇筑后的型钢与混凝土可达到完全粘结状态，且横切向粘结滑移本构关系沿框架柱长度方向不发生变化，因此其可用刚度很大的弹簧进行模拟。

纵切向：文献[10]基于试验研究，给出了纵切向粘结滑移本构关系沿框架柱长度方向的变化规律：

$$\begin{cases} y = -0.167x^2 + 0.767x + 0.4, & x \leqslant 1 \\ y = x(1.667x - 0.667)^{-1}, & x > 1 \end{cases} \tag{8-21}$$

式中，$y = \tau/\tau_u$；$x = s/s_u$；τ_u、s_u 分别为极限粘结强度和极限滑移量。

8.3.2 SRC 框架柱位移延性系数回归方程

延性是评价构件与结构抗震性能的重要指标，延性良好的构件能避免脆性破坏并发生充分的内力重分布，为构件在偶然超载作用下提供安全储备。延性的大小通常用位移延性系数来定量表示。文献[11]和[12]分别对 SRC 框架柱进行了试验研究，指出混凝土强度、剪跨比、体积配箍率、试验轴压比是影响位移延性系数的重要因素。本节将运用 SPSS 软件对以上试验结果进行多元非线性回归分析，以混凝土强度、剪跨比、体积配箍率、试验轴压比为主要设计参数，建立 SRC 框架柱位移延性系数的数学表达式。

设位移延性系数为 μ，混凝土强度为 x_1，剪跨比为 x_2，体积配箍率为 x_3，轴压比为 x_4，则回归方程可表示为

$$\mu = Ax_1^{b_1}x_2^{b_2}x_3^{b_3}x_4^{b_4} \tag{8-22}$$

式中，A、b_1、b_2、b_3、b_4 为待定回归参数。

进行回归分析时，需将多元非线性回归方程转换为多元线性回归方程。对式（8-22）两边取对数，则可得到位移延性的线性回归方程为

$$\lg\mu = \lg A + b_1\lg x_1 + b_2\lg x_2 + b_3\lg x_3 + b_4\lg x_4 \tag{8-23}$$

令 $v = \lg\mu$，$v_1 = \lg x_1$，$v_2 = \lg x_2$，$v_3 = \lg x_3$，$v_4 = \lg x_4$，则式（8-23）可表示为

$$v = \lg A + b_1v_1 + b_2v_2 + b_3v_3 + b_4v_4 \tag{8-24}$$

对文献[11]和[12]的试验结果进行整理，结果见表 8.7。

表 8.7 SRC 框架柱位移延性系数实验值

试件编号	混凝土强度/MPa	剪跨比	配箍率	轴压比	位移延性系数实测值
SRC-1	66.40	1.0	0.008	0.36	2.36
SRC-2	66.40	1.5	0.008	0.36	2.97
SRC-3	66.40	2.5	0.008	0.36	3.00
SRC-4	65.30	2.5	0.012	0.36	3.27
SRC-5	67.30	1.0	0.012	0.36	2.48

续表

试件编号	混凝土强度/MPa	剪跨比	配箍率	轴压比	位移延性系数实测值
SRC-6	67.30	1.5	0.012	0.36	3.10
SRC-7	70.30	1.5	0.016	0.36	3.26
SRC-8	70.40	1.0	0.016	0.36	2.62
SRC-9	73.10	2.5	0.016	0.36	3.73
SRC-10	81.80	2.0	0.008	0.20	3.94
SRC-11	81.80	2.0	0.012	0.20	4.23
SRC-12	81.80	2.0	0.012	0.28	3.41
SRC-13	83.10	2.0	0.016	0.20	4.66
SRC-14	83.10	2.0	0.008	0.28	3.20
SRC-15	84.40	2.0	0.012	0.36	2.94
SRC-16	84.40	2.0	0.016	0.36	3.62
SRC-17	84.40	1.0	0.012	0.36	2.13
SRC-18	84.40	2.0	0.012	0.36	2.94
SRC-19	84.40	2.0	0.016	0.36	3.62
SRC-20	84.90	1.5	0.016	0.36	2.82
SRC-21	84.90	2.0	0.008	0.36	2.30
SRC-22	84.90	2.0	0.016	0.28	3.88
SRC-23	84.90	2.0	0.008	0.36	2.30

运用SPSS软件对表8.7中的试验数据进行多元线性回归，可得到待定参数A、b_1、b_2、b_3、b_4的数值，见表8.8。

表 8.8　SRC 框架柱延性系数回归表

模型	预测参数	非标准化系数	标准误差	Sig
$\lg A$	常数	1.816	0.332	0
b_1	混凝土强度	−0.551	0.163	0.003
b_2	剪跨比	0.356	0.056	0
b_3	体积配箍率	0.360	0.056	0
b_4	轴压比	−0.665	0.081	0

注：Sig 为显著性水平。

由表 8.8 可以看出，显著性概率小于 5%，则认为回归方程有意义。由此可确定位移延性系数方程为

$$\mu = 65.46 f_c^{-0.551} \lambda^{0.356} \rho_v^{0.36} \left(\frac{N}{f_c A_c + f_s A_s} \right)^{-0.665} \tag{8-25}$$

运用式（8-25）对表 8.7 中各试件的位移延性系数进行数值回归，并将其与试验实测值进行对比，见表 8.8。由表可以看出，复相关系数 R 等于 0.948，R^2 等于 0.899，均接近于 1，表明回归方程与试验结果拟合度较高。

表 8.9 SRC 框架柱位移延性系数实测值与回归值对比

试件编号	SRC-1	SRC-2	SRC-3	SRC-4	SRC-5	SRC-6	SRC-7	SRC-8
位移延性系数实测值	2.36	2.97	3.00	3.27	2.48	3.10	3.26	2.62
位移延性系数回归值	2.43	2.89	3.45	3.82	2.56	3.30	3.57	3.09
试件编号	SRC-9	SRC-10	SRC-11	SRC-12	SRC-13	SRC-14	SRC-15	SRC-16
位移延性系数实测值	3.73	3.94	4.23	3.41	4.66	3.20	2.94	3.62
位移延性系数回归值	4.16	4.19	4.85	3.88	5.34	3.32	3.23	3.58
试件编号	SRC-17	SRC-18	SRC-19	SRC-20	SRC-21	SRC-22	SRC-23	
位移延性系数实测值	2.13	2.94	3.62	2.82	2.30	3.88	2.30	
位移延性系数回归值	2.52	3.23	3.58	3.22	2.78	4.22	2.58	

目前，国内外学者对构件位移延性系数界限值的见解不一。本节根据 SRC 框架柱的受力与变形特点，建议其位移延性系数取值应满足

$$\mu \geqslant 3 \tag{8-26}$$

8.3.3 基于层次分析的 OC-GA 算法

1. 优化准则（OC）算法

由文献[13]可知，在弹性阶段，框架柱的整体侧移刚度主要受构件的混凝土截面尺寸影响[14, 15]。基于此，本节应用最优性准则 K-T 条件对 SRC 框架柱的混凝土截面尺寸进行优化设计。

以 SRC 框架柱的侧移刚度为约束条件的优化问题，其目标函数可表达为

$$\min F = \rho bhL \times C_1 \tag{8-27a}$$

在小震作用下，框架柱处于弹性工作阶段，其侧移刚度主要受构件的混凝土截面尺寸影响，因此，约束条件为

$$\delta \leqslant u \tag{8-27b}$$

$$b^{\min} \leqslant b \leqslant b^{\max} \tag{8-27c}$$

$$h^{\min} \leqslant h \leqslant h^{\max} \tag{8-27d}$$

式中，ρ 为混凝土的密度；h 和 b 分别为 SRC 框架柱的截面高度和宽度；L 为框架柱的长度；C_1 为混凝土的单方造价；δ 为框架柱的侧移；u 为框架柱的允许

侧移。

由抗震验算公式可知，给定结构遭受地震作用时的地震力由水平地震影响系数最大值决定（表 8.10），而诸结构构件的侧移由其所受地震力大小决定，因此，各框架柱的侧移也由水平地震影响系数最大值决定。

表 8.10　水平地震影响系数最大值

地震影响	烈　度			
	6 度	7 度	8 度	9 度
多遇地震（小震）	0.04	0.08	0.16	0.32
罕遇地震（大震）	—	0.5	0.9	1.4

由烈度概率分布可知，结构所对应的众值烈度（小震）与基本烈度（中震）相差约为 1.55 度，而小震作用时相邻两个设防烈度所对应的水平地震影响系数最大值呈两倍关系（表 8.10），因此中震作用时构件的侧移限值可按小震作用时的侧移限值进行线性插值，可取为小震作用时的 3 倍，即 $u=3[\varDelta]$，$[\varDelta]$为规范给定的小震作用下结构侧移限值。

根据最优性准则 K-T 条件，式（8-27b）应表达成设计变量的显式。应用虚功原理，则式（8-27b）可表示为

$$\delta=\frac{E_0}{bh}+\frac{E_1}{bh^3}+\frac{E_2}{b^3h}\leqslant u \tag{8-28}$$

式中，E_0、E_1 和 E_2 仅与单元内力和材料的性质有关，与截面尺寸无关。因此，式（8-27a）的拉格朗日函数可表示为

$$L(b,h,\lambda_j)=\rho bhL\times C_1+\sum_{s=1}^{D}\lambda_j\left[\left(\frac{E_0}{bh}+\frac{E_1}{bh^3}+\frac{E_2}{b^3h}\right)-u\right] \tag{8-29}$$

式中，拉格朗日乘子 λ_j 需满足 $\lambda_j>0$，当 $\lambda_j=0$ 时，此约束是不起作用的。

由 K-T 条件可得下列优化准则：

$$\frac{\partial}{\partial b}L(b,h,\lambda_j)=0\Rightarrow\sum_{j=1}^{D}\frac{\lambda_j}{\rho L\times C_1}\left(\frac{E_0}{b^2h^2}+\frac{E_1}{b^2h^4}+\frac{3E_2}{b^4h^2}\right)=1 \tag{8-30}$$

$$\frac{\partial}{\partial h}L(b,h,\lambda_j)=0\Rightarrow\sum_{j=1}^{D}\frac{\lambda_j}{\rho L\times C_1}\left(\frac{E_0}{b^2h^2}+\frac{3E_1}{b^2h^4}+\frac{E_2}{b^4h^2}\right)=1 \tag{8-31}$$

进而，根据式（8-30）和式（8-31），应用递归算法可以构造设计变量 b 和 h 的迭代公式，即

$$b^{(k+1)}=b^{(k)}\left\{1+\frac{1}{\eta}\left[\sum_{j=1}^{D}\frac{\lambda_j}{\rho L\times C_1}\left(\frac{E_0}{b^2h^2}+\frac{E_1}{b^2h^4}+\frac{3E_2}{b^4h^2}\right)-1\right]\right\} \tag{8-32a}$$

$$h^{(k+1)} = h^{(k)}\left\{1+\frac{1}{\eta}\left[\sum_{j=1}^{D}\frac{\lambda_j}{\rho L\times C_1}\left(\frac{E_0}{b^2h^2}+\frac{3E_1}{b^2h^4}+\frac{E_2}{b^4h^2}\right)-1\right]\right\} \tag{8-32b}$$

式中，k 和 η 分别表示迭代次数和松弛因子。

应用式（8-32a）和式（8-32b）求解截面尺寸时，应首先确定式中的拉格朗日乘子 λ_j。拉格朗日乘子 λ_j 的线性方程组可通过跨中挠度对单元设计变量的灵敏度分析得到，即

$$\Delta\delta = u(t)-\delta(t) = \frac{\partial\delta}{\partial b}\left(b^{(k+1)}-b^{(k)}\right)+\frac{\partial\delta}{\partial h}\left(h^{(k+1)}-h^{(k)}\right) \tag{8-33}$$

将方程式（8-28）、式（8-32a）和式（8-32b）代入方程式（8-33）得

$$\begin{aligned}&\sum_{j=1}^{t}\lambda_j\left[\frac{1}{b^3h^3}\left(E_{0j}+\frac{E_{1j}}{h^2}+\frac{3E_{2j}}{b^2}\right)\left(E_{0k}+\frac{E_{1k}}{h^2}+\frac{3E_{2k}}{b^2}\right)\right.\\&\left.+\frac{1}{b^3h^3}\left(E_{0k}+\frac{3E_{1k}}{h^2}+\frac{E_{2k}}{b^2}\right)\left(E_{0k}+\frac{3E_{1k}}{h^2}+\frac{E_{2k}}{b^2}\right)\right]\\&=-\eta[u(k)+\delta(k)]+\frac{1}{bh}\left(E_{0k}+\frac{E_{1k}}{h^2}+\frac{3E_{2k}}{b^2}\right)+\frac{1}{bh}\left(E_{0k}+\frac{3E_{1k}}{h^2}+\frac{E_{2k}}{b^2}\right),\quad k=1,2,\cdots,t\end{aligned} \tag{8-34}$$

令

$$K(t)=E_{0k}+\frac{E_{1k}}{h^2}+\frac{3E_{2k}}{b^2},\quad G(t)=E_{0k}+\frac{3E_{1k}}{h^2}+\frac{E_{2k}}{b^2}$$

$$d(k)=-\eta[u(k)+\delta(k)]+\frac{1}{bh}\left(E_{0k}+\frac{E_{1k}}{h^2}+\frac{3E_{2k}}{b^2}\right)+\frac{1}{bh}\left(E_{0k}+\frac{3E_{1k}}{h^2}+\frac{E_{2k}}{b^2}\right),\quad k=1,2,\cdots,t$$

则（8-34）可表示为

$$\sum_{j=1}^{t}\lambda_j\frac{1}{b^3h^3}[K(k)K(j)+G(k)G(j)]=d(k),\quad k=1,2,\cdots,t \tag{8-35}$$

采用 Gauss-Seidle 迭代法可求解公式（8-35）关于拉格朗日乘子 λ_j 的线性方程组[16]。

2. 基于层次分析的 OC-GA 算法

优化准则法（OC）是采用 Kuhn-Tucker 方法对约束条件进行严格的推导，从而得到设计变量的迭代公式，因此在确定其设计变量灵敏度的情况下，较适用于求解结构重量最小化的优化问题[17, 18]；而遗传算法（GA）不需要复杂的灵敏度分析，适合于处理多变量多约束的复杂离散变量的优化问题。因此，本节首先将经

严格推导的优化准则法用于寻找满足整体侧移约束的框架柱最小截面尺寸，然后根据构件的混凝土截面尺寸，运用遗传算法搜寻型钢的截面尺寸、纵筋的直径与数量等多种设计变量满足承载力要求的最优截面尺寸，进而将优化准则法与遗传算法相结合（即基于层次分析 OC-GA 算法），从而充分发挥两种优化方法各自的优点。

本节应用 MATLAB 编程实现优化准则法寻优过程，并借助 ANSYS 数据接口控制其寻优功能，其具体操作过程如下：将 MATLAB 生成的文件均放在 ANSYS 的运行目录文件夹内/sys，matlab/r3，打开 MATLAB 并运行保存在 MATLAB 运行路径下的 r3.m 程序文件。r3.m 文件保存的 MATLAB 命令后面应加上 exit 命令，用于退出 MATLAB，并将程序控制权还给 ANSYS，这样便实现了优化准则法在 ANSYS 中的应用。

图 8.11 为基于层次分析 OC-GA 算法的流程图，其主要操作步骤如下。

（1）调用 MATLAB 数据包中的优化准则法，计算构件的混凝土截面尺寸。

（2）计算结构的侧移刚度。若满足要求，则执行；否则退回第（1）步。

（3）调用 ISIGHT 中的遗传算法，对多工况下的单元进行优化设计。

（4）计算结构的承载力。若满足要求，则输出结果；否则退回第（1）步。

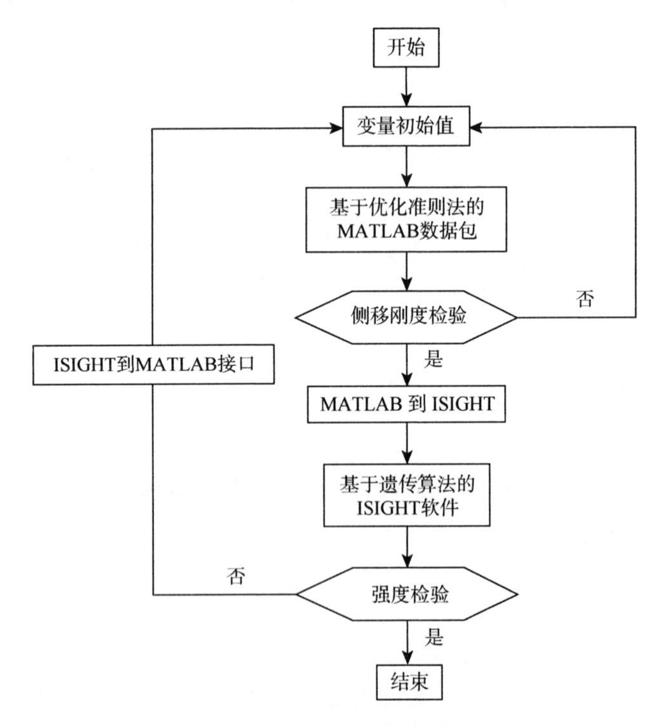

图 8.11　OC-GA 算法的搜索过程

8.3.4 优化计算模型

1. 目标函数

框架柱为结构体系中的主要抗侧力构件，其正截面抗弯承载力和斜截面抗剪承载力为其构件设计的两个主要性能指标，且只要后者合理确定后，前者即可按照强剪弱弯抗震设计原则确定。因此本节将 SRC 框架柱的工程造价最小和抗剪承载力最大设定为优化目标，其数学表达式为

$$\min F(\boldsymbol{X})=\alpha\frac{C(\boldsymbol{X})}{C_0}+\beta\left(-\frac{V(\boldsymbol{X})}{V_0}\right) \tag{8-36}$$

式中，α 和 β 分别为造价和承载力的权重系数，且满足条件：$\alpha,\beta>0$，$\alpha+\beta=1$；$C(\boldsymbol{X})$和 $V(\boldsymbol{X})$分别表示框架柱的工程造价和抗剪承载力；C_0 和 V_0 分别为框架柱的初始工程造价和抗剪承载力。其中

$$C(\boldsymbol{X})=\mathrm{Cost}(\boldsymbol{X})=\mathrm{Cost}(\boldsymbol{X})=\mathrm{Cost}C(\boldsymbol{X})+\mathrm{Cost}A(\boldsymbol{X})+\mathrm{Cost}S(\boldsymbol{X})+\mathrm{CostSV}(\boldsymbol{X})$$

$$\mathrm{Cost}C(\boldsymbol{X})=C_{\mathrm{c}}(bh-A_{\mathrm{a}}-A_{\mathrm{s}}-A_{\mathrm{s}}') \tag{8-37a}$$

$$\mathrm{Cost}A(\boldsymbol{X})=C_{\mathrm{a}}A_{\mathrm{a}} \tag{8-37b}$$

$$\mathrm{Cost}S(\boldsymbol{X})=C_{\mathrm{s}}(A_{\mathrm{s}}+A_{\mathrm{s}}') \tag{8-37c}$$

$$\mathrm{CostSV}(\boldsymbol{X})=C_{\mathrm{sv}}A_{\mathrm{sv}}(h+b)/s_{\mathrm{sv}} \tag{8-37d}$$

式中，$\mathrm{Cost}(\boldsymbol{X})$ 为单位长度柱的造价；$\mathrm{Cost}C(\boldsymbol{X})$ 为单位长度柱中混凝土的造价；$\mathrm{Cost}A(\boldsymbol{X})$ 为单位长度柱中型钢的造价；$\mathrm{Cost}S(\boldsymbol{X})$ 为单位长度柱中纵筋的造价；$\mathrm{CostSV}(\boldsymbol{X})$ 为单位长度柱中箍筋的造价；C_{c} 为混凝土的单价，元/m^3；C_{a} 为型钢的单价，元/m^3；C_{s} 为纵筋的单价，元/m^3；C_{sv} 为箍筋的单价，元/m^3；b、h 为框架柱的截面宽度和高度；s_{sv} 为沿柱高度方向箍筋间距；A_{a} 为型钢的横截面面积，$A_{\mathrm{a}}=2b_{\mathrm{af}}t_{\mathrm{af}}+h_{\mathrm{w}}t_{\mathrm{w}}$；$A_{\mathrm{s}}$ 为单侧纵筋截面面积，$A_{\mathrm{s}}=n_{\mathrm{s}}(\pi d_{\mathrm{s}}^2/4)$；$A_{\mathrm{sv}}$ 为配置在同一截面内箍筋各肢的全部截面面积，$A_{\mathrm{sv}}=\pi d_{\mathrm{sv}}^2/2$，箍筋的配置按四肢箍考虑。

$$V(x)=\frac{0.20}{\lambda+1.5}f_{\mathrm{c}}bh_0+f_{\mathrm{yv}}\frac{A_{\mathrm{sv}}}{s_{\mathrm{sv}}}h_0+\frac{0.58}{\lambda}f_{\mathrm{a}}t_{\mathrm{w}}h_{\mathrm{w}}+0.07N \tag{8-38}$$

式中，λ 为框架柱的计算剪跨比，依现行规范选取；N 为考虑地震作用组合的框架柱轴向压力设计值，当 $N>0.3f_{\mathrm{c}}A_{\mathrm{c}}$ 时，取 $N=0.3f_{\mathrm{c}}A_{\mathrm{c}}$。

2. 设计变量

本节对 SRC 框架柱的设计参数做如下规定：柱高（l）已知；混凝土、型钢、纵筋和箍筋的强度等级（f_{c}、f_{a}、f_{y}、f_{yv}）均由设计经验选取。因此，该优化问题

的设计变量可取为

$$\boldsymbol{X}=[b, h, b_{\mathrm{af}}, t_{\mathrm{af}}, h_{\mathrm{w}}, t_{\mathrm{w}}, d_{\mathrm{s}}, n_{\mathrm{s}}, d'_{\mathrm{s}}, n'_{\mathrm{s}}, d_{\mathrm{sv}}, s_{\mathrm{sv}}]^{\mathrm{T}}$$

其中，柱的混凝土截面尺寸为（b，h）；纵向拉、压钢筋的直径和数量分别为（d_{s}，n_{s}）和（d'_{s}、n'_{s}）；型钢的截面尺寸为（b_{af}，t_{af}，h_{w}，t_{w}）；箍筋直径和间距为（d_{sv}，s_{sv}），型钢的混凝土保护层厚度为（a_{a}，a'_{a}）。

考虑到 SRC 框架柱通常采用对称配筋，即 $b_{\mathrm{af}}=b'_{\mathrm{af}}$，$t_{\mathrm{af}}=t'_{\mathrm{af}}$，$a_{\mathrm{a}}=a'_{\mathrm{a}}$，$d_{\mathrm{s}}=d'_{\mathrm{s}}$，$n_{\mathrm{s}}=n'_{\mathrm{s}}$，$a_{\mathrm{s}}=a'_{\mathrm{s}}$，则设计变量可简化为

$$\boldsymbol{X}=[b, h, t_{\mathrm{af}}, t_{\mathrm{w}}, n_{\mathrm{s}}, d_{\mathrm{s}}, d_{\mathrm{sv}}, s_{\mathrm{sv}}, b_{\mathrm{af}}, h_{\mathrm{w}}, a_{\mathrm{a}}]^{\mathrm{T}} \tag{8-39}$$

3. 约束条件[5~7]

SRC 框架柱优化设计的约束条件，按约束的性质可分为侧移限值、承载力要求、延性要求、构造要求等。

1）侧移限值

$$\Delta u_{\mathrm{e}} \leqslant [\theta_{\mathrm{e}}]h \tag{8-40}$$

式中，Δu_{e} 为框架柱顶部最大水平位移；$[\theta_{\mathrm{e}}]$ 为水平位移角限值；h 为柱的高度。

2）承载力要求

（1）正截面承载力要求。

$$\eta(M+Ne_{\mathrm{a}}) \leqslant M_{\mathrm{u}} \tag{8-41}$$

式中，各参数意义见文献[6]。

（2）斜截面承载力要求。

$$V \leqslant \frac{0.20}{\lambda+1.5} f_{\mathrm{c}} b h_0 + f_{\mathrm{yv}} \frac{A_{\mathrm{sv}}}{s_{\mathrm{sv}}} h_0 + \frac{0.58}{\lambda} f_{\mathrm{a}} t_{\mathrm{w}} h_{\mathrm{w}} + 0.07N \tag{8-42a}$$

$$V \leqslant 0.45 f_{\mathrm{c}} b h_0 \tag{8-42b}$$

$$\frac{f_a t_{\mathrm{w}} h_{\mathrm{w}}}{f_{\mathrm{c}} b h_0} \geqslant 0.10 \tag{8-42c}$$

式中，剪跨比 $\lambda=\min\left[\max\left(\dfrac{M}{Vh_0},1\right),3\right]$；其他参数意义见文献[6]。

3）延性要求

框架柱应具有足够的延性，即满足

$$\mu = 65.46 f_{\mathrm{c}}^{-0.551} \lambda^{0.356} \rho_{\mathrm{v}}^{0.36} \left(\frac{N}{f_{\mathrm{c}} A_{\mathrm{c}} + f_{\mathrm{s}} A_{\mathrm{s}}}\right)^{-0.665} \geqslant 3 \tag{8-43}$$

式中，μ 为位移延性系数；f_{c} 为混凝土强度；λ 为剪跨比；$N/(f_{\mathrm{c}}A_{\mathrm{c}}+f_{\mathrm{s}}A_{\mathrm{s}})$ 为轴

压比；ρ_v 为体积配箍率，按式（8-44）计算：

$$\rho_v = \frac{\frac{\pi d_{sv}^2}{4} l_{cor}}{A_{cor} s} \quad (8\text{-}44a)$$

$$A_{cor} = b_{cor} h_{cor} - b_{af} h_w \quad (8\text{-}44b)$$

$$l_{cor} = 2(h-2c) + (b-2c) \quad (8\text{-}44c)$$

$$b_{cor} = h - 2c \quad (8\text{-}44d)$$

$$h_{cor} = b - 2c \quad (8\text{-}44e)$$

4）构造要求

（1）框架柱的截面尺寸要求。

$$b \geqslant 350\text{mm}, \quad h \geqslant 350\text{mm} \quad (8\text{-}45)$$

（2）型钢板件的尺寸要求。

$$100 \leqslant b_f \leqslant b - 240 \quad (8\text{-}46a)$$

$$h_w \geqslant 100 \quad (8\text{-}46b)$$

$$h_w + 2t_{af} \leqslant h - 240 \quad (8\text{-}46c)$$

（3）型钢板件可焊性、施工稳定性的要求。

$$t_{af} \geqslant 6\text{mm}, \quad t_w \geqslant 6\text{mm} \quad (8\text{-}47)$$

（4）纵向受力钢筋的构造要求。

$$16\text{mm} \leqslant d_s \leqslant 25\text{mm} \quad (8\text{-}48a)$$

$$\frac{b - 50 - n_s d_s}{n_s - 1} \geqslant 60\text{mm} \quad (8\text{-}48b)$$

$$n_s \geqslant 2 \quad (8\text{-}48c)$$

$$\frac{n_s \pi d_s^2}{2b(h-a_s)} \geqslant 0.008 \quad (8\text{-}48d)$$

（5）箍筋的构造要求。

$$d_{sv} \geqslant 6 + 2\min\left[1, \text{int}\left(\frac{n_s \pi d_s^2}{0.06b(h-35)}\right)\right] \quad (8\text{-}49a)$$

$$\begin{aligned} s_{sv} \leqslant \min\Bigg(& 400 - 200\min\left\{1, \text{int}\left[\frac{n_s \pi d_s^2}{0.06b(h-35)}\right]\right\} \\ & + 15d_s - 5d_s \min\left\{1, \text{int}\left[\frac{n_s \pi d_s^2}{0.06b(h-35)}\right]\right\}, b, h \Bigg) \end{aligned} \quad (8\text{-}49b)$$

$$s_{sv} \geqslant 100 \tag{8-49c}$$

$$\begin{aligned} A_{sv}/(bs_{sv}) \geqslant 0.6 &+ 0.2\min\left\{\text{int}\left[\frac{N}{0.4(f_c A_c + f_a A_a)}\right],1\right\} \\ &+ 0.2\min\left\{\text{int}\left[\frac{N}{0.5(f_c A_c + f_a A_a)}\right],1\right\} \end{aligned} \tag{8-50}$$

以上各式中，各参数的意义见文献[5]和[6]。

8.3.5　算例

某SRC框架柱，其截面上作用的各力设计值为N=1800kN，V=150kN，柱计算长度为$l_0=3\text{m}$，计算简图如图 8.12 所示。其中，混凝土强度等级为 C40，单价为 500 元/m^3，f_c=19.1N/mm^2，f_t=1.71N/mm^2；型钢采用 Q235，单价为 3700 元/t，f_a=210N/mm^2；纵向钢筋采用 HRB335，单价为 3200 元/t，f_y=300N/mm^2；箍筋采用 HRB235，箍筋单价为 3000 元/t，f_{yv}=270N/mm^2，箍筋采用双肢箍。

1800kN
150kN
3m

图 8.12　计算简图

各目标函数初始值的合理选取可加快程序收敛，本节将常规设计所得到的工程造价和抗剪承载力作为优化设计的初始值，以加快程序收敛。由此可得

$$C_0 = 122.25 + 376.86 + 61.6 + 28.09 = 588.80(\text{元/m}) \tag{8-51}$$

$$V_0 = 197600 + 78303 + 204624 + 126000 = 606527(\text{N}) \approx 606.53(\text{kN}) \tag{8-52}$$

表 8.11 给出了不同权重系数对应的优化结果，其相关曲线见图 8.13～图 8.15。

表 8.11　不同权重系数对应的优化结果

项目 \ 权重系数	$\alpha=0.0$ $\beta=1.0$	$\alpha=0.2$ $\beta=0.8$	$\alpha=0.4$ $\beta=0.6$	$\alpha=0.6$ $\beta=0.4$	$\alpha=0.8$ $\beta=0.2$	$\alpha=1.0$ $\beta=0.0$
工程造价	672.43	610.13	591.42	538.64	459.12	419.52
抗剪承载力	745.76	726.58	653.78	622.83	551.27	517.99
目标函数值	–1.218	–0.672	–0.251	–0.137	0.441	0.726

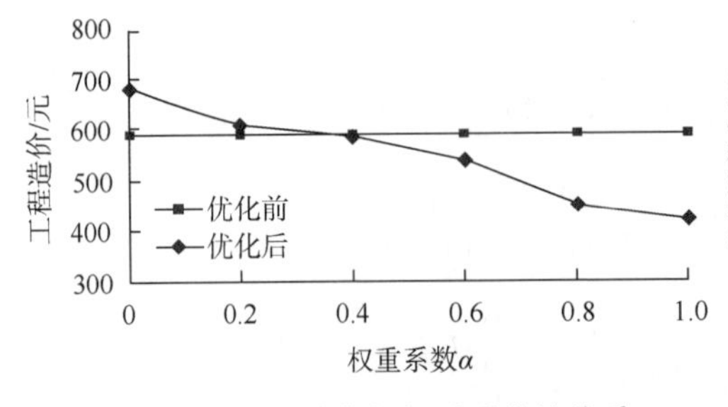

图 8.13　工程造价与权重系数的关系

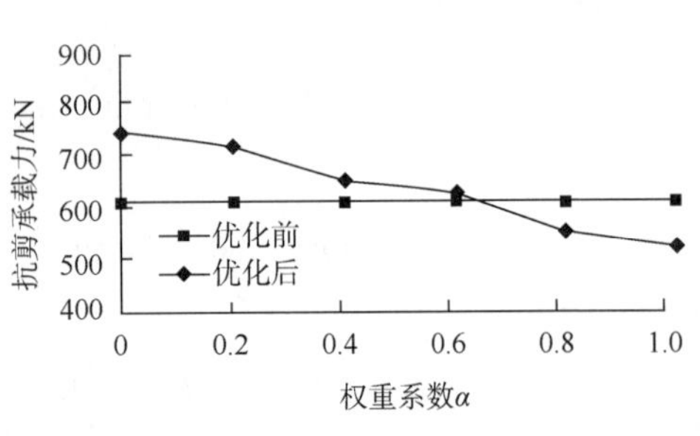

图 8.14　抗剪承载力与权重系数的关系

由图可知如下结论。

（1）框架柱工程造价和斜截面抗剪承载力均随着工程造价权重系数 α 的增加而呈下降趋势。

（2）当 α 较小时（$0\leqslant\alpha\leqslant0.35$），仅斜截面承载力得到了优化；当 α 较大时（$0.65\leqslant\alpha\leqslant1.0$），仅工程造价得到了优化；而当 $0.35<\alpha<0.65$ 时，构件的抗剪承载力和工程造价均得到了优化，并且在这一区间内工程造价的曲线斜率较大，而抗剪承载力曲线的斜率较小。

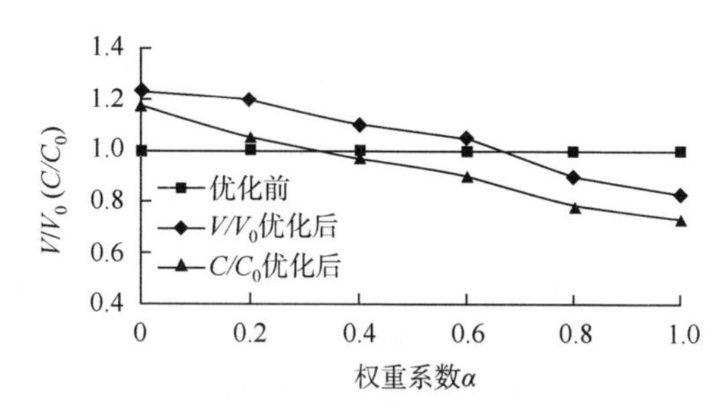

图 8.15　无量纲优化目标与权重系数的关系

综合考虑，建议 α 和 β 的值分别取 0.6 和 0.4 为宜。

基于以上分析，工程造价和斜截面抗剪承载力权重系数 α 和 β 分别取 0.6 和 0.4，对该框架柱进行优化求解，其结果见表 8.12。由表可以看出，优化后框架柱的抗剪承载力由 606.53kN 增至 622.83kN，且造价由 588.80 元/m 降至 538.64 元/m，即构件的抗剪承载力和造价均得到明显优化。

表 8.12　框架柱优化前后相关参数对比（$\alpha=0.6$，$\beta=0.4$）

系列	b	h	b_{af}	t_{af}	h_w	t_w	n_s	d_s	d_{sv}	s_{sv}	a_a	工程造价	抗剪承载力
优化前	400	650	160	25	360	14	2	28	10	120	120	588.80	606.53
优化后	400	600	130	26	330	16	3	20	12	150	120	538.64	622.83

注：工程造价单位为元/m，抗剪承载力单位为 kN，截面每侧纵向钢筋数量 n_s 的单位为根，其余参数单位均为 mm。

图 8.16 为框架柱优化前、后的等效应力图。由图可以看出，优化前框架柱的等效应力主要集中于柱根，且整根柱的等效应力分布不均匀；优化后 SRC 柱的等效应力分布较均匀，受力性能明显改善。

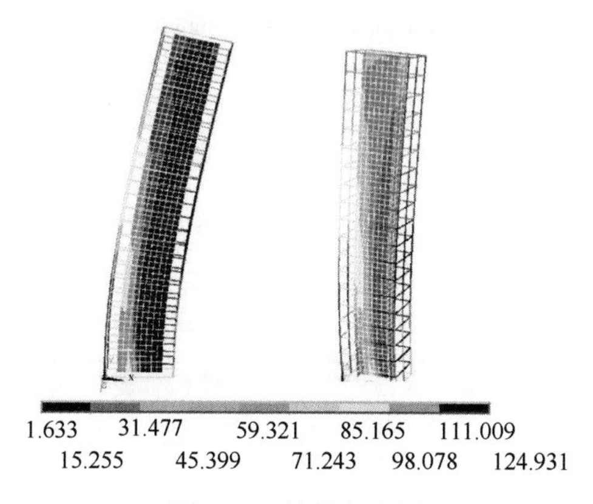

图 8.16　等效应力图

参 考 文 献

[1] 李志强. SRC 框架-RC 核心筒混合结构多目标抗震优化设计研究[D]. 西安：西安建筑科技大学，2013.

[2] Roeder C W，Chmielowski R，Brown C B. Shear connector requirements for embedment steel sections[J]. Journal of Structural Engineering，ASCE，1999，125（2）：142-151.

[3] Wium J A，Lebet J P. Simplifed calculation method for force transfer in composite columns[J]. Journal of Structural Engineering，ASCE，1992，120（3）：728-745.

[4] Bryson J O，Mathey R G. Surface condition effect on bond strength of steel beams in concrete. Journal of ACI，1962，59（3）：397-406.

[5] 中华人民共和国国家标准. 混凝土结构设计规范（GB 50010—2010）[S]. 北京：建筑工业出版社，2010.

[6] 中华人民共和国行业标准. 型钢混凝土组合结构技术规程（JGJ 138—2001）[S]. 北京：建筑工业出版社，2002.

[7] 中华人民共和国国家标准. 建筑抗震设计规范（GB 50011—2010）[S]. 北京：建筑工业出版社，2010.

[8] Zheng S，Li Z Q，Hu Y，et al. Fuzzy AHP GA-based optimization design of SRC beam[J]. Advances in Structural Engineering，Applied Mechanics and Materials. 2011，94-96：174-177.

[9] 郑山锁，邓国专，杨勇，等. 型钢混凝土结构粘结滑移性能试验研究[J]. 工程力学，2003，20（5）：63-69.

[10] 张亮. 型钢高强高性能混凝土柱的受力性能及设计计算理论研究[D]. 西安：西安建筑科技大学，2011.

[11] 张志伟，郭子熊. 型钢混凝土柱位移延性系数研究[J]. 西安建筑科技大学学报，2006，38（4）：528-532.

[12] 李俊华，赵鸿铁，薛建阳. 型钢高强混凝土柱延性的试验研究[J]. 西安建筑科技大学学报，2004，36（4）：383-386.

[13] 陆海燕. 基于遗传算法和准则法的高层建筑结构优化设计研究[D]. 大连：大连理工大学，2009.

[14] Chan C M. Optimal lateral stiffness design of tall buildings of mixed steel and concrete construction[J]. Journal of Structural Design of Tall Buildings，2001，10（3）：155-177.

[15] Chan C M. An optimality criteria algorithm for tall steel building design using commercial sections[J]. Structural optimization，1992，5（2）：26-29.

[16] Wong K M. Evolutionary Structural form Optimization for Lateral Stiffness Design of Tall Buildings[D]. Hong Kong：The Hong Kong University of Science and Technology，2007.

[17] Li Q，Steven G P，Xie Y M. Evolutionary structural optimization for stress minimization problems by discrete thickness design[J]. Computers & Structures，2000，78：769-780.

[18] Li Q，Steven G P，Querin O M，et al. Evolutionary shape optimization for stress minimization[J]. Mechanics Research Communications，1999，26（6）：657-664.

9 组合与混合结构的抗震优化设计[1~4]

9.1 SRC 框架基于性能的多目标优化设计

9.1.1 SRC 框架优化数学模型

1. 目标函数

由框架的受力性能可知，若各层变形能力基本接近，则各层的层间位移角将趋于一致，从而避免薄弱层的出现，使得框架结构具有良好的抗震耗能能力[5]。基于此，拟定 SRC 框架结构抗震优化的目标函数如下：

$$
\begin{aligned}
\min f &= f_1 + f_2 \\
&= \omega_1 \left\{ \sum_{i=1}^{n}\sum_{j=1}^{m} \rho_1 L_{ij,\mathrm{c}} A_{ij,\mathrm{c}}^{\mathrm{c}} \times C_1 + \sum_{i=1}^{n}\sum_{j=1}^{m} \rho_2 L_{ij,\mathrm{c}} A_{ij,\mathrm{c}}^{\mathrm{s}} \times C_2 + \sum_{i=1}^{n}\sum_{j=1}^{p} \rho_1 L_{ij,\mathrm{b}} A_{ij,\mathrm{b}}^{\mathrm{c}} \times C_1 \right. \\
&\quad \left. + \sum_{i=1}^{n}\sum_{j=1}^{p} \rho_2 L_{ij,\mathrm{b}} A_{ij,\mathrm{b}}^{\mathrm{s}} \times C_2 \right\} \Big/ (\gamma C_{\max}) \\
&\quad + \omega_2 \left((1/n) \sum_{s=1}^{n} \left\{ \left[\left(\sum_{i=1}^{s} \varDelta_i \right) \Big/ \varDelta \right] \left(H \Big/ \sum_{i=1}^{s} H_i \right) - 1 \right\}^2 \right)^{\frac{1}{2}}
\end{aligned}
\tag{9-1}
$$

式中，f_1 为 SRC 框架的工程造价；f_2 为结构层间位移差；ω_1 和 ω_2 为各优化目标的权重系数（满足 $\omega_1 \geqslant 0, \omega_2 \leqslant 1$，且 $\omega_1+\omega_2=1$）；ρ_1、ρ_2 分别为混凝土和钢材的密度，$L_{ij,\mathrm{c}}$ 和 $L_{ij,\mathrm{b}}$ 分别为第 i 层第 j 根框架柱及第 i 层第 j 根框架梁的长度；$A_{ij,\mathrm{c}}^{\mathrm{c}}$、$A_{ij,\mathrm{b}}^{\mathrm{c}}$ 分别为第 i 层第 j 根框架柱、第 i 层第 j 根框架梁中混凝土的截面面积，$A_{ij,\mathrm{c}}^{\mathrm{s}}$、$A_{ij,\mathrm{b}}^{\mathrm{s}}$ 分别为第 i 层第 j 根框架柱、第 i 层第 j 根框架梁中钢材的截面面积；n 为结构的总层数；m、p 分别为第 i 层中框架柱、梁的数量；C_1、C_2 分别为混凝土和钢材的单价；γ 为总造价的放大系数，取为 1.2；$C_{\max}$ 为整体结构的最高造价；$\varDelta_i$、$\varDelta$ 分别为结构第 i 层的层间位移和结构顶层的水平位移；H_i、H 分别为框架第 i 层的高度和结构总高度。

2. 设计变量

采用归一化处理方法，将上述设计变量表示为 SRC 框架梁、柱截面尺寸的函数。

1）结构总造阶函数的变量

结构总造价函数的变量分别为

$$\boldsymbol{X}=[A_{ij,\mathrm{c}}^{\mathrm{c}},A_{ij,\mathrm{c}}^{\mathrm{s}},A_{ij,\mathrm{b}}^{\mathrm{c}},A_{ij,\mathrm{b}}^{\mathrm{s}}]$$

其中，$A_{ij,\mathrm{c}}^{\mathrm{c}}=b_{ij,\mathrm{c}}\times h_{ij,\mathrm{c}}$，$b_{ij,\mathrm{c}}$ 和 $h_{ij,\mathrm{c}}$ 分别为第 i 层第 j 根框架柱的宽度和高度；$A_{ij,\mathrm{c}}^{\mathrm{s}}=b_{ij,\mathrm{c}}^{\mathrm{af}}\times t_{ij,\mathrm{c}}^{\mathrm{af}}+h_{ij,\mathrm{c}}^{\mathrm{w}}\times t_{ij,\mathrm{c}}^{\mathrm{w}}+b_{ij,\mathrm{c}}^{\prime\mathrm{af}}\times t_{ij,\mathrm{c}}^{\prime\mathrm{af}}$，$b_{ij,\mathrm{c}}^{\prime\mathrm{af}}$ 和 $b_{ij,\mathrm{c}}^{\mathrm{af}}$ 分别为第 i 层第 j 根框架柱中型钢的上翼缘宽度和下翼缘宽度；$t_{ij,\mathrm{c}}^{\prime\mathrm{af}}$ 和 $t_{ij,\mathrm{c}}^{\mathrm{af}}$ 分别为第 i 层第 j 根框架柱中型钢的上翼缘厚度和下翼缘厚度；$h_{ij,\mathrm{c}}^{\mathrm{w}}$ 和 $t_{ij,\mathrm{c}}^{\mathrm{w}}$ 分别为第 i 层第 j 根框架柱中型钢腹板的高度和厚度。$A_{ij,\mathrm{b}}^{\mathrm{c}}=b_{ij,\mathrm{b}}\times h_{ij,\mathrm{b}}$，$b_{ij,\mathrm{b}}$ 和 $h_{ij,\mathrm{b}}$ 分别为第 i 层第 j 根框架梁的宽度和高度；$A_{ij,\mathrm{b}}^{\mathrm{s}}=b_{ij,\mathrm{b}}^{\mathrm{af}}\times t_{ij,\mathrm{b}}^{\mathrm{af}}+h_{ij,\mathrm{b}}^{\mathrm{w}}\times t_{ij,\mathrm{b}}^{\mathrm{w}}+b_{ij,\mathrm{b}}^{\prime\mathrm{af}}\times t_{ij,\mathrm{b}}^{\prime\mathrm{af}}$，$b_{ij,\mathrm{b}}^{\prime\mathrm{af}}$ 和 $b_{ij,\mathrm{b}}^{\mathrm{af}}$ 分别为第 i 层第 j 根框架梁中型钢的上翼缘宽度和下翼缘宽度；$t_{ij,\mathrm{b}}^{\prime\mathrm{af}}$ 和 $t_{ij,\mathrm{b}}^{\mathrm{af}}$ 分别为第 i 层第 j 根框架梁中型钢的上翼缘厚度和下翼缘厚度；$h_{ij,\mathrm{b}}^{\mathrm{w}}$ 和 $t_{ij,\mathrm{b}}^{\mathrm{w}}$ 分别为第 i 层第 j 根框架梁中型钢腹板的高度和厚度。因此设计变量可表示为 $\boldsymbol{X}=[b_{ij,\mathrm{c}},h_{ij,\mathrm{c}},b_{ij,\mathrm{c}}^{\mathrm{af}},t_{ij,\mathrm{c}}^{\mathrm{af}},h_{ij,\mathrm{c}}^{\mathrm{w}},t_{ij,\mathrm{c}}^{\mathrm{w}},b_{ij,\mathrm{c}}^{\prime\mathrm{af}},t_{ij,\mathrm{c}}^{\prime\mathrm{af}},b_{ij,\mathrm{b}},h_{ij,\mathrm{b}},b_{ij,\mathrm{b}}^{\mathrm{af}},t_{ij,\mathrm{b}}^{\mathrm{af}},h_{ij,\mathrm{b}}^{\mathrm{w}},t_{ij,\mathrm{b}}^{\mathrm{w}},b_{ij,\mathrm{b}}^{\prime\mathrm{af}},t_{ij,\mathrm{b}}^{\prime\mathrm{af}}]$ 的函数。

2）结构层间位移差函数的变量

（1）小震作用下 SRC 框架第 i 层的层间位移。

$$\varDelta_{i,\mathrm{s}}=\frac{V_{i,\mathrm{s}}}{D_i}=\frac{V_{i,\mathrm{s}}}{12\sum\limits_{j=1}^{t}\dfrac{E^{\mathrm{c}}I_{ij,c}^{\mathrm{c}}}{H_i^3}}=\frac{V_{i,\mathrm{s}}}{\sum\limits_{j=1}^{t}\dfrac{E^{\mathrm{c}}b_{ij,\mathrm{c}}h_{ij,\mathrm{c}}^3}{H_i^3}} \tag{9-2a}$$

式中，$\varDelta_{i,\mathrm{s}}$ 和 $V_{i,\mathrm{s}}$ 分别为 α_j 对应于小震阶段第 j 振型自振周期的地震影响系数时，SRC 框架第 i 层的侧移和所受的剪力；E^{c} 为混凝土的弹性模量。因此设计变量可以表示为 $\boldsymbol{X}=[b_{ij,\mathrm{c}},h_{ij,\mathrm{c}},b_{ij,\mathrm{c}}^{\mathrm{af}},t_{ij,\mathrm{c}}^{\mathrm{af}},h_{ij,\mathrm{c}}^{\mathrm{w}},t_{ij,\mathrm{c}}^{\mathrm{w}},b_{ij,\mathrm{c}}^{\prime\mathrm{af}},t_{ij,\mathrm{c}}^{\prime\mathrm{af}},b_{ij,\mathrm{b}},h_{ij,\mathrm{b}},b_{ij,\mathrm{b}}^{\mathrm{af}},t_{ij,\mathrm{b}}^{\mathrm{af}},h_{ij,\mathrm{b}}^{\mathrm{w}},t_{ij,\mathrm{b}}^{\mathrm{w}},b_{ij,\mathrm{b}}^{\prime\mathrm{af}},t_{ij,\mathrm{b}}^{\prime\mathrm{af}}]$ 的函数。

（2）中震作用下 SRC 框架第 i 层的层间位移。

$$\begin{aligned}\varDelta_{i,\mathrm{m}}=\frac{V_{i,\mathrm{m}}}{D_i}&=\frac{V_{i,\mathrm{c}}}{\alpha\left(12\sum\limits_{j=1}^{m}\dfrac{E^{\mathrm{c}}I_{ij,\mathrm{c}}^{\mathrm{c}}+E^{\mathrm{s}}I_{ij,\mathrm{c}}^{\mathrm{s}}}{H_i^3}\right)}\\&=\frac{V_{i,\mathrm{c}}}{\alpha\left(\sum\limits_{j=1}^{m}\dfrac{E^{\mathrm{c}}b_{ij,\mathrm{c}}h_{ij,\mathrm{c}}^3}{H_i^3}+12\sum\limits_{j=1}^{m}E^{\mathrm{s}}I_{ij,\mathrm{c}}^{\mathrm{s}}\right)}\end{aligned} \tag{9-2b}$$

式中，$\Delta_{i,m}$和$V_{i,m}$分别为α_j对应于中震阶段第j振型自振周期的地震影响系数时，SRC 框架第i层的侧移和所受的剪力；E^s为混凝土的弹性模量；α为刚度退化系数，试验研究及分析表明，当层间位移角小于1/500时，框架基本上处于线弹性阶段，可认为刚度未退化。而《建筑抗震设计规范》规定中震时结构的层间位移限制为1/550，因此刚度退化系数可取为$\alpha=1.0$。基于此，设计变量可以表示为$\boldsymbol{X}=[b_{ij,c},h_{ij,c},b_{ij,c}^{af},t_{ij,c}^{af},h_{ij,c}^{w},t_{ij,c}^{w},b_{ij,c}'^{af},t_{ij,c}'^{af},b_{ij,b},h_{ij,b},b_{ij,b}^{af},t_{ij,b}^{af},h_{ij,b}^{w},t_{ij,b}^{w},b_{ij,b}'^{af},t_{ij,b}'^{af}]$的函数。

综上所述，目标函数中设计变量均可归一为$\boldsymbol{X}=[b_{ij,c},h_{ij,c},b_{ij,c}^{af},t_{ij,c}^{af},h_{ij,c}^{w},t_{ij,c}^{w},b_{ij,c}'^{af},t_{ij,c}'^{af},b_{ij,b},h_{ij,b},b_{ij,b}^{af},t_{ij,b}^{af},h_{ij,b}^{w},t_{ij,b}^{w},b_{ij,b}'^{af},t_{ij,b}'^{af}]$的函数。

3. 约束条件

本方案将采用两阶段逐级优化的方法，因各优化阶段的优化目标不同，对应的约束条件也发生相应变化，各优化阶段的约束条件详见 9.1.2 节。

4. 优化步骤

Chan 和 Zou[6]提出对于钢筋混凝土这一复合材料组成的构件的优化问题可以通过两步来实现，第一步为在小震作用下对混凝土的最小用量进行优化，第二步为在大震及中震作用下对钢材的最小用量进行优化，其优化思路与 8.3.3 节基本一致。因此，本章在 8.3.3 节的基础上，将其使用范围进行推广，提出两阶段优化设计的思想。

（1）在小震作用下，以 SRC 框架柱的侧移刚度为约束条件，将柱的混凝土最小用量作为优化目标，应用优化准则法求得 SRC 框架柱的混凝土截面尺寸；进而根据 SRC 框架梁混凝土截面尺寸上、下限值及梁柱抗弯刚度比的要求，可求得 SRC 框架梁的混凝土截面尺寸。

（2）求得各构件的截面尺寸后，应用 8.3.3 节的层次分析遗传算法求解满足各约束条件的 SRC 框架梁、柱的型钢截面尺寸、纵筋的直径与数量等设计变量。其详细的优化过程见 9.1.2 节。

9.1.2　两阶段优化设计

1. 小震阶段

1）目标函数

由 8.3.3 节可知，框架柱的侧移刚度仅与构件的混凝土截面尺寸有关，因此，运用经过严格推导的优化准则法能够迅速寻找到满足整体侧移刚度约束的 SRC 框架柱的最小混凝土截面尺寸。进而，根据 SRC 框架梁混凝土截面尺寸上、下限值及梁柱抗弯刚度比的要求，可求得 SRC 框架梁的混凝土截面尺寸。由于优化的目标仅为 SRC 框架梁、柱的混凝土截面尺寸，因此目标函数可表示为

$$\min \quad \omega_1 \left\{ \sum_{i=1}^{n} \sum_{j=1}^{m} \rho_1 L_{ij,\mathrm{c}} A_{ij,\mathrm{c}}^{\mathrm{c}} \times C_1 + \sum_{i=1}^{n} \sum_{j=1}^{p} \rho_1 L_{ij,\mathrm{b}} A_{ij,\mathrm{b}}^{\mathrm{c}} \times C_1 \right\} \Big/ (\gamma C_{\max}) \tag{9-3}$$

2）设计变量

框架结构混凝土用量的优化问题，其设计变量为各层梁和柱的混凝土截面尺寸，分别表示为 $A_{ij,\mathrm{c}}^{\mathrm{c}}$ 和 $A_{ij,\mathrm{b}}^{\mathrm{c}}$ 。

3）约束条件[7~11]

（1）侧移限值。

$$\Delta_{i,\mathrm{s}} = \frac{V_{i,\mathrm{s}}}{D_i} = \frac{V_{i,\mathrm{s}}}{12\sum_{j=1}^{t} \dfrac{E^{\mathrm{c}} I_{ij,\mathrm{c}}^{\mathrm{c}}}{H_i^3}} = \frac{V_{i,\mathrm{s}}}{\sum_{j=1}^{t} \dfrac{E^{\mathrm{c}} b_{ij,\mathrm{c}} h_{ij,\mathrm{c}}^3}{H_i^3}} \leqslant [\Delta]_{\mathrm{s}} = \frac{3}{8} \times \frac{1}{550} \tag{9-4a}$$

（2）SRC 框架柱的抗震承载力。

$$V_{ij} \leqslant \frac{1}{\gamma_{\mathrm{RE}}} \left(\frac{0.16}{\lambda + 1.5} f_{\mathrm{c}} b_{ij,\mathrm{c}} h_{0,ij,\mathrm{c}} \right) \tag{9-4b}$$

$$V_{ij} = \frac{D_{ij}}{\sum_{i=1}^{m} D_{ij}} V_{i,\mathrm{c}} \tag{9-4c}$$

$$D_{ij} = \frac{12 i_{\mathrm{c}}}{H_i^2} = \frac{E^{\mathrm{c}} b_{ij,\mathrm{c}} h_{ij,\mathrm{c}}^3}{H_i^3} \tag{9-4d}$$

$$V_{i,\mathrm{c}} = F_{\mathrm{EK}} = \sqrt{\sum_{j=1}^{n} F_{\mathrm{EK}j}^2} \tag{9-4e}$$

$$F_{\mathrm{EK}j} = \alpha_j r_j X_{ji} G_i, \quad i = 1,2,3,\cdots,n; \ j = 1,2,3,\cdots,m \tag{9-4f}$$

$$r_j = \sum_{i=1}^{n} X_{ji} G_i \Big/ \sum_{i=1}^{n} X_{ji}^2 G_i \tag{9-4g}$$

式中，α_j 为对应于第 j 阶振型自振周期的地震影响系数；X_{ji} 为第 j 阶振型第 i 质点的水平相对位移；r_j 为第 j 阶振型的参与系数；G_i 为第 i 质点重力荷载代表值。

（3）SRC 框架柱的轴压比。

$$N_{ij,\mathrm{c}} \big/ (f_{\mathrm{c}} A_{ij,\mathrm{c}}) \leqslant 0.75 \tag{9-5}$$

（4）SRC 框架柱的构造要求。

$$400\mathrm{mm} \leqslant b_{ij,\mathrm{c}} \leqslant 1000\mathrm{mm} \tag{9-6}$$

（5）SRC 框架梁的最小截面尺寸。

$$V_{ij,\mathrm{b}} \leqslant \frac{1}{\gamma_{\mathrm{RE}}}(0.2 f_{\mathrm{c}} b_{ij,\mathrm{b}} h_{0,ij,\mathrm{b}}) \tag{9-7}$$

（6）SRC 框架梁的构造要求。

$$b_{ij,\mathrm{b}} \geqslant 300\mathrm{mm} \tag{9-8a}$$

$$h_{ij,\mathrm{b}} \leqslant 4 b_{ij,\mathrm{b}} \tag{9-8b}$$

（7）满足“强柱弱梁”时，SRC 框架梁的构造要求。

$$\frac{1}{12} E^{\mathrm{c}} b_{ij,\mathrm{c}} h_{ij,\mathrm{c}}^{3} \geqslant 1.4 \times \frac{1}{12} E^{\mathrm{c}} b_{ij,\mathrm{b}} h_{ij,\mathrm{b}}^{3} \tag{9-9}$$

2. 中震阶段

1）目标函数

小震阶段已求得框架梁、柱的混凝土截面尺寸。为使框架结构具有良好的抗震耗能能力，在中震阶段，应对各层框架梁、柱中型钢的 h_{w}、b_{af}、t_{af}、t_{w} 及纵筋用量等进行优化，为了简化优化过程，本节将纵向受力钢筋及箍筋按照构造要求进行配置，因此，目标函数可表示为

$$\begin{aligned}\min\ \omega_1 &\left\{\sum_{i=1}^{n}\sum_{j=1}^{m}\rho_2 L_{ij,\mathrm{c}} A_{ij,\mathrm{c}}^{\mathrm{s}} \times C_2 + \sum_{i=1}^{n}\sum_{j=1}^{p}\rho_2 L_{ij,\mathrm{b}} A_{ij,\mathrm{b}}^{\mathrm{s}} \times C_2\right\} \Big/ (\gamma C_{\max}) \\ &+\omega_2 \left((1/n)\sum_{s=1}^{n}\left\{\left[\left(\sum_{i=1}^{s}\Delta_i\right)\Big/\Delta\right]\left(H\Big/\sum_{i=1}^{s}H_i\right)-1\right\}^2\right)^{\frac{1}{2}}\end{aligned} \tag{9-10}$$

2）设计变量

框架梁、柱的纵向受力钢筋根据构造要求的最小配筋率进行配置，并满足 $16\mathrm{mm} \leqslant d_{\mathrm{s}} \leqslant 50\mathrm{mm}$，此时的设计变量仅为框架梁、柱的型钢截面面积 $A_{ij,\mathrm{c}}^{\mathrm{s}}$ 和 $A_{ij,\mathrm{b}}^{\mathrm{s}}$。

3）约束条件

（1）SRC 框架柱的承载力。

$$V_{ij,\mathrm{c}} \leqslant \frac{1}{\gamma_{\mathrm{RE}}}\left(\frac{0.16}{\lambda+1.5} f_{\mathrm{c}} b_{ij,\mathrm{c}} h_{0,ij,\mathrm{c}} + 0.8 f_{\mathrm{yv}} \frac{A_{\mathrm{sv}}}{s_{\mathrm{sv}}} h_{0,ij,\mathrm{c}} + \frac{0.58}{\lambda} f_{\mathrm{a}} t_{ij,\mathrm{c}}^{\mathrm{w}} h_{ij,\mathrm{c}}^{\mathrm{w}} + 0.056 N_i\right) \tag{9-11a}$$

式中，N_i 为考虑地震作用组合的框架柱轴向压力设计值中的较小值，当 $N_i \geqslant 0.2 f_{\mathrm{c}} b_{ij,\mathrm{c}} h_{ij,\mathrm{c}}$ 时，取 $N_i = 0.2 f_{\mathrm{c}} b_{ij,\mathrm{c}} h_{ij,\mathrm{c}}$；$\lambda$ 为计算截面处的剪跨比，$\lambda = M_{ij,\mathrm{c}} / V_{ij,\mathrm{c}} h_{0,ij,\mathrm{c}}$，当 $\lambda < 1.5$ 时，取 $\lambda = 1.5$，当 $\lambda > 2.2$，取 $\lambda = 2.2$；此处，$M_{ij,\mathrm{c}}$ 为与剪力设计值 $V_{ij,\mathrm{c}}$ 对应的弯矩设计值。

$$V_{ij}=\frac{D_{ij}}{\sum_{i=1}^{m}D_{ij}}V_{i,c} \tag{9-11b}$$

$$D_{ij}=\frac{12i_c}{H_i^2}=\frac{E^c b_{ij,c}h_{ij,c}^3}{H_i^3}+\frac{12E^s I_{ij,c}^s}{H_i^3} \tag{9-11c}$$

（2）SRC 框架柱位移限值的要求。

$$\begin{aligned}\varDelta_{i,m}&=\frac{V_{i,m}}{D_i}=\frac{V_{i,c}}{\alpha\left(12\sum_{j=1}^{m}\frac{E^c I_{ij,c}^c+E^s I_{ij,c}^s}{H_i^3}\right)}\\&=\frac{V_{i,c}}{1.00\times\left(\sum_{j=1}^{m}\frac{E^c b_{ij,c}h_{ij,c}^3}{H_i^3}+12\sum_{j=1}^{m}E^s I_{ij,c}^s\right)}\leqslant[\varDelta]_m=1/550\end{aligned} \tag{9-12}$$

（3）SRC 框架柱延性的要求。

良好的延性能避免构件发生脆性破坏并实现其较为充分的内力重分布，有利于抗震耗能。若使构件具有足够的延性，应满足

$$u=65.46f_c^{-0.551}\lambda^{0.356}\rho_v^{0.36}\left(\frac{N}{f_cA_c+f_sA_s}\right)^{-0.665}\geqslant 3 \tag{9-13}$$

式中

$$\rho_v=\frac{\frac{\pi d_{sv}^2}{4}\times l_{cor}}{A_{cor}\times s} \tag{9-14a}$$

$$A_{cor}=b_{cor}h_{cor}-b_{af}h_w \tag{9-14b}$$

$$l_{cor}=2(h-2c)+(b-2c) \tag{9-14c}$$

$$b_{cor}=h-2c \tag{9-14d}$$

$$h_{cor}=b-2c \tag{9-14e}$$

（4）SRC 框架梁中型钢的构造要求。

SRC 框架梁中型钢除了要满足梁自身保护层厚度的要求，还需满足板件的可焊性和施工稳定性的要求，见式（8-17a）～式（8-17c）。

（5）SRC 框架柱中型钢的构造要求。

SRC 框架柱中型钢除了要满足柱自身保护层厚度的要求外，也需满足板件的可焊性和施工稳定性的要求，见式（8-46a）～式（8-47）。

（6）满足“强柱弱梁”时，SRC 框架梁的构造要求。

$$EI_{ij,c}\geqslant 1.4EI_{ij,b} \tag{9-15a}$$

$$EI_{ij,\mathrm{c}}=\frac{1}{12}E^{\mathrm{c}}b_{ij,\mathrm{c}}h_{ij,\mathrm{c}}^{3}+E^{\mathrm{s}}I_{ij,\mathrm{c}}^{\mathrm{s}} \tag{9-15b}$$

$$EI_{ij,\mathrm{b}}=\frac{1}{12}E^{\mathrm{c}}b_{ij,\mathrm{b}}h_{ij,\mathrm{b}}^{3}+E^{\mathrm{s}}I_{ij,\mathrm{b}}^{\mathrm{s}} \tag{9-15c}$$

（7）SRC 框架梁的抗剪承载力要求。

$$V_{ij,\mathrm{b}}\leqslant\frac{1}{\gamma_{\mathrm{RE}}}\left(0.06f_{\mathrm{c}}b_{ij,\mathrm{b}}h_{0,ij,\mathrm{b}}+0.8f_{\mathrm{yv}}\frac{A_{\mathrm{sv}}}{s}h_{0,ij,\mathrm{b}}+0.58f_{\mathrm{a}}t_{ij,\mathrm{b}}^{\mathrm{w}}h_{ij,\mathrm{b}}^{\mathrm{w}}\right) \tag{9-16}$$

（8）箍筋的构件要求。

$$d_{\mathrm{sv}}\geqslant 6+2\min\left[1,\mathrm{int}\left(\frac{h}{800}\right)\right] \tag{9-17a}$$

$$d_{\mathrm{sv}}\geqslant 0.25d_{\mathrm{s}}'\max\left\{\min\left[1,\mathrm{int}\left(\frac{n_{\mathrm{s}}'}{3.0}\right)\right],\min\left[1,\mathrm{int}\left(\frac{d_{\mathrm{s}}'}{18.0}\right)\right]\right\} \tag{9-17b}$$

$$\begin{aligned}s_{\mathrm{sv}}\leqslant&\frac{15d_{\mathrm{s}}'}{\left\{\max\left[\min\left(1,\dfrac{n_{\mathrm{s}}'}{3.0}\right),\min\left(1,\dfrac{d_{\mathrm{s}}'}{18.0}\right)\right]\right\}^{3}}\\&-5d_{s}'\min\left[1,\mathrm{int}\left(\frac{n_{\mathrm{s}}'}{6}\right)\right]\min\left[1,\mathrm{int}\left(\frac{d_{\mathrm{s}}'}{20}\right)\right]\end{aligned} \tag{9-17c}$$

$$\begin{aligned}s_{\mathrm{sv}}\leqslant&\min\left[1,\mathrm{int}\left(\frac{V}{0.07f_{\mathrm{c}}bh_{0}}\right)\right]\times 50\times\left\{4+\min\left[1,\mathrm{int}\left(\frac{h}{525}\right)\right]\right.\\&\left.+\min\left[1,\mathrm{int}\left(\frac{h}{825}\right)\right]\right\}+\mathrm{int}\left[\frac{\min\left(V,0.07f_{\mathrm{c}}bh_{0}\right)+1}{V+1}\right]\times 300\end{aligned} \tag{9-17d}$$

$$s_{\mathrm{sv}}>100 \tag{9-17e}$$

$$A_{\mathrm{sv}}/bs_{\mathrm{sv}}\geqslant 0.24f_{\mathrm{t}}/f_{\mathrm{yv}} \tag{9-17f}$$

9.1.3　ANSYS 优化设计分析

ANSYS 提供了用于自动完成有限元分析操作的参数化设计语言 APDL，其中，宏（SCRATCH）是 APDL 的重要功能，用户可以将经常使用的一些 ANSYS 命令组成一个宏，当用户执行该宏时，就相当于执行了那些 ANSYS 命令。宏的建立非常简便，只需在记事本中编写想要执行的内容，以扩展名.mac 保存在 ANSYS 的运行路径下即可[12]。本节利用宏的参数化功能，对以上内容进行命令流编程如下。

定义宏（SCRATCH1）初始化设计变量

```
*CREATE, SCRATCH1                              !生成宏文件
  …
*USE, SCRATCH                                  !调用宏
/OPT                                           !进入优化处理器
OPANL,SCRATCH                                  !指定优化分析文件
OPVAR, b, DV, 0.1, 0.2                         !定义梁设计变量
OPVAR, h, DV, 0.2, 0.25
OPVAR, b', DV, 0.15, 0.25                      !定义柱设计变量
OPVAR, h', DV, 0.23, 0.30
OPVAR, Mb, SV, 0, 1000, 0.03                   !定义梁柱状态变量
OPVAR, Vb, SV, 0, 1000, 0.03
OPVAR, Mc, SV, 0, 1000, 0.03
OPVAR, Vc, SV, 0, 1000, 0.03
OPVAR, Δ,SV ,0,0.00125, 0.0005
OPVAR, EVOLUME, OBJ,,, 0.01                    !定义目标函数变量
OPTYPE,OC                                      !设置优化方法
OPFRST,100                                     !指定迭代次数
OPEXE                                          !执行优化
OPLIST,ALL,,1                                  !列表显示所有序列
```

至此，完成了 SRC 框架模型中混凝土用量的优化。同理，可定义宏文件 SCRATCH2，以完成型钢的优化设计。

```
*CREATE, SCRATCH2                              !生成宏文件
  …
*USE, SCRATCH                                  !调用宏
/OPT                                           !进入优化处理器
OPANL,SCRATCH                                  !指定优化分析文件
OPVAR, baf, DV, 0.05, 0.1                      !定义梁设计变量
OPVAR, hw, DV, 0.1, 0.15
OPVAR, taf, DV, 0.006, 0.015
OPVAR, tw, DV, 0.006, 0.010
OPVAR, b'af, DV, 0.05, 0.1                     !定义柱设计变量
OPVAR, h'w, DV, 0.1, 0.15
OPVAR, t'af, DV, 0.006, 0.02
OPVAR, t'w, DV, 0.006, 0.02
```

```
OPVAR, Mb, SV, 0, 2000, 0.03                !定义梁柱状态变量
OPVAR, Vb, SV, 0, 2000, 0.03
OPVAR, Mc, SV, 0, 2000, 0.03
OPVAR, Vc, SV, 0, 2000, 0.03
OPVAR, Δ,SV, 0.00125,0.00333,0.0005
OPVAR, EVOLUME, OBJ,,, 0.01                 !定义目标函数变量
OPTYPE,GA                                   !设置优化方法
OPFRST,100                                  !指定迭代次数
OPEXE                                       !执行优化
OPLIST,ALL,,1                               !列表显示所有序列
```

9.1.4　算例 1

以文献[13]中的 SRHPC 框架试件为对象，其受力情况与试验相同，运用以上优化方法及思路对框架梁、柱的截面尺寸、配筋和配钢进行优化设计。由于该试件为缩尺的试验模型，因此设计变量的取值范围将做相应的调整。

1. 权重系数

运用上述优化设计理论及 OC-GA 混合算法，对该型钢混凝土框架结构进行优化设计。在遗传算法的计算过程中，杂交算子的概率取为 0.8，变异算子的概率取为 0.01，初始值的群体规模取为 200，OC-GA 的停止准则为：运算的迭代次数达到 100 次或者最后的 10 个优化结果为同一个值。

为了分析权重系数（ω_1、ω_2）对最终优化结果的影响，本节对其对应的六种情况：ω_1=1.0、ω_2=0.0；ω_1=0.8、ω_2=0.2；ω_1=0.6、ω_2=0.4；ω_1=0.4、ω_2=0.6；ω_1=0.2、ω_2=0.8；ω_1=0.0、ω_2=1.0 分别进行了计算，其结果见表 9.1。

表 9.1　不同权重系数对应的优化结果

权重 ω_1	1.0	0.8	0.6	0.4	0.2	0
权重 ω_2	0.0	0.2	0.4	0.6	0.8	1
应变能/（N·m）	1272	1267	1248	1247	1234	1217
造价/元	13274	13933	12298	12226	11991	11184

由表 9.1 可知，当 ω_1 的取值为[0.4，0.6]时，结构的应变能几乎没有什么变化，而工程造价却减少了 5%左右，因此本节选取权重 ω_1 、 ω_2 分别为 0.4 和 0.6。

2. 优化结果

基于上述参数，应用前述两阶段优化设计理论及 OC-GA 混合算法，对 SRC 框架进行优化求解。为了简化优化过程，本节纵向受力钢筋采用对称分布，并按照最小配筋率进行配筋，箍筋按照构造要求进行配筋。优化后 SRC 框架梁、柱的截面尺寸及其内部型钢截面尺寸见表 9.2。

表 9.2　优化前后构件截面及其内部型钢截面对比

变量	优化前截面/mm		优化后截面 /mm					
	SRC 框架梁	SRC 框架柱	SRC 框架梁			SRC 框架柱		
			第一层	第二层	第三层	第一层	第二层	第三层
b	130	160	120	120	100	150	150	140
h	210	240	230	230	220	240	240	240
b_{af}	70	80	60	60	60	70	70	60
t_{af}	7.6	9.0	6.4	6.4	6.0	12	12	12
h_{w}	100	120	90	90	90	100	100	100
t_{w}	4.5	5.5	4.0	4.0	4.0	5.0	5.0	5.0

进入 ANSYS 处理器可观察到，优化后 SRC 框架梁、柱的最大弯矩（图 9.1）和位移值均满足规范设计要求，表明优化设计结果合理。

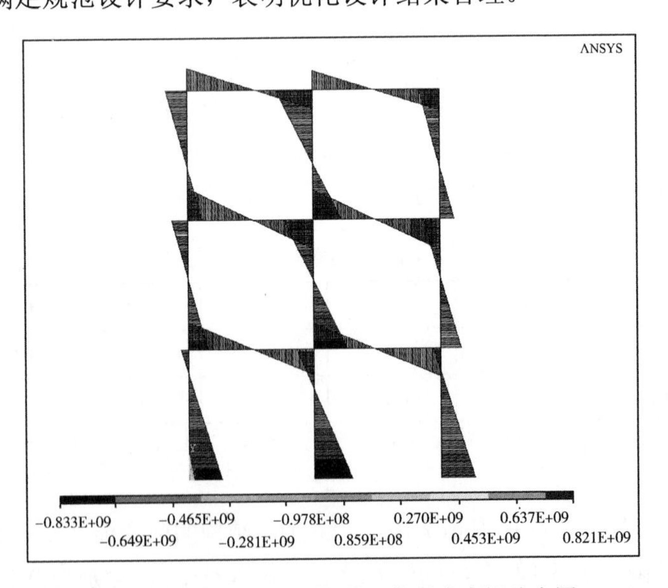

图 9.1　优化后 SRC 框架梁、柱最大弯矩分布图

图 9.2 为优化后 SRC 框架在低周反复荷载作用下的 *P-Δ* 滞回曲线。对 *P-Δ* 滞回曲线中的关键点进行整理可得其相应的骨架曲线。由于有限元计算结果的对称性，本节仅给出 SRC 框架优化前后正向骨架曲线，如图 9.3 所示。由图可以看出，优化前后 SRC 框架的 *P-Δ* 骨架曲线的整体变化规律基本一致，表明本章提出的优化方法合理、可行。

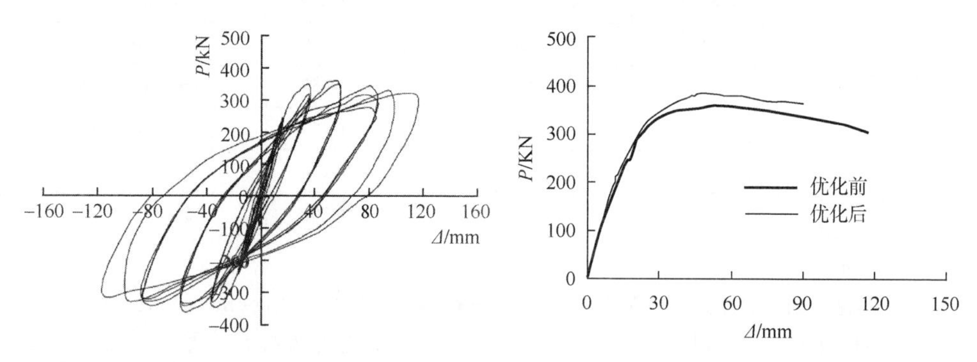

图 9.2　优化后 SRC 框架 *P-Δ* 滞回曲线

图 9.3　优化前后 SRC 框架 *P-Δ* 骨架曲线对比

为了说明本章提出的优化方法的适用性，下面将引入一工程实例做进一步分析。

9.1.5　算例 2

1. 工程概况

某单跨 8 层型钢混凝土框架结构，跨度为 7.2m，底层层高为 5.4m，其他各层层高均为 3.6m。采用 C30 混凝土，其密度为 ρ_1=2500kg/m^3，单价为 500 元/m^3，f_c=14.3N/mm^2，f_t=1.43N/mm^2；采用 Q235 型钢，其密度为 ρ_2=7850kg/m^3，单价为 3700 元/t，f_a=210N/mm^2；纵向钢筋采用 HRB335，单价为 3000元/t，f_y=300N/mm^2；箍筋为双肢箍，采用 HPB300，单价为 2700 元/t，f_{yv}=270N/mm^2；混凝土和钢材的弹性模量分别为 E^c=30000MPa，E^s=200000MPa。

2. 优化结果

本工程优化权重系数的取值与算例 1 相同（$\omega_1=0.4$、$\omega_2=0.6$），运用 OC-GA 算法进行求解，其优化后的框架梁柱截面及其内部型钢截面尺寸见表 9.3。

表 9.3　框架梁柱截面及其内部型钢截面尺寸优化结果

权重系数	楼层	柱截面 /(mm×mm)	柱内型钢截面 /(mm×mm×mm×mm)	梁截面 /(mm×mm)	梁内型钢截面 /(mm×mm×mm×mm)
$\omega_1 = 0.4$ $\omega_2 = 0.6$	1	650×650	460×150×9×10	450×300	250×100×10×20
	2	650×650	480×150×9×10	450×300	250×100×12×18
	3	600×600	480×150×7×10	450×300	250×100×12×15
	4	600×600	460×150×9×10	450×250	200×100×10×14
	5	550×550	440×150×10×11	450×250	200×100×10×12
	6	500×500	320×200×6×18	450×200	150×80×6×10
	7	500×500	320×210×7×19	400×200	150×80×6×10
	8	500×500	340×330×7×14	400×200	150×80×10×10

进而，分别应用前述 GA 算法及 OC-GA 算法对框架结构的工程造价进行优化，两种优化算法计算所得的结构工程造价与运算迭代次数的关系曲线如图 9.4 所示。由图可知，应用 OC-GA 算法进行优化运算时，在前 5 次的迭代过程中就能够迅速向最优解逼近，前 10 次的迭代过程波动性相对较大，在 13～20 次的迭代过程趋于平缓，最终在第 32 次收敛。而应用 GA 算法进行优化运算时，前 20 次的迭代过程波动性相对较大，在 20～50 次的迭代过程趋于平缓，但是最终未能收敛于最优解。

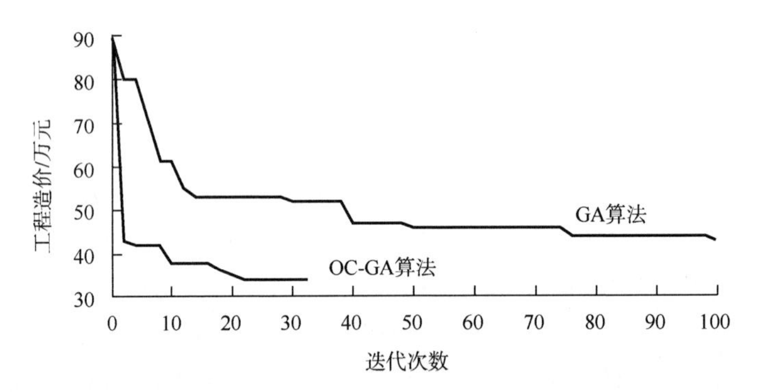

图 9.4　SRC 框架应用两种不同算法的迭代过程

进而，对优化后的结构进行 Pushover 分析，图 9.5 和图 9.6 分别为优化后结构的水平位移及层间位移角。由图可以看出，优化后结构水平位移沿高度近似呈线性增长。除了底层和顶层，结构层间位移角均比较接近。底层和顶层为结构的设计加强区，层间刚度较大，因而层间位移角相对较小。

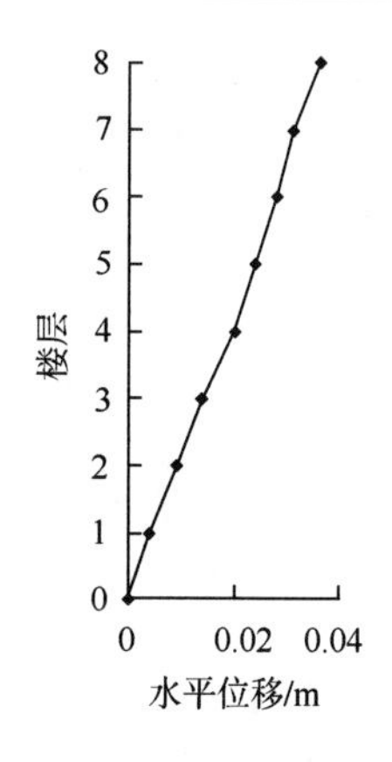

图 9.5　优化后结构各楼层水平位移

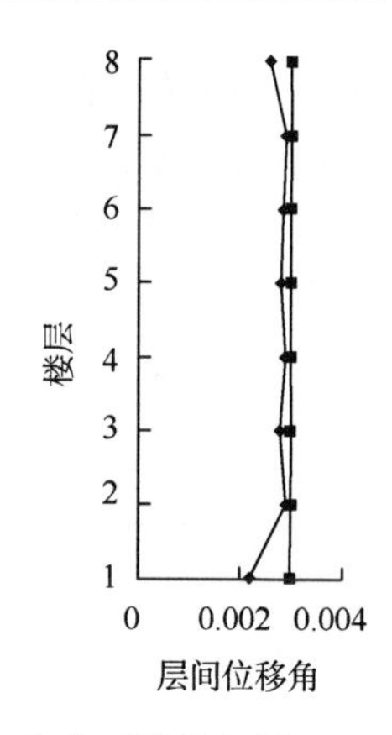

图 9.6　优化后结构各楼层层间位移角

9.2　基于失效模式的 SRC 框架-RC 核心筒结构的三水准优化设计

结构失效模式的优化主要是研究结构在自然（即不设置减震控制装置）状态下倒塌破坏模式的优化方法与技术，使非理想的整体倒塌失效模式（如发生突然或对应低临界荷载值等）向理想模式（如有征兆地发生或对应高临界荷载值等）转化，以降低工程结构在自身场地条件下发生倒塌破坏震害的概率。本章拟以结构整体损伤指数、结构各层层间位移差和结构工程造价均最小作为目标函数，并引入相应权重系数建立多目标优化数学模型，进而通过修正构件截面尺寸、构件配钢率等参数，以达到基于失效模式的结构多目标优化设计的目的。根据建筑结构“三水准”抗震设防的目标要求，以及结构在不同受力阶段各类构件的受力特点，提出三水准逐级优化设计方法：小震作用下，认为混凝土处于开裂的临界状态，假定钢材未发挥作用，仅有混凝土发挥作用，据此对结构构件的截面尺寸与混凝土用量进行优化；在中震作用下，框架与剪力墙处于协同工作状态，据此对整个结构满足层间位移差最小的目标的钢材用量进行优化；在大震作用下，结构处于塑性状态，剪力墙基本退出工作，据此对满足结构损伤值最小的目标的钢材用量进行进一步的优化。

9.2.1　结构基于失效模式优化的数学模型

1. 目标函数

欲实现 SRC 框架-RC 核心筒混合结构基于失效模式的三水准优化设计，拟定结构优化设计的目标函数如下：

$$
\begin{aligned}
\min f &= f_1 + f_2 + f_3 \\
&= \omega_1 \left(\sum_{i=1}^{n}\sum_{j=1}^{m} \rho_1 L_{ij,\mathrm{c}} A_{ij,\mathrm{c}}^{\mathrm{c}} \times C_1 + \sum_{i=1}^{n}\sum_{j=1}^{m} \rho_2 L_{ij,\mathrm{c}} A_{ij,\mathrm{c}}^{\mathrm{s}} \times C_2 \right. \\
&\quad + \sum_{i=1}^{n}\sum_{j=1}^{p} \rho_1 L_{ij,\mathrm{b}} A_{ij,\mathrm{b}}^{\mathrm{c}} \times C_1 + \sum_{i=1}^{n}\sum_{j=1}^{p} \rho_2 L_{ij,\mathrm{b}} A_{ij,\mathrm{b}}^{\mathrm{s}} \times C_2 \\
&\quad \left. + \sum_{i=1}^{n}\sum_{j=1}^{t} \rho_1 L_{ij,\mathrm{w}} A_{ij,\mathrm{w}}^{\mathrm{c}} \times C_1 + \sum_{i=1}^{n}\sum_{j=1}^{t} \rho_2 L_{ij,\mathrm{w}} A_{ij,\mathrm{w}}^{\mathrm{s}} \times C_2 \right) \Big/ (\gamma C_{\max}) \\
&\quad + \omega_2 \left((1/n) \sum_{s=1}^{n} \left\{ \left[\left(\sum_{i=1}^{s} \Delta_i \right) \Big/ \Delta \right] \left(H \Big/ \sum_{i=1}^{s} H_i \right) - 1 \right\}^2 \right)^{\frac{1}{2}} \\
&\quad + \omega_3 \left[\left(\frac{1}{n \times m} \right) \eta_1 \times \sum_{i=1}^{n}\sum_{j=1}^{m} D_{ij,\mathrm{c}} + \left(\frac{1}{n \times p} \right) \eta_2 \times \sum_{i=1}^{n}\sum_{j=1}^{p} D_{ij,\mathrm{b}} \right. \\
&\quad \left. + \left(\frac{1}{n \times t} \right) \eta_3 \times \sum_{i=1}^{n}\sum_{j=1}^{t} D_{ij,\mathrm{w}} \right]
\end{aligned}
\tag{9-18}
$$

式中，f_1 为结构的经济指标函数；f_2 为结构层间位移差函数；f_3 为结构的损伤函数；ω_1、ω_2、ω_3 为各优化目标的权重系数（满足 $0 \leqslant \omega_1, \omega_2, \omega_3 \leqslant 1$，且 $\omega_1+\omega_2+\omega_3=1$）；$\rho_1$、$\rho_2$ 分别为混凝土和钢材的密度；$L_{ij,\mathrm{c}}$、$L_{ij,\mathrm{b}}$、$L_{ij,\mathrm{w}}$ 分别为第 i 层第 j 根框架柱、第 i 层第 j 根框架梁及第 i 层第 j 片剪力墙的长度；$A_{ij,\mathrm{c}}^{\mathrm{c}}$、$A_{ij,\mathrm{b}}^{\mathrm{c}}$、$A_{ij,\mathrm{w}}^{\mathrm{c}}$ 分别为第 i 层第 j 根框架柱、第 i 层第 j 根框架梁及第 i 层第 j 片剪力墙中混凝土的截面面积，$A_{ij,\mathrm{c}}^{\mathrm{s}}$、$A_{ij,\mathrm{b}}^{\mathrm{s}}$、$A_{ij,\mathrm{w}}^{\mathrm{s}}$ 分别为第 i 层第 j 根框架柱、第 i 层第 j 根框架梁及第 i 层第 j 片剪力墙中钢材的截面面积；n 为结构的总层数；m、p、t 分别为第 i 层中框架柱、梁及剪力墙的数量；C_1、C_2 分别为混凝土和钢材的单价；γ 为总造价的放大系数，取为 1.2；$C_{\max}$ 为整体结构的最高造价；Δ_i、Δ 分别为结构第 i 层的层间位移和结构顶层的水平位移；H_i、H 分别为框架第 i 层的高度和结构总高度；η_1、η_2、η_3 分别表示框架柱、梁及剪力墙损伤的权重系数；$D_{ij,\mathrm{c}}$、$D_{ij,\mathrm{b}}$、$D_{ij,\mathrm{w}}$ 分别表示第 i 层第 j 根框架柱、第 i 层第 j 根框架梁及第 i 层第 j 片剪力墙的损伤值。

2. 设计变量

采用归一化处理方法，将上述设计变量表示为 SRC 框架梁、柱及 RC 剪力墙截面尺寸及其钢材尺寸的函数。

1）经济指标函数的变量

经济指标函数的变量为 $(A_{ij,\mathrm{c}}^{\mathrm{c}}, A_{ij,\mathrm{c}}^{\mathrm{s}}, A_{ij,\mathrm{b}}^{\mathrm{c}}, A_{ij,\mathrm{b}}^{\mathrm{s}}, A_{ij,\mathrm{w}}^{\mathrm{c}}, A_{ij,\mathrm{w}}^{\mathrm{s}})$；其中 $(A_{ij,\mathrm{c}}^{\mathrm{c}}, A_{ij,\mathrm{c}}^{\mathrm{s}}, A_{ij,\mathrm{b}}^{\mathrm{c}}, A_{ij,\mathrm{b}}^{\mathrm{s}})$ 与 9.1.2 节中相应参数的物理意义相同，$A_{ij,\mathrm{w}}^{\mathrm{c}} = L_{ij,\mathrm{w}} \times h_{ij,\mathrm{w}}$，$h_{ij,\mathrm{w}}$ 为第 i 层第 j 片剪

力墙的厚度；$A_{ij,\mathrm{w}}^{\mathrm{s}}=\left(L_{ij,\mathrm{w}}/s\right)A_{i,\mathrm{sw}}$，$A_{i,\mathrm{sw}}=\left(L_{ij,\mathrm{c}}/s\right)A_{i,\mathrm{sw}}^{\mathrm{p}}+\left(L_{ij,\mathrm{w}}/s\right)A_{i,\mathrm{sw}}^{\mathrm{v}}$，$A_{i,\mathrm{sw}}^{\mathrm{p}}$ 和 $A_{i,\mathrm{sw}}^{\mathrm{v}}$ 分别为第 i 层剪力墙水平受力钢筋和纵向受力钢筋的截面面积。因此，设计变量可表示为 $\boldsymbol{X}=[b_{ij,\mathrm{c}},h_{ij,\mathrm{c}},b_{ij,\mathrm{c}}^{\mathrm{af}},t_{ij,\mathrm{c}}^{\mathrm{af}},h_{ij,\mathrm{c}}^{\mathrm{w}},t_{ij,\mathrm{c}}^{\mathrm{w}},b_{ij,\mathrm{c}}^{\prime\mathrm{af}},t_{ij,\mathrm{c}}^{\prime\mathrm{af}},b_{ij,\mathrm{b}},h_{ij,\mathrm{b}},b_{ij,\mathrm{b}}^{\mathrm{af}},t_{ij,\mathrm{b}}^{\mathrm{af}},h_{ij,\mathrm{b}}^{\mathrm{w}},t_{ij,\mathrm{b}}^{\mathrm{w}},b_{ij,\mathrm{b}}^{\prime\mathrm{af}},t_{ij,\mathrm{b}}^{\prime\mathrm{af}},b_{ij,\mathrm{w}},h_{ij,\mathrm{w}},A_{i,\mathrm{sw}}^{\mathrm{p}},A_{i,\mathrm{sw}}^{\mathrm{v}}]$ 的函数。

2）楼层层间位移差函数的变量

（1）小震作用下 SRC 框架-RC 核心筒混合结构第 i 层的层间位移。

$$\varDelta_{i,\mathrm{s}}=\frac{V_{i,\mathrm{s}}}{D_i}=\frac{V_{i,\mathrm{s}}}{\dfrac{12\displaystyle\sum_{j=1}^{m}\left(\dfrac{\frac{1}{12}E^{\mathrm{c}}b_{ij,\mathrm{c}}h_{ij,\mathrm{c}}^{3}}{H_i}\right)}{H_i^2}+12\displaystyle\sum_{j=1}^{t}\dfrac{E^{\mathrm{c}}I_{ij,\mathrm{w}}^{\mathrm{c}}}{H_i^3}}$$

$$=\frac{V_{i,\mathrm{s}}}{\displaystyle\sum_{j=1}^{m}\left(\frac{E^{\mathrm{c}}b_{ij,\mathrm{c}}h_{ij,\mathrm{c}}^{3}}{H_i^3}\right)+\sum_{j=1}^{t}\frac{E^{\mathrm{c}}b_{ij,\mathrm{w}}h_{ij,\mathrm{w}}^{3}}{H_i^3}} \tag{9-19a}$$

式中，$\varDelta_{i,\mathrm{s}}$、$V_{i,\mathrm{s}}$ 分别为 α_j 对应于小震阶段第 j 振型自振周期的地震影响系数时，SRC 框架-RC 核心筒混合结构第 i 层的侧移和所受的剪力；E^{c} 为混凝土的弹性模量。因此，设计变量可表示为 $\boldsymbol{X}=[b_{ij,\mathrm{c}},h_{ij,\mathrm{c}},b_{ij,\mathrm{c}}^{\mathrm{af}},t_{ij,\mathrm{c}}^{\mathrm{af}},h_{ij,\mathrm{c}}^{\mathrm{w}},t_{ij,\mathrm{c}}^{\mathrm{w}},b_{ij,\mathrm{c}}^{\prime\mathrm{af}},t_{ij,\mathrm{c}}^{\prime\mathrm{af}},b_{ij,\mathrm{b}},h_{ij,\mathrm{b}},b_{ij,\mathrm{b}}^{\mathrm{af}},t_{ij,\mathrm{b}}^{\mathrm{af}},t_{ij,\mathrm{b}}^{\mathrm{w}},b_{ij,\mathrm{b}}^{\prime\mathrm{af}},t_{ij,\mathrm{b}}^{\prime\mathrm{af}},b_{ij,\mathrm{w}},h_{ij,\mathrm{w}},A_{i,\mathrm{sw}}^{\mathrm{p}},A_{i,\mathrm{sw}}^{\mathrm{v}}]$ 的函数。

（2）中震作用下 SRC 框架-RC 核心筒混合结构第 i 层的层间位移。

中震或大震作用下，结构通常处于弹塑性工作状态并伴随构件的部分损伤。国内外学者针对各自所提出的损伤模型给出了对应于各个极限状态的损伤指标界限值，见表 9.4。

表 9.4 不同损伤等级及其对应的损伤指数范围

研究学者	基本完好	轻微损坏	中等破坏（可修）	严重破坏（不可修）	倒塌
Park-Ang	0～0.1	0.1～0.25	0.25～0.4	0.4～1.0	≥1.0
Ghobarah	0～0.15		0.15～0.3	0.3～0.8	≥0.8
胡丰贤	0～0.2		0.2～0.4	0.4～0.8	0.8～1.0
牛荻涛	0～0.2	0.2～0.4	0.4～0.65	0.65～0.9	≥0.9
欧进萍	0～0.1	0.1～0.25	0.25～0.45	0.45～0.9	≥0.9
刘伯权	0～0.1	0.1～0.3	0.3～0.6	0.6～0.85	≥0.85
江近仁	0.228	0.254	0.420	0.777	≥1.0

文献[14]依据上述损失指标，对不同受力状态时，框架-剪力墙结构中框架与剪力墙各自的刚度退化系数进行了研究，其结果见表 9.5。

表 9.5　层间位移角与刚度退化系数的关系

层间位移角	刚度退化系数	
	框架（α）	剪力墙（β）
1/3000	1.00	1.00
1/2000	1.00	0.82
1/1000	1.00	0.65
1/500	1.00	0.44
1/250	0.69	0.30
1/120	0.46	0.20
1/50	0.20	—

中震作用时，SRC 框架-RC 核心筒混合结构处于协同工作状态，因此结构的层间位移可表示为

$$\begin{aligned}\varDelta_{i,\mathrm{m}} &= \frac{V_{i,\mathrm{m}}}{D_i} \\ &= \frac{V_{i,\mathrm{m}}}{\alpha\times 12\left(\sum\limits_{j=1}^{m}\dfrac{E^{\mathrm{c}}I_{ij,\mathrm{c}}^{\mathrm{c}}}{H_i^3}+\sum\limits_{j=1}^{m}\dfrac{E^{\mathrm{s}}I_{ij,\mathrm{c}}^{\mathrm{s}}}{H_i^3}\right)+\beta\times 12\left(\sum\limits_{j=1}^{t}\dfrac{E^{\mathrm{c}}I_{ij,\mathrm{w}}^{\mathrm{c}}}{H_i^3}+\sum\limits_{j=1}^{t}\dfrac{E^{\mathrm{s}}I_{ij,\mathrm{w}}^{\mathrm{s}}}{H_i^3}\right)} \\ &= \frac{V_{i,\mathrm{m}}}{\alpha\left(\sum\limits_{j=1}^{m}\dfrac{E^{\mathrm{c}}b_{ij,\mathrm{c}}h_{ij,\mathrm{c}}^3}{H_i^3}+12\sum\limits_{j=1}^{m}\dfrac{E^{\mathrm{s}}I_{ij,\mathrm{c}}^{\mathrm{s}}}{H_i^3}\right)+\beta\left(\sum\limits_{j=1}^{t}\dfrac{E^{\mathrm{c}}b_{ij,\mathrm{w}}h_{ij,\mathrm{w}}^3}{H_i^3}+12\sum\limits_{j=1}^{t}\dfrac{E^{\mathrm{s}}I_{ij,\mathrm{w}}^{\mathrm{s}}}{H_i^3}\right)}\end{aligned} \tag{9-19b}$$

式中，$\varDelta_{i,\mathrm{m}}$、$V_{i,\mathrm{m}}$ 分别为 α_j 对应于中震阶段第 j 振型自振周期的地震影响系数时，SRC 框架-RC 核心筒混合结构第 i 层的层间侧移和所受的剪力；α、β 分别为框架结构和核心筒结构的刚度退化系数，为简化优化过程，本节将 α 和 β 分别在小震、中震、大震作用下的取值按表 9.5 进行线性插值，大致定为（1.00，0.85）、（1.00，0.60）、（0.46，0.20）；E^{s} 为钢材的弹性模量。

因此，中震时设计变量可表示为 $\boldsymbol{X}=[b_{ij,\mathrm{c}},h_{ij,\mathrm{c}},b_{ij,\mathrm{c}}^{\mathrm{af}},t_{ij,\mathrm{c}}^{\mathrm{af}},h_{ij,\mathrm{c}}^{\mathrm{w}},t_{ij,\mathrm{c}}^{\mathrm{w}},b_{ij,\mathrm{c}}^{\prime\mathrm{af}},t_{ij,\mathrm{c}}^{\prime\mathrm{af}},b_{ij,\mathrm{b}},h_{ij,\mathrm{b}},b_{ij,\mathrm{b}}^{\mathrm{af}},t_{ij,\mathrm{b}}^{\mathrm{af}},h_{ij,\mathrm{b}}^{\mathrm{w}},t_{ij,\mathrm{b}}^{\mathrm{w}},b_{ij,\mathrm{b}}^{\prime\mathrm{af}},t_{ij,\mathrm{b}}^{\prime\mathrm{af}},b_{ij,\mathrm{w}},h_{ij,\mathrm{w}},A_{i,\mathrm{sw}}^{\mathrm{p}},A_{i,\mathrm{sw}}^{\mathrm{v}}]$ 的函数。

（3）大震作用下 SRC 框架-RC 核心筒混合结构第 i 层的层间位移。

结构遭受大震作用时，剪力墙几乎退出工作，可不考虑剪力墙的作用，因此结构的层间位移可表示为

$$\varDelta_{i,1}=\frac{V_{i,1}}{D_i}=\frac{V_{i,1}}{\alpha\times 12\left(\sum\limits_{j=1}^{m}\dfrac{E^{\mathrm{c}}I_{ij,\mathrm{c}}^{\mathrm{c}}}{H_i^3}+\sum\limits_{j=1}^{m}\dfrac{E^{\mathrm{s}}I_{ij,\mathrm{c}}^{\mathrm{s}}}{H_i^3}\right)}=\frac{V_{i,1}}{\alpha\left(\sum\limits_{j=1}^{m}\dfrac{E^{\mathrm{c}}b_{ij,\mathrm{c}}h_{ij,\mathrm{c}}^3}{H_i^3}+12\sum\limits_{j=1}^{m}\dfrac{E^{\mathrm{s}}I_{ij,\mathrm{c}}^{\mathrm{s}}}{H_i^3}\right)} \tag{9-19c}$$

式中，$\Delta_{i,1}$ 和 $V_{i,1}$ 分别为 α_j 对应于大震阶段第 j 振型自振周期的地震影响系数时，SRC 框架-RC 核心筒混合结构第 i 层的层间侧移和所受的剪力。因此，大震时设计变量可表示为 $\boldsymbol{X}=[b_{ij,\mathrm{c}},h_{ij,\mathrm{c}},b^{\mathrm{af}}_{ij,\mathrm{c}},t^{\mathrm{af}}_{ij,\mathrm{c}},h^{\mathrm{w}}_{ij,\mathrm{c}},t^{\mathrm{w}}_{ij,\mathrm{c}},b'^{\mathrm{af}}_{ij,\mathrm{c}},t'^{\mathrm{af}}_{ij,\mathrm{c}},b_{ij,\mathrm{b}},h_{ij,\mathrm{b}},b^{\mathrm{af}}_{ij,\mathrm{b}},t^{\mathrm{af}}_{ij,\mathrm{b}},h^{\mathrm{w}}_{ij,\mathrm{b}},t^{\mathrm{w}}_{ij,\mathrm{b}},b'^{\mathrm{af}}_{ij,\mathrm{b}},t'^{\mathrm{af}}_{ij,\mathrm{b}},b_{ij,\mathrm{w}},h_{ij,\mathrm{w}},A^{\mathrm{p}}_{i,\mathrm{sw}},A^{\mathrm{v}}_{i,\mathrm{sw}}]$ 的函数。

3）构件的损伤变量

（1）RC 剪力墙的损伤。

由于目标函数中结构的损伤函数仅考虑结构最终的失效状态，所以，损伤函数仅考虑大震时的构件损伤情况。而由上述可知，结构遭受大震作用时，剪力墙几乎退出工作，可不考虑剪力墙的作用。

（2）SRC 框架柱的损伤。

$$D_{ij,\mathrm{c}}=\frac{K_{ic,\mathrm{weakened}}}{K_{ic,\mathrm{original}}}=\frac{\left[1-\left(\Delta_{i,1}/[\Delta]_1\right)\right]K_{ic,\mathrm{original}}}{K_{ic,\mathrm{original}}}=1-\left(\Delta_{i,1}/[\Delta]_1\right) \tag{9-20a}$$

根据式（9-19c）可知，$\Delta_{i,1}$ 为 $\boldsymbol{X}=[b_{ij,\mathrm{c}},h_{ij,\mathrm{c}},b^{\mathrm{af}}_{ij,\mathrm{c}},t^{\mathrm{af}}_{ij,\mathrm{c}},h^{\mathrm{w}}_{ij,\mathrm{c}},t^{\mathrm{w}}_{ij,\mathrm{c}},b'^{\mathrm{af}}_{ij,\mathrm{c}},t'^{\mathrm{af}}_{ij,\mathrm{c}},b_{ij,\mathrm{b}},h_{ij,\mathrm{b}},b^{\mathrm{af}}_{ij,\mathrm{b}},t^{\mathrm{af}}_{ij,\mathrm{b}},h^{\mathrm{w}}_{ij,\mathrm{b}},t^{\mathrm{w}}_{ij,\mathrm{b}},b'^{\mathrm{af}}_{ij,\mathrm{b}},t'^{\mathrm{af}}_{ij,\mathrm{b}},h_{ij,\mathrm{w}},A^{\mathrm{p}}_{i,\mathrm{sw}},A^{\mathrm{v}}_{i,\mathrm{sw}}]$ 的函数，因此，$D_{ij,\mathrm{c}}$ 也可用 $\boldsymbol{X}=[b_{ij,\mathrm{c}},h_{ij,\mathrm{c}},b^{\mathrm{af}}_{ij,\mathrm{c}},t^{\mathrm{af}}_{ij,\mathrm{c}},h^{\mathrm{w}}_{ij,\mathrm{c}},t^{\mathrm{w}}_{ij,\mathrm{c}},b'^{\mathrm{af}}_{ij,\mathrm{c}},t'^{\mathrm{af}}_{ij,\mathrm{c}},b_{ij,\mathrm{b}},h_{ij,\mathrm{b}},b^{\mathrm{af}}_{ij,\mathrm{b}},t^{\mathrm{af}}_{ij,\mathrm{b}},h^{\mathrm{w}}_{ij,\mathrm{b}},t^{\mathrm{w}}_{ij,\mathrm{b}},b'^{\mathrm{af}}_{ij,\mathrm{b}},t'^{\mathrm{af}}_{ij,\mathrm{b}},b_{ij,\mathrm{w}},h_{ij,\mathrm{w}},A^{\mathrm{p}}_{i,\mathrm{sw}},A^{\mathrm{v}}_{i,\mathrm{sw}}]$ 表示。

（3）SRC 框架梁的损伤。

以损伤前后 SRC 框架梁抗弯刚度的变化来描述损伤，表示为

$$D_{ij,\mathrm{b}}=1-\frac{B_{\mathrm{sc,weakened}}}{B_{\mathrm{sc,original}}} \tag{9-20b}$$

式中，$D_{ij,\mathrm{b}}$ 为 SRC 框架梁的损伤值；$B_{\mathrm{sc,original}}$、$B_{\mathrm{sc,weakened}}$ 分别为 SRC 框架梁损伤前、后的抗弯刚度值。其中，SRC 框架梁的抗弯刚度大致可表示为

$$B_{\mathrm{sc}}=\frac{1}{12}E^{\mathrm{c}}b_{ij,\mathrm{b}}h^3_{ij,\mathrm{b}}+E^{\mathrm{s}}I^{\mathrm{s}}_{ij,\mathrm{b}} \tag{9-20c}$$

因此，$D_{ij,\mathrm{b}}$ 也可以表示为 $\boldsymbol{X}=[b_{ij,\mathrm{c}},h_{ij,\mathrm{c}},b^{\mathrm{af}}_{ij,\mathrm{c}},t^{\mathrm{af}}_{ij,\mathrm{c}},h^{\mathrm{w}}_{ij,\mathrm{c}},t^{\mathrm{w}}_{ij,\mathrm{c}},b'^{\mathrm{af}}_{ij,\mathrm{c}},t'^{\mathrm{af}}_{ij,\mathrm{c}},b_{ij,\mathrm{b}},h_{ij,\mathrm{b}},b^{\mathrm{af}}_{ij,\mathrm{b}},t^{\mathrm{af}}_{ij,\mathrm{b}},h^{\mathrm{w}}_{ij,\mathrm{b}},t^{\mathrm{w}}_{ij,\mathrm{b}},b'^{\mathrm{af}}_{ij,\mathrm{b}},t'^{\mathrm{af}}_{ij,\mathrm{b}},b_{ij,\mathrm{w}},h_{ij,\mathrm{w}},A^{\mathrm{p}}_{i,\mathrm{sw}},A^{\mathrm{v}}_{i,\mathrm{sw}}]$ 的函数。

综上所述，目标函数中设计变量均可归一为 $\boldsymbol{X}=[b_{ij,\mathrm{c}},h_{ij,\mathrm{c}},b^{\mathrm{af}}_{ij,\mathrm{c}},t^{\mathrm{af}}_{ij,\mathrm{c}},b^{\mathrm{af}}_{ij,\mathrm{c}},t^{\mathrm{af}}_{ij,\mathrm{c}},h^{\mathrm{w}}_{ij,\mathrm{c}},t^{\mathrm{w}}_{ij,\mathrm{c}},b'^{\mathrm{af}}_{ij,\mathrm{c}},t'^{\mathrm{af}}_{ij,\mathrm{c}},b_{ij,\mathrm{b}},h_{ij,\mathrm{b}},b^{\mathrm{af}}_{ij,\mathrm{b}},t^{\mathrm{af}}_{ij,\mathrm{b}},h^{\mathrm{w}}_{ij,\mathrm{b}},t^{\mathrm{w}}_{ij,\mathrm{b}},b'^{\mathrm{af}}_{ij,\mathrm{b}},t'^{\mathrm{af}}_{ij,\mathrm{b}},b_{ij,\mathrm{w}},h_{ij,\mathrm{w}},A^{\mathrm{p}}_{i,\mathrm{sw}},A^{\mathrm{v}}_{i,\mathrm{sw}}]$ 的函数。

3. 约束条件

本方案采用分阶段逐级优化法，因各优化阶段的优化目标不同，对应的约束条件也发生相应变化，各优化阶段的约束条件详见 9.2.2 节。

9.2.2 三水准逐级优化设计

根据建筑结构“三水准”抗震设防的目标要求，以及结构在不同受力阶段各类构件的受力特点，提出三水准逐级优化设计的方法，其流程如图 9.7 所示。

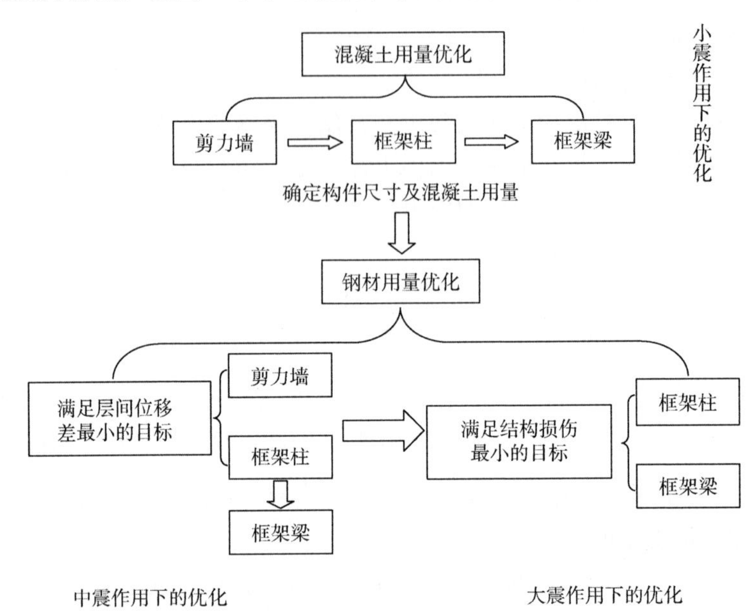

图 9.7 三水准逐级优化流程

1. 小震作用下结构的优化设计

1）RC 剪力墙结构优化

（1）目标函数。

剪力墙的截面尺寸也可根据 8.3.3 节，运用严格推导的优化准则法迅速求得。在小震作用下，认为混凝土处于开裂的临界状态，假定钢材未发挥作用，仅有混凝土发挥作用，且在此阶段，结构的全部受力由 RC 剪力墙承担，因此目标函数可表示为

$$\min \quad \omega_1\left(\sum_{i=1}^{n}\sum_{j=1}^{t}\rho_1 L_{ij,\mathrm{w}} A_{ij,\mathrm{w}}^{\mathrm{c}} \times C_1\right)\Big/(\gamma C_{\max}) \tag{9-21}$$

（2）设计变量。

就 RC 剪力墙结构的混凝土用量优化而言，由于剪力墙的高度为层高，剪力墙的宽度为房屋的开间，因此变量定为剪力墙的厚度 $h_{ij,\mathrm{w}}$。

（3）约束条件[7~11]。

①侧移限值。各楼层 RC 剪力墙的弹性水平位移应满足

$$\Delta_{i,\mathrm{w}}=\Delta_{i,\mathrm{s}}=\frac{V_{i,\mathrm{w}}}{D_i}=\frac{V_{i,\mathrm{w}}}{12\sum_{j=1}^{t}\frac{E^{\mathrm{c}}I_{ij,\mathrm{w}}^{\mathrm{c}}}{H_i^3}}=\frac{V_{i,\mathrm{w}}}{\sum_{j=1}^{t}\frac{E^{\mathrm{c}}b_{ij,\mathrm{w}}h_{ij,\mathrm{w}}^3}{H_i^3}}\leqslant[\Delta]_{\mathrm{s}}=\frac{3}{8}\times\frac{1}{800} \tag{9-22}$$

②抗剪承载力要求。RC 剪力墙为结构的主要抗侧力构件，在小震时几乎承担全部水平地震剪力。各楼层 RC 剪力墙的抗剪承载力应满足

$$V_{i,\mathrm{w}}\leqslant\frac{1}{\gamma_{\mathrm{RE}}}\left(\frac{1}{\lambda-0.5}0.4f_{\mathrm{t}}b_{\mathrm{w}}h_{\mathrm{w0}}\right) \tag{9-23a}$$

$$V_{i,\mathrm{w}}=F_{\mathrm{EK}}=\sqrt{\sum_{j=1}^{n}F_{\mathrm{EK}j}^2} \tag{9-23b}$$

$$F_{\mathrm{EK}j}=\alpha_j r_j X_{ji}G_i,\quad i=1,2,3,\cdots,n;\ j=1,2,3,\cdots,m \tag{9-23c}$$

$$r_j=\sum_{i=1}^{n}X_{ji}G_i\Big/\sum_{i=1}^{n}X_{ji}^2G_i \tag{9-23d}$$

式中，α_j 为对应于第 j 阶振型自振周期的地震影响系数；X_{ji} 为第 j 阶振型第 i 质点的水平相对位移；r_j 为第 j 阶振型的参与系数；G_i 为第 i 质点重力荷载代表值。

③轴压比。为了保证 RC 剪力墙结构的延性要求，其轴压比应满足

$$N_{ij,\mathrm{w}}/(f_{\mathrm{c}}A_{ij,\mathrm{w}})\leqslant 0.5 \tag{9-24}$$

式中，$N_{ij,\mathrm{w}}$ 为剪力墙轴向压力设计值；f_{c} 为混凝土的抗压强度设计值。

④构造要求。

$$200\mathrm{mm}\leqslant h_{ij,\mathrm{w}}\leqslant 400\mathrm{mm} \tag{9-25a}$$

$$2V_{\mathrm{w}}\leqslant\frac{1}{\gamma_{\mathrm{RE}}}0.15\beta_{\mathrm{c}}f_{\mathrm{c}}b_{\mathrm{w}}h_{\mathrm{w0}} \tag{9-25b}$$

2）SRC 框架结构优化

（1）目标函数。

求得剪力墙的截面尺寸后，根据 9.1.2 节，可确定目标函数为

$$\min\quad \omega_1\left(\sum_{i=1}^{n}\sum_{j=1}^{m}\rho_1 L_{ij,\mathrm{c}}A_{ij,\mathrm{c}}^{\mathrm{c}}\times C_1+\sum_{i=1}^{n}\sum_{j=1}^{p}\rho_1 L_{ij,\mathrm{b}}A_{ij,\mathrm{b}}^{\mathrm{c}}\times C_1\right)\Big/(\gamma C_{\max}) \tag{9-26}$$

（2）设计变量。

就框架结构的混凝土用量优化来说，其设计变量为各层框架柱和框架梁截面

尺寸，可分别表示为 $A_{ij,c}^{c}$ 和 $A_{ij,b}^{c}$ 。

（3）约束条件。

①刚度特征值。为满足 RC 剪力墙承受的地震倾覆力矩不小于结构总地震倾覆力矩的 50%，并使 SRC 框架能够充分发挥作用，框架与剪力墙的刚度特征值应满足

$$1.0 \leqslant \lambda = H_i \sqrt{\sum_{i=1}^{m} EI_{ic} \Big/ \sum_{i=1}^{t} EI_{iw}} \leqslant 2.0 \tag{9-27a}$$

$$EI_{ic} = \frac{1}{12} E^{c} b_{ij,c} h_{ij,c}^{3} \tag{9-27b}$$

$$EI_{iw} = \frac{1}{12} E^{c} b_{ij,w} h_{ij,w}^{3} \tag{9-27c}$$

②框架柱的抗剪承载力。为了防止各楼层 SRC 框架柱发生剪切破坏，其抗剪承载力应满足

$$V_{i,c} \leqslant \frac{1}{\gamma_{RE}} \left(\frac{0.16}{\lambda + 1.5} f_c b_{ij,c} h_{0,ij,c} \right) \tag{9-28a}$$

$$V_{i,c} = \frac{D_{i,c}}{\sum_{i=1}^{t} D_{i,w} + \sum_{i=1}^{m} D_{i,c}} V_i \tag{9-28b}$$

$$D_{i,c} = \frac{12 i_c}{H_i^2} = \frac{E^{c} b_{ij,c} h_{ij,c}^{3}}{H_i^3} \tag{9-28c}$$

$$D_{i,w} = \frac{12 i_w}{H_i^2} = \frac{E^{c} b_{ij,w} h_{ij,w}^{3}}{H_i^3} \tag{9-28d}$$

③框架柱的轴压比。为了保证各楼层 SRC 框架柱的延性要求，其轴压比应满足

$$N_{ij,c} / (f_c A_{ij,c}) \leqslant 0.75 \tag{9-29}$$

④框架柱的构造要求。

$$400\text{mm} \leqslant b_{ij,c} \leqslant 1000\text{mm} \tag{9-30}$$

⑤框架梁的构造要求。

$$b_{ij,b} \geqslant 300\text{mm} \tag{9-31a}$$

$$300\text{mm} \leqslant h_{ij,b} \leqslant 4 b_{ij,b} \tag{9-31b}$$

$$V_{ij,b} \leqslant \frac{1}{\gamma_{RE}} (0.2 f_c b_{ij,b} h_{0,ij,b}) \tag{9-31c}$$

⑥满足“强柱弱梁”时，框架梁的构造要求。

$$\frac{1}{12}E^{\mathrm{c}}b_{ij,\mathrm{c}}h_{ij,\mathrm{c}}^{3}\geqslant 1.4\times\frac{1}{12}E^{\mathrm{c}}b_{ij,\mathrm{b}}h_{ij,\mathrm{b}}^{3} \tag{9-32}$$

2. 中震作用下结构的优化设计

1）RC 剪力墙结构优化

（1）目标函数。

框架梁、柱及剪力墙的截面尺寸确定后，作为第一道防线的剪力墙，其设计变量仅为受力钢筋，因此，目标函数可表示为

$$\min\quad \omega_1\left(\sum_{i=1}^{n}\sum_{j=1}^{t}\rho_2 L_{ij,\mathrm{w}}A_{ij,\mathrm{w}}^{\mathrm{s}}C_2\right)\Big/(\gamma C_{\max}) \tag{9-33}$$

（2）设计变量。

根据文献[10]的相关规定，剪力墙竖向和水平分布钢筋的间距均不应大于300mm，并应至少双排布置。本节假定分布钢筋的间距为200mm，双排布置，因此设计变量为钢筋的截面面积 $A_{\mathrm{sw}}^{\mathrm{p}}$ 和 $A_{\mathrm{sw}}^{\mathrm{v}}$。

（3）约束条件。

①抗剪承载力要求。在中震作用下，剪力墙内部的配筋开始发挥作用，此时应满足

$$V_{i,\mathrm{w}}\leqslant\frac{1}{\gamma_{\mathrm{RE}}}\left[\frac{1}{\lambda-0.5}(0.4f_{\mathrm{t}}b_{i\mathrm{w}}h_{i\mathrm{w},0}+0.1N)+0.8f_{\mathrm{yh}}\frac{A_{\mathrm{sw}}^{\mathrm{p}}}{s_i}h_{i\mathrm{w},0}\right] \tag{9-34}$$

式中，N 为考虑地震作用组合的剪力墙轴向压力设计值中的较小值；当 $N\geqslant 0.2f_{\mathrm{c}}b_{ij,\mathrm{w}}h_{ij,\mathrm{w}}$ 时，取 $N=0.2f_{\mathrm{c}}b_{ij,\mathrm{w}}h_{ij,\mathrm{w}}$；$\lambda$ 为计算截面处的剪跨比，$\lambda=M_{ij,\mathrm{w}}/V_{ij,\mathrm{w}}h_{0,ij,\mathrm{w}}$；当 $\lambda<1.5$ 时，取 $\lambda=1.5$；当 $\lambda>2.2$ 时，取 $\lambda=2.2$ 时；此处，$M_{ij,\mathrm{w}}$ 为与剪力设计值 $V_{ij,\mathrm{w}}$ 对应的弯矩设计值。

②层间位移要求。

$$\begin{aligned}
\Delta_{i,\mathrm{w}}&=\Delta_{i,\mathrm{m}}=\frac{V_{i,\mathrm{m}}}{D_{i,\mathrm{m}}}\\
&=\frac{V_{i,\mathrm{m}}}{1.00\times 12\left(\sum\limits_{j=1}^{m}\frac{E^{\mathrm{c}}I_{ij,\mathrm{c}}^{\mathrm{c}}}{H_i^3}+\sum\limits_{j=1}^{m}\frac{E^{\mathrm{s}}I_{ij,\mathrm{c}}^{\mathrm{s}}}{H_i^3}\right)+0.60\times 12\left(\sum\limits_{j=1}^{t}\frac{E^{\mathrm{c}}I_{ij,\mathrm{w}}^{\mathrm{c}}}{H_i^3}+\sum\limits_{j=1}^{t}\frac{E^{\mathrm{s}}I_{ij,\mathrm{w}}^{\mathrm{s}}}{H_i^3}\right)}\\
&=\frac{V_{i,\mathrm{m}}}{\left(\sum\limits_{j=1}^{m}\frac{E^{\mathrm{c}}b_{ij,\mathrm{c}}h_{ij,\mathrm{c}}^{3}}{H_i^3}+12\sum\limits_{j=1}^{m}\frac{E^{\mathrm{s}}I_{ij,\mathrm{c}}^{\mathrm{s}}}{H_i^3}\right)+0.60\times\left(\sum\limits_{j=1}^{t}\frac{E^{\mathrm{c}}b_{ij,\mathrm{w}}h_{ij,\mathrm{w}}^{3}}{H_i^3}+12\sum\limits_{j=1}^{t}\frac{E^{\mathrm{s}}I_{ij,\mathrm{w}}^{\mathrm{s}}}{H_i^3}\right)}\leqslant[\Delta]_{\mathrm{m}}=1/800
\end{aligned} \tag{9-35}$$

③竖向分布钢筋构造要求。

$A_{\rm sw}^{\rm v} \geqslant 50.3{\rm mm}^2$，即 $8{\rm mm} \leqslant d_{\rm sw}^{\rm v} \leqslant \frac{1}{10} b_{ij,{\rm w}}$

$$\frac{L_{ij,{\rm w}}}{200} \times A_{\rm sw}^{\rm v} \Big/ (L_{ij,{\rm w}} \times b_{ij,{\rm w}}) \geqslant 0.25 \tag{9-36}$$

④水平分布钢筋构造要求。

$A_{\rm sw}^{\rm p} \geqslant 50.3{\rm mm}^2$，即 $8{\rm mm} \leqslant d_{\rm sw}^{\rm p} \leqslant \frac{1}{10} b_{ij,{\rm w}}$

$$\frac{H_i}{200} \times A_{\rm sw}^{\rm p} \Big/ (H_i \times b_{ij,{\rm w}}) \geqslant 0.25 \tag{9-37}$$

⑤暗柱构造要求。暗柱的纵向钢筋直径为 16mm；箍筋、拉筋直径为 10mm，沿竖向间距 100mm。

2）SRC 框架结构优化

（1）目标函数。

$$\min \quad \omega_2 \left((1/n) \sum_{s=1}^{n} \left\{ \left[\left(\sum_{i=1}^{s} \varDelta_{i,F} \right) \Big/ \varDelta_F \right] \left(H_F \Big/ \sum_{i=1}^{s} H_{i,F} \right) - 1 \right\}^2 \right)^{\frac{1}{2}} \tag{9-38}$$

（2）设计变量。

框架梁、柱的纵向受力钢筋根据构造要求的最小配筋率进行配筋，并满足 $16{\rm mm} \leqslant d_{\rm s} \leqslant 50{\rm mm}$，此时的设计变量仅为框架梁、柱的型钢截面面积 $A_{ij,{\rm c}}^{\rm s}$ 和 $A_{ij,{\rm b}}^{\rm s}$。

（3）约束条件。

①刚度特征值。

$$1.0 \leqslant \lambda = H_i \sqrt{\sum_{i=1}^{m} EI_{i{\rm c}} \Big/ \sum_{i=1}^{t} EI_{i{\rm w}}} \leqslant 2.0 \tag{9-39a}$$

$$EI_{i{\rm c}} = \frac{1}{12} E^{\rm c} b_{ij,{\rm c}} h_{ij,{\rm c}}^3 + E^{\rm s} I_{ij,{\rm c}}^{\rm s} \tag{9-39b}$$

$$EI_{i{\rm w}} = \frac{1}{12} E^{\rm c} b_{ij,{\rm w}} h_{ij,{\rm w}}^3 + E^{\rm s} I_{ij,{\rm w}}^{\rm s} \tag{9-39c}$$

②框架柱的抗剪承载力。

$$V_{i,{\rm c}} \leqslant \frac{1}{\gamma_{\rm RE}} \left(\frac{0.16}{\lambda + 1.5} f_{\rm c} b_{ij,{\rm c}} h_{0,ij,{\rm c}} + 0.8 f_{\rm yv} \frac{A_{\rm sv}}{s_{\rm sv}} h_{0,ij,{\rm c}} + \frac{0.58}{\lambda} f_{\rm a} t_{\rm w} h_{\rm w} + 0.056 N_i \right) \tag{9-40a}$$

$$V_{i,{\rm c}} = \frac{D_{i,{\rm c}}}{\sum_{i=1}^{t} D_{i,{\rm w}} + \sum_{i=1}^{m} D_{i,{\rm c}}} V_i \tag{9-40b}$$

$$D_{i,{\rm c}} = \frac{12 i_{\rm c}}{H_i^2} = \frac{E^{\rm c} b_{ij,{\rm c}} h_{ij,{\rm c}}^3}{H_i^3} + \frac{12 E^{\rm s} I_{ij,{\rm c}}^{\rm s}}{H_i^3} \tag{9-40c}$$

$$D_{i,\mathrm{w}}=\frac{12i_{\mathrm{w}}}{H_i^2}=\frac{E^{\mathrm{c}}b_{i\mathrm{w}}h_{ij,\mathrm{w}}^3}{H_i^3}+\frac{12E^{\mathrm{s}}I_{ij,\mathrm{w}}^{\mathrm{s}}}{H_i^3} \tag{9-40d}$$

③位移限值的要求。

$$\varDelta_{i,\mathrm{c}}=\varDelta_{i,\mathrm{m}}=\frac{V_{i,\mathrm{c}}}{D_i}=\frac{V_{i,\mathrm{c}}}{12\sum\limits_{j=1}^{m}\dfrac{E^{\mathrm{c}}I_{ij,\mathrm{c}}^{\mathrm{c}}+E^{\mathrm{s}}I_{ij,\mathrm{c}}^{\mathrm{s}}}{H_i^3}}=\frac{V_{i,\mathrm{c}}}{\sum\limits_{j=1}^{m}\dfrac{E^{\mathrm{c}}b_{ij,\mathrm{c}}h_{ij,\mathrm{c}}^3}{H_i^3}+12\sum\limits_{j=1}^{m}E^{\mathrm{s}}I_{ij,\mathrm{c}}^{\mathrm{s}}}\leqslant[\varDelta]_{\mathrm{m}}=1/800 \tag{9-41}$$

④SRC 框架梁的抗剪承载力要求。

$$V_{ij,\mathrm{b}}\leqslant\frac{1}{\gamma_{\mathrm{RE}}}\left(0.06f_{\mathrm{c}}b_{ij,\mathrm{b}}h_{0,ij,\mathrm{b}}+0.8f_{\mathrm{yv}}\frac{A_{\mathrm{sv}}}{s}h_{0,ij,\mathrm{b}}+0.58f_{\mathrm{a}}t_{ij,\mathrm{b}}^{\mathrm{w}}h_{ij,\mathrm{b}}^{\mathrm{w}}\right) \tag{9-42}$$

⑤SRC 框架柱延性的要求。良好的延性能避免构件发生脆性破坏，并充分发挥内力重分布。若使构件具有足够的延性，应满足

$$u=65.46f_{\mathrm{c}}^{-0.551}\lambda^{0.356}\rho_{\mathrm{v}}^{0.36}\left(\frac{N}{f_{\mathrm{c}}A_{\mathrm{c}}+f_{\mathrm{s}}A_{\mathrm{s}}}\right)^{-0.665}\geqslant 3 \tag{9-43}$$

式中

$$\rho_{\mathrm{v}}=\frac{\dfrac{\pi d_{\mathrm{sv}}^2}{4}\times l_{\mathrm{cor}}}{A_{\mathrm{cor}}\times s} \tag{9-44a}$$

$$A_{\mathrm{cor}}=b_{\mathrm{cor}}h_{\mathrm{cor}}-b_{\mathrm{af}}h_{\mathrm{w}} \tag{9-44b}$$

$$l_{\mathrm{cor}}=2(h-2c)+(b-2c) \tag{9-44c}$$

$$b_{\mathrm{cor}}=h-2c \tag{9-44d}$$

$$h_{\mathrm{cor}}=b-2c \tag{9-44e}$$

⑥SRC 框架梁中型钢的构造要求。SRC 框架梁中型钢除了要满足梁自身保护层厚度的要求，还应满足板件的可焊性和施工稳定性的要求，见式（8-17a）～式（8-17c）。

⑦SRC 框架柱中型钢的构造要求。SRC 框架柱中型钢除了要满足柱自身保护层厚度的要求，也应满足板件的可焊性和施工稳定性的要求，见式（8-46a）～式（8-47）。

⑧满足“强柱弱梁”时，SRC 框架梁的构造要求。

$$EI_{ij,\mathrm{c}}\geqslant 1.4EI_{ij,\mathrm{b}} \tag{9-45a}$$

$$EI_{ij,\mathrm{c}}=\frac{1}{12}E^{\mathrm{c}}b_{ij,\mathrm{c}}h_{ij,\mathrm{c}}^3+E^{\mathrm{s}}I_{ij,\mathrm{c}}^{\mathrm{s}} \tag{9-45b}$$

$$EI_{ij,\mathrm{b}}=\frac{1}{12}E^{\mathrm{c}}b_{ij,\mathrm{b}}h_{ij,\mathrm{b}}^3+E^{\mathrm{s}}I_{ij,\mathrm{b}}^{\mathrm{s}} \tag{9-45c}$$

3. 大震作用下结构的优化设计

在大震作用下，结构处于塑性状态，剪力墙基本退出工作，结构的水平地震剪力几乎全部由框架承担。为研究方便，本节假定 $D_{ij,\mathrm{w}}=1$。

1）目标函数

$$\min \quad \omega_3\left\{\left(\frac{1}{n\times m}\right)\eta_1\times\sum_{i=1}^{n}\sum_{j=1}^{m}D_{ij,\mathrm{c}}+\left(\frac{1}{n\times p}\right)\eta_2\times\sum_{i=1}^{n}\sum_{j=1}^{p}D_{ij,\mathrm{b}}+\left(\frac{1}{n\times t}\right)\eta_3\times\sum_{i=1}^{n}\sum_{j=1}^{t}D_{ij,\mathrm{w}}\right\}$$
$$+\omega_1\left\{\sum_{i=1}^{n}\sum_{j=1}^{m}\rho_2L_{ij,\mathrm{c}}A_{ij,\mathrm{c}}^{\mathrm{s}}\times C_2+\sum_{i=1}^{n}\sum_{j=1}^{p}\rho_2L_{ij,\mathrm{b}}A_{ij,\mathrm{b}}^{\mathrm{s}}\times C_2+\sum_{i=1}^{n}\sum_{j=1}^{t}\rho_2L_{ij,\mathrm{w}}A_{ij,\mathrm{w}}^{\mathrm{s}}\times C_2\right\}\Big/\gamma C_{\max} \tag{9-46}$$

2）设计变量

大震作用下 RC 剪力墙结构几乎退出工作，其用钢量的优化已经结束，考虑到 SRC 框架“强柱弱梁”失效模式的要求，此时的设计变量仍为框架梁、柱的型钢截面面积 $A_{ij,\mathrm{c}}^{\mathrm{s}}$ 和 $A_{ij,\mathrm{b}}^{\mathrm{s}}$。

3）约束条件

为了使梁端首先出现塑性铰，实现“强柱弱梁”设计，框架梁与框架柱的损伤应满足如下要求。

（1）SRC 框架梁的损伤。

$$0.7\leqslant D_{ij,\mathrm{b}}\leqslant 1.0 \tag{9-47a}$$

$$D_{ij,\mathrm{b}}=1-\frac{B_{\mathrm{sc,weakened}}}{B_{\mathrm{sc,original}}}=1-\frac{E^{\mathrm{s}}I_{ij,\mathrm{b}}^{\mathrm{s}}}{\frac{1}{12}E^{\mathrm{c}}b_{ij,\mathrm{b}}h_{ij,\mathrm{b}}^{3}+E^{\mathrm{s}}I_{ij,\mathrm{b}}^{\mathrm{s}}} \tag{9-47b}$$

（2）SRC 框架柱的损伤。

$$0.5\leqslant D_{ij,\mathrm{c}}\leqslant 0.7 \tag{9-48a}$$

$$D_{ij,\mathrm{c}}=\frac{K_{\mathrm{ic,weakened}}}{K_{\mathrm{ic,original}}}=\frac{[1-(\varDelta_{i,F}/[\varDelta]_{大})]K_{ic,\mathrm{original}}}{K_{ic,\mathrm{original}}}=1-(\varDelta_{i,\mathrm{c}}/[\varDelta]_{大}) \tag{9-48b}$$

$$\varDelta_{i,1}=\frac{V_{i,1}}{D_i}$$
$$=\frac{V_{i,1}}{0.46\left(\sum_{j=1}^{m}\frac{E^{\mathrm{c}}b_{ij,\mathrm{c}}h_{ij,\mathrm{c}}^{3}}{H_i^3}+12\sum_{j=1}^{m}\frac{E^{\mathrm{s}}I_{ij,\mathrm{c}}^{\mathrm{s}}}{H_i^3}\right)+0.20\left(\sum_{j=1}^{t}\frac{E^{\mathrm{c}}b_{ij,\mathrm{w}}h_{ij,\mathrm{w}}^{3}}{H_i^3}+12\sum_{j=1}^{t}\frac{E^{\mathrm{s}}I_{ij,\mathrm{w}}^{\mathrm{s}}}{H_i^3}\right)} \tag{9-48c}$$
$$\leqslant[\varDelta]_1=1/100$$

4. 优化步骤

本节将运用8.3.3节和8.1.3节的优化算法实施SRC框架-RC核心筒混合结构基于失效模式的三水准逐级优化求解。

9.2.3　算例

1. 工程概况

某SRC框架-RC核心筒混合结构，共24层，层高3.6m，跨度及柱距均为7.2m，标准层平面布置图和3D模型如图9.8和图9.9所示。抗震设防烈度为8度，II类场地，设计分组为第二组。

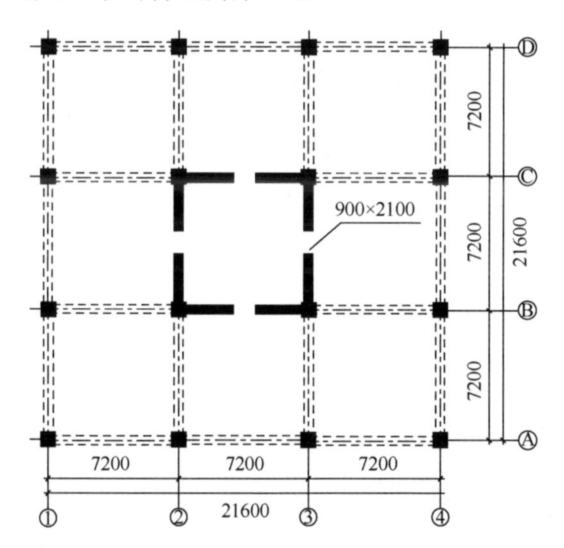

图9.8　标准层平面布置图

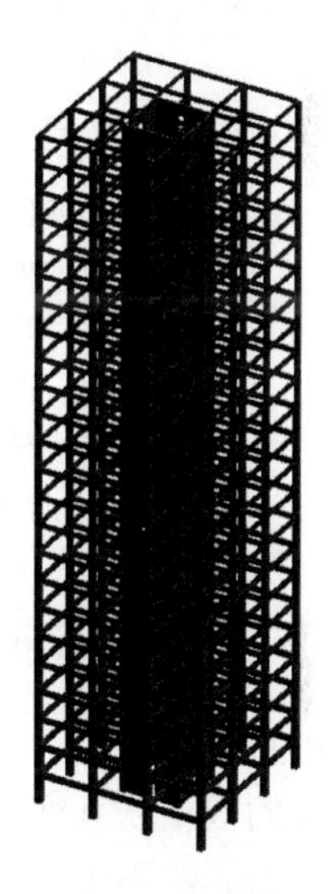

图9.9　SRC框架-RC核心筒数值模型

材料属性：混凝土的强度等级为C40，$f_c=19.1\text{N/mm}^2$，$f_t=1.71\text{N/mm}^2$，单价为350元/m³；型钢采用Q235，$f_a=210\text{N/mm}^2$，单价为3700元/t；纵向受力钢筋采用HRB335，$f_y=300\text{N/mm}^2$，单价为3200元/t；箍筋采用HPB300（双肢箍），$f_{yv}=270\text{N/mm}^2$，单价为3000元/t。

2. 权重系数的确定

文献[15]的研究结果表明，当SRC框架梁、柱和RC剪力墙构件同时发生轻度、中度I级、中度II级或重度损伤时，其损伤权重系数近似存在$\eta_3=2.0\eta_2$、$\eta_3=1.2\eta_1$关系，且$\eta_1+\eta_2+\eta_3=1$。据此，本节取SRC框架柱、梁和RC剪力墙构件

的损伤权重系数 η_1、η_2、η_3 分别为 0.37、0.21、0.42。

为了考察诸优化目标权重系数变化对优化结果的影响，分别给出 ω_1、ω_2、ω_3 从 0 变化至 1，而另两个参数相等时的分析结果。由目标函数可知，结构的损伤为隐函数，因此以下仅给出 ω_1、ω_2、ω_3 变化对工程造价的影响，分别如图 9.10、图 9.11 和图 9.12 所示。

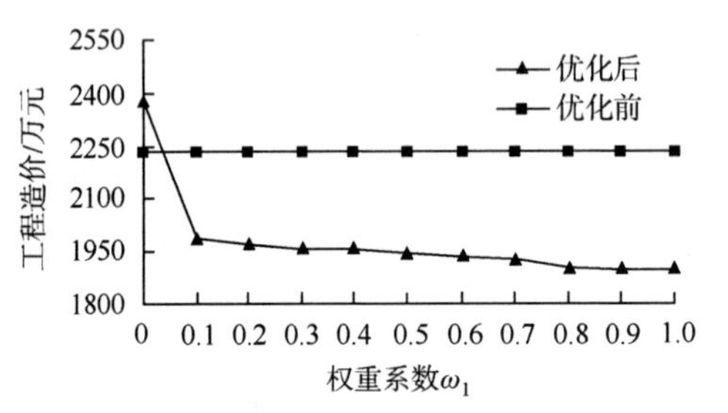

图 9.10　工程造价与权重系数 ω_1 的关系

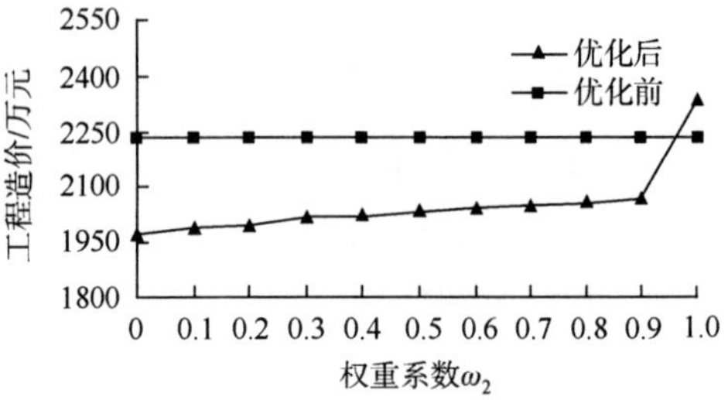

图 9.11　工程造价与权重系数 ω_2 的关系

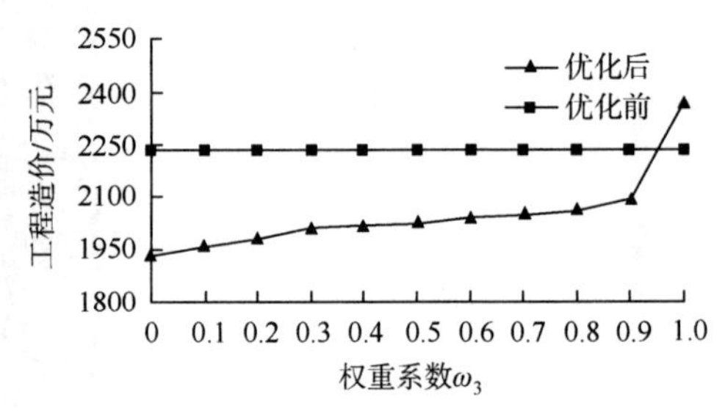

图 9.12　工程造价与权重系数 ω_3 的关系

由图可知以下几点。

（1）ω_1 的取值从 0 变化至 0.1 时对工程造价的影响显著，从 0.1 变化至 1.0 时对工程造价的影响不明显。

（2）ω_2 的取值从 0 变化至 0.2 及从 0.6 变化至 0.9 时对工程造价的影响显著，从 0.2 变化至 0.6 时对工程造价的影响不明显，当 ω_2 的取值为 1.0（即不考虑造价的优化）时出现突变。

（3）ω_3 的取值从 0 变化至 0.4 及从 0.7 变化至 0.9 时对工程造价的影响显著，从 0.4 变化至 0.7 时对工程造价的影响不明显，当 ω_3 的取值为 1.0（即不考虑造价的优化）时出现突变。

综上分析并参考文献[16]，本节取各优化目标权重系数 ω_1、ω_1、ω_3 分别为 0.1、0.4、0.5。

3. 优化结果

基于上述参数，应用前述三水准逐级优化设计理论及 OC-GA 混合算法，对

SRC 框架-RC 核心筒混合结构进行优化求解。在优化计算过程中，初始种群规模取 200，杂交和变异算子分别取 0.8 和 0.01。优化后 SRC 框架梁、柱和 RC 剪力墙的截面尺寸见表 9.6，RC 剪力墙的水平分布钢筋和竖向分布钢筋的直径见表 9.7，SRC 框架梁、柱内型钢的截面尺寸见表 9.8。

表 9.6 优化后 SRC 框架梁、柱和 RC 剪力墙的截面尺寸

楼层编号	柱截面/(mm×mm)	梁截面/(mm×mm)	剪力墙厚/mm
1、2	700×700	350×600	240
3、4	650×650	350×600	240
5～8	600×600	300×550	240
9～13	550×550	300×500	200
14～17	500×500	300×500	200
18～21	450×450	300×450	200
22～24	450×450	300×450	200

表 9.7 优化后的 RC 剪力墙内分布钢筋的直径

楼层编号	水平分布钢筋直径/mm	竖向分布钢筋直径/mm
1、2	16	14
3、4	10	14
5～8	10	12
9～17	8	12
18～24	8	10

表 9.8 优化后 SRC 框架梁、柱内型钢的截面尺寸

楼层编号	柱内型钢截面/(mm×mm×mm×mm)	梁内型钢截面/(mm×mm×mm×mm)
1、2	H400×350×20×35	H450×180×20×25
3、4	H350×300×18×30	H400×180×20×25
5～8	H300×280×15×28	H350×180×18×22
9～13	H280×200×15×25	H300×180×18×20
14～17	H250×180×12×22	H220×150×15×18
18～21	H220×150×10×18	H200×100×8×10
22～24	H200×120×10×14	H150×100×8×10

图 9.13 为结构总造价与优化迭代次数的关系。从图中可以看出，在运用准则法确定了 SRC 框架梁、柱及 RC 剪力墙的截面尺寸后，应用遗传算法能够很快搜

寻到诸构件中型钢的合理尺寸，从而在迭代 30 次时已接近最优解。

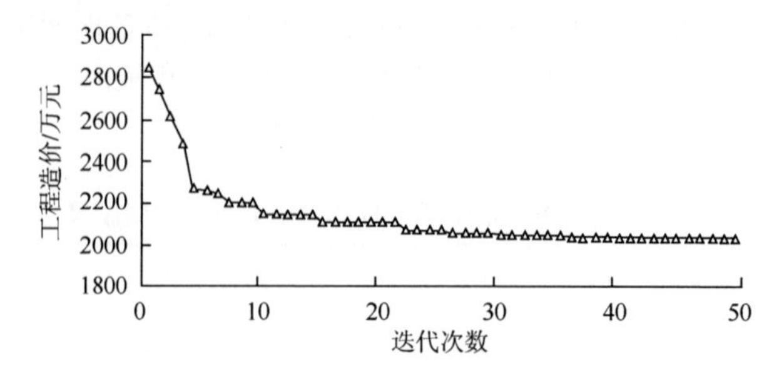

图 9.13 结构总造价与优化迭代次数的关系

图 9.14 为优化前后结构各楼层层间位移角。从图中可以看出，结构优化后的层间位移角比优化前更趋于一致，避免了变形集中薄弱层的出现，改善了结构的抗侧移性能。

图 9.15 为优化后结构在大震作用下的应力云图。从图中可以看出，大震作用下，当内部 RC 核心筒达到应力极限状态时，外部 SRC 框架则仍具有一定的强度储备，从而较理想地实现了 RC 核心筒第一道抗震防线及 SRC 框架第二道防线的抗震设防目标。

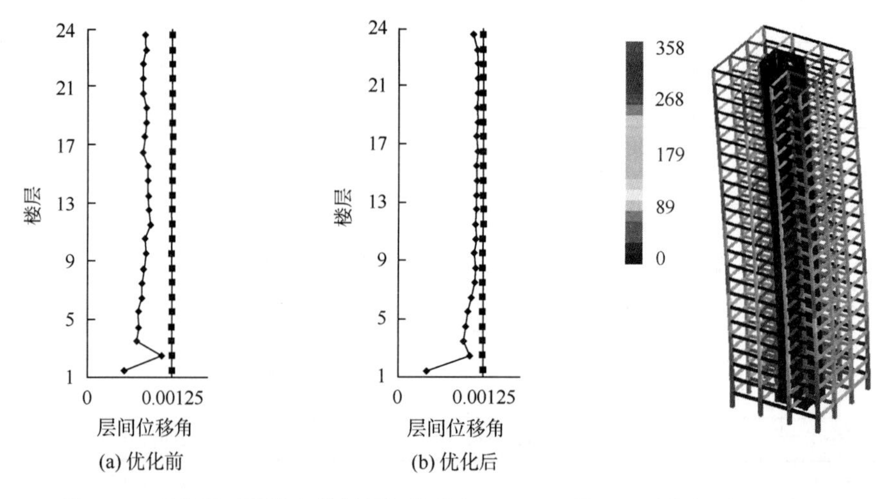

图 9.14 优化前后结构各楼层层间位移角

图 9.15 优化后大震作用下结构的应力云图

进而，对优化后的结构进行 Pushover 分析，所得大震作用下优化前后结构各构件损伤发展情况如图 9.16 和图 9.17 所示。从图中可以看出，优化前，当 RC 核心筒达到承载能力极限状态，即其最大损伤值达 1.0 时，SRC 框架梁的最大损伤值接近 0.7，SRC 框架柱的最大损伤值接近 0.9。优化后，当 RC 核心筒达到承载能力极限状态，即其最大损伤值达 1.0 时，SRC 框架梁的最大损伤值接近 0.85，SRC 框架柱的最大损伤值接近 0.7。根据文献[17]对混合结构破坏模式的研究结论，优化后的结构基本实现了“强柱弱梁”的理想失效模式。

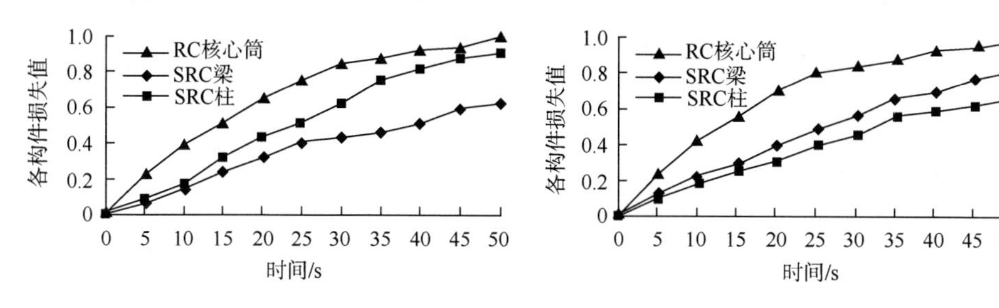

图 9.16　优化前结构各构件的损伤演化规律　　图 9.17　优化后结构各构件的损伤演化规律

参 考 文 献

[1] 李志强. SRC 框架-RC 核心筒混合结构多目标抗震优化设计研究[D]. 西安：西安建筑科技大学，2013.

[2] 李志强，郑山锁，陶清林，等. 基于失效模式的 SRC 框架-RC 核心筒混合结构三水准抗震优化设计[J]. 振动与冲击，2013，32（19）：44-50.

[3] Zheng S S，Li Z Q，Wang B. Failure modes-based multi-objective optimization design of steel reinforced concrete frame structures[J]. Key Engineering Materials，2010，450： 219-222.

[4] Zheng S S，Li Z Q，Hu Y，et al. Multi-objective optimization design of hybrid structure[J]. Advances in Civil Engineering and Architecture，Advanced Materials Research，2011，243-249：20-25.

[5] Zou X K，Chan C M，Li G，et al. Multiobjective optimization for performance-based design of reinforced concrete frames[J]. Journal of Structural Engineering，ASCE，2007，133（10）：1462-1474.

[6] Chan C M，Zou X K. Elastic and inelastic drift performance optimization for reinforced concrete buildings under earthquake loads[J]. Earthquake Engineering and Structural Dynamical，2004，33：929-950.

[7] 包世华. 新编高层建筑结构[M]. 北京：中国水利水电出版社，2005.

[8] 中华人民共和国国家标准. 混凝土结构设计规范（GB 50010—2010）[S]. 北京：建筑工业出版社，2010.

[9] 中华人民共和国行业标准. 型钢混凝土组合结构技术规程（JGJ 138—2001）[S]. 北京：建筑工业出版社，2002.

[10] 中华人民共和国行业标准. 高层建筑混凝土结构技术规程（JGJ 3—2002）[S]. 北京：建筑工业出版社，2002.

[11] 中华人民共和国国家标准. 建筑抗震设计规范（GB 50011—2010）[S]. 北京：建筑工业出版社，2011.

[12] 赵伟. 基于粘结滑移理论的型钢混凝土框架结构优化理论方法研究 [D]. 西安：西安建筑科技大学，2008.

[13] 邓国专. 型钢高强高性能混凝土结构力学性能及抗震设计的研究[D]. 西安：西安建筑科技大学，2008.

[14] 李刚，程耿东. 基于可靠度和功能的框架-剪力墙结构抗震优化设计[J]. 计算力学学报，2001，18（3）：290-294.

[15] 陶清林. 地震激励下混合结构损伤演化规律的研究[D]. 西安：西安建筑科技大学，2010.

[16] Lei X，Gong Y L，Donald E. Grierson. seismic design optimization of steel building frameworks [J]. Journal of Structural Engineering，2006，132（2）：277-286.

[17] 李磊. 混合结构的数值建模理论及在地震工程中的应用[D]. 西安：西安建筑科技大学，2010.

10 SRC 构件考虑粘结滑移效应的非线性纤维梁柱单元建模方法

10.1 概 述

课题组前期研究成果表明[1]，SRC 构件在粘结滑移发生后，构件的承载能力有较大改变。本章基于纤维梁-柱单元模型理论，根据课题组前期提出的型钢-混凝土粘结滑移本构模型及粘结滑移沿截面高度的变化规律，提出在纤维层面上通过修正钢纤维应变的方法以实现对材料间粘结滑移的数值体现，该方法的意义在于可较好地反映粘结滑移引起的 SRC 构件的非线性力学行为。

对于宏观有限元，各类单元的原理基本相同，只是应用组合原理进行了不同的计算组合或者参数修正，例如，对一个全矩阵的梁-柱单元进行弯矩和剪力的删减，只保留轴力，就可以得到杆单元矩阵。所以，针对特定问题的有限元适用性研究，是各专属领域根据特定目标计算所需进行的专门研究问题。

宏观单元在工程分析方面有很大的优势，但是如果用来分析 SRC 结构，则不可能详细地表达构件内部力的传递，原因是 SRC 构件为复合截面，其截面由混凝土、钢筋和型钢组成，从而内部受力比较复杂，而宏观单元的参数使用较少，在进行构件模拟时，必须在单元力学方程中采取部分简化[2~4]，所以，宏观单元模型对于 SRC 结构的模拟受到很大的限制，尤其是对杆件内部因素造成的非线性响应方面的模拟，更是比较困难。例如，型钢与混凝土之间粘结滑移的考虑，以及粘结滑移失效以后，内部型钢构件承载力的利用等问题，目前的宏观有限元模型均不能做出较好的、切合实际的模拟[5~9]。

鉴于 SRC 构件的受力机制、特殊的截面形式，以及课题组对于构件受力机制的精细化模拟的要求，本章选择了分布刚度模型来模拟 SRC 构件。分布刚度模型又分为分层模型和纤维模型，如图 10.1 所示。

由于分层模型是沿构件截面一个方向上的层刚度划分的，不能准确地描述其他方向的受力机制，所以受限制比较大。而梁-柱纤维单元模型是一种新型的非线性有限元梁-柱单元模型，可以在 3D 空间进行构件力学分析计算，虽然其发展的时间比较短，但是有着广阔的发展前景。纤维梁-柱单元模型理论是将纤维截面赋予构件，构件由纤维截面划分为若干纤维束。纤维梁-柱单元模型可以模拟构件长度方向的任意部位出现塑性变形的情况，再者，采用纤维单元模型，可以使计算精

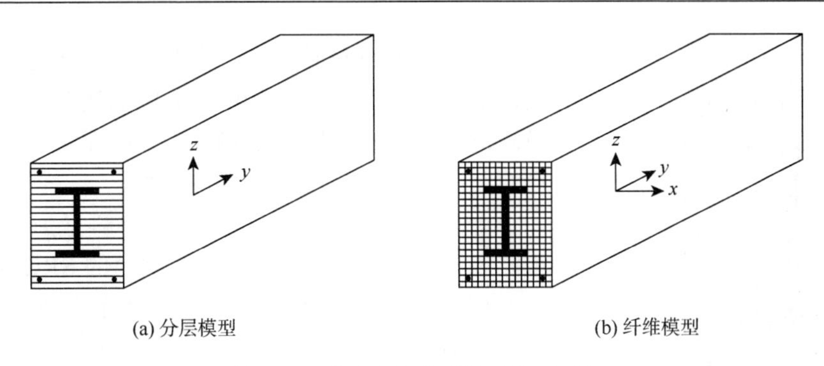

(a) 分层模型　　(b) 纤维模型

图 10.1　分层模型和纤维模型示意图

度提高并节省计算量，能够在一定的精度上反映构件的非线性行为，对结构的抗震性能分析与合理设计具有重大意义[10~12]。

既有研究表明[1]，当 SRC 构件受力时，型钢与混凝土界面之间存在粘结滑移，粘结滑移对 SRC 梁-柱构件承载力有一定的影响，在弹性阶段粘结滑移对构件的承载力影响不大，当构件受力超过极限荷载时，由于内部粘结滑移发生，构件的承载力下降较快[13]。但是，在应用纤维模型对其进行模拟计算时，由于纤维模型的平截面假定及纤维束的划分，导致了其只能模拟不同材料的组成构件截面良好协同受力的情况，即原有的纤维模型忽略了型钢与混凝土之间力的传递，这对于 SRC 构件发展至非线性受力阶段响应的模拟是不真实的。因此，在纤维模型中考虑粘结滑移来模拟 SRC 梁-柱构件，不仅能使计算的破坏模式更接近真实情况，而且能得到更加精确的曲线下降段计算结果，对 SRC 结构抗震性能分析具有重要意义。本章基于纤维模型理论，在纤维层面上根据 SRC 粘结滑移本构关系，以及粘结滑移沿截面高度变化的规律，修正钢纤维的应变，使得型钢与混凝土之间的粘结滑移效应在数值计算中得以体现。

10.2　纤维梁-柱单元理论

10.2.1　纤维单元模型应用于 SRC 构件模拟的条件

纤维单元模型是目前进行结构非线性反应分析所采用的一种较先进的宏观梁-柱单元模型，其主要方法是将结构的梁或柱构件定为单元，构件截面离散化为若干个小区域，每一个小区域沿杆件纵向将构件划分为若干小单元，即纤维束（图 10.2），并在假定整个截面符合平截面假定的同时，假定每根纤维处于单轴应力状态，根据相应纤维束材料的单轴应力-应变关系，通过对构件积分段的截面积分来计算整个截面的力与变形的非线性关系，然后再通过力的差值函数计

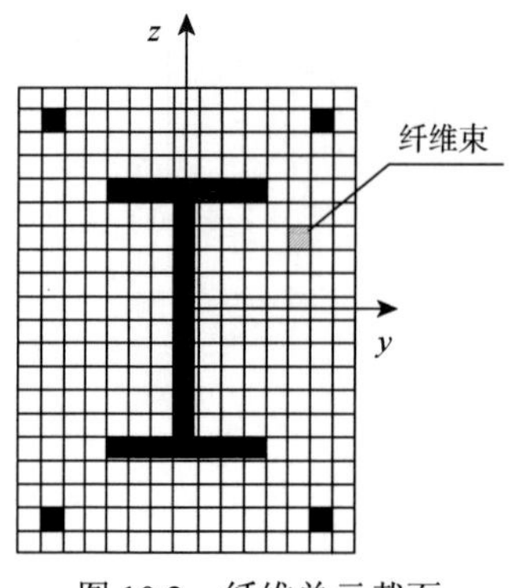

图 10.2　纤维单元截面

算出单元的力与变形[14, 15]。鉴于纤维模型的以上特点，本章将通过对材料的单轴应力-应变关系进行适当修正，达到更好地反映 SRC 构件截面实际受力的目的，以进行 SRC 结构的精确模拟。

由于单轴应力-应变所表示的材料行为仅为自然状态下受力的情况，对于复合截面的 SRC 构件，其混凝土材料的受力较复杂，多处于多轴应力状态，可通过对其单轴应力-应变关系进行多向轴约束的适当修正，以达到更好地考虑截面实际受力的目的[16]。

纤维模型单元理论最重要的一个假定是平截面假定，需指出的是平截面假定为材料力学中的一种假定，即垂直于构件轴线的各横截面在构件受拉伸、压缩或纯弯曲而发生变形后仍然为平面，并且构件截面仍与变形后的构件轴线垂直。根据这一假设，如果杆件受拉或受压，则各横截面只做整体移动，而且各个横截面的移动可由一个移动量确定；若构件只受弯矩作用，则各横截面只做转动，并且每个横截面的转动可由两个转角确定。利用构件微段的平衡条件和应力-应变关系，即可求出上述的移动量和转角，进而求出构件内的应变和应力。如果构件不仅承受弯矩，还承受剪力，则纤维模型不能对其受力进行有效模拟。对于长细比较小的构件，其剪力作用明显，不能忽略，所以纤维截面对于此类构件模拟的精度受限。但对于长细比较大的构件，剪力引起的变形远小于弯曲变形，平截面假定近似可用。故纤维模型适用于模拟长细比较大的构件。

纤维模型的出现使得 SRC 这类复合材料结构的非线性分析变得更为真实合理，建立截面在单轴加载条件下的恢复力模型更加准确。

综上，纤维模型法的基本思路是将所分析截面离散为若干个小单元，即纤维，纤维的几何特性由每根纤维的局部坐标 y、z 和横截面面积 A_i 决定，如图 10.3 所示。纤维模型法遵循如下假定。

（1）不考虑扭转效应和剪切效应对截面变形的影响，认为在单元变形期间梁、柱的任一横截面保持为平面且与纵轴正交。

（2）每根纤维处于单轴状态，即截面上力与变形之间的非线性关系完全可以通过相应材料单轴下的本构关系确定。为更好达到合理考虑截面实际受力的目的，通常可以通过适当修正单轴应力-应变关系来进行考虑，如箍筋和型钢翼缘对混凝土的约束作用。

以上为早期纤维模型法的基本假定，但是随着对这一方法的推广应用，国外一些科研人员已经开始探索将纤维模型法作为一种广义的截面离散化方法，从理论上突破平截面假定，引入因受力而导致的不同材料（钢与混凝土）接触界面的错动，也就是通常所说的不同材料间的粘结滑移，这方面的研究成果多夹杂于宏观杆系模型的建模分析理论中。

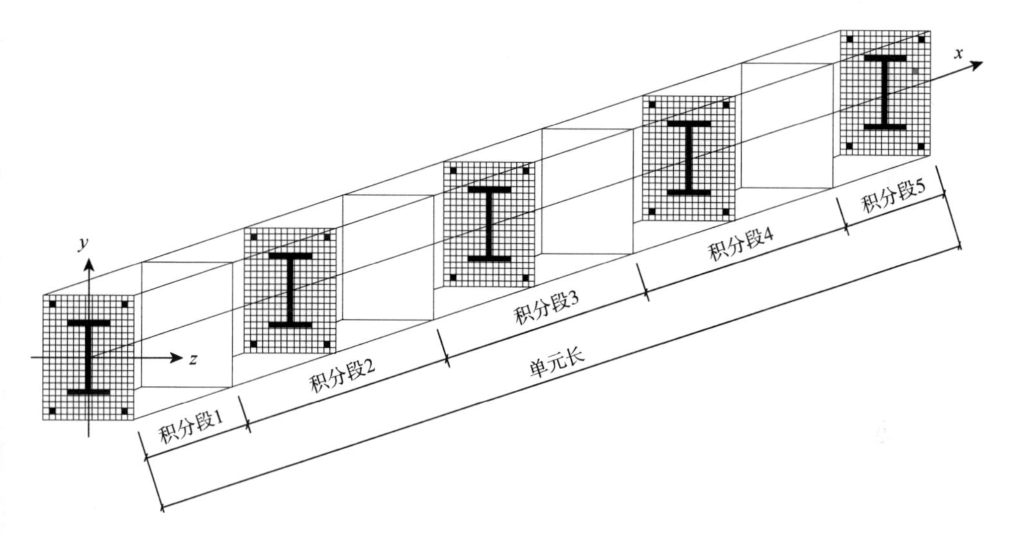

图 10.3　基于纤维模型法的 SRC 梁-柱单元

由于 SRC 构件中钢筋螺纹与混凝土之间充分嵌固，其滑移量要远小于型钢与混凝土之间的滑移，即可以认为混凝土与钢筋协同受力，从而界面滑移的形成机理可简化为钢筋混凝土体与型钢体之间的切向变形错动，即可将其截面划分为钢筋混凝土体和型钢体两部分。认为梁-柱单元内任一截面的钢筋混凝土体和型钢体两部分在考虑粘结滑移效应之后依然遵循平截面假定，即截面变形协调，在此思路下设法将型钢与混凝土界面的滑移效应在截面变形层面合理体现出来。本节以此为突破口，作为一种理论探索，重点进行型钢与混凝土界面间粘结滑移效应模型的理论推导，其中将纵向钢筋和混凝土视为完全粘结体，不考虑两者之间的粘结滑移问题。

10.2.2　梁-柱单元理论

分别用 $\boldsymbol{Q}^{\mathrm{E}}$ 和 $\boldsymbol{q}^{\mathrm{E}}$ 表示梁-柱单元杆端力和杆端变形矢量。单元位移矢量和单元位移场矢量可表示为

$$\boldsymbol{u}^{\mathrm{E}}(x)=[u(x),\ v(x),\ w(x)]^{\mathrm{T}} \tag{10-1}$$

式中，$u(x)$、$v(x)$、$w(x)$ 分别为单元杆轴上任一点处的 x、y、z 方向的位移。

在纤维模型中，剪力对单元变形产生的影响可被忽略掉，则截面力矢量 $\boldsymbol{D}^{\mathrm{S}}(x)$ 和截面变形矢量 $\boldsymbol{d}^{\mathrm{S}}(x)$ 可分别表示为

$$\boldsymbol{D}^{\mathrm{S}}(x)=[N_x(x),\ M_z(x),\ M_y(x)]^{\mathrm{T}} \tag{10-2}$$

$$\boldsymbol{d}^{\mathrm{S}}(x)=[\varepsilon_x(x),\ \phi_z(x),\ \phi_y(x)]^{\mathrm{T}} \tag{10-3}$$

式中，ε_x 为截面轴向应变；$\phi_z(x)$、$\phi_y(x)$ 分别为绕截面 y、z 的曲率。

柔度法求解单元力的过程中，首选需给定单元截面力型函数矩阵，用以描述单元力 $\boldsymbol{Q}^{\mathrm{E}}(x)$。根据单元变形后的平衡关系及单元力学边界条件可以得到

$$\boldsymbol{D}^{\mathrm{S}}(x)=\boldsymbol{N}_f(\overline{x})\boldsymbol{Q}^{\mathrm{E}}(x) \tag{10-4}$$

式中，$\boldsymbol{N}_f(\overline{x})$ 为单元截面力形函数矩阵，可表示为

$$\boldsymbol{N}_f(\overline{x})=\begin{bmatrix} 1 & 0 & 0 & 0 & 0 \\ v(x) & \dfrac{x}{L}-1 & \dfrac{x}{L} & 0 & 0 \\ -w(x) & 0 & 0 & \dfrac{x}{L}-1 & \dfrac{x}{L} \end{bmatrix} \tag{10-5}$$

$\boldsymbol{Q}^{\mathrm{E}}(\overline{x})$ 为无刚体位移模式下单元杆端力矢量，可表示为

$$\boldsymbol{Q}^{\mathrm{E}}(\overline{x})=[N_x, M_{zi}, M_{zj}, M_{yi}, M_{yj}]^{\mathrm{T}} \tag{10-6}$$

与 $\boldsymbol{Q}^{\mathrm{E}}(\overline{x})$ 对应的无刚体位移模式下单元杆端变形矢量 $\boldsymbol{q}^{\mathrm{E}}(\overline{x})$ 为

$$\boldsymbol{q}^{\mathrm{E}}(\overline{x})=[\varepsilon_x, \phi_{zi}, \phi_{zj}, \phi_{yi}, \phi_{yj}]^{\mathrm{T}} \tag{10-7}$$

式（10-6）和式（10-7）中没有考虑扭转变形的影响。考虑单元几何边界条件后，由式（10-3）可得到单元变形协调的积分形式：

$$\boldsymbol{q}^{\mathrm{E}}(x)=\int_L [\boldsymbol{N}_d(x)]^{\mathrm{T}} \boldsymbol{d}^{\mathrm{S}}(x)\mathrm{d}x \tag{10-8}$$

式中

$$\boldsymbol{N}_d(x)=\begin{bmatrix} 1 & 0 & 0 & 0 & 0 \\ \dfrac{1}{2}v(x) & \dfrac{x}{L}-1 & \dfrac{x}{L} & 0 & 0 \\ -\dfrac{1}{2}w(x) & 0 & 0 & \dfrac{x}{L}-1 & \dfrac{x}{L} \end{bmatrix} \tag{10-9}$$

若采用柔度法表述一般化截面本构关系[17]，则

$$\mathrm{d}\boldsymbol{d}^{\mathrm{S}}(x)=\boldsymbol{f}(x)^{\mathrm{S}}\mathrm{d}\boldsymbol{D}^{\mathrm{S}}(x) \tag{10-10}$$

式中，$\boldsymbol{f}^{\mathrm{S}}(x)$ 为截面切线柔度矩阵，它既可由直接给出的截面与变形关系确定，即由截面层次直接确定；也可由更为精细化的纤维模型确定，即由纤维材料应力-应变关系集成确定。

由式（10-4）、式（10-8）、式（10-10）可得

$$\mathrm{d}\boldsymbol{q}^{\mathrm{E}}=\boldsymbol{F}^{\mathrm{E}}\mathrm{d}\boldsymbol{Q}^{\mathrm{E}} \tag{10-11}$$

式中，单元切线柔度矩阵 $\boldsymbol{F}^{\mathrm{E}}$ 为

$$\boldsymbol{F}^{\mathrm{E}}=\int_{L}[\boldsymbol{N}_{d}(x)]^{\mathrm{T}}\boldsymbol{f}^{\mathrm{S}}(x)\boldsymbol{N}_{f}(x)\mathrm{d}x \tag{10-12}$$

对单元切线柔度矩阵求逆，即可得到单元刚度矩阵：

$$\boldsymbol{K}^{\mathrm{E}}=[\boldsymbol{F}^{\mathrm{E}}]^{-1} \tag{10-13}$$

10.2.3 单元状态的确定

纤维梁-柱单元采用 NR 迭代法计算，在进行迭代推导时引入两个数值变量 i 和 j，i 为单元变形的总迭代步，j 为第 i 迭代步内的内部迭代。

在进行 NR 迭代时，需根据第 i 步的单元变形确定其单元抗力。首先，单元的变形增量为

$$\boldsymbol{q}^{i}=\boldsymbol{q}^{i-1}+\Delta\boldsymbol{q}^{i} \tag{10-14}$$

内部迭代起始步为 j=1，相对应的单元初始状态为图 10.4（a）中 A 点。此时，单元的初始刚度矩阵为 $[\boldsymbol{F}^{j=1}]^{-1}=[\boldsymbol{F}^{i=1}]^{-1}$，单元的增量变形等于内部迭代的增量变形，即 $\Delta\boldsymbol{q}^{j=1}=\Delta\boldsymbol{q}^{i}$，则相对应的单元力增量为

$$\Delta\boldsymbol{Q}^{j=1}=[\boldsymbol{F}^{j=0}]^{-1}\Delta\boldsymbol{q}^{j=1} \tag{10-15}$$

同时，截面力的增量 $\Delta\boldsymbol{D}^{j=1}(x)$ 可以由式（10-4）的差值函数计算求得。则由前一步迭代所得截面柔度矩阵 $\boldsymbol{f}^{j=0}(x)=\boldsymbol{f}^{i-1}(x)$，截面力与变形的关系可以表示为

$$\Delta\boldsymbol{d}^{j=1}(x)=\boldsymbol{f}^{j=0}(x)\Delta\boldsymbol{D}^{j=1}(x) \tag{10-16}$$

至此，截面变形更新至图 10.4（b）中 B 点，截面的刚度和残余力需重新计算。不平衡力是由截面的抗力与内部迭代计算之差值造成的，即

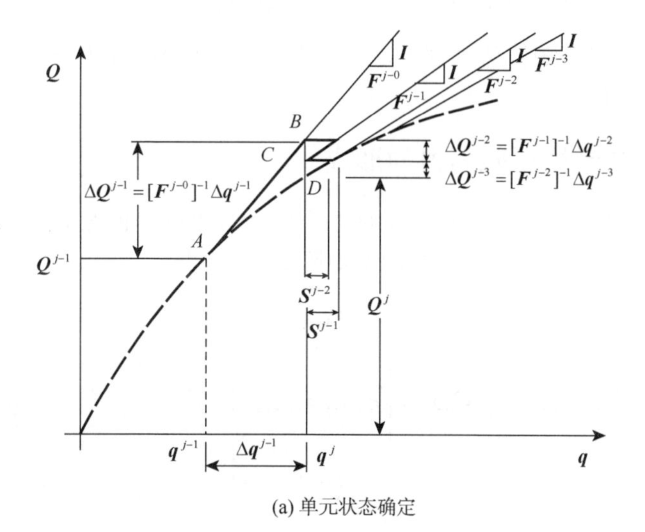

(a) 单元状态确定

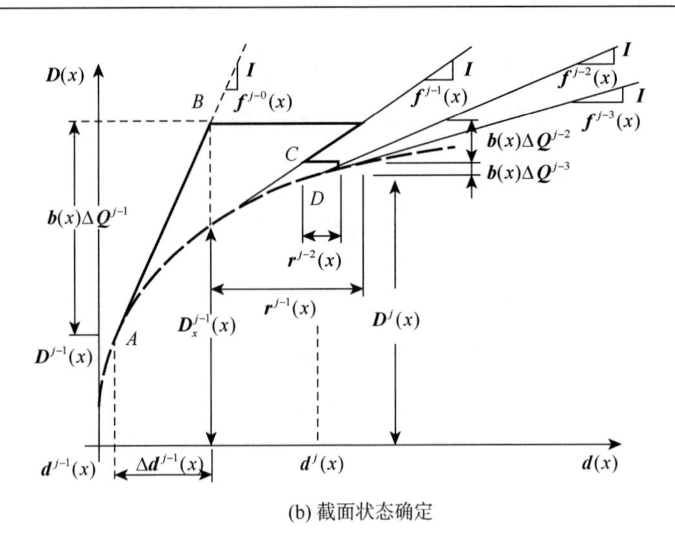

(b) 截面状态确定

图 10.4 单元状态与截面状态的迭代示意

$$\boldsymbol{D}_{\mathrm{U}}^{j=1}(x)=\boldsymbol{D}^{j=1}(x)-\boldsymbol{D}_{\mathrm{R}}^{j=1}(x) \tag{10-17}$$

以上不平衡力将导致残余变形，其柔度矩阵为当前的截面柔度矩阵，即

$$\boldsymbol{r}^{j=1}(x)=\boldsymbol{f}^{j=1}(x)\boldsymbol{D}_{\mathrm{U}}^{j=1}(x) \tag{10-18}$$

由截面的残余变形，通过积分可得到单元的残余变形为

$$\boldsymbol{s}^{j=1}=\int_0^L \boldsymbol{b}^{\mathrm{T}}(x)\boldsymbol{r}^{j=1}(x)\mathrm{d}x \tag{10-19}$$

第 2 步内部迭代时，单元和截面的状态为图 10.4 中 C 点。此时，新的截面柔度矩阵为 $\boldsymbol{f}^{j=2}(x)$，新的残余变形向量为

$$\boldsymbol{r}^{j=2}(x)=\boldsymbol{f}^{j=2}(x)\boldsymbol{D}_{\mathrm{U}}^{j=2}(x) \tag{10-20}$$

根据前一步的方法依次进行下一步内部迭代，直至达到所需求的精度后，则认定外部迭代 i 步收敛。

10.2.4 纤维单元模型截面力的形成

根据文献[18]，对于单元局部坐标系下基于纤维模型的空间梁-柱单元，可定义单元截面纤维应力矩阵 $\boldsymbol{S}^{\mathrm{S}}(x)$ 和应变矩阵 $\boldsymbol{e}^{\mathrm{S}}(x)$ 如下：

$$\boldsymbol{S}^{\mathrm{S}}(x)=\begin{bmatrix}\sigma_{x1}(x,y_1,z_1)\\ \vdots \\ \sigma_{xi}(x,y_i,z_i)\\ \vdots \\ \sigma_{xn}(x,y_n,z_n)\end{bmatrix} \tag{10-21}$$

$$\boldsymbol{e}^{\mathrm{S}}(x)=\begin{bmatrix}\varepsilon_{x1}(x,y_1,z_1)\\ \vdots \\ \varepsilon_{xi}(x,y_i,z_i)\\ \vdots \\ \varepsilon_{xn}(x,y_n,z_n)\end{bmatrix} \tag{10-22}$$

式中，n 为位于 x 处截面所划分的纤维数量。通常，位于不同 x 处截面所划分的纤维数量 n 可根据使用者的喜好和设计工程项目的不同而不同。

由纤维杆系有限元原理，可得截面变形与截面纤维应变的关系为

$$\boldsymbol{e}^{\mathrm{S}}(x)=\boldsymbol{L}(x)\boldsymbol{d}^{\mathrm{S}}(x) \tag{10-23}$$

式中，$\boldsymbol{L}(x)$ 为线性几何变换矩阵，可表示为

$$\boldsymbol{L}(x)=\begin{bmatrix}1 & -y_1 & z_1\\ & \vdots & \vdots \\ 1 & -y_i & z_i\\ & \vdots & \vdots \\ 1 & -y_n & z_n\end{bmatrix} \tag{10-24}$$

截面状态的确定实际是确定截面抗力 $\boldsymbol{D}_{\mathrm{R}}^{\mathrm{S}}(x)$ 和截面切线刚度 $\boldsymbol{k}^{\mathrm{S}}(x)$ 两个物理量。截面任一点处的应变值 $\varepsilon_x(x,y,z)$ 可由此处纤维材料的本构关系确定，即截面任一点的应变值可表示为

$$\varepsilon_x(x,y,z)=\boldsymbol{l}(y,z)\boldsymbol{d}^{\mathrm{S}}(x) \tag{10-25}$$

式中，$\boldsymbol{l}(y,z)=[1,-y,z]$。

根据不同纤维给定的材料本构关系，可得到材料应力值 $\sigma_x(x,y,z)$ 及切线模量 $E(x,y,z)$，然后由虚位移原理有

$$\boldsymbol{k}^{\mathrm{S}}(x)=\int_{A(x)}[\boldsymbol{l}(y,z)]^{\mathrm{T}}E(x,y,z)\boldsymbol{l}(y,z)\mathrm{d}A \tag{10-26}$$

$$\boldsymbol{D}_{\mathrm{R}}^{\mathrm{S}}(x)=\int_{A(x)}[\boldsymbol{l}(y,z)]^{\mathrm{T}}\sigma_x(x,y,z)\mathrm{d}A \tag{10-27}$$

上述表达在编程实施时，需要给定一个数值积分方法。考虑到积分区域截面形式的一般性，通常选择中心点数值积分方案，即将位于 x 处的截面离散化为 n 根纤维，认为每根纤维断面上的应变分布是均匀的，并取其几何中心位置上的应变值来表示，这也正是纤维模型称谓的主要原因。将式（10-26）和式（10-27）的

左边展开，则有

$$\boldsymbol{k}^{\mathrm{S}}(x)=\begin{bmatrix} \sum_{i=1}^{n}E_iA_i & -\sum_{i=1}^{n}E_iA_iy_i & \sum_{i=1}^{n}E_iA_iz_i \\ -\sum_{i=1}^{n}E_iA_iy_i & \sum_{i=1}^{n}E_iA_iy_i^2 & -\sum_{i=1}^{n}E_iA_iy_iz_i \\ \sum_{i=1}^{n}E_iA_iz_i & -\sum_{i=1}^{n}E_iA_iy_iz_i & \sum_{i=1}^{n}E_iA_iz_i^2 \end{bmatrix} \tag{10-28}$$

$$\boldsymbol{D}_{\mathrm{R}}^{\mathrm{S}}(x)=\begin{Bmatrix} \sum_{i=1}^{n}\sigma_{xi}A_i \\ -\sum_{i=1}^{n}\sigma_{xi}A_iy_i \\ \sum_{i=1}^{n}\sigma_{xi}A_iz_i \end{Bmatrix} \tag{10-29}$$

式中，y_i、z_i为纤维的几何中心坐标；A_i为纤维的截面面积；σ_i为纤维的应力；E_i为材料切线模量。当采用相互垂直的二维坐标划分截面时，划分后截面为网格形式；当仅采用一维坐标划分截面时，划分后截面为条带形式，此种情况对应于前面所述的分层模型。

10.3　粘结滑移的数值体现

10.3.1　SRC 构件粘结滑移原理

SRC 构件截面受力如图 10.5 所示，钢筋螺纹与混凝土材料的相互嵌固致使两者之间的粘结锚固作用远高于型钢与混凝土的[18, 19]，所以图中忽略了钢筋与混凝土之间的粘结滑移，即假定钢筋与混凝土是充分锚固的。课题组前期对型钢与混凝土界面性能研究结果表明[1]，型钢与混凝土界面主要是切向的粘结力影响两种材料的协同工作，而垂直于界面的法向粘结应力可忽略。这一点对纤维模型的应用是有利的，因为纤维模型的基本理论是将构件的截面离散为纤维束，不考虑纤维束之间的作用，从而可基于平截面假定在构件积分段两端进行积分。

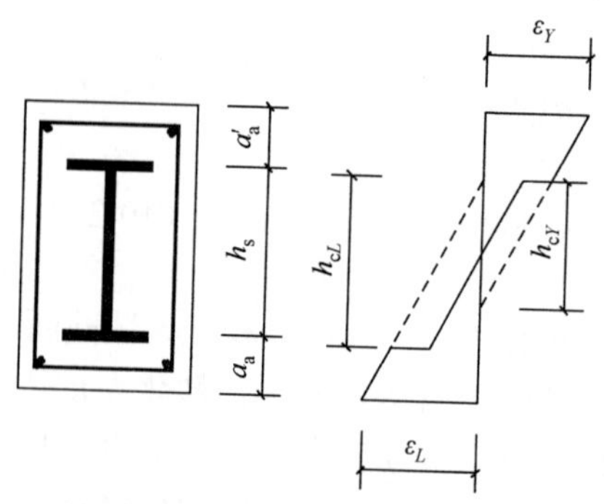

图 10.5　SRC 构件截面应力分布

此外，研究表明[1]，型钢与混凝土界面的力是一种平行于其界面的剪力，通过型钢混凝土粘结滑移试验可获得其发展及退化模式。图 10.6 为试验所得加载端典型 τ-s 曲线，该曲线由直线上升段、曲线上升段、曲线下降段和平稳段四部分组成，直观地反映了型钢上下翼缘及腹板与混凝土之间粘结滑移的非线性关系[20]。同时，界面粘结滑移量沿型钢截面高度具有一定的分布规律，如图 10.7 所示。

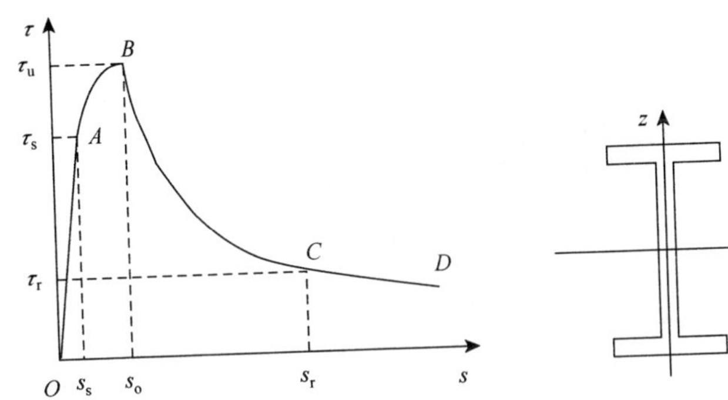

图 10.6 SRC 构件粘结滑移曲线

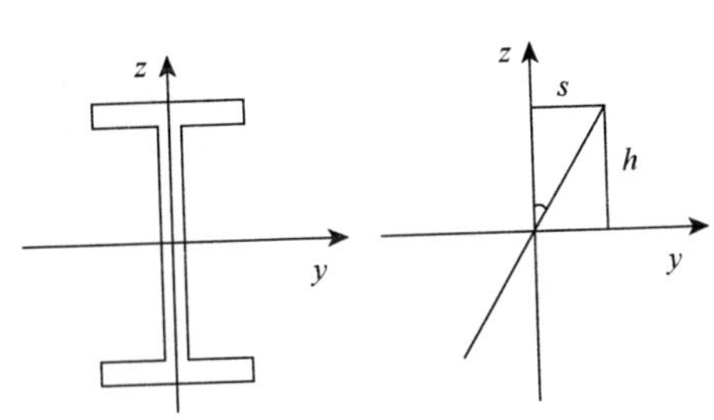

图 10.7 粘结滑移量沿型钢截面高度变化

在应用纤维模型的非线性梁-柱单元进行 SRC 构件模拟分析时，遇到的问题是：通过试验得到的粘结滑移曲线是粘结应力（τ）与滑移量（s）的关系，即 τ-s 曲线，而在计算过程中确定单元状态需用的是纤维应力-应变之间的关系，即 σ-ε 曲线。故如何利用所得 τ-s 关系来合理修正钢纤维的 σ-ε 关系，是本章需要解决的关键问题。

试验研究表明[1]，在 SRC 构件受力初期，同等应力条件下，钢材的应变等于或略低于混凝土的；当应力-应变发展到非线性阶段时，钢材与混凝土不能够同步变形，钢材变形越来越滞后于混凝土，造成两种材料界面发生粘结滑移；当构件达到极限粘结承载力后，由于两种材料界面粘结滑移越来越显著，构件的承载力下降亦越来越快。在传统的纤维模型理论中，通常将构件的截面离散为纤维束，不考虑纤维束之间的作用，混凝土和型钢分别以各自的材料本构模型参与轴向力的积分计算，所以不能体现钢与混凝土两种材料之间的粘结滑移造成的影响。为体现两种材料界面粘结滑移的影响，根据试验结果，引入粘结滑移应变 $\varepsilon_{slip}(h)=s(h)/L_{IP}$，该粘结滑移应变量随截面高度而改变，当构件受力出现变形且粘结滑移发生时，需对钢材或混凝土应变进行修正以体现粘结滑移影响。由于混凝土材料为各向异性材料，所以选择对型钢应变进行修正，如图 10.8 所示。修正后的型钢应变为

$$\varepsilon_{s+a} = \varepsilon_s - \varepsilon_{slip}(h) \tag{10-30}$$

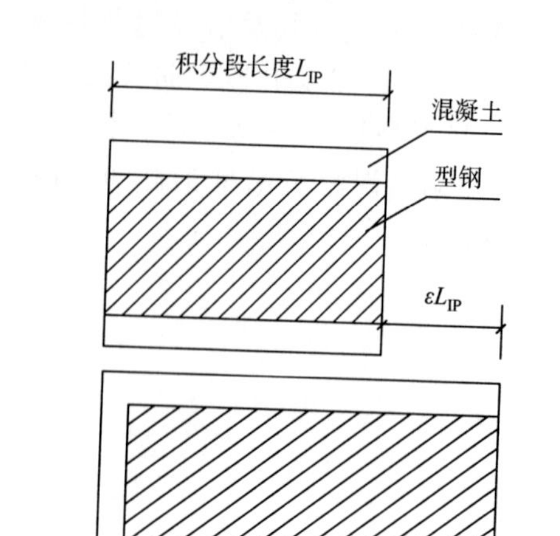

图 10.8　SRC 构件粘结滑移示意图

研究表明[1]，SRC 构件型钢与混凝土界面的粘结滑移量沿型钢截面高度近似呈线性分布（图 10.7），可表示为 $s=(z/h)\tan\phi$，其中 s 为滑移量，h 为截面高度，ϕ 为截面曲率。

在进行粘结滑移效应在钢纤维束中体现的推导过程中，首先将纤维单元通过一定的控制点——高斯积分点，划分为一系列的连续截面，即高斯积分段，然后从各个积分段的变形协调方程入手，推导出各个积分段力纤维束的平衡方程，再进行钢纤维束应力修正的确定，以及型钢纤维残余变形确定。最终形成考虑粘结滑移效应的钢纤维束表征方法。

10.3.2　变形协调方程

以下推导中，粘结滑移效应指仅考虑沿型钢纵向的切向粘结应力，忽略与界面垂直方向的法向粘结应力，并忽略纵向钢筋的粘结滑移。

在局部坐标系统下，SRC 梁-柱单元纤维模型的截面如图 10.9 所示。每一个截面再划分为 $n(x)$根纤维束。n 是截面位置 x 的函数，用来反映沿单元轴线方向上纤维截面的变化情况。

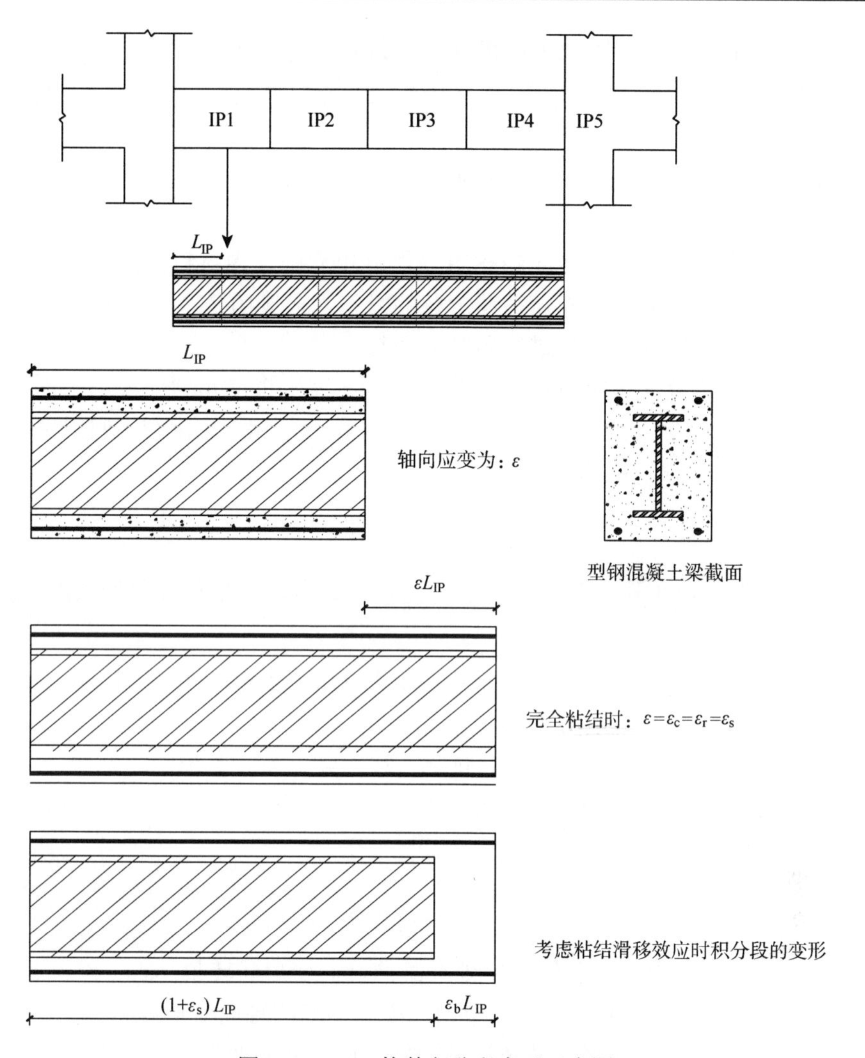

图 10.9 SRC 构件积分段变形示意图

钢纤维的修正可分为纤维、截面和单元三个层次来进行。在所有三个层次中，需要解决的问题是一样的：求解荷载（或应力）及与之相对应的位移（或应变）和刚度。

对于单轴弯曲的 SRC 梁-柱单元，基于平截面假定，截面中任意纤维束的应变 ε 可以由其在局部坐标中的位置 y 来确定：

$$\varepsilon=\overline{\varepsilon}+\phi y \tag{10-31}$$

式中，$\overline{\varepsilon}$ 为中和轴位置处的型钢或混凝土的应变；ϕ 为构件截面的曲率。

对于完全粘结的情况，即型钢与混凝土能协同工作，当无滑移时，其局部坐

标 y 相同处的混凝土、型钢及纵向钢筋纤维具有相同的应变，即

$$\varepsilon_c = \varepsilon_s = \varepsilon_r = \varepsilon = \overline{\varepsilon} + \phi y \tag{10-32}$$

式中，ε_c、ε_s、ε_r 分别为 SRC 构件截面中混凝土纤维、型钢纤维和钢筋纤维的轴向应变。

显然，在考虑粘结滑移效应的 SRC 梁-柱单元中，当材料性能发展至非线性阶段后，由于型钢与混凝土界面粘结滑移的发生，式（10-32）是不成立的。这就要求对纤维模型法的计算理论进行研究并改进。

当采用数值积分法来求解单元的收敛性时，需要将单元划分为一系列连续的积分段（图 10.9），单元的整体效应可以由各个积分段加权来求得。假定单元的长度为 L_{beam}，则各个积分段的长度为

$$L_{\text{IP}} = w_{\text{IP}} L_{\text{beam}} \tag{10-33}$$

式中，w_{IP} 为积分点在整个单元中所占的比重。显然，各个积分段的长度 L_{IP} 是由积分点的数目和 w_{IP} 综合确定的。

每个积分段由三个平行的部分组成：混凝土、纵向钢筋和型钢。由于纵向钢筋与型钢无任何接触，且其与混凝土之间的粘结作用大，可认为纵向钢筋与型钢相对独立，故在以下分析中，假定纵向钢筋和混凝土为一个统一的整体。基于此，各积分段与其各组成部分的状态一致，即

$$\overline{d} = \overline{d}_c = \overline{d}_s = \overline{d}_r \tag{10-34}$$

$$\varphi = \varphi_c = \varphi_s = \varphi_r \tag{10-35}$$

式中，$\overline{d}$、φ 分别为单元中和轴位置处纤维的轴向变形和转角；$\overline{d}_c$、$\overline{d}_s$、$\overline{d}_r$ 和 φ_c、φ_s、φ_r 分别为在积分段中混凝土、型钢和纵向钢筋的轴向变形和转角。

对于各积分段，其变形、转角与截面轴向应变 $\overline{\varepsilon}$、曲率 ϕ 的关系可表示为

$$\overline{d} = \overline{\varepsilon} L_{\text{LP}} \tag{10-36}$$

$$\varphi = \phi L_{\text{LP}} \tag{10-37}$$

基于此，根据变形协调方程式（10-32），坐标为 y 处混凝土、型钢和纵向钢筋各纤维的轴向变形为

$$u(y) = u_c = u_s = u_r = \overline{d} + \varphi y \tag{10-38}$$

由式（10-31）～式（10-34），可得到截面应变 $\varepsilon(y)$ 的表达式为

$$\varepsilon(y) = \frac{1}{L_{\text{IP}}} u(y) = \frac{1}{L_{\text{IP}}} (\overline{d} + \varphi y) \tag{10-39}$$

由以上各参数的定义可知，通过修正完全粘结假设条件下所得方程即可间接反映混凝土与型钢之间的粘结滑移效应。假定型钢的变形由轴向变形和粘结滑移的滑移量两部分组成，则

$$\bar{d} = \bar{d}_{c} = \bar{d}_{r} = \bar{d}_{s+b} = \bar{d}_{s} + \bar{d}_{b} \tag{10-40}$$

$$\varphi = \varphi_{c} = \varphi_{r} = \varphi_{s+b} = \varphi_{s} + \varphi_{b} \tag{10-41}$$

式中，各积分段的轴向变形 $\bar{d}$ 和转角 φ 均由两部分组成：型钢的轴向变形（下标为 s）和粘结滑移的滑移量（下标为 b）。

将式（10-38）代入式（10-39），得到混凝土的应变表征为

$$\varepsilon(y_{c}) = \frac{1}{L_{IP}}(\bar{d}_{c} + \varphi_{c} y_{c}) = \bar{\varepsilon} + \phi y_{c} \tag{10-42}$$

相应地，考虑粘结滑移效应的型钢应变可写为

$$\varepsilon_{s+b} = \frac{1}{L_{IP}}(\bar{d}_{s} + \varphi_{s} y_{s}) + \frac{1}{L_{IP}}(\bar{d}_{b} + \varphi_{b} y_{b}) \tag{10-43}$$

式中，第一部分为型钢在荷载作用下的轴向应变；第二部分为在粘结滑移效应作用下型钢的应变。因此，有

$$\varepsilon_{s+b} = \varepsilon_{s} + \varepsilon_{b} = \varepsilon_{s} + \frac{1}{L_{IP}} u_{b} \tag{10-44}$$

其中，ε_b 是由型钢与混凝土之间的粘结滑移效应而引起的型钢应变，主要集中在各个积分点处。比较以上公式可以看出，型钢纤维的应变与混凝土纤维的应变并不相等（即 $\varepsilon_c \neq \varepsilon_s$），而是型钢的总应变与混凝土纤维的应变相等（即 $\varepsilon_c=\varepsilon_{s+b}$）。

10.3.3　钢纤维单元状态的确定

当变形协调方程被建立后，即可进行考虑粘结滑移效应的型钢纤维应力、应变修正的推导，这其中亦涉及两种材料界面粘结力与相对滑移关系的确定。

材料的本构可以用来定义截面上与混凝土接触处型钢材料的特性，然后通过截面积分计算得到截面变形与力的关系。由于单元沿 x 轴进行了分段，即设置了积分点，因此每一段的特性可由中间截面反映，如图 10.2 和图 10.3 所示。在已知单元截面变形与力关系的情况下，沿单元 x 轴向积分（采用 Gauss-Lobatto 积分法）即可得到单元杆端力与位移的关系。

弹性状态下，型钢材料应力及粘结滑移应力可表示为

$$\sigma_{s} = E_{s}\varepsilon_{s} \tag{10-45}$$

$$\sigma_{b} = k_{b}u_{b} \tag{10-46}$$

式中，σ_s 为型钢在外荷载作用下的应力；E_s 为型钢的弹性模量；ε_s 为与 σ_s 对应的型钢的应变；σ_b 为型钢与混凝土界面由于粘结滑移而产生的应力；u_b 为与 σ_b 对

应的积分段 L_{IP} 内型钢的滑移量。

通常情况下，在进行材料的非线性增量段迭代时，由于增量段的线性化处理，将会产生不平衡应力。对于型钢材料，在非线性状态下，其存在的不平衡应力为

$$\boldsymbol{\sigma}_{n}^{U}=\boldsymbol{k}_{nn}\boldsymbol{u}_{n} \tag{10-47}$$

式中，$\boldsymbol{\sigma}_{n}^{U}$ 为由材料非线性而引起的沿着单元轴线方向的不平衡应力；$\boldsymbol{u}_{n}$ 为积分段 L_{IP} 内不平衡应力下的变形；$\boldsymbol{k}_{nn}$ 为与 $\boldsymbol{u}_{n}$ 对应的粘结滑移系数。

结合式（10-46）和式（10-47），有

$$\begin{Bmatrix}\sigma_{b}\\ \sigma_{n}\end{Bmatrix}=\begin{bmatrix}k_{bb} & k_{bn}\\ k_{nb} & k_{nn}\end{bmatrix}\begin{Bmatrix}u_{b}\\ u_{n}\end{Bmatrix} \tag{10-48}$$

因此，型钢纤维束的应力向量 $\boldsymbol{\sigma}_{f}$ 可写为三部分：外荷载引起的应力 σ_{s}、粘结滑移引起的应力 σ_{b} 和材料非线性引起的应力 σ_{n}^{U}，即

$$\boldsymbol{\sigma}_{f}=\left\{\sigma_{s},\sigma_{b},\sigma_{n}^{U}\right\}^{T} \tag{10-49}$$

式（10-49）也可写为

$$\boldsymbol{\sigma}_{f}=\boldsymbol{m}\sigma_{s+b}+\left\{0,0,\sigma_{n}^{U}\right\}^{T} \tag{10-50}$$

式中，$\boldsymbol{m}=\{1,1,0\}^{T}$。

于是，经修正后能体现粘结滑移效应的型钢纤维束的应力-应变关系可表示为

$$\boldsymbol{\sigma}_{f}=\boldsymbol{K}\boldsymbol{\varepsilon}_{f} \tag{10-51}$$

式中，$\boldsymbol{K}$ 为型钢纤维束的刚度矩阵；$\boldsymbol{\varepsilon}_{f}$ 为型钢纤维束的应变向量，可分别表达为

$$\boldsymbol{K}=L_{IP}\begin{bmatrix}E_{s}/L_{IP} & 0 & 0\\ 0 & k_{bb} & k_{bn}\\ 0 & k_{nb} & k_{nn}\end{bmatrix} \tag{10-52}$$

$$\boldsymbol{\varepsilon}_{f}=\frac{1}{L_{IP}}\left\{L_{IP}\varepsilon_{s},u_{b},u_{n}\right\}^{T} \tag{10-53}$$

10.3.4　残余变形的推导

将式（10-52）中刚度矩阵应用于虚力原理，可得到

$$\Delta\sigma_{s+b}\varepsilon_{s+b}=\Delta\boldsymbol{\sigma}_{f}^{T}\boldsymbol{\varepsilon}_{f} \tag{10-54}$$

根据虚拟应力向量的平衡（$\Delta\sigma_{n}^{U}=0$），式（10-54）可更新为

$$\Delta\boldsymbol{\sigma}_{\mathrm{f}} = \boldsymbol{m}\Delta\sigma_{\mathrm{s+b}} \tag{10-55}$$

将式（10-55）代入式（10-54），消除 $\Delta\sigma_{\mathrm{s+b}}$ 后可得到体现粘结滑移效应的钢纤维应变为

$$\varepsilon_{\mathrm{s+b}} = \boldsymbol{m}^{\mathrm{T}}\boldsymbol{\varepsilon}_{\mathrm{f}} = \boldsymbol{m}^{\mathrm{T}}\boldsymbol{K}^{-1}\boldsymbol{\sigma}_{\mathrm{f}} = \boldsymbol{m}^{\mathrm{T}}\boldsymbol{F}_{\mathrm{s+b}}\boldsymbol{\sigma}_{\mathrm{f}} \tag{10-56}$$

式中，柔度矩阵 $\boldsymbol{F}_{\mathrm{s+b}}$ 可表示为

$$\boldsymbol{F}_{\mathrm{s+b}} = \boldsymbol{K}^{-1} = \frac{1}{L_{\mathrm{IP}}}\begin{bmatrix} L_{\mathrm{IP}}/E_{\mathrm{s}} & 0 & 0 \\ 0 & f_{\mathrm{bb}} & f_{\mathrm{bn}} \\ 0 & f_{\mathrm{nb}} & f_{\mathrm{nn}} \end{bmatrix} \tag{10-57}$$

将式（10-49）代入式（10-55），有

$$\varepsilon_{\mathrm{s+b}} = \boldsymbol{m}^{\mathrm{T}}\boldsymbol{F}_{\mathrm{s+b}}\boldsymbol{m}\sigma_{\mathrm{s+b}} + \boldsymbol{m}^{\mathrm{T}}\boldsymbol{F}_{\mathrm{s+b}}\begin{Bmatrix} 0 \\ 0 \\ \sigma_{\mathrm{n}}^{\mathrm{U}} \end{Bmatrix} \tag{10-58}$$

式（10-58）可表示为体现粘结滑移效应的钢纤维应力-应变关系，即

$$\sigma_{\mathrm{s+b}} = \boldsymbol{E}_{\mathrm{s+b}}(\varepsilon_{\mathrm{s+b}} - \varepsilon_{\mathrm{n}}^{\mathrm{U}}) \tag{10-59}$$

式中，$\boldsymbol{E}_{\mathrm{s+b}}$ 为体现粘结滑移效应的钢纤维弹性模量，可表示为

$$\boldsymbol{E}_{\mathrm{s+b}} = (\boldsymbol{m}^{\mathrm{T}}\boldsymbol{F}_{\mathrm{s+b}}\boldsymbol{m})^{-1} = \left(\boldsymbol{E}_{\mathrm{s}}^{-1} + \frac{1}{L_{\mathrm{IP}}}f_{\mathrm{bb}}\right)^{-1} \tag{10-60}$$

式（10-59）中的残余变形 $\varepsilon_{\mathrm{n}}^{\mathrm{U}}$ 及相应残余应力 $\boldsymbol{\sigma}_{\mathrm{f}}^{\mathrm{U}}$ 可表示为

$$\varepsilon_{\mathrm{n}}^{\mathrm{U}} = \boldsymbol{m}^{\mathrm{T}}\boldsymbol{F}\begin{Bmatrix} 0 \\ 0 \\ \sigma_{\mathrm{n}}^{\mathrm{U}} \end{Bmatrix} = \frac{1}{L_{\mathrm{IP}}}f_{\mathrm{bn}}\sigma_{\mathrm{fn}}^{\mathrm{U}} \tag{10-61}$$

$$\sigma_{\mathrm{f}}^{\mathrm{U}} = \frac{1}{L_{\mathrm{IP}}}\left\{L_{\mathrm{IP}}\varepsilon_{\mathrm{s}}^{\mathrm{U}}, u_{\mathrm{b}}^{\mathrm{U}}, u_{\mathrm{n}}^{\mathrm{U}}\right\}^{\mathrm{T}} \tag{10-62}$$

相应地，考虑粘结滑移效应的钢纤维残余应变为

$$\varepsilon_{\mathrm{s+b}}^{\mathrm{U}} = \boldsymbol{m}^{\mathrm{T}}\varepsilon_{\mathrm{f}}^{\mathrm{U}} = \varepsilon_{\mathrm{s}}^{\mathrm{U}} + \frac{1}{L_{\mathrm{IP}}}u_{\mathrm{b}}^{\mathrm{U}} \tag{10-63}$$

综上钢纤维应力、应变的修正方法，可绘制出钢纤维增量段计算流程，如图 10.10 所示。若将其进行模块化处理，即可达到在应用纤维梁-柱单元模型进行 SRC 构件数值模拟分析中，合理体现两种材料界面粘结滑移效应的目的。

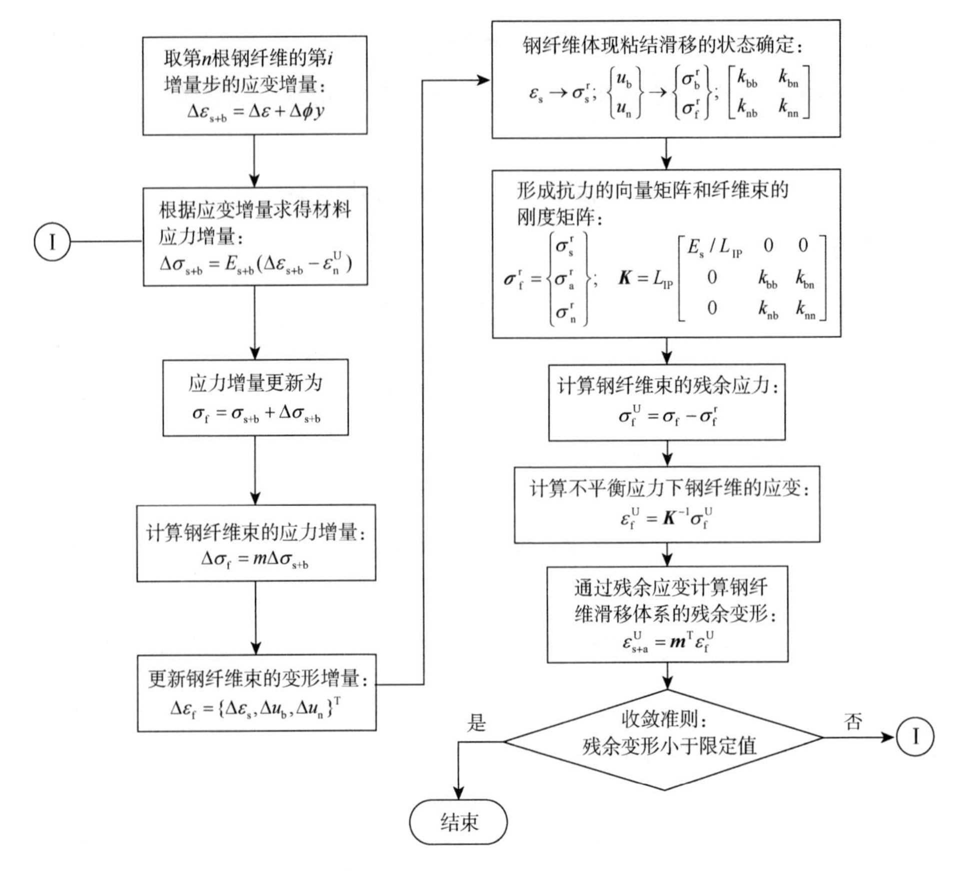

图 10.10　修正钢纤维应力、应变计算流程框图

10.4　本 章 小 结

纤维单元模型是目前对杆件进行非线性模拟分析较为先进的一种数值模型，然而纤维模型的平截面假定，导致其只能模拟不同材料的组成构件截面良好协同受力的情况。既有研究表明，影响型钢与混凝土两种材料协同工作的主要因素是材料界面的切向粘结性能，当构件受力超过极限荷载时，由于内部粘结滑移发生，构件的承载力下降较快。因此，在应用纤维模型对 SRC 构件进行数值模拟时，其非线性的弹塑性受力阶段往往误差很大。

本章提出的基于纤维模型理论，在纤维层面上根据 SRC 粘结滑移本构关系，以及粘结滑移沿截面高度变化的规律，修正钢纤维的应变，使得型钢与混凝土之间的粘结滑移效应在数值计算中得以体现。该方法不仅能使计算的破坏模式更接近真实情况，而且能得到更加精确的曲线下降段计算结果，对 SRC 结构抗震性能分析具有重要意义。

参 考 文 献

[1] 郑山锁，李磊. 型钢高强高性能混凝土结构的基本性能与设计[M]. 北京：科学出版社，2012.

[2] 朱雁茹，郭子雄. 基于 OpenSEES 的 SRC 柱低周反复加载数值模拟[J]. 广西大学学报（自然科学版），2010，35（4）：555-559.

[3] 杨红，吴晶晶，万志军. 模型化方法对钢筋混凝土框架地震反应的影响分析[J]. 地震工程与工程振动，2008，28（2）：20-28.

[4] 方明霁，李国强，孙飞飞，等. 基于多弹簧模型的空间梁柱单元（I）&（II）[J]. 计算力学学报，2008，25（1）：129-138.

[5] Queiroz F D，Queiroz G，Nethercot D A. Two-dimensional FE model for evaluation of composite beams Ⅰ：Formulation and validation [J]. Journal of Constructional Steel Research，2009，65（5）：1055-1062.

[6] 张传超，郑山锁，李磊. 基于纤维模型的 CFT 框架柱滞回性能模拟及模型灵敏度分析[J]. 世界地震工程，2010，26（4）：128-134.

[7] 梁吉，邵丽芳. 基于位移形函数和力形函数的梁柱单元理论对比研究[J]. 兰州理工大学学报，2008，34（5）：131-134.

[8] 赵红华，钱若军. 多因素耦合影响下的杆系结构几何非线性分析[J]. 同济大学学报（自然科学版），2004，32（7）：861-865.

[9] Enrico S，Sherif E T . Nonlinear analysis of steel-concrete composite structures：State of the art[J]. Journal of Engineering Mechanics，2004，130（2）：159-168.

[10] 陈滔. 基于有限单元柔度法的钢筋混凝土框架三维非线性弹性地震反应分析[D]. 重庆：重庆大学，2003.

[11] 张传超，郑山锁，李磊，等. 基于柔度法的纤维梁柱单元及其参数分析[J]. 工业建筑，2010，40（12）：90-94.

[12] 叶飞. 基于 OpenSEES 的 RC 框架结构抗地震倒塌性能分析[D]. 长沙：湖南大学，2011.

[13] 邓国专. 型钢高强高性能混凝土结构力学性能及抗震设计的研究[D]. 西安：西安建筑科技大学，2008.

[14] Enrico S，Filip C F，Taucer F F. Fiber beam-column model for nonlinear analysis of R/C frames：Part I. formulation [J]. Earthquake Engineering and Structural Dynamics，1996，25：711-725.

[15] Enrico S，Filip C F，Taucer F F. Fiber beam-column model for nonlinear analysis of R/C frames：Part II. Applications[J]. Earthquake Engineering and Structural Dynamics，1996，25：727-742.

[16] Mander J B，Priestley M J N，Park R. Theoretical stress-strain model for confined concrete[J]. Journal of Structural Engineering，1988，114（8）：1804-1826.

[17] 陈滔，黄宗明. 基于有限单元柔度法的材料与几何双重非线性空间梁柱单元[J]. 工程力学，2006，23（5）：524-545.

[18] 聂建国，陶慕轩. 采用纤维梁单元分析钢-混凝土组合结构地震反应的原理[J]. 建筑结构学报，2011，32（10）：1-10.

[19] John H W. Investigation of Bond Slip Between Concrete and Steel Reinforcement Under Dynamic Loading Conditions[D]. Baton Rouge：Louisiana State University and Agricultural and Mechanical College，2003.

[20] 郑山锁，邓国专，田威，等. 型钢与混凝土之间粘结强度的力学分析[J]. 工程力学，2007，24（1）：96-105.

11 SRC 梁-柱节点单元模型及其核心区剪切块数值模型

11.1 概　　述

本章提出用于模拟 SRC 梁-柱节点剪切变形的剪切块模型，并结合现阶段最新 2D 节点单元理论研究构建出 SRC 梁-柱节点单元。根据 SRC 梁-柱节点的构造特点及内部应力传递模式与分布情况，可认为 SRC 框架梁-柱节点剪力应由节点核心区型钢腹板、内部斜压杆和外部斜压杆三部分共同承担。基于此，结合主要建筑材料的非线性本构模型，本章提出了 SRC 梁-柱节点剪力传递公式，并建立了用于模拟 SRC 梁-柱节点剪切变形的剪切块模型，进而利用 C++计算机语言将剪切块模型编译为计算程序，可供 2D 节点单元程序调用，以实现 SRC 梁-柱节点单元的数值建模分析。

目前，国内外对节点宏观模型的研究主要有两类：一类为对既有节点单元模型进行应用研究，即对提出的节点单元，针对某类节点在相应整体结构中应用的可行性和实用性进行研究；另一类为各类型节点自身剪切性能的研究，如钢结构节点、混凝土节点、型钢混凝土节点等。对于这几类节点，其剪切性能不能一概而论，而剪切性能的模拟是节点建模分析的核心，需要科研人员给出各类节点准确、先进的模型。同时，以上两类研究密切相关，一方面，节点单元如果脱离了具体节点剪切性能的限制，则在工程或科研中无任何意义；另一方面，剪切性能的数值模型只有正确地应用到节点单元中，才能实施对节点的准确模拟。

对于第一类研究，即宏观单元模型的应用性研究，目前已经有相当多的成果，较为先进的有两种：一种是超级节点单元[1]，虽然国内外对此单元都进行了深入的研究，但是由于此单元自身缺陷的限制，目前只停留在模拟单个节点试验的层面上，不能将其应用到实体结构建模分析中；另一种是 Altoontash 提出的二维节点单元，可以与梁-柱单元联合进行框架结构的模拟分析。Altoontash 将其应用于钢筋混凝土平面框架的建模分析，得到了较好的结果。虽然节点单元模型理论较为通用，但将其应用于不同类型节点的建模分析时需合理考虑如下差异：①节点与梁柱构件连接端转动的问题；②节点的损伤情况；③节点的剪切块数值模型。而在以上三点中，剪切块的数值模型最为重要，只有选用了相应节点的正确剪切块数值模型，节点单元才能对节点进行准确的模拟。然而，SRC 梁-柱节点与 RC 梁-柱节点的构造差异较大，只有全面掌握了 SRC 梁-柱节点自身的剪切性能，才能建立较为准确的 SRC 梁-柱节点剪切块数值模型。

我国规范对于节点变形设计的规定较少，大多数节点设计和构造规范是通过对节点的实际剪切力及反对称弯矩的核算而进行节点剪切变形的限制。

美国早期规范是基于节点保持弹性而产生的塑性变形均发生在梁端假设的前提而进行设计的。Krawinkler[2]等发现，在水平荷载条件下，节点区的剪切变形对于结构的整体偏移仍有 30%的贡献。而美国新的设计规范允许节点发生少许的塑性变形，因此，在结构抗震设计中，节点的剪切块及梁、柱均应考虑承受一定的地震能量耗散，即节点的剪切变形效应应该更多地在分析中考虑。

节点部位所承受的外部荷载多种多样。要对其进行深入的研究和表述，最便捷的方式是对各种荷载形式分别进行研究，然后再进行组合。通过连接节点的梁柱构件传入节点的力有轴力、剪力和弯矩，以及构件转动造成的剪力，如图 11.1 所示。然而，对于节点，轴力和弯矩造成的节点变形通常情况下可被忽略。

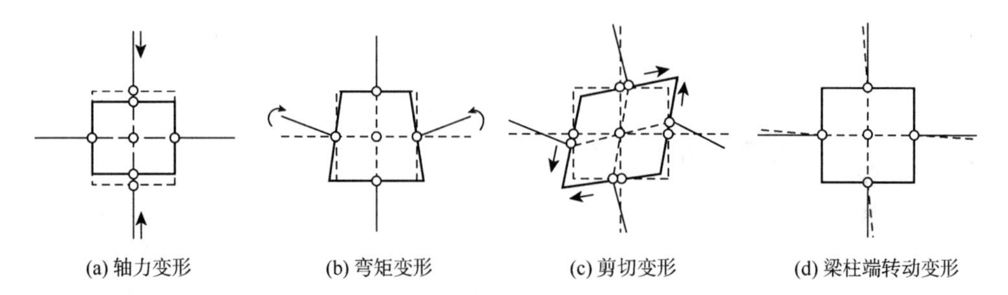

(a) 轴力变形　(b) 弯矩变形　(c) 剪切变形　(d) 梁柱端转动变形

图 11.1　节点变形示意图

相对于轴力和弯矩的影响，剪切力造成节点部位的变形对整体结构变形的影响最为显著，同时，节点部位的尺寸相对于与其连接的梁柱构件要小一个数量级，故其弯矩和轴力的影响可以被忽略[3]。剪力是节点部位最主要的力学特性，节点部位的构造不同，构件与其连接部位的转动也相差较大，因此，节点的构造对节点的性能有很大的影响，而 SRC 框架节点由于构造比较复杂，其节点的剪切性能亦十分复杂。文献[1]和[4]通过试验及有限元模拟，初步掌握了 SRC 框架节点内部力的传递及分布模式，本章将在此基础上进行 SRC 框架节点剪切力和变形的非线性研究。

试验研究表明[4]，在较大水平地震作用下，SRC 梁-柱节点的刚度和强度的退化严重，并且节点的提前破坏将会导致整体结构倒塌。梁-柱节点的合理设计是确保 SRC 结构体系抗震性能提升的一个重要环节，故其应具有足够的强度、刚度和必要的延性[5]。长期以来，由于分析手段的限制，对于节点数值模拟一直停留在线性阶段的研究。近年来，地震灾害的频发，使得节点的非线性在结构反应中的重要性日益受到重视[6]，目前已有较多针对 RC 梁-柱节点的非线性模型，这些节点模型可以用来模拟 RC 框架结构在地震作用下的反应[7]，但是，由于 SRC 梁-柱节点的复杂性，对于 SRC 框架节点非线性模型的研究目前仍处于初级阶段，鲜有学者专门针对 SRC 梁-柱节点单元进行深入研究。

本章通过对 SRC 梁-柱节点试验数据与现象的分析，进一步揭示这类节点剪力传递的特殊方式，提出了适用于 SRC 梁-柱节点的数值模型。其基本原理是：根据 SRC 梁-柱节点内部的特殊构造，以及节点内部的剪力分布，节点区域可分为三部分，即节点核心区型钢腹板、型钢翼缘所包裹的混凝土、核心区外箍筋所包裹的混凝土。根据试验测试数据、型钢腹板的受力条件及两部分混凝土的约束条件的不同，分别进行其剪切性能力学方程的推导，并将其有机结合，可得到 SRC 梁-柱节点剪力传递的计算公式，进而将其计算过程编程，即形成相应计算模块。数值模拟结果与试验结果的对比分析表明，所建立的模型能够较准确地模拟 SRC 梁-柱节点的变形性能。

11.2 二维节点单元原理

11.2.1 节点单元传力机理分析

二维节点单元的受力模型如图 11.2 所示，在节点单元的每一个侧面都有两个力和一个转动矢量。对于二维框架结构，二维的节点单元在每一个侧面都有两个力和一个转动力矩，即标准的框架结构节点只有三个自由度，包括两个位移矢量和一个转动矢量，后面将详述其变形机理。对于二维节点单元，其外部受力可分解为轴力、剪力，以及对称和反对称的弯矩。由各自独立的力学公式即可求解出对应的力，其中对称弯矩和剪力是造成节点剪切块发生剪切变形的主要因素。二维节点单元的受力模式可分解为以下几种。

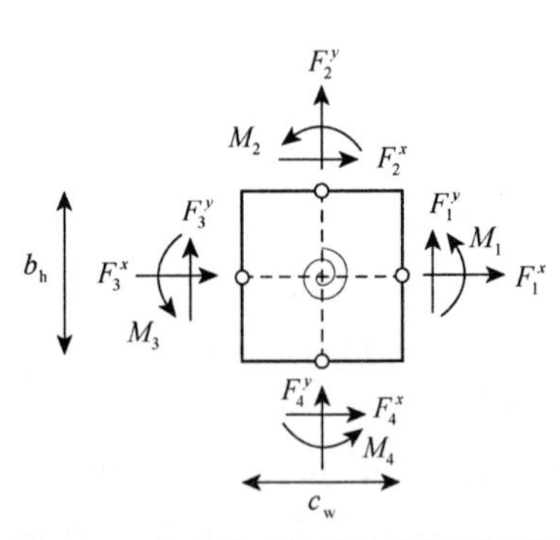

图 11.2 节点承受的外部作用示意图

轴力模式：在这种情况下沿柱轴向的力直接通过节点进行传递。偏心的轴力将作为对称剪力传递给邻近的框架构件。在这种模型中没有涉及任何剪切和弯曲变形，如图 11.3 所示。

弯曲模式：如果节点的任何一个侧面被施加了力矩，则可将此模型归类为弯曲模式。模型中，任何方向的弯曲力矩均可被分解为两个独立的对称和反对称弯矩。在对称模式下，弯矩传向另一个面时是相等并且平衡的，这种情况没有发生任何剪切变形，如图 11.4 所示。另一方面，反对称弯矩和剪力造成了节点剪切部位很大剪切的传递，如图 11.5 所示。

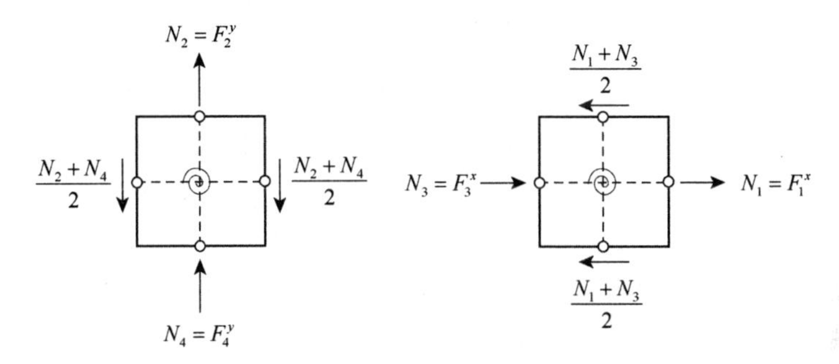

图 11.3 节点受轴向力作用示意图

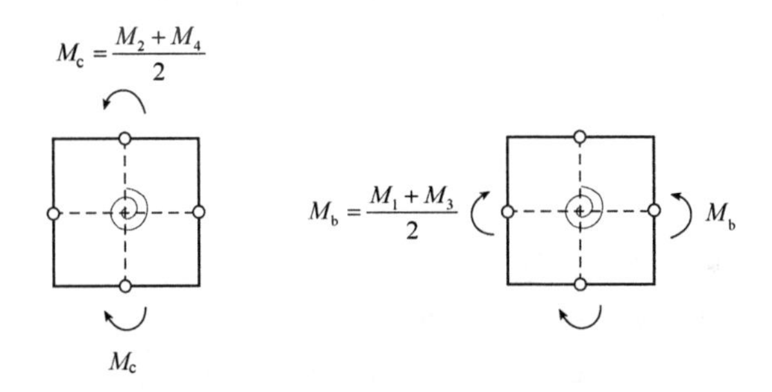

图 11.4 节点受弯矩作用示意图

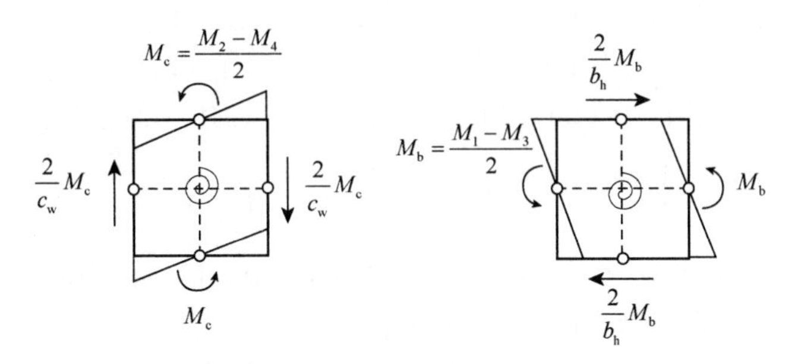

图 11.5 节点受剪切和弯矩同时作用示意图

纯剪切模式：如图 11.6 所示，节点的每一边均施加了剪切外力。这种情况下

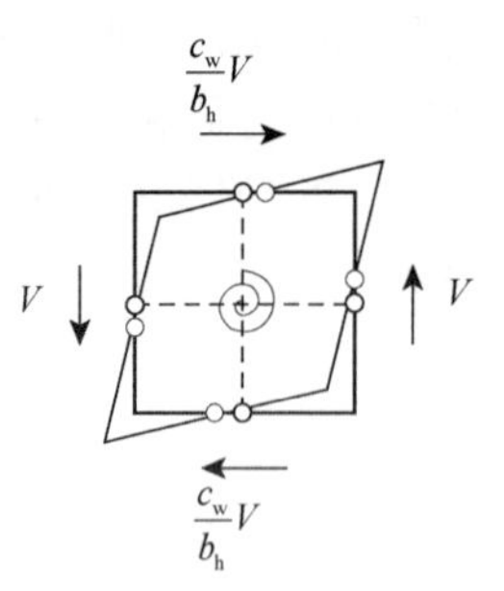

图 11.6　节点受纯剪切作用示意图

的节点剪切力是平衡的，没有涉及任何不平衡的弯矩。重要的是这种纯剪切模式的外力造成的节点剪切变形最大。并且，这种纯剪切模式不会单独发生，通常情况下伴随着弯矩同时发生以平衡剪切外力，如图 11.5 所示。

11.2.2　节点单元特性和公式推导

二维的梁-柱结点单元模型假设在节点区存在一个理想化的平行四边形剪切块，通过每一边的过渡节点与其邻近的构件相连接，如图 11.7 所示。平行四边形每一边的中点为节点单元与梁、柱构件的连接点。

节点剪切块的最基本的动力学方程是基于平行四边形的几何变形特性推演而来的。首先假定剪切块的变形和运动是在平面内进行的，其次，平行四边形的形状受外部连接点及内部剪切块的动力学约束。

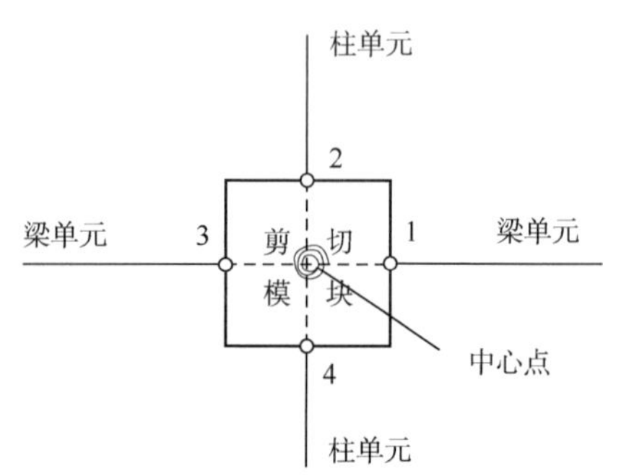

图 11.7　节点单元模型示意图

平行四边形有三组自身的几何特性：平行四边形相对的边平行、平行四边形相对的边长度相等、平行四边形对角线在中点处相交且平分。因为平行四边形边与边的夹角没有任何约束，所以可通过尝试施加剪切弹簧来改变其相邻边的角度来模拟节点的剪切效应，该方法具有的一个明显的特点是平行四边形的边长没有改变，也没有对节点模型施加不必要的轴向或弯曲变形，这一点正好符合节点对于剪切变形模拟的需求，此为节点单元应用平行四边形的第一个几何特性。

本章所描述的二维节点单元，其内部节点编号遵循逆时针规律，其开始编号起于单元的右侧，见图 11.7。节点单元的外部过渡节点的位置可以用如下向量表示：

$$\underline{\boldsymbol{X}}_1^0=\begin{Bmatrix}x_1^0\\y_1^0\end{Bmatrix},\quad \underline{\boldsymbol{X}}_2^0=\begin{Bmatrix}x_2^0\\y_2^0\end{Bmatrix},\quad \underline{\boldsymbol{X}}_3^0=\begin{Bmatrix}x_3^0\\y_3^0\end{Bmatrix},\quad \underline{\boldsymbol{X}}_4^0=\begin{Bmatrix}x_4^0\\y_4^0\end{Bmatrix} \tag{11-1}$$

节点的位移场由两个位移和一个转动角控制，节点的位移增量基于时间步长，并且向量具有三个自由度。最初步 i=0 的位移是 0。

外部四个连接点在第 i 荷载步的位移向量可以定义为

$$\boldsymbol{\Delta}_1^i=\begin{Bmatrix}u_1^i\\v_1^i\\\theta_1^i\end{Bmatrix},\quad \boldsymbol{\Delta}_2^i=\begin{Bmatrix}u_2^i\\v_2^i\\\theta_2^i\end{Bmatrix},\quad \boldsymbol{\Delta}_3^i=\begin{Bmatrix}u_3^i\\v_3^i\\\theta_3^i\end{Bmatrix},\quad \boldsymbol{\Delta}_4^i=\begin{Bmatrix}u_4^i\\v_4^i\\\theta_4^i\end{Bmatrix} \tag{11-2}$$

式中，u 为水平位移；v 为竖向位移；θ 为连接点的转角。从平行四边形的几何特性可以看出：$u_1=-u_3$；$u_2=-u_4$；$v_1=-v_3$；$v_2=-v_4$；$\theta_1+\theta_2=180°$。

第 i 步的节点更新位置是通过计算将节点的变形量直接附加于原有的坐标，即

$$\begin{aligned}&\underline{\boldsymbol{X}}_1^i=\begin{Bmatrix}x_1^i\\ y_1^i\end{Bmatrix}=\begin{Bmatrix}x_1^i+u_1^i\\ y_1^0+v_1^i\end{Bmatrix},\quad \underline{\boldsymbol{X}}_2^i=\begin{Bmatrix}x_2^i\\ y_2^i\end{Bmatrix}=\begin{Bmatrix}x_2^i+u_2^i\\ y_2^0+v_2^i\end{Bmatrix}\\ &\underline{\boldsymbol{X}}_3^i=\begin{Bmatrix}x_3^i\\ y_3^i\end{Bmatrix}=\begin{Bmatrix}x_3^i+u_3^i\\ y_3^0+v_3^i\end{Bmatrix},\quad \underline{\boldsymbol{X}}_4^i=\begin{Bmatrix}x_4^i\\ y_4^i\end{Bmatrix}=\begin{Bmatrix}x_4^i+u_4^i\\ y_4^0+v_4^i\end{Bmatrix}\end{aligned}\tag{11-3}$$

由图 11.7 可以看出，平行四边形各边中弦交点的中心点坐标为

$$\underline{\boldsymbol{X}}_C^i=\frac{1}{2}(\underline{\boldsymbol{X}}_1^i+\underline{\boldsymbol{X}}_3^i)=\frac{1}{2}(\underline{\boldsymbol{X}}_2^i+\underline{\boldsymbol{X}}_4^i)\tag{11-4}$$

结合式（11-3）和式（11-4）可以写为以下扩展模式：

$$\underline{\boldsymbol{X}}_C^i=\begin{Bmatrix}x_C^i\\ y_C^i\end{Bmatrix}=\begin{Bmatrix}x_C^0+u_C^i\\ y_C^0+v_C^i\end{Bmatrix}=\begin{Bmatrix}\frac{1}{2}(x_1^0+x_3^0+u_1^i+u_3^i)\\ \frac{1}{2}(y_1^0+y_3^0+v_1^i+v_3^i)\end{Bmatrix}=\begin{Bmatrix}\frac{1}{2}(x_2^0+x_4^0+u_2^i+u_4^i)\\ \frac{1}{2}(y_2^0+y_4^0+v_2^i+v_4^i)\end{Bmatrix}\tag{11-5}$$

式（11-5）亦可表达为

$$\begin{cases}\underline{\boldsymbol{X}}_1^i-\underline{\boldsymbol{X}}_C^i=\underline{\boldsymbol{X}}_C^i-\underline{\boldsymbol{X}}_3^i\\ \underline{\boldsymbol{X}}_2^i-\underline{\boldsymbol{X}}_C^i=\underline{\boldsymbol{X}}_C^i-\underline{\boldsymbol{X}}_4^i\end{cases}\tag{11-6}$$

节点公式应用平行四边形的第二个几何特性，即相对的边长度相等。事实上，在几何学中已证明中弦线的长度与对应边的长度相等。为了在分析中维持节点剪切块的变形，与剪切块相连的外部连接点所在边的长度应保持为恒量，并与初始值相等。

$$\begin{aligned}\left\|\underline{\boldsymbol{X}}_1^i-\underline{\boldsymbol{X}}_3^i\right\|=\left\|\underline{\boldsymbol{X}}_1^0-\underline{\boldsymbol{X}}_3^0\right\|\\ \left\|\underline{\boldsymbol{X}}_2^i-\underline{\boldsymbol{X}}_4^i\right\|=\left\|\underline{\boldsymbol{X}}_2^0-\underline{\boldsymbol{X}}_4^0\right\|\end{aligned}\tag{11-7}$$

结合式（11-3），可写出式（11-7）的如下扩展模式：

$$\begin{aligned}(x_1^0-x_3^0+u_1^i-u_3^i)^2+(y_1^0-y_3^0+v_1^i-v_3^i)=(x_1^0-x_3^0)^2+(y_1^0-y_3^0)^2\\ (x_2^0-x_4^0+u_2^i-u_4^i)^2+(y_2^0-y_4^0+v_2^i-v_4^i)=(x_2^0-x_4^0)^2+(y_2^0-y_4^0)^2\end{aligned}\tag{11-8}$$

与节点单元相连的梁、柱构件通过平行四边的每边的中点进行刚性约束，因

此，连接点的转动大小等同于其所在边的转动，并且等同于与这个边平行的主弦的转动量。连接点转动角度的正弦值可用平行四边形初始位置的向量积表示，即

$$
\begin{aligned}
\sin\theta_1^i = \sin\theta_3^i = \frac{(\underline{\boldsymbol{X}}_2^i - \underline{\boldsymbol{X}}_4^i)\times(\underline{\boldsymbol{X}}_2^0 - \underline{\boldsymbol{X}}_4^0)}{\left\|\underline{\boldsymbol{X}}_2^i - \underline{\boldsymbol{X}}_4^i\right\|\cdot\left\|\underline{\boldsymbol{X}}_2^i - \underline{\boldsymbol{X}}_4^i\right\|} = \sin\beta^i \\
\sin\theta_2^i = \sin\theta_4^i = \frac{(\underline{\boldsymbol{X}}_1^i - \underline{\boldsymbol{X}}_3^i)\times(\underline{\boldsymbol{X}}_1^0 - \underline{\boldsymbol{X}}_3^0)}{\left\|\underline{\boldsymbol{X}}_1^i - \underline{\boldsymbol{X}}_3^i\right\|\cdot\left\|\underline{\boldsymbol{X}}_1^i - \underline{\boldsymbol{X}}_3^i\right\|} = \sin\alpha^i
\end{aligned}
\tag{11-9}
$$

式中，α 和 β 为主弦变形后与初始位置的角度，如图 11.8 所示。将式（11-9）的后半部分展开可得其正弦值为

$$
\begin{aligned}
\sin\theta_1^i = \sin\theta_3^i = \sin\beta^i = \sin\beta^0 + \frac{(u_2^i - u_4^i)(y_2^0 - y_4^0) - (v_2^i - v_4^i)(x_2^0 - x_4^0)}{(x_2^0 - x_4^0)^2 + (y_2^0 - y_4^0)^2} \\
\sin\theta_2^i = \sin\theta_4^i = \sin\alpha^i = \sin\alpha^0 + \frac{(u_1^i - u_3^i)(y_1^i - y_3^i) - (v_1^i - v_3^i)(x_1^i - x_3^i)}{(x_1^0 - x_3^0)^2 + (y_1^0 - y_3^0)^2}
\end{aligned}
\tag{11-10}
$$

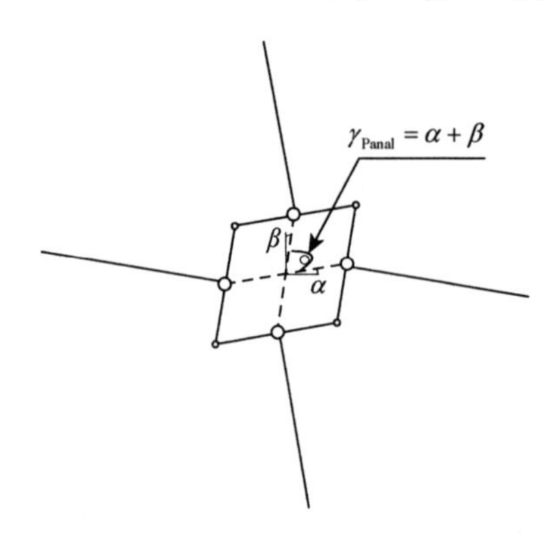

图 11.8　节点区剪切块变形示意图

在 OpenSEES 结构分析程序中，对节点非线性处理采用分段线性方法进行。每一增量段的约束方程都要进行修正，因为几何变形发生以后，其约束条件仅适用于上一迭代步。此外，在 OpenSEES 中，荷载步的初始状态是已知的，约束方程的增量形式被用来预测下一步的边界条件。鉴于此，将式（11-5）写成增量段的模式，即

$$
\begin{Bmatrix} \delta u_C \\ \delta v_C \end{Bmatrix} = \begin{Bmatrix} \dfrac{1}{2}(\delta u_1 + \delta u_3) \\ \dfrac{1}{2}(\delta v_1 + \delta v_3) \end{Bmatrix} = \begin{Bmatrix} \dfrac{1}{2}(\delta u_2 + \delta u_4) \\ \dfrac{1}{2}(\delta v_2 + \delta v_4) \end{Bmatrix}
\tag{11-11}
$$

假设增量步的增量十分小，则可将式（11-10）写为泰勒级数公式的扩展式，其扩展式的第一阶则为预测下一步约束的边界条件：

$$\cos\alpha^i\delta\alpha=\frac{y_1^0-y_3^0}{(x_1^0-x_3^0)^2+(y_1^0-y_3^0)^2}(\delta u_1-\delta u_3)+\frac{x_1^0-x_3^0}{(x_1^0-x_3^0)^2+(y_1^0-y_3^0)^2}(\delta v_1-\delta v_3) \tag{11-12}$$

$$\cos\beta^i\delta\beta=\frac{y_2^0-y_4^0}{(x_2^0-x_4^0)^2+(y_2^0-y_4^0)^2}(\delta u_2-\delta u_4)+\frac{x_2^0-x_4^0}{(x_2^0-x_4^0)^2+(y_2^0-y_4^0)^2}(\delta v_2-\delta v_4) \tag{11-13}$$

第 i 步，角度 α^i 、β^i 的余弦可用节点连接点的两个向量变形后的数量积表述，即

$$\cos\alpha^i=\frac{(\underline{\boldsymbol{X}}_1^i-\underline{\boldsymbol{X}}_3^i)\times(\underline{\boldsymbol{X}}_1^0-\underline{\boldsymbol{X}}_3^0)}{\left\|\underline{\boldsymbol{X}}_1^i-\underline{\boldsymbol{X}}_3^i\right\|\cdot\left\|\underline{\boldsymbol{X}}_1^i-\underline{\boldsymbol{X}}_3^i\right\|}=\frac{(x_1^i-x_3^i)(x_1^0-x_3^0)+(y_1^i-y_3^i)(y_1^0-y_3^0)}{(x_1^0-x_3^0)^2+(y_1^0-y_3^0)^2} \tag{11-14}$$

$$\cos\beta^i=\frac{(\underline{\boldsymbol{X}}_2^i-\underline{\boldsymbol{X}}_4^i)\times(\underline{\boldsymbol{X}}_2^0-\underline{\boldsymbol{X}}_4^0)}{\left\|\underline{\boldsymbol{X}}_2^i-\underline{\boldsymbol{X}}_4^i\right\|\cdot\left\|\underline{\boldsymbol{X}}_2^i-\underline{\boldsymbol{X}}_4^i\right\|}=\frac{(x_2^i-x_4^i)(x_2^0-x_4^0)+(y_2^i-y_4^i)(y_2^0-y_4^0)}{(x_2^0-x_4^0)^2+(y_2^0-y_4^0)^2} \tag{11-15}$$

整理式（11-14）与式（11-15），有

$$\begin{aligned}&\left[(x_1^i-x_3^i)(x_1^0-x_3^0)+(y_1^i-y_3^i)(y_1^0-y_3^0)\right]\delta\alpha=(y_1^0-y_3^0)(\delta u_1-\delta u_3)-(x_1^0-x_3^0)(\delta v_1-\delta v_3)\\&\left[(x_2^i-x_4^i)(x_2^0-x_4^0)+(y_2^i-y_4^i)(y_2^0-y_4^0)\right]\delta\beta=(y_2^0-y_4^0)(\delta u_2-\delta u_4)-(x_2^0-x_4^0)(\delta v_2-\delta v_4)\end{aligned} \tag{11-16}$$

代入中心点 C 的位移，则外部连接点增量段的自由度可表示为

$$\begin{aligned}&\delta u_1=\delta u_C+(y_1^i-y_C^i)\delta\alpha,\quad \delta v_1=\delta v_C-(x_1^i-x_C^i)\delta\alpha,\quad \delta\theta_1=\delta\beta\\&\delta u_2=\delta u_C+(y_2^i-y_C^i)\delta\beta,\quad \delta v_2=\delta v_C-(x_2^i-x_C^i)\delta\beta,\quad \delta\theta_2=\delta\alpha\\&\delta u_3=\delta u_C+(y_3^i-y_C^i)\delta\alpha,\quad \delta v_3=\delta v_C-(x_3^i-x_C^i)\delta\alpha,\quad \delta\theta_3=\delta\beta\\&\delta u_4=\delta u_C+(y_4^i-y_C^i)\delta\alpha,\quad \delta v_4=\delta v_C-(x_4^i-x_C^i)\delta\beta,\quad \delta\theta_4=\delta\alpha\end{aligned} \tag{11-17}$$

由式（11-17）可以看出，节点所有的变形量都可以表示为 x_C^i 、y_C^i 、α^i 、β^i 的函数，这四个值恰好是节点中心点的位移和转动角。

连接点与中心点的变形关系可用矩阵形式表示为

$$\begin{Bmatrix}\delta u_1\\ \delta v_1\\ \delta\theta_1\\ \delta u_2\\ \delta v_2\\ \delta\theta_2\\ \delta u_3\\ \delta v_3\\ \delta\theta_3\\ \delta u_4\\ \delta v_4\\ \delta\theta_4\end{Bmatrix}=\begin{bmatrix}1 & 0 & y_1^i-y_C^i & 0\\ 0 & 1 & -(x_1^i-x_C^i) & 0\\ 0 & 0 & 0 & 1\\ 1 & 0 & 0 & y_2^i-y_C^i\\ 0 & 1 & 0 & -(x_2^i-x_C^i)\\ 0 & 0 & 1 & 0\\ 1 & 0 & y_3^i-y_C^i & 0\\ 0 & 1 & -\left(x_3^i-x_C^i\right) & 0\\ 0 & 0 & 0 & 1\\ 1 & 0 & 0 & (y_4^i-y_C^i)\\ 0 & 1 & 0 & -(x_4^i-x_C^i)\\ 0 & 0 & 1 & 0\end{bmatrix}\times\begin{Bmatrix}\delta u_C\\ \delta v_C\\ \delta\alpha\\ \delta\beta\end{Bmatrix} \tag{11-18}$$

至此，可定义刚度矩阵，以描述剪切块的剪切变形。剪切块的剪切变形可用节点单元平行四边形中弦的夹角 $(\delta\alpha-\delta\beta)$ 来表示。

剪切刚度可通过引入一个弹簧来模拟，这一弹簧的劲度系数为 $(\delta\alpha-\delta\beta)$ 的函数，即

$$\begin{Bmatrix}M_\alpha\\ M_\beta\end{Bmatrix}=\begin{Bmatrix}M_C(\alpha-\beta)\\ M_C(\beta-\alpha)\end{Bmatrix} \tag{11-19}$$

式（11-19）可表达为分段增量模式，即

$$\begin{Bmatrix}\delta M_\alpha\\ \delta M_\beta\end{Bmatrix}=\begin{Bmatrix}K_C & -K_C\\ -K_C & K_C\end{Bmatrix}\times\begin{Bmatrix}\delta\alpha\\ \delta\beta\end{Bmatrix} \tag{11-20}$$

式（11-18）和式（11-19）定义了 2D 节点单元的力向量和刚度矩阵，至此，通过一个平行四边形的中弦夹角即可建立所给模型中节点变形与作用外力之间的联系。以下将进一步探讨 SRC 梁-柱节点单元模型核心区剪切弹簧的参数定义。

试验结果表明[1]，当 SRC 梁-柱节点发生剪切变形后，节点与梁、柱连接界面并未发生连接破坏，即没有出现较大的转角，而梁、柱的塑性变形虽然集中在梁、柱的端头，但与节点仍有小段距离。根据纤维模型原理，纤维单元将梁端分为 3～5 个积分段，而两头的积分段可以在很大程度上模拟梁、柱端的塑性变形。所以，采用纤维模型理论与 2D 单元建立整体模型计算时，节点单元的外部连接点与梁、柱的刚接理论是较为符合 SRC 梁-柱节点受力特性的。

11.3 SRC 梁-柱节点受力分析

11.3.1 SRC 节点剪切机理

文献[1]结合物理模型试验与理论分析，揭示了 SRC 梁-柱节点的受力机理，确定了节点内部力的传递模式。图 11.9 给出了在重力和水平地震作用下 SRC 梁-柱节点的荷载分配。图中，拉力由纵向钢筋和型钢上翼缘共同抵抗；压力则由纵向钢筋、型钢下翼缘及混凝土共同抵抗；而剪切力则由混凝土和型钢腹板共同抵抗[8]。结构构件的力由纵向钢筋和型钢共同传入节点核心区。

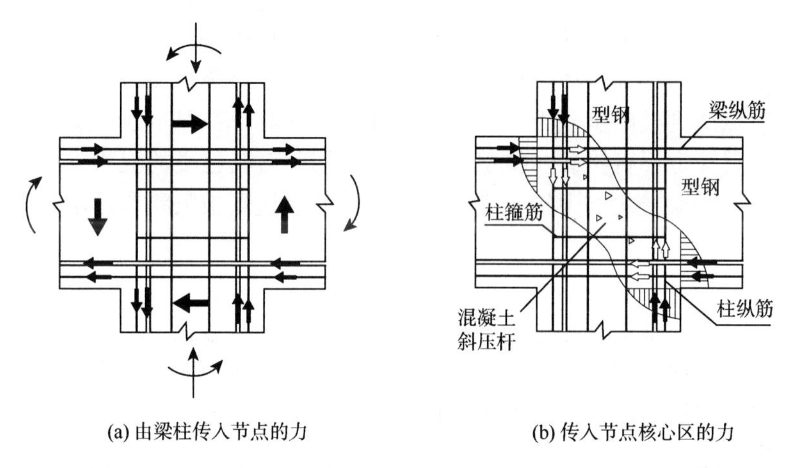

(a) 由梁柱传入节点的力　　(b) 传入节点核心区的力

图 11.9　在重力和水平地震作用下 SRC 梁-柱节点的荷载分配

SRC 框架节点在外部荷载作用下承受梁与柱端传来的轴力、弯矩和剪力，处于复合受力状态，而节点内部不同材料的元件之间能有效地对其进行分配和传递。研究节点的受力机理可揭示节点对荷载效应的分配和传递途径，从而为节点抗剪承载力的计算提供更为精确的模型。根据 SRC 梁-柱节点的受力破坏过程与特点[1]，可认为其节点核心区的抗剪能力主要由混凝土、型钢腹板、箍筋、型钢翼缘框四部分来贡献。各部分的抗剪机理分别如下。

1）混凝土

试验结果分析表明，SRC 梁-柱节点核心区的部分剪力由节点区的斜柱状混凝土受压带来承担。核心区开裂前，由于梁端弯矩传递到节点核心区引起的压力沿核心区对角线方向形成混凝土受压带，并在受压带边缘垂直于受压带长度方向产生拉应力；随着荷载的增加，沿节点核心区对角线方向产生斜裂缝，形成混凝土斜压杆。核心区混凝土提供的抗剪能力取决于斜压杆的抗压能力，因而可以认为节点核心区混凝土的抗剪机理是斜压杆机理。由于型钢翼缘框与箍筋对混凝土的约束不同，因此，可以把核心区混凝土分为内部斜压杆和外部斜压杆。

2）型钢腹板

在 SRC 框架节点中，内置型钢承担了部分的轴向力、剪力和弯矩。由于腹板的抗剪刚度比翼缘大得多，所以可认为剪力主要由腹板承担。从试验结果可以看出，在节点达到通裂时型钢腹板一般都能达到屈服，并且在通裂后承担了相当一部分的剪力。由于混凝土的存在，腹板在整个受力过程中未出现屈曲现象。

3）型钢翼缘框

翼缘框的主要作用是使梁、柱型钢的力传入节点核心区，避免核心区混凝土被翼缘传来的压力局部压坏。试验表明，翼缘框在节点整个受力阶段的应力都很小，直至节点达到极限承载力后翼缘框才屈服。因此，在对节点的受力过程分析时，可认为翼缘框不直接参与抗剪，其主要作用是对其包裹的混凝土进行约束，这不仅提高了混凝土的极限抗压强度，而且使其在达到极限状态后承载力不致下降得过快。

4）箍筋

由试验可知，箍筋是在型钢腹板屈服以后才达到屈服状态的。在节点受力的大部分阶段箍筋应力都很小，在型钢腹板屈服后箍筋应力才迅速增长。所以，可认为箍筋对节点抗剪承载力的贡献是通过对核心区混凝土进行约束来实现的。

11.3.2　剪切性能

在 SRC 框架节点单元模型中，核心区的剪切破坏模拟可忽略钢与混凝土之间的粘结滑移影响[4]，因为 SRC 框架结构梁-柱节点内部的型钢交错焊接在一起，柱的翼缘和柱的型钢水平加劲肋构成翼缘框，对其核心区混凝土有很强的约束作用，即使混凝土外部或者内部出现裂缝，其与型钢间的滑移量仍然很小。试验表明，直至破坏，节点核心区混凝土与型钢能够达到共同工作的效果。因此分析时可忽略节点核心区材料间粘结滑移的影响。

综上分析，SRC 梁-柱组合节点模型的核心剪切模块比混凝土梁-柱节点的复杂，并有本质的区别。具体表现在：SRC 梁-柱节点有钢芯存在，其变形比混凝土梁-柱节点的小，且其剪切块的应力-应变曲线是型钢外部混凝土斜压杆、型钢腹板和型钢内部混凝土斜压杆的应力-应变曲线的叠加。

基于此，本章建立了适用于 SRC 梁-柱节点剪切力传递的数值模型。该模型的特点是将 SRC 节点核心区进行分块计算，认为 SRC 梁-柱节点剪力由节点核心区型钢腹板、型钢内部混凝土斜压杆、型钢外部混凝土斜压杆三部分承担，从而可将各分力进行有机组合以反映节点核心区的剪切变形，以及梁、柱构件与节点区的剪力传递性能。

其中，节点核心区剪切块的应力-应变关系可根据节点自身构造进行力学推导获得，其过程见 11.4 节。基本假定如下。

（1）节点核心区剪力主要由节点核心区型钢腹板、型钢内部混凝土斜压杆、型钢外部混凝土斜压杆三部分承担，如图 11.10 所示。箍筋和型钢翼缘框的主要作用是约束其内部区混凝土，其不直接参与抗剪。

（2）节点核心区型钢和混凝土在受力过程中始终可靠粘结。

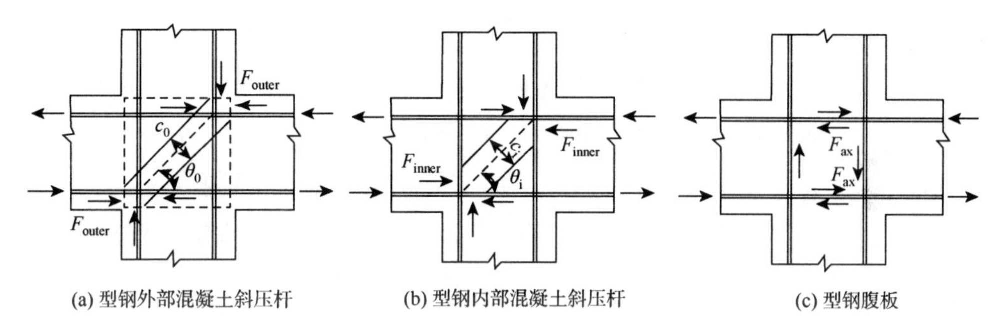

(a) 型钢外部混凝土斜压杆　(b) 型钢内部混凝土斜压杆　(c) 型钢腹板

图 11.10　节点核心分区受力示意图

11.4　剪切块数值模型公式推导

11.4.1　型钢外部混凝土斜压杆抗剪

型钢外部混凝土的受力模式如图 11.10（a）所示。节点核心区型钢翼缘框外部混凝土的承载能力由外部混凝土斜压杆的强度决定，斜压杆承载力的水平分力即型钢外部混凝土的抗剪承载力。国内外大量试验研究表明，混凝土斜压杆的高度大致为 $1/3L_0$，L_0 为节点对角线长度。因此外部斜压杆的高度 H_0 为

$$H_0 = 0.33\sqrt{(h_b - 2a_c)^2 + (h_c - 2a_c)^2} \tag{11-21}$$

式中，h_b、h_c 分别为梁、柱截面高度（h_c=h_j），h_j 为节点宽度；a_c 为保护层厚度。

箍筋及裂缝的存在必然会对混凝土的强度产生一定的影响，为考虑这些影响，分别引入 k 和 β 两个因子。其中，k 为箍筋约束对混凝土强度的提高系数，根据文献[9]的研究结果，通常可取 k=1.25；β 为考虑横向拉应变对混凝土强度的降低系数，Vecchio 和 Collins 提出强度降低系数 β 为比率 K_{tc} 的函数[10]，可表示为

$$\beta = \frac{1}{0.85 + 0.27K_{tc}} \tag{11-22}$$

式中，K_{tc} 为主拉应变和主压应变的比，即 $K_{tc}=-\varepsilon_t/\varepsilon_c$。根据试验数据可以看出，$K_{tc}$ 为 1～2，为了计算方便，取其均值 $K_{tc}=1.6$ 代入式（11-22）得 $\beta=0.78$。

由于高强混凝土的脆性，抗剪强度并不随其抗压强度成正比变化增减，混凝土一旦开裂，裂缝面光滑，从而削弱了斜裂面上骨料咬合作用对抗剪的贡献，混凝土强度越高，这种削弱作用越明显，因此引入混凝土强度影响系数 φ 来考虑这种影响，可取 φ=0.9[11]。于是，综合考虑上述混凝土强度的影响因素，混凝土的有效抗压强度 f_c' 可表示为

$$f_c'=\varphi\beta k f_c \tag{11-23}$$

则型钢外部混凝土斜压杆的抗剪能力可表示为

$$V_{outer}=f_c'H_0(b_j-b_f)\cos\theta_0 \tag{11-24}$$

式中，b_j 为节点核心区的有效剪切宽度，可取为 $0.5(b_c+b_b)$，b_c、b_b 分别为梁、柱截面宽度；b_f 为柱型钢的翼缘宽度；θ_0 为外部斜压杆和水平轴的夹角。

将式（11-23）代入式（11-24），并代入各个参数的取值，可得型钢外部混凝土斜压杆的抗剪承载力表达式为

$$V_{outer}=0.29f_ch_j(b_j-b_f) \tag{11-25}$$

11.4.2　型钢内部混凝土斜压杆抗剪

型钢内部混凝土的受力模式如图 11.10（b）所示。与型钢外部混凝土斜压杆相同，型钢翼缘框内部混凝土的抗剪能力由内部混凝土斜压杆的强度决定，其抗剪承载力为内部斜压杆承载力的水平分力。斜压杆高度 H_i 的计算方法与外部斜压杆的方法相同，其表达式为

$$H_i=0.33\sqrt{h_{cw}^2+h_{bw}^2} \tag{11-26}$$

式中，h_{cw}、h_{bw} 分别为柱和梁型钢腹板的高度。

因此，型钢内部混凝土斜压杆的抗剪承载力可表示为

$$V_{inner}=f_c'H_i(b_f-t_w)\cos\theta_i \tag{11-27}$$

式中，θ_i 为型钢内部混凝土斜压杆与水平轴的夹角。

同理，型钢内部混凝土斜压杆的有效抗压强度也可表示为 $f_c'=\varphi\beta k f_c$，k 为考虑翼缘框对核心区混凝土约束的提高系数，可取 $k=1.4$。

将各参数取值代入式（11-27），可得型钢内部混凝土斜压杆的抗剪承载力表达式为

$$V_{inner}=0.32f_ch_{cw}(b_f-t_w) \tag{11-28}$$

11.4.3　型钢腹板抗剪

型钢腹板的受力模式如图 11.10（c）所示。由前述型钢腹板的抗剪机理分析可知，当节点达到通裂时，型钢腹板一般都能达到屈服，而且由于核心区混凝土对型钢腹板的有效约束，节点到达极限状态之前型钢腹板不发生局部屈曲。因此，在计算型钢腹板抗剪承载力时可不考虑局部屈曲的影响。为计算方便，根据试验结果做如下假定：①只考虑型钢腹板的抗剪作用；②型钢腹板处于纯剪应力状态，并且剪应力均匀分布；③型钢腹板为理想弹塑性材料。屈服条件按 Mises 屈服准则，在纯剪切应力状态下，型钢腹板屈服时的剪应力为

$$\tau_{\mathrm{s}} = f_{\mathrm{y}} / \sqrt{3} \tag{11-29}$$

从而，型钢腹板的抗剪承载力为

$$V_{\mathrm{s}} = \tau_{\mathrm{s}} A_{\mathrm{sw}} = (1/\sqrt{3}) f_{\mathrm{y}} h_{\mathrm{cw}} t_{\mathrm{w}} \tag{11-30}$$

式中，f_{y} 为型钢钢材单向拉伸强度；h_{cw}、t_{w} 分别为框架柱型钢腹板的高度和厚度。

11.4.4　各组成部分共同抗剪

将以上所得型钢外部混凝土斜压杆、型钢内部混凝土斜压杆及型钢腹板的抗剪承载力叠加，即可得到 SRC 梁-柱节点的抗剪承载力为

$$\begin{aligned} V_j &= V_{\mathrm{outer}} + V_{\mathrm{inner}} + V_{\mathrm{s}} \\ &= 0.29 f_{\mathrm{c}} h_{\mathrm{j}} (b_{\mathrm{j}} - b_{\mathrm{f}}) + 1/\sqrt{3} f_{\mathrm{y}} h_{\mathrm{cw}} t_{\mathrm{w}} + 0.32 f_{\mathrm{c}} h_{\mathrm{cw}} (b_{\mathrm{f}} - t_{\mathrm{w}}) \end{aligned} \tag{11-31}$$

式中，f_{y}、f_{c} 为材料的非线性数据，可由 11.4.5 节所述方法获得。

11.4.5　材料本构

1. 混凝土

混凝土斜压杆方向的应力-应变关系采用约束混凝土本构模型[12, 13]，图 11.11 为单调加载时约束与非约束混凝土的应力-应变关系简图，其表达式为

$$f_{\text{c-strut}} = \frac{f_{\mathrm{cc}} x r}{r - 1 + x^r} \tag{11-32}$$

式中

$$x = \frac{\varepsilon_{\text{c-strut}}}{\varepsilon_{\text{cc}}} \tag{11-33}$$

$$\varepsilon_{\text{cc}} = \varepsilon_{\text{co}} \left[1 + 5 \left(\frac{f_{\text{cc}}}{f_{\text{co}}} \right) \right] \tag{11-34}$$

$$r = \frac{E_{\text{c}}}{E_{\text{c}} - E_{\text{sec}}} \tag{11-35}$$

其中，f_{cc} 为斜压杆方向约束混凝土的抗压强度；$\varepsilon_{\text{c-strut}}$ 为斜压杆方向的应变；f_{co}、ε_{co} 分别为无约束混凝土的抗压强度及相应应变；$E_{\text{c}} = 5000\sqrt{f'_{\text{co}}}$；$E_{\text{sec}} = f_{\text{cc}} / \varepsilon_{\text{cc}}$。

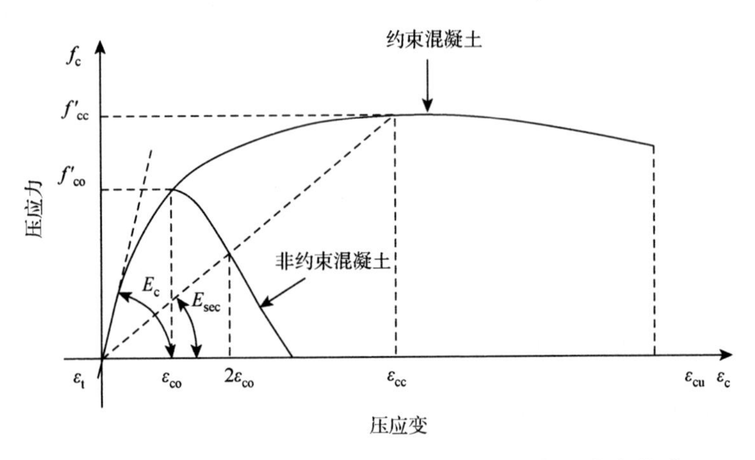

图 11.11　单调加载时约束与非约束混凝土的应力-应变关系

考虑到混凝土斜压杆垂直方向的拉应力及循环加载因素影响，斜压杆抗压强度衰减模型采用如下形式：

$$\frac{f_{\text{c-strut}}}{f_{\text{c-Mander}}} = 0.36 \left| \frac{\varepsilon_{\text{t}}}{\varepsilon_{\text{cc}}} \right|^2 - 0.6 \left| \frac{\varepsilon_{\text{t}}}{\varepsilon_{\text{cc}}} \right| + 1, \quad \left| \frac{\varepsilon_{\text{t}}}{\varepsilon_{\text{cc}}} \right| < 0.83 \tag{11-36a}$$

$$\frac{f_{\text{c-strut}}}{f_{\text{c-Mander}}} = 0.75, \quad \left| \frac{\varepsilon_{\text{t}}}{\varepsilon_{\text{cc}}} \right| \geqslant 0.83 \tag{11-36b}$$

式中，ε_{c} 为混凝土主压应力方向的应变；ε_{t} 为混凝土主拉应力方向的应变；$f_{\text{c-Mander}}$ 为由 Mander 等提出的强度理论计算得出的混凝土抗压强度；ε_{cc} 为混凝土在达到应力 $f_{\text{c-Mander}}$ 时的应变。

2. 型钢

根据试验结果，型钢在节点受力破坏过程中并未发生较大的形态改变，故其

应力-应变关系可采用理想弹塑性模型，如图 11.12 所示。其表达式为

$$\tau = G\gamma \leqslant \tau_{\mathrm{y}} = \frac{f_{\mathrm{y}}}{\sqrt{3}} \tag{11-37}$$

式中，τ 为型钢的剪切应力；G 为型钢的剪切模量；τ_y 为型钢屈服时的剪切应力；f_{y} 为型钢的屈服强度。

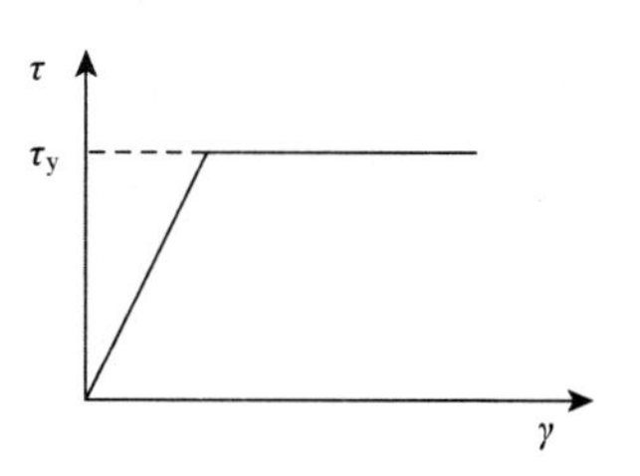

图 11.12　型钢的应力-应变关系

11.4.6　应变状态

根据莫尔应变圆原理（图 11.13），图 11.14 所示的 SRC 梁-柱节点核心区诸应变之间的关系可表达为

$$\varepsilon_{\mathrm{c}} = \frac{\varepsilon_x + \varepsilon_y}{2} + \frac{\varepsilon_x - \varepsilon_y}{2}\cos(2\theta) + \frac{\gamma_{xy}}{2}\sin(2\theta) \tag{11-38}$$

$$\varepsilon_{\mathrm{t}} = \frac{\varepsilon_x + \varepsilon_y}{2} + \frac{\varepsilon_x - \varepsilon_y}{2}\cos[2(\theta + 90°)] + \frac{\gamma_{xy}}{2}\sin[2(\theta+90°)] \tag{11-39}$$

$$\gamma_{xy} = \tan(2\theta)(\varepsilon_x - \varepsilon_y) \tag{11-40}$$

在以上方程中，对于任意 γ_{xy}，都有对应的角度 θ 及应变 ε_{c}、ε_{t} 与之对应，但是式中的四个未知数不能由三个方程求得，为了解决这一问题，根据文献[11]提出的理论，定义主拉应变与主压应变因子为

$$K_{\mathrm{tc}} = -\varepsilon_{\mathrm{t}} / \varepsilon_{\mathrm{c}} \tag{11-41}$$

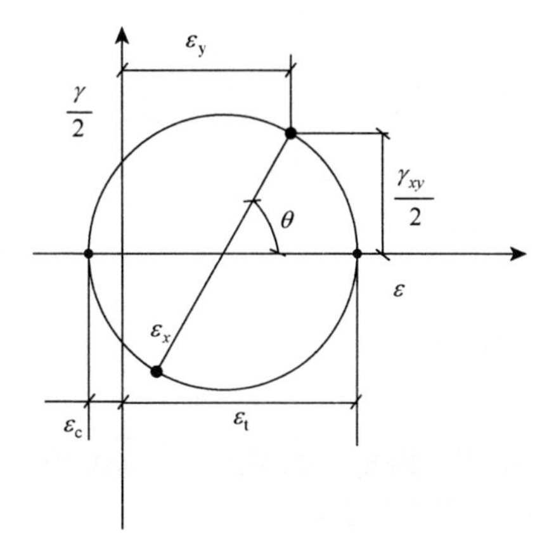

图 11.13　莫尔应变圆

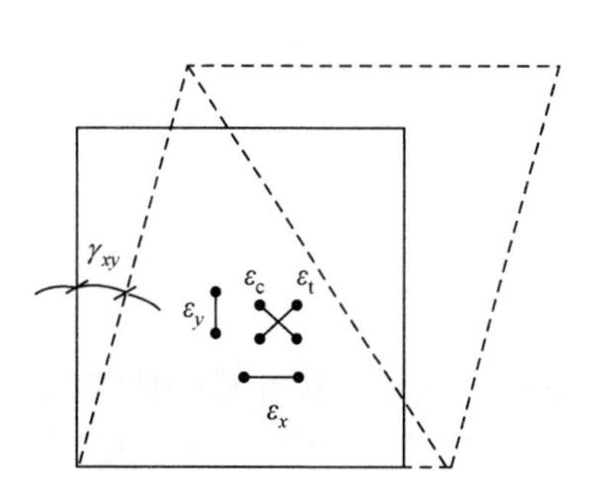

图 11.14　节点核心区应变示意图

如果给定 K_{tc}，则可确定所有的应变。K_{tc} 的值主要取决于节点区混凝土所受约束的数量。根据文献[11]的试验结果可知，K_{tc} 与剪切应变 γ_{xy} 呈非线性关系，为简化计算，假定它们之间为线性关系，则可得出不同约束方式下 K_{tc} 与剪切应变 γ_{xy} 之间的关系，如图 11.15 所示。

根据 SRC 梁-柱节点的实际受力情况，可采用如下关系：

$$K_{tc}=\alpha\gamma_{xy}+2 \tag{11-42}$$

式中，$\alpha=2/0.012$，可由图 11.15 得到。

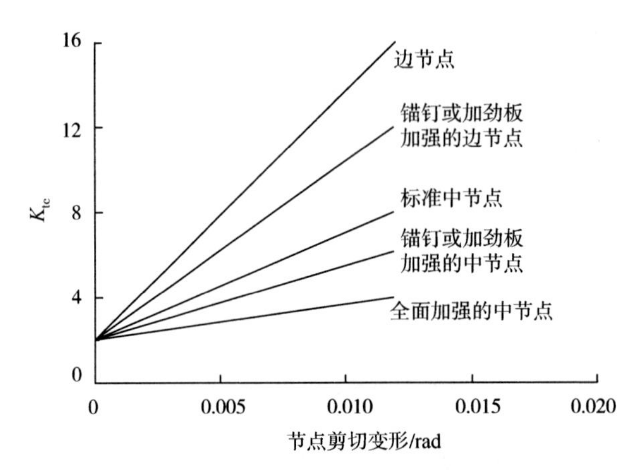

图 11.15　混凝土斜压杆主拉应变与主压应变比率因子

由式（11-38）～式（11-41），可得在任意剪切应变状态下的主拉应变 ε_t 和主压应变 ε_c。将主压应变代入式（11-32），进而将式（11-32）代入式（11-36），可得型钢内、外混凝土斜压杆的应力-应变关系。然后，根据式（11-31）可计算获得此应变状态下 SRC 梁-柱节点的抗剪承载力，将其除以相应构件的截面面积（这里为相应框架柱的截面面积），即得此应变状态下的剪应力。依次重复，并将计算结果绘图，即可获得节点区域的剪应力与剪切应变之间的关系曲线。

11.5　程 序 验 证

将以上理论成果用 C++计算机语言编写为程序模块，可模拟分析 SRC 梁-柱节点的剪切性能，其程序流程如图 11.16 所示（程序见附录）。

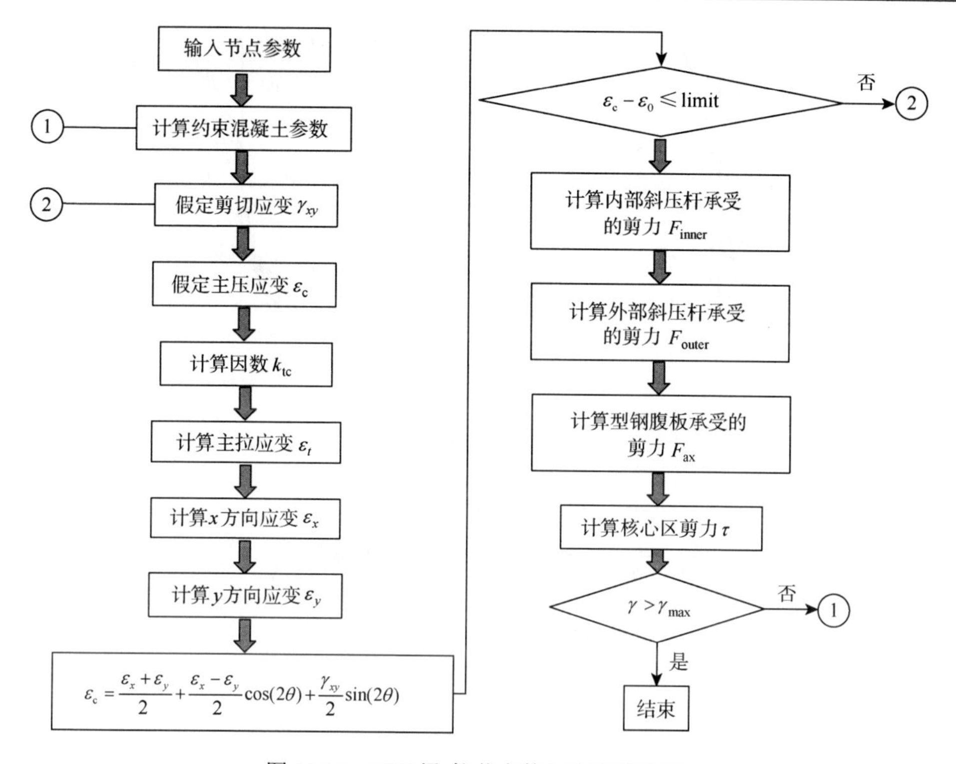

图 11.16 SRC 梁-柱节点剪切块程序流程

采用本程序模块对课题组前期完成的 5 榀 SRC 梁-柱节点试件[14]进行水平地震作用下的模拟分析，获得各试件核心区剪力与剪切变形骨架曲线如图 11.17 所示，图中亦给出了相应试件的试验滞回曲线。从图中可以看出，数值模拟所得骨架曲线与试验骨架曲线吻合较好。将计算所得节点核心区剪力与剪切变形关系调入 OpenSEES 中的 Joint2D 单元，即可建立适合于 SRC 梁-柱节点的单元模型，进而结合杆件单元进行 SRC 平面框架的数值模拟。

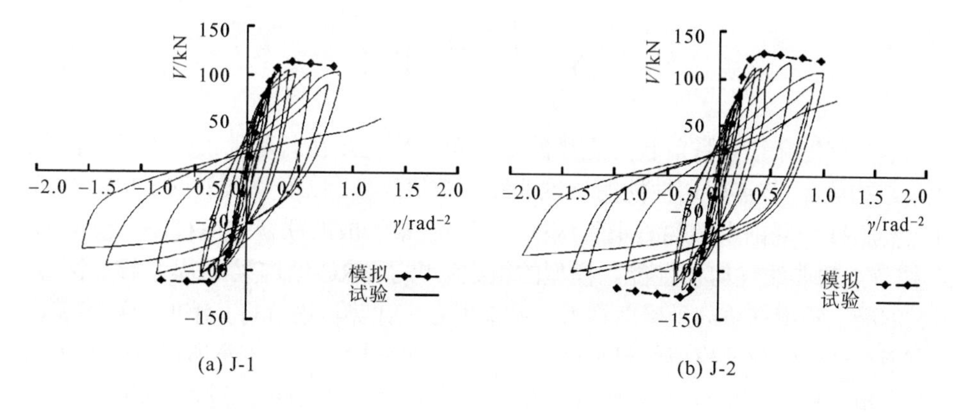

(a) J-1 (b) J-2

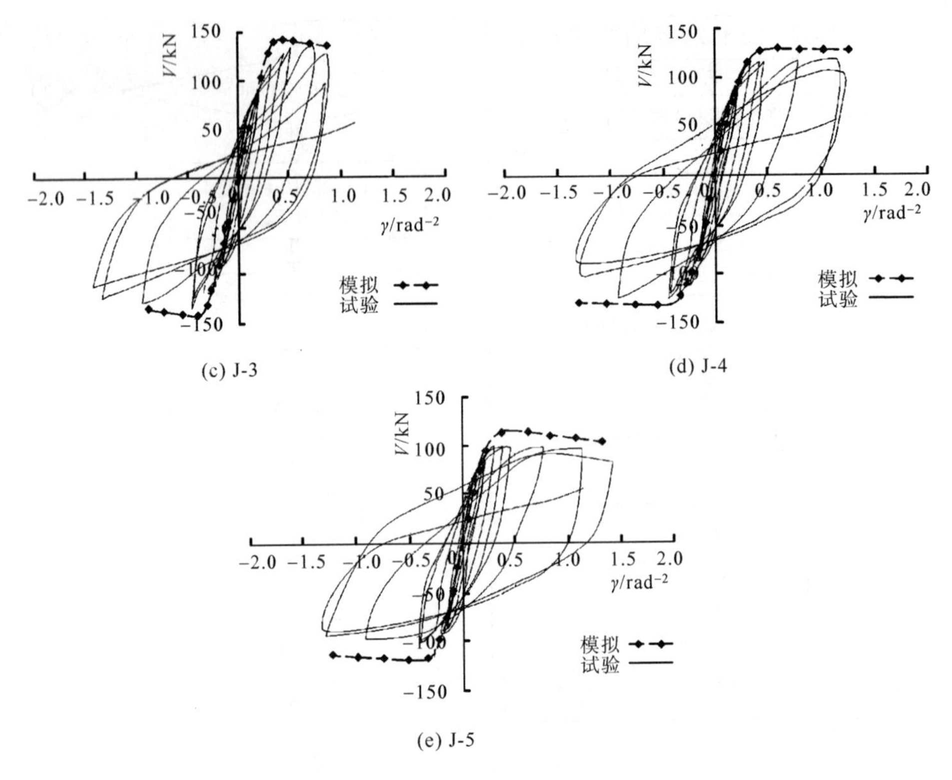

图 11.17 数值模拟结果与试验结果对比

计算所得骨架曲线的峰值荷载比试验骨架曲线的略高，且进入非线性阶段后，计算所得骨架曲线的下降段比试验骨架曲线平缓，其可能原因如下：首先，数值模型中型钢内、外混凝土斜压杆几何尺寸的简化取值与试件实际受力情况有差异；其次，数值模拟中所采用的材料本构均为理想化模型，无法考虑试件材料的初始缺陷与施工误差等。其中前者可在今后进一步研究中不断修正改进。

11.6 本章小结

本章首先介绍了目前较为先进的 2D 单元模型，在此基础上提出了一种模拟 SRC 结构梁-柱节点剪切性能的二维非线性数值模型。该模型以节点区型钢外部混凝土斜压杆、型钢内部混凝土斜压杆、型钢腹板组成的联合抗剪机制，模拟 SRC 梁-柱节点的非线性剪切性能。模型的组成考虑了 SRC 结构梁-柱节点核心区域型钢、混凝土和钢筋协同承受剪切力，并采用 C++计算机语言将其编制为程序模块。既有节点试件的数值模拟结果与试验结果的对比分析表明，本章所提出的 SRC 梁-柱节点单元模型可较好地模拟 SRC 结构梁-柱节点的剪切受力过程与特点。

由文献[11]关于节点的微观有限元分析可知，采用本章提出的剪切块模型进行边节点、拐角节点等其他 SRC 梁-柱节点模拟时，需根据节点类型的不同进行适当的调整，才可得到较为准确的结果。具体体现在对剪切块中斜压杆宽度的适当调整，这方面的工作尚需相关节点的试验研究作支撑，待今后补充与完善。

参考文献

[1] 王维. 型钢混凝土框架结构宏观有限元的方法研究[D]. 西安：西安建筑科技大学，2013.

[2] Krawinkler H，Bertero V V，Popov E P. Shear behavior of steel frame joints [J]. Journal of the Structural Division，ASCE，1975，101（ST11）：2317-2338.

[3] Altoontash A. Simulation and Damage Models for Performance Assessment of Reinforced Concrete Beam-Column Joints [D]. Stanford：Stanford University，2004.

[4] 曾磊. 型钢高强高性能混凝土框架节点抗震性能及设计计算理论研究[D]. 西安：西安建筑科技大学，2008.

[5] 唐九如. 钢筋混凝土框架节点抗震[M]. 南京：东南大学出版社，1989.

[6] Mitra N，Laura N L. Evaluation，calibration，and verification of a reinforced concrete beam-column joint model [J]. Journal of Structural Engineering，2007，133（1）：105-120.

[7] Mansour Z，Hiroshi N. A refined model for beam elements and beam-column joints [J]. Computers and Structures，2000，76：551-554.

[8] 赵鸿铁. 钢与混凝土组合结构[M]. 北京：科学出版社，2001.

[9] 张誉，李向民，李辉. 钢骨高强混凝土梁柱十字节点抗剪性能的研究[J]. 建筑结构，1999，4：6-9.

[10] 唐九如，陈雪红. 劲性混凝土梁柱节点受力性能与抗剪强度[J]. 建筑结构学报，1990，11（4）：28-36.

[11] Gustavo P M，Wight J K. Modeling shear behavior of hybrid RCS beam-column connections [J]. Journal of Structural Engineering，2001，127（1）：3-11.

[12] Chen C C，Lin N J. Analytical model for predicting axial capacity and behavior of concrete encased steel composite stub columns[J]. Journal of Constructional Steel Research，2005，62：424-433.

[13] Mander J B，Priestley M J N，Park R. Theoretical stress-strain model for confined concrete[J]. Journal of Structural Engineering，1988，114（8）：1804-1826.

[14] 曾磊，许成祥，郑山锁. 考虑高强度混凝土脆性影响的型钢混凝土框架节点受剪承载力计算公式[J]. 建筑结构，2010，40（7）：99-102.

附　录

SRC 梁-柱节点剪切块程序（C++）

```
#include "iostream.h"
#include "math.h"
#include "stdlib.h"
class shear
{      double fco; //抗压强度（无约束）
       double costrain; //无约束抗压强度处所对应的应变
       double Es; //型钢的弹性模量
       double u; //泊松比
       double h0; //型钢高度
       double b0; //型钢翼缘宽度
       double tw; //腹板厚度
       double d; //翼缘厚度
       double hw1; //梁型钢腹板高度
       double hj; //节点高度
       double bj; //节点宽度
       double sstrain; //剪切变形
public:
          shear();
       double getcstrain(double sstrain，double c，double cta);
       double get_real_cstrain(double sstrain);
       double getFouter(double sstrain);
       double getFinner(double sstrain);
       double getFs(double sstrain);
       void caculate();
 }
  shear:: shear()
   { cin>>fco>>costrain>>Es>>u>>h0>>b0
```

```
        >>tw>>d>>hj>>bj;
      }
    double shear::getcstrain(double sstrain,double c,double cta)
         { double cgmax, cgmay, cgmac, cgmat, cta;
           cgmat=-1.5*c;
           cgmax=cgmat-r/2*(sin(2*cta)+sin(2*cta)/pow
           (tan(2*cta), 2)-1/tan(2*cta));
           cgmay=cgmat-r/2*(sin(2*cta)+sin(2*cta)/pow
           (tan(2*cta), 2)+1/tan(2*cta));
           cgmac=(cgmax+cgmay)/2-(cgmax-cgmay)/2*cos(2*cta)
-r/2*sin(2*cta);
           return cgmac;
      }
    double shear:: get_real_cstrain(double sstrain, double cta)
           {double realcstrain;
         double cgma0=-1.0e-5, cgma1=-3.0e-3;
         while(fabs(cgma0-cgma1)>1.0e-6)
         {   double temp=(cgma0+cgma1)/2;
             double f1=getcstrain(R, cgma0, cta)-cgma0;
             double f2=getcstrain(R, cgma1, cta)-cgma1;
             double f3=getcstrain(R, temp, cta)-temp;
             if(fabs(f1)<1.0e-6)return cgma0;
              else if(fabs(f2)<1.0e-6)return cgma1;
              else if(f1*f2<0)
               { if(f1*f3<0)cgma1=temp;
                else  cgma0=temp;
               }
              else
                {printf("the iteration is falure"); exit(1); }
             }
                realcstrain=(cgma0+cgma1)/2;
              return realcstrain;
      }
    double shear:: getFouter(double sstrain)
         { double cta=atan(bj/hj);
```

```
        double fcc=1.2*fco;
        double c=(-1)*get_real_cstrain(sstrain);
        double ccstrain=costrain(1+5(fcc/fco));
        double x=c/ccstrain;
        double Ec=5000*sqrt(fco);
        double r=Ec/(Ec-Esec);
        double fc=fcc*x*r/(r-1+pow(x, r);
        double Fouter=0.33*bet*fc*hj*(bj-b0);
         return  Fouter;
        }
 double shear:: getFinner(double sstrain)
       { double hw=h0-2*d;
        double cta=atan(hw1/hw);
        double fcc=1.5*fco;
        double c=(-1)*get_real_cstrain(sstrain);
        double ccstrain=costrain(1+5(fcc/fco));
        double x=c/ccstrain;
        double Ec=5000*sqrt(fco);
        double r=Ec/(Ec-Esec);
        double fc=fcc*x*r/(r-1+pow(x, r);
        double Finner=0.33*bet*fc*hj*(b0-tw);
            return  Finner;
       }
 double shear:: getFs(double sstrain)
       { double hw=h0-2*d;
        double G=Es/(2*(1.0+u);
        double Fs;
        if(G*sstrain<fy/sqrt(3))
         Fs=G*sstrain*tw*hw;
        else Fs=fy/sqrt(3)*tw*hw;
      return Fs;
      }

void shear:: calculate()
      { double sstrain=1.0e-4;
```

```
    while(sstrain<4.0e-2)
    { double a=getFouter(sstrain);
          double b=getFinner(sstrain);
          double c=getFs(sstrain);
          double sstress=(a+b+c)/(bj*hj);
          cout>>sstrain<<" "<<sstress<<endl;
        }
        sstrain+=1.0e-4;
       }
void main()
     {
       shear s;
       s.calculate();
      }
```